MODERN OIL AND GAS RESERVOIR MANAGEMENT

郭小哲　刘月田　主编

现代油气藏经营管理

中国石化出版社
HTTP://WWW.SINOPEC-PRESS.COM

内 容 摘 要

本书以多学科专业技术协同工作为主线，以认识和开采油气藏为主要工作，从专业技术、油藏管理、信息平台及管理实践4个方面阐述了现代油气藏经营管理的概念、理论和方法。主要内容包括：油气藏勘探开发过程及涉及的十大关键学科专项技术；油气藏经营管理的组织结构、管理步骤、经济管理、技术管理、资源优化配置、管理决策及发展趋势；油气藏经营管理过程中应用的信息技术及软件平台；地质工程协同工作的实例等。

本书可以作为高等院校石油与天然气相关行业本科生与研究生的教材，还可作为油田现场的专业技术人员、科研人员及管理人员的参考用书。

图书在版编目（CIP）数据

现代油气藏经营管理 / 郭小哲，刘月田主编. — 北京：中国石化出版社，2020.9

ISBN 978-7-5114-5948-0

Ⅰ. ① 现…　Ⅱ. ① 郭… ② 刘…　Ⅲ. ① 油气藏—经营管理—研究　Ⅳ. ①F407.22

中国版本图书馆 CIP 数据核字（2020）第 165948 号

中国石化出版社出版发行

地址：北京市东城区安定门外大街58号

邮编：100011　电话：（010）57512500

发行部电话：（010）57512575

http：//www. sinopec-press. com

E-mail：press@ sinopec. com

北京柏力行彩印有限公司印刷

*

787×1092 毫米　16 开本　33 印张　792 千字

2020 年 10 月第 1 版　2020 年 10 月第 1 次印刷

定价：98.00 元

导 读

自2003年，中国石油大学（北京）《油气藏经营管理》课程开始和学生见面，在全国石油高校中，该课程的开设也属最早的，但十几年来，上课资料除了一本从美国教材中翻译过来的自编讲义（刘月田教授编）外，还没有完整的适合教学用的正式教材。在教学科研实践中，逐渐补充了许多新内容，比如具有系统性的油气田规划方法、油气科技战略管理、大数据基础上的平台化建设等，它们都能反映时代的新特征，也响应了时代科技发展的最前沿。学生对这些的接触和认识显得需求性更高，更符合不断发展的要求，因此，该教材冠上了“现代”二字，即《现代油气藏经营管理》。

《现代油气藏经营管理》以多学科协同工作为主线，全面讲述了协同工作的必要性和紧迫性，重点分析了围绕油藏高效开发的协同工作的组织机构、管理模式、数据平台、动态预测、综合评价、资源配置、方案优化等。结合当前的技术发展前沿，结合大数据、人工智能、非常规资源、新能源时代等，更需要油气藏开发的精雕细刻，基础知识+实践应用在该教材中的应用，增强了教学效果，拓展了授课知识面。

油气藏经营管理体现的是环环相扣、紧密配合，涉及的学科种类复杂，形成了典型的复杂巨系统。随着近十多年的发展，信息化、数字化、网络化、智能化、平台化等科学技术的发展，进行油气藏经营管理的手段和方法也发生了深刻变革。但是，用于教学的教材除了理论核心内容外，基于实践和多学科协同的内容相对较少。查阅近些年的文献和著作认识到对油气藏经营管理的相关研究较多，相关的文章多是从管理角度出发，强调管理模式、管理方式、管理制度，但围绕油气藏的专业技术，具体展开在提高油气藏开发效果的方法上的研究不多，或者其中大量的在谈油气藏专业技术的应用效果而忽略了协同工作。

综合以上分析，作者在多年从事油气藏经营管理的教学和科研的基础上，具有丰富的经验，结合近些年的教学与科研认识和成果，针对本科生和研究生教学需求重新编写教材，特别是编写实践教学教材，有很多的支撑。而且，学生也需要全面地了解油气藏从发现到开发的全过程及相关技术，因此，教材编写从四个部分着手。

（一）专项技术篇

油气田地域辽阔，地面地下条件复杂、多样；各种井网、管网、集输系统星罗棋布；还存在着多种因素的影响和干扰，使得油田开发工程是个知识密集、技术密集、资金密集的工业，是个综合应用多学科的巨系统工程。而且油气藏的认识不是短时间内一次完成的，需要经历长期的由粗到细、由浅到深、由表及里的认识过程。多学科动态管理过程成为油气藏开发的特点。在发展专项领域的理论、方法和技术的同时，更需要高度重视多学科综合理念和管理，而专项领域的技术是基础，各团队成员要了解和熟悉相关知识才能达到高效协同。对于学生来讲，拓宽知识面也是油气藏经营管理的授课目标。“专项技术篇”参照相关的专业教材和现有文章，同时结合教学和科研中的认识和想法，尽量用最简洁的论述给出信息量最多的内容。本篇主要介绍了十大核心专业技术：地球物理化学勘探、地震、钻井和完井、岩芯分析、测井和录井、试油试采和试井、地质工程、油藏工程、采油工程、地面工程。

（二）油藏管理篇

本篇以油气藏开发管理过程中的专业技术多学科协同为核心，系统地介绍油气藏经营管理的基础理论，包括：油气藏经营管理的提出及意义、发展历程、基本概念、管理过程、协同团队、数据管理、油藏模型、动态分析和预测、经济评价、资源优化配置、管理决策、技术创新管理、发展趋势等，较为详细地描述了油气藏经营管理的过程中涉及的基础理论内容。

（三）信息平台篇

石油工业的发展经历了规模制胜、成本制胜、高新技术制胜和信息制胜四个关键阶段，目前处于信息制胜的鼎盛时期，数据管理平台及技术应用系统随处可见。油藏虚拟现实技术、纳米机器人技术、海上平台远程诊断技术、油气藏开发大数据管理技术等不仅为认识油气藏及提高采收率提供了更为便利的分析方法和手段，更是油气藏经营管理的高水平模式，因此加入“信息平台篇”。它主要包括5个内容：智慧综合集成研讨厅、专家决策支持系统、客户端专业集成软件平台、大数据和人工智能。

（四）实践应用篇

为了进一步增强对油气藏开发技术的认识，“实践应用篇”加入了作者十几年来的科研内容，主要包括油藏精细描述过程、页岩气压采一体化、地质与油藏相结合的二次开发部署和剩余油分布特征研究，所涉及的专业技术主要有：地质建模过程、油藏数值模拟过程、渗流规律及数学模型的建立等。

在上面四个主体内容上，每章的后面还给出了常用的管理小知识，以增加阅读中的乐趣。

本书的基本思路是注重理论基础传授的同时，不仅拓展学生的知识面，紧跟新时代发展的新技术特征、强调实践环节，而且结合课程教学过程中的认识以及和学生研讨总结的信息，加入到了教材的理论体系中，使之更为完善和通俗易懂。

该教材不仅可以用作教学，还可以用作现场工作人员的专业技术及协同管理的重要参考资料。这是因为，基于多学科协同的油气藏经营管理始终贯彻了系统协同工作、动态中的管理、高新技术的支撑、综合效益最大化四个关键点，使读者能够从学习中实现“把握理念、改变方式”的思想升华。

从本书中，希望读者能认识到以下几点：

（1）钻井不仅仅是钻一个井眼，更是发现油藏和认识油气藏最直接的手段。

（2）油气藏更需要一个明确的、责权利清晰的、实体的、多学科协同工作组持续管理。

（3）学习型组织和篮球式协同要求团队成员除了立足本职工作外，协同工作也同样重要。

（4）只有全面了解各学科知识，团队成员才可能有效交流和高效协同。

（5）新技术、新方法、新平台的应用是提高油气藏经营管理效果的重要手段。

（6）油气藏经营管理不是纯管理，而是技术、数据、工具、专家的专业技术体现。

（7）协同工作组模式不是闲置许多人，而是需要更多的技术人才。

（8）多学科协同工作组对油气藏开发过程发号施令，更有利于工程措施职能市场化。

（9）有益于释放团队成员的工作压力，使其享受自我价值实现的工作乐趣。

该书是在刘月田教授关于油气藏经营管理理论体系的构思下形成的，在专业技术的介绍、信息平台的论述以及油藏管理方法的编写等工作过程，大量引用和摘录了许多专家学者的著作和文章中的内容，同时也引用了许多网络上的总结和认识，在此对这些作者表示深深的感谢。在本书编写过程中，随作者一起上课的学生在调研文献和讨论总结上给了很大的帮助，在此谢谢他们。在教学和科研方面，许多领导、老师、专家、学者等给予了大量指导和启发，也一并谢谢。

本书的编写内容很庞大，涉及的领域和专业很多，限于作者的专业知识水平，书中难免存在许多不恰当的描述甚至错误的认识，请读者谅解并批评指正，不盛感激。

编者

2020年10月

目　录

CONTENTS

第一部分　专项技术篇

第一章　油气藏勘探开发过程……2

第一节　找油气藏……2
第二节　定油气藏……11
第三节　采油气藏……15

第二章　地球物理化学勘探方法……18

第一节　地球物理勘探……18
第二节　地球化学勘探……22

第三章　地震勘探技术……27

第一节　地震勘探基本原理……27
第二节　地震勘探的野外工作……29
第三节　地震资料数字处理……30
第四节　地震资料解释……32

第四章　钻井和完井工程……36

第一节　钻井工程……36
第二节　完井工程……38

第五章　录井和测井……43

第一节　录井……43
第二节　测井……45

第六章　岩芯分析……52

第一节　岩芯的获取……52
第二节　岩芯分析方法……54

第七章　试油、试采和试井……58

第一节　试油……58
第二节　试采……60
第三节　试井……62

第八章 地质工程…………………………………………………… 66
第一节 地质工程的内容……………………………………………… 66
第二节 油藏描述……………………………………………………… 68
第三节 地质模型……………………………………………………… 73
第九章 油藏工程…………………………………………………… 80
第一节 油藏工程的研究内容………………………………………… 80
第二节 油藏数值模拟………………………………………………… 86
第十章 采油工程…………………………………………………… 92
第一节 采油工程方案设计…………………………………………… 92
第二节 储层压裂改造………………………………………………… 96
第十一章 地面工程………………………………………………… 101
第一节 地面工程的内容……………………………………………… 101
第二节 地面工程的发展……………………………………………… 105

第二部分 油藏管理篇

第十二章 油气藏经营管理的基本认识……………………………… 110
第一节 油气藏经营管理的概念……………………………………… 110
第二节 油气藏经营管理的提出……………………………………… 113
第三节 油气藏经营管理的内容……………………………………… 117
第四节 油气藏经营管理的方法……………………………………… 124
第五节 油气藏经营管理的过程……………………………………… 128
第十三章 多学科协同与团队………………………………………… 136
第一节 协同工作……………………………………………………… 136
第二节 协同团队……………………………………………………… 142
第十四章 油气藏数据信息管理……………………………………… 149
第一节 数据信息管理过程…………………………………………… 149
第二节 数据信息管理的要求………………………………………… 154
第十五章 油气藏动态分析管理……………………………………… 158
第一节 油气藏动态分析的工作内容………………………………… 158
第二节 油气藏动态分析的主要方法………………………………… 166
第十六章 油藏模型…………………………………………………… 182
第一节 油藏模型的作用……………………………………………… 182
第二节 各学科在油藏模型中的作用………………………………… 185

第十七章　油气藏经济管理……189
第一节　经济管理的数据……189
第二节　经济管理的内容……193
第十八章　技术管理与技术创新……200
第一节　油气技术突破历程……200
第二节　油气技术体系……203
第三节　技术管理的方法……209
第十九章　资源优化配置……216
第一节　资源优化配置的认识……216
第二节　技术措施投入优化……220
第三节　科技创新课题资源优化……226
第二十章　油气藏经营管理决策……230
第一节　管理决策的基本认识……230
第二节　决策的方法……234
第三节　风险决策……244
第四节　指标体系的建立……248
第二十一章　油气藏经营管理发展趋势……256
第一节　战略管理思路的转变……256
第二节　管理系统的复杂性……262
第三节　油气藏开发技术发展形势……269
第四节　把握理念，改变方式……275

第三部分　信息平台篇

第二十二章　智慧综合集成研讨厅……280
第一节　智慧综合集成理论……280
第二节　智慧综合集成研讨厅……283
第二十三章　决策支持系统……295
第一节　决策支持系统基本理论……295
第二节　决策支持系统的应用……300
第二十四章　客户端专业集成软件平台……310
第一节　地质方面的软件……310
第二节　油藏工程方面的软件……315

第二十五章　大数据管理系统…………………………………………………… 324
第一节　大数据的相关认识…………………………………………………… 324
第二节　大数据在油气开发中的应用………………………………………… 334
第二十六章　人工智能管理系统………………………………………………… 344
第一节　人工智能的相关认识………………………………………………… 344
第二节　人工智能在油气开发中的应用……………………………………… 346

第四部分　实践应用篇

第二十七章　裂缝性油藏精细描述……………………………………………… 354
第一节　地层精细划分与对比………………………………………………… 356
第二节　地震构造精细解释…………………………………………………… 360
第三节　测井二次解释………………………………………………………… 371
第四节　沉积特征研究………………………………………………………… 381
第五节　储层特征研究………………………………………………………… 385
第六节　裂缝分布规律研究…………………………………………………… 389
第七节　油气富集规律………………………………………………………… 394
第八节　三维地质模型构建…………………………………………………… 397
第九节　滚动开发部署建议…………………………………………………… 405
第二十八章　页岩气储层压采一体化…………………………………………… 415
第一节　页岩气生产特征……………………………………………………… 415
第二节　页岩气水平井压裂…………………………………………………… 419
第三节　页岩气数值模拟……………………………………………………… 425
第四节　页岩气多级渗流……………………………………………………… 429
第五节　页岩气储层气水两相渗流…………………………………………… 435
第二十九章　稠油油藏二次开发部署…………………………………………… 444
第一节　油藏地质研究………………………………………………………… 444
第二节　油藏工程研究………………………………………………………… 462
第三十章　曲流河储层剩余油分布特征………………………………………… 484
第一节　基于砂体配置关系的剩余油分布…………………………………… 484
第二节　曲流河储层剩余油特征及开采措施………………………………… 504
参考文献…………………………………………………………………………… 515

第一部分

专项技术篇

第一章 油气藏勘探开发过程

油气藏经营管理体现的是多学科的协同工作，研究对象是地下的油气藏，目的是如何使油气藏开采达到技术经济综合效益最大化，利用的数据来自油气藏的发现、认识、规划、开采等一系列紧密相连的过程中，对油气藏的认识、刻画、利用的专业技术环节是多学科协同工作的重要节点。因此，对油气藏勘探开发过程的认识是充分理解油气藏经营管理的基础。

油气藏勘探开发过程可以简化为“找”“定”“采”三个过程：“找”是找油气藏，即通过勘探发现并评价油气藏；“定”是定地质图件及定开发规划，是发现油气藏向开采油气藏的过渡环节，其关键任务是确定油气藏的客观属性并以此为基础进行开发计划的研究和制订，是油气藏经营管理中工作任务最关键、工作难度最复杂、工作强度最繁重、工作时间最紧迫的过程；“采”是油气开采过程，是按照开发规划进行钻井、完井、采油、动态监测及方案调整等长期工作过程，也是油气藏经营管理的动态管理过程。

第一节 找油气藏

找油气藏工作主要集中在勘探阶段，是进入油气藏经营管理之前的阶段。油气田勘探是一门综合性的应用科学，它根据石油地质学的油气田分布规律和含油模式，研究采用各种合适的先进勘探技术与方法，达到最经济的探明油气储量的目标。油气田勘探的基本任务是寻找工业性油气藏，确定含油气面积和油气储量，取得开发油气田的全部数据，为油气田的全面开发做好充分准备。做好油气田勘探工作，必须有一定的理论依据：①沉积盆地是油气生成、运移、聚集的基本单元；②盆地内有效生油区基本上控制了油气田的分布；③圈闭带基本控制着油气的聚集。

油气勘探全过程可分为若干阶段，各阶段既有独立性，又有连续性，这种阶段与阶段之间的相互关系和工作顺序，称为勘探程序。按照工作程序，油气勘探要分阶段地进行地质和经济评价，筛掉无工业价值的地区，逐步集中勘探研究的“靶区”，直到发现和探明工业油气田，收集齐全准确的资料，并计算出储量，为评价和开发油气田创造条件。

不同的国家和学者，由于勘探管理体制和考虑着重点不同，对勘探阶段的划分有所差异。许多资料把油气田勘探阶段主要划分为区域勘探和工业勘探两大阶段，其中区域勘探又分为普查和详查，工业勘探又分为构造预探和油田详探（见表1–1）。

表1–1 油气藏勘探开发阶段划分

阶段划分		工作范围	主要任务	工作方法
区域勘探	普查	一个盆地或地区	对盆地进行整体调查，从区域上了解地层、构造和含油性等情况，指出有利的远景区	地质、物探、化探、钻井
	详查	有利的远景区	研究控制油气聚集的二级构造带，指出可供钻探的有利含油局部构造	综合
工业勘探	预探	有利的二级构造带或者局部构造	寻找油气田，评估是否具有工业价值	以钻探为主
	详探	已见工业油气流的局部构造	查明油气田，提交探明储量	加密钻探

从勘探阶段看，所“找”的对象是由大到小、由全局到局部、由盆地到构造，对找的对象进一步划分级别，如表1–2所示。

表1–2 油气勘探对象的划分

<table>
<tr><th>级别</th><th>0级</th><th>Ⅰ级</th><th>亚Ⅰ级</th><th>Ⅱ级</th><th>Ⅲ级</th></tr>
<tr><td rowspan="5">地质名称</td><td rowspan="5">盆地</td><td rowspan="2">隆起</td><td>凸起</td><td rowspan="5">背斜带
潜山带
断裂带</td><td rowspan="5">背斜
断层
鼻状构造</td></tr>
<tr><td>凹陷</td></tr>
<tr><td colspan="2">斜坡</td></tr>
<tr><td rowspan="2">坳陷</td><td>凸起</td></tr>
<tr><td>凹陷</td></tr>
<tr><td rowspan="2">油气藏名称</td><td rowspan="2">油气</td><td colspan="2">生成运移</td><td>聚集</td><td>油气田</td></tr>
<tr><td>含油气区</td><td>含油气亚区</td><td>油气聚集带</td><td>油气田</td></tr>
<tr><td>实际例子</td><td>渤海湾盆地</td><td>济阳坳陷</td><td>东营凹陷</td><td>坨—胜—永断裂带</td><td>胜坨油田</td></tr>
</table>

按照勘探由粗到细、由全部到局部的过程，将油气勘探分为区域勘探、圈闭预探和评价勘探三个阶段。

一、区域勘探

区域勘探是在一个盆地或盆地内相对独立的单元进行的最初的、基础的油气勘探工作。它是在一般地质调查的基础上进行的，是指从盆地的石油地质调查开始到优选出有利含油气区带的全过程。勘探对象是含油气盆地和含油气系统。

区域勘探的主要任务是对整个盆地、坳陷（凹陷）或其中某一部分进行的整体地质调查，查明区域地质及石油地质基本条件（生油、储油、聚集条件），进行早期含油气远景评价和资源量估算，评选出最有利的坳陷（凹陷）和构造带，提出预探方案，为进一步开展油气勘探工作做好准备。

为完成上述任务，区域勘探阶段着重查明基底概况（包括基底的岩性、起伏及断裂情况）、地层情况（包括沉积地层的时代、厚度、岩性、岩相、不整合面）、构造情况（包括初步查明二、三级构造的形态，确定主要断层）、生油条件（包括划分生油层系，了解其厚度及其分布规律）、储集层、盖层及生储盖组合分析、油气水资料（包括油、气显示，油、气、水的性质）等。

区域勘探的工作部署要遵守一定的原则：①从区域出发，整体解剖，着重查明区域地质构造及石油地质条件；②着重查明油气的生成条件，重视各种类型的生储盖组合，正确选择目的层系；③因地制宜地选择工种，加强综合勘探。

区域勘探阶段有以下技术方法：①地面地质测量及构造测量；②重力、磁力及电法勘探；③地震概查和普查；④基准井和参数井；⑤区域综合大剖面（见图1–1）。

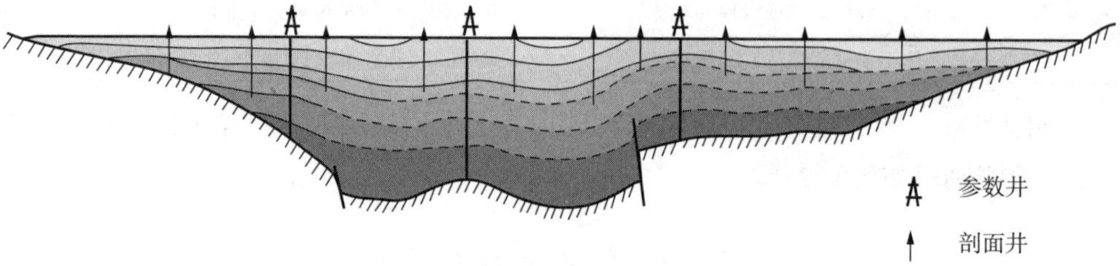

图1–1　区域综合大剖面示意图

区域勘探阶段的工作步骤：

（1）建立项目。

（2）物探普查：进行重力、磁力普查及地震概查，明确盆地结构、地质构造特征及沉积岩厚度分布；开展全区地震概查和普查，划分构造单元，查明二级构造带，做出构造分析，进而提出参数井钻探方案。

（3）钻参数井（区域探井）：任务是要了解地层层序、岩性岩相、厚度、生油条件、储集层和盖层的分布和组合情况，并为物探解释提供参数，钻井、取芯、录井、测井、试油配套，全面系统收集资料。

（4）盆地（凹陷）评价与优选：进行全区和二级构造带的资源量估算和资源评价工作，选择有利油气聚集带做好构造预探的准备。

区域勘探又可分为普查和详查。

普查是区域勘探的主体，具有战略性。其主要任务是从区域出发，了解区域地质概况，划分构造单元，查明生储盖组合情况，特别是生油和储集条件，评价区域含油气远景，指出有利于油气聚集的二级构造带，为进一步开展详查工作找出有利地区，并估算远景储量。

详查是在普查评价所指出的有利地区内进一步开展的调查工作。其主要任务是在查明区域地质和生储条件的基础上，进一步查明控制油气聚集的二级构造带和局部构造的地质情况，为工业勘探指出可供钻探的、有利含油的局部构造，并估算潜在储量。

详查提供了有利含油气构造，随后展开的勘探工作也可以叫作工业勘探，主要可分为圈闭预探（亦称构造预探）和油田详探。其主要任务是寻找油气田和查明油气田，计算探明储量，为油气田开发做好准备。

二、圈闭预探

圈闭预探又称为预探或者构造预探，是在详查所指出的有利含油构造上进行的地震详查和钻探井。主要任务是发现油气田及其工业价值，初步圈定出含油边界，为油气田详探提供含油气面积。

圈闭预探是在区域勘探基础上，查明区域地质和石油地质概况，特别是生油和储集条件之后，在有油气远景的二级构造或局部构造圈闭上进行的，以地震及钻井为主要手段，寻找和发现油气田的工作。如果在当时的钻探深度内，经预探后未发现工业性油气藏，便可以做出“暂缓勘探”或“停止勘探”的否定评价。

圈闭预探的任务是在区域勘探阶段评价选定的有利圈闭构造面积上，进行以发现油气田为目的的钻探工作，探明圈闭的含油性，推算含油边界，提供评价钻探的对象，为评价勘探做好准备。圈闭预探工作中应进一步查明地下构造形态和断裂情况。发现油气藏后，应取得有关产量、压力、油气层性质等初步资料，推断油气藏类型。

对于大型或复杂的圈闭来说，一口井获得工业油气流不能认为就已完成了圈闭预探任务。主要原因是：①大多数情况下，一口井获得工业油流并不等于就找到了一个油田，反之也不能做出全盘否定的评价；②新区第一口井见油对整个探区起了巨大的鼓舞作用，但是一口出油井提供的有关油层、油气藏情况的资料还很少，不足以完成推算含油气边界的任务；③预探的对象是一个二级构造带或局部构造、圈闭，预探井的部署是以发现构造各部位存在的各类油气藏为目的，单一的一口井是完成不了这个任务的。

圈闭预探的工作步骤：

（1）确定预探项目：在区域勘探基础上，选择最有远景、最经济的圈闭进行预探。

（2）地震详查：在选出的圈闭上迅速开展地震详查，并进行岩性、地震地层学研究，查明构造内渗透层分布情况。

（3）钻预探井：取全油气水层资料，划分油气水层，进行单井油层评价和储量估算，做单井资金总结和经济效益分析，力争少打井，多拿储量。

（4）圈闭评价：确定主力含油层系和油气藏类型；对油气层、油气藏的产能进行预测；提供储量；提供油气田评价钻探方案。

为了高效率地拿下油气田，预探井部署的基本原则是：从控制油气聚集的二级构造带出发，选择主要的三级构造（圈闭）作钻探对象，同时符合“稀井广探”原则。“广探”就是预探的面要广及预探的目的层要多。

预探井的井位布置应考虑：一是布在预计含油气的关键部位，如高点部位；二是从面积上照顾到圈闭的各个部位，目的是不漏掉油气藏；三是各井不位于相同的等高线上，这样有利于探边。预探井的数目取决于圈闭大小、油气藏类型和地层、圈闭的复杂程度及对区域的研究程度。原则是用最少量的预探井，高效率地发现油气藏。一般来说，一个新油气田的发现一般要钻6~7口井。第一口井发现油气流后，依次根据已钻井的结果推断下一口井的合理位置。根据开钻的先后顺序和必要程度将预探井分为三类：

（1）独立井：称为第一批预探井，其位置、深度在设计时已经确定，是必须钻的井。

（2）附属井：属于第二批预探井，其位置、深度可根据第一批预探井的钻井资料进行调整，是必须钻的井。

（3）后备井：第三批预探井，是可钻可不钻的井，其井位、深度要视前两类井的钻井结果决定。

三、评价勘探

油气田评价勘探又称详探或者油气藏评价勘探，是在预探提供的有利区域上，加密地震测网密度，加密钻探，进行油气井的试油（气）和试采，开辟生产试验区，研究开发规律。主要任务是查明油气藏的特征及含油气边界，圈定含油气面积，提高探明储量，并为油藏工程设计提供全部地质基础资料。详探目的是对油藏地质情况和生产动态的认识，是编制开发方案的必备基础。

油气田评价勘探即运用各种可能的手段和方法，对含油构造或一个预定的开发区取得必要的资料，进行综合研究，力求搞清主要地质情况和生产规律，并计算地质储量，从而为编制开发方案做准备。

油气田评价勘探阶段的主要任务是：

（1）以含油层系为基础的地质研究：要求弄清全部含油地层的地层层序及其接触关系，各含油层系中油、气、水层的分布及其性质，尤其必须搞清油层层段中的隔层和盖层的性质。

（2）储油层的构造特征研究：要求弄清油层构造形态，储油层的构造圈闭条件、含油面积、油层与外界的连通情况。

（3）研究岩石物性及流体性质，油层的断裂情况及断层的密封情况等：探明各含油层系中油、气、水层的分布关系，研究含油地层的岩石物性及所含流体的性质。

（4）分区分层组的储量计算：分区块和层组分别采用容积法等计算其储量，在此基础上计算出总储量，在条件许可的情况下，进行可采储量估算。

（5）油层边界的性质研究以及油层的天然能量和压力系统的确定：研究油层边界是否封闭，油层中有哪些天然能量，各自的大小如何？油层压力系数的大小，油层是属于正常压力系统，还是异常高压系统？

（6）油井生产能力和动态研究：了解油层生产能力、出油剖面、产量递减情况以及层间和井间干扰情况等。

油气田评价勘探阶段要解决好取准取全资料和快速查明油气田的矛盾，科学合理处理取芯、试油及勘探速度的关系。完成查明油气藏的任务，保证油气田迅速投入开发。

油气田评价勘探的主要任务是在圈闭预探证实的工业性油气藏面积上，进一步详细探明油气田的特性（数量、质量、产状的变化规律）以及含油气边界，确定含油气面积，提交探明储量，为编制油气田开发方案提供所需的地质基础资料及油气田的有关参数。核心任务是用尽量少的探井、最短的时间，取全、取准第一手资料，查明已发现油气田的工业价值，为开发做好准备。要查明的问题主要有：

①油气藏类型、含油气面积、油气藏高度；

②油气层的岩性、物性、电性特征及其变化规律；

③油气层的层数、有效厚度、埋藏深度、油层的层间差异及开发层系的合理划分；

④油气田的构造形态、断裂情况；

⑤油气层的压力和压力系统、油层温度；

⑥油气水在地面和地下条件下的物理、化学性质以及油气组分；

⑦油、气、水的分布规律及其控制因素；

⑧油气藏驱动类型及其特征（包括边水活跃情况、有无气顶驱动、弹性能量的大小）；

⑨地层剖面中对钻井工程有较大影响的特殊岩性层段（浅气层、高压水层、易塌层、易膨胀层和膏盐层等）的地质情况；

⑩探井在试油试采期间的油气产量和压力衰减情况。

油气田评价勘探阶段的工作步骤如下：

（1）建立项目：对构造进行地质分析，计算预期工作量及效果，确定工艺技术措施，由各石油管理局组织审定项目，报批。

（2）地震精查：测网密度为0.5km×0.5km或0.5km×1km，提交各类圈闭构造要素和分层构造图；进行地震地层学研究，提出评价井井位。

（3）评价井钻探。

（4）油气评价：完成上述勘探程序后，含油气范围、油气水层分布及油气藏驱动类型均已探明，用油层物性参数预测油气田产能，提供探明储量和控制储量。

评价井部署要遵守两条原则：一是采用从已知推向未知的原则，布置加密井，按照不同分区逐步探明油层情况，不断扩大探明储量面积；二是评价井应尽可能落在以后的开发井网上。

要全面查明油气藏，获取各项资料，就需要大量取芯和分层试油，这样势必导致勘探时间延长、投资过大。为解决该矛盾，就必须科学、合理地处理取芯、试油及勘探速度之间的关系，把三者有机地统一于整个评价勘探的总体部署中。一般来说，评价井分为三种基本类型：

①快速钻进井：一般不取芯，也不进行系统的分层试油，但要进行全套测井、岩屑录井及井壁取芯，以及大段合层试油或主力油层试油，以取得压力和产量资料；

②分层试油井：不取芯或少取芯，快速钻进，系统地分层试油，提高测井和录井解释水平，了解各含油层系分层情况（层数、厚度、产量、压力、油水关系等）；

③重点取芯井：少部分探井承担，除取芯外仍要进行其他录井。通过取芯直接对比和了解油层剖面及各储层岩性、孔隙度、渗透率，评价油层的质量，利用井壁取芯及电测等资料进行综合研究，提高电测解释精度并扩大使用范围，保证地质解释的质量。

油气田评价的单元是油气藏评价。油气藏评价从圈闭预探获得工业油气流开始，直到油气田探明并投入开发为止。它是油气勘探阶段的最终目标，主要任务是综合运用所有油气藏资料，对其构造、储层和油气分布等进行滚动式动、静态和宏、微观三维综合研究，为油气田开发提供地质依据。从广泛到具体，从粗略到精细，油气勘探过程一般会经历盆地区域勘探、圈闭预探和油气藏评价勘探三个步骤，评价目标依次为盆地（群）、区带与圈闭、油气藏，其勘探精度越来越高，工作投入越来越具体，评价结果可信度随着评价目标的缩小和工作量投入的增加而逐步提高。

油气田评价或者油气藏评价应是滚动进行的，随着勘探程度的提高和资料的积累，从宏观的油气层分布范围到微观的油气储集空间分布，不断提高精度。相应的评价部署安排意见也不断调整和完善，这一过程的研究认识程度也在不断增加。最终应完成探明储量的计算和开发方案的编制。

油气藏综合评价主要目的是对油气藏描述结果和评价结论进行客观性分析，认识存在问题，提出合理方案，以科学预测结果为依据指导决策，使研究成果迅速转化为有效的管理依据和生产目标。油气藏评价的内容主要分为油气藏地质综合评价、储量计算结果评价和工程、经济技术评价三个方面。

（1）油气藏地质综合评价。用地质分析方法对油气藏特征进行核实评价，主要包括资料数据选择应用的有效性与准确性、地质结论分析的合理性与结果分析的正确性、存在的地质问题和解决方案等。

（2）储量计算结果评价。根据地质综合评价对储量计算结果进行确认，主要包括计算方法选择的合理性、参数选择和计算结果的可靠性、储量等级、精度、丰度和影响因素、储量赋存的地质条件和基本特征、勘探部署和开发规划等。

（3）工程、经济技术评价。根据储量特点进行油气藏开发评价，主要包括油气藏地面和地下条件、工程开发条件、开采技术和采收率、开采方案和生产特征、开发投入和油气产出的经济效果预测等。

油气田评价勘探阶段结束，油气田的地质储量基本探明，标志着油气田勘探工作的结束和开发工作的开始。实际上，就油气田和油气层而言，这时可能仅探明了油气田主力区块的主力油层，至于主力油层以上层系中的油气、隔层中的油气、深层及基岩中的油气，并不完全清楚或未发现。因此，油田评价勘探阶段的结束，并不等于油气田勘探工作的最终结束。在油气田开发过程中，仍有大量的勘探工作，并且还会不断发现新的含油层位、新的区块、新的勘探领域及深层油气。

四、油气藏勘探的主要方法

油气藏勘探常用方法有以下四个：

（1）地质法。分为地面地质调查和地下地质研究，是油气田勘探开发始终使用的基本方法。所谓地面地质调查就是在岩层露头区直接观察岩石、地层和油气地面显示以及进行构造测量等工作，并通过采样实验室分析资料、地球物理、地球化学和遥感测量等地质解释资料，研究岩石、地层、构造及石油地质条件，以确定油气藏形成的可能性及其远景评价等。所谓地下地质研究是指通过钻井所获取地下岩芯、岩屑等实际资料和实验室的分析结果，并结合地球物理勘探和测井等其他方法所提供的资料，进行沉积、地层、构造和油气藏形成条件等方面的专题研究工作。

（2）地球物理法。分为物探和测井两大类。物探主要有重力、磁力、电法和地震等方法，其中地震法应用最为广泛和有效，它是利用地震仪，接收人工地震所形成的地震波。根据地震波在不同地层中传播的速度不同，就可以换算出地下各层界面的埋藏深度，从而了解地下地层的起伏情况和寻找储油构造。测井是通过钻井所钻井孔而进行的各种测井工作，包括电测井、放射性测井、声波测井、感应测井、倾角测井和能谱测井等，主要作用是在不取岩芯的情况下，通过综合解释可以解决所钻地层剖面的岩性、物性和含油性等地质问题，是小层对比、储层物性、沉积相研究等最直接、最重要的数据资料。

（3）地球化学法。也称为“化探”，包括气测法、沥青法、细菌法和水化学法等。它们的原理是当地下有油气藏存在时，油气就会向上扩散，尽管数量很少，但在漫长的地质历史过程中，总会在地表土壤或者岩石中出现一些烃类气体、微量沥青以及与烃类有关的细菌、元素和盐类等，用以进行含油性的预测和远景评价。

（4）钻井法。是最直接的找油方法。根据不同勘探阶段和任务，钻井类别主要分为三种。参数井是在区域勘探阶段为了获取区域地层剖面、岩性特征、生储盖及各种参数资料而钻的较大深度的井；探井是在工业勘探阶段为了寻找油气田和查明油气田所钻的井；生产井是在油气田开发阶段为了采油或注水所钻的井。另外，在区域勘探阶段还有制图井、构造井；在油田开发阶段还有检查井、调整井等。

五、储量

油气储量是油气藏开发的基础，是石油公司的生命线。油气藏经营管理始终是围绕着储量和产量进行的，而储量一定程度也决定着产量，因此，储量是油气勘探开发的综合反映，是至关重要的参数。

一个油气藏从发现起，经过勘探到投入开发，往往需要经历不同的阶段，而每一个阶段结束均有反映该阶段成效的油气储量。随着人们对地下油气田地质规律认识的不断深化，所获取的各项地质参数也不断地丰富、完善，因而油气储量计算的精度也就不断地提高。为了评价、对比各阶段计算油储量的可靠程度，应根据不同的勘探、开发阶段对油气储量提出相应的分级、分类和命名。

总体上我国新的储量分级大体与第十一届世界石油会议推荐的分类一致。我国的探明储量大体与证实（Proved）储量相当，控制储量与概算（Probable）储量相当，预测储量相当于可能储量（Possible），未发现资源量相当于假定的和推测的（Hypothetical + Speculative）资源量。

我国现行的储量规范从盆地勘探工作开始，就要求进行资源评价，计算资源量。储量分级、分类贯穿于整个勘探开发过程，从区域勘探预探、评价钻探以至油田开发各个阶段都有相应级别的储量。每级储量既反映所处勘探阶段的工作成果，又是指导下一步勘探、开发部署的依据。

按对油气储量认识的明确程度分为资源量、预测储量、控制储量、探明储量、可采储量。

资源量是指根据不同勘探开发阶段所提供的地质、地球物理与分析化验等资料，经过综合分析，选择运用具有针对性的方法所估算求得的已发现的和未发现的储集体中原始储藏的油气总量。

预测储量是指在圈闭预探阶段预探井获得了油气流或综合解释有油气层存在时，对有进一步勘探价值的、可能存在的油气藏估算求得的、确定性很低的地质储量。

控制储量是指在圈闭预探阶段预探井获得工业油气流（工业油气流标准如表1-3所示），并经过初步钻探认为可提供开采后，估算求得的、确定性较大的地质储量。

表1–3 工业油气流标准

深度/m	最低油流标准/(t/d)	最低气流标准/($10^4m^3/d$)
＜500	0.3	0.05
500～1000	0.5	0.1
1000～2000	1.0	0.3
2000～3000	3.0	0.5
3000～4000	5.0	1.0
＞4000	10.0	2.0

探明储量是指在油气藏评价阶段，经评价钻探证实油气藏可提供开采并能获得经济效益后，估算求得的、确定性很大的地质储量，相对误差不越过 ±20%。

可采储量是指从油气地质储量中可采出的油气数量，按期地质可靠程度、技术可行性和经济单方可进一步细分。

对油气藏储量规模和品位进行地质综合评价往往是应用可采储量。按可采储量规模大小，可以将油气藏分为五类（如表1–4所示）。

表1–4 储量规模分类

分类	原油可采储量/10^4m^3	天然气可采储量/10^8m^3
特大型	≥25000	≥2500
大型	2500～25000	250～2500
中型	250～2500	25～250
小型	25～250	2.5～25
特小型	＜25	＜2.5

按可采储量丰度（单位面积内的可采储量）大小，可将油气藏分为四类（如表1–5所示）。

表1–5 储量丰度分类

分类	原油可采储量丰度/($10^4m^3/km^2$)	天然气可采储量丰度/($10^8m^3/km^2$)
高	≥80	≥8
中	25～80	2.5～8
低	8～25	0.8～2.5
特低	<8	<0.8

按油气藏埋深大小，可将油气藏分为五类（如表1–6所示）。

表1–6 埋藏深度分类

分类	油气藏中部埋藏深度/m
浅层	＜500
中浅层	500～2000
中深层	2000～3500

续表

分类	油气藏中部埋藏深度/m
深层	3500 ~ 4500
越深层	≥ 4500

按千米井深稳定产量大小，可以将油气藏分为四类（如表1–7所示）。

表1–7 产能分类

分类	油藏千米井深稳定产量/[m^3/(km·d)]	气藏千米井深稳定产量/[10^4m^3/(km·d)]
高	≥ 80	≥ 8
中	25 ~ 80	2.5 ~ 8
低	8 ~ 25	0.8 ~ 2.5
特低	< 8	< 0.8

第二节 定油气藏

通过勘探发现油气藏，并对可工业生产的油气藏进行了详细的评价，甚至形成了更为精细的油藏描述，因此，勘探的“找”油与之后的“定”油并不存在明显的界限，“找”的过程中在逐渐“定”，“定”的过程中在更明确地“找”，相互之间彼此验证和推进。

定油气藏的主要工作可归纳成两个：油藏描述和油气藏开发设计。

一、油藏描述

油气勘探主要着眼于油气田的基本地质特征和探明储量计算，虽然它也承担为油气田开发录取资料的任务，但这毕竟不是它的主要任务，因此，油气勘探对油气田的地质认识是比较粗线条的。

油藏描述，又称RDS技术服务（Reservoir Description Service），就是对油藏各种特征进行三维空间的定量描述和表征以至预测。以沉积学、构造地质学、储层地质学和石油地质学的理论为指导，综合应用地震地层学、测井地质学、储层地质学、地质统计学等方法，以计算机为手段，定性与定量地描述三维空间中的油气藏类型、外部几何形状、规模大小、油藏内部结构、储层参数变化和流体性质及分布等，揭示油气在三维空间中的分布与变化规律。

油藏描述的目的是展示储层属性的空间分布、内部结构、油藏类型、几何形态、流体分布等特征，建立油田开发所需的油藏地质模型，最后计算储量，优化开发方案和油藏管理，提高油田开发效益和钻井成功率。

油藏描述的任务：

（1）地质构造及储集体几何形态研究。

（2）沉积相研究。

（3）储层参数的计算及空间分布研究。

（4）流体性质研究。

（5）计算油气地质储量。

（6）动态描述。

油藏描述分为三个阶段：

（1）早期油藏描述阶段。油田发现后到投入全面开发前的这一阶段可称为开发准备阶段，这一阶段所进行的油藏描述统称为早期油藏描述。

（2）中期油藏描述阶段。油田全面投入开发后到高含水（三次采油阶段）以前的这一阶段，可称为油田主体开发阶段，这一阶段所进行的油藏描述统称为中期油藏描述。

（3）精细油藏描述阶段。精细油藏描述主要针对油气田开发后期，其目的是挖潜剩余油气资源，提高采收率，因此对储层研究的定量化和精细化程度很高。

随着油气藏的开发和利用，70%以上的油气产自于中后期老油田，现代油气藏管理中更重视精细油藏描述。精细油藏描述的井数明显更多，所得到的井下地层的认识更加细化，长期的生产数据更真实地反映了储层的生产能力，对明确储层的特征提供了数据支持。在精细油藏描述阶段的主要工作是：

①精细地层划分对比。重新建立地层格架、明确地层接触关系、了解地层纵横向变化、确定油田范围内统一的地层划分与对比方案。其思路是应用多方面的数据综合分析与研究，从岩芯资料入手，建立储集体岩石特征与测井曲线特征之间的对应关系，结合地震、钻井、生产测试和生产动态等多方面的资料，在沉积理论和沉积模式的指导下，根据测井曲线特征，按照不同的地层划分与对比模式，精细划分对比每口井不同级序地层单元界限。

②精细构造描述。主要包括断层描述和顶面构造描述，主要以密井网资料为基础，用传统地质精细解剖方法以及用三维地震资料精细解释对微构造进行研究，进而重新认识储层构造的展布以及断层的分布情况。

③测井二次解释。或称测井精细解释，一般是在掌握了多井测井资料的基础上，为了对一个油田或一个区块进行精细描述而所需要做的工作，这就要求多井综合评价的结果符合地下地质特征。因此，要对所有井的测井曲线进行标准化，以消除可能存在的测井系统误差。进行测井精细解释的区块一般都拥有了一定数量的取芯和化验分析资料，对储层变化规律的认识也更加深入。

④有利区的筛选。在精细地层划分、构造认识及测井解释基础上，已经获取了油藏新的数据，由此可编制油藏的顶面构造图、沉积相图、储层物性分布图、油水分布图等相关图件，并可通过综合分析手段，选出进一步挖潜的有利区，为开发调整提供方向。

⑤新的地质模型的建立。应用精细油藏描述的成果建立新的地质模型，指导开发的同时，为后续的油藏数值模拟提供便利和全新的模型。

二、油气藏开发设计

油气藏开发设计是指在一定的含油气面积内，按照一定的开发井网、开发程序、开采方法将油气采出地面全过程的工程总体方案。油气藏开发设计是油田开发的总体规划和具体实施的全面系统的计划、部署，是油藏投入开发的基础和依据。

油气藏开发设计的主要内容包括：①划分开发层系，确定油层的开发组合和开发顺序；②选择合理的开采方式；③确定生产井和注入井（当需要注入时）的井网；④确定合理的井身结构、井底完成方法、编制射孔方案；⑤测算油井、水井的配产、配注及全油田年产油量、注水量，预测油田开发动态，提出稳产年限的做法和要求；⑥编制油田地面建设方案（集输和计量的流程及设施等）。油气田的开发方案是在大量的地质研究、油层物理、地下水力学、油气田开发动态的数值模拟、钻井工程、采油工程以及石油工业经济等综合分析的基础上做出的。大的油田还需要开辟生产实验区，以便在投入大规模开发前取得经验。即使这样，新编制的方案仍应留有应变的余地，以便在开发过程中，做适当的调整和补充。

油气藏开发设计牵涉多个专业和多个方面，但主要涉及地质工程、油藏工程和采油工艺等方面。其中，地质工程是整个开发设计的基础和主体，油藏工程是地质和采油的纽带。因此，油气藏开发设计是油气藏经营管理最为核心的工作。

影响油气藏开发设计水平的因素很多，主要有：

（1）油气田地质认识的准确程度。

（2）油气田开发方针、开发原则的科学合理正确程度。

（3）该类型油气田开发经验的积累程度。

要保证油气藏开发设计的正确性与高水平，主要应当在以下三个方面进行努力：

（1）尽可能加深对本油气田的地质认识（努力“榨干吃尽”已有的地质资料，坚决补取必需的地质资料、科学合理地开展试采与开发先导试验）。

（2）努力研究借鉴国内外同类型（或可比较）油气田的开发实践资料，研究借鉴其开发中的问题得失及原因对策并加以利用。

（3）研究采用符合本油气田条件的、具有一定可靠性与性能价格比优势的技术工艺。

油田开发设计原则要坚持少投入、多产出，具有较好的经济效益；并根据当时、当地的政策、法律和油田的地质条件，制定储量动用、投产次序、合理采油速度等开发技术政策，保持较长时间的高产、稳产。

要严格按油气田类型确定设计原则：

（1）中、高渗透率的多层砂岩油气田：如果大、中型砂岩油气田不具备充分的天然水驱条件，必须适时注水，保持油气田能量开采。一般不允许油气田在低于饱和压力下开采。

（2）低渗透砂岩油气田：要在技术经济论证的基础上采取低污染的钻井、完井措施，早期压裂改造油气层，提高单井产量。具备注气、注水条件的油气田，要保持油气田压力开采。

（3）气顶油气田：要充分考虑气顶能量的利用。具备气驱条件的要实施注气开采；不具备气驱条件的，可考虑油气同采，或保护气顶的开采方式，但必须严格防止原油窜入气顶，造成资源损失，要论证射孔顶界位置。

（4）边底水油气田：边、底水能量充足的油气田要充分利用天然能量开采。要研究合理的采油速度和生产压差，要计算防止底水锥进的极限压差和极限产量，要论证射孔底界位置。

（5）裂缝性层状砂岩油气田：要搞清裂缝发育规律，需要实施人工注水的油气田，要模拟研究最佳井排方向，要考虑沿裂缝走向部署注水井，掌握适当的注水强度，防止水窜。

（6）高凝油、高含蜡的油气田：在开发过程中必须注意保持油层温度和井筒温度。采用注水开发时，注水井应在投注前采取预处理措施，防止井筒附近油层析蜡。生产井要控制井底流压，防止井底附近大量脱气。

（7）凝析气藏或带油环的凝析油气藏：当凝析油含量大于200g/m^{3}时，必须采取保持压力方式开采以回收凝析油，油层压力要高于露点压力。应用循环注气开采时，只有在采出气体中凝析油含量低于经济极限时，才可转为降压开采。

（8）碳酸盐岩及变质岩、火山岩油气田：这些油气田一般具有双重孔隙介质性质，储集层多呈块状分布。要注意控制底水锥进，在取得最大水淹体积和驱油效率的前提下，确定合理采油速度。

（9）重油（稠油）油气田：要进行开发可行性研究，筛选开采方法。在经济、技术条件允许的情况下，采用热力开采。

油气藏开发设计需要解决涉及油气田开发的各个方面的问题。一般来说，油气田开发方案应当包括以下10个方面的内容，油气藏开发设计的基本任务就是研究解决这些问题。

（1）油气田地质情况（从构造、储集层、储集空间、渗流特征、油气水分布及性质、油气田压力温度系统、原始驱动能量和驱动类型、油气田类型8个方面进行系统深入的描述）。

（2）开发储量计算与评价。

（3）开发方针、开发原则与开发程序。

（4）开发层系、井网井距、开发方式与能量利用接替。

（5）钻井完井工艺与投产投注措施。

（6）采油（气）、注水、集输工艺。

（7）稳产方式与技术措施。

（8）采油（气）速度、采收率等开发指标。

（9）经济分析。

（10）方案实施要求。

油气藏开发设计不是一次完成的，它有一个渐进的过程，对于大型或复杂油气藏更是如此。油气藏开发设计的这一特点，是由油气田本身的复杂性、评价勘探对油气田认识的粗略性及油气藏开发的重大性决定的。

油气藏深埋地下，经历了长时期的形成和演化过程，其复杂性自不待言。油气藏开发耗资巨大，影响因素很多，其重大性不容置疑。鉴于此，在进行油气藏开发设计时，必须慎之又慎，一般采取先粗后细，分步进行并留有余地的工作程序。再加上评价勘探的主要目的在于提交探明储量，它对油气田的认识是粗线条的，仅仅依靠评价勘探的资料来完成开发设计一般是不现实的，或者说是风险极大的。要圆满地完成油气藏开发设计，就应该在开发设计进行的同时，根据该油气藏的具体情况，规划实施必要的补取资料工作，并及时应用这些资料来解决开发设计中的疑难问题。

通常，在进行油气藏开发设计时，首先根据该油气藏的地质特点与资料齐全准确程度，规划适当井点补充岩芯、测井、试油（气）及试采资料，并开辟适当井组进行开发先导试验，然后再逐次完成油气田开发概念设计、开发方案的地质设计、开发方案的工艺设计并最后完成射孔方案的设计，从而完成整个油气田开发方案设计。

第三节 采油气藏

一个含油构造经过初探发现其具有工业油气流以后，紧接着就要进行详探并逐步投入开发，即所谓的油气田开发，它是依据详探成果和必要的生产性开发试验，在综合研究的基础上对具有工业价值的油田，按照国家对原油生产的要求，从油田的实际情况和生产规律出发，制订出合理的开发方案并对油田进行建设和投产，使油田按预定的生产能力和经济效果长期生产，直至开发结束的全过程。

油气田产能建设项目建成投产后，即进入全面生产阶段，开始全面实施油气田开发过程管理。油气田开发过程是一个长期的过程，由不同开发阶段组成。各个开发阶段既有其自身特定的任务，又有相互交叉的任务。

制订合理的开发方案已归纳到“定油气藏”内容，接下来的建设和投产属于“采油气藏”的核心工作。

一、产能建设阶段

油气田开发方案经批准并列入产能建设项目后，即进入产能建设阶段。产能建设要坚持整体建设的原则，其主要任务是：按开发方案要求，完成开发井钻井、完井、测井和测试；进一步深入研究油气藏地质、动态特征，修正和完善静态地质模型；编制射孔方案；设计并实施举升工艺、注采系统、改造措施等；部署静、动态监测系统；进行投产、投注等。

产能建设阶段，也称前期开发过程管理，是实现开发方案指标和油气藏调控指标过程。其主要任务是：实现开发方案确定的技术经济指标和油气藏经营管理目标；开展油气藏静、动态监测和阶段性油气藏精细描述，可采储量标定，搞好油气田注采调整和综合治理，实现油气藏调控指标。

二、油气生产阶段

产能建设阶段实现了油气藏的总体开发指标，为了保持或进一步提高开发效果，就需要进行开发调整、打加密井、实施三次采油等措施，这一系列过程是油气生产阶段主要工作。油气田进入正式生产阶段，开发调整和提高原油采收率成为改善开发效果的根本决策。油气田开发调整的主要任务是：分析层系、井网、注水方式、采油工程和地面建设工程的适应性，探明储量复算、可采储量标定、未动用储量评价，进行层系、井网和注采系统、采油工程和地面建设工程的调整改造，编制油气田开发调整方案。提高原油采收率一般包括：进行改善的二次采油和三次采油，其目的是通过一系列技术措施，不断改善开发效果，增加可采储量，进一步提高资源的利用率。建立科学的开发程序是正确认识和合理开发油气田的重要部署。由于各个油气田的主、客观情况不同，其开发程序也不完全相同。一般应采取"认识一步，前进一步"的方式，分步骤地逐渐深化对油气田的认识，以指导下一步油气田的开发部署和实施。

油气生产阶段也称为管理调整阶段，主要任务有：①进行开发分析及开发动态历史拟合，以掌握油水运动状况、储量动用状况及剩余油分布状况；②实施各种增产增注措施，调整好注采关系，包括日常局部调整、阶段性系统调整和加密井网；③预测未来的开发趋势，拟定采取的开发措施，开展各种先导试验，直至最后进行三次采油。

产能建设阶段和油气生产阶段统称为油气田开发阶段。从油藏地质研究的角度，也可将油气田开发阶段分为开发早期、开发中期和开发后期阶段。

开发早期阶段：也称开发初期阶段，是指开发方案正式实施，即开发基础井网全部完钻后所开展的油气田开发阶段。注水开发油田的综合含水率一般小于40%。该阶段油藏地质研究的主要任务是以开发基础井网的新增资料为基础进行油藏地质再认识，落实构造储层与油层分布状况等，检查开发方案设计的符合性，为储量复算、井别调整等提供地质依据。

开发中期阶段：为油田开发的主体阶段，一般可采出可采储量的50%～60%。注水开发油田的综合含水率一般为40%～80%。该阶段油藏地质研究的主要任务是研究储层层间和平面的变化规律，认识各类油藏储量动用状况、水驱控制程度、水驱受效及水淹状况、可采储量测算潜力大小及分布特点等，为井网调整及层系调整提供地质基础。

开发后期阶段：为油田采出程度和含水率均较高（含水一般大于80%）的"双高"阶段。在该阶段，大量的油气已被采出，但仍有相当数量的油气滞留在地下（一般为65%以上），剩余油以不同规模、不同形式不规则地分布于油藏中。同时，由于储层经过长期水驱（或其他驱替剂）冲刷，储层性质及流体性质也发生了变化，从而加剧了油藏非均质程度。因此，为了提高油田最终采收率，尚需要进一步深化油藏质的认识。

"采油气藏"是一个长期动态调整的过程，相对比"定油气藏"的短期方案设计来讲，油气藏经营管理的节奏慢了很多，但涉及的学科领域变多了，实际生产管理更为繁杂，生产过程面临的不确定问题随时会出现，因此，该过程对多学科协同的需求一点也不比"定油气藏"时少，再加上生产对方案的验证、新数据对原预测的验证、新模型对方案调整的需求等，"采油气藏"过程的油气藏经营管理更需要耐力和坚持。

"采"的过程中涉及的学科很多，以油气田开发工程涉及的学科领域为例说明专业领域的宽广特点。

油气田开发工程是一门认识油气藏，运用现代综合性科学技术开发油气藏的学科。它不仅是方法学，而且是指导油田开发决策的学科。其基本内容是在油藏描述建立地质模型和油藏工程模型的基础上，研究有效的驱油机制及驱动方式，预测未来动态，提出改善开发效果的方法和技术，以达到提高采收率的目的。它是知识密集、技术密集、资金密集的工业，是个综合应用多学科的巨大工程。可概括为以下几个方面：①油气田的早期评价和开发可行性研究，还可做出若干开发试验的设计，为油气田是否全面开发提供依据；②油气田的开发设计与全面开发，其主要内容有进行油气藏描述、选择合理的开采方式、合理划分开发层系、部署井网、确定油气田合理的开发速度及生产水平、采用油气藏数值模拟等方法进行各种开发方案的计算、确定油气田钻采工艺及测井技术、结合地面设施，全面进行经济技术指标的分析和对比，选择出最佳的开发方案、制订方案实施细则等内容；③方案的局部或全面调整等。

油气田开发工程是根据地质学、物理学、化学、生物学、力学及材料科学与工程学等原理，对石油和天然气资源、非传统煤层气资源、天然气水合物资源进行开发、利用的科学技术。要科学地、合理地开发油气田，首先要对油气层及其中流体的特性有深刻的认识；其次要研究适合于该油气田情况的开发方式、层系划分、井网部署、采油方式等。同时，在油气田的开发过程中，还要经常对油气层的动态进行预测和分析，以不断加深对油气田的认识，进行油气田开发方案的调整以进一步提高采出程度，做到自始至终地、科学与合理地开发油气田。由此，油气田开发工程学科基本上定位于以下五个方向：油气渗流理论与应用、油气田开发理论与系统工程、采油工程理论与技术、提高采收率与采油化学和非常规油气能源开采理论与技术。

管理小常识

协同效应

简言之就是“1+1>2”的效应，强调协同作战产生的整体效益远远高于各部门之间努力工作所产生效益的总和，这也是协同工作法成功奥秘所在。

协同效应又称增效作用，是指两种或两种以上的组分相加或调配在一起，所产生的作用大于各种组分单独应用时作用的总和。协同效应常用于指导化工产品各组分组合，以求得最终产品性能增强。

1971年，德国物理学家赫尔曼·哈肯提出了协同的概念；1976年系统地论述了协同理论，并发表了《协同学导论》等著作，协同论认为整个环境中的各个系统间存在着相互影响而又相互合作的关系。例如，企业组织中不同单位间的相互配合与协作关系，以及系统中的相互干扰和制约等；这种使公司整体效益大于各个独立组成部分总和的效应，经常被表述为“1+1>2”或“2+2=5”，安德鲁·坎贝尔等（2000）在《战略协同》一书中说：“通俗地讲，协同就是‘搭便车’。当从公司一个部分中积累的资源可以通过横向关联取得协同效应被同时且无成本地应用于公司的其他部分的时候，协同效应就发生了”；蒂姆·欣德尔（2004）概括了坎贝尔等人关于企业协同的实现方式，指出企业可以通过共享技能、共享有形资源、协调战略、垂直整合、与供应商的谈判和联合力量等方式实现协同。

课件“码”上来

第二章 地球物理化学勘探方法

在盆地、坳陷、断裂带等有利油气储集的不同级别构造中，地球物理化学勘探可以圈定勘探靶区、划定油气前景区域、指出油气藏的构造特征等，是找油气藏的初期工作。除地震勘探方法外，许多方法作为前期勘探的一个基础，成本低，但是未实现对地质的精确认识，其主要用途是界定沉积盆地及其内部构造的分布，对于展现沉积盆地的大范围沉积建造具有重要意义。

地球物理化学勘探主要分为地球物理勘探和地球化学勘探。

第一节 地球物理勘探

地球物理勘探简称“物探”，它是指通过研究和观测各种地球物理场的变化来探测地层岩性、地质构造等地质条件的专业技术。由于组成地壳的不同岩层介质往往在密度、弹性、导电性、磁性、放射性以及导热性等方面存在差异，这些差异将引起相应的地球物理场的局部变化。通过测量这些物理场的分布和变化特征，结合已知地质资料进行分析研究，就可以达到推断地质性状的目的。该方法兼有勘探与试验两种功能，和钻探相比，具有设备轻便、成本低、效率高、工作空间广等优点；但由于不能取样，不能直接观察，故多与钻探配合使用。

地球物理勘探所给出的是根据物理现象对地质体或地质构造做出解释推断的结果，因此，它是间接的勘探方法。此外，用地球物理方法研究或勘查地质体或地质构造，是根据测量数据或所观测的地球物理场求解场源体的问题，是地球物理场的反演问题，而反演的结果一般是多解的，因此，地球物理勘探存在多解性的问题。为了获得更准确更有效的解释结果，一般尽可能通过多种物探方法配合，进行对比研究，同时，要注重与地质调查和地质理论的研究相结合，进行综合分析判断。

人类居住的地球表层是由岩石圈组成的地壳，石油和天然气就埋藏于地壳的岩石中，埋藏可深达数千米，眼看不到，手摸不着，所以，要找到油气首先需要搞清地下岩石情况。怎样才能搞清地下岩石的情况呢？这要从岩石的物理性质谈起。岩石物理性质是指岩石的导电性、磁性、密度、地震波传播等特性。由于地下岩石情况不同，岩石的物理性质也随之而变化。各种物理性质都表现为一种或几种不同的物理现象，如导电性不同的岩石在相同的电压作用下，具有不同的电流分布；磁性不同的岩石，对同一磁铁的作用力不同；密度不同的岩石，可以引起重力的差异；振动波在不同岩石中传播速度不同等。运用现代技术，完全可以记录到上述物理现象的变化，进而可以了解地下岩石的性质及其分布规律，达到寻找地下油气的目的。

地球物理勘探常利用的岩石物理性质有：密度、磁导率、电导率、弹性、热导率、放射性。与此相应的勘探方法有：重力勘探、磁法勘探、电法勘探、地震勘探、地温法勘探、核法勘探。根据测量所在的空间位置和区域的不同，又可以划分为地面地球物理勘探、航空地球物理勘探、海洋地球物理勘探、钻孔地球物理勘探等。根据研究对象的不同，还可划分为金属地球物理勘探、石油地球物理勘探、煤田地球物理勘探、水文地质地球物理勘探、工程地质地球物理勘探和深部地质地球物理勘探等。

在地球物理勘探方法中，应用最为广泛、对油气藏的认识更为全面和精确的是地震勘探。为了更系统地认识它，本书把地震勘探的内容单独设置一章来介绍。本节介绍四种地球物理勘探的方法。

一、油气遥感

遥感就是首先利用传感器接收地面物体的反射或发射的电磁波信号，并用图像胶片或数据磁带记录下来，传送到地面，然后经过信息处理、判读分析和野外实地验证，最终服务于资源勘探、动态监测和相关部门的规划决策。这一获取信息、传送、处理、分析判读和应用遥感数据的过程称为遥感技术，它是建立在物体反射或发射电磁波的原理基础之上的。

油气遥感预测方法可概括为间接油气遥感和直接油气遥感两种：

（1）间接油气遥感理论认为，局部构造是地应力作用的产物，应力通过地层向上传导，在地表或近地表引起相应的形变和构造形迹，即地表形态和结构与地下的构造有一定的关系。遥感图像真实地记录了地质构造形迹、地表几何形态及其物理特征，信息密度大且连续性好，具有高度的概括性，并含有大量隐伏地质构造的信息特征。因此，可以根据遥感图像上的色调特征、纹理特征、水系特征等标志，解释与油气资源有关的旋扭构造、断鼻构造、断块背斜构造等局部构造和隐伏构造。通过野外地质验证，确定这些局部构造的含油气远景，为进一步勘探提供靶区。

（2）直接油气遥感是根据烃类微渗漏原理，通过图像处理方法，提取与烃类微渗漏有关的地表蚀变矿物，进而预测油气藏位置的方法。据统计，世界上绝大多数的油田都存在油气的微渗漏现象。深埋于地下的油气藏中的烃类物质在巨大的压力下，通过地层孔隙、裂隙、节理、断层等薄弱带，以多种方式运移到地表，甚至扩散到近地表的空中，从而引起地表的一系列反应，如植物中毒、岩石矿物褪色、土壤吸附烃异常、黏土矿物富集异常、放射性异常、碳酸岩富集异常等，这些异常必然反映为遥感图像色调和结构的异常，这些异常不仅出现在烃类物质的特征波段上，而且也出现在蚀变体的特征波段上。这种异常表现为波谱特征吸收峰或反射峰的位置偏移或强度增减，在遥感图像上表现为不同的能量数值即灰度变化。因此通过各种遥感图像处理方法，提取和增强与烃类密切相关的遥感图像异常信息，从而可确定油气微渗漏的位置，圈定勘探靶区。

在遥感油气勘探多年的应用实践中，遥感油气勘探理论和观测技术初步完善，采集系统与处理软件基本配套，空间信息与光谱信息实现了综合应用。在理论研究方面，油气渗漏理论趋于成熟，遥感探测仪多样化发展，海量遥感数据并行处理初步实现。在技术应用方面，陆上油气蚀变矿物波谱完成建库，雷达遥感监测海洋油膜应用广泛，多光谱遥感图像成为勘探基础资料，高光谱遥感油气直接识别成为新手段。

二、重力勘探

重力勘探方法是发展较早的一种地球物理勘探方法，它是在重力测量学的基础上发展起来的。各种岩石和矿物的密度是不同的，根据万有引力定律，其引力也不相同。据此研究出重力测量仪器，测量地面上各个部位的地球引力，排除区域性引力的影响，就可以得出局部的重力差值，从而发现异常区，这一方法叫作重力勘探。它就是利用岩石和矿物的密度与重力场之间的内在联系来研究地下的地质构造。

在沉积盆地中，油气藏与其下充满水的储层之间的密度差可达0.1～$0.3g/cm^3$，与致密盖层间的密度差更是高达0.2～$0.6g/cm^3$。这足以引起与油气有关的重力负效应。

油藏异常约为0.05～0.2mGal（mGal：$10^{-3}cm/s^2$，毫伽，为了纪念意大利科学家伽利略，把cm/s^2称为伽，重力加速度的标准值为$g = 9.80665m/s^2$），气藏异常约为0.15～0.3mGal，有多套油气藏时，异常值可达1～3mGal，边界位置的异常梯度增大。

应用普通精度的重力测量，在许多地方可以探测到大中型储油气层的重力负效应。使油气田具有生产价值的因素，诸如规模大、丰度高、深度小、孔隙度高、石油相对密度大以及气油比高等都能引起明显的重力负异常。

根据油气藏的重力效应，可以应用重力技术对圈闭进行油气检测，甚至可以对油气藏的开发过程进行动态监测。

重力测量常用于研究区域构造，划分出进一步进行地球物理勘探工作有希望的地区，寻找一、二级油气构造，直接提取油气信息。

重力勘探的工作任务大体上分为四个阶段：

（1）预查是在勘探空白区进行的大范围的、小比例尺的重力测量，其目的是在较短的时间获得有关大地构造基本轮廓的资料——填补资料空白。

（2）普查是在具有进一步工作价值的地区开展的工作，其目的是划分区域地质构造，比较确切地指示成矿地带——指示成矿区带。

（3）详查是在成矿地带研究重力场的规律和特点，提出构造或矿体的位置和产状——发现目标储层。

（4）细测是对已知矿体、储油气构造等目标进行详细研究，确定其产状、规模等要素——研究已知矿体。

三、磁法勘探

磁法勘探方法是利用地壳内各种岩矿石间的磁性差异所引起的磁场变化（称为磁异常）

来寻找有用矿产和查明地下地质构造的一种地球物理勘探方法。磁法勘探常用于石油、天然气构造的普查和不同比例尺的地质填图及构造的研究。

油气聚集体上方的沉积物中出现具有磁性的磁铁矿，可能的原因有三个：一是沉积物中的赤铁矿被硫化氢还原为磁铁矿，这些硫化氢是由于细菌从碳氢化合物中择取食物，还原侵入水中的硫离子而形成的；二是溶解状态下的还原铁与赤铁矿和水结合而成磁铁矿；三是在一定深度产生的铁离子向上运移到氧化区，缓慢氧化直接生成磁铁矿。

无磁性的赤铁矿转化为磁铁矿，在航磁总场记录中表现为“波纹”异常，在资料处理中能够很容易地被识别出来。成岩作用的磁信号可以从它较长的“波长”及高幅值识别出来。

在磁法勘探中，对磁力的预测值应进行校正，求出只与岩石矿物磁性有关的磁力异常。一般铁磁性矿物含量越高，磁力越强。在油气田区，由于烃类向地面渗漏而形成还原环境，可把岩石或土壤中的氧化铁还原成磁铁矿，用高精度的磁力仪可以测出这种磁异常，从而与其他勘探手段配合，发现油气田。

磁力勘探能够测量出磁场的微小变化。磁性岩石的分布及其发生的任何变化都会引起磁场的相应变化。根据磁异常资料确定了基岩的深度，也就确定了沉积岩的厚度，这对研究油气生成条件有用。如果沉积地层和基底岩层间存在继承性关系，在确定了基底岩层起伏的情况下，可以间接研究上覆沉积地层中有利于油气聚集的构造，因而也能对油气勘查提供有用的资料。

高精度磁测在油区可完成以下地质任务：①研究由磁性和弱磁性地层所组成的褶皱基底的成分和构造，编制弱磁性断裂和摆皱基底的构造图；②确定弱磁性基底的埋深和基底面的起伏形态，在此基础上划分沉积盖层中的继承性构造；③绘制弱磁性沉积盖层的各种构造图；④在弱磁性沉积地层中划分断裂构造，其中包括含油远景构造。

四、电法勘探

电法勘探方法是利用人工或天然产生的电、磁场在时间域或空间域的分布特征，来探明地质构造或进行直接、间接找矿的一类地球物理勘探方法的统称，简称电法勘探。

电法勘探以岩石和矿物的电性差异为基础，主要研究的电性参数有电阻率、介电常数及电化学活动性等。电法勘探种类较多，石油电法勘探一般采用直流电测深、大地电磁测深、可控源声频大地电磁测深、差分标定电法、大地电场岩性探测法等方法。

以电阻率法为例，简要介绍电法勘探。电阻率法是传导类电法勘探方法之一。它是建立在地壳中各种岩矿石具有各种导电性差异的基础上，通过观测和研究与电阻率差异有关的天然电场或人工电场的分布规律，从而达到查明地下构造或者寻找有用矿产的目的。表2–1为不同岩石的电阻率值。根据主要岩矿石电阻率及其变化范围不同，由此可以大体上判断出岩石类型，如沉积岩的电阻率：$10 \sim 10^3\Omega\cdot m$，火成岩的电阻率：$10^2 \sim 10^5\Omega\cdot m$。地层岩性之间、侵入岩、变质岩及构造带，均有不同的电性差异，这就为开展矿区内勘查的电法工作，提供了间接的地球物理条件。

表2-1 几种常见岩石的电阻率值

沉积岩	电咀率/(Ω·m)	岩浆岩	电阻率/(Ω·m)	变质岩	电阻率/(Ω·m)
黏土	10^{-1} ~ 10^{1}	花岗岩	10^{2} ~ 10^{5}	泥质板岩	10^{1} ~ 10^{3}
泥岩	10^{1} ~ 10^{2}	正长岩	10^{2} ~ 10^{5}	结晶片岩	10^{2} ~ 10^{4}
粉石岩	10^{1} ~ 10^{2}	闪长岩	10^{2} ~ 10^{5}	大理岩	10^{2} ~ 10^{5}
砂岩	10^{1} ~ 10^{3}	辉绿岩	10^{2} ~ 10^{5}	片麻岩	10^{2} ~ 10^{4}
砾岩	10^{1} ~ 10^{4}	玄武岩	10^{2} ~ 10^{5}	石英岩	10^{3} ~ 10^{5}
石灰岩	10^{2} ~ 10^{4}	辉长岩	10^{2} ~ 10^{5}		
泥质页岩	10^{2} ~ 10^{3}				

许多因素都会对岩石的电阻率产生影响，主要的影响因素以及变化规律有如下几点：

（1）金属矿物含量越高，电阻率越低。侵染状结构的岩石电阻率大于细脉状结构的岩石。

（2）随着孔隙度和含水率的上升，岩石的电阻率会下降。

（3）水溶液矿化度越高，岩石的电阻率越低。

（4）环境的温度升高，溶解度和离子活性随之升高，电阻率因此会下降。

（5）地层的压力升高，孔隙度下降，岩石的电阻率升高；但是当地层压力超过岩石的压力极限时，岩石会破碎，电阻率会下降。

第二节 地球化学勘探

地球化学勘探简称“化探”，是利用地球化学的原理研究某地域内地表和地下的元素分布情况，从而找出它们的地球化学规律，进一步用来指导找矿的勘察方法。在系统分析测试自然界中含矿物质的过程中，通过发现与油气有关的化探异常，从而评价区域的含油气前景和寻找油气藏的一种低成本、高效率的油气勘探方法。

一、地球化学勘探机理

油气地表出现的地球化学异常现象是因地质问题而产生。在地质活动当中，地下深层油气的生成、聚集和氧化等过程都会在地表形成特殊现象。油气中的成分会渗透岩层向地表迁移，地下油气的活动会对周围介质和油气覆盖层产生深远影响，油气会改变周围介质中的元素组合，同时也会改变自身的化学性质，油气运移的影响区域会逐渐形成新的元素动态平衡体系。在油气生成后，油气的运移现象才会出现。油气运移具有连续性，在反复运移过程中，油气会留下可被检测的地球化学痕迹。油气化探就是对这些遗留的物质进行检测，在了解了化学特征后，综合地质勘探资料、油气化学变化的时间差以及油气运移的空间差来预测含油气区域。

油气化探指标主要有与油气藏有密切关系的烃类指标（如酸解烃、热释烃、游离烃、罐顶气、吸附气、荧光等），间接指标汞（Hg）、钴（Co）、镍（Ni）、锶（Sr）、钡（Ba）等金属元素，衍化指标后生碳酸盐（ΔC）、二价铁（ Fe^{2+} ）、电导率（Ks）、卤素氟（F）、碘（I）和放射性铀（U）、氡（Rn）等30多个指标。其中，酸解烃（$SC_1 \sim SC_4$）是寻找油气藏的直接指标，它是指吸附在土壤颗粒表面孔隙或滞留于矿物晶格缺陷中的烃类气体，主要包括甲烷、乙烷、丙烷，对油气藏的规模有很好的指示效果。汞（Hg）是寻找油气藏的间接指标，与烃类异常结合可粗略推测油气藏的赋存位置，它通常在油藏上方形成顶部异常，在气藏上方形成环状异常，故汞（Hg）不仅对油、气藏的富集部位、规模有很好的指示效果，而且对油、气藏的性质有一定的指示效果。

由于受到油气藏内外压力差、浓度差、水动力作用的驱动，油气藏中的各种有机、无机组分（特别是气体组分），以扩散、渗透、微气泡、离子络合物等迁移方式，通过断层、裂缝、解理、层间网络毛细管等多种通道垂向迁移至地表，在地表土壤中形成油气化探异常。由于受到油气藏类型、迁移方式、迁移途径及各指标地球化学性质、行为异常的影响，导致在地表上形成几何形态各异的油气化探异常。

油气化探指标显示主要有“顶部晕”和“环带晕”两种异常类型。在油气田正上方地表与油气田中心垂直投影位置以块状异常出现的称为“顶部晕”，在油气藏边缘出现围绕气藏分布的称为“环带晕”。当某一指标同时出现环带晕与顶部晕时，则称作环中顶异常。但是，由于油气化探是一门多指标综合地球化学勘查方法，在同一个油气藏上方不同指标的异常形态不一定相同，并且同一指标在不同油、气藏上也会出现明显差异，因此不同油、气藏上的综合化探异常模式各不相同。

二、地球化学勘探技术方法

油气垂向运移的结果，不但会使近地表形成烃异常，同时还会产生各种次生蚀变，导致其他地球化学环境发生变化。在这些变化中，最直接的仍然是烃浓度变化。而烃在地表又有三种存在形式：①呈气体状态存在于土壤颗粒间，称为游离烃。②吸附于细粒物质表面或矿物晶格中，称为吸附烃。③溶解于地下水中，称为溶解烃。

通用的油气化探指标体系，主要是以上述三种不同相态的烃类作为主成分指标，对地表的烃类物质（$C_1 \sim C_5$）进行检测分析，辅之以伴生组分指标（如Hg、微量元素、放射性元素）和各类衍生物指标（如后生碳酸盐、吸附相态汞、电导率）来综合评价，再与区域地质背景及油气运聚关系相结合，对有利含油区带及油气聚集区进行评价。

1. 直接法

1）游离烃检测技术

由于游离烃是以气态分布在土壤中，使该技术对取样的密封性要求非常高，同时不用通过浓缩即可直接检测到近地表的烃气含量，因而具有比较强的异常分辨能力。游离烃组分与下伏油气藏有一定对应关系。通过特征组分分析，可预测油气藏性质，并对异常成因进行判别。

通常的做法是：用特制钻具钻至地表以下特定的深度（由试验确定），用一次性无菌注射器从钻杆中抽取底部气体，直接送到仪器车上的气相色谱仪中，对$C_1 \sim C_5$组分进行分析，精度达到气体体积分数的1×10^{-6}级。需特别注意的是操作过程中的密封性。

2）吸附烃检测技术

吸附烃是烃类在地表存在的主要形式，因而对吸附烃的分析研究是主成分指标研究中的最重要部分之一。其过程是首先通过采集土壤样品，并经过严格的加工，然后通过实验室分析获得$C_1 \sim C_5$数据。

2. 间接法

1）后生碳酸盐（ΔC）

在石油聚集带上方，油气藏渗出的烃，使土壤中的碳酸盐发生了蚀变，而留下永久性痕迹，故称之为"化石异常"。通过测量土壤碳酸盐中的热解产物，可找出由烃类蚀变的特殊的碳酸盐。它不同于常见的碳酸盐中的碳，故定名ΔC。

ΔC是寻找油气藏的间接指标之一，常与吸附烃异常结合起来粗略推测油气藏的保存状况。ΔC是在500～600℃的特定温度下一种特殊的后生碳酸盐，它能分解释放出CO_2，它是烃类的衍生产物，形成时会消耗掉烃类物质，相对于烃类来讲有滞后效应。

2）吸附相态汞（Hg）

吸附相态汞（Hg）也是化学勘探中寻找油气藏的间接指标之一。有机物对Hg有较强的吸附能力。当生油岩进入生油门限时，有机质开始向油气转化，原始生油有机质中的Hg也开始再富集。随着生油岩中油气的运移，Hg也同石油天然气一起运移到有利圈闭中富集、储存。由于Hg具有极高的电离势和极小的分子直径，当油气藏中的烃类向上运移时，Hg更易向上运移并在地表土壤中富集形成Hg异常。

3）电导率（Ks）

Ks反映的是水溶性离子浓度的总和，包括K^+、Na^+、Ca^{2+}、Mg^{2+}等离子。在动态平衡作用下，油气藏像一个巨大的原电池，在电场的作用下，油田水和围岩中的K^+、Na^+、Ca^{2+}、Mg^{2+}等离子可以沿着电力方向和气藏顶部、气水界面处盖层中相对薄弱部位的解理、裂缝等各种微通道向地表垂向运移，故形成Ks异常。因此，Ks也是寻找油气藏的辅助指标。

4）二价铁（Fe^{2+}）

来自油气藏的烃类气体在还原菌的作用下，产生还原剂（如HCO^{3-}及H_2S）可以使Fe^{3+}还原成Fe^{2+}，因而在土壤中形成了Fe^{2+}异常。

由于Fe^{2+}异常与烃类、ΔC异常等有内在的成因联系，所以利用Fe^{2+}异常与烃类、ΔC异常等多项指标综合应用来寻找油气藏就更可靠，还可排除一些非油气藏因素引起异常的干扰。

3. 油气微生物勘探法（MPOG）

油气微生物勘探法（MPOG）是地表地球化学勘探法之一，包括物理化学基础和微生物学基础两方面。MPOG的原理是：轻烃以"微泡上浮"，从深部油气藏向上垂直运移，逸出到油气藏上方的表层土壤中，为以轻烃为食料的高度专一性细菌——烃氧化菌的发育创造了良好的条件，导致细菌的数量与活性大大增加，从而形成烃氧化菌浓度与活性的异常区。根据这种可检测的微生物异常区可以评价和预测下伏油气藏的存在和性质。

4. 微量元素分析方法

用于油气化探指标的微量元素有很多，这些微量元素按其化学属性可分为以下四类：

1）变价金属

石油中的微量元素，以钒（V）、镍（Ni）为主，二者可占微量元素总量的50%～70%，石油中的V和Ni的含量大于岩石圈中V和Ni的平均丰度。由于垂向微渗漏的烃改变了土壤的pH和Eh（氧化—还原电位），使V、Ni在油气藏上方近地表形成环形晕。测定土壤中V和Ni的含量特征，可以对下伏地层的含油气信息进行判断。

2）碱土金属

由于微渗漏烃引起的上覆盖层及土壤层地球化学环境发生改变，使Ba、Sr在气藏上方的地层及土壤中富集形成异常。

3）放射性元素

油气田上方一般呈现微弱的低值放射性异常，而在油气田边缘常出现放射性高值异常，大体对应于油气田在平面上的轮廓。在剖面上异常表现为中间低、两边高，并向外围逐渐变为正常场。这种环状晕圈异常称为“烟囱效应”。

4）卤素元素

由于烃与碘的化合作用，形成了相对稳定的碘化合物，造成碘在地表土壤中发生富集。地下油气藏中烃的垂向运移对近地表土壤碘元素起了一种“固化”作用，致使油气赋存区上方近地表土壤介质中的碘浓度升高。

管理小常识　蝴蝶效应

1963年，美国麻省理工学院气象学家洛伦兹（Lorenz）为了预报天气，用计算机求解仿真地球大气的13个方程式。为了更细致地考察结果，他把一个中间解取出，提高精度再送回。而当他喝了杯咖啡后回来再看时竟大吃一惊：本来很小的差异，结果却偏离了十万八千里！计算机没有毛病，于是，洛伦兹认定，他发现了新的现象：“对初始值的极端不稳定性”，即“混沌”，又称“蝴蝶效应”，其大意可理解为：一只南美洲亚马逊河流域热带雨林中的蝴蝶，偶尔扇动几下翅膀，可能在两周后引起美国德克萨斯一场龙卷风。或者，亚洲蝴蝶拍拍翅膀，将使美洲在几个月后出现比狂风还厉害的龙卷风。其原因在于，蝴蝶翅膀的运动，导致其身边的空气系统发生变化，并引起微弱气流的产生，而微弱气流的产生又会引起它四周空气或其他系统产生相应的变化，由此引起连锁反应，最终导致其他系统的极大变化。

这个发现非同小可，以致科学家都不理解，几家科学杂志也都拒登他的文章，认为“违背常理”：相近的初值代入确定的方程，结果也应相近才对，怎么能大大远离呢。“蝴蝶效应”之所以令人着迷、令人激动、发人深省，不但在于其大胆的想象力和迷人的美学色彩，更在于其深刻的科学内涵和内在的哲学魅力。而恰好就是这一点让人很难理解。

此效应说明，事物发展的结果对初始条件具有极为敏感的依赖性，初始条件的极小偏差，将会引起结果的极大差异。“蝴蝶效应”在社会学界用来说明：一个坏的微小的机制，如果不加以及时地引导、调节，会给社会带来非常大的危害，故称为“龙卷风”或“风暴”；一个好的微小的机制，只要正确指引，经过一段时间的努力，将会产生轰动效应，或称为“革命”。

课件“码”上来

第三章　地震勘探技术

地震勘探就是利用对人工激发的弹性波被岩石反弹回来的规律解决地质构造问题。通过人工激发所产生的地震波在地壳内的传播，当遇到弹性性质不同的分界面时可以产生反射、折射等物理现象，利用地震仪在地面将反射及折射的地震波接收并记录下来，经过分析和研究，推算地下不同岩层分界面的埋藏深度等要素，来了解地层的构造形态。

地震勘探是地球物理勘探中最重要、解决油气勘探问题最有效的一种方法。它是钻探前勘测石油与天然气资源的重要手段。尤其是储层反演和预测，以地震资料为基础，用钻井、测井资料进行约束，研究含油气储层的岩性、储层物性空间变化特征等，为油藏描述提供了最基础的资料，奠定了地质模型的基础。由于地震信息具有覆盖面广，可提供无井区以及井间地质信息的优势，因而储层反演和预测已成为石油勘探开发研究中不可缺少的一项技术。

从勘探程序看，地震勘探可以分为以下三个阶段：

第一阶段是野外工作。在地质工作和其他物探工作初步确定的有含油气希望的地区，布置测线，人工激发地震波，并用野外地震仪把地震波传播的情况记录下来，得到记录了地面振动情况的原始数据。

第二阶段是室内资料处理。将野外记录的地震信息，转换成便于进行地质解释的形式，即将原始资料转换成经过校正的类似于地质构造显示的地震记录剖面。资料处理更重要的目的是消除或压制地震记录上的噪声，改善或加强反射信息，并提高反射信号的分辨率。

第三阶段是地震资料的解释。运用地震波传播理论和石油地质学的原理，综合地质、钻井和其他物探资料，对地震剖面进行深入的分析研究，确定地质构造的形态和空间位置，推测地层的岩性、厚度和层间接触关系，确定地层圈闭及含油气可能性，直接为钻探提供井位。

第一节　地震勘探基本原理

地震勘探就是利用人工方法引起地壳振动，如利用炸药爆炸产生人工地震，再用精密仪器记录下爆炸后地面上各点的震动情况。在地面上某点打井放炮后，爆炸产生的地震波向下传播。地震波遇到地层（速度与密度的乘积有差异）的分界面时，通常会发生反射；同时另一部分地震波还会继续向下传播，碰到相似的地层界面后还会产生反射和透射，即一部分地震波的能量反射回地面，另一部分继续向下传播。与此同时，地面上精密的仪器把来自各个地层分界面的反射波引起地面振动的情况记录下来。然后根据地震波从地面开始向下传播的时刻和地层分界面反射波到达地面的时刻，得出地震波从地面向下传播到达地层分界面，又反射回地面的总时间，再用别的方法测定出地震波在岩层中传播的速度，最后就可得到地层分界面的埋藏深度了，地震勘探原理示意图如图3–1所示。

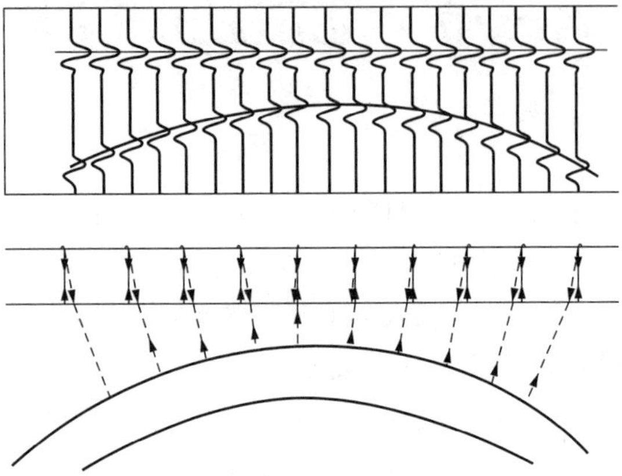

图3–1 地震勘探原理示意图

沿着地面上的一条测线，一段一段地进行观测，对观测结果进行处理后，就可得到形象地反映地下岩层分界面埋藏深度起伏变化的资料—地震剖面图。在一个可能有油气的地区（称为工区）内，布置多条测线，形成测线网，并在多条测线上进行这种观测之后，可得到地下地层起伏的完整概念，再综合其他物探方法和地质、钻井等各方面的资料，进行去伪存真，去粗取精，由此及彼，由表及里的分析、研究，就能查明可能储存油气的地质构造，最后确定钻探的井位。

上面介绍的地震勘探原理不难理解，但是真正实现起来有很大的困难。例如在沙漠或黄土覆盖的地区要用人工方法产生较强的地震波就很不容易；炸药爆炸后，地面上的仪器除了接收来自地层界面的反射波外，还会接收其他各种各样的波，如风吹草动、树木、电杆、汽车等反射的波，它们都会干扰反射波的接收，往往造成以假乱真；为此人们发展了用于指导地震勘探生产实践的理论和专门的仪器设备，以及一套生产施工的组织和方法。

根据观测的点、线、面、时空等内容的不同，地震勘探可以分为一维地震勘探、二维地震勘探、三维地震勘探和四维地震勘探。

地震勘探中的一维地震勘探是观测一个点的地下情况；二维地震勘探是观测一条线下面的地下情况；三维地震勘探是观测一块面积下面的地下情况；若在同一地区不同时间重复做三维地震勘探，则可称之为四维地震勘探。四维地震勘探是观测同一块面积下面不同时间的地下变化情况。根据地质任务和达到的目的不同，可采用不同维的勘探方法。

将检波器由深至浅放在井中不同深度，每改变一次深度在井口放一炮，记录地震波由炮点直接传到检波器的时间，这种只在一口井中观测的方法叫一维地震勘探。它能测出该井孔中地层的速度，借此可以确定各个地层的深度和厚度。

将多个检波器与炮点按一定的规则沿一直线（称测线）排列，在测线上打井、放炮和接收，采集完一条测线再采集另一条测线，最后得出反映每条测线垂直下方地层变化情况的剖面图（二维剖面图）。这种方法从20世纪20年代初期已开始使用直至今天。

如果想看地下物体真实的立体图像就需要做三维地震勘探。它是由二维地震勘探发展来的。三维地震主要在地下条件更复杂的地区或地表难以进行二维地震勘探的地区采用；另外，在已发现油田的地方，为优化油田的勘探开发方案可提出进行三维地震勘探。三维地震勘探与二维地震勘探的主要差别是激发点与接收点的相对位置不同。二维地震勘探要求炮点和检波点沿同一直线；而三维地震勘探则是将多道（必要时可达上千道、上万道）检波器布成十字状、方格状、环状或线束状等，炮点与检波点在同一块面积上，形成面积形状接收由地下返回地面的地震波。其效果是可以极大改善记录质量，提高信号的清晰度和分辨率，从而提高解决地质问题的能力，能把油气田的位置确定得更准确。由于三维地震勘探最后得到的是一组立体的数据，根据这个数据体就能给出地层的立体图像（三维立体图）。同时，也可给出由浅至深，一层层的水平切片图，将这些图制成动画，人们就能像看电影一样来解释地下地质情况，既省时、省力，又精确。这种方法在20世纪70年代一经提出就得到了广泛应用。

四维地震勘探始于20世纪90年代初，是三维地震勘探的延续。它要求在同一块工区不同时间（可能相隔几个月或几年，时间为第四维）用相同的采集和处理方法将所得到的三维地震勘探成果进行比较。用这种方法研究油气田开采前后三维资料之间的差异就能得出油田的开采情况，找出尚未开采或漏采的剩余油区，达到少钻井、低成本、多采油的目的。

第二节 地震勘探的野外工作

野外工作是整个地震勘探重要的基础，它的基本任务是采集地震数据。野外工作是以地震队的组织形式来完成的。野外工作分试验阶段和生产阶段，主要内容是激发地震波和接收地震波。

由于采集环境可以是陆地，也可能是海洋，需要研究的地质问题不同，各个工区的施工条件也不一样，所以采集反射地震数据的野外方法也各有不同。如果原始数据有严重缺陷，则没有任何办法可以修补这些问题，因此高质量的野外工作是地震勘探成功的基础。

一、试验阶段

地震勘探的野外工作，在方法技术的选择上较为复杂，因为地震记录质量受到多种因素的影响。激发、接收条件不可能一成不变地统一固定下来，而需要进行试验。试验工作的目的是选取最适合本工区的野外方法和技术。试验的项目通常有：

（1）干扰波调查，包括工区内干扰波类型、特征。

（2）地震地质条件的了解，如低速带的特点、潜水面的位置、地震界面的存在与否、地震界面的质量如何（是否存在地震标准层），速度剖面的特点等。

（3）选择激发地震波的最佳条件，如最合适的观测系统、组合形式和仪器因素的选择等。

试验工作一般放在生产之前进行，但在生产过程中如遇特殊情况，也可与生产同时进行。试验工作中必须注意：应由易到难、一步一步地解决所提出的任务，逐步使条件复杂。试验中不能同时改变多个试验条件，否则将无法判断记录面貌变化的原因。在试验开始前要有明确的目的、方案。在试验工作进行中，必须及时分析、整理每次试验所获得的资料，总结经验，指导下一次试验的进行。

二、生产阶段

在试验完成并取得本工区地震标准剖面后，可转入正式生产。生产前应对地震仪器做详细检查，仪器工作正常，才能正式开始生产，生产的基本内容及步骤如下：

（1）地震测量。把设计中规定的测线实际布置到工区，在地面上定出各激发点和检波点的位置，在每一排列的炮点位置埋上木桩，写明测线号及桩号，在检波点位置做上标记，最后要绘出测量成果图。

（2）地震波的激发。使用炸药震源井中激发时，要在规定的位置钻炮井，把按规定炸药量装好的药包下至井中指定深度，引爆激发。爆炸组在做好激发工作的同时，必须严格做好安全工作。

陆上地震勘探多用炸药作为震源，但也使用连续震源或其他激发方式。海上地震勘探多用气枪和电火花进行地震波激发。

（3）地震波的接收。这项工作主要由仪器组完成。使用地震检波器、电缆线、野外地震仪等。要按测线上的桩号，摆好排列，在检波点上埋好检波器。排列摆好后，检查线路通畅与否，然后通知爆炸组放炮。在获得合格记录后，每放完一炮，可转移到下一排列继续工作。每天所获得的地震记录，经整理后交计算站或解释中心进行室内资料处理及解释工作。

共中心点（CMP）方法是目前野外使用最普遍的方法。通常要求在同一条直线上必须使用同样的采集方法，这样如果地震数据上发现变化，就可以认为这些变化是由地质原因造成的，而不是由于采集参数的变化造成的。

每一道都会有检波器组合，炮点组合也经常用。组合的响应特性取决于地震波的频谱、速度和地震波的传播方向，利用这些性质可以衰减某些特定类型的噪声。

第三节　地震资料数字处理

使用计算机处理地震资料就是对离散化的时间序列的地震信号，运用数学方法进行各种加工运算，以便得到我们所需要的地质信息。实现数字处理技术的方法、手段和程序是多种多样的，其目的就是提高记录的信噪比。除了正确的提取有效波的各种参数外，还要进行岩相处理、形态归位及各种智能处理，从而得出各种直观、准确的成果图件和各种数据表格。

地震数据处理强烈地受野外采集参数的影响。共中心点（CMP）记录是最广泛使用的地震数据采集技术，它给地震工作提供冗余度（以覆盖次数衡量），以提高信号质量。覆盖次数是使最终剖面的信号水平产生最大不同的原因。

地表条件对野外数据采集质量起很大作用，环境及人口因素也会显著影响野外数据质量，气候条件、记录仪器条件同样对野外数据质量有一定的影响。地震数据采集往往不是在理想条件下进行的，所以我们只能希望在处理时压制噪声，并将信号增强到数据采集质量所允许的范围。

地震资料处理有三个基本阶段，即反褶积、叠加、偏移。

反褶积又称反滤波，是消除先前一种滤波作用的处理方法，是通过压缩基本子波来提高地震数据垂向分辨率的处理过程。在理想情况下，反褶积能压缩子波长度并衰减多次波，最后保留地下反射系数。图3–2是带反褶积和不带反褶积的叠加剖面对比，可以看到经过反褶积处理的叠加剖面分辨率有了明显提高。

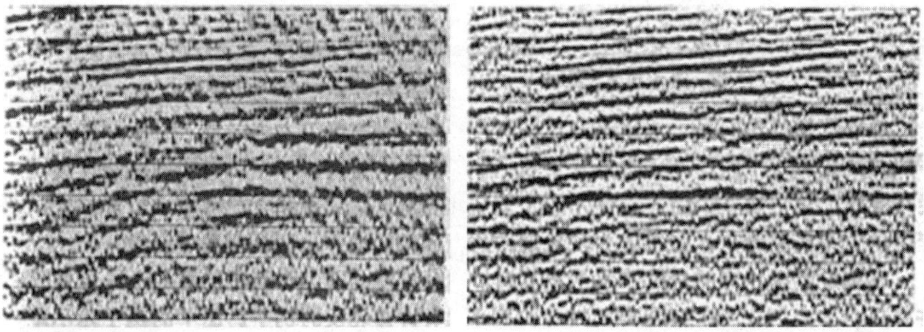

图3–2　没做反褶积的CMP叠加剖面（左）和做过反褶积的CMP叠加剖面（右）

叠加是指水平叠加，也叫共反射点叠加。地震勘探在野外采用多次覆盖的观测方法，在室内处理中采用水平叠加技术，最终得到水平叠加剖面。共反射点叠加法实际上是对地下同一反射点做多次观测，将不同接收点接收到的来自地下同一反射点的不同激发点的信号，经动校正后，叠加起来，使一次反射波加强，而多次反射波和其他类型的干扰波相对削弱，从而提高信噪比，改善地震记录的质量对压制规则干扰波，尤其是多次波效果最好。此方法利用了校正后有效波与干扰波之间的剩余时差的差异。

偏移是根据波动的反传播或反投影理论把记录上的同相轴“偏移”回其正确的空间位置上去，也就是使绕射波收敛并将陡倾同相轴移到大致真实的地下位置上，偏移是一个成像过程，可以改善空间分辨率。图3–3是叠加剖面与偏移剖面对比。

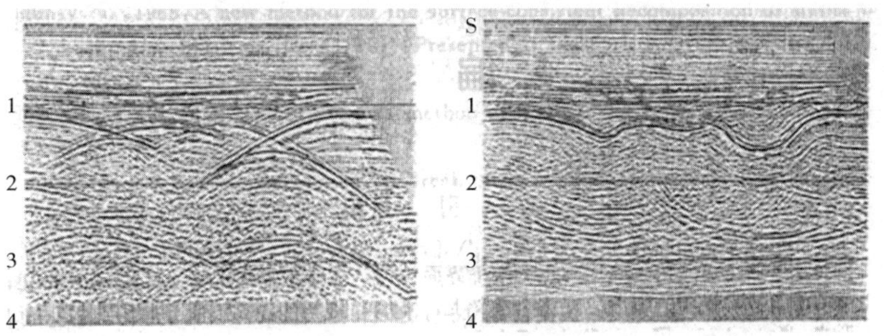

图3–3　叠加剖面（左）和偏移剖面（右）

地震偏移可在叠前做也可在叠后做。叠前偏移是把共炮点道集记录或共偏移距道集记录中的反射波归位到产生它们的反射界面上，并使绕射波收敛到产生它的绕射点上。在把反射波回投到反射界面上和绕射波收敛到绕射点上时，要去掉传播过程的效应，如扩散与衰减等。最后得到能够反映界面反射系数特点的并正确归位了的地震波形剖面，即偏移剖面。叠后偏移是在水平叠加剖面的基础上进行的。针对水平叠加剖面上存在的倾斜反射层不能正确归位和绕射波不能完全收敛的问题，采用了爆炸反射面的概念来实现倾斜反射层的正确归位和绕射波的完全收敛。在叠前和叠后的使用方面来看，构造解释使用叠前或叠后资料都可，一般来说，叠前资料精度要高；叠前在解决地层倾角大或者构造复杂地区比较实用；叠前资料处理过程比较复杂，时间也长，在构造比较简单的地区使用叠后资料生产运行周期会缩短，可以节约开支。

第四节　地震资料解释

地震资料解释就是要把地震勘探所取得的地震资料转化成对勘探区地下地质情况的认识。应用数字处理后提供的大量水平叠加剖面、偏移剖面或者一块三维数据体等地震资料，再结合地质、钻井、测井等资料，应用解释工作站等现代科技手段，对这些资料进行综合分析、模拟计算、反复对比，最后给出比较符合地下实际情况的认识，并将这些认识绘制成图幅和图表。

一、地震资料解释的任务

经过数字处理得到的成果资料主要是水平叠加地震时间剖面，此外还有经过时深转换的水平叠加深度剖面或经过偏移处理的时间剖面或深度剖面。这些地震剖面，特别是水平叠加时间剖面，是目前地震资料解释所依据的最主要的资料。

地下情况是复杂的，地震剖面上的许多现象既可能反映地下的真实情况，也可能是某些假象。而且地震剖面上只能大致反映地下地层的起伏形态，至于地下地层的岩性等特征并不清楚。一条条地震剖面只能反映地下地层沿这些剖面的起伏情况，而没有对地层在空间的整个起伏形态作出立体的、完整的描述。地震资料解释工作就是利用水平叠加剖面及其他物探资料（如重力、电法、磁法）和地质、钻井资料来解决这些问题。

利用地震波运动学特点可以进行构造解释，主要包括波对比，地震剖面的地质解释以及绘制构造图，最后根据石油地质方面的资料，推断构造是否有含油气的可能，提供钻井井位。充分利用地震波的动力学特点定量地直接用于确定地层岩性和含油气情况。

解释工作的首要任务是把区域上和局部范围的地质结构搞清楚，找出可能储存油气的地层、圈闭、断层等，专业上把这项任务叫构造解释。除了构造解释外，地震解释的任务还有分析层间接触关系，推测地层的沉积环境、岩性和厚度，预测地层的含油气性，进行有利区评价等。

地震资料解释工作在不同的勘探阶段有不同的任务。在地震概查、普查阶段，主要应用少量的比较长的地震剖面，结合其他资料，了解区域上的地质及构造格局，指出需进一步详查的有利的含油气区带，提供探井井位。在详查、精查阶段，一般要采用较密的二维地震或三维地震资料，精细解释局部构造及各类油气圈闭，确定油气层的岩石性质、物理性质及分布情况，提供详探井和开发井井位。

现代地震勘探正向油田开发延伸，解释技术也发生了深刻变化，由过去单一的构造解释发展成以精细构造解释为基础的地层岩性解释、对油藏进行描述和对油藏进行工业评价等。

二、地震资料解释的手段

地震资料解释基本上都采取人机联作解释方法，尤其是三维地震资料解释工作，其数据量及所包含的信息量都是相当庞大的，如果不采用特殊的解释手段，仅仅使用常规的手工解释方法，其难度之大简直无法想象。

人机联作解释是20世纪80年代初期开始出现的技术，随着计算机技术及地震勘探技术的发展，它无论是在硬件设备上还是在应用软件上，都得到迅速发展，尤其是应用软件，目前已有很多完善的人机联作解释系统。可利用解释程序进行各种运算（包括数据运算和图形运算）、显示图形和提取所需要的各种地震参数等人机联作解释工作；可提取原始底图、垂直剖面图、水平切片及各种成果图件（如振幅图、相位图、频率图、等深构造图和层位拉平剖面图等）。

地震资料解释主要内容包括地震构造解释和地震地层学解释。在一个地区取得地震数据后，首先要进行构造解释，在基本掌握了工区内地下地质构造情况后，再根据区域性特征进行地震地层学解释。两者紧密相连，不可截然分开。在解释过程中可根据需要显示和绘制各种图形，特别是在进行地震地层学解释时，往往需要进行一些必要的特殊处理如人工合成声速测井曲线、声速反演、层析反演、波阻抗反演、人工合成地震记录、三瞬剖面显示及各种模型模拟等。进而还可以做出相应的孔隙度变化图、密度图、泊松比图、流体含量图等，便于岩性研究。结合钻井、测井资料做出速度异常图、速度—压力异常相关图等。对三维地震勘探资料进行地层学和岩性学解释应充分利用三维地震的各种显示图件。

随着地震勘探技术的发展，综合地质、测井、地球物理资料进行储层研究、油藏综合描述是地质学家和地球物理学家多年的理想和追求。许多解释系统在具有基本的构造解释和地震地层学解释功能的基础上，还可以利用多种资料进行储层的综合精细解释，对沿层的或层间的信息进行图形分析，计算它们的变化率和变化方位，进行相变解释；对有关层位的多种信息进行多元统计模式识别，预测有利的含油气区，提取岩性参数，进行油藏描述。

三、地震反演和储层预测

地震反演（Seismic Inversion）是利用地表观测地震资料，以已知地质规律和钻井、测井资料为约束，对地下岩层空间结构和物理性质进行成像（求解）的过程，广义的地震反演包含了地震处理解释的整个内容。通俗地讲就是由地震为基础加上其他条件为约束推测出地层岩性构造的过程叫地震反演。其方法是把常规的界面型反射剖面转换成岩层型的测井剖面，将地震资料变成可与测井资料直接对比的形式。

从地震反演所用的地震资料来分，地震反演可分为：叠前反演和叠后反演；从反演所利用地震的信息来分，地震反演可分为：波阻抗反演（声阻抗/弹性阻抗）、地震波旅行时反演和地震波振幅反演等；从反演的地质结果来分，地震反演可分为：构造反演、波阻抗反演、储层参数反演、地质统计反演等。

地震储层预测也称为地震储层横向预测，是以地震资料为基础，在地质原理指导下，用钻井、测井资料进行约束，研究含油气储层的岩性、储层物性空间变化特征的过程，它是地震资料解释的一项重要技术。

地震储层横向预测研究的核心是研究储层的非均质性及储层特征的横向变化，主要包括：地震地质关系标定、地震储层岩性分析、地震储层微相预测、地震储层厚度预测、地震储层物性预测、地震储层裂缝发育带预测、地震储层弹性参数预测、地震压力预测及地震储层含油气性预测等。

地震储层横向预测研究的主要内容是构造精细描述和在地震反演基础上的属性分析。不同油藏开发阶段都发挥着重要作用，在油藏评价阶段，地震储层横向预测研究的主要内容是圈定油藏范围、探明资源、静态油藏描述，为油藏数值模拟和优化开发方案提供三维油藏地质模型；在滚动开发过程中，地震储层横向预测研究的主要内容是紧密结合开发动态资料对油藏进行动态油藏描述、寻找剩余油富集区、不断深化对油藏的认识、优选调整井位、提高采收率。

总之，由于地震信息具有覆盖面广、可提供无井区以及井间地质信息的优势，因而地震综合解释已成为石油勘探开发研究中不可缺少的一项技术。地震勘探技术的飞速发展，形成了一个复杂、庞大而完整的科技体系。数学、物理、计算机以及地质学的各个分支都逐渐渗透到这个领域中来。医学CT、生物进化、小波分析、神经网络等新的理论也不断地得到应用。随着计算机的发展和新技术、新理论的应用，地震勘探技术必将得到更进一步的完善，新的油气田不断被发现，老的油气田重新焕发青春。

管理小常识

马太效应

有这样一个故事：一个国王远行前，交给三个仆人每人一锭银子，吩咐他们：“你们去做生意，等我回来时，再来见我。”国王回来时，第一个仆人说：“主人，你交给我们的一锭银子，我已赚了十锭。”于是国王奖励他十座城邑。第二个仆人报告说：“主人，你给我的一锭银子，我已赚了五锭。”于是国王奖励了他五座城邑。第三个仆人报告说：“主人，你给我的一锭银子，我一直包在手巾里存着，我怕丢失，一直没有拿出来。”于是国王命令将第三个仆人的一锭银子也赏给第一个仆人，并且说：“凡是少的，就连他所有的也要夺过来。凡是多的，还要给他，叫他多多益善。”

1973年，美国科学史研究者默顿用这个故事来概括一种社会心理现象：“对已有相当声誉的科学家做出的科学贡献给予的荣誉越来越多，而对那些未出名的科学家则不承认他们的成绩。”默顿将这种社会心理现象命名为“马太效应”，进一步总结为：任何个体、群体或地区，在某一个方面（如金钱、名誉、地位等）获得成功和进步，就会产生一种积累优势，就会有更多的机会取得更大的成功和进步。此术语为经济学界所借用，反映赢家通吃的经济学中收入分配不公的现象。

社会心理学家认为，“马太效应”是个既有消极作用又有积极作用的社会心理现象。其消极作用是：名人与未出名者干出同样的成绩，前者往往是上级表扬，记者采访，求教者和访问者接踵而至，各种桂冠也一项接一项地飘来，结果常使其中一些人因没有清醒的自我认识和没有理智态度而居功自傲，在人生的道路上跌跟头；而后者则无人问津，甚至还会遭受非难和打压。其积极作用是：其一，可以防止社会过早地承认那些还不成熟的成果或过早地接受貌似正确的成果；其二，“马太效应”所产生的“荣誉追加”和“荣誉终身”等现象，对无名者有巨大的吸引力，促使无名者去奋斗，而这种奋斗又必须有明显超越名人过去的成果才能获得向往的荣誉。

马太效应，即强者恒强、弱者恒弱。马太效应在社会中广泛存在，在经济领域发达地区与欠发达地区之间呈现发展趋异的马太效应。占有人才越多的地方，对人才越有吸引力，反过来，被认可的人才越稀缺；在科学研究中研究成果越多的人往往越有名，越有名的人成果越多，最后就产生了学术权威。

课件“码”上来

第四章 钻井和完井工程

钻井是石油工业的龙头，钻井工程是油气勘探开发的主要手段，钻井工程的实施对于油气勘探开发的成败起着决定性的作用。作为勘探开发的重要一环，合理的钻井工艺、适用的钻井技术和完井方法是提高油气勘探成功率、发现油气田、提高产量、提高采收率，推动并实现油气田勘探开发经济目标的重要保证。钻井工程具有的资金、技术密集，高投资、高风险的特点，在油气藏开发的总投资中，钻井工程的费用能够占70%以上，因此，钻井类型和钻井数量的优化是油气藏开发的关键，钻井工程师也是油气藏经营管理多学科协作的重要成员。

完井是钻井工作最后一个重要环节，又是采油工程的开端，与以后采油、注水及整个油气田的开发紧密相连。而油井完井方案的优劣直接影响到油井的生产能力和经济寿命，甚至关系到整个油田能否得到合理的开发。

第一节 钻井工程

钻井工程就是利用石油钻井设备从地面开始沿设计轨道钻穿多套地层到达预定目的层（油气层或可能油气层），形成油气采出或注入所需流体（水、气、汽）的稳定通道（油气井），并在钻进过程中和完钻后，完成取芯、录井、测井和测试工作，取得勘探、开发和钻井所需各种信息的系统工程。

一、井的分类

按井型划分，就是从井眼的轨迹形状分类，可分为两大类：直井和定向井（水平井可以看成是定向井的特殊情形），直井是按钻井设计规定，控制井斜在规定要求的范围内所钻的井，它的特点是井眼轨迹大体是垂直的；而定向井则是采取特殊的工艺手段，使井斜、井眼形状按预定的方位和水平距离所钻的井，它的特点是井眼轨迹是倾斜的，其中水平井是最大井斜角达到或接近90°，并在目的层中维持一定长度的水平井段的特殊井；大位移井是指位垂比（水平位移与垂直深度之比）不小于2，测量深度大于3000m的井，或水平位移大于3000m的井，超大位移井水平位移可达到10000m以上。

按井别划分，就是从井的地质钻探目的分类，可分为探井和开发井两大类，探井又包括地层探井、预探井、详探井（评价井）、地质浅井（剖面探井、构造井、制图井）等，开发井包括油气井、注水井、调整井、检查资料井和浅油气井等。

二、水平井的优势

随着低渗、稠油、复杂断块等难开发储层的比例越来越大，及页岩气、致密油、天然气水合物、深层等非常规储层快速开发与利用，水平井成了传统提高采收率技术外的新成员。水平井扩大了与油藏的接触面积，特别是对薄层、储层孔渗物性较差、稠油等储层来讲，渗流面积的大幅增加意味着原油流动阻力降低，可实现工业规模的高效开发。此外，对非均质严重的高含水油藏，针对剩余油集中区域和层位，水平井开采也具有较好效果。针对不同地层特征和高效开发需要，水平井发展了许多类型，如图4-1所示。

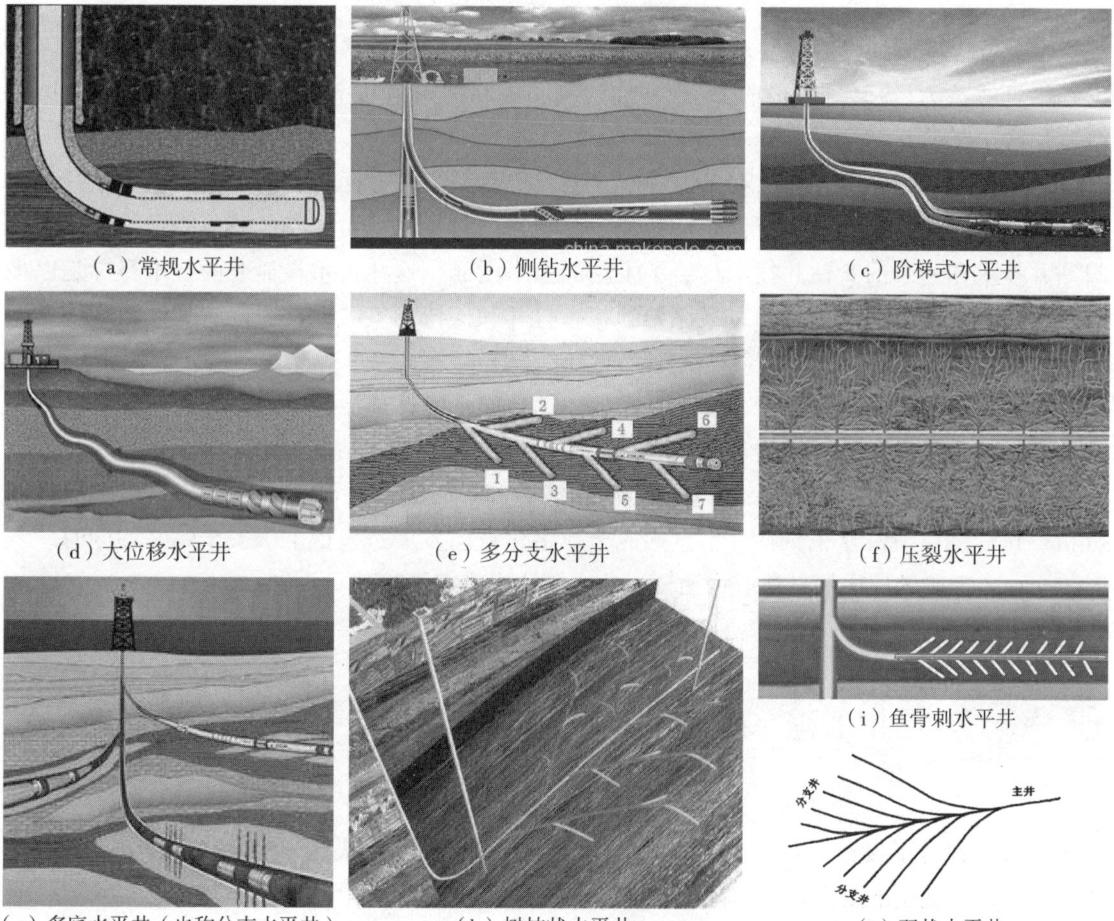

（a）常规水平井　（b）侧钻水平井　（c）阶梯式水平井

（d）大位移水平井　（e）多分支水平井　（f）压裂水平井

（g）多底水平井（也称分支水平井）　（h）树枝状水平井　（i）鱼骨刺水平井　（j）羽状水平井

图4-1　水平井类型示意图

水平井的优势主要有：

（1）极大地增加了油层与井筒的接触面积，降低了近井的渗流阻力，减小了生产压差，提高了单井产量。

（2）极大地增加了单井的泄油控制区域，降低了钻井和地面成本。

（3）能够更有效沟通裂缝，发挥高产效果。

（4）小的生产压差有利于抑制含水上升，提高采收率。

（5）底水或气顶储层中，可以降低水或气的锥进速度，延长无水采油期。

（6）在注水、注气、混相驱或聚合物驱中，作为注入井可提高波及体积和驱油效率。

（7）在非常规储层中，压裂水平井或多分支井开拓了与储层的连通网络，保障了生产。

因此，水平井主要应用的储层有：稠油储层、低渗储层、致密油气储层、页岩油气储层、裂缝发育储层、底水发育储层、薄层、海上储层等。对于非常规油气储层，水平井更成为有效开发的唯一途径。

三、钻井对开发的作用

综合石油工业的发展趋势和钻井技术的发展，石油钻井技术越来越倾向于以提高勘探开发的综合效益为目标，向有利于发现新油气藏和提高油田采收率方向发展，同时，信息化、智能化钻井也成为新方向。

从钻井过程的储层保护、利于发现新油层及提高采收率方面来看，欠平衡压力钻井、水平井及分支水平井钻井、大位移井钻井和多分支井钻井技术，对原有的老井侧钻技术、小井眼钻井技术和连续油管钻井技术也给予了新的技术内涵，这些技术最显著的技术目标是以最直接的钻井方式沟通油气藏，以最原始的状态打开和保持油气藏，从而达到最大限度地开采油气藏，获得最好的经济和社会效益。

石油钻井中使用随钻测量、随钻测井、随钻地震、随钻地层评价、钻井动态信息实时采集处理、地质导向和井下旋转导向闭环钻井等先进技术以来，钻井技术发生了质的变化，在钻井过程中，井下地质参数、钻井参数、流体参数和导向工具位置及状态的实时测试、传输、分析、执行、反馈及修正，钻井信息向完全数字化方向发展。确保准确安全钻井的同时，及时、全面、准确的地质信息获取为油气藏地质的认识奠定了基础。

第二节　完井工程

完井工程是衔接钻井和采油工程而又相对独立的工程，是从钻开油层开始，到下套管注水泥固井、射孔、下生产管柱、排液，直至投产的系统工程。

完井（Well Completion）是连通储层和井的桥梁，是钻井和采油的交接口，层位的连通选择及施工质量的保证是后续开采的关键，小井眼完井、智能完井、水平井完井、完井储层保护、酸化、小型压裂等关系着油井寿命，完井与油藏在诸多油公司中处于同等重要位置，是提高采收率重要保障。

完井工程的基础是油田地质、油藏工程和采油工程。其中，油田地质和油藏工程部分包括油藏类型、油藏渗流特征、油藏岩性和油藏流体性质。这是选择完井方式和防止油层损害的理论依据。采油工程技术部分是指不同类别的井，如油井、气井、注水井、注气井、注汽井。不同的开采方式，如多层系同井合采、分层开采、自喷转人工举升开采，油田开发过程所需进行的不同技术措施，如压裂、酸化、防砂、堵水等对选择完井方式，选择套管尺寸和强度，固井水泥返高及耐高温要求诸方面的特殊要求。

在钻完井工程意义上讲，完井也就是油气井的完成方式，即根据油气层的地质特性和开发开采的技术要求，在井底建立油气层与油气井井筒之间的合理连通渠道或连通方式。

而现在完井的意义有一定的扩展，包括钻井完井和生产完井。生产完井主要指的是钻井完井之后选择什么样的管柱、井口等来达到油气井的正常生产。因此，完井工程通常由完井准备、完井作业、录井作业、测井作业、射孔作业、测试作业、压裂作业、酸化作业、其他作业等构成。

一、完井的任务

完井的主要任务是使井眼与储集层有良好的连通，使井能高产，同时保持井眼的长期稳定，使井能稳产较长一段时间。

对完井的基本要求是：

（1）最大限度地保护储集层，防止对储集层造成伤害。

（2）减少油气流进入井筒时的流动阻力。

（3）能有效地封隔油气水层，防止各层之间的互相干扰。

（4）克服井塌或产层出砂，保障油气井长期稳产，延长井的寿命。

（5）可以实施注水、压裂、酸化等增产措施。

（6）工艺简单、成本低。

其工艺内容主要包括：钻开生产层、连通井眼和生产层（完井方法，包括下套管、固井、射孔的全部工艺过程或是下筛管、砾石充填的工艺过程）、安装井口装置、试采等。

二、完井方法

完井方法是指油气井井筒与油气层的连通方式，以及为实现特定连通方式所采用的井身结构、井口装置和有关的技术措施。

对于不同地区、不同油气层、不同类型的油气井，所采取的完井方法是不同的。但选择完井方法的总原则应该满足下面要求：能够有效地连通油气层与井眼，油气流入井内的阻力尽可能小；能够有效地封隔油、气、水层，不发生互相窜扰，对多油气层要满足分层开采和管理的要求；能够克服或减小油气层井壁坍塌和出砂的影响，保证油气井能够长期稳定生产，并且完井方法尽可能使工艺简单、成本低。

根据生产层的地质特点，采用不同的完井方法，常用的完井方法主要有以下几种：

1. 射孔完井法

即钻穿油、气层，下入油层套管，固井后对生产层射孔。此法采用最为广泛。

射孔完井是国内外使用最为广泛和最主要的一种完井方式，包括套管射孔完井和尾管射孔完井。

套管射孔完井是首先钻穿油层直至设计井深，然后下油层套管至油层底部注水泥固井，最后射孔，射孔弹射穿油层套管、水泥环并穿透油层某一深度，建立起油流的通道。套管射孔完井既可选择性地射开不同压力、不同物性的油层，以避免层间干扰，还可避开夹层水、底水和气顶，避开夹层的坍塌，具备实施分层注、采和选择性压裂或酸化等分层作业的条件。

尾管射孔完井是在钻头钻至油层顶界后，下技术套管注水泥固井，然后用小一级的钻头，钻穿油层至设计井深，用钻具将尾管送下并悬挂在技术套管上，再对尾管注水泥固井，然后射孔。尾管射孔完井由于在钻开油层以前上部地层已被技术套管封固，因此，可以采用与油层相配伍的钻井液以平衡压力或低平衡压力的方法钻开油层，有利于保护油层。此外，这种完井方式可以减少套管重量和油井水泥的用量，从而降低完井成本，目前较深的油、气井大多采用此方法完井。

2. 裸眼完井法

即套管下至生产层顶部进行固井，生产层段裸露的完井方法。此法多用于碳酸盐岩、硬砂岩和胶结比较好、层位比较简单的油层。其优点是生产层裸露面积大，油、气流入井内的阻力小，但不适于有不同性质、不同压力的多油层。根据钻开生产层和下入套管的时间先后，裸眼完井方式有两种完井工序：

一种工序是钻头钻至油层顶界附近后，下技术套管注水泥固井。水泥浆上返至预定的设计高度后，再从技术套管中下入直径较小的钻头，钻穿水泥塞，钻开油层至设计井深完井。有的厚油层适合于裸眼完成，但上部有气顶或顶界邻近又有水层时，也可以将技术套管下过油气界面，使其封隔油层的上部分然后裸眼完井。

另一种工序是不更换钻头，直接钻穿油层至设计井深，然后下技术套管至油层顶界附近，注水泥固井。固井时，为防止水泥浆损害套管鞋以下的油层，通常在油层段垫砂或者替入低失水、高黏度的钻井液，以防水泥浆下沉。

裸眼完井的最主要特点是油层完全裸露，因而油层具有最大的渗流面积。这种井称为水动力学完善井，其产能较高。裸眼完井虽然完善程度高，但使用局限很大。砂岩油、气层，中、低渗透层大多需要压裂改造，裸眼完成即无法进行。同时，砂岩中大都有泥页岩夹层，遇水多易坍塌而堵塞井筒。水平井开展初期，多为裸眼完井，但20世纪80年代后期大多为割缝衬管或带管外封隔器的割缝衬管所代替。特别是当前水平井段加长或钻分支水平井，用裸眼完井就更少了。

3. 割缝衬管完井方式

在不宜用套管射孔完井，又要防止裸眼完井时地层坍塌的情况下，可采用割缝衬管完井。

因为完井方式简单，既可防止井塌，还可将水平井段分成若干段进行小型措施，操作简单成本低，当前水平井多采用此方式完井。割缝衬管完井方式也有两种完井工序。

一种工序是用同一尺寸钻头钻穿油层后，套管柱下端连接衬管下入油层部位，通过套管外封隔器和注水泥接头固井封隔油层顶界以上的环形空间，此种完井方式的缺点是井下衬管损坏后无法修理或更换。

另一种工序是钻头钻至油层顶界后，先下技术套管注水泥固井，再从技术套管中下入直径小一级的钻头钻穿油层至设计井深。最后在油层部位下入预先割缝的衬管，依靠衬管顶部的衬管悬挂器（卡瓦封隔器），将衬管悬挂在技术套管上，并密封衬管和套管之间的环形空间，使油气通过衬管的割缝流入井筒。用这种完井工序油层不会遭受固井水泥浆的损害，可以采用与油层相配伍的钻井液或其他保护油层的钻井技术钻开油层，当割缝衬管发生磨损或失效时也可以起出修理或更换。

4. 砾石充填完井法

在衬管和井壁之间充填一定尺寸和数量的砾石。

对于胶结疏松出砂严重的地层，一般应采用砾石充填完井方式。它是先将绕丝筛管下入井内油层部位，然后用充填液将在地面上预先选好的砾石泵送至绕丝筛管与井眼或绕丝筛管与套管之间的环形空间内构成一个砾石充填层，以阻挡油层砂流入井筒，达到保护井壁、防砂入井的目的。砾石充填完井一般都使用不锈钢绕丝筛管而不用割缝衬管。其原因如下：

（1）割缝衬管的缝口宽度由于受加工割刀强度的限制，最小为0.5mm。因此，割缝衬管只适用于中、粗砂粒油层。而绕丝筛管的缝隙宽度最小可达0.12mm，故其适用范围要大得多。

（2）绕丝筛管是由绕丝形成一种连续缝隙，流体通过筛管时几乎没有压力降。绕丝筛管的断面为梯形，外窄内宽，具有一定的“自洁”作用，轻微的堵塞可被产出流体疏通，它的流通面积要比割缝衬管大得多。

（3）绕丝筛管以不锈钢丝为原料，其耐腐蚀性强，使用寿命长，综合经济效益高。

完井方式的选择主要是针对单井而言。虽单井属于同一油藏类型，但其所处油层位置不同，所选定完井方式也不尽相同，如油藏有气顶、底水，若采用裸眼完成，技术套管则应将气顶封隔住，再钻开油层，而不钻开底水层。若采用套管射孔完成，则应避射气顶和底水，又如油藏有边水，套管射孔完成时，油田开发要充分利用边水驱动作用，避射开油水过渡带，因此，完井方式必须依据油田地质和油藏工程的特点进行选择和施工。

管理小常识　鲶鱼效应

挪威人喜欢吃沙丁鱼，尤其是活沙丁鱼。市场上活鱼的价格要比死鱼高许多，所以渔民总是千方百计带活沙丁鱼回港。虽经种种努力，可大部分沙丁鱼还是会在中途窒息而死。后来，有人在装沙丁鱼的鱼槽里放进了一条以鱼为主要食物的鲶鱼。沙丁鱼见了鲶鱼四处躲避，这样一来缺氧的问题得到解决，大多数活蹦乱跳地回到了渔港。这就是著名的鲶鱼效应。这一效应表示，在固定不变的环境中，通过“中途介入”竞争者，可以增加群体的活力，强化内部竞争性，实现最优效果。

鲶鱼效应是指新的竞争者参与可以刺激整个团队的士气，此方法用于现代人力资源管理，用以唤醒员工的危机意识从而促使他们改进自己的工作。从人才开发的角度来看，“鲶鱼效应”是企业管理者激发员工活力的有效措施，具体是指组织管理部门通过引进优秀人才以激活原有员工的活力，产生“一石激起千层浪”的激荡效果。“海归”人才回国以后，往往能够产生非常积极的鲶鱼效应。

课件“码”上来

第五章　录井和测井

包括地震勘探在内的地球物理化学勘探是在地表获取各种数据资料，再通过对这些资料的加工、处理和解释得到有用的地质信息。总体上来说，对油气储层的认识仍是通过间接的手段实现的，其结果可以说是预测性或者概况性的。直接连通地面与储层的通道就是人工钻成的井筒，通过钻进过程中各种现象的记录和对沿井筒井壁岩石属性的测量等方式，可获取相比地表的间接预测更为准确的地层数据，它们就是录井和测井。

录井是用岩矿分析、地球物理、地球化学等方法，观察、采集、收集、记录、分析随钻过程中的固体、液体、气体等井筒返出物信息，以此建立录井地质剖面、发现油气显示、评价油气层，并为石油工程（投资方、钻井工程、其他工程）提供钻井信息服务的过程。录井技术是油气勘探开发活动中最基本的技术，是发现、评估油气藏最及时、最直接的手段，具有获取地下信息及时、多样，分析解释快捷的特点。

测井又称为地球物理测井，是一种井下油气勘探的重要手段，是在钻探井中使用反映热、声、电、光、磁和核放射性等物理性质的仪器测量地层的各种物理信息；通过对这些信息按各自的物理原理和它们之间相互联系进行数据处理和解释，辨别地下岩石的孔隙性、渗透性和流体性质及其分布，用于发现油气藏，评估油气储量及其产量。长期以来，测井技术在研究勘探开发中发挥着重要的作用，勘探测井被称为寻找油气田的“眼睛”，生产测井被称为油气田开发的“医生”。

第一节　录井

录井工作的主要任务是根据钻井地质设计要求，取全取准反映地下情况的各项资料，以判断井下地质及含油气情况，分析判断井下钻探工程概况等。一口井录井工作的质量不仅直接影响到能否迅速搞清本井地下地层、构造及含油气情况，而且关系到对整个构造的地质情况的认识、含油气远景的评价和油田开发方案设计等重要问题，因此，钻井地质录井工作在整个油气田勘探与开发工程中是十分重要的。

一、录井原理

录井是根据现场综合地质资料、现场录井数据及综合分析化验数据进行岩性解释、归位，确定含油、气、水产状；自由选择绘图项目和绘图格式，绘制不同类型的录井图；实现钻具与电缆误差的校正、破碎岩芯的处理、岩层界限调整等图形修改编辑工作。

综合解释评价技术以气测录井、工程录井、定量荧光录井、地化录井、核磁共振录井为主要技术手段，通过对各项录井资料的综合分析，实现对油气水层的准确评价。

二、录井技术方法

录井技术多种多样，根据其资料应用可以分为地质录井和工程录井，根据其依据的科学理论基础，可以将录井方法分为基于地质学原理的录井方法、基于物理学原理的录井方法、基于地球化学原理的录井方法。

1. 地质学原理录井

1）岩芯录井

岩芯是最直观、最可靠地反映地下地质特征的第一性资料。通过岩芯分析，可以识别古生物特征，确定地层时代，进行地层对比；研究储层岩性、物性、电性、含油性的关系；观察岩芯岩性、沉积构造，判断沉积环境；了解构造和断层情况。岩芯录井就是对钻井取出的岩芯进行丈量、计算、归位，观察和描述岩芯的各种特征及含油气情况，并进行物理化学分析，最后，综合各项数据编制岩芯柱状图，从而指导油田开发生产。

2）岩屑录井

地下的岩石被钻头钻碎后，会随钻井液返回到地面，地质人员按照一定取样间距和迟到时间，连续收集与观察岩屑并恢复地下地质剖面，这个过程就称为岩屑录井。

进行岩屑录取，是要做到井深准、迟到时间准。前者要求管好钻具，做到钻具组合、钻具总长、方入、井深、下单根清楚；后者要求按一定的间距测准岩屑迟到时间。

在钻井过程中，由于钻具频繁活动，使已钻过的上部岩层经常从井壁剥落下来，混杂于来自井底的岩屑之中，为了保证岩屑确定为真岩屑，必须进行岩屑真假鉴别。真岩屑往往色调新鲜、形状多棱角或呈片状且可能带有新成分。另外，利用钻时、气测等资料可以验证岩屑的真假。

通过岩屑录井，可以掌握井下地层层序、岩性，初步了解地层含油气水情况，并且该方法成本低、简便易行、了解地下情况及时、资料系统性强。因此，在油气田勘探、开发过程中被广泛采用。

2. 物理学原理录井

1）荧光录井

荧光录井有定性荧光录井和定量荧光录井。定性荧光录井可采用荧光直照、荧光滴照、荧光系列对比和荧光毛细分析等方法。荧光直照就是将岩屑放在荧光灯下，利用干样或湿样直接进行照射，根据荧光发光强度和颜色，判断荧光发光物质的来源，判断油质类型。

三维荧光定量荧光录井所检测的荧光强度与激发波长和发射波长有关，可以通过三维定量荧光分析的立体图谱表示，也可以投影成等值线谱图。不同的烃类物质有不同的三维荧光谱图特征，即不同油质样品的最佳激发波长和最佳发射波长（特征峰位）所对应的最大荧光强度（峰高）不同。发光强度值越大，说明油质越重。

2）核磁共振录井

核磁共振录井的基本原理是利用核弛豫现象。氢原子核会与磁场之间发生相互作用，而地层流体（油、气、水）中的氢含量有差异，因此利用这种差异，在核磁共振仪器上会有不同的显示。孔隙越大，氢核越多，核磁共振信号衰减越慢，对应的弛豫时间越长。

利用核磁共振可以确定孔喉分选情况、计算岩石的孔隙度、有效孔隙度、渗透率、含油饱和度等。

3. 地球化学原理录井

1）岩石热解录井

岩石热解录井是将室内岩石热解色谱分析方法应用于井场，根据岩芯、岩屑样品分析结果对生油岩、储油岩进行评价。方法是采集并称取研细的生油岩样品，置于热解炉中，利用程序升温的方法，将岩样中的烃类及干酪根在不同的温度下热解或热蒸发成气态烃，直接送入氢焰离子化检测器中检测，最终由计算机处理打印。

岩石热解的地质应用主要是烃源岩评价和储集层评价。

2）轻烃录井

轻烃录井就是对岩屑顶部空间气体$C_1 \sim C_7$轻烃分析。岩样的轻烃分析步骤就是碎样、装瓶、密封，之后放置在轻烃分析仪中进行分析，根据显示的峰的特征分析烃类组分，操作过程比较简单。其地质应用是生油岩评价和储层评价。

第二节 测井

测井是直接获取地层信息方法之一。它主要是通过在井下放置一定的测量仪器，同时地面放置对应的记录分析设备，沿井深测量地层剖面上地层相应物理参数的变化情况，而后通过综合分析，最终得到地层的储层参数。它是应用地球物理的一个重要分支，利用涉及电磁学、核物理学、声学等方面的各种类型仪器测量井下地层各种物理参数和井眼技术状况，以解决油田勘探、开发中的各类地质和工程技术问题。测井既是关键石油学科之一，又是石油工业中高科技含量最多的学科，测井技术贯穿油气田整个勘探、开发监测的全过程。测井技术在油气勘探与开发中，不仅对油气层进行储层储集性能和含油气性能（孔隙度、渗透率、含油气饱和度和油水的可动性）定量或半定量的评价工作，还对促进评价油气藏的理论、剩余油预测方法等起到较大推动作用。

测井是研究岩层地质特性的间接方法，与其他录井方法相比，具有许多突出优点，主要是效率高、成本低、效果好。只需要很短的时间就能采集到大量的测井信息，而且这些资料是在岩层的自然条件下测量的，这就更接近于岩层的真实情况。

一、测井系列和方法

不同的测井仪器有不同的性能和作用，在某种地质条件和钻孔条件下，根据一定的地质或工程目的，采用多种有针对性的测井仪器组合起来进行测井，称为达到这种目的的测井系列。

测井系列的选择往往是以能否比较清楚地鉴别岩性、划分储集层，比较精确地提供主要地质参数以及能够可靠地评价油气水层为原则。

油气藏类型不同，储层的岩性、物性、电性、水性也不同。而储层的岩性、物性、电性、水性不同，各种测井曲线的反映也不同。而且不同测井系列在解决不同的地质问题有各自的优缺点，因此不同类型油气藏所选用的测井系列是不同的。

针对砂岩储层，测井系列如下：

（1）普通的砂泥岩油气藏。这类油气藏的岩性、物性基本相同，孔隙结构及渗透性比较简单，在同一地区、同一口井中含油气性基本不变。测井的主要目的是发现油气层和精确计算储层的孔隙度、渗透率、含油饱和度等地质参数，为准确计算油气储量和制订开发方案提供可靠依据，根据这一需要，必测项目要求有不同探测深度（深、中、浅）电阻率测井、孔隙度测井、自然伽马（或自然伽马能谱）、自然电位、井径、井斜等。

（2）细砂、粉砂岩低阻油气藏。这类油气藏的岩性较细，物性较均匀，在同一地区、同一口井中含油气性基本不变，但是这类油气藏的电阻率值不高，与水层的电阻率值比较相差不多，这样在相同岩性、物性、含油气性条件下这类油气藏与水层电阻率接近而不易区分。核磁共振测井资料就能很好区分油气水层。核磁测井仪能消除岩石骨架的影响，直接测量地层流体的孔隙度，并且能测量出束缚水流体和可动流体的孔隙度以及地层的渗透率。它还能利用先进的测井模式快速识别油、气、水三相流体，配合电阻率测井可以准确计算出油、气、水饱和度。它还可以用来研究地层孔隙的孔径和地层流体的黏度。因此在这类油气藏的井中，除了测常规的电阻率测井、孔隙度测井、自然伽马（或自然伽马能谱）、自然电位、井径、井斜等项目外，应加测核磁共振测井项目。

（3）砂砾岩高阻油气藏。这类油气藏的岩性粗细不均匀，大到砾岩，小到粉砂甚至还有泥岩，物性也不均匀，孔隙结构也比较复杂。它具有较高的电阻率值，但是高的电阻率值不一定反映含油性，也可能反映岩性，这样电阻率曲线就不能很好区分油水层，如欧力坨沙三段的砂砾岩高阻油气藏，有的电阻率值为40Ω 的储层出油，而电阻率值为100Ω 的储层出水，因此，该类油气藏也需要应用核磁共振测井。

（4）高束缚水饱和度砂泥岩低阻油气藏。形成低阻油气藏的主要原因是它的高束缚水饱和度导致油气层电阻率低，使之与水层电阻率接近而不易区分，而核磁共振测井与常规资料结合能较准确地求准储层的束缚水饱和度、可动水饱和度和油气饱和度及孔隙度和渗透率。

因此，这类储层应选择常规测井、核磁共振测井。

（5）高矿化度泥浆形成的砂泥岩低阻油气藏。形成低阻的主要原因是高矿化度泥浆而导致油气层电阻率降低，使之与水层电阻率接近而不易区分。咸水泥浆侵入造成的低电阻率油层的识别是辽河浅海勘探开发的难题。在泥浆矿化度小于$10\times10^4\mu g/g$（大致数）时，选择核磁共振测井来确定储层的束缚水饱和度、可动水饱和度和油气饱和度及孔隙度和渗透率；另外，由于阵列感应测井有三种纵向分辨率（1ft、2ft、4ft）六种探测深度（10in、20in、30in、60in、90in、120in）共18条曲线，且深探测的线圈系探测深度（约3m）较深侧向探测深度（约2m）深，基本上没有泥浆侵入的影响，能反映地层的真电阻率，油气层的电阻率与水层的电阻率就会有较明显的差异。因此，这类储层应选择常规测井、核磁共振测井、阵列感应测井。

（6）薄层及薄互层砂泥岩油气藏。对于薄层及薄互层，一般电极系测井因层薄受其上下围岩影响，导致所测得的电阻率与其真电阻率差别较大，对薄层及薄互层油气层的影响就更大，薄层电阻率测井仪纵向分辨率为5cm，也就是说对于大于5cm的储层，薄层电阻率测井就能实现较准确的电阻率测量。而常规测井的完井系列的自然伽马曲线能准确反映地层的泥质含量变化，结合三孔隙度（补偿密度、补偿中子、声波时差）测井曲线能很好地反映储层物性的变化。因此，这类储层应选择常规测井的完井系列和薄层电阻率测井。

根据所测物理量的不同，测井方法可分为：

（1）电法测井：就是给地层通电，然后测量在和地层相互作用后的电流，主要测量地层的电阻率、电导率。

（2）声波测井：在测井仪器内放置声源，声波在地层的传播过程中会发生改变，通过测量改变后的声波了解地层的状况，主要测量地层的声波速度及声波能量的衰减程度。

（3）放射性测井：在测井仪器内放置放射源，放射源产生射线，射线与地层中的不同物质发生不同的反应，通过测量射线的强弱等参数来确定地层状况等，主要测量地层的天然放射性、地层体密度、地层含氢指数，如自然伽马测井、中子测井。

（4）生产测井：是指在套管中完成的各类测井，包括注采剖面测井、工程测井及套管井地层评价测井，目的是监测井眼几何特性及注采动态，主要测量地层压力、温度、孔隙流体体密度及井孔内流体的流量等。

（5）地层倾角测井：是确定地层层面倾向和倾角的测井方法。

（6）随钻测井：是指在钻井的过程中测量地层岩石物理参数，并用数据遥测系统将测量结果实时送到地面进行处理，也就是把测井仪器放在钻头上，让钻头长上“眼睛”，一边钻进一边获取地层的各种资料。

（7）成像测井：是根据钻孔中地球物理场的观测，对井壁和井周围物体进行物理参数成像的方法。成像测井应包括井壁成像、井边成像和井间成像。

二、测井技术应用

测井技术的应用可总结为以下几点：

（1）利用地球物理测井信息解释评价油、气、水层，计算含油气岩系的孔隙度、渗透率和含油（气）饱和度。

（2）利用地球物理测井信息进行地层层序划分和标定。

（3）利用测井信息研究生油层、盖层及油气的生、储、盖组合。

（4）利用测井资料进行油气藏精细地质构造以及断层研究。

（5）利用测井信息研究油储储量参数、地下流体性质、分布状况。

（6）以构造地质学基本理论为指导，通过构造应力分析，充分利用测井信息进行裂缝型储集带定量研究，认识裂缝发育分布规律。

（7）地球物理测井沉积学的研究，综合其他地质资料，进行沉积微相的分析，确立沉积环境和古水流方向。

（8）用于现代地应力场定量分析，预测和监测地层压力、破裂压力，为合理开发油气和科学钻探提供依据。

（9）测量生产井和注入井的流体流动剖面，测量参数包括流体的速度（流量）、密度、持水率、温度、压力等，用来了解各射孔层段产出或吸入流体的性质和流量，确定剩余油饱和度的分布等。

（10）可以检测井身结构状况，目的是为油水井作业施工提供井的几何形状资料。

地球物理测井是一门仍在迅速发展的技术学科，伴随着油气等矿产资源开发的难度加大和科学技术的快速发展，测井新理论、新方法、新技术也在不断出现和发展。

三、测井曲线特征

在测井时形成的曲线反映出不同岩性、层位特征，进而根据所得曲线判断出具体岩性、层位等，不同的测井曲线具有不同的特征。如表5-1所示，在识别岩性方面，不同的测井曲线也表现了不同的特征。

表5-1 各种岩性测井曲线特征

测井方法 岩性	声波时差/（μs/m）	体积密度/（g/cm^3）	中子孔隙度/%	中子伽马	自然伽马/API	自然电位/mV	微电极/（Ω·m）	电阻率/（Ω·m）	井径/cm
泥岩	大于300	2.2 ~ 2.65	高值	低值	高值	基值	低平值	低值	大于钻头
煤	350 ~ 450	1.3 ~ 1.5	40 ~ 70	低值	低值	异常不明显		高值（无烟煤最低）	接近钻头
砂岩	250 ~ 380	2.1 ~ 2.5	中等	中等	低值	明显负异常	中等明显正异常	低到中等	略小于钻头
生物灰岩	200 ~ 300	比砂岩略高	较低	较低	比砂岩还低	明显负异常	较高明显正异常	较高	略小于钻头
石灰岩	165 ~ 250	24 ~ 2.7	低值	高值	比砂岩还低	大片负异常	高值锯齿正负异常	高值	小于或等于钻头

续表

测井方法 / 岩性	声波时差/（μs/m）	体积密度/（g/cm^3）	中子孔隙度/%	中子伽马	自然伽马/API	自然电位/mV	微电极/（Ω·m）	电阻率/（Ω·m）	井径/cm
白云岩	155～250	2.5～2.85	低值	高值	比砂岩还低	大片负异常	高值锯齿正负异常	高值	接近钻头
硬石膏	约164	约3.0	约0	高值	最低	基值		高值	接近钻头
石膏	约171	约2.3	约50	低值	最低	基值		高值	接近钻头
盐岩	约220	约2.1	接近0	高值	最低（钾盐最高）	基值	极低	高值	大于钻头

1. 自然电位曲线

当地层、泥浆是均匀的，上下围岩岩性相同，自然电位曲线对地层中心对称；在地层顶底界面处，自然电位变化最大，当地层较厚（大于4倍井径）时，可用曲线半幅点确定地层界面；渗透性砂岩的自然电位，对泥岩基线而言，当地层水矿化度大于泥浆滤液矿化度时，自然电位显示为负异常，当地层水矿化度小于泥浆滤液矿化度时，显示为正异常，如果泥浆滤液的矿化度与地层水矿化度大致相等时，自然电位偏转幅度很小，曲线无显示异常。

2. 电阻率曲线

电阻率测井是一类通过测量地层电阻率来研究井剖面地层性质的测井方法。有普通电阻率测井、侧向测井和感应测井。

普通电阻率测井是最早使用的测井方法，又是现在仍在使用的常规测井方法，与自然电位组合“标准测井”是每口井从井口到井底必测项目。普通电阻率曲线在泥岩中幅度低，无幅度差或正负不定的小幅度差，曲线平直；在渗透性砂岩中幅度中等，明显正幅度差，幅度和幅度差随粒度变粗而增加，随含油性变好也增加；在致密岩石中表现为高幅度，有幅度不大的正或者负的幅度差，呈现锯齿状，在砂泥岩剖面一般幅度最高，薄夹层呈尖峰状；在水层中其值较低，油气层中其值较高。

在高矿化度钻井液和高阻薄层的井中，普通电阻率测井曲线变得平缓，难以进行分层和确定地层真电阻率。为了减小钻井液的分流作用和低阻围岩的影响，提出了侧向测井，也叫聚焦测井，其中双测向测井得到广泛应用。双侧向测井的深侧向测井主要反映原状地层电阻率，而浅侧向测井主要反映侵入带电阻率，因此观察和分析深、浅侧向测井两条视电阻率曲线的重叠，就可以快速直观地判断出油、气、水层。对油气层，深侧向测井曲线幅度值大于浅侧向测井曲线幅度值，对于水层则呈现负幅度差，在裂缝性致密砂岩或碳酸盐岩中，由于裂缝电性的各向异性，双侧向测井可用于识别与评价裂缝性储层。

3. 声波时差曲线

在砂泥岩剖面，砂岩的速度一般很快，时差曲线数值较低，砂岩的胶结物性质、胶结类型和胶结含量影响时差的大小。通常硅质、钙质胶结物比泥质胶结的时差低，随着钙质增加时差下降，随着泥质含量的增加，时差升高。泥岩时差高，粉砂岩、页岩介于泥岩和砂岩之间。砾岩一般声波时差较低。含气的浅部地层有周波跳跃，或时差增大。主要受井径、岩层厚度、周波跳跃等因素的影响。

裂缝在声波曲线上的反映与井筒周围裂缝的产状及发育程度有关。声波曲线对高角度裂缝没有反映，对低角度裂缝或网状裂缝，声波测井值将相应增大；当遇到大的水平裂缝或网状裂缝时，声波能量急剧衰减而产生“周波跳跃”现象。因此利用声波时差可以识别水平裂缝或网状裂缝，但不能用于识别垂直裂缝。声波曲线对裂缝的显示主要取决于裂缝的张开度、发育程度、充填物和流体的性质。

4. 微电极曲线

泥岩，微电极曲线幅度低，没有幅度差或有很小的正、负不规则的幅度差，曲线呈直线状，致密砂岩或钙质砂岩微电极曲线幅度特别高，常呈锯齿状或刺刀状，有幅度大小不等的正或负的幅度差，生物灰岩微电极幅度很高、正幅度差大，粉砂岩幅度值较低，有较小的正幅度差，孔隙性石灰岩幅度值比致密石灰岩低得多，一般有明显的正幅度差。

5. 自然伽马曲线

在砂泥岩剖面，纯砂岩GR最低，黏土最高，泥质砂岩较低，泥质粉砂岩和砂质泥岩较高，即自然伽马值随泥质含量的增加而升高。主要受地层厚度、井眼、放射性涨落误差以及测速。

6. 感应测井曲线

上下围岩相同，单一低电导率地层，当地层厚度大于1.7m时，曲线上可以看到过聚焦产生的局部极值，其厚度小于1.7m时，电导率曲线呈现一尖峰。上下围岩不同，单一低电导率地层，对于厚度大于2m的地层，地层中部的曲线呈倾斜状，地层中心对应于倾斜段的中点，对于厚度小于2m的地层，电导率曲线偏向与地层电导率差别小的围岩一侧，这是在高低电导率地层，而在中间电导率地层的曲线，对于厚度大于2m的地层，呈比较清楚的台阶状。

7. 中子测井曲线

在砂泥岩剖面中，黏土（泥岩）的中子测井计数率最低，致密砂岩的中子测井计数率最高，粉砂岩、泥质砂岩、孔隙中充满液体的砂岩为中等数值；气层的中子测井计数率是高值。

管理小常识 青蛙效应

19世纪末，美国康奈尔大学进行过一次著名的“青蛙试验”：把一只青蛙放在冷水中加温到30℃，青蛙会感到很舒服，它不想再改变；等继续加热至50℃，它仅仅是觉得有点热，但还可以忍受；等到加热到80℃时，它才觉得无法忍受要往外跳，但这时它已经被煮得跳不起来了，只好接受死亡。而在同样的80℃水中，把一只活青蛙扔进去，它会立即跳出来。多么可怕的适应。青蛙被动适应的结果，不是生存，而是死亡。

青蛙效应告诉人们，企业竞争环境的改变大多是渐热式的，如果管理者与员工对环境的变化没有疼痛的感觉，最后就会像这只青蛙一样，被煮熟、淘汰了仍不知道。一个企业不要满足于眼前的既得利益，不要沉湎于过去的胜利和美好愿望之中，而忘掉危机在逐渐形成，看不到失败一步步地逼近，最后像青蛙一般在安逸中死去。而一个人或企业应居安思危，适时宣扬危机，适度加压，使处危境而不知危境的人猛醒，使放慢脚步的人加快脚步，不断超越自己，超越过去。

事实上，造成危机的许多诱因早已潜伏在企业日常的经营管理之中，只是由于管理者麻痹大意，缺乏危机意识，对此没有足够的重视。有时，看起来很不起眼的小事，经过“连锁反应”“滚雪球效应”“恶性循环”，有可能演变成摧毁企业的危机。

当今的社会，是一个知识爆炸、日新月异的时代，知识也需要不断更新，所以我们不要一味地沉迷于现状、安于现状，不思进取，这样下去的话，肯定会被时代所淘汰，也会有面临失业的危险！

青蛙效应强调的便是“生于忧患，死于安乐”的道理。人天生就是有惰性的，总愿意安于现状，不到迫不得已多半不愿意去改变已有的生活。若一个人久久沉迷于这种无变化、安逸的生活时，就往往忽略了周遭环境的变化，当危机到来时就像青蛙一样只能坐以待毙。

未雨绸缪、居安思危、有危机意识是我们应该从中领悟的。在生活和职业上都是如此，逆水行舟，不进则退。回顾一下过去，当我们遇到大的挫折和困难时，常常会激发自己的潜能；可一旦趋向平静，便耽于安逸、享乐、奢靡、挥霍的生活，因而不断遭遇失败。

课件“码”上来

第六章　岩芯分析

地球物理方法通过先进的测量仪器，在地面或者近地面测量来自地下的地球物理场信息，对测得的信息进行分析、处理、反演、解释，进而推测油气层的地质特征，对油气藏的认识是间接的、预测性的。

录井和测井通过连接地面与储层的井筒近似直接地测量井壁附近的地层属性，是间接接触油气藏的重要手段，是油气藏地质信息定量描述的重要参考。

岩芯分析是指利用各种仪器设备来观测和分析岩芯特性的系列技术，是获取地下岩芯信息的十分重要的手段，岩芯是在钻井时取自目的层真实的岩石，对该岩石的实验分析实现了真正地直接接触油气藏的目的，因此，岩芯分析的数据往往是地震和测井资料的重要参照。

第一节　岩芯的获取

岩芯是指根据地质勘查工作或工程的需要，使用环状岩芯钻头及其他取芯工具，从孔内取出的圆柱状岩石样品。

一、取岩芯的目的

在油田范围内必须选择适量的井，对有关油、气层位，钻取一定数量的岩芯，通过观察、分析和研究，可以了解：

（1）地层的时代、岩性、沉积特征。

（2）储层的物理、化学性质和含油、气、水状况。

（3）生油层特征和生油指标。

（4）地下构造情况（如断层、节理、倾角等）。

（5）各种测井方法定性、定量解释的基础数据。

（6）开采过程中油、气、水运动和分布状况，以及地层结构的变化。

（7）供注水、提高采收率方法和增产改造措施的室内实验分析。

二、取岩芯的方法

1. 常规取芯

对岩芯无任何特殊要求的取芯称为常规取芯。常规取芯是取芯作业中最大量、最常见的，无论是什么油气藏，在勘探阶段或开发阶段都要进行大量的常规取芯，主要分为两种方式。

（1）一般短筒取芯，是指取芯钻进中途不接单根的常规取芯。它的工具只含有一节岩芯筒，结构简单。它在整个取芯作业中所占的比例最大，在任何地层条件下均可进行。

（2）中、长筒取芯，是指钻进中途要接单根的取芯。它的工具必须含有多节岩芯筒，通常只有当地层岩石的胶结性与可钻性较好时才进行中、长筒取芯。中、长筒取芯的目的是在保证岩芯收获率较高的前提下，尽可能提高取芯的单筒进尺，以大幅度提高取芯收获率，降低取芯成本。

2. 密闭取芯

密闭取芯技术是指在水基钻井液中取得的岩芯基本不受钻井液的污染，能真实再现地层原始地质孔隙度、含油饱和度及水侵和含水率等资料。它是通过专用密闭取芯工具和密闭液的共同作用来实现的一种特殊钻井取芯工艺。

密闭取芯的作用是：

（1）取出准确的含油、气、水饱和度的岩芯资料，为计算未开发油气田储量及制订合理开发方案提供依据。

（2）了解油田采油阶段的含油、气饱和度及其分布规律、油水动态资料，以确定合理的开采方式和开采调整方案。

（3）了解水淹油田中油、水分布情况与油层岩性、物性之间的关系，为定量研究水淹油层驱油效率提供依据。

取芯工作开始前，在井口将取芯工具内筒里注满密闭液，内筒下端由销钉固定密封活塞，上端由浮动活塞密封，形成密封腔。取芯钻进时，由于钻压的作用，销钉被剪断，密封活塞上行，内筒密封被打开，之后取芯钻头接触井底，并迫使密封活塞完全进入内筒。此时内筒里的密闭液开始被挤出，在井底形成保护区。随着钻进，岩芯不断形成和增长，推着活塞不断上行。由于内筒上端是密封的，故筒内密闭液只能被进入内筒的岩芯所挤压，且只能从内筒环空间隙等体积向外排出，排出的密闭液立即涂抹在岩芯柱表面形成保护膜。同时在井底岩芯柱周围形成一定范围的保护区，钻井液只通过钻头水眼和外泄水槽循环，在携带岩屑和清洗冷却外唇面，使保护岩芯免遭钻井液污染的目的得以实现。

3. 定向取芯

定向取芯是为了钻取岩芯并确定其在原地的方位。在二次、三次采油中为了更多地了解地层构造，需定向取芯。定向取芯的目的是了解地层的倾角、倾向、走向以及地层与裂缝的产状、裂缝分布规律等，为制订开发方案提供依据。

第二节 岩芯分析方法

岩芯分析的目的是为了获取岩石的矿物组成、颗粒大小、孔隙结构、渗透能力、多相流动特征及力学参数等，所应用的岩芯分析方法也有很多，如表6–1所示。本书简要介绍几种常用的方法。

表6–1 岩芯分析的主要内容及方法

内容					方法
岩石物理性质	常规物性	孔隙度	常规条件	总孔隙度、连通孔隙度	气测法、煤矿油饱和法、孔隙度仪
			模拟围压	总孔隙度	CMS–300自动岩芯分析仪
		渗透率	空气渗透率、煤油渗透率、地层水渗透率；水平渗透率、垂直渗透率、径向渗透率、全直径岩芯渗透率；模拟围压渗透率		渗透率仪 CMS–300自动岩芯分析仪
		比表面			压汞或等温吸附法
		相渗透率	气—水、油—气、气—油—水		稳态法、不稳态法
		润湿性	油湿、水湿、中性润湿		接触角测量、阿莫特（自吸入）法、离心机法毛管压力曲线测定
	孔隙结构	孔隙—喉道	类型、大小、形态、连通性、分布		铸体薄片、图像分析、SEM、X射线、CT扫描、NMR
		孔喉	大小、分布		压汞法、离心机法毛管压力曲线测定
岩石结构与矿物	骨架颗粒	石英、长石、岩屑、云母	粒度大小、分布		筛析法、薄片粒度图像分析
			接触关系、成分、含量、成岩变化		铸体薄片、阴极发光、XRD全岩分析、红外光谱
	填隙物	黏土矿物	产状		铸体薄片、SEM
			类型、成分、含量		铸体薄片、XRD、红外光谱、沉降分离法、电子探针或能谱
		非黏土矿物	产状		岩石薄片、SEM
			类型、成分、含量		薄片染色、XRD全岩分析、红外光谱、碳酸盐含量测定

1. X射线衍射分析技术

全岩矿物组分和黏土矿物可用X射线衍射（XRD）迅速而准确地测定。XRD分析借助于X射线衍射仪来实现，它主要由光源、测角仪、X射线检测和记录仪构成。

由于黏土矿物的含量较低，砂岩中一般为3%～15%。这时，X射线衍射全岩分析不能准确地反映黏土的组成与相对含量，需要把黏土矿物与其他组分分离，分别加以分析。首先将岩样抽提干净，然后碎样，用蒸馏水浸泡，最好湿式研磨，并用超声波振荡加速黏土从颗粒上脱落，提取粒径小于2μm（泥、页岩）或小于5μm（砂岩）的部分，沉降分离、烘干、计算其占岩样的质量分数。

2. 扫描电镜分析技术

扫描电镜分析（SEM）能提供孔隙内充填物的矿物类型、产状的直观资料，同时也是研究孔隙结构的重要手段。扫描电镜通常由电子系统、扫描系统、信息检测系统、真空系统和电源系统五大部分构成，它是利用类似电视摄影显像的方式，用细聚焦电子束在样品表面上逐点进行扫描，激发产生能够反映样品表面特征的信息来调制成像。有些扫描电镜配有X射线能谱分析仪，因此能进行微区元素分析。

扫描电镜分析具有制样简单、分析快速的特点。分析前要将岩样抽提清洗干净，然后加工出新鲜面作为观察面，用导电胶固定在样品于桩上，自然晾干，最后在真空镀膜机上镀金（或碳），样品直径一般不超过1cm。

3. 薄片分析技术

薄片技术是应用光学显微镜观察薄片以获取孔隙结构特征的分析方法，由铸体薄片获得的资料比较可靠。制作铸体薄片的样品最好是成形岩芯，不推荐使用钻屑。薄片厚度为0.03mm，面积不小于15mm × 15mm。

4. 压汞法测定岩石毛管压力曲线

由毛管压力曲线可以获得描述孔喉分布及大小的系列特征参数，确定各孔喉区间对渗透率的贡献。压汞法由于其仪器装置固定、测定快速准确，并且压力可以较高，便于测量更微小的孔隙，因而它是目前国内外测定岩石毛细管压力曲线的主要手段。

5. 岩石三轴抗压试验测定力学参数

随着非常规储层压裂技术的大规模应用，岩石有力学参数测定越来越重要。深层的岩石处于各向异性应力场中，即受到三轴应力作用，在三轴应力条件（围压）下，所得到的力学参数与地下岩石的受力情况较相似，力学参数主要包括泊松比（侧向应变/轴上应变）、弹性模量（应力与应变曲线斜率）、抗压强度、破裂压力等。

6. 傅里叶变换红外光谱分析

采用傅里叶变换红外光谱仪测定矿物的基团、官能矿物的基团、官能团来识别和量化常见矿物，分析迅速，能定量分析的矿物有石英、斜长石、钾长石、方解石、白云石、菱铁矿、黄铁矿、硬石膏、重晶石、绿泥石、高岭石、伊利石和蒙皂石总和，以及黏土总量，对非晶质物、间层黏土矿物的构造特性分析有独到之处。

7. CT扫描技术

将医学上应用的CT扫描技术引入岩芯分析中，主要原理是用X射线照射岩芯，得到岩芯断面上岩石颗粒密度的信息，经计算机处理转换成岩芯剖面图，它可以在不改变岩石形态及内部结构的条件下观察岩石的裂缝和孔隙分布。当固相物侵入岩芯时，能够对固相侵入深度及其在孔喉中的状态进行监测，也可以观察岩样与工作液作用后的孔隙空间变化。

8. 核磁共振成像技术

核磁共振成像（Nuclear Magnetic Resonance Imaging，缩写NMRI）技术，它能够观测孔隙或裂缝中流体分布与流动情况，因此对于流体与流体之间，流体与岩石之间的相互作用，以及润湿性和润湿反转问题的研究有特殊意义，是研究油气损害的最新手段之一。NMRI测井技术发展很快，主要用于剩余油的分布探测，已成为提高采收率的重要评价技术。

9. 数字岩芯技术

数字岩芯技术的基本原理是基于二维扫描电镜图像或三维CT扫描图像，运用计算机图像处理技术，通过一定的算法完成数字岩芯重构。数字岩芯建模方法可分为两大类：物理实验方法和数值重建方法。物理实验方法均借助高倍光学显微镜、扫描电镜或CT成像仪等高精度仪器获取岩芯的平面图像，之后对平面图像进行三维重建即可得到数字岩芯；数值重建方法则借助岩芯平面图像等少量资料，通过图像分析提取建模信息，之后采用某种数学方法建立数字岩芯。应用数字岩芯可以研究微观渗流机理，模拟岩芯驱替实验，预测岩芯宏观传导性，评价驱油剂效果，模拟油藏生产动态和确定油气田开发技术政策界限等。

管理小常识　羊群效应

在一群羊前面横放一根木棍，第一只羊跳了过去，第二只、第三只也会跟着跳过去，这时把那根棍子撤走，后面的羊走到这里，仍然像前面的羊一样向上跳一下，这就是所谓的“羊群效应”，也称为“从众心理”。羊群是一种很散乱的组织，平时在一起也是盲目地左冲右撞，一旦有一只头羊动起来，其他的羊也会不假思索地一哄而上，全然不顾前面可能有狼或者不远处有更好的草。因此，“羊群效应”就是比喻人都有一种从众心理，从众心理很容易导致盲从，而盲从往往会陷入骗局或遭到失败。

有一则与羊群效应相类似的幽默：一位石油大亨到天堂去参加会议，一进会议室发现已经座无虚席，没有地方落座，于是他灵机一动，喊了一声：“地狱里发现石油了！”这一喊不要紧，天堂里的石油大亨们纷纷向地狱跑去，很快，天堂里就只剩下那位后来的了。这时，这位大亨心想，大家都跑了过去，莫非地狱里真的发现石油了？于是，他也急匆匆地向地狱跑去。明明知道是骗局，羊群效应的发酵使明白人也进入盲从的人流中。

很多时候我们不得不放弃自己的个性去“随大流”，因为我们每个人不可能对任何事情都了解得一清二楚，对于那些不太了解，没把握的事情，往往选择“随大流”。持某种意见人数是影响从众的最重要的一个因素，很少有人能够在众口一词的情况下，还坚持自己的不同意见。在一个团体内，谁做出与众不同的行为，往往招致“背叛”的嫌疑，会被孤立，甚至受到惩罚，因而团体内成员的行为往往高度一致。

“羊群效应”告诉我们，许多时候，并不是谚语说的那样——“群众的眼睛是雪亮的”。在市场中的普通大众，往往容易丧失基本判断力。人们喜欢凑热闹、人云亦云。群众的目光还会投向各种信息，希望从中得到判断的依据。但是，信息发布者也是普通群众，不是我们的眼睛，如果不会辨别垃圾信息就会失去方向。所以，收集信息并敏锐地加以判断，是让人们减少盲从行为、更多地运用自己理性的最好方法。

课件“码”上来

第七章 试油、试采和试井

当油井完钻后，通过地震解释、测井层位认识、岩芯属性分析等研究成果，确定开采的小层，进行填砂或射孔等完井措施，打通井与开采层位的连接通道，测试储层中流体的流出能力，进而评价油井的生产能力，为制订生产计划提供依据，此为试油；特别针对评价井或预探井，在试油之后，开发方案确定之前，为进一步评价储量的经济性和探索油气开采主体工艺及确定开发方案，对单井通过一定的技术方法在较长时间内获取储层产量、压力、流动性等储层动态参数所做的全部工作过程，此为试采；试油和试采阶段都需要进行储层压力与流量的测试，用以确定生产能力、推算油藏参数、判断油井完善程度及评估储层能量，该测试手段为试井。

试油、试采和试井与地震、测井和岩芯相对比而言，前者是通过生产动态对油气藏的再认识，后者是在静态条件下对油气藏的认识，前者更能反映油气藏的生产潜力，因此，“三试”在油气开发过程中是非常重要和关键的。几乎每一口完钻的油井都需要进行试油，几乎每一个区块都需要进入不同阶段的试采，根据区块的规模大小，试采的规模及时间长短有所不同。

第一节 试油

试油是认识油、气层的基本手段，是评价油、气层的关键环节，是对油、气、水层做出决定性的结论。试油是指对确定可能的油、气层，利用一套专用的设备和方法，降低井内液柱压力，诱导地层中的流体流入井内并取得流体产量、压力、温度、流体性质、地层参数等资料的工艺过程。它主要包括对目的层进行射孔、洗井、诱流和测试等。在特殊情况下还需要进行近井地区的处理措施。

一、试油的任务

试油的原则是不能将油、气、水层大段混试，应按油层组自下而上或自上而下分段逐层试油，对于可疑层、认识不清的油水界面以及水层，均要单独测试。要求取准油气水产能和性质、油气层压力、温度等资料，对测试层位做出正确结论。其主要任务是：

（1）探明新区、新构造是否有工业性油气流；

（2）查明油、气田的含油气面积和油水或气水边界，以及油气藏的产油气能力、驱动类型；

（3）验证储层的含油、气情况和测井解释的可靠性；

（4）通过分层试油、试气取得各分层的测试资料及流体的性质，确定单井（层）的合理工作制度，为计算油、气田储量和编制开发方案提供依据；

（5）评价油气藏，对油、气、水层做出正确结论。

对于初期部署的探井，在钻探过程中，如遇有油、气显示情况时，应进行中途试油测试，确定油、气层的工业价值。钻井完井后，首先选择最好的油气显示层优先进行试油、试气，以尽快打开新区域找油找气的形势。

二、试油的工序

1. 通井

目的：一是清除套管内壁上黏附的固体物质，如钢渣、毛刺、固井残留的水泥等；二是检查套管通径及变形、破损情况；三是检查固井后形成的人工井底是否符合试油要求；四是调整井内的压井液，使之符合射孔要求。

2. 替泥浆（洗井）

目的：为了井筒干净，清除套管内壁上黏附的固体物质或稠油、蜡质物质，以便于下步施工；同时调整井内压井液使之符合射孔的要求，防止在地层打开后，污水进入油层造成地层污染。

3. 试压

检验井底、套管、井口装置密封性。采用清水增压试压，一般试压压力为15MPa，井口装置不刺不漏，在30min内井口压力下降不超过0.5MPa。

4. 冲砂

用泵入井内的压井液，通过在井筒内的高速流动冲散井底沉砂并把砂子带出地面。冲砂方式有正冲砂、反冲砂、正反冲砂、冲管冲砂等，根据井下情况选择合理的冲砂方式。冲砂管柱可用探砂面管柱，下部接笔尖或喇叭口等有效冲砂工具。

对于因井下有沉砂未达到人工井底或未达到要求深度的井，应进行冲砂。冲砂时应记录时间、方式、深度、冲砂液性能、泵压、排量、漏失量、冲砂进尺、冲出砂量、油气显示和井底深度。

5. 射孔

用射孔枪射穿油层套管和管外水泥环及近井地层，在地层和井筒之间建立流体通道，保证地层流体进入井筒。

6. 诱喷

用一定的技术手段，降低井内液柱压力，在井筒和地层间造成负压，诱使地层流体喷出。可以通过用密度小的压井液替换井筒内密度高的压井液，也可以通过降液面诱喷，即将井筒内液面，用某种方法降到一定位置，观察油气能否自喷。

7. 求产

求得地层流体的日产量。自喷井通过地面分离器计量产量；非自喷井通过测液面恢复产量，也可采用泵排、抽汲（提捞）等。

8. 测压

自喷井测取开井井底流压、关井静压及井口油压、套压；了解产层能量大小，并为储层改造提供依据。测地层压力和流动压力时，必须使用同一支压力计。

9. 洗井（压井）

对于非自喷层，洗井落实地层产出油、水量，清洁井筒；对于自喷层，洗井兼压井功能，主要是保证下部工作顺利进行，压井应做到“压而不死，活而不喷”。

10. 封层

封闭产层，保证该产层不影响下层试油资料。一般有注灰、打桥塞（电缆、油管）、打丢手等。

11. 资料处理

试油结束后，要编写单层或单井试油总结报告。其主要内容包括：油井及试油层基础数据，现场施工简况，试油成果数据，油气水分析结果，酸化、压裂施工数据，试油结论、评价及建议等。

12. 资料收集

通过试油应取得几类资料：①生产资料，包括原始油藏压力、不同油嘴直径或抽汲深度下的产量、流动压力、含水率、含砂量、气油比等，根据这些资料可以做出系统试井曲线，油井指示曲线及其流动方程式；②测压力恢复曲线；③油、气、水性质及高压物性资料。

第二节 试采

试采，实际上就是生产，即油田小规模或短时间的生产，一般是评价井或详探井（包括预探井）的生产。试采的主要目的是了解油井的生产动态和产量压力的递减情况，掌握油气藏开采特点，确定合理的稳定产能，研究合理、配套的开采技术、开采方式，比如生产制度、驱动方式、井网类型、预测生产规模和经济效益，为提交储量和编制油气田开发方案提供依据。试采是在试油之后，开发方案确定之前进行的一系列测试工作。

一、试采的任务

试采的目的主要是了解油井的生产动态和产量压力的递减情况，为油气藏后期生产方案的制订提供指导。其主要任务是：

（1）通过试采，求稳定产量情况下的地层压力降低规律，建立产量与油藏压降关系。

（2）根据产量与压降关系，分析油藏类型，确定含油边界及储层参数，用动态法较准确地计算和检验油藏储量。

（3）探索试油产量与稳定产量的关系，确定合理工作制度下稳定产量或产量变化规律。

（4）搞清油、气、水性质及随地层压力降低，油水性质变化规律。

（5）确定区块的适当采油速度。

二、试采的资料

1. 采前静压资料

采前静压资料是计算地质储量重要参数，静压值是判断油气井产能大小依据之一，确定油藏开采方式，计算其他地层参数基础。

2. 试采产量资料

试采产量资料是计算地质储量重要参数，产量高低是确定油气藏开采方式重要依据之一，计算其他地层参数基础，为油田开发前期配产有借鉴意义。

3. 试采流压资料

流压值大小是判断油气井产能大小依据之一，确定油藏开采方式，是计算地层参数基础。

4. 采后压力恢复资料

采后关井静压值的大小是判断油气井产能大小依据之一，是计算地层参数基础。

5. 油、气、水样

油、气、水样是计算地层参数基础，是确定油藏开采方式重要依据之一，能指导现场施工，确定试采工艺依据之一，对试油施工有借鉴意义；指导区域勘探，为油田开发前期布井有借鉴意义。

6. 高压物性资料

高压物性资料是计算地层参数基础，是确定油藏开采方式的重要依据之一，能指导现场施工，是有效利用油藏自身能量达到油田合理开采不可缺少的参数。

第三节 试井

评价油气藏动态及其参数常用的方法有：岩芯分析方法、地球物理方法、测井方法及试井分析方法等。岩芯分析方法得到的地层渗透率只能代表取芯井点处的绝对渗透率，它的优点是能准确反映渗透率沿地层厚度的变化，但对确定井的产能意义不大；通过地球物理方法求得的地层参数大都必须依据岩芯分析或其他资料，而且精度不高，只能代表井底周围地带的情况；由测井方法得到的地层参数也只能反映近井地带的地层情况，且是在流体静止条件下测得的，不能反映井的动态；由试井分析方法求得的地层参数代表井附近及较大范围内的平均有效渗透率，也就是说这些参数是在流体流动条件下测得的，与井的产能直接相关。因此，只有通过试井分析方法才能确定工艺条件变化（如油层堵塞和改造措施）引起的渗透率变化及相应的产能变化。另外，试井工艺简单、成本低廉，在整个开发过程中都可进行，每口井都可以进行试井。

试井分析所得到的油气藏动态参数是开发所必需的，其他方法不能代替。因此，试井分析方法在油气藏开发中具有相当重要的地位。

试井是以渗流力学理论为基础，以各种测试仪表为手段，通过对油井、气井或水井生产动态的测试（主要是压力和流量）来研究油、气、水层和测试井的各种物理参数、生产能力，以及油、气、水层之间的连通关系的方法。按照试井原理分类主要有稳定试井、不稳定试井和现代试井。

（1）稳定试井：测试压差与产量的关系，用于确定产能方程、地层参数和合理工作制度等。

（2）不稳定试井：测试井底压力和时间的关系，用于推算地层参数、增产措施效果、井间连通性等，分为开井压力降落试井和关井压力恢复试井。

（3）现代试井：是在渗流数学模型的基础上，通过无量纲变换并求解，从而建立起油藏模型通用的试井解释图版，再把实测曲线进行拟合求取地层参数，一般借助计算机进行拟合。

现场中，新井钻成后试油和试采过程中，都要进行稳定试井和不稳定试井的测试，以便确定产油能力及获取地层初始参数；当井进入正常生产后，一个区块的地层压力测试及井的生产状态则需要压力恢复试井，不稳定试井则较为常用。现代试井则是在不稳定试井理论的基础之上发展起来的功能强大的试井解释系统，被广泛应用于油田生产中。

一、试井的作用

试井是了解油藏动态的重要手段，其目的就是通过油气井的测试资料来评价油气井或油藏的生产动态，从而获取地层参数。

（1）推算地层的原始压力或目前地层压力。

（2）确定流体在地层中的流动能力，求地层流动系数kh/μ，地层系数kh，地层的渗透率k等。

（3）判断地层的污染情况或改善情况，求表皮系数S。

（4）油气井进行增产措施后，判断其增产效果。

（5）认识油藏的形状，评价油藏能量作用范围，如边界性质、油水边界、尖灭等。

（6）估算油藏地质储量或单井的可采储量。

（7）研究地层流体的渗流规律，辅助解释渗流机理。

（8）为油井制定合理的工作制度。

二、试井的方式

根据试井目的和获取的数据不同，试井有以下几种方式：

1. 产能试井

产能试井就是生产能力试井。其方法是调节生产井的控制手段（如自喷井的节流器，抽油井抽油机的冲程冲数和泵径等），改变井的产量和生产压差，在达到相对稳定状态后，记录相应的一系列产量、压力的数值，绘制成井的指示曲线，用以推测产量随压力变化的状况和井的最大生产能力。这种试井方法是在相对稳定状况下进行的，因此称为稳定试井法。直线斜率为油井的采油指数，它是衡量油井的生产潜力或产油能力高低的指标，也是用来衡量油层性质好坏的标志。通常以油层厚度除采油指数得到单位厚度的采油指数，也称比采油指数，用以比较不同油井的生产能力。

2. 压力恢复试井

生产井在稳定生产的条件下，关井测量并绘制出井底压力随时间的恢复曲线。利用它的直线段斜率可以推算出生产层的水动力学参数（如渗透率）、地层压力和井的完善系数。该方法是试井中最常用的方法，在新井中结合压力降落一起应用，在已生产井中常常单独使用。

3. 压力降落试井

新井在完井射孔后打开，或者生产井在关井后达到相对稳定状态后重新开井，由此测量并绘制出井底压力随时间的降落曲线。注入井停注后也类同。测出压力降落曲线的趋势和压力恢复曲线相反，原理和作用基本相同。该方法多用于新井试井。

4. 干扰试井

在同一油、气藏内，改变一口井的工作状况后，在邻近的一口井中也会出现一个不稳定的压力变化阶段。工作状况改变了的井称为"激动井"，后一种井称"反映井"。在反映井中测出压力变化曲线，结合两口井过去的生产记录，可以测定井间的地质状况和水动力学参数。这是一种多井的不稳定试井法，可用以解决较复杂的油藏工程问题。

5. 脉冲试井

脉冲试井是干扰试井法的新发展。在激动井（脉冲井）中周期地进行开井和关井，形成脉冲信号在反映井中用高灵敏度仪表测出脉冲式的压力变化曲线。通过分析，可在较短的时间内获得与其他不稳定试井法相同的结果。

6. 温度试井

把自动记录的井下温度计放入生产井或注入井内，测量井下温度梯度变化，通过测量获得的曲线可判断油、气、水层的位置以及不同生产层的工作状况。此法比较简单，有时也能解决较复杂的油藏工程问题。

7. 分层测试

分层采油前，要测试分层压力、产量和含水率，根据测试的资料来确定分采的层段和对各层段的调节措施。分层采油过程中，也要用测试仪器检查效果。常用的仪器有压力计、产量计和含水测定计。分层注水前，要用放射性同位素载体法或流量计测吸水剖面，根据测试的资料确定分注的层段以及控制和加强注水层段。

以上各种试井方法既适用于油藏也适用于气藏，只是天然气渗流特征与原油有所不同，资料整理方法各有特点，如生产能力试井，气井通常用指数式或二项式处理。无论应用稳定试井法或是不稳定试井法，对于气井的试井资料，都要用压力的平方整理。应用指数式整理气井的稳定试井资料时，在双对数坐标纸上作图，得到指示曲线，由井底流压等于一个大气压的延长线得到对应的产量，即为气井的绝对无阻流量（理论上的最大敞喷量），借以对比气井的生产能力。再结合试气时不同压差下产气中的出砂、出水状况，可以选定气井的合理产量。对于低渗透性的气层，为了得到稳定试井的资料，通常还采用定时测量井底流压和产气量的等时试井法。

管理小常识　晕轮效应

晕轮效应又称“成见效应”“光圈效应”“日晕效应”“光环效应”，指在人际知觉中所形成的以点概面或以偏概全的主观印象，最早是由美国著名心理学家爱德华·桑戴克于20世纪20年代提出的。

一个人的某种品质，或一个物品的某种特性一旦给人以非常好的印象，在这种印象的影响下，人们对这个人的其他品质，或这个物品的其他特性也会给予较好的评价。“爱屋及乌”“一俊遮百丑”“一见钟情”都是晕轮效应在社会生活中的具体体现。

这种爱屋及乌的强烈知觉的品质或特点，就像月晕的光环一样，向周围弥漫、扩散，所以人们就形象地称这一心理效应为“晕轮效应”或“光环效应”。和“光环效应”相反的是“恶魔效应”，即对人的某一品质，或对物品的某一特性有坏的印象，会使人对这个人的其他品质，或这一物品的其他特性的评价偏低。

美国心理学家凯利以麻省理工学院的两个班级的学生分别做了一个实验。上课之前，实验者向学生宣布，临时请一位研究生来代课。接着告知学生有关这位研究生的一些情况。其中，向一个班学生介绍这位研究生具有热情、勤奋、务实、果断等品质，向另一班学生介绍的信息除了将“热情”换成了“冷漠”之外，其余各项都相同。而学生们并不知道。两种介绍间的差别是：下课之后，前一班的学生与研究生一见如故，亲密攀谈；另一个班的学生对他却敬而远之，冷淡回避。可见，仅介绍中的一词之别，竟会影响到整体的印象。学生们戴着这种有色眼镜去观察代课者，而这位研究生就被罩上了不同色彩的晕轮。

依照个人的主观认识或好或差地评价另一个人的“投射倾向”、初次见面后所形成的直观感觉的“第一印象”、按照预想的类型贴上标签的“刻板印象”、对他人偏见的“循环证实”、根据以往或者他人经验预定结果的“先入为主”等，这些都是晕轮效应的具体体现。

课件“码”上来

第八章　地质工程

通过大量的勘探和开采实践，积累了很多有关油气生成、运移和聚集规律的知识，逐渐形成了一套理论方法，即地质工程，理论反过来服务于实际，对油气藏的勘探和开发的准确、高效、经济等方面的推进和发展起到了至关重要的作用。因此，地质工程本身就是一个多学科综合的系统，它是以自然科学和地球科学为理论基础，以地质调查、矿产资源的普查与勘探、重大工程的地质结构与地质背景涉及的工程问题为主要对象，以地质学、地球物理和地球化学技术、数学地质方法、遥感技术、测试技术、计算机技术等为手段，实现对油气藏全面评价的目的，为油气藏的合理开发提供可靠的地质依据。石油地质学涉及的学科主要有流体力学、有机地球化学、地球物理学、构造地质学、沉积岩石学和岩相古地理学等。这些学科的发展，以及色谱、色谱—质谱、红外光谱、电子显微镜和同位素分析等技术的广泛采用，为解决石油成因和成藏问题创造了良好的基础。

第一节　地质工程的内容

在油气藏勘探开发的整个过程中，地质研究贯穿于始终。在区域普查阶段和圈闭预探阶段，地质研究的核心是油气成藏研究，包括成藏条件、成藏机理、油气藏分布规律等，目标是更有效地发现油气田，研究内容属于勘探地质的范畴。在油气田发现之后的油气藏评价阶段、产能建设阶段和油气生产阶段，地质研究的核心是油气藏表征，主要研究油气藏内部非均质性及其对油气田开发的控制作用，目标是更有效地探明和开发油气田，研究内容属于油气藏评价与开发地质的范畴。

一、石油地质工程的任务

石油地质工作者的任务就是要更快地找到更多、更大的油气宝藏，查明地下油、气资源，为高速发展石油工业奠定物质基础。

石油地质主要研究石油、固体沥青的化学组成、物理性质和分类；石油成因与生油岩标志；储集层、盖层及生储盖组合；油气运移，包括油气初次运移和油气二次运移；圈闭和油气藏类型；油气藏的形成和保存条件。

可以把石油和天然气的生成、运移、聚集、破坏、再聚集视为一个统一的发展过程。油气来源是基础，油气运移是纽带，油气矿藏是目标，油气资源是结果。

石油地质就是要研究自然界中油气这个复杂系统中的每个方面，探讨油气矿藏形成与破坏的动平衡过程，查明今天地壳上油气宝藏的分布规律。

油气藏的形成过程就是在各种因素的作用下，油气从分散到集中的转化过程。能否有丰富的油气聚集，并且被保存下来，主要取决于是否具备生油层、储集层、盖层、运移、圈闭和保存六项条件。其中最重要的两个条件是充足的油气来源和有效的圈闭。

对石油地质的认识，必须由表及里、由浅入深，正确反映上述客观事物本身的发展规律。随着认识过程的深化，系统认识石油和天然气的现代成因理论及运移、聚集等油气成藏的基本原理，首先分析“三场”（地温场、地压场、地应力场）对油气藏形成全过程的影响；用油气藏（油气聚集的基本单元）形成机理剖析各类油气藏的形成条件及分布特征；然后逐步扩大到油气田、油气聚集带、含油气区及含油气盆地等各级油气聚集单元，并用系统论的观点将它们联成一个复杂的整体。最后，再回到实践中去改造世界，指导生产和科学研究，做出含油气远景评价，科学地指出寻找油气宝藏的方向。

从地质工程的油气藏开发角度讲，其研究的核心是油气藏，大体上分为两个模块内容：

一是以油气藏形成为重点，论述石油与天然气地质学的基本原理，主要包括油气田的地下流体、石油和天然气的生成、油气藏的形成与分布规律等。

二是以油气藏描述为中心，运用基础地质、油层物理、地球物理及地球化学等资料，精细描述油气藏的地质特征，获取油气藏地质参数，建立油气藏地质模型，并研究油气藏中流体的性质与分布，计算石油和天然气的地质储量，为油气田的合理开发提供可靠的地质依据。

二、石油地质工程的研究内容

根据研究对象的特征，将油气藏地质研究分为两个方面，第一是油气藏静态地质研究，第二是油气藏动态地质分析。

1. 油气藏静态地质研究

按照系统论的观点，将油气藏作为一个地下地质系统，由格架—储层—流体三大部分组成。油气藏格架、储层、原始流体分布，即为油气藏静态地质特征。

“格架”为油气藏的框架，包括地层格架与构造形态，“油层对比”主要是在一个油气田范围的含油层段内部，确定多井之间各级次油层对比单元的等时对比关系，建立油气藏的等时地层格架。“油气田地下构造”主要指油气田范围内油层对比单元的构造起伏和断裂状况，在油矿地质学中，侧重于应用井资料研究油气田地下构造的基本原理和方法，包括井下断层的识别应用井资料编制构造剖面图和构造平面图等。

“储层”是油气赋存的场所，是油气田勘探和开发的直接目的层，“油气储层”主要侧重于储层非均质性及其表征原理与方法，包括储层非均质性的概念与分类、储层分布特征及表征方法、储层质量差异及表征方法、储层裂缝及表征方法等。

“流体”为油气藏的“血液”，“油气藏流体分布与油气层”侧重于圈闭内的油气充注机理、油水界面与油气水系统的分类，以及含油气范围、有效厚度和含油饱和度的确定方法及其差异分布的研究方法；“地层压力与油气藏驱动类型”侧重于地层压力的分布规律及确定方法，以及地层中驱动油气流向井底以至采出地面的能量类型；“油气储量计算”侧重于储量的分类分级与评价，以及各种计算储量的方法。

2. 油气藏动态地质研究

油气藏动态地质分析主要研究油气藏开发的地质主控因素，以及油气藏属性（储层性质、流体性质及分布）在开发过程中的变化特征。

“油气藏开发的地质主控因素”从油气藏开发地质分类入手，分析影响每种类型油气藏开发效果的主要地质控制因素，并阐明不同开发方式（注水、注蒸汽和注聚合物）的地质影响因素，为开发方案的设计、实施和调整提供地质依据。

“注水开发动态地质分析”重点研究注水开发过程中地下油水运动规律，剩余油形成机理分布模式及研究方法，以及开发过程中油藏性质动态变化规律和变化机理。开发过程中的油藏性质与流体分布的动态变化是油藏非均质与开采非均匀的作用结果。这一研究对于油田的深入挖潜和提高最终采收率至关重要。

第二节 油藏描述

油藏描述（Reservoir Description Service，缩写RDS）技术服务，就是对油藏各种特征进行三维空间的定量描述和表征以至预测。以沉积学、构造地质学、储层地质学和石油地质学的理论为指导，综合应用地震、测井、岩芯分析、试油试采、储层地质学、地质统计学等方法，以计算机为手段，定性与定量地描述三维空间中的油气藏类型、外部几何形状、规模大小、油藏内部结构、储层参数变化和流体性质及分布等，揭示油气在三维空间中的分布与变化规律，最终成果是建立油气藏的地质模型。实践证明，油气藏勘探成效与开发成败的关键在于对油藏认识是否全面、是否符合客观实际，以及评价是否正确，油藏描述则是其中的技术支柱，在油气工业中占有重要地位。

一、油藏描述的任务

油藏描述就是对油藏进行综合研究和评价，其任务在于阐明油藏的构造面貌，沉积相和微相的类型和展布，储集体的几何形态和大小，储层参数分布和非均质性及其微观特征、油藏内流体性质和分布，乃至建议油藏地质模型、计算石油储量和进行油藏综合评价。为实现油藏描述的上述任务，应最大限度地使用计算机手段，并自动绘出反映油藏特征的各种图件，充分揭示它在三维空间的变化规律，为进行油藏数值模拟，合理选择开发方案，改善开发效果，提高石油采收率提供充分可靠的依据。

油藏描述的任务简单概括为以下六个方面：

（1）地质构造及储集体几何形态研究。

（2）沉积相研究。

（3）储层参数的计算及空间分布研究。

（4）流体性质研究。

（5）计算油气地质储量。

（6）动态描述。

不同的勘探开发阶段，由于具有的资料信息不同、所要研究和解决的开发任务不同，因而油藏描述的重点内容和精度也有所不同。据此，对油藏描述的任务再分解到以下阶段。

1. 油藏评价阶段

油藏一经发现工业油气流之后，即进入油藏评价阶段。此阶段的主要任务是提高勘探程度，提交探明储量，进行开发可行性研究。

油藏评价阶段油藏描述的主要任务是利用少量探井、评价井和地震信息，搞清油藏的主要圈闭条件及圈闭形态、产状，宏观的油气水系统划分及其控制条件，油气性质及其表征的油藏类型，储层的宏观展布及其岩石物理参数，最终建立初步的油藏地质概念模型，计算未开发探明储量。具体描述与表征的主要内容如下：

（1）构造格架。主要利用地质资料通过探井、评价井的严格层位标定编制油层组（段）顶面及邻近标准层构造图（比例尺不小于1：25000）；确定一至三级断层的性质、产状、规模（断距及延伸长度）等，分析断层对油气水分布的控制作用。存在地层、岩性圈闭条件时，要综合地震、沉积相分析预测地层、岩性圈闭边界。

（2）油气水系统及流体性质。主要依靠录井、取芯钻杆测试、试油试井及测井资料，划分油气水系统及其形成和控制条件，查明压力系统及各套油气水系统的压力系数，初步确定油藏类型及流体性质、流体分布及含油（气）面积。早期可参考地震横向预测及模式识别结果。

（3）储层分布及岩石物理参数。建立地层层序，确定储集体类型及分布、储集岩岩性及厚度、储集物性参数，描述其空间变化趋势。

（4）建立油藏地质概念模型。在描述构造、油气水系统及储层基本面貌的基础上，为储量计算和开发可行性研究提供一个油藏整体地质模型和一些低级次的概念模型。油藏模型可由均一化储层模型，即以全油藏或分区块的平均厚度连续分布代表储层格架，以分层平均参数反映储层质量和流动特征为基础，加上构造形态、断层和流体分布建立；也可用随机储层模型，即选择以小尺寸描述的同沉积类型储层作为原型模型用随机建模方法，建立评价对象的概念模型。

2. 开发设计阶段

油田经过钻评价井落实一定的探明储量，通过开发可行性研究被确认具有开发价值后，进入开发设计阶段。本阶段的主要任务是编制油田开发方案，交付钻开发井的工程实施。

开发设计阶段资料的数量和质量都有较大提高，除了评价井和探井之外，还增补了部分开发资料井，并开展了各种室内实验以及试采或开辟现场先导试验区，已完成地震细测或三维地震采集及必要的处理，为进一步提高对油藏的认识程度奠定了基础。

本阶段油藏描述的主要任务是保证开发设计的正确性，油藏描述和表征的主要内容有：

（1）构造格架。落实构造形态，较准确地确定和组合四级以上断层，提交比例尺为1∶10000的油气层顶面及标准层顶面构造图和主断层的断面图。

（2）油气水研究。进一步验证并落实油气水系统及流体性质，做出各套油气水系统的平面油气水边界图和油藏剖面图（纵向比例尺为1∶500或1∶1000）。

（3）储层描述内容。包括：进行储层层组划分；开展储层微相分析，确定微相类型；通过“四性”关系分析，确定各种测井解释方法及解释模型，划分储层和非储层界限；预测各类储层成因单元几何形态及规模；以层组和单层为单元，综合储油物性、渗流特性、连续性、微观孔隙结构及储量丰度、逐级做出储层评价，特别是各种伤害源和保护措施的评估；建立油藏和储层地质模型。这一阶段仍以储层概念模型为主，但必须反映单层内、层间和平面上的变化，有时根据数值模拟需要还可建立代表性的单井、井组的精细地质模型。

3. 方案实施阶段

油田根据开发方案设计，钻成第一期开发井网（或基础井网）后，即进入方案实施阶段。本阶段油藏描述的主要任务是搞清油藏中油气富集规律，指明高产区、段，模拟油藏中流体的流动规律，预测可能发生的暴性水淹及储层敏感性，以便进行合理的现代油藏管理，为提高无水采收率及可采储量动用程度服务。

方案实施阶段开发井网已钻成，每口开发井的信息（以测井资料为主）加密了资料控制点，油藏描述以储层连通状况为重点内容，应精细到每个井层。本阶段已完全具备条件对本开发区油藏做出详细的静态模型。

油藏描述的重点内容如下：

（1）油田构造。以钻井资料为主，参考地震成果，通过油层对比，逐井落实断点，组合断层，重新核实构造图，并结合生产动态资料及油气水系统等核实断块划分。

（2）油气水系统。根据测井解释结果确定每口井的油、气、水层分布，做出油层组或单层的含油气分布图。

（3）储层描述。完成油层细分和对比，建立分井分层的储层参数数据库，揭示储层非均质及渗流地质特征，重新做出储层分类评价，最终建立储层静态模型，计算开发探明储量。

4. 管理调整阶段

油田投入开发以后，即进入管理调整阶段。注水、井网调整、提高采收率等都是这一阶段。

这一阶段除前述大量静态资料外，还积累了大量动态资料，如分层测试和试井、开发测井、检查井取芯及加密钻井资料。静、动态资料相结合，对油藏进行反复再认识是这阶段的特点。

由于储层的非均质性及开发井网的不完善性，造成油田开发中的“层间矛盾”“平面矛盾”和“层内矛盾”，进一步导致油层动用程度的差异性及剩余油分布的复杂性。同时，在长期的水驱过程中，储层及流体性质也会发生一系列的变化。因此，管理调整阶段油藏描述的主要任务是以储层、油藏的定量评价为目的，重点揭示储层非均质成因机制、综合效应和剩余油形成机理、分布规律及其控制因素。油藏描述与表征的重点内容具体如下：

（1）储层属性参数的变化及表征。

（2）井间非均质参数的随机模拟及预测。

（3）储层在水驱或注水开发后的变化及非均质特征描述。

（4）剩余油饱和度、分布特征及储量复算。

（5）开发过程中流体性质的动态变化特征。

（6）根据注、采响应情况分析每条断层的封闭性与开启性，修正断块划分。

二、油藏描述的基础资料

油藏描述的基础资料主要有四类，包括地震、岩芯、测井和测试资料，它们从各个侧面反映油藏特征，各有优势和不足。只有通过这些基础资料信息的综合分析，互相补充，互相印证，才能得出对油藏地质特征的全面、整体的认识，完成油藏描述的任务。因此，油藏描述的成败，取决于反映油藏开发地质特征的原始资料信息是否齐全、准确。

1. 岩芯资料

岩芯是认识油藏，特别是储层最直接的地质信息。它是评价储层岩性、物性和含油性最直接的第一手资料，是进行沉积史、成岩史、孔隙演化史、热演化史研究的物质基础；也是校验测井进而校验地震处理解释的客观依据。因此，岩芯是进行油藏描述必不可少的最基础的资料。

从岩芯中录取的油藏地质信息可分为岩芯观察描述和岩芯分析鉴定两大部分，所录取资料应分井建立数据库。岩芯观察描述可以提供各种地下地质现象，主要包括沉积现象、对比标准层、油气水产状及流体性质、“四性”关系的感性描述及裂缝、断层、地层产状等构造现象。岩芯分析鉴定是从岩芯中采取岩样后，在实验室内进行各种分析鉴定所录取的地质数据信息。常规的岩芯分析鉴定项目如下：

（1）岩石物性：孔隙度，包括常规有效孔限度及不同压力下孔隙度的变化、岩石压缩系数；渗透率，包括常规水平渗透率及各向异性、水平和垂直渗透率比值等。

（2）岩矿鉴定：矿物鉴定有薄片、电子探针、阴极发光；黏土矿物鉴定，有X衍射和扫描电镜，粒度分析。

（3）孔隙和喉道测定：压汞毛管压力曲线、铸体薄片扫描电镜和图像分析。

（4）流体性质及饱和度：沥青抽提物，包括总含烃量、热解色谱，全烃色谱和其他有机地球化学分析；流体饱和度；地层水含盐量及荧光薄片。

（5）黏土岩地球化学：微量元素、氧化还原电位及其他地求化学分析。

（6）古生物：微古生物、大古生物。

（7）渗流特征：相渗透率曲线和润湿性。

（8）其他特殊分析：如包裹体CT或核磁共振成像、X透射、古地磁、全直径岩芯分析等。

2. 测井资料

测井是现阶段油藏描述所依赖的最基本的手段。它的纵向分辨率高，能够给出全井身的连续记录；通过岩芯刻度建立的解释模型和图版，可以在允许精度范围内取得必要的油藏地质参数。主要弱点是探测范围小，只能采集井筒周围的地层信息，这需要通过与地震结合来解决，但由于它花费较少，每口井都可进行测井，因此成为油藏描述必不可少的资料。

测井系列一般分为两大部分：全井段测井系列和储层测井系列。

（1）全井段测井系列是指全井段（从井口到完钻井深）必须进行的测井内容。主要用于大层段判别岩性组合和地层层序，进行地层划分和对比，油田通称标准测井。目前，国内通用的标准测井包括：自然电位或自然伽马测井、梯度电极电阻率测井，有时加测0.5m电位电极电阻率测井或声波时差测井。标准测井曲线成图一般采用1∶500深度比例尺。

（2）储层测井系列一般内容较多，油田通称组合测井。在现有技术条件下，常规组合测井包括：自然电位或自然伽马测井，微电阻率（微球形聚焦、微侧向或微电极）测井，浅、深探测电阻率测井（双侧向或双感应），三孔隙度测井（声波、中子、密度测井），井温、泥浆电阻率测井，井径、井斜等工程测井。组合测井成图一般采用1∶200深度比例尺，个别项目可放大为1∶100或1∶50。

3. 开发地震资料

近年来，随着高分辨率二维与三维地震、多波地震和地震层析成像技术的发展，以及对地震资料进行各种特殊处理，通过钻井和测井等资料的标定、刻定进行综合研究，使地震技术在油气田开发领域得到了愈来愈多的应用，成为油田开发中油藏描述的重要手段。

开发地震技术用来研究如下内容：①详细描述构造形态、断层裂缝分布；②描述储层厚度岩性、物性的空间变化；③描述储层内油、气分布和饱和度估算；④进行开采动态监测。

开发地震最主要的优点就是可以小尺度（数十米级）详细描述井间油藏特征。但是由于地震分辨率的限制和参数解释还存在一定的多解性，目前只能针对具体油藏的具体特点，与测井、取芯等其他资料配合，解决油藏描述中的一些特定问题。

开发地震资料收集主要包括以下几个方面：

（1）描述区地震测线井位图（1∶25000或1∶10000）。

（2）三维地震剖面、水平切片及连井剖面。

（3）高分辨率二维地震剖面。

（4）垂直地震剖面。

（5）合成地震剖面（波阻抗剖面、地震测井剖面等）。

（6）有关测井、录井资料。

4. 测试资料

测试资料是指钻井过程中的随钻测试（钻杆测试），完井试油，试井、试采，注示踪剂以及开发过程中的各种分层测试所取得的油藏静、动态数据。它是直接了解储层内所含流体性质、产出能力、压力分布的主要手段，据此可取得储层物性、油藏边界等重要参数。

各种测试方法的录取数量都有限，一般是在利用其他资料进行油藏初步描述的基础上，针对某些关键问题进行测试，取得必要的资料以做出判别验证，提高其他手段的描述水平。

油藏描述中常用的测试资料有以下几种：

（1）钻杆测试。油气水性质及分布资料、产能及压力恢复曲线，求得储层有效渗透率。

（2）单层试油。用于确定油、气、水界面，建立和验证测井解释标准、储层及有效厚度截取值，求取各类储层产能及有效渗透率值，研究流体性质的空间变化。

（3）试井。通过各种稳定、不稳定试井，脉冲等干扰试井，以求取储层有效渗透率，确定、验证砂体连续性和边界等。

（4）示踪剂测试。注示踪剂观察流向，通过定性、定量分析和正反演模拟，确定砂体连续性及井间储层物性的空间分布。

（5）各种分层测试资料。包括产吸剖面，分层测压及堵层、换层过程中的测试，可取得砂体连续性及物性参数的定性或定量资料。

第三节 地质模型

油藏地质模型是油藏描述综合研究的最终成果，它是对油藏类型、砂体几何形态、规模大小、储层参数和流体性质空间分布以及成岩作用和孔隙结构的高度概括，是油藏综合评价的基础，同时也是油藏数值模拟的重要基础及开发方案优化的依据。

油藏地质模型的核心是储层地质模型，也是难度最大的部分，它是将储层各种地质特征在三维空间的分布及变化定量表达出来的数字可视化模型，所描述的储层特征包括储集体的几何形态、规模、连续性、连通性、内部结构、孔隙特征、储层物性参数的分布和隔夹层分布等。

实际数值模拟工作中总是要把储层网块化，给各个网块赋予各自的参数值来反映储层参数的三维空间变化。因此现代油藏描述中建立储层地质模型，也丢弃了传统的以等值图反映储层参数的办法，同样把储层网块化、设法提出每个网块上的参数值，即建成三维定量的油藏地质模型。网块尺寸愈小，标志着模型愈细；每个网块上的参数值与实际误差愈小，标志着模型的精度愈高。当然，建立愈小网块的模型，难度就愈大。

一、模型的作用

地质模型的主要用途有以下几种：

（1）为油藏数值模拟提供三维地质数据体。因为控制油藏流体流动的许多因素来自储层的地质特征。在许多情况下，正是因为油藏工程师需要准确预测油藏的生产情况，才进行储层建模。地质模型的网格一般都比油藏数值模型的网格要细，所以地质模型在输入数值模拟器之前需要经过一个网格粗化过程。在网格粗化过程中，如何保留住小尺度地质特征对流体的影响是一个关键。如果网格粗化过程过滤掉或忽略了小尺度地质特征对流体的影响，那么这个粗化的地质模型并不能代表原来的精细地质模型，可想而知用这个变形的地质模型进行数值模拟，其结果的参考价值也就大大降低。

（2）用来计算含油气孔隙体积或储量。与二维模型相比，三维地质模型具有独特的优势，可以用来计算比较真实的孔隙体积，它也可以用来计算油田储量。在某些情况下，油田开发和生产阶段需要一个严格的储量计算，这可以通过地质建模得到。

（3）帮助布井。地质模型可以用来优化评价井的数目和其井位部署；也可以从地质模型识别出储层的“甜点”，或者计算单井的可采储量；通过三维地质模型，可以设计井的钻探轨迹以钻遇单个砂体，这样就会减少钻遇差储层的机会。

（4）进行断层封堵分析和预测。地质模型把构造和地层格架结合到一起，这有利于进行断层的封堵性预测。一般来说断层的封堵有两种情况：一是断层两边砂岩对砂岩接触面的减少，二是断层处由于断层泥的存在，其对流体的传导性降低。可以通过计算断层的垂向和横向上的断距，或者计算砂岩对砂岩的叠置关系，或者估算断层泥存在的可能性及其影响来预测断层的封堵性。

（5）进行油田监测。无论是一次采油阶段还是二次采油阶段，地质模型都是一个监测油田含水饱和度的有效工具。

（6）有效的交流平台。地质模型的存在，为地质工程师、油藏工程师、钻井工程师提供了一个交流的平台。这些不同领域的工作人员关心的问题不同，行业语言也不全部相同，但是当他们聚集在一起对着同一个地质模型进行交流的时候，相同的讨论目标（这里指地质模型）会促进他们之间的相互理解，同时地质模型的可视化也可以提高他们对油藏的认识，这也正是油气藏经营管理中多学科协同工作的最佳平台。

从模型的功能可以把油藏地质模型大致分为五个子模型，即沉积模型、成岩模型、构造模型、流体分布模型和渗透率模型，各子模型的作用为：

1. 沉积模型

沉积模型描述储层的结构特征，是流体渗透率模型的基础。在建立沉积模型时，要根据岩芯资料或露头资料，包括沉积组分、粒度、沉积成因和生物成因构造等的类型和数量，划分出沉积相带，并恢复其沉积历史，包括沉积环境、沉积及剥蚀过程、沉积事件系列等。

在划相时，还可使用测井相和地震相的资料，进行综合分析。最后要描述出油藏范围内各种沉积体的几何尺寸、空间分布及内部结构特征。

2. 成岩模型

成岩模型的建立要列出成岩序列、成岩事件以及各种成岩作用对储层物性的影响。对于要开展化学驱采油的油藏，黏土矿物的类型、含量及分布具有重要意义，要重视其描述。

3. 构造模型

构造模型主要描述断层、裂缝以及褶皱等构造位置、几何形态、走向、倾角、断距等。对于低渗透砂岩储层来说，地应力的方向和裂缝的分布对于低渗透油藏的开发具有非常重要的意义，要特别注意描述。

4. 流体分布模型

流体分布模型主要描述油、气、水的分布状态，包括油、气性质的变化，油、气饱和度及含油产状的变化，地下水的类型及矿化度等在空间的分布。地下水的矿化度对开展化学驱油非常重要，同时要注意流体性质变化所造成的非均质性。

5. 渗透率模型

影响流体在储层内流动的储层参数很多，如渗透率、孔隙度、渗透率变异系数、渗透率突进系数、垂直渗透率与水平渗透率的比值等。由于渗透率是渗流过程最基本的参数，故以渗透率作为主要对象来建立储层地质模型，称为渗透率模型。这是因为渗透率影响流体流动最直接，而且变异程度也最大。因此，在现阶段建立储层地质模型是以建立储层内渗透率的三维空间定量分布为主攻目标。

二、模型的类型

总的来说，随着油田开发阶段的推移，油藏开采程度的提高，对储层地质模型的要求也是由简到细，由粗到精。裘怿楠（1991年）将储层地质模型分为概念模型、静态模型和预测模型三大类，是地质模型分类的典型代表。

1. 概念模型

针对某一种沉积类型或成因类型的储层，把它代表性的储层特征（非均质性、连续性等）抽象出来，加以典型化和概念化，建立一个对这类储层在研究地区（油田）内具有普遍代表意义的储层地质模型，称为概念模型。概念模型并不是一个或一套具体储层的地质模型，但它却是代表某一地区（油田）某一类储层的基本面貌。

概念模型广泛应用于一个油田的开发早期。从油田发现开始，到油田评价阶段和开发设计阶段，主要应用储层概念模型研究各种开发战略问题。在这个阶段，油田仅有少数大井距的探井和评价井，受资料条件的限制，不可能对储层做出全油藏的详细描述，只能依据少量的信息，借鉴理论上的沉积模式、成岩模式和邻区同类沉积储层的原型模型，建立起研究区储层概念模型。这种概念模型对开发战略的确定是至关重要的，可以避免战略上的失误，如在井网部署上，对席状砂体可采用大井距，河道砂体则需小井距，块状底水油藏则采用水平井效果较好。

概念模型一般应依靠储层沉积学为基本依据，尽可能直接利用岩芯资料来建立，避免依赖测井解释等间接资料，因为在油藏早期评价阶段，测井定量解释精度尚不够高。概念模型在开发可行性和开发设计研究阶段是非常重要的，通过油藏数值模拟可以进行各项开发战略的指导性决策研究。如投入开发的技术经济性、优选开发方式和层系井网、估计各阶段采收率、预见开采过程中可能出现的主要问题，以及投入开发前必须正确决策的战略问题等，都可以通过概念模型研究。

2. 静态模型

针对某一具体油田（或开发区）一个（或一套）储层，将其储层特征在三维空间的变化和分布如实地加以描述而建立的地质模型，称为该储层的静态模型。对储层进行全油藏的如实描述，一般需要较密的井网，即开发井网钻成以后才有条件进行。静态模型主要为油田开发方案实施（注采井别的确定，射孔方案实施等）、日常油田开发动态分析、作业施工、配产配注方案和局部调整服务。

最初的静态模型大多数是手工编制的，如各种小层平面图、油层剖面图和栅状图。随着计算机技术的快速发展，逐步形成了一种依靠计算机存储和显示的三维静态模型，即把储层网块化后，用各网块参数按三维空间分布位置建立三维数据体。这样就可以进行储层的三维显示，可以任意切片和切剖面，显示不同层位不同剖面的储层模型，以及进行其他各种运算和分析，更重要的是可以直接与数值模拟连接。静态模型只是把多井井网所揭示的储层面貌描述出来，不追求井间参数的内插精度及外推预测。静态模型在我国油田开发实践中得到广泛应用，从采油井的日常管理到油田的大小调整措施，都是必不可少的地质基础。

3. 预测模型

预测模型的提出是油田开发深入发展的结果。与静态模型相比，预测模型除了强调对多井单井的描述外，更重视对井间储层的预测，且所建立的储层模型要比静态模型精度更高。预测模型是对控制点间及以外地区的储层参数能预测性地做一定精度的内插或外推，要求井网信息更丰富，以便获得更可靠的储层分布规律，提供更可靠的预测参数。预测模型对于剩余油挖潜意义重大。油藏经注水开发之后，地下仍存在大量剩余油，需要进行开发调整、井网加密或进行三次采油，因而需要建立精度很高的储层模型和剩余油分布模型。为了适应注水开发中后期及三次采油对剩余油开采的需求，要在开发井网条件下（一般百米级条件下）将井间数十米级甚至数米级规模的储层参数的变化及其绝对值预测出来，即建立储层精细预测模型或精细油藏地质模型。

油藏动态演化的最终成果可用油藏动态模型来表征，油藏动态模型是研究油藏各种参数（包括孔隙度、渗透率等）随油田开发过程而发生变化的动态过程和规律，并建立描述油藏参数动态变化的数学模型。

准确建立油藏动态模型直接取决于储层参数的求取。参数选取的原则如下：

（1）能反映长期开发过程中储层性质的变化；

（2）能反映开发过程中剩余油形成与分布的控制作用；

（3）时间和空间上具有可对比性；

（4）所选择的宏观、微观及渗流参数间有一定的对应关系。

三、建模的原则

为了使油藏地质模型具有更符合地下储层实际的应用价值，建模过程中应遵循以下原则：

1. 多学科综合一体化建模

充分应用多学科信息（地质、测井、地震、试井等）进行协同建模。用于储层描述与建模的资料总是不完整的，例如，井眼资料，优点是比较准确，精度高，缺点是只是储层中的一点的信息，具有局限性；地震资料，优点是横向覆盖广，缺点是储层分辨率低，多解性强；所以应用多学科优势协同建模。

2. 多种建模方法相结合

现有的建模算法都是在数学意义上表达部分地质规律与地质思维。在应用各种数学算法进行储层预测与建模时，由于算法的局限性，得到的建模结果可能不尽人意。确定性建模是根据确定性资料，推测出井间确定的、唯一的储层特征分布。而随机建模是对井间未知区应用随机模拟方法建立可选的、等概率的储层地质模型。应用随机建模方法评价储层的不确定性，进一步把握井间储层的变化。在实际建模的过程中，为了尽量降低模型中的不确定性，应尽量应用多种建模方法相结合的建模思路。

3. 等时建模

沉积地质体是在不同的时间段形成的。一般地，各时间段的砂体沉积规律有所差别（由于物源供应及沉积作用的差别）。在建模过程中，若将不同时间段的沉积体作为一个层单元来模拟，则不能反映各层的实际地质规律，导致所建模型不能客观地反映地质实际。另外，储层建模过程中的三维网格化一般是在层内进行的，即在层内按等厚或等比例进行三维网格划分，显然，若将不同时间段的沉积体按等厚或等比例地进行网块划分在地质上是不合理的。

为了提高建模精度，在建模过程中应进行等时地质约束，即应用高分辨率层序地层学原理确定等时界面，并利用等时界面将沉积体划分为若干等时层。在建模时，按层建模，然后再组合为统一的三维沉积模型。这样，针对不同的等时层进行三维网格化，可减小等厚或等比例三维网格化对井间赋值带来的误差；同时，针对不同的等时层输入不同的反映各自地质特征的建模参数，可使所建模型能更客观的反映地质实际。这就是等时约束建模的主要目的。

4. 成因控制建模

沉积相的分布是有其内部规律的。相的空间分布与层序地层之间、相与相之间、相内的沉积层之间均有一定的成因关系，因此，在相建模时，为了建立尽量符合地质实际的储层相模型，应充分利用这些成因关系，而不仅仅是井点数据的数学统计关系。

相的成因关系主要体现于层序地层学原理及沉积模式方面。相模式体现了相带之间及相带内部的成因关系。各种相均有其基本相模式，而各亚相类型、微相空间分布关系和特征均有理论性的综合和描述。例如曲流河的二元结构、点坝的侧向沉积、垂向层序特点，以及河口坝的前积和垂向层序等。

因此，在相建模时，不论是确定性建模还是随机建模，均应充分应用层序地层学原理及沉积相模式来约束建模过程，即应用层序地层学原理确定等时界面及等时地层格架，并在由等时界面限制的模拟单元层内，依据一定的相模式选取建模参数，进行沉积相的三维建模研究。

5. 相控建模

就参数模型（孔隙度、渗透率、含油饱和度）建模而言，传统的建模途径主要为“一步建模”，即直接根据各井储层参数进行井间插值以建立储层参数三维分布模型。这种方法比较简单，但值得注意的是，它主要适合于具有单一微相分布或者具有千层饼状结构的储层参数建模，因为在这种情况下，目标区的储层参数具有同一统计分布。但对于具有多相分布或复杂储层结构的储层来说，由于不同相的储层参数分布有较大的差别，因此，应用这种方法将影响甚至严重影响所建模型的精度。事实上，具有单一微相分布的储层很少，特别在陆相储层中更为少见。在这种情况下，应采用“相控建模”方法，即首先建立沉积相、储层结构或流动单元模型（“流动单元”指一个油砂体及其内部因受边界限制、不连续遮挡层、各种沉积微界面、小断层及渗透率差异等造成的渗流特征相同、水淹特征一致的储层单元。），然后根据不同沉积相（砂体类型或流动单元）的储层参数定量分布规律，分相（砂体类型或流动单元）进行井间插值或随机模拟，建立储层参数分布模型。

管理小常识　马蝇效应

1860年，林肯当选为美国总统，林肯提出了马蝇效应。他说：“有一次我和我的兄弟在肯塔基老家的一个农场犁玉米地，我吆马，他扶犁。这匹马很懒，但有一段时间它却在地里跑得飞快，连我这双长腿都差点跟不上。到了地头，我发现有一只很大的马蝇叮在它身上，于是我就把马蝇打落了。我的兄弟问我为什么要打掉它。我回答说，我不忍心让这匹马那样被咬。我的兄弟说：‘哎呀，正是这家伙才使得马跑起来的嘛！’”

由此引申出马蝇效应：没有马蝇的叮咬刺激，马就慢慢腾腾地走走停停，而有了马蝇的叮咬刺激，马就跑得飞快。再懒惰的马，只要身上有马蝇叮咬，它也会精神抖擞，飞快奔跑。

心理学家认为，每个人都有需要，而且需要是多层次的，当需要的强度达到某种水平时就成为愿望，愿望经一定诱因的刺激变成动机，动机最终唤起人的行为。由此可见，"需要"是人产生积极行为和进行有效激励的动力源。

马蝇效应一方面反映的是鞭策，另一方面更为重要地反映的是激励。寻找适合的刺激物给予成员激励时，要从成员的需要入手。又由于刺激物是多种多样的，激励方式也就是多种多样的。一般地说，激励方式主要包括：理想激励、目标激励、榜样激励、荣誉激励、竞争激励、情感激励、物质激励、参与激励等。

既有能力又有个性的成员有时表现为很强烈的占有欲，或既得利益，或权势，或金钱。要想让他们安心、卖力地工作，就一定要有能激励他们的东西。这种激励因素实则也是一只马蝇。

课件"码"上来

第九章　油藏工程

油藏工程是一门以油层物理、油气层渗流力学为基础，从事油田开发设计和工程分析方法的综合性石油技术科学。它是以勘探结果为起点，通过进一步的油藏地质研究，研究油藏（包括气藏）开发过程中油、气、水的运动规律和驱替机理，对油气藏储量规模和产油气能力做出评价，然后结合经济分析，对油藏开发方案做出设计并实施，以求合理地提高开采速度和采收率，同时对油气生产过程进行监测并由此做出调整方案设计，一直到油藏开采结束。

从油藏评价阶段开始，油藏工程就承接了油田开发的主要工作，之后的开发规划、生产预测、动态监测、方案调整、提高采收率等主要环节基本都是以油藏工程为核心推进科学生产的，油藏高效、经济、持续的科学合理开发与油藏工程的正确应用息息相关。更为关键的是，油藏工程是物探、岩芯、测井、试油试采、地质、钻完井、采油等工程领域形成成果的集中应用站，是各学科、各工程的轴心纽带，是油气藏经营管理的核心单元，是发挥多学科协同工作优势的最佳平台。因此，油藏工程在油气田开发中占有关键战略地位。

按传统的认识，油藏工程的对象包括油藏和气藏。随着气藏的大规模开发和应用，气藏工程或天然气工程以专门的知识系统独立出来，其开采原理方法与油藏确实存在着较大差异。但是从工程专业领域来分析时，一般认为，油藏工程包括了油藏和气藏，因此，本书也沿用这一名称。

第一节　油藏工程的研究内容

油藏工程是一门非常综合的专业学科。20世纪30年代以前，油田开发工作处于自发阶段，缺乏理论指导，发现油田后密集钻井，浪费很大，采收率不高。后来随着大型高产油田的发现，发明了深井压力计、高压取样器等研究油、气、水在地下状态的仪器和设备，通过对油藏岩芯的研究，了解油藏和油、气、水的物理性质及其随压力、温度的变化状况和流动机理。20世纪40年代，形成了油、气、水在油层中的渗流理论，出现了科学开发油田的概念，逐渐应用人工补给油藏能量合理驱替油气等开发方法，油藏工程开始成为一门独立的学科。现代大型高速电子计算机的出现，研究油田开发的数值模拟方法的应用，以及石油开发地质和海上油、气田的勘探、开发工作的发展，进一步丰富了油藏工程的内容。

一、油藏工程的工作

从管理油气藏的内容不同，对油藏工程的工作归纳为以下几个方面：

1. 油气藏开发设计

油气藏开发设计是油藏工程的主要工作内容。其内容是分析是否采用了适合油藏特点的最有效的开采机理，最合理的井网，最有效的控制开采制度；比较逐年原油采出过程中水油比、气油比的方法；预测和优化所能达到的采收率和投资、油田建设工作量和所需材料，原油成本和利润。从众多的方案中选出符合油田开发方针、能获得最高的原油采收率和最大经济效益的方案。

油气藏开发设计需要依据详探成果和必要的生产试验资料，在综合研究的基础上对具有工业价值的油田，按石油市场的需求，从油田的实际情况和生产规律出发，以提高最终采收率为目的，制订合理的开发方案，并对油田进行建设和投产，使油田按方案规划的生产能力和经济效益进行生产，直至油田开发结束的全过程。在正式开发方案中，须对以下油藏工程问题加以研究：

（1）分层系开采的油藏要合理划分与组合开发层系。

（2）不同开发层系经济合理的井网密度。

（3）油藏的驱动方式及油井的采油方式。

（4）生产井的合理工作制度。

（5）需注水开发的油藏，还要确定不同层系的合理注水方式，注水井的合理工作制度及最佳注水时机。

（6）保持压力水平。

（7）合理采油速度，预测稳产年限及最终采收率。

（8）对断块油田，分开发单元研究其静、动态特征及各单元油藏工程技术对策。

（9）对低渗透油田，要研究裂缝方位与井网优化配置和采用水平井整体注水开发裂缝性低渗透油藏。

（10）对于稠油油田需研究热采问题。

（11）开发区经济技术指标，预测油田开发趋势。

（12）各种开发方案的分析对比，提出最优方案。

2. 油藏动态开发分析

油田投入生产后，地下油、气、水的分布便不断发生变化。通过生产记录和测试资料，综合分析油井压力、产量和油藏中剩余油的分布状况等预测未来动态，提供日常生产和调整开发设计的主要依据。具体内容有：

（1）通过油田生产实况，不断地加深对油藏的认识，核对、补充同开发地质和油藏工程有关的各项基础资料，进一步核算地质储量。

（2）查明分区分层油、气、水饱和度和地层压力变化，研究油、气、水在储层内部的运动状况。

（3）分析影响采收率的各项因素，预测油藏的可采储量。

（4）根据已有的开采历史，预测未来生产状况和开发效果。

1）动态分析指标

油藏开发动态分析要依据全部生产井和注入井的生产历史和测试资料。油田上专门为监测开采动态而布置的各种观察井，检查油、气、水饱和度状况的检查井，以及各种开发试验区（井组）所取得的资料，则是分析开发效果的重要补充和检验。取全、取准这些基础资料是油田开采管理中一项重要内容。

油藏动态分析的主要指标有：

（1）产能。

指生产能力或产油能力。在油田开发中，产能主要用在两个方面：单井产能和区块、油藏或油田的产能。单井产能是指油井在满时率工作时（全天开井生产24h）的日产油量，其单位是t/d或m^3/d。区块、油藏或油田产能是指该区块、油藏或油田的年产油能力，其单位是10^4t/a。

（2）水平。

在油田开发中，有日产油水平、日产液水平、日注水水平等指标。水平是指井或区块、油田在一段时间内的平均日产油量（或日产液量、日注水量），其单位为t/d或m^3/d。因为油水井常因停电、井下作业、资料录取等原因短暂停产，也有井因为待修、低能、高含水、高气油比、控制关井等原因停产，导致一段时期生产时率不满。因此，井或区块、油田的日产（日注）水平一般低于其产能，在最好的情况下可以接近或等于产能。

（3）含水比（率）。

产出水量与产出液量的质量比，称为含水比或含水率。油井或油田的含水比（率）有两种：取样含水与综合含水。前者是油井或站、库取样化验得出的含水值；而后者则是一段时间内的平均含水，或者是根据多个含水资料平均之后计算得出，或者根据该段时间内的累积采出水量与累积采出液量之比计算得出。取样含水由于影响因素甚多，数值起伏变化较大，其应用受到一定限制；而综合含水则由于有多个含水数值平均，其代表性更强，数值更加可靠。因此，在油田开发中通常所说的含水，一般都是指综合含水。

（4）气油比。

原油采出地面时所分离出的气量与油量之比，称为气油比（GOR），其单位为m^3/t或m^3/m^3，有时也称为油气比。气油比是判断油藏溶解气能量高低与开发过程中原油脱气程度及原油流动性的重要指标。一般稀油油藏原始溶解气油比高者可达200m^3/m^3、300m^3/m^3或更高，中等者在100m^3/m^3左右，低者几至几十，如稠油油藏。

（5）采油速度。

采油速度定义为年采油量占地质储量的百分比，是评价油田开采状况与开发效果的重要指标。油藏采油速度的高低，受油藏地质条件的优劣、开采手段的强弱、井网密度的大小等许多因素影响。一般而言，油藏在其开发生产的旺盛时期，采油速度在1.5%左右为中等，小于1%则较低，高于2%则较高。采油速度的计算，可以用实际年产油量，也可以用折算年产油量。

（6）采出程度和采收率。

采出程度定义为累积采出油气地质储量的百分数。采收率有狭义与广义之分。狭义的采收率是指油藏开采结束（或预计结束）时的油气采出程度，也称最终采收率（或称设计采收率）。广义的采收率则与采出程度的含义相近，意指某时刻以前（或某阶段中）的油气采出量占地质储量的百分数。采出程度与采收率都是油田开发中常用的技术指标，从目前的应用情况看，有将二者的含义加以区别。采收率取其狭义为好的倾向。

采出程度指标描述油藏（油田）累积采出地质储量的百分数，可以根据其采出程度的高低判断该油藏的开发程度：一般注水开发的砂岩油藏采收程度高者在40%上下；中等者在30%上下；差的仅20%左右。

（7）含水上升率。

含水上升率是指每采出1%的地质储量含水上升的百分数，是评价水驱油田开发特征的重要指标，是油田开发、调整决策的重要依据。目前，油藏工程师普遍采用童氏水驱特征曲线图版，进行油田注水开发效果的评价。

（8）注采比。

注采比定义为油藏或油田注入的地下体积与采出的地下体积之比。

计算注采比时，注入和采出的物质都需要折算成地下体积，这样就能根据注采比的大小，判断油藏注采是否平衡，地下是否亏空。在进行油藏注水开发设计时，一般采取平衡注水或温和注水的方针，将注采比保持在0.95～1.05左右；有时，为了弥补油藏压力和亏空，也可短期采取强注措施，将注采比提高到1.1以上；有时，为了控制含水上升速度，也常常采取减注、弱注措施，把注采比降到0.9以下。

注采比有阶段注采比（月、季、年等）与累积注采比之分，前者描述该阶段注入采出的强度，显示该阶段注采平衡情况，是油田动态分析和阶段开发研究的重要指标；后者则展示该油藏累积的注入采出情况，显示油藏总体的亏空情况，是注水开发油田进行动态分析和开发研究不可或缺的指标。

2）动态分析时段

油藏动态分析时段一般分为月（季）度动态分析、年度动态分析和中长期动态分析。

（1）月（季）度动态分析。

通过开发动态分析，找出影响生产形势的相关因素，提出改善生产形势所要采取的基本措施。动态分析时间一般在月（季）度末进行。主要内容包括：开发指标（产液量、产油量、注水量、含水率、含水上升率、动液面）的变化，开发指标（产液量、产油量、注水量）的构成变化，主要增产措施效果及产量递减趋势的变化，分析各项指标变化的原因并提出相应的调整意见。

（2）年度动态分析。

认清油藏动态变化，为编制第二年的配产、配注方案和调整部署提供可靠的依据。动态分析时间一般在每个年度结束时进行。主要内容包括：开发指标（产液量、产油量、注水量、含水率、含水上升率）的变化规律，储量动用程度和油水分布状况，能量保持利用状况，新投产区块和老区综合调整效果、主要增产措施效果以及一年来油田开发上的突出变化，并且总结一年来的开发效果。

（3）中长期开发动态分析。

根据油田开发过程中所反映出来的问题，进行油藏专题分析研究，为制订不同开发阶段的技术经济政策界限、综合调整、编制开发规划及油藏经营管理提供依据。动态分析时间一般是在一个计划阶段末、油田实施重大调整措施前后或油田开发的一个开发阶段即将结束，进入下一个开发阶段之前进行。主要内容包括：油藏注采系统的适应性、储量动用状况、阶段重大调整和增产措施效果、现有工艺技术的适应程度、开发经济效益、油藏总的潜力进行评价，同时预测油藏下一阶段的开发指标。

3. 油田开发方案调整

油田开发进行到一定阶段，为了增加可采储量，提高开发效果，必须根据新出现的情况，调整油田开发方案，包括：①制订新的配产配注方案，调整各层的注、采状况，对不同的油层分别采取控制和改造措施，提高开发效果；②钻加密井，通过开发方案的调整，以提高油田的采油速度和采收率。

方案调整的主要内容是根据投入开发后的动态反映以及产生的新情况和新问题，有针对性地进行油田开发调整。为了提高采油速度、水驱控制程度、油层动用程度、可采储量和水驱采收率，减缓含水上升速度，针对不同情况所做的调整主要有下面几类：

1）层系调整

对于多油层油田通常要划分开发层系，各层系采用不同的井网进行单独开发，从而减缓开采过程中的层间矛盾，改善开发效果，提高油藏开发的经济效益。但是，在油田开发过程中，每个层系的各个单层之间由于注采不均衡会产生新的矛盾。为了更合理地进行开发，需要进一步划分开发层系。此时有两种划分方法：其一是将每个开发层系进一步划分为若干个开发层系；其二是把相邻的开发层系中开发得较差的单层组合在一起，形成另一个独立的开发层系。这两种方法统称为层系细分。在层系细分时，仍遵循层系划分的原则，但应避免经济上无利的层系划分。

2）开发井网调整

油田开发的中后期，主力油层的采出程度已经相当高，油田进入高含水阶段。注水和一系列的油层改造措施使原来的非主力油层逐渐弥补主力油层产量的下降，使油田保持稳产。由于原来的开发井网是根据主力油层的地质特点布置的，油田的产能不断被非主力油层接替后，原井网和注采系统都不能很好地发挥非主力油层的生产能力；原来的注水井数和注水量也难以满足地下注采平衡的需要；注水井的位置也不能适应变化后的平面油水分布情况。此时调整开发井网已刻不容缓，调整开发井网是通过补钻新井来完成的。

3）驱动方式调整

根据油藏的地质条件建立技术上有效、经济上可行的驱动方式时，也要考虑产量的要求。研究这个问题时，要考虑充分利用天然能量的可能性。

如果开发初期证明油藏的边水比较活跃，对于油层组成比较单一的油藏可以先不考虑注水。后期为了更好地开发那些与边水连通较差的层位时才进行内部注水。未饱和油藏具有弹性能量开采阶段，在地层压力降至饱和压力之前注水不会有什么问题。对于油藏压力接近饱和压力的油藏，开发时溶解气就会从原油中分离出来。在这种情况下，只要在储集层中的含气饱和度低于气体开始流动的饱和度以前进行注水，仍可得到比较好的效果。

4）注采井别的调整

在油田开发过程中，原来布置的采油井或注水井变得不符合油层的地质情况，不能发挥其应有的作用，或因油田开发动态的变化而达不到原有目的时，则可将注水井改成采油井或将采油井改为注水井，这叫作注采井别的调整。

例如，低渗透带上的某口注水井注不进去水，进行酸化、压裂等增注措施后吸水指数仍然很低，这时应将其改为采油井。若注入水沿着高渗透带单向突进，在很多情况下可以采取强化措施采油，然后将采油井改为注水井，沿着高渗透带对油田进行切割注水。

4. 三次采油方案设计

当油气藏开发进入中晚期时，采出液体含水量高，储层剩余储量无法采出等，造成油气藏开发的开采效果变差，为减缓衰老速度，进一步提高油藏采收率，需要进行三次采油。三次采油也称“强化采油”，是通过向油层注入化学物质、蒸汽、混相气，或对油层采用生物技术、物理技术来改变油层性质或油层中的原油性质，提高油层压力和石油采收率的方法。从注入工作剂种类上划分主要有化学驱油技术、气体混相驱油技术、热力采油技术、微生物采油技术、物理采油技术。

油藏工程进入三次采油方案设计时，需要研究所选择技术的驱油机理，优化驱油参数，制定驱替剂注入方式，预测驱油效果，并进行经济分析。

二、油藏工程的研究方法

油藏工程的研究工作就是应用油、气藏地质模型和以往的开采数据，模拟分析或拟合油藏地下动态和开采过程，预测未来的开采状况。据此确定各阶段的开发措施和部署方案。经常应用的方法有：

（1）经验统计法。依据已开发油田大量的生产数据，研究油田开发过程的基本规律，预测未来的油藏动态。常用的有产量衰减曲线法、水驱特征曲线法等。

（2）物质平衡法。把物质守恒概念应用于石油生产。根据油藏的原始状态，以及油、气、水在地下条件的物理性质、相态变化和热力学参数，结合生产数据，建立物质平衡方程，由此预测油藏未来的变化。

（3）渗流力学法。依据简化的地质模型。用渗流力学方法建立数学模型，并对数学模型进行解析求解，由此对油藏的未来生产情况进行预测和分析。

（4）物理模拟法。将油藏或者它的局部按比例缩小，依据相似原理和相似准数，制成实体模型。除了模型形态，参数和油藏相似外，还要求做到流体力学上的相似。此法多用于进行渗流物理机理研究，并为油藏数值模拟提供必要的参数。

（5）数值模拟法。通过数值方法求解描述油田开发动态的偏微分方程（组），来研究油田开发的物理过程和变化规律。已经应用电子计算机研究各种非均质油层三维三相多井系统的渗流，多相多组分三维渗流，碳酸盐岩双重介质渗流，以及研究三次采油机理以提高石油采收率等。数值模拟法已广泛应用于开发分析和动态预测。

在引入数值模拟方法以后，油藏工程作为一门技术科学，从定性研究走向定量研究阶段，标志着这一学科的成熟。但是由于研究的对象是一个地质上的实体——油藏，因此，用油藏工程方法分析油藏动态的结果，不能不受对地质情况认识程度的影响，而常常出现多解性。数值模拟中的物理和数学问题，已取得进展，它需要精确描述油藏的地质结构，以及有关参数在空间上的变化，还需要综合分析地质、物探、测井、试井和生产数据等，进行较深入的工作。数值模拟法是油藏经营管理多学科协同工作的最有力推动者。

第二节　油藏数值模拟

油藏数值模拟是指导油气田开发的重要工具，是现代油气藏经营管理的重要环节和协同平台。油藏数值模拟技术是立足于油气渗流力学，应用有限差分方法、数值计算分析及计算机技术，研究油气田开发过程中油、气、水及注入剂的渗流规律的方法、系统和平台。它能够解决油气藏开发过程中难以解析求解的极为复杂的渗流及工程问题，是评价和优化油气藏开发方案的有力工具，是一门工程应用学科。它能够应用数学模型再现实际油田生产动态，进行开发方案预测、展示剩余油分布，由此，解决油田实际问题。国内外各大油公司都强调，开发方案的部署一定要开展油藏数值模拟工作，可见，油藏数值模拟在整个石油工业中起着举足轻重的作用。

一、油藏数值模拟的作用

在解决油田开发决策问题、预测投资、编制油田开发方案，或者研究油田开采机理和评价提高采收率方法等需要答案而一般常规计算不能解决这些问题时，油藏数值模拟从大的方面来说可以再现油藏动态，提高最终采收率。其具体作用表现在以下几个方面：

（1）可以快速经济的对各种油藏开发方案进行评估，对于研究新探明储量（油田）开发的可行性方案进行评价和优选。主要包括：①实施方案的可行性评价；②评价开发方式，如枯竭开采、注水开发，选择注水方式等；③选择合理的开发层系和布井方式，如井网、井数和井位；④选择合理的注采方式、注采比，确定最佳注入量和最佳注入时间；⑤确定最佳射孔方案；⑥对早期水气突破的后果进行估计，估计分割（分离）设备的尺寸和应用时间；⑦对油藏及流体做敏感性分析；⑧可以估算地下储气库的存储能力和产量。

（2）对已开发老油田的调整方案进行评价和优选。主要包括：①核实地质储量，准确确定可采储量；②确定基本的驱替机理，如是天然驱还是注水开发；③确定油藏和流体特性；④确定产量、产液量及生产周期；⑤指出问题及剩余油的分布规律，提出潜力所在区域。

（3）动态预测。主要包括：①给出开发方案或调整方案开发指标预测，并给出各种方案的指标对比、经济评价；②评价各种可能的提高采收率方法，如一次采油、注水 、注气、化学驱等；③对剩余油饱和度分布规律的研究，再现生产历史动态，如研究剩余油饱和度分布范围和类型；改变液流方向、注采井别、注水层位；扩大水驱油效率和波及系数等。

（4）准确地建立油藏地质模型。油藏地质模型包括构造模型和岩石模型，通过油藏数值模拟，从动态的角度来对静态的油藏地质模型进行校核，校验油藏地质数据，如确定油藏内的流动屏障，从而估计非泻油区的存在。

（5）评价潜力和提高采收率的方向。评价油藏下一步开发的潜力以及下一步要采取的提高采收率方法的可行性，模拟各种开采技术，特别是新工艺新技术应用的矿场先导性试验效果以及未来的潜力以及挖潜方向。如：①确定井位、加密井的位置，压裂以及水平井的可能性；②确定油田开发最大产液量、产量对采收率的影响；③确定未来各种采收率的采油速度、注采比、压力保持水平等；④确定地面和井的设备。

（6）专题和机理问题的研究。主要包括：①对比注水、注气和天然枯竭开采动态；②研究各种注水方式的效果；③研究井距、井网对油藏动态的影响；④研究不同开发层系对油藏动态的影响；⑤研究注水速度对产油量和采收率的影响；⑥研究油藏平面性质和层间非均质性对油藏动态的影响；⑦对注入剂和被注入剂之间的驱替机理方面的研究；⑧为谈判和下一步开发提供必要的数据，确保满足石油、天然气供应合同的最优方法；⑨通过分别对最优、最差和最可行的开发方案进行经济评价分析，估算其金融风险。

二、油藏数值模拟的原则

K. Aziz（2004年）为从事油藏数值模拟研究的工程师提出了几条重要原则，可以作为从事油藏数值模拟的工程师所遵循的总原则或总建议：

（1）明确问题，确定目标。在进行模拟之前，了解目标油藏的地质特征、所含流体及其动态特性。同时，在开始模拟之前，将研究目标清楚地记录在纸上并确定这些目标是否能实现，这些考虑因素将有助于为研究选择最合理的模型。

（2）模型简单，过程简化。用与目标油藏性质、研究目标和可取数据相适应的最简单模型开始和结束研究。对于传统的油藏工程，简单分析模型或单块模拟通常就已经足够了。在这些情况下，所能使用的最先进的模型往往不能满足需要，研究之前应了解模型的局限和能力。

（3）相互联系，独立分析。油藏不是一个孤立的实体，它可能和某一含水层相连通，甚至和其他油藏相连，油藏还通过油井与地面设施联系起来。将该系统的不同部分独立起来研究，通常会因为忽略它们之间的相互关系而得到不合理的结果。即使结果合理，也要敢于将大的问题分成小部分来研究。这不仅能节约相当多的资源，还能对涉及的机理有更好的理解。

（4）模型合适，期望合理。不要设想模型越大就越好。应经常对计算机资源和预算限制的研究规模提出疑问。模拟工程师经常认为没有足够大型的计算机可以满足他们的需要，并倾向于简单地增大模型的尺寸来适应计算机。更多的分块和组分并不意味着更高的准确性和可靠性。事实上，在某些条件下，情况恰恰相反。坚持留意对给定研究所用的网格块数量的合理判断。期望要合理，不要试图从模拟模型得出不能产生的结果。通常能够从模拟过程中得到富有意义的一些指导，有时也能要求得到更多。但要记住，如果在建模过程中没有考虑某一机理，就不能通过模拟研究它的影响。

（5）依靠模型，相信自己。油藏模拟是在严格数学描述基础上得出的结果，数学模型和模拟程序不受人为因素的影响，它对各种假设提供客观的评价，控制了人的影响力，模拟中用到的数学方法要比工程师自己推敲所得出的结论要精确得多，应该相信模型。同时，也应了解模型自身的局限并相信自己的判断。模拟并不是一项准确的科学，所有模型都是基于假设的，并且只能为实际问题提供近似的解答。因此，对问题和模型的很好认识是模拟成功的基本条件。数值近似会导致“拟物理”现象，如数值弥散。运用并相信自己的判断，尤其是基于现场分析或实验室观察。仔细检查自己的输入和输出数据，进行简单的物质平衡计算来检查模拟结果，尤其要注意负的压缩系数和渗透率这类结果。

（6）合理调整参数，提出疑问。常常质疑历史拟合过程中的数据调整是否合理。在历史拟合过程没有唯一的解，最合理的解答来自对物理和地质合理性的密切注意。一次“好”的历史拟合如果对数据的调整不合理，则会得到差的预测结果。不要被“好”的或“精密”的拟合所迷惑，而认为它可以得到可靠的结果。

（7）注意量度，重视极值。在岩芯尺度下的测量值也许不能直接用于较大的区块，但量度确实会影响其他尺度下的值。平均会改变所平均的变量性质。例如，渗透率在小尺度下可能是一个标量，而在较大尺度下又可能是一个张量。甚至毛细管压力和相对渗透率的意义在不同尺度下也不同。同时，方程中的扩散项是平均过程的结果。不要消除极值，注意渗透率的极值（屏障或通道）。在平均过程中一定要仔细，以避免在平均极值时丢失重要的信息，绝不要将极值进行平均。

（8）重视基础，融会贯通。不要忽略必要的实验室工作。模型不能取代好的实验室实验，实验可以获得对模拟过程基础性质的认识，或用来测量模拟模型求解方程中的基本参数。根据实验信息的最后一条用途来计划实验室工作。学会怎样按比例放大数据。在强调油藏数值模拟的同时，也不能忽视常规油藏工程以及其他学科的研究和应用。

三、油藏数值模拟的步骤

无论是对油藏进行初期开发方案、已开发油田历史模拟，还是动态预测的油藏数值模拟工作，都要求油藏工程师有针对性地拟定出能解决油田开发实际问题的油藏数值模拟工作详细目标，以及开展此项工作的目的和应达到的目的。

在明确了油藏工程问题以及研究的技术和经济目标之后，就可以开始进行一个完整的油藏数值模拟研究工作，一般遵循以下主要步骤：

1. 模型选择与模型设计

实际油藏地下流体渗流机理，岩石及流体性质等地质特征不同，生产过程中的开采方式、机理不一等复杂问题，都促使非常规油藏模型孕育而生。如天然裂缝油气藏的模拟应用双重介质的裂缝模型；凝析油气田开发以及注气油田开采应用组分模型；视油气田含富气或贫气大小可采用组分或黑油模型；稠油开发用热采注蒸汽模型；注各种化学剂的三次采油应用化学模型；而对于一般油藏，模拟可选用常规油气田开发的黑油模型。

在多相问题上，需了解油藏流体性质、生产特征以及采油机理。如气藏是否带油环和下伏水区；有无明显相态变化的混相驱油藏；有无表现出凝析现象的相态特征；气顶及水锥效应是否占优势的油藏等。

要根据以上油藏渗流机理的正确分析和所研究的问题，考虑流体性质（气、凝析气、挥发油黑油、稠油）的开采条件、注入流体（蒸汽、气、化学剂）等选择合适的模型，初步确定维数、网格求解方法等。目前已有各种各样的模型，且已经都很成熟并形成计算机软件，如黑油模型、双重介质模型、气藏模型、组分模型、聚合物模型、三元复合驱模型、热采模型与水平井模型等。还必须确定采取的开发方式是天然能量衰竭开采、注水与注气驱、混相驱、化学驱以及热力采油等。

2. 模拟策略方法

在模拟之前，既要解决提出的油藏工程问题，又要具体地模型化。例如，全油田整体模拟还是部分模拟，区块模拟还是井组模拟，整体模拟中是一次整体模拟还是分区模拟，一次模拟还是分阶段模拟。

3. 资料的收集、整理与检查

在油藏数值模拟时要收集所有能得到的数据，并确定是否还需要附加的数据，解释已有的地质和岩石数据，分析有关流体的PVT性质。

1）数据收集

（1）油藏描述资料。地质静态描述：构造、断层、层理、厚度、孔隙度、渗透率、油层深度、原始地层压力等，用来建立油藏的“地质模型”。油藏的“地质图像”是非常重要的，在后面的历史拟合中需要重新评价。

（2）流体性质资料。压力与流体黏度、体积系数、压缩系数之间的关系和特殊岩芯资料（饱和度与相对渗透率、毛管力之间的关系）。其中，PVT分析表明是否必须用组分模型，或是否可以用黑油模型来表示。

（3）生产井、注入井。包括产量、注入量和井底流压。

2）数据的检查

收集大量油藏数据可能很浪费时间，为了保证完整性和可靠性，对得到的数据应进行审查，如有可能都应调整，还可以舍弃。油藏模拟模型的数据很多，一般来说少则几万，多则十几万到几十万，出错的可能性很大，甚至是不可避免的。在正式进行拟合之前，必须对模型数据进行全面细致的检查，检查不同来源的资料是否一致，数据检查包括模拟器自动检查和人工检查两个方面，缺一不可。

4. 灵敏度试验

将影响油田开发指标（产量、压力、含水、油气比）的地质静态资料、流体资料和特殊岩芯分析资料人为地加以变化。输入计算机程序中，观察它们对开发指标的影响，从中找出影响比较大的性质参数，对这一参数应尽量取准。

5. 历史拟合

利用已知的地质、流体性质和特殊岩芯分析资料以及实际生产历史动态资料（产量或井底压力随时间变化），输入计算机程序中，将计算结果和实际观测与测定的开发指标（油层压力和综合含水）相比较，若发现两者有相当大的差异，则说明所用资料与实际油田资料差异较大，可根据灵敏度试验结果逐步修改输入数据，使计算结果与实际结果一致，这就是历史拟合。

历史拟合的速度和质量不仅与计算机软件的质量有关，还与工作人员的经验和对油田实际情况掌握的程度有关。拟合数据通常有：测量的含水和生产气油比；测量的平均地层压力与井底流压。

6. 动态预测

在历史拟合的基础上，可对未来的开发指标进行计算。预测未来生产动态是模拟研究中相当容易的部分，根据规定的产量来预测地层和饱和度的变化；据规定的井底流动压力变化来预测油气水产量、地层压力饱和度的变化；对于正在接近递减的油田来说，必须注意正确模拟生产过程。

7. 经济评价与经费预算

油藏数值模拟动态预测结果是经济评价的基本依据，在动态预测的基础上，还需要对每一个编制出的开发方案进行经济评价与经费预算，评价各种收益和各项支付投资与操作费用等，论证其经济上的合理性和可行性，进一步提高投资的经济效益。

8. 形成报告

油藏数值模拟进行时以及结束后都要随时注重报告的编写工作。报告主要包括以上油藏数值模拟研究的主要步骤与内容，一般包含：模拟的目标和任务，模拟采用的地质模型，生产条件，模拟数据，历史拟合指标与过程，参数调整范围，油藏数值模拟结果（包括各个开发方案的模拟数据，开发指标、模拟曲线、参数场、模拟图等），模拟采取的主体技术，经济评价结果，投入产出比以及对以后实施方案的建议、基本结论与模拟存在的不足等。

管理小常识　贝尔效应

美国布道家、学者贝尔提出：想着成功，成功的景象就会在内心形成；有了成功的信心，成功就有了一半把握。这就是“贝尔效应”。

许多学者预计说，如果贝尔毕业后进行晶体和生物化学的研究，一定会赢得多次诺贝尔奖。但他却心甘情愿地走了另一条道路——把一个个开拓性的课题提出来，指引别人登上了科学高峰。于是人们把他这种甘为人梯的奉献行为称为“人梯效应”。

不论环境如何，在我们的生命里，均潜伏着改变现时环境的力量。如果你满怀信心，积极地想着成功的景象，那么世界就会变成你想要的模样。你可以达到成功的最高峰，也可以在庸庸碌碌中悲叹。而这一切的不同，仅仅在于你是否有成功的信念！很多事情我们不敢做，并不在于它们难，而在于我们不敢做。其实，人生中的许多事，只要想做，并相信自己能成功，那么你就能做成。所以，对那些说你不会成功、你生来就不是成功者的料、成功不是为你准备的等闲言碎语，你完全可以置之不理，你要用行动来证明自己的能力。想着成功，你的内心就会形成为成功而奋斗的无穷动力。不管遇到什么困难，都要坚信自己一定能成功，那么，最终你也一定会成功。

与贝尔效应相类似的还有罗森塔尔效应：美国心理学家罗森塔尔考查某校，随意从每班抽3名学生共18人写在一张表格上，交给校长，极为认真地说：“这18名学生经过科学测定全都是智商型人才。”事过半年，罗氏又来到该校，发现这18名学生的确超过一般，长进很大，再后来这18人全都在不同的岗位上干出了非凡的成绩。这一效应就是期望心理中的共鸣现象。

因此，贝尔效应的潜力在于伯乐和千里马，伯乐善于发现人才，甘为人梯，并积极地去鼓励和挖潜他人，使之充满信心一路前行；千里马不是生来成就的，他需要正确引导，坚定必胜的信念，用实际行动和辛勤努力奋发向上，最终会成为真正的千里马。

课件“码”上来

第十章 采油工程

采油工程是油田开采过程中根据开发目标通过生产井和注入井对油藏采取的各项工程技术措施的总称，其任务是通过一系列可作用于油藏的工程技术措施，使油、气畅流入井，并高效率地将其举升到地面进行分离和计量，其目标是经济有效地提高油井产量和原油采收率。主要包括井筒多相流理论、人工举升方法、注水、增产改造及其他复杂条件下的开采技术等。

采油工程面对的是不同地质条件和动态不断变化的各种类型的油藏。只有根据油藏地质条件和动态变化，正确地选择和实施技术上可行、经济上合理的工程技术方案，才能获得良好的经济效果。要做到这一点，就必须掌握各种工程技术措施的基本原理、计算与工程设计方法的基础上，进行综合对比分析。

从系统工程观点出发，采油工程是油田开采大系统中的一个重要子系统，是油藏工程和矿场油气集输工程的连接节点，是油气藏开发方案顺利实施和完成油气生产任务的技术保证，也是油气藏开发兑现产量和经济效益的最直观环节。

采油工程涉及的技术面广、综合性强而又复杂，工作对象是生产条件随油藏动态不断变化的成百上千口采油井和注水井。因此，油气藏经营管理的多学科协同工作也是采油工程学科的特点，而采油工程亦是油气藏经营管理中重要的一员。

第一节 采油工程方案设计

油田开发总体建设方案的编制是在地质勘探成果和试油试采工作的基础上进行的，它包括油藏地质研究、油藏工程方案、钻井工作方案、采油工程方案、油气地面集输工程方案及总体方案经济评价六大部分。采油工程方案的主体涉及油层保护、完井、投产、注水、采油方式、储层改造、配套工艺及动态监测等，其设计是一个复杂的系统。

一、设计的任务

采油工程的总体任务是通过产油井和注入井采取一系列工程措施作用于油藏，使油气通畅地流入井中，并举升到地面，实现经济有效地提高油井产量和储层采收率。

采油工程设计的依据是油藏地质研究成果和油藏工程方案，其任务是制定为保证实现油藏工程方案规定的指标，制订应采取的一系列工程措施方案。其中也包括根据油藏地质条件和当前工艺技术水平对实现油藏工程方案的开发指标（主要是产量、注入量及压力保持水平）的可行性进行评价。它将直接涉及油藏工程方案的适用性和可操作性。

采油工程方案又是钻井工程方案和地面工程方案设计的重要依据之一，后两者应满足采油工程方案中为了提高产量和采收率所要采取的采油工程措施的要求。由于油田产能建成之后，油田开发指标和原油生产计划必须通过实施采油工程措施加以实现，所以，采油工程方案在总体方案的实施中处于十分重要的地位。

采油工程方案设计一般应遵循以下基本原则：

（1）符合本油田开发的总体部署和技术政策。

（2）适合油气藏地质和环境特点。

（3）采用适用的工艺技术，具有良好的可操作性。

（4）体现少投入、多产出的经济原则。

二、设计的内容

设计的主要内容包括以下九个方面：

1. 设计基础

采油工程方案设计是以油藏地质和油藏工程为基础的。

需要获取的油藏地质研究成果具体包括：

（1）地质构造与地应力分布特征。

（2）储层分布特征及油水关系。

（3）储层岩芯分析（储层的孔隙度、渗透率、饱和度和岩石矿物组成）。

需获取的油藏工程研究成果具体包括：

（1）油藏流体组成及性质。

（2）油藏压力及温度。

（3）储层岩石的渗流特征（润湿性及相对渗透率）。

（4）储层岩石的敏感性试验结果。

（5）油藏类型及驱动方式。

（6）油田开发层系与开发方式及其井网。

（7）油井产能分布及其变化。

（8）油田开发指标及开发动态预测结果。

2. 储层保护

系统保护油层技术是关系到油田开发效果的关键技术。油田开发过程的系统保护油层主要包括：

（1）钻井、固井过程中的油层保护。

（2）射孔、修井作业中的油层保护。

（3）注水过程中的油层保护。

（4）增产措施中的油层保护。

所有的油层保护措施都是建立在储层岩性特征分析、岩芯分析和入井流体的敏感性试验及对可能造成油层伤害的主要因素进行分析的基础上。其关键是优选入井流体（包括钻井液、完井液、射孔液、修井液、压裂液、酸液、注入水质及其添加剂或处理剂的筛选）和优化作业工艺。

3. 完井要求

完井工程是包括从钻开油层开始到投产前的一系列单项作业的系统工程，也是钻井工程与采油工程的交汇点。它直接影响油井的产能和油田的开发效益。完整的完井工程设计包括：

（1）进行油藏地质研究，根据油田开发及采油工艺要求选择完井方式，提出钻开油层的方式及要求。

（2）考虑油田开发全过程油井产能的变化及所要采取的采油工艺，应用节点分析方法，确定油管直径和举升方式之后进行生产套管的尺寸选择及强度设计。

（3）从钻井和采油工艺出发确定井身结构，并提出固井要求。

（4）选择实现所选完井方式的工艺方案（如射孔完井的射孔参数优选、射孔方式及工艺设计；砾石充填完井的充填方式、工艺参数优化及工艺设计等）。

由于完井工程涉及钻井和测井等部门的一系列单项工程，采油工程方案中的完井工程部分不能代替钻井部门的单项工程设计，而是从油藏工程与采油工程相结合的观点，从建立油层与油井的良好通道、发挥油井最大潜力和提高油田开发整体效益出发，选择完井方式和对完井工程中的各个环节提出要求，并制订投产方案。

4. 注水设计

对于注水开发的油田，注水是人工作用于油藏保持能量、提高其产量和采收率的主要手段，油田开发过程中的一系列工程技术措施也是由注水引起的。注水工艺满足油藏工程设计要求，实现有效注水，是采油工程方案的重要内容。注水工艺设计结果既对油田地面注水系统提出要求，又受地面工程的制约。因此，注水工艺设计的核心尽量是选择既满足油藏工程方案要求，又不额外增加地面注水系统建设投资的工艺技术。采油工程方案中注水工艺设计的主要内容有：①注水工艺方案的基础分析；②注水系统压力分析；③注水管柱设计；④注水井增注与调剖；⑤注水井投注、转注及管理。

5. 举升方式

举升技术是任何油田贯穿其开发全过程的基本技术。不同举升方式对油藏类型、开发方式及油井生产能力的适应性和投入产出比不同。因此，采油工程方案设计中必须优选采油方式，其主要内容如下：

（1）确定举升方式选择的原则、依据及要求。

（2）预测不同含水阶段的油井产液及产油指数。

（3）油井产能分布研究。按油井产能进行油井分类，并确定不同含水阶段各类井井数的变化，分析各类油井在油藏上的分布情况。

（4）油井生产动态模拟。预测不同压力保持水平下，各类油井采用不同举升方式时，可能获得的最大产量，或完成配产要求的生产操作参数及油井生产动态指标。

（5）举升方式综合评价。根据油井动态模拟确定出不同举升方式在不同含水阶段的生产技术指标的基础上，综合考虑经济、技术及管理等各种因素，对不同举升方式做出评价，并选定其采油方式和提出相应的工艺方案。

6. 配套工艺

采油工程配套工艺在这里是指油、水井的解堵和防砂工艺；油井防蜡、清蜡、防垢、清垢、防腐及堵水工艺。砂、蜡、水及油层伤害是油田开发过程中经常遇到的问题。尽管不同类型的油藏及其在不同开发阶段，引起油层伤害、出砂、结蜡及出水等问题的原因及程度不同，但它们是油田开发中必须引起重视和需要解决的问题。为此，编制采油工程方案时，应对这些问题进行分析、论证，并提出相应的解决措施，以便及时做好技术准备。

7. 动态监测

动态监测是通过在油、水井上所进行的专门测试工作，了解油田开发过程中油、气、水在油藏中的分布及其运动规律，掌握油藏和油、水井的生产动态及其设备工况，评价工程技术措施的质量与效果。采油工程方案的动态监测部分的内容主要是：

（1）制订油田动态监测总体方案。根据油藏工程和采油工程要求，论证开发过程中需要实施的动态监测项目，明确监测目标、具体内容、测试方法和工艺要求。

（2）选择配套仪器和设备，推荐仪器、设备的型号、规格和生产厂家。

（3）根据需要的配套仪器、设备型号、规格、数量、参考价格以及测试规划，进行油田动态监测费用的初步预算。

8. 施工计划

施工计划主要包括作业工作量预测、作业队伍建设、配套厂站建设。

作业工作量是生产操作费用预算及作业队伍建设的基础。油田开发过程中的作业包括：新井投产、注水井投注及转注；压裂、酸化增产增注措施；油水井井下设备安装及更换作业；清砂、防砂及调剖堵水作业；油、水井大修作业；新工艺试验及其他特种作业。作业工作量预测首先是根据采油工程方案相关部分提出的措施要求，确定进行作业种类和估算需要实施的作业次数，然后采用统计法或折算标准工作量法进行工作量预测。

作业队伍建设即是按照行业或公司有关标准和规定，根据预测的作业工作量，提出作业队伍的需求或建设规划。

在配套厂站建设中，新区需要进行配套厂站建设规划，而老油区新开发油田的配套厂站，可在对原有厂站能力分析的基础上，根据油田开发需要提出扩建方案。无论新建还是扩建，其规模和内容应在保证油田开发需要的前提下，遵循因地制宜、避免重复和少投入，多产出的原则，通过分析论证来确定。

9. 经济分析

经济分析是制订采油工程方案时需要进行的一项必不可少的工作。原油生产综合成本及效益所涉及的问题除了采油设备投资和生产操作费用外，还有产能建设的前期投资（包括勘探、建井及地面工程）、各项目固定资产折旧及利税和原油价格等系列指标，而用于采油工程的直接投资和生产操作费用只是原油生产综合成本中的一部分；同时，油田开发建设总体方案最终还要进行专门的总体经济评价和分析。为避免重复，采油工程方案的经济分析应该着重于当采油设备、生产操作费用等油田产能建成后，在开发过程中直接与采油工程有关的费用进行分析、对比和评价。评价内容包括：

（1）基本参数及分析评价指标的确定。

（2）不同举升方式举升费用对比及更换采油方式的经济分析。

（3）采油设备投资。

（4）生产操作费用及分析。

（5）采油工程费用汇总及原油生产成本分析。

第二节　储层压裂改造

储层压裂改造是为了提高油气井产量或注水井的注水量而对储层采取的一系列工程技术措施的总称。主要包括压裂、酸化和压裂酸化。目前，最常用的是储层压裂改造。

在石油领域，压裂是指采油或采气过程中，利用水力作用，使油气层形成裂缝的一种方法，又称水力压裂。压裂是人为地使地层产生裂缝，改善油在地下的流动环境，使油井产量增加，对改善油井井底流动条件、减缓层间和改善油层动用状况可起到重要的作用。

石油工业中，对于开发低渗、特低渗油气田，对于近井筒附近受污染的中、高渗油气田，为了达到工业油气流，储层压裂改造技术是必不可少的。特别是随着非常规油气资源的规模化生产与利用，储层压裂改造成为其有效开发的唯一手段。

随着低渗透、特低渗透等低品位油气储量的开发动用，尤其是进入21世纪以来，美国的页岩气革命和致密油大突破，传统意义上的储层压裂改造技术由采油过程中的一项附属工艺，发展成为一个与物探、钻井同等重要的、独立的系统工程。在此形势下，储层压裂改造理念发生了明显的变化：由以往的附属工艺发展为独立的系统工程；由“平面改造”转变为“体积改造”；由从属地位转变为主体地位。储层压裂改造技术取得了很大的进步：不断降低储层动用下限，大量资源转化成为可采储量；不断提升单井产量，使产能建设顺利实施；不断提升单井可采储量，创造了可观的经济效益。

储层压裂改造属于采油工程的一个重要领域，也是当前非常规油气储层开采的必要技术支撑，并且几乎形成了独立于采油工程之外的科学体系，因此，特增加本节用以重点说明。

一、压裂工艺

油井生产到一定阶段后，产能和渗透率降低，为了增强排油能力，提高油井产量，人们发明了压裂工艺技术。压裂的方法分为水力压裂和高能气体压裂两大类，水力压裂是靠地面高压泵车车组将流体高速注入井中，借助井底憋起的高压，使油层岩石破裂产生裂缝。为防止泵车停止工作后，压力下降，裂缝又自行合拢，在地层破裂后的注入液体中，混入具有一定硬度的支撑剂，同流体一并进入裂缝，并永久停留在裂缝中，支撑裂缝处于开启状态，使油流环境长期得以改善。当前水力压裂技术已经非常成熟，油井增产效果明显，早已成为人们首选的常用技术。特别对于油流通道很小，也就是渗透率较低的油层增产效果特别突出。

对于不同特点的油气层，必须采取与之适应的工艺技术，才能保证压裂设计的顺利执行，取得良好的增产效果。压裂工艺技术种类很多，主要有以下几种：

1. 封隔器分层压裂

封隔器分层压裂是国内外广泛采用的一种压裂工艺技术，但作业复杂、成本高。根据所选用的封隔器和管柱不同，有四种类型：单封隔器分层压裂、双封隔器分层压裂、桥塞封隔器分层压裂、滑套封隔器分层压裂。

2. 限流法分层压裂

用于欲压开多层而各层破裂压力有差别的油井。通过控制各层射孔孔眼数量和直径，并尽可能提高注入排量，利用先压开层的孔眼摩阻提高井底压力而达到一次分压多层的目的。

有A、B和C三个油层，相应的破裂压力分别为24MPa、20MPa和22MPa，按射孔方案射开各自的孔眼。当注入井底压力为20MPa时，B层压开；然后提高排量，因孔眼摩阻正比于排量，B层孔眼摩阻达到2MPa时的注入井底压力为22MPa，即C层被压开；继续提高排量，B层孔眼摩阻达到4MPa时的井底注入压力为24MPa，A层被压开。射孔孔眼的作用类似于井下节流器，随排量增加，井底压力不断提高，从而逐层压开。

限流法分层压裂的关键在于必须按照压裂的要求设计合理的射孔方案，包括射孔孔眼、孔密和孔径，使完井和压裂构成一个统一的整体。

3. 选择性压裂

选择性压裂在压裂液中加入油溶性暂堵剂，压裂液将优先进入高渗层内，暂堵剂沉积而封堵高渗层，从而压开低渗层。油井投产后，原油将暂堵剂逐渐溶解而解除堵塞。若高渗层为高含水层，暂堵剂不解封有助于降低油井含水率。

另一种选择性压裂是将井内欲压层段一次射开，首先压开低破裂压力层段后加砂，然后注入带堵塞球的顶替液暂堵该层段；再提高泵压压开具有稍高破裂压力的地层，根据需要注入顶替液后结束施工或者继续注入带堵塞球的顶替液暂堵该层段以便压裂另外层段。从而改善产油吸水剖面。

4. 控缝高压裂技术

当油气层很薄或者产层与遮挡层间最小水平主压力差较小时，压开的裂缝高度很容易进入遮挡层，此时需要控制裂缝高度延伸。可以通过控制压裂液性能参数和施工排量来实现，更可靠的是人工隔层控缝高压裂技术。

其基本原理是在前置液中加入上浮式或下沉式导向剂，通过前置液将其带入裂缝，浮式导向剂和沉式导向剂分别上浮和下沉聚集在人工裂缝顶部和底部，形成压实的低渗透人工隔层，阻止裂缝向上/向下传播，达到控缝高的目的。为了使两种导向剂能上浮和下沉，一般在注入携有导向剂的液体后短期停泵，然后进行正常的压裂作业。

5. 脱砂压裂技术

脱砂压裂可以在一定程度上改变裂缝的正常尺寸比例，实现充填“短宽裂缝”的特殊目的，以满足某些中高渗透油藏压裂改造的特殊需要。脱砂压裂是在裂缝端部造成脱砂，提高裂缝宽度，从而提高裂缝导流能力的压裂技术。压裂时，通过控制前置液和施工排量，使携砂液达到动态缝尖端附近时，前置液完全滤失，携砂液脱砂形成砂堵，阻止裂缝延伸。当地面继续加砂时，裂缝长度不增加，而宽度不断增大，从而形成短而宽的具有高导流能力的裂缝。适用于中高渗储层、松软储层与稠油储层的压裂改造或压裂目的层上有气顶或下有底水或上下均有产气、产水的储层。

6. 体积压裂技术

体积压裂，又叫缝网压裂，是指在水力压裂过程中，使天然裂缝不断扩张和脆性岩石产生剪切滑移，形成天然裂缝与人工裂缝相互交错的裂缝网络，从而增加改造体积，提高初始产量和最终采收率。

体积压裂的作用机理是通过水力压裂对储层实施改造，在形成一条或者多条主裂缝的同时，使天然裂缝不断扩张和脆性岩石产生剪切滑移，实现对天然裂缝、岩石层理的沟通，以及在主裂缝的侧向强制形成次生裂缝，并在次生裂缝上继续分支形成二级次生裂缝，以此类推，形成天然裂缝与人工裂缝相互交错的裂缝网络。从而将可以进行渗流的有效储层打碎，实现长、宽、高三维方向的全面改造，增大渗流面积及导流能力，提高初始产量和最终采收率。

体积压裂是基于体积改造这一全新的现代理论而提出。体积改造理念的出现，颠覆了经典压裂理论，是现代压裂理论发展的基础。常规压裂技术就是假设压裂人工裂缝起裂为张开型，且沿井筒射孔层段形成双翼对称裂缝。以一条主裂缝实现对储层渗流能力的改善，主裂缝的垂向上仍然是基质向裂缝的“长距离”渗流，主流通道无法改善储层的整体渗流能力。而“体积改造”形成的是复杂的网状裂缝系统，裂缝的起裂与扩展不简单是裂缝的张性破坏，而且还存在剪切、滑移、错断等复杂的力学行为。

体积压裂有很高的技术条件，主要体现在：大液量、大排量、大砂量、小粒径、低砂比。如：水平段长1000～1500m，分8～15段，每段分2～6簇，簇间距20～30m，排量10m^3/min以上，平均砂比3%～5%，每段压裂液量1000～1500m^3，每段支撑剂量100～200t，压裂液体系采用滑溜水+线性胶组合方式，以40/70目支撑剂为主。

7. 测试压裂技术

测试压裂也称为小型试验压裂，它是进行一次小规模压裂并分析压裂压力获得裂缝有关参数。包括裂缝延伸压力测试、裂缝闭合压力测试、微注入测试等。

二、压裂设计

1. 压裂设计的基础

正确认识压裂层，包括油藏压力、渗透性、水敏性、油藏流体物性以及岩石抗张强度等，并以它们为基础设计裂缝几何参数、确定压裂规模以及压裂液与支撑剂类型等。施工加砂方案设计及排量等受压裂设备能力的限制，特别是深井，其破裂压力高，要求有较高的施工压力，对设备的要求很高。

2. 压裂设计的原则

最大限度地发挥油层潜能和裂缝的作用，使压裂后的生产井和注入井达到最佳状态，同时还要求压裂井的有效期和稳产期长。

3. 压裂设计方案的内容

主要包括：裂缝几何参数优选及设计；压裂液类型、配方选择及注液程序；支撑剂选择及加砂方案设计；压裂效果预测和经济分析等。对区块整体压裂设计还应包括采收率和开采动态分析等内容。

4. 压裂设计的参数

主要包括以下三大类：

1）油气井参数

压裂井的类别、井径、井下管柱（套管、油管）、井口装置、固井质量、射孔井段的位置、射孔方式、弹型、相位角、孔密与孔眼尺寸、井下工具规范、尺寸、额定压力、承受温度与位置。

2）油气层参数

储层有效渗透率、孔隙度、含油饱和度、有效厚度、储层地层压力、静态温度；储层油水的相渗关系、流体性质（密度、黏度、压缩系数与总矿化度等）；岩石力学性质（弹性模量、泊松比、抗压强度等）；储层就地应力的垂向分布及水平主应力方位；遮挡层的岩性，厚度与就地应力值、井的试油、开发生产与生产测试等资料数据。

3）压裂参数

裂缝破裂压力、延伸压力与闭合压力；压裂液的类型、流变性、黏温黏时性、滤失与损害等数据；支撑剂的类型及其抗压强度、导流能力与裂缝支撑剂层渗透率等数据；泵注排量、平均砂液比、泵注程序、压裂设备功率及其压力极限、油藏以往压裂实践及其压裂前后生产反应的资料数据。

管理小常识　破窗效应

破窗效应由美国政治学家詹姆士·威尔逊和犯罪学家乔治·凯林于1982年提出。此理论认为环境中的不良现象如果被放任存在，会诱使人们仿效，甚至变本加厉。一幢有少许破窗的建筑，如果那些窗不被修理好，可能将会有破坏者破坏更多的窗户，最终他们甚至会闯入建筑内，如果发现无人居住，也许就在那里定居或者纵火；一面墙，如果出现一些涂鸦没有被清洗掉，很快的，墙上就布满了乱七八糟、不堪入目的东西；一条人行道有些许纸屑，不久后就会有更多垃圾，最终人们会视若理所当然地将垃圾顺手丢弃在那里。

“第一扇破窗”常常是事情恶化的起点。这一现象在我们日常生活中常常可以见到。比方说，你分别到两位朋友家做客。朋友甲的家里窗明几净，地板上一尘不染。如果他忘了给你准备烟灰缸，你一定会在点烟之前请他帮你找一个烟灰缸，而决不忍心让烟灰落在光亮的地板上。而朋友乙的家里是随处可见的尘土和纸屑，估计你也懒得要朋友给你找烟灰缸了，而是任由烟灰飞散，或是直接把烟蒂扔到地上了。第一扇破窗之后，“环境早就脏了，我扔的这点儿垃圾根本起不到关键性作用”“反正也不是我先这么做的”，不少人会这样辩解，如此，破窗效应进一步形成。其实，这些说法根本站不住脚，错了就是错了，影响的大小并不能改变行为错误的本质，别人的错误更不会是证明你无错的理由。

任何一种不良现象的存在，都在传递着一种信息，这种信息会导致不良现象的无限扩展。同时，必须高度警觉那些看起来是偶然的、个别的、轻微的“过错”，如果对这种行为不闻不问、熟视无睹、反应迟钝或纠正不力，就会纵容更多的人“去打烂更多的窗户玻璃”，就极有可能演变成“千里之堤，溃于蚁穴”的恶果。就如刘备那句话：勿以善小而不为，勿以恶小而为之。

破窗效应带给我们的启示是从小事抓起，只有全部小事都不出乱子，才能做大事。在应用实践中，最直观的“小事”就是环境卫生，要把一个地方保持干净一天、两天并不难，但是要一个地方持续一年365天都很干净，那就只有顶尖的企业才能做到。这些事情并不难，缺的只是下定决心、持之以恒、配套机制、形成文化、定期更新。

课件“码”上来

第十一章 地面工程

油气地面工程是油气田开发生产大系统中的一个子系统，是油气田开发生产中的一个必要环节，是实现高效开发、体现开发效果和经济技术水平的重要方面，是降低投资控制成本、提高开发效益的重要手段。

油气田开发中的内容都是围绕如何使石油和天然气从油气层中顺利地流向井底，又从井底流到地面的一套地下工程技术措施。至于石油和天然气由油井流到地面以后，又如何把它们从一口口油井上集中起来，并把油和气分离开来，再经过初步加工成为合格的原油和天然气分别储存起来或者输送到炼油厂，这就是通常称之为“油田集输技术”和“油田地面建设工程”。其工作范围是以油井为起点，矿场原油库或输油、输气管线首站为终点的矿场业务。

近年来，随着中国油田“标准化设计、信息化管理、模块化建设、市场化运作”工作的开展，在一定程度上强化了我国油田的建设发展。与此同时，在工作开展的过程中，不仅改善了油气田地面工程的工作环境，增强了管理体系和管理机制，也提升了油田工作的安全性和可靠性，加快了油气田地面工程技术的革新与发展。

第一节 地面工程的内容

油气田地面工程主要有六个方面作用：一是实现产能建设目标；二是体现开发技术水平；三是录取开发生产数据；四是保障安全高效生产；五是实现合格油气产品达标外销；六是实现采出水回注及达标排放。围绕这六个方面，把地面工程分为油气集输系统、油气处理系统、注水系统、防腐工程和辅助工程。

一、油气集输系统

把分散的油井所生产的石油、伴生天然气和其他产品集中起来，经过必要的处理、初加工，合格的油和天然气分别外输到炼油厂和天然气用户的工艺全过程称为油气集输。主要包括油气分离、油气计量、原油脱水、天然气净化、原油稳定、轻烃回收等工艺。三级布站一般包括油井、计量站、接转站、集中处理站，如果从计量站直接到集中处理站，就叫二级布站。对于储量相对集中的油气田通常采用联合站的方式，联合站就是将集中处理、注水、污水处理及变电建在一起。其流程如图 11–1 所示。

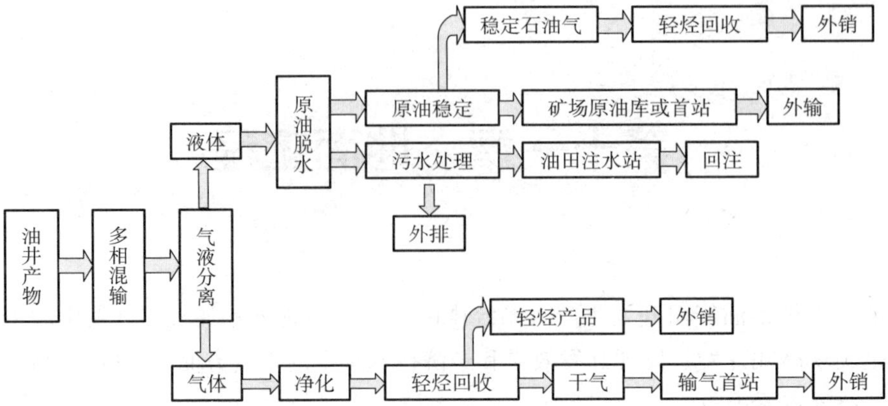

图 11–1 油气集输流程

油气集输的工艺系统主要包括：采油气井口及井场、集油气系统、计量站、接转站。

油气集输系统工作内容包括：①油井计量；②集油；③集气；④油气水分离；⑤原油处理（脱水）；⑥原油稳定；⑦原油储存；⑧天然气净化；⑨天然气凝液回收；⑩凝液储存；⑪采出水处理。

油气藏开发的动态数据许多来自油气计量，是指对石油和天然气流量的测定，主要分为油井产量计量和外输流量计量两种。其中，油井产量计量是对单井所生产的油量和生产气量的测定，它是进行油井管理、掌握油层动态的关键资料数据。外输流量计量是对石油和天然气输送流量的测定，它是输出方和接收方进行油气交接经营管理的基本依据。各工作站基本都有负责油气计量的任务。

油气计量站：主要由集油阀组（俗称总机关）和单井油气计量分离气器组成，在这里把数口油井生产的油气产品集中在一起，轮流对各单井的产油气量分别进行计量。

计量接转站：有的油气计量站因油压较低，增加了缓冲罐和输油泵等外输设备，这种油气小站叫计量接转站，既进行油气计量，又承担原油接转任务。

转油站：转油站是把数座计量（接转）站来油集中在一起，进行油气分离、油气计量、加热沉降和油气转输等作业的中型油站，又叫集油站。有的转油站还包括原油脱水作业，这种站叫脱水转油站。

二、油气处理系统

油气处理系统指对油气田所生产的原油和天然气进行原油稳定处理和天然气回收轻烃处理的初加工过程。经过油气处理后，油田基本实现了“三脱三回收”的目标，即原油脱气、脱水和伴生气脱油，回收污水、污油和轻油，产出稳定原油、干气、净化油田水和轻质油。

1. 原油脱水

从井中采出的原油一般都含有一定数量的水，而原油含水多了会给储运造成浪费，增加设备，多耗能；原油中的水多数含有盐类，会加速设备、容器和管线的腐蚀；在石油炼制过程中，水和原油一起被加热时，水会急速汽化膨胀，压力上升，影响炼厂正常操作和产品质量，甚至会发生爆炸。因此外输原油前，需进行脱水，使含水量不超过0.5%。

原油脱水时，许多都需要使用破乳剂进行破乳处理。破乳剂是一种表面活性物质，它能使乳化状的液体结构破坏，以达到乳化液中各相分离开来的目的。原油破乳是指利用破乳剂的化学作用将乳化状的油水混合液中油和水分离开来，使之达到原油脱水的目的，以保证原油外输含水符合标准。

2. 原油脱气

通过油气分离器和原油稳定装置把原油中的气体态轻烃组分脱离出去的工艺过程叫原油脱气，以达到合格原油的标准，国家规定在净化后的原油中含水不能超过0.5%，每吨原油含气不超过1m^3。

原油脱气的形式主要有三种：

（1）气液分离。地层中石油到达油气井口并继而沿出油管或采气管流动时，随压力和温度条件的变化，常形成气液两相。为满足油气井产品计量、矿厂加工、储存和输送需要，必须将已形成的气液两相分开，用不同的管线输送，这称为物理或机械分离。

（2）油气分离。在地面设置分离罐作为油气水以及泥沙等多相的分离、缓冲、计量之用。从外形分大体有三种形式：立式、卧式、球形。油气分离器有时也置于井下，是把油井生产出的原油和伴生天然气分离开来的一种装置，它置于潜油离心泵和保护器之间，将井液中的游离气体与井液分离，液体输送给潜油离心泵，气体释放到油管和套管环形空间。

（3）原油稳定。使净化原油内溶解的天然气组分气化，与原油分离，较彻底地脱出原油中蒸气压高的溶解天然气组分，降低常温常压下原油蒸气压的过程称为原油稳定。原油稳定通常是原油矿厂加工的最后工序，经稳定后的原油成为合格的商品原油。

3. 污水处理

油田采出水既要处理水中的大量油类，同时也要兼顾去除水中溶解的有机物、悬浮物与硫化物等，根据排放或回用的不同，要求有多种处理方式。当油田需要注水时，油田采出水经处理后回注地层，此时要对水中的悬浮物、油等多项指标进行严格控制，防止其对地层产生伤害。如果作为蒸汽发生器或锅炉的给水，则要严格控制水中的钙、镁等易结垢的离子含量、总矿化度以及水中的油含量等。如果处理后排放，则要根据当地环保要求，将采出水进行处理达到排放标准。目前，国内外油田的采出水处理技术可分为四种：物理法、化学法、物理化学法和生物化学法。

4. 天然气处理

从气井井口或从矿场油气分离器分出的天然气中会含有不同数量的较重烃类，以及水蒸气、硫化物（如硫化氢）、二氧化碳、氮气和氦气等非烃类气体，一般称之为粗天然气或湿气。这种天然气一般不适宜大多数用户直接使用，需要经过专门的处理以脱除硫化氢、水蒸气、凝析烃类等，然后才能作为商品天然气输往用户。

天然气中一般都含有饱和的水蒸气，当输气管线周围介质温度低于气体温度时，水蒸气将凝结成液体，甚至结冰或形成水合物，严重时会堵塞阀门或管线。由于水的存在会使酸性气体加重对管壁的腐蚀，减少管线的使用寿命。

天然气脱水、脱硫后，仍然不能直接作为燃料气或化工原料，必须按一定的标准和要求将天然气中的硫醇和较重的烃类分离出来，主要是把C_3以上烃类液化回收。这样，既能避免天然气在输送过程中由于产生凝液而造成的许多不可靠因素，又能净化天然气，消除了用户在使用过程中的众多危险因素。

三、注水系统

利用注水井把水注入油层，以补充和保持油层压力的措施称为注水。油田注水系统是一项复杂的系统工程，它是以水质处理和水质稳定为前提，以保护油层为基础，达到保持油藏压力，从而实现油田稳产增产的目的。注水系统包括水源和供水系统、水处理系统、水质监控系统、地面注水加压系统、注水分配计量系统、注水井井下工艺等若干子系统。每个子系统又包括若干个环节。油田注水系统的核心是水量和水质。必须有足够的水量和合格的水质，才能满足油田注水开发的需要，地面服从地下。

油田注水系统的工程设计和工程建设必须符合以下原则：

（1）满足油田注水的需要，即油田注水系统必须服从油田地下的需要。

（2）满足油田注水量和水质的要求。

（3）适应节约能耗和保护环境的要求。

（4）尽量减轻系统腐蚀速度，延长管道设备的使用寿命。

（5）确保安全运行和方便生产管理。

四、防腐工程

金属腐蚀是一个普遍而严峻的现实问题。据估计全世界每年开采的金属，大约有三分之一是由于腐蚀而消耗掉的。

在油气开发中，产出的流体中，通常都含有水、盐分、沉积物、酸性液体和气体、细菌及其他矿物质，生产过程中所使用的金属管道、阀门及其他设备，在上述介质环境中必将发生化学或电化学腐蚀。

腐蚀不仅造成了金属材料的巨大消耗，更给生产带来了安全隐患，也阻碍了新技术的发展与应用，防腐可以延长设备和管道的使用寿命，节约钢材，减少设备和管线的维护时间，降低操作费用，改善技术经济指标，减少跑、冒、滴、漏对装置周围环境大气、水、土壤的污染，保证安全和平稳生产，因此，防腐是地面工程开发管理中的重要组成部分。

防腐需要借助于一套科学的腐蚀试验方法和检测手段，对金属设备、管理进行腐蚀监测。其目的：第一是了解容许腐蚀介质的含量和组分，以便预测由于这些介质的存在，可能造成有害影响的量级；第二是掌握设备在生产过程的腐蚀规律，测定腐蚀速度，估计使用寿命，预防不测事故的发生；第三是及时调整各种操作因素，避免设备腐蚀加速。

主要防腐方式为：第一需要对腐蚀性管输物质作处理的管道，特别是为控制腐蚀，采取注入缓蚀剂的管道时，应考虑在关键部位设置腐蚀监测装置，以便测定管输物质的腐蚀性；二是严格材料选择，控制其内部因素（冶金、应力），防止氢脆和硫化物应力开裂；三是选择有效的涂层与缓蚀剂，以保护膜的形式隔离腐蚀环境与材料的接触，这主要是防止电化学失重腐蚀，对氢脆和硫化物应力开裂也有定减缓作用；四是在条件适宜的环境中也可采用电化学保护方式对设备、管道进行防护。

五、辅助工程

油气田地面工程的辅助工程主要包括供电、供排水、防腐、通信、交通运输、环保、机修、自动化和矿区建设九项。这些工程配合着集输、处理及注水，保证了油气藏的正常生产与运作。

主要涉及土建、储运、井场地面用电等，主要是地面建设工程，包括新采油（注水）站的建设和地面管线铺设和投运，采油、注水井口的整改和维护，油田采油、注水管网维护、保养和整改，各油、气、水集中处理站的各类管线的施工等，包括各类油罐、注水罐的投建。

第二节 地面工程的发展

中国油气田地面系统已建成比较完善的主体及配套工程，地面建设规模、总体布局、工艺技术、自控水平等基本满足了油气田不同开发阶段生产的需要，“流程密闭高效、低成本低能耗、安全环保智能可靠”将是地面工程技术今后发展方向，具体主要体现在以下几个方面：

（1）高含水老油田地面工艺技术发展将朝着低温、低能耗、低排放、低成本方向发展。

（2）低、特低渗透油田地面工艺技术将朝着标准化、橇装化、模块化和集成化方向发展。

（3）稠、超稠油地面技术将朝着污水回用、高温余热综合利用、火驱尾气低成本处理方向发展。

（4）复杂天然气藏地面技术将朝着低能耗处理、尾气达标排放、产品高附加值利用方向发展。

（5）复合驱采油地面技术将朝着流程简化、低成本化、污水资源化利用方向发展。

（6）地面数字化管理是提高油气田生产管理水平、减轻操作人员劳动强度、降低操作成本的一项重要手段，地面工程应大力推广低成本数字化建设技术。

（7）地面站场及管道完整性管理是实现本质安全、降低投资控制成本的重要手段。

（8）提高油气密闭率、减少天然气放空、实现污泥无害化资源化利用等低碳节能绿色发展方式也将是地面工程今后重要发展方向。

为了保证地面工作向现代化方向发展，其工作重点为以下几点：

（1）推行标准化设计，进一步革新管理方式，虽然目前我国油气田标准化工作设计的推广与应用得到了有效发展，但是部分油气田地面工程标准化设计成果在应用规模、发展水平与区域运用上仍存在一定的缺陷。因此，一体化集成装置的进一步研发、标准化设计工作的转变与管理，已成为当今油气田地面工程技术发展的必然趋势。

（2）强化数字化低成本油气田建设是我国油气田现代化转型发展的关键举措，也是当前油气田高效性、节源性发展要求下的必然选择。因此，在实行油气田地面工程数字化建设时，应有效地将产品质量建设以及能源环境建设进行有效结合。与此同时，企业在基于机制整合措施和优化简化工作要求的基础上，应引进现今的管理与研发技术，从而实现数字化油田地面工程技术上的自动化数据采集、智能化监控、预警以及一体化管理的功能。

（3）加强油气田地面工程工艺技术的创新。在当前社会需求下，创新已成为地面工程技术发展的必然趋势。因此，在实现创新性发展过程中，要坚持与地面工程重大工艺技术配套技术的研发，要坚持油气田地面工程能源开发技术配套工艺的研发，要进一步优化集油节水工艺以及脱水工艺，加强资源利用率。在借鉴现今理念与地面工程技术的基础上，实现符合自身发展的创新技术与新产品的研究。

管理小常识　**跳蚤效应**

生物学家曾经将跳蚤随意向地上一抛，它能从地面上跳起一米多高。但是如果把跳蚤放入一个加盖的玻璃杯中，这时跳蚤会跳起来撞到盖子，而且是一再地撞到盖子。过一段时间后，拿掉盖子就会发现，虽然跳蚤继续在跳，但已经不能跳出玻璃杯了。这就是“跳蚤效应”。这说明它们已经调节了自己跳的高度，而且适应了这种情况，不再改变。自我设限成为一件悲哀的事情，本可以跳很高的跳蚤失去了跳跃能力，而是由于一次次受挫后学乖了，习惯了，麻木了。跳蚤调节了自己跳的目标高度，而且适应了它，不再改变，行动的欲望和潜力被自己扼杀。

不但跳蚤如此，人也一样，有什么样的目标就有什么样的人生。有许多人都明白自己在人生中应该做些什么，可就是迟迟没有行动。根本原因就是欠缺一些能吸引他们的未来目标。有什么样的目标，就有什么样的人生！

1952年7月4日清晨，加利福尼亚海岸笼罩在浓雾中。在海岸以西21英里的卡塔林纳岛上，一个34岁的女人涉水进入太平洋中，开始向加州海岸游去。要是成功了，她就是第一个游过这个海峡的妇女。这名妇女叫费罗伦丝·柯德威克。在此之前，她是从英法两边海岸游过英吉利海峡的第一个妇女。那天早晨，海水冻得她身体发麻，雾很大，她连护送她的船都几乎看不到。时间一个钟头一个钟头过去，千千万万人在电视上注视着她。在以往这类渡海游泳中她的最大问题不是疲劳，而是刺骨的水温。15个钟头之后，她被冰冷的海水冻得浑身发麻。她知道自己不能再游了，就叫人拉她上船。她的母亲和教练在另一条船上。他们告诉她海岸很近了，叫她不要放弃。但她朝加州海岸望去，除了浓雾什么也看不到。几十分钟之后，人们把她拉上了船。而拉她上船的地点，离加州海岸只有半英里！

当别人告诉她这个事实后，从寒冷中慢慢复苏的她很沮丧，她告诉记者，真正令她半途而废的不是疲劳，也不是寒冷，而是因为在浓雾中看不到目标。柯德威克小姐一生中就只有这一次没有坚持到底。两个月之后，她成功地游过了同一个海峡。她不但是第一位游过卡塔林纳海峡的女性，而且比男子的纪录还快了大约两个小时。

课件“码”上来

第二部分

油藏管理篇

第十二章　油气藏经营管理的基本认识

一个油气藏历经数年的开发，地质属性的不断认识和更新、开发方式的不断调整和完善、科学技术的不断进步和换代、研究团队的不断接替和更新，无不体现着对油气藏经营管理的长期、动态、科技、团队的元素特征，在信息技术高度发展的现代油田开发时段，单一或者部分依靠为油气藏服务的物探、钻完井、测录井、岩芯分析、试油试采、地质工程、油藏工程、采油工程、地面工程等相关研究和成果，已不可能形成对油气藏地质的全面、准确和深入认识，也就不可能实现油气田开发的高效、经济和持续。以多学科协同工作为核心的现代油气藏经营管理逐渐成为大型油公司的主要模式，对石油工程师提出了更高的要求。

第一节　油气藏经营管理的概念

油气藏经营管理不同于油田企业管理，也不同于油气田开发规划或者油藏工程，它是以油气藏为管理对象，从多学科协同团队如何工作着手，进行地质认识和油气开采的研究工作和部署。

一、基本概念

油气藏经营管理来自“油藏管理”，油藏管理一词源于英文的“Reservoir Management”，它有不同的定义：

（1）正确地应用各种资源获取油气藏的最大经济采收率。

（2）从油气藏的发现至枯竭和最终报废这一全过程，对油气藏进行识别、测量、生产、开发、监督和评价的一整套操作和决策。

（3）利用已有资源通过优化开采并降低资本投资和作业费用来最大限度地提高经济效益。

（4）利用一切可利用的资源（人力、技术和资金），通过整体优化，以最低的资本投入和作业费用，最大限度地获取油气藏开发利润。它是强调资源的要求和利用，要把技术性和长期性贯穿于整个油田开发过程，并以最佳经济效益为核心，其主要活动就是做一系列的资源优化配置决策以获取最大经济效益的原油采收率。

这些概念的总体思想是要把油气藏的开发看成是一个系统，强调资源的优化配置取得最终的经济效益最大化。

随着天然气工程在石油工业中越来越突出的技术地位，相关气藏的技术系列逐渐从油藏系统中独立出来而自成体系，为了体现这一变化，把油藏管理更新为“油气藏管理”。

所谓“管理”，是指人们对一定范围内的人员及事务进行安排和处理，以期达到预定目标的活动。它侧重的是秩序、效率、系统、战略。因此，油气藏管理注重对油气藏开发的系统研究，并由此制定有序和高效的战略对策，而不仅仅是开发方案。

所谓“经营”，就是创造价值，经营之道就是不断追求价值最大化。油气藏的长期动态开发，专业技术人员最关心的是采出速度和采出程度，战略对策制定者的油气藏管理者是包括技术、经济、战略等多学科的协同团队，它们不仅关心技术目标，也会关心在油价、供需和国家发展等背景下的技术经济综合效益，体现了保障和提高油气藏价值的思路。因此，再进一步把“油气藏管理”更新为“油气藏经营管理”。

结合当前信息技术高歌猛进、系统平台日臻高效、一体化需求摩肩接踵的时代特征，再给概念加上一个定语，即形成“现代油气藏经营管理”。

综上所述，对现代油气藏经营管理定义为：从油气藏发现到废弃整个过程中，在油价、供需、国家发展等综合背景下，以油气藏为对象，发挥地质—工程—经济多学科协同团队优势，整体优化资源，以最低的资本投入和作业费用，最大限度地提高油气藏采出程度，系统地制定相应油气藏开采的综合策略，实现最大综合效益。

二、概念内含

现代油气藏经营管理的概念有以下含义：

（1）说明了油气藏经营管理的时机是从油气藏发现到废弃的整个过程，既不是油气藏开发初期的开发规划，也不是某一次的方案调整，而是持续不间断的连续性工作过程，同时要求油气藏经营管理从油气藏一发现就开始，强调对油藏的描述、地质模型的建立也是油气藏经营管理的重要内容。

（2）油气藏经营管理既重专业技术，也重经营管理，提高采出程度、降低开采成本都需要技术的发展和突破，团队的协同效应充分发挥、各种资源的优化、战略背景影响下的综合策略制定等需要经营管理的系统谋划。

（3）油气藏经营管理的对象不是油田公司或者采油厂，而是具体的油气藏，围绕油气藏的地质和开发数据、技术、研究人员等是油气藏经营管理的重点。

（4）油气藏经营管理是很多相关学科的人员、技术和活动综合而成的一个整体，其核心是多学科团队协作。油藏工程师、地质学家和地球物理学家等通过长期的研究和实践，认为把他们各个领域的知识最大限度地结合是油气藏开发取得成功的关键。在这种思想的指导下，为了取得油气最大经济回收而进行综合油藏管理——团队协作。

（5）油气藏经营管理是一个多学科协同的团队，团队成员主要有：油藏工程师、地质工程师、地球物理工程师、地面工程师、采油工程师、经济师、环保专家、计算机与信息技术专家等。成功的油藏管理依赖于团队成员之间不断的相互交流和促进，就像是篮球比赛中一个配合完美的团队。

（6）油气藏经营管理的专业技术同样是多学科的，包括地质、地球物理、钻完井、测录井、油井动态、开采装备、地下流体动态、生产作业、地面设施、经济、决策、环境、计算机、法律等相关学科。

（7）油气藏经营管理手段是资源优化配置，实现的目标是降低成本，提高采出程度，实现技术、经济和战略需求的综合效益。

（8）油气藏经营管理不仅是制订开发计划，更是系统地制定中长期的开发策略，更注重的是团队、技术、资源等的协调和目标。

（9）油气藏经营管理需要不断决策和调整。面对油气藏开发的不可逆过程，让其发生或使其发生，不让其发生或不使其发生。也许不做周密的计划，也可从一块油藏中得到利润；但通过适当的管理能从同一油气藏获得更大利润。

（10）油气藏管理主张把油气藏的勘探开发作业看成是一项系统工程，要使油藏得以有效地开发，必须有系统论的观点，即必须统揽全局，既要考虑到油气藏的类型、特性，又要考虑到油气藏的整个勘探开发过程中的变化情况和社会经济条件及现有技术水平等。

三、概念关系

油气藏经营管理既不是油藏工程专业技术，也不是纯粹的事务或公司的经营管理，而是围绕油气藏的多学科协同工作的管理，是更加注重技术的综合应用的经营管理，与其关系密切的油藏工程和企业管理存在一定区别和联系。

1. 与油藏工程的关系

在地下储集层中，单一圈闭被油气占据的部分称为油气藏，它是油气藏经营管理的对象。对油气藏的地质认识、开发规划和正式生产监控与调整是油气藏经营管理的主要工作。其中的油藏工程是各项工作的中心环节，是各学科的主轴，占有突出的重要位置。

油藏工程是以油气藏或油气藏组合为研究对象，以渗流力学、岩石物理学、石油流体性质、石油地质学、物理化学等学科为理论基础，以数学、计算机科学、经济学等学科为研究工具，以高效开发油气资源为目标的一门综合性边缘学科。其研究内容也越来越向多学科综合方向发展，但仍以专项技术领域的理论方法研究和应用为重点，侧重于技术层次。

从管理的广度和深度看，油气藏经营管理注重协调和目标，具有战略性，偏重于管理方向；油气藏工程更注重该技术本身发挥并扩大效果，具有战术性，属于专项技术领域层次。

油藏工程是油气藏经营管理的初期形式，直到现在，油藏工程在油气藏经营管理的学科成员中基本也处于核心的位置，两者密不可分。

2. 与企业管理的关系

企业管理是通过计划、组织、控制、激励和领导等环节来协调人力、物力和财力资源，以期更好地达成组织目标的过程。其管理模式主要有三种：

（1）金字塔型组织管理模式。这是立体的三角锥体，高层、中层、基层是逐层分级管理，这是一种在传统生产企业中最常见的一种组织形式。在计划经济时代，该结构在稳定的环境下，在生产力相对落后的阶段、信息相对闭塞的时代，不失为一种较好的组织形态，它机构简单、权责分明、组织稳定，并且决策迅速、命令统一。但在市场经济条件下，信息技术发达的今天，金字塔型的组织结构则由于缺乏组织弹性，缺乏民主意识，过于依赖高层决策，高层对外部环境的变化反应缓慢，而突显出刻板生硬、不懂得应变的机械弊端。

（2）学习型组织管理模式。通过大量的个人学习，特别是团队学习，形成的一种能够认识环境、适应环境、进而能够能动地作用于环境的有效组织。也可以说是通过培养弥漫于整个组织的学习气氛，充分发挥员工的创造性思维能力而建立起来的一种有机的、高度柔性的、扁平的、符合人性的、能持续发展的组织。学习型组织为扁平化的圆锥形组织结构，金字塔式的棱角和等级没有了，管理者与被管理者的界限变得不再清晰，权力分层和等级差别的弱化，使个人或部门在一定程度上有了相对自由的空间，能有效地解决企业内部沟通的问题，因而学习型组织使企业面对市场的变化，不再是机械的和僵化的，而是“动”了起来。不过，随着全球经济一体化和社会分工的趋势化，扁平化组织也会遇到越来越多的问题，在不断的分析问题、解决问题的过程当中，学习型组织“学习”的本质对人的要求将越来越高。

（3）智慧型组织管理模式。也称为C管理模式，是将西方现代企业管理学与中国传统智慧融于一体，引发对资本主义完全的自由市场经济的反思，对现行企业管理模式的反思，并将重新聚焦世界对中国特色社会主义市场经济模式的更多思考，以期望达到更优越的管理模式。

企业管理是对企业生产经营活动进行管理，管理对象庞大，使用的方法多为管理学方法；油气藏经营管理是针对围绕地下的油气藏展开的生产经营活动进行管理，管理对象集中，使用的方法突出多学科协同的专业技术。这是企业管理和油气藏经营管理的主要区别。

油气藏经营管理应用了企业管理模式中的学习型组织模式，建立了基于扁平化的多学科协同团队，团队成员之间注重交流、合作、相互学习，除了本职工作之外，协同工作也是经营管理的重要组成。因此，油气藏经营管理与企业管理有着关键的联系。

第二节 油气藏经营管理的提出

石油工业经历了规模制胜、成本制胜和高新技术制胜三个阶段，正在经历着信息技术制胜阶段，油气藏经营管理随着石油工业的阶段发展也在开拓着领域和空间。

一、一个例子

最初的协同工作称为协作，协作一词被定义为“周密组织的集体行动，保证整体效益大于个人作用的总和”，其实质是一样的。在油气勘探和开发中，协作指地质学家、地球物理学家、油气工程师和其他人员组成一个工作组来共同完成一项课题，这比个人各自工作的效益和效率更为显著。协作工作组方法于20世纪70年代和80年代在几个大小不同的石油公司做了尝试，以便用较少的工作人员和管理人员来更有效地工作。

在更早的20世纪50年代和60年代，曾经组建过大大小小的协作团体。虽然定性地评价单个团体的工作情况比较容易，但要对一个协作团体的技术和经济效益做定量地评价，并且与传统的勘探开发组织进行比较，将是十分困难的。能够使得一个团体比其他团体更有效地工作的关键因素也是很难确定的。其中的一个公司进行了定量地评价传统的勘探开发工作与协同工作组的技术效益和经济价值的实验。

实验方式是组建一个小型的勘探开发协作公司，让它与原公司中的勘探开发部门在同样的基础上竞争。

公司董事会同意做3～5年试验，并聘用了一名经理来组建一个以综合性和多学科工作组为组织形式的新公司。新公司由35名专业人员和服务人员组成，让他们在同一地区与一个由175名专业人员和服务人员组成的较大的传统勘探开发部门竞争（传统模式是多个部门之间的合作，未形成一个独立的协同工作组）。双方人员的年龄分布和经验、项目预算、技术数据库以及经济和风险系数大致相同。

人数较少的一方是按项目来组织的，管理层次较少，生产运行组像采集组一样，组织了若干项目小组。公司中的多数人员同时是几个协作组或项目组的成员，项目负责人直接向总经理汇报，每个工作组的负责人拥有较多的技术和资金使用方面的权力。相比之下，人数较多的一方则是按传统的勘探开发部门组织的，具有四个层次的管理和项目审批机构。人数较多的一方在“实验”开始时具有四个管理层次，而较小的协作公司只有两个层次。

在实验头五年的每年中，双方的预算相差不多，为每年3500万～6000万美元。双方的经济标准和目标区最小面积完全相同。双方事先并不知道他们在互相竞争。

五年竞争的结果令人吃惊。较小的协作组一方的成本是较大的一方的一半，而所发现的储量却是后者的2.8倍。前者的开发成本也明显地低于后者。

由此，在头三年试验的基础上，母公司把较大的一方向着协作组的方向进行了改组。改组中取消了一个管理环节，增加了资金使用权，并且把决策权下放到基层管理者。五年后，较大方的领导又取消了一个行政和技术管理环节、以便使组织结构更趋于合理。董事会认识到，减少管理环节和下放权力提高了较大一方的效率和利润。协作公司和合理化改组后的大部门提高效率和利润的关键是：①减少会议，将更多的时间用于工作；②下放资金使用权；③管理人员与工作人员之间就工作的计划和成果进行广泛的交流。

同时也认识到，为了使协作工作组能够在一个部门以及在勘探开发中真正发挥作用，所有成员必须接受新思路，个人和管理者都必须肯干、能干，并能够分享成果。协作和协作工作组可能会遇到些障碍。有些成员的个性不适于协作，另一些缺乏交流技巧，还有一些人害怕个人的贡献在集体工作中得不到承认。有些管理者对协作的概念缺乏理解，不愿与其他人分享荣誉、分担失败和困难。有些组织结构还禁止进行协作式的决策。

协作工作组对大、小公司都适用。在较小的公司，协作工作组更容易成功。尽管大公司的官僚主义和公司规模通常会淡化协作组的作用或阻止其发挥作用，有些甚至会引起效率降低，但协作组仍然可以发挥作用，并且正在大公司中被应用。

以上协作组正是现代油气藏经营管理的协同工作组的模式。

二、提出的原因

油气藏经营管理是为适应石油工业在市场经济条件下对相关技术和人才的需要而发展起来的。目前，世界石油市场竞争越来越激烈，同时石油天然气储量又是不可再生的有限的自然资源。如何在现有的人力、技术、资金等条件下，通过有效选用、合理配置、总体优化，最大程度降低生产成本、提高油气采收率和油藏开发效益，从而增强市场竞争力，是各油田公司所关心的核心问题。

以多个油气藏构成的油气田地域辽阔，地面地下条件复杂、多样；各种井网、管网、集输系统星罗棋布；还存在着多种因素的影响和干扰，使得油田开发工程是个知识密集、技术密集、资金密集的工业，是个综合应用多学科的巨系统工程。它是地质、物探、钻井、采油、油藏、储运、经济、管理、水电、土建等诸多工程的集合。

对油气藏的认识不是短时间内一次完成的，需要经历长期的由粗到细、由浅到深、由表及里的认识过程，需要一个持续跟踪的多学科团队及时更新对油气藏的认识，实现高效的开发目标。

技术的进步大大降低了认识油藏及正式生产的成本，油气藏的进一步有效利用对技术的依赖越来越强，形成了持续发展的瓶颈，而技术的突破与换代需要周期，不可能一蹴而就，急需要另一种思路提高开发效果。

在新的技术革命冲击下，对石油生产、经营以至工作方式、思想观念产生了深刻影响。在广泛采用专项新技术新方法的同时，油公司积极寻求一种新的灵活的具有商业观点的综合管理模式。基于多学科协同工作模式的“油气藏经营管理”在这种技术革命要求的大背景下应运而生。

我国石油工业已经全面进入复杂油气藏开发阶段，各种开发问题日益突出。石油工业发展主要依靠两大途径：其一是发展专项技术领域的理论和方法；其二是发展多学科综合经营管理的理论和方法，即油气藏经营管理。两大途径不是相互矛盾、背道而驰的，而是相辅相成、共同促进的。专项技术推动了油气藏经营管理的形成和发展，技术越先进，油气藏经营管理的作用发挥得越充分；油气藏经营管理弥补了技术发展的瓶颈，综合利用现有技术实现对油藏的准确认识和对开发规律的全面掌控，同时，油气藏经营管理促进了学科之间的交流和创新，搭建了学科间的沟通桥梁，为专项技术的突破和换代创造了平台。因此，“现代油气藏经营管理”并不是重管理轻技术，而是突出以多学科技术的协同工作为核心的管理模式。

三、管理意义

由多学科团队成员组成的协同工作组制定并实施油气藏的开发策略，具有很重要的意义。简要概况有：降低了成本，提高了经济效益、采出程度和工作效率，增大了开发前景，增强了技术创新程度，培养了人才，明确了责权利，突出了团队价值，注重了系统协调等。

解决生产过程中的矛盾包括：宏观与微观、内部与外部、近期与远期、集中与分散、市场与计划、分割与协调、低效与高效、规模与技术等。

四、发展历程

从最初认识油藏时，人们就开始使用油藏管理的元素。自1930年以来，油藏管理经历了不同的发展阶段。1970年以前，石油工业以“规模制胜”为主要特征，普遍认为油藏管理等同于油藏工程。到了20世纪70～80年代，石油工业经历了前所未有的危机，使人们追求规模的同时，更加强了成本管理，油藏管理在此背景下也发生了极大变化，实现了油藏工程、地质和地球物理之间有价值的合作。进入20世纪90年代，人们对油藏管理的概念进行了更广泛的讨论。从历史上看，当大的投资项目如油田投入开发或实施水驱等进行规划时，用到了一些油藏管理元素。但是，当时的油藏管理研究还没有形成综合的油藏管理，仍然是不同学科在各自发挥作用。明确的综合油藏管理的概念是20世纪末才完全形成。随着油田开发技术尤其是计算机和自动化技术的进步，油藏管理科学得到迅速发展，主要表现式为多学科集成化、多学科综合化、油气藏集约化、油气藏系统协调管理、集成油藏资产管理、油藏管理系统工程等。

油气藏经营管理的发展过程可以用图12-1表示。

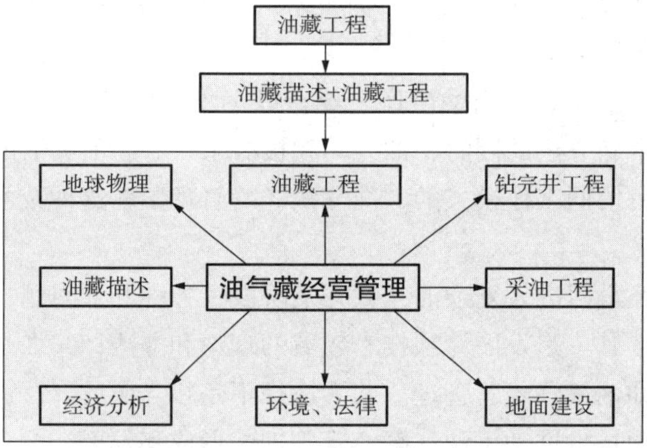

图12-1　油气藏经营管理的发展过程

油藏管理的发展过程可描述为如下四个阶段：

第一阶段：1970年前。油藏工程被认为是管理油藏的最重要的技术。在1962年，Wyllie强调了两个关键方面：①清晰的油藏力学基本概念及其应用思路；②利用初级计算机技术的自动化。在1965年，Essley简述了“什么是油藏工程”，并做出了总结，尽管油藏工程有技术进步，但油藏工程中一些至关重要的因素或想法仍然经常被忽略或被放弃。

现代油藏管理扎根于油藏工程，最广泛地吸收了油藏工程处理流体通过井筒和井网流入、流出和流过地层的运动的技术能力。但油藏管理和油藏工程并非相同，后者是实现前者的要素之一。所有的油藏技术都是为了实现它的目标。油藏管理的核心是针对每个不同油藏选定具体的目标和为了实现这个目标而采用的具体技术。

第二阶段：成长阶段。这个阶段包括20世纪70年代和80年代。Craiget（1977年）、Harris和Hewitt（1977年）解释了工程和地质结合的价值。Craiget强调了利用地质、地球物理和油藏模拟手段，来进行油藏精细描述的意义。他倡导勘探学家利用地球物理的知识，提供在工程计算中所用的更准确地油藏描述。Harris和Hewitt展示了在油藏管理中合作的地质前景，他们解释了由于油藏的连续性、厚度分布、孔隙空间性质（孔隙、渗透性、毛细管压力）的复杂变化，而引起的油藏的非均质性。

在这20年里，工程和地质科学的协同作用越来越受到重视。当人们明白地质的价值后，地质与油藏工程的协同变得非常广泛，并且证明是非常有益的。

许多关于油藏管理的文章和手册开始公开发表。在许多油气生产公司的内部图书馆中，我们也能看到有关油藏管理的专利介绍。在文献中，作者们都提出了对这个主题的初步认识。尽管如此，综合油藏管理的进展一直很慢。

第三阶段：快速发展阶段。20世纪90年代至21世纪初，油藏管理概念逐渐成熟，综合油藏管理理论和技术发展大大加快，并在世界范围的油田得到广泛应用，积累了丰富的实践经验。各种专家小组、论坛、研究会和技术会议成为油藏管理的信息共享和学术交流的组织机构。快速发展的计算机技术在油藏管理中发挥了重要作用，为油藏管理提供了有利条件。提高剩余油气采收率和全球油气市场竞争，也需要更加先进和更加全面的油藏管理技术和实践。

第四阶段：主导位置阶段。21世纪10年代前后，非常规油气资源的开发开启了石油工业的新局面，使油藏经营管理中多学科协同的模式更受到前所未有的重视，这也得益于信息技术的高速发展和应用，其结果是对油藏地质的认识手段越来越精细和准确，对油藏的增产改造措施也越来越先进和高效，由此，形成的地质工程一体化、压裂开采一体化、勘探开发一体化、地下地面一体化等逐渐形成完整体系，这正是油气藏经营管理由管理向技术的深层递进和更实质性跨越，这一阶段，各公司或团队中，现代油气藏经营管理的理念得到充分认可，并在积极地指导着生产。

第三节 油气藏经营管理的内容

当着手开发一个新的油气藏或计划实施某项措施的同时，实际上也就开始了某种形式的油气藏经营管理。在管理过程中，协同工作组面临的最重要的工作就是做出决策，即如何通过各种手段去改造储层或干预储层内部的流体运动，使其按人们预定的方式运动。虽然在没有进行谨慎周密规划的情况下进行油气藏开发，也可以从一个有工业价值的油气藏中获得一定的甚至可观的经济效益，但在这种方式下进行的油气藏开发，必将带来较大的风险和油气资源的浪费，因此，油气藏经营管理是很重要的一种系统管理方法。

一、基本目标

由多学科组成的团队，其最终目标是通过协同各学科的技术优势高效地开发油气藏，再具体细化目标为以下三个：

（1）通过各种技术弄清楚油藏的地质属性；

（2）通过各种技术提高油气的采出程度；

（3）通过各种技术降低油气开采的成本。

统一目标是油气藏经营管理发挥作用的关键。油气藏管理在20世纪70年代形成时，加拿大的Hunter公司在勘探管理工作中取得了卓越的成效。其解决问题的途径之一是让每个人相信，他们是在寻找石油和解决问题，从而统一了思想。对此的阐述大概如下：

我们聚集在一起，目的是为了通过解决问题来找到石油。若有人愿意加入我们的团体，和我们一起进行这项富有挑战意味和刺激的探索，那么就请进来吧，但是，政治争端必须放弃。请看，我们大家彼此都认识。我们一起工作，彼此信任，共同发现了油田。如果你不躬身实干并勇挑重担是行不通的。如果你是位钻井工程师，你来这里并不是为了完成进尺，你必须钻一口能适当评价并最佳完成的井，直到地质家、电测井分析家、岩石学家和压裂专家对你的工作满意时，你的工作才算完成。你是一个钻井工程师尚属其次，最重要的是，你是一位找油者。你是否明白了这一点？在此点上我们应该是一致的。

二、基本原则

油气藏经营管理具有典型的三个工作特征：

（1）长期性。一个油藏从勘探、发现算起，经过详探、投产、一次采油、二次采油和三次采油，最后到废弃，一般都要经历几十年甚至上百年。所以，油气藏经营管理是需要几代人来接替完成的一项长期任务。

（2）复杂性。人们只能直接观察和接触到储层体积中占比例微小的部分，而真正的复杂性还表现为：储层微相三维分布的复杂性和储层物性的平面、层间以及层内的非均质性，油气藏开发过程的不可逆转性，油气藏动态响应具有滞后性，地下形势的变化具有一贯性，这些也体现了油气藏经营管理的复杂性。

（3）综合性。油气藏经营管理需要动用物探、地质、钻完井、测井、试油试采、油藏工程、采油工程、地面工程等各学科、专业的人员和设备进行长期的密切协作。所以，油气藏经营管理是一项长期的复杂的极具综合性的实体工程。

由于油气藏经营管理的工作特点，提出了如下的基本原则：

（1）时间连续性原则。油气藏经营管理活动是一项系统工程，需要在油气藏发现之初制订一个考虑其开发全过程的经营管理计划并分阶段实施，并且油藏经营管理计划的实施过程是一个不断完善、不断调整的连续过程。因此，油气藏经营管理的工作时段是其整个开发的连续性过程，对应的协同工作组是一直跟踪动态生产过程进行监测、评价和调整的，切忌仅初期方案或中期重大调整时才需要由多学科组成的团队进行研究和制订方案，而其他时段处于分散管理状态，间歇式的油气藏经营管理对系统开发油气藏是不利的。

（2）学科协同原则。科学技术的发展，特别是可视化技术的发展，为采用多学科协同的工作方式克服专业差别所形成的交流障碍提供了一种方便的手段，认识油藏、制订开发方案及降低成本等需要多学科的协作共同完成。

（3）综合效益原则。油气藏的开发已经不仅仅是商品生产的问题，更关系到经济、社会和政治的需求和稳定，甚至上升到战略和金融等生产活动。仅追求采油速度和产油量，或者追求经济效益最大化等已经不能与油气的复杂战略属性相适应了。过分地追求产量目标往往会使油藏开发处于破坏状态，经济效益很低或者恶性循环，油藏管理者迫于无奈进行非科学化的投产与调整。但多学科协同工作的油藏管理目标是经济效益和最终采收率，产量目标与这两个目标可能具有排他性，在完成产量的同时挖掘降低成本、高效开发油藏成为主要目标。因此，综合效益原则需要考虑油气藏开发的经济效益、油气需求、可持续发展、科学合理制定工作制度等。

（4）独立核算原则。要形成单个油藏的投入产出清晰、责权利清晰、数据管理清晰、中长期规划清晰。

三、基本任务

油气藏经营管理的多学科团队应能运用各种系统的、综合的、灵活的及动态的方法对数据进行分析，以使油气开采系统全面优化，这是基本任务。

在油气藏开发的不同阶段，油气藏经营管理的任务有所不同，图12–2为油气藏开发过程简图。

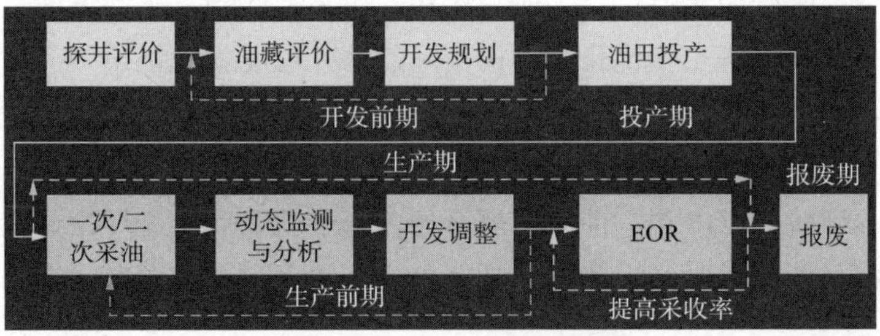

图12–2 油气藏开发过程简图

把油气藏开发过程划分为四个阶段：开发前期、投产期、生产期、报废期。

对于一个新发现的储层，协同团队要暂时汇集各路专家，来促使对此油藏做出一个初步的评价。当到后来规划中的开发及开采阶段，一般要建立一个更固定的协同团队，在油田上往往被称为经营班子。

1. 开发前期任务

在开发前期，经营班子的起步活动是对探井评价。这个班子要对此发现的规模及几何形状、供水区的规模和质量、储集层的渗流特性与烃类的品质进行评审。然后，利用简化模型预测油藏的动态，估算所需设施的费用并做出经济分析。根据这些研讨，要做出对该储集层还需要补充那些资料及需要什么样的探边井。

在油藏探边活动中，经营班子要利用从探边井的测井、取芯和试井的任何新数据来构思符合他们目前认识的模型。重新对油藏动态做出修正，并修改经济分析，然后就要对该油藏编制一个开发规划。假定已编制好开发计划并做出相应评价，那么随之而来面临要做出的抉择是现在就着手对该油藏进行开发，还是应再汇集补充资料以便进一步减少该开发规划的任何不确定性。

2. 投产期任务

投产期与开发规划期、一次或二次生产期紧密相连。

在初期的油藏开发规划活动中最终要通过其开发计划及有关的投资。在这一活动中，油藏经营团队要根据从开发井所得到的任何补充的测井、取芯及试井资料，建立符合当前认识的地质及油藏工程模型。

生产前期的最初阶段是一次和二次采油。实际上，开发规划期与一次采油期的活动通常彼此之间是交叉重叠的，因为开发井正常情况下在完成时都投入开采。在一次采油时，油藏经营团队要注意汇总及验证油气藏动态数据的可用性。

经过确认的数据才可以用来对该油藏进行动态分析。其内容主要是找出有无异常动向，校准油藏模型使之能与实测的油藏动态相拟合并能顶测未来动况。

3. 生产期任务

根据动态分析的结果，可以编制经过修正的开采作业及开发规划。这些规划也可能推断进一步开发时应该用加密钻井或者使各井对其他产层完井的办法来开发。

在这种情况下，经营团队返过头去抓一次和二次采油活动，另一方面，经营班子可能确定将一次及二次采油阶段进一步优化是不切实际的，并可能就此提出一个可着手实施的用现行技术的提高石油采收率（EOR）方案。或者，也可能断言，EOR对该油藏是不可行的，所以该油藏仍应以一次和二次采油方法坚持投产到达停弃条件时为止。

如果根据工程评价，EOR很有前景，那么经营班子就要完成先导性试验规划并着手实施提高采收率。油藏经营班子要分析其EOR项目的动态以及制订改善其动态的方案和提出各种建议。

4. 废弃期任务

开采期的最终阶段是停弃。在这一阶段，经营班子要分析油藏每一局部的采收率，搞清楚哪些区段已全面采出和准备停弃。这当然要涉及究竟规定该油藏变成什么样才算是到达最终泄尽点。最终泄尽点就是即将到达采油末期的区域。

四、组织结构

现代油气藏经营管理的组织结构是扁平化学习型组织结构。

1. 扁平化组织

扁平化组织结构是现代企业组织结构形式，这种组织结构形式改变了原来层级组织结构中的企业上下级组织和领导者之间的纵向联系方式，平级各单位之间的横向联系方式以及组织体与外部各方面的联系方式等，为团队内部交流与协同、团队与团队之间的交流与研讨等创造了良好环境。扁平化组织结构的优点是减少管理失误，降低管理费用。

传统的层级组织结构 [见图12–3（a）]，源于经典管理理论中的“管理幅度”理论。管理幅度理论认为，一个管理者，由于其精力、知识、能力、经验的限制，所能管理的下属人数是有限的。随着下属人数的增加，可能存在的相互人际关系数将呈指数增加，信息量和管理难度也是如此，当下属人数增加到一定程度时，就超越了管理者所能有效管理的范围。而且越往高层，一个管理者所能有效管理的下属越少。一般地，基层管理者能有效管理的下属不超过15～20人，中层管理者能有效管理的下属不超过10人，高层管理者能有效管理的下属不超过7人。当企业或组织的人数确定以后，由于有效管理幅度的限制，就必须增加管理层次，管理层次与管理幅度呈反比。在传统管理模式之下，当组织规模扩大而管理幅度又有其极限时，管理层次就会逐步增加。考虑到油气藏的开发是个复杂的巨系统，涉及的学科和人员很多，因此，多部门多层级的联合管理模式成为主要模式。但对于多学科的协同作用，该模式并不是最优的。

现代油气藏经营管理的扁平化组织结构保证了学习型管理模式的高效运作，它的主要特点是油气藏经营管理的核心由部门之间专业人员的跨部门合作管理，改变为由多学科专家成员组成的协同工作组专一管理，打破了部门之间的壁垒，油气藏的管理者同属于一个协同工作组，团队成员都向团队负责，主体责任得到明确，内部交流更加便利 [见图12–3（b）]。

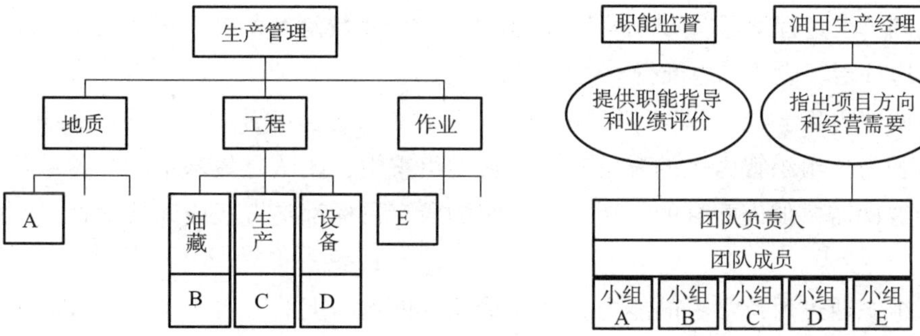

（a）传统层级组织结构　　（b）新型扁平化组织结构

图12–3　油气藏经营管理的扁平化组织结构

扁平化组织结构所隐含的人性假设是“自我实现人”。该假设认为，人除了有社会需求外，还有一种想充分表现自己能力、发挥自己潜力的欲望。基于这样的人性假设，建立较为分权的决策参与制度，选择具有挑战性的工作，满足自我实现的需要。

2. 学习型组织

学习型组织是指通过培养弥漫于整个组织的学习气氛、充分发挥员工的创造性思维能力而建立起来的一种有机的、高度柔性的、扁平的、符合人性的、能持续发展的组织。这正是知识型组织的理想状态，是知识型组织的实践目标。这种组织具有持续学习的能力，具有高于个人绩效总和的综合绩效的效应。

扁平化思想产生受学习型组织的启发。学习型组织是扁平的，即从最高的决策层到最低的操作层中间相隔的管理层级很少，让最下层单位拥有充分的自主权，并对生产的结果负责，从而形成以“地方为主”的扁平化组织结构。

等级权力控制是以等级为基础，以权力为特征，对上级负责的垂直型单向线性系统。它强调“制度+控制”，使人“更勤奋地工作”，达到提高企业生产效率、增加利润的目的。权力控制型企业管理在工业经济时代前期发挥了有效作用，它对生产、工作的运行和有效指挥具有积极意义。但在工业经济后期，尤其是进入信息时代、知识时代以后，这种管理模式越来越不能适应企业在科技迅速发展、市场瞬息万变的竞争中取胜的需要。企业家、经济学家和管理学家们都在探寻一种更有效的能顺应发展需要的管理模式，即另一类非等级权力控制型管理模式，学习型组织理论就是在这样一个大背景下产生的。

团队是现代组织中学习的基本单位。许多组织不乏就是组织现状、前景的热烈辩论，但团队学习依靠的是深度会谈，而不是辩论。深度会谈是一个团队的所有成员，摊出心中的假设，而进入真正一起思考的能力。深度会谈的目的是一起思考，得出比个人思考更正确、更好的结论；而辩论是每个人都试图用自己的观点说服别人同意的过程。

学习型组织不但有共同愿景和创造性，更重要的是不断学习。学习型组织有四个强调：

（1）强调“终身学习”。即组织中的成员均应养成终身学习的习惯，这样才能形成组织良好的学习气氛，促使其成员在工作中不断学习。

（2）强调“全员学习”。即企业组织的决策层、管理层、操作层都要全心投入学习，尤其是经营管理决策层，他们是决定企业发展方向和命运的重要阶层，因而更需要学习。

（3）强调“全过程学习”。即学习必须贯彻于组织系统运行的整个过程之中，边学习边准备、边学习边计划、边学习边推行。

（4）强调“团队学习”。即不但重视个人学习和个人智力的开发，更强调组织成员的合作学习和群体智力（组织智力）的开发。在学习型组织中，团队是最基本的学习单位，团队本身应理解为彼此需要他人配合的一群人。组织的所有目标都是直接或间接地通过团队的努力来达到的。

学习型组织通过保持学习的能力，及时铲除发展道路上的障碍，不断突破组织成长的极限，从而保持持续发展的态度。

五、影响因素

有效的油藏管理不仅仅是提出预防性维护措施，或是解决某一问题，也不仅仅是制订一个规划或设计一个开发方案或编制一个开采过程中的实施计划。虽然油藏管理包含了上述任何一个方面，但油藏管理更是上述各个因素的综合。因此油藏管理具有综合性、集约性。

有人认为油藏管理就是在给定的经营管理环境下，应用现代化技术认识和开发油藏系统。这并不意味着现代化技术就是高代价的或未成熟的技术，而是最适用又经济的技术。油藏管理除“管理”外，还包含了相当大的“经营”成分。

作为一项经营活动，油气藏经营管理受以下四个方面的因素影响：

1. 对油藏系统的认识

对油藏系统的认识体现在油藏信息，油藏信息对于油藏经营目标的建立至关重要，包括地质、岩石和流体的性质、流体的流动、开采机理、钻完井以及生产历史。这些信息依靠数据管理来实现，需要经过数据计划、采集、分析和数据有效性确认，数据库的建立和维护等若干环节。随着油田开发的深入，不断有新的信息来验证、更新和加深对油气藏的认识，同时，油藏特性也会在生产过程中发生一些新的变化。因此，地质、工程方面的动态数据管理以及与原有静动态数据的综合分析显得特别重要，油藏经营管理过程中必须考虑静态资料和动态数据的协同化。

油藏系统包含了储层岩石、储层中的流体、井筒和井下设备、地面设备和装置。储层岩石和流体，即油藏特征的描述是认识油藏系统的重点问题。油藏经营者的活动是通过井口及其设备进行的。

油藏特征或油藏描述在意义上是类似的。但油藏描述更多地含有数据采集，而油藏特征具有对数据资料的综合。油藏特征及其描述的最终结果就是建立油藏模型。一般说来，建立地质模型就是在一定的精度下，给油藏模拟器定量地提供油藏参数分布。油藏模型的合理性可以通过单井模拟器预测和油藏动态拟合来检验。如果油藏模型合理、正确，这时就可用油藏模拟器为满足不同的开采要求进行生产预测。

油藏模型是实际油藏的抽象。它不仅表示了油藏在三维空间的分布和边界，而且定性定量地描述了在油藏单元中影响流体流动的岩石、流体物性和其他油藏参数。油藏参数和流体流动参数的大小和分布的不确定性对模型的模拟计算会产生很大影响。因此，建立模型就是提高原型再现的精度，将油藏参数的不确定性减小到最低限度。

不同精细程度的油藏特征描述在油藏管理过程中发挥着各自不同的作用。不同精度、不同规模的油藏特征模型在油藏的不同开发阶段具有不同的要求。油藏动用程度越高，要求的模型精细程度也越高。

2. 油藏管理的经营环境

油藏管理的经营环境主要是指经营活动所赖以发生的经济及社会环境，包括政府的有关法律、法规政策，市场对油气资源的需求，人力物力资源、资金来源，以及经营活动所处的人文、地理环境等。

经营环境因素分为两类：外部环境和内部环境。外部环境对所有经营者有相同的影响，它包括市场、税、操作规范、安全、环保法律法规以及社会认同；内部环境因素对不同经营者有不同的影响，它包括对风险的态度、回报率、发展能力、目标、组织机构以及长期发展规划。考虑经营环境的外部因素和内部因素组成的油藏管理计划的重要性是显而易见的。当然这个计划还要涉及油藏本身和技术，因此油藏经营环境因素的变化必然影响油藏管理计划，此时必须进行调整。

3. 现代化技术因素

现代化技术因素不仅决定了经营活动中所可能采取的措施范围，而且决定着对油藏的认识所可能达到的程度。因此，油藏管理取决于熟悉和掌握油藏描述改善开采效果和提高采收率的现代科学技术的发展。但这并不意味着高技术就一定是适用技术，重要的是在适用技术的较大范围内掌握这些技术的经济性和所涉及的配套技术。

建立油藏的概念特征和模型将涉及广泛的技术知识。掌握现代化技术和工艺措施对降低成本、增加生产效益、提高采收率是非常重要的。这些技术内容广泛，比如二次采油技术包括注水、注气保持地层压力，对二次采油技术的改善包括用水平井加密井网、完善注采系统、用聚合物调整产液剖面或吸水剖面以及进行流度控制。提高采收率技术包括混相驱、碱驱、表面活性剂驱、三元复合驱和热力采油等。

4. 资源优化配置管理

资源管理是指对人力、技术、经济、油藏信息等资源的管理。良好的资源管理应达到三个要素的统一：

（1）集成化。地质、工程和经济人员，技术和工具，数据和信息的集成共享。

（2）协同化。现代油藏经营管理组织机构扁平化和多专业学科团组的协同化工作模式。

（3）高效化。油藏经营管理数据库和信息集成计算机应用系统的广泛使用和员工对油公司高度负责的诚信精神。

第四节　油气藏经营管理的方法

油气藏经营管理的主要方法是篮球式的多学科协同工作方法，与之相对的是接力赛式的跨部门合作工作方法。前者突出了扁平化学习型组织结构下的由多学科专家组成的协同工作组模式，它更加符合油气藏的开发管理需求，也已经成为许多石油公司的管理方法。

一、主要特点

目前，人们普遍认为协同工作法是油藏管理的最佳方法。该方法的主要特点如下：

（1）拥有一支由油藏地质和油藏工程相关的多学科专家组成的专家队伍，并且这支队伍从油田发现直到废弃之日，自始至终在工作上密切进行合作。

（2）强调各职能部门之间的相互协作，必须打破各部门间的界限，充分发挥统一指挥，协同作战的优势。

（3）强调开展多学科综合研究，充分利用最新技术，切实保证油田在开采期间实现最经济开采，不断延长油田开采期限。

（4）强调社会政治和经济环境、技术因素和油藏信息在油藏管理中不是相互孤立的，而是相互联系、相互作用的。在进行油藏管理的决策时，必须综合考虑三者，才能最终实现油藏管理的设计目标。

（5）所有的油田开发和作业决策都应由熟悉整个生产系统与油藏特性和动态关系的多学科专家队伍决定。不能所有的决策都由一个油藏工程师做出，只有考虑整个系统的专家队伍中的成员才能成为有效决策的制定者。

（6）强调油藏管理的多学科专家队伍的每一个成员都要培养对整个生产系统负责的意识，不断具备油藏工程、开发地质、钻井工程、采油工程、完井、油井生产动态及地面设备等多方面的基础知识，了解有关整个生产系统各个环节的技术措施。

（7）在具体实施油藏管理总体方案时，主张建立一支由各学科人员组成的专职联合小组，逐个地对老油田进行分析，确定进一步开发的方案。

总之，油藏管理的协同工作法最突出的特点是强调协同作战产生的整体效益远远高于各部门之间努力工作所产生效益的总和，这也是协同工作法成功奥秘所在。

二、工作模式

油气藏经营管理脱离不开油气藏的开发过程，更离不开油气藏的多学科支持。逐渐递进的开发过程和各有特色的多学科，增加了研究成果之间的有效传递的困难。

旧体制下油公司的油藏开发工作模式宛如接力赛，如图12-4所示，这种单进程或“烟囱式”的工作模式可能由于某个环节的失误而影响油气藏总的开发效果。

图12-4　旧体制下的“接力赛式”工作模式

传统上，油气公司希望管理油气藏像跑“接力赛”一样。地质学家将油田交给钻井工程师，钻井工程师再交给生产工程师，生产工程师再交给油藏工程师。但遗憾的是，在任一阶段的雇员都可能把手中的接力棒弄掉。例如，有时油藏边界不明显将导致数据采集、转换和集成化过程的不完整。互不沟通的工程师和地质学家们可能只研究部分得到的数据。这样，油藏模型的质量将下降，反过来在油藏的整个生产寿命中影响钻井决策和生产计划。

新体制下的油气藏经营管理体制工作模式如篮球赛，如图12-5所示。它将油气藏作为一个独立的开发、经营管理单元。在油气藏开发过程，多学科专业人员共同参与开发的各项管理决策，实现地质—工程—经济的协同化，获得最大的油气藏开发经济效益。

人们正越来越清楚地认识到：油藏管理与油藏工程或油藏地质是不同的，获得成功需要多学科综合协同工作，与油藏相关联的任何人都是参与者。协同工作组的成员必须像协作良好的“篮球队”一样一起工作，而不是像“接力队”一样各自为战。只有这样才能确保油藏管理计划的开始和执行。公司之间通过跨越传统边界，综合其职能，才能更好地利用各自的资源，达到共同的目标。

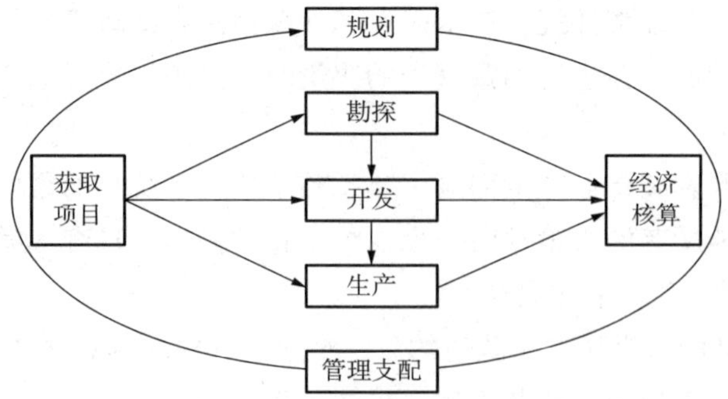

图12–5　新体制下的“篮球式”管理模式

利用协同工作法对一个大油气藏进行综合研究已变得越来越普遍。但是，人们往往只是在较大费用投资的关键时候才设立油气藏管理协同工作组。虽然这是向正确方向迈出了一步，但是对于所有重要油气藏来说，利用协同工作法中期进入油气藏的管理明显会存在滞后的问题。

从油气藏管理团队的组成和职能来看，要实现油藏经营管理目标，必须坚持地质—工程—经济的多学科协同化。“协同化”就是要求团队中的每一个成员从油田开发到废弃整个过程都要密切合作。强调各职能部门之间的相互合作，必须打破各部门之间的界限，充分发挥统一指挥协同作战的优势；强调多学科的综合研究，充分利用最新技术切实保证油田实现最大限度的经济开采，不断延长开采期限；强调培养多学科油藏管理团队中每一个成员对整个生产系统负责的意识，不断积累油藏工程、开发地质、钻井工程、采油工程、生产动态分析及地面工程等多方面的知识，了解整个生产系统各个环节的技术措施。

三、管理步骤

油气藏开发通常包括以下几个步骤：

（1）识别和确定油藏及其物性。

（2）拟合过去的油藏动态和预测将来的油藏动态。

（3）布井：将井数减至最少。

（4）确定和改进（如有必要）井筒及地面系统。

（5）生产作业及监控。

（6）有关的经济和法律因素。

因此，油气藏经营管理是以事实、信息和知识为基础，通过控制生产作业从油藏中获得最大可能的经济采收率，亦即优化有利可图的油气开采策略，其实现步骤如下：

（1）从发现油藏的时间开始，组建一支大约由30人构成的多学科专家队伍，其中包括6～8名油藏工程师、6～8名采油工程师、6～8名地质师和地球物理专家、2～3名油田建设和设计工程师、2～3名化学工程师、1～2名钻井工程师、3～5名油田领导和生产管理人员。

（2）由专家队伍制订，所有职能部门参加的、切实可行的行动计划。该行动计划的主要内容包括：

①怎样识别并确定一个油田中所有的油藏及其物性参数；

②怎样推断油藏过去的状态，预测其将来的动态变化；

③怎样尽量减少钻不必要的井；

④怎样确定或改进井筒和地面生产系统；

⑤确定在什么时间开始作业控制最恰当；

⑥怎样处理好有关经济、法律、环保等问题；

⑦怎样使整个行动计划得到上级主管部门和地方主管部门的支持；

⑧怎样使整个行动计划得到现场工作人员的支持，确保整个行动计划的有效实施。

（3）定期在现场召开专家队伍会议，针对行动计划实施中出现的问题，不断调整、修改、完善行动计划，并组织、实施新的行动计划。

四、管理时机

油藏寿命从勘探开始，发现油藏并划分储层，经过一、二、三次采油，直到最后废弃，如图12-6所示。

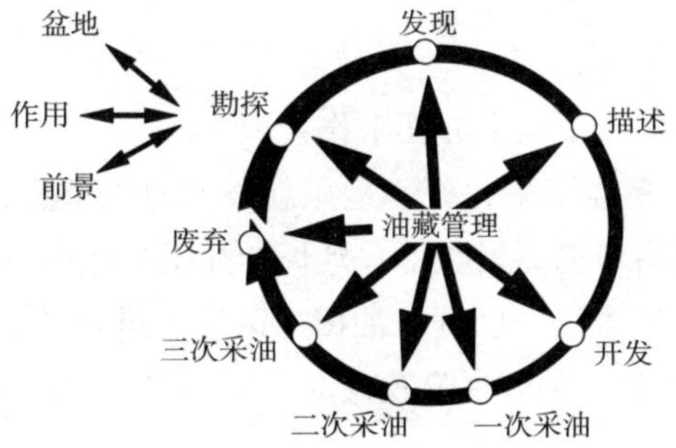

图12-6　油藏生命周期

进行油藏管理最好的时间是从油藏被发现时开始。开始越早越好，因为早期开始油藏管理不仅可以使管理和评价方案更加合理高效，还可以减少花费。例如：几个早期的中途测试（DST）能够提供由复杂和昂贵的套管井综合测试所获得的同样信息。多一个录井曲线或多加一个小时的中途测试可以提供比昂贵的岩芯分析中得到更好的数据。有时可以提早做一些可确定油藏大小的测试。如果发现油藏规模有限，则可以避免不必要的钻井。

我们可以在油藏和健康管理之间做一个比方。管理团队仅仅认定油藏的健康状况然后试图治疗它是不够的。最有效的团队必须从开始就一直保持油藏及其子系统的健康。

大多数的油藏管理都开始的不够早，并且油藏、井和地面系统的协同长时间被忽视。多数时候我们认为油藏管理在三次采油时实施。但是，三次采油项目取得良好经济效果的首要条件是项目开始之前已经有一个好的油藏管理。

如表12-1所示，与国外油公司相比，国内油藏管理的时机要晚一些。国外在油藏评价勘探与滚动勘探开发时地质和工程已经开始结合了，国内则是在评价勘探提交探明储量后才由开发部门进行油藏管理。

表12–1　国内外油藏管理不同时机对比

类别	区域勘探	圈闭勘探	评价勘探	滚动勘探开发
国外	由勘探部门完成 （盆地评价、区块评价或圈闭评价）		由勘探、开发部门共同完成，寻找商业储量， 扩大油田面积，计算探明储量	
国内	由勘探部门完成		由勘探部门完成提交探明储量	由开发部门完成评价并核实探明储量

越早进入油藏管理会越容易产生如下几个方面的有利情况：

（1）利于对油藏初始状态把握。

（2）利于数据收集。

（3）利于系统协调。

（4）利于多学科磨合。

（5）利于部门信息交流。

（6）利于投入产出清晰。

（7）利于责权利清晰。

（8）利于减少费用。

若油藏中期开发则应加强以下两个方面工作：

（1）重新认识油藏，提高经济采收率。运用新技术对油藏重新认识，研究剩余油的分布规律，通过各项经济有效的措施提高采收率，延长老油田的经济寿命期，以获取最大的盈利。

（2）分类制定、实施管理方法。已开发油田（区块）进行效益分类，从地下、开采方式、管理机制等方面进行综合研究，提出改善效益的有力措施。明确老油田投资决策、降低成本的方向，提高油藏管理水平。

第五节　油气藏经营管理的过程

油气藏经营管理的时间段是从油气藏的发现一直到废弃整个过程，贯穿油气藏生产的生命周期，其过程也和油气藏的开发过程紧密相连，实质上也是反映油气藏开发的普遍规律。

一、过程框图

如图12–7所示，油气藏经营管理的主体框架为：制定目标、围绕目标制订详细开发计划、有重点的组织实施、在正常生产过程中的动态监测和监控、动态分析和评价、与原有计划的对比和方案调整、再进行计划实施和监测及调整，由此循环往复，一直到油气藏废弃。

油气藏经营管理的过程不是教条式的，各环节之间是相互联系的，有的环节也可以不用，比如组织实施可以委托给工程公司或者采油厂等，特别是需要动态调整，而且对油气藏经营管理过程的灵活把握是其成败的关键。

油气藏经营管理的任何一个组成部分都不能独立于其他部分之外，所有组成部分的综合是油藏管理成功的必要条件。对一个生气勃勃、正在进行中的项目，在获得新资料以后，就应该对油气藏管理计划进行改进和适当变更。许多生产过程忽略了对计划进行评价或修改的环节。油气藏经营管理策略应该写下来并定期修改，只有通过持久性努力，才能确保油气藏管理过程的每一步都得到应有的重视。

尽管非常需要油气藏管理的综合计划，但是由于经济效益的缘故，并不是所有油气藏都适合如此详细的计划。成功的关键是首先要有一个管理计划，然后从头开始实施。

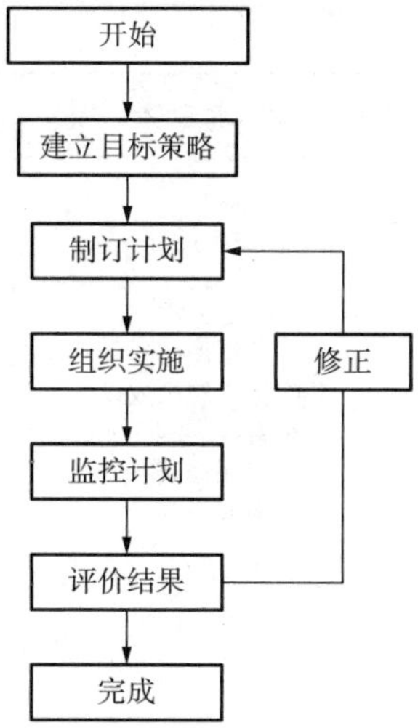

图 12-7　油气藏管理过程

二、过程节点

过程节点主要有：确定目标、制订计划、组织实施、监督监控、效果评价、方案修订。

1. 确定目标

搞清楚油气藏的具体问题并确定一个切实可行的目标是油气藏管理的第一步。决定油气藏经营管理目标的关键因素包括：

1）油藏属性

被管理油气藏的属性对于确定其管理策略是至关重要的。掌握油气藏属性需要用到地质、岩石和流体性质、流体流动与开采机理、钻井与完井以及生产动态历史等方面的知识。

2）总体环境

了解以下环境对设定管理策略和运作效率非常重要：

（1）公司的经营目标、经济实力、企业文化及精神状态；

（2）经济的商业气候、油、气价格、通货胀缩、资金和人力供需；

（3）社会的稳定、安全和法制环境。

3）可用技术

油气藏经营管理具有突出的学科密集特点，涉及的自成体系的技术种类繁多，如表 12-2 所示。油气藏管理的成功与否依赖于勘探、钻井、完井、采油等工艺技术的可靠性和正确应用。地质构造、采收机理、岩石特性、流体物性、井筒流动、历史动态等都已取得了许多技术进步。无论如何，不管是否适合每个油气藏，它们都向油气藏提供了一个可应用的机会。

把握每项因素是确定短期和长期油气藏管理策略的前提条件。

表12–2 工艺技术汇总表

地球物理学	地质	采油工程	油藏工程
遥感	岩芯描述	举升方式	试井分析
重磁电勘探	薄片分析	注采装置	常规岩芯分析
地球化学	电子显微	经济策略	CT扫描、核磁共振
二维地震	图像分析	数据采集和管理	流体分析
三维地震	X射线	单井增产	递减曲线分析
井间地震层析成像	同位素分析	管流模拟	物质平衡
垂直地震剖面	井下电视	井筒模拟	水驱
多元地震	3700测井	节点分析	流管模型
横波测井	5700测井		油藏模拟
	沉积模型		提高采收率技术
	成岩模型		专家系统
	结构模型		神经网络
	等值图、剖面图		人工智能
	地质统计学		大数据

2. 制订计划

制订完善的油藏管理计划对于油藏管理项目成功是至关重要的。它包含很多费时、费力的步骤，但必须认真做出。图12–8是其过程框图。

1）开发和衰竭策略

油藏管理最重要的方面是采用一、二、三次采油方法来不断开采石油、逐渐衰竭油藏（包括物质和能量衰竭，即可采储量和压力）的策略。

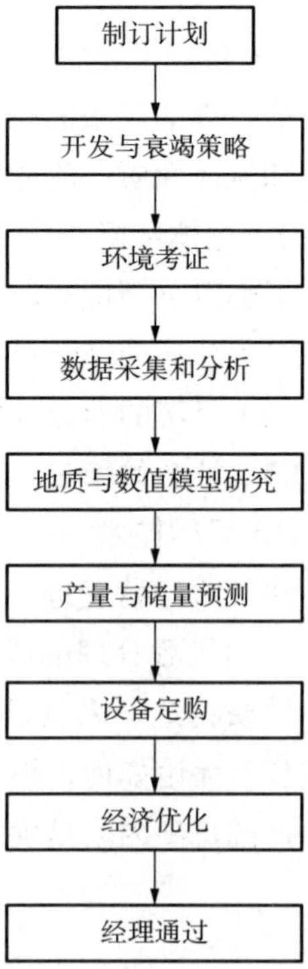

图12–8 制订计划过程节点图

开发和衰竭策略由油藏的生命阶段决定。对于一个新发现的油田，我们需要提出如何最佳地开发油藏的问题（如井距、井数、开采方案、一次采油，以及随后的二次、三次采油）。如果油藏已经进行了一次衰竭开采，那就需要研究二次、三次采油方案。

2）环境考虑

在油田的开发和生产运行中，必须考虑环境和生态因素，并遵守法律法规。这些都是油藏管理过程中非常敏感且重要的方面。

3）数据采集和分析

油藏管理从设计开始，到计划实施，再到监控并评价油藏生产动态的整个过程，需要一系列的油藏信息，大量的数据采集和分析贯穿整个油藏生命期。合理的油藏管理需要一个由采集、分析、存储和更新功能组成的高效数据处理规程，所有信息应该通过这个综合的数据采集和分析规程来获得。数据分析需要大量的人力，并且要精细研究和创新。

4）地质和数学模型研究

地质模型是使用地球物理学、矿物学、沉积环境和成岩作用等原理，将由局部岩芯和测井获取的资料扩展到整个油藏而得到的。地质模型，尤其是地质单元的定义及其连续性和划分是地质统计学的也是最终的油藏模拟模型中的综合部分。

5）产量和可采储量预测

石油开采项目的经济可行性受目前和未来操作条件下的油藏生产动态的影响很大。因此，对过去和现在的油藏动态的评价、未来情况的预测是油藏管理过程必不可少的部分。传统的容积法、物质平衡法和递减曲线解释法，以及黑油模型、组分模型和提高采收率数值模拟被用于油藏生产动态分析和估算可采储量。油藏数值模拟对于制订早期开发计划，历史拟合和优化未来生产以及设计、布置提高采收率项目等方面具有非常重要的作用。

6）设备的采购计划

设备和实际油藏相连。对油藏做的任何事情都是通过包括钻井、完井、采油、注水、处理、储存等设备仪器完成的。设备的正确设计和维护对于经济利益有很大的影响。这些设备一定要能保证油藏管理方案实施，同时不能造成浪费。

7）经济最优化

经济最优化是油藏管理可选择的最终目标，需要对开发方案、数据计划的费用、实施的成本、设备的购置费用等进行经济评价，确定最优的方案。

8）经理部门的审定

经理层的审定和油田人员的支持，对于一个项目的成功是十分重要的。目的是统一思想，协同工作。

3. 组织实施

一旦设定了目标，设计好了完善的管理计划，下一步就是实施执行计划。

第一步是开始实施方案，包括所有的工作部门。对于许多油藏管理来说，努力设计一个方案是司空见惯的事，但是这个方案通常并不涉及所有的工作部门，因而并不是所有的工作队都参与到这些项目中来，而且各职能之间的协作能力总是低于期望水平的。如果一项计划要想以最优的方式设计和实施，它一定要有所有学科专业（包括经理层）的保证。

这个方案一定要具有灵活机动性。即使油藏管理协作组的所有成员都参与管理计划的起草工作，如果它不能适应周围的环境，也不能保证它一定能成功（例如经济的、法律的、环境的因素）。

该方案一定要有经理层的支持。不论该方案采用的技术多么先进，它还是要有当地以及高层管理部门的支持。没有了他们的支持，这项方案就不会被批准通过。所以我们很有必要从工作的第一天起就要想到经理层。

没有哪一个油藏管理方案在缺乏现场员工的支持下被正确地实施的。一次又一次地，我们看到油藏管理计划或因为缺乏详细地解释就强加在现场工作人员身上，得不到他们的支持而失败，或者因为准备过程中缺乏现场人员的参与而以失败告终。

定期召开由所有职能组成员参加的评审会议是非常必要的。即使不能是全部会议，那么大部分的会议也都应该在现场办公室召开。会议成功与否，决定于协作组的每个成员讲解各自工作内容的水平及其他人理解的程度。

4. 监督监控

完善的油藏管理需要不断地监控和监督整个油藏动态，以便确定油藏生产动态是否与管理方案相一致。成功地执行监控和监督程序，需要项目中的各个工作组之间的协调工作。

管理项目的监控监督是一项综合集成的工作，应由工程师、地质师和作业人员在经理层的支持下共同协作完成。程序由项目性质决定。一般地，数据采集和管理的监控监督的主要范围包括：①油、水、气产量；②气、水等的注入量；③井底静压和流压；④生产井和注入井测试；⑤吸水和产液剖面以及其他辅助监测。对于一个提高采收率项目，由于其固有的不确定性，监控和监督尤为重要。

常用的动态监测方法有试井分析法、示踪剂分析方法和生产测试方法。

5. 效果评价

方案实施的效果评价需要通过与实际生产相比较得出，其目的是扬长避短，调整完善，始终保持生产方案的最优。

评价的原则有以下三个：

（1）由富有经验的专家进行评价。

（2）通过实际与预测的油藏生产动态对比来做出评价。

（3）评价工作定期进行，以便保证管理项目始终按照管理计划执行，运作正常，并且管理计划始终是最佳方案。

期望实际项目生产动态与计划动态完全一致是很不现实的。因此，需要由工作在该项目中的各协作组制定判断项目成功与否的技术和经济标准。这个标准取决于项目的性质。一个项目可以允许在技术上是成功的，但经济上是失败的。

油藏管理方案运作得怎样？对项目动态的谨慎评价会给出答案。实际生产动态（如油藏压力、油气比、油水比、产量）需要定期地与预测值对比。最后，经济准则会确定该项目的成败。

6. 方案修订

当油藏生产动态和管理计划不相符或者生产条件改变时，必须修订方案和策略，以保证所执行的管理计划始终是最佳的。一个油藏管理计划是否在正常运作？怎样使其开始运作？怎样运作得更好？这些问题在不断变化的环境条件下必须不断地提出和回答，目的是保证正在进行的油气藏经营管理是合理的。

三、过程控制

油气藏经营管理过程是框架，是油气生产过程的把控思路，是一个不断计划、不断完善的循环过程，是灵活、动态、多变的复杂体现，在过程管理中，按过程管理方法的理论，需要注意以下几个方面：

（1）根据市场需求和资源特点制定经营目标，建立经营目标体系。

（2）识别各种具有特定专项学科功能的专项学科过程，识别专项学科过程之间的相互关系、相互作用，识别关键的专项学科过程，对专项学科过程进行分析。

（3）按经营目标体系，自顶向下，先高层次的过程，后较低层次的过程，进行专项学科过程优化设计，简化、调整、适当归并专项学科过程中的操作单元，确定各专项学科过程的联结方式；对每一专项学科过程进行定义和描述，确定专项学科过程的功能目标、投入和产出，确定作为管理重点的关键专项学科过程；在此基础上建立专项学科过程模型。

（4）以信息的观点把专项学科过程看作为信息收集、传递和处理的过程，应用信息技术，按专项学科过程设计解决信息传输和处理问题的方案。

（5）基于专项学科过程网络系统进行组织结构设计和制度设计。

（6）按专项学科过程运行的需要合理配置资源。

（7）应用计划和控制技术，根据专项学科过程运行的需要制订经营计划与控制方案，对专项学科过程运行进行反馈控制和协调。

（8）以提高专项学科过程的绩效为主要目标，持续改进过程。

由上可以看到，过程管理方法是以系统论、信息论和控制论为理论基础的，它具有以下几个特点：

（1）以系统理论为指导，从系统的观点出发，从横向视角把管理看成按一定方式组成的过程网络系统；把每一个专项学科过程都看成是有特定功能和目标的、有输入和输出的过程子系统，系统由若干专项学科过程子系统按一定方式组合而成；应用系统方法解决专项学科过程系统的信息流、数据流和工作流管理问题；关注专项学科过程内部和专项学科过程之间的逻辑联系、相互作用，关注专项学科流程中操作单元的优化组合。

（2）应用信息论方法，将内部的各过程视为一个信息收集、加工、存储、传输的过程，应用信息技术解决专项学科过程管理信息的传输和处理问题。

（3）应用控制论方法，将专项学科过程视为可控过程，建立过程控制系统，运用反馈控制等控制方法解决专项学科过程系统的控制问题。

（4）注重管理的细化，即细化到每一个专项学科流程、每一个操作单元、每一项影响专项学科流程运行的输入因素。

（5）注重综合应用管理技术和信息技术等技术。

在当今计算机信息技术和网络技术迅速发展、多学科知识积累和多种技术有机结合的技术背景下，管理模式和管理方式正在发生大的变革。综合运用管理技术、计算机信息技术等技术的新管理模式将逐步取代传统管理模式，信息处理能力、经营计划与控制能力将迅速提高。这些宏观背景因素将极大地促进过程管理方法在油气生产中的应用。

四、管理过程失败原因

油藏管理程序失败的原因很多。主要原因如下所示：

（1）井、地面设备、油藏没有被看作是一个有机结合的系统，没有用平衡的方式对待所有的组成部分。

例如，一个人可以在研究流体及其与岩石的作用力（油藏工程）方面做得非常好，但是未考虑油井或地面系统的设计，结果油气的开采不是最优化的。大部分人都可以举很多这方面失误的例子。诸如，细致研究了油藏的各个方面，做出的决定却造成钻井过多、使用完井技术不当或远景扩展中地面设备不足等。

（2）油藏管理项目组工作不协调。

有时决策者搞不懂系统之间的相互依赖性，也可能不了解相关领域的背景知识（如油藏工程、地质和地球物理、钻采工程以及地面设施等）。虽然油藏管理决策者不绝对都要具备所有领域的工作知识，但是他们对这些领域一定要有感性的认识。

包含各种工作组之间相互协调的油藏管理的团队模式建议协作组成员工作起来应该像一个协调得很好的"篮球队"，而不是"接力队"。协作组的工作需要各个职能之间的不断协调。它还指出，各协作组工作中的协同作用可以产生"整体大于部分的总和"的影响。因此，各项工程部门、生产作业、地质和地球物理之间的相互作用，以及它们和管理、经济、配产、法律和环境等工作组之间的相互作用对于油藏管理程序的成功都至关重要。

（3）起步过晚。

油藏管理起步过晚。如果是当危机产生以后不得不进行油藏管理时才开始着手管理，要解决的问题就会变得很棘手了。较早着手协调的油藏管理过程，可以提供一个更好的监控和评价手段，从长远看还可以减少费用。例如，一些早期钻杆测试可以帮助确定是否和在哪里下油管射孔。同样，进行一些早期测试可以判断出油藏的大小。

对油藏体系进行早期的定义和评价是做好油藏管理的前提条件。数据的采集和分析在系统评价中起着重要的作用。常常综合数据采集过程在油藏发现之后并没有跟上，特别是立即跟上；而且，在这一工作中一般也不包括所有的功能组。有时因为数据采集的需求及其成本和利润不明了，油藏管理人员很难证明数据采集对于油藏管理是正确的。

（4）缺乏维护。

Calhoun做了一个油藏管理和健康管理的比拟。根据他的定义，仅仅认定油藏的健康状况然后试图提高它是不够的。油藏管理失调的一个原因是油藏及其附属系统（油井和地面设施）的健康没有从一开始就得到维护。

（5）协同团队成员不理解油气藏经营管理的基本原理，不熟悉和没把握油气藏经营管理的过程。

管理小常识　毛毛虫效应

19世纪，法国昆虫学家法布尔曾经做过一个著名的实验，称之为“毛毛虫实验”：把许多毛毛虫放在一个花盆的边缘上，使其首尾相接，围成一圈，在花盆周围不远的地方，撒了一些毛毛虫喜欢吃的松叶。毛毛虫开始一个跟着一个，绕着花盆的边缘一圈一圈地爬，一小时过去了，一天过去了，又一天过去了，这些毛毛虫还是夜以继日地绕着花盆的边缘在转圈，一连爬了七天七夜，它们最终因为饥饿和精疲力竭而相继死去。在做这个实验前曾经设想：毛毛虫会很快厌倦这种毫无意义的绕圈而转向它们比较爱吃的食物，遗憾的是毛毛虫并没有这样做。后来，科学家把因跟随而导致失败的现象称为“毛毛虫效应”。

导致这种悲剧的原因就在于毛毛虫固守原有的本能、习惯、先例和经验，毛毛虫付出了生命，却没有任何成果。其实，如果有一个毛毛虫能够破除尾随的习惯而转向去觅食，就完全可以避免悲剧的发生。

无论在工作、生活还是学习中，我们经常会犯毛毛虫似的错误，比如思维存在惰性、目光短浅、害怕风险、缺乏胆识和魄力、缺乏创新的思想、缺乏可行性目标。

可以说，人类难逃这种效应的影响。比如说，在进行工作、学习和日常生活的过程中，对于那些“轻车熟路”的问题，会下意识地重复一些现成的思考过程和行为方式，因此很容易产生思想上的惯性，也就是不由自主地依靠既有的经验，按固定思路去考虑问题，不愿意转个方向、换个角度想问题。

固有的思路和方法具有相对的成熟性和稳定性，有积极的一面。是因为袭用前人的思路和方法，有助于人们进行类比思维，可以缩短和简化解决的过程，更加顺利和便捷地解决某些问题。

但与此同时，它的消极影响也不容忽视，那就是容易使人们盲目运用特定经验和习惯的方法，对待一些貌似而神异的问题，结果是浪费时间与精力、妨碍问题的解决。而且经年累月地按照一种既定的模式思考问题，不仅容易使人厌倦，更容易麻痹人的创造能力，影响潜能的发挥。

时代在不断变化和发展，我们自己也在不断地成长和进步，对于任何问题的解决不能禁锢于以往的僵化模式，而要不断地创新和与时俱进，从而能够适应时代变化以及自身发展的需求。唯有在工作和生活中有所创造，摆脱自己头脑中的思维定式，不再因循前人的足迹，而是另辟一条属于自己的蹊径，才能百尺竿头更进一步。

课件“码”上来

第十三章　多学科协同与团队

油气藏的开发涉及许多专业学科，这些学科之间存在紧密的联系，但又有自身的特点，因此，油田上往往通过建立部门来区分由学科构成的单元，无形中在紧密关联的学科之间树起了屏障，为相互渗透、相互嵌套、相互校正的客观存在设置了隔板，更为亲密无间的交流和研讨埋下了隐患。多学科协同及团队改善了这一被动局面，它根据优势互补原则，应用多种技术和方法，以达到提高采出程度并降低开采成本的目的。协同工作和作业所收到的效益要比单一学科、单一方法效益高，即系统的功能与效益得到最大限度发挥。

第一节　协同工作

协同工作就是指多个人共同完成一件或者多件事项。协同就是齐心协力、共同工作。或者说是协调两个或者两个以上的不同资源或者个体，协同一致地完成某一目标的过程或能力。

油气藏经营管理的协同工作即发挥油气藏勘探开发的各项专业技术综合分析的优势，以便更清晰地认识油藏，提出更有效的开采策略，获得更高的经济效益。

一、协同的原因

简单地从概率统计理论上认识协同的原因。以综合勘探找油为例，假设所使用的多学科技术为地震、化探、重力法、磁法、电法、遥感六种，它们是相互独立的，每一种方法揭示圈闭的成功率均为25%（仅仅是一种假设）。协同工作方法联合勘探的成功率为：

$$P=1-\left[(1-P_1)\times(1-P_2)\times(1-P_3)\times(1-P_4)\times(1-P_5)\times(1-P_6)\right]=0.82$$

从上式可以看出，勘探中成功率从单一方法的0.25，经六种勘探方法联合后上升为0.82，当然在实际勘探中，各种方法的轻重程度是不一样的，这里仅仅是一个简单的概率分析。实际上这一理论分析已被许多勘探实例所证实。可见协同工作的重要意义。

总结协同工作的原因有以下几点：

（1）油气藏开发系统是一个极其复杂的系统，必须要多学科协同研究，共同完成。

（2）多学科的协同工作会提高方案的准确程度，减少不确定性带来的风险。

（3）多学科的协同工作会使油气藏生产始终在最优的方案下运行，保证了合理、高效、持续的综合效果和效益。

（4）油藏管理要求管理者了解整个油藏系统的属性，而不是只考虑某个或某些油藏方面，如此，才能做出有效的成功的决策。但个人的知识是有局限的，由于技术的进步和不同子系统的复杂属性，任何人想要成为全面的专家变得越来越困难。例如，很难要求一个人同时具有油藏工程、地质学、生产和钻井工程、完井和井动态、地面工程等方面的背景知识。事实上，在一个组织内，可能并不是有很多人具备多个领域的知识；但是很多个不同学科领域的成员协同起来可以对整个系统形成全面的认识和掌握，了解整个油藏管理系统的本质和表现，并且知道系统的各个部分什么时候需要技术支持。

（5）人员的减少和技术复杂性的提高需要用团队协作提高工作效率和工作质量来弥补，团队综合所产生的力量要比各个部分简单相加所产生的力量大得多。现在石油公司的发展趋势不再是扩张，而是精简。大多数油田公司承担生产活动的组织的成员数要比五年前少得多。在油藏管理中，要注意限制队伍的规模，这一点越来越重要。

总之，成功的油藏经营管理需要多学科的协同作用和综合团队的努力，通过跨越传统边界、共享资源、集成功能，更好地达到共同的目标。

二、协同的准则

油气藏经营管理协同准则如下：

（1）促进各种工程、地质学科和生产作业人员之间的互相了解，这就需要定期召开会议，加强学科间的交流合作，并建立相互信任和尊重。团队的每个成员要学会做一位好老师，把研究成果及研究方法介绍给团队成员的同时，还需要传授本专业的知识。

（2）在一定程度上，工程师必须学会地质专家的有关岩石特性和沉积环境的知识。一个地质专家则必须学会钻完井、测录井、试油试采、岩芯分析等其他工程专业的知识。

（3）团队成员必须收起个人的野心和自我利益，服从于油藏管理团队的目标。

（4）团队成员必须有很高的专业技术素质。

（5）团队成员必须像“篮球队员”那样相互合作，而不是相互依赖，避免接力赛式的工作方式，油藏工程师不需要等地质工程师完成工作后再开始油藏工程的工作，地质工程师也不能完成地质研究后就无所事事。不同职能部门之间持续的相互作用应该发挥效果。例如，如果等厚线与累计产油气图不符，应早期了解，而不是等到所有的等值图完成后才由累积产量图对油藏做出另一种解释。

（6）自由地工作和交流。这一点适用于每一个人，无论是技术员还是绘图员。在选择团队组建时，应该严格挑选人员，让他们接受良好的训练，让他们知道自己是有能力的，同时你也在重用他们。然后你应该不再去干涉他们，要支持他们，鼓励他们，允许他们去试验，不要怕失败。首先是要信任他们，并且让他们知道你在信任他们，并且“炫耀”你对他们是多么的信任。与他们打成一片，让他们知道你信任他们所有的人。那么每个人都会积极承担工作，提建议，相互交流并做出贡献。开始你可能会觉得这么做有点过分，并为此感到沮丧。

但每个人很快都会对自己的工作做出恰如其分的安排。请你不要失望。让别人得到更多的自主权，你就必须有所放弃。有些职工在以前的工作中从未享受到自由权，可能一开始不适应这种做法。但不要介意，这正是活力所在。

三、地质与工程的协同

地质（包括地质学、地震、岩芯分析、其他地球物理学等）和工程科学（包括钻完井工程、油藏工程、采油工程等）的结合是现代油气藏经营管理最基本和最核心的内容。如前所述，在传统的油田管理中，地质和油藏工程是彼此分离的。开发地质学家很少具有油藏工程方面的经验，反之亦然。现代油气藏经营管理提倡学科交叉开放和交叉培训，鼓励所有从事石油勘探、开发和生产的地质学家、地球物理学家和石油工程师等协同工作，通过多学科团队的形式来加强地质学家和油藏工程师之间的相互作用，提高总体工作效率和成果水平。

1．地震与地质、油藏工程的关系

（1）油藏工程和地质专家从地震数据中获得帮助，地震成果通过与油藏地质和油藏工程结合发挥作用。

即使是能干而负责的地震（地球物理）专家，因为他们对开发过程中的油藏地质和油藏工程资料数据不熟悉，也可能会在已探明区域中忽视可能的扩边区域。因此，地球物理、地质和油藏工程专家要共同合作，对油藏开发和地震数据进行反复研究，来决定某个探边目标区域是否要钻一口探井。在油藏地质和油藏工程与地震相结合中遇到的大多数困难可由三个学科的交流而克服。

Arco公司的Robertson指出，大多数碳氢化合物油藏的开发所需的详细地质资料超过当初发现这些油藏所需要的地质资料。这种共识加速了三维地震分析在油藏管理中的应用。

（2）发现和辨识油藏。

三维地震分析能够辨认和发现含油区域，从而可以通过减少干井和低产井的钻井数来降低油田开发成本。这种辨认和发现工作往往是其他技术手段很难实现的。

三维地震数据解释可与其他的油藏相关信息（圈闭构造、断层、裂缝分布、沉积形状等）结合，指导井间油藏性质参数插值，油藏工程师能利用地震通量搞清地层参数的变化。最初的三维地震解释就开始影响油田原始的开发计划。随着油田的开发，将收集更多的信息去不断地完善、修改最初的解释，三维地震测试将应用于油藏的整个生命中。

（3）三维井间地震分析观察油藏中流体的流动。

这样的流动监测可以通过获取流体流动和压力/温度变化前后的基线三维数据来实现，即井间地震层系X射线成像技术，目前已经发展成了应用于油藏管理中很重要的工具。

井间地震在不破坏井筒的情况下，能产生穿透井间距的高频率的地震波，层系成像反演技术在处理非均质和不完全地质模型时，能提供可靠的图像。它为我们提供了提高油藏地质认识水平的方法能力，已经成功地应用于油田热采等多种项目中。

井间地震很适于在蒸汽驱油藏中识别蒸汽区域。在油藏中有蒸汽存在时，或者在不坚固砂岩油藏中高相对密度原油的温度升高，将使地震波速度大幅下降。因此，地震波速度将可用于度量油藏温度或判断油藏局部区域内是否存在蒸汽。

加利福尼亚San Joaquin山谷的一些油田是以高相对密度原油和不坚固浅油藏而著称的。它们中的许多油田，都采用蒸汽驱油来提高采油量，其中包括Midway Sunset油田。尽管它们当中很多都很成功，但还存在一些问题。如扫油效率低，相对密度过大，蒸汽通过高渗透带直接产出等。在蒸汽驱油过程中，确定蒸汽前沿位置和控制蒸汽流动很重要。传统上的做法是钻温度控制井。但是，这样花费很大，而且只能测一个地方的温度。因此，需要改变这种做法。因为，地震波速度对温度、油藏流动阶段都很敏感，而且在Midway Sunset油田的地面地震数据的质量很差，所以为了确定蒸汽前沿而用了井间地震层系X射线成像。解决了问题，取得了成功。

2. 地质研究与工程的关系

油藏地质和油藏工程研究的目的是建立正确的油藏模型，并用以模拟油藏动态。

地质学家通常从以下四个方面集中研究岩石地层的属性：

（1）通过岩石研究建立岩性学参数，并确定沉积环境，区别出油藏岩石与非油藏岩石。

（2）通过对构造的研究建立构造类型，确定三维连续特性和油藏岩石的厚度分布。

（3）通过对油藏性质的研究，确定油藏物性如孔隙度，渗透率和毛细管性质随构造的变化。

（4）通过综合研究，确定碳氢化合物的孔隙体积并建立三维的流体运移模式。

在地质学家的工作中，始终需要从工程师那里输入数据和反馈信息。图13-1说明了他们之间的相互作用。由地质学家选择的岩芯样品的分析测试，为储层岩石类型的初步鉴定提供基础数据。试井研究有助于识别非渗透区域、裂缝和渗透率的变化。各种模拟研究可用于通过压力—生产动态测试物理模型，并对模型进行调整直到实现拟合。

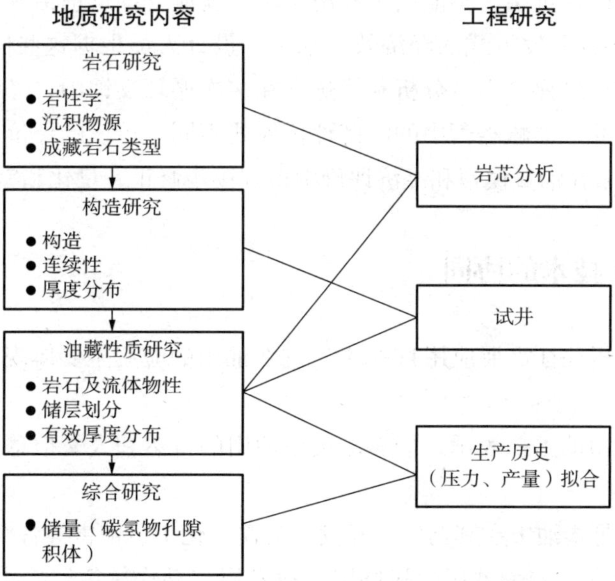

图13-1 地质研究与油藏工程研究的接口

四、工程与经济的协同

现代油气藏经营管理是在强调地质和开发工程协同的基础上，将工程技术和经济评价相结合而产生的。它主张把整个油田开发过程（包括油藏描述、油藏工程、开发设计、油藏动态分析、油藏管理和投资效益分析）视为系统工程，将油藏作为一个独立的开发、经营、管理单元来研究。在实施过程中，各部门、各学科相互配合，在数据共享的基础上，共同完成油田开发优化经营策略。

在油藏经营管理中，为编制技术和经济角度均优的方案，需要开发设计者和经济评价人员互相配合。其中，项目评价人员进行详细和完整的经济评价对获取最大的经济效益有着重要的现实意义。经济评价所提供的论据和资料是最终确定和选择开发方案的重要依据，而经济评价也就成为油藏经营管理系统中不可分割的重要组成部分。

传统的经济评价模式大都习惯于在一次性提交的方案里选择最优方案，采取“开发方案—经济评价—优选方案”的单向评价程序。经济评价者只是被动地应付已有方案的优选，而开发设计者由于自身的局限性，不能一次就准确地编制出在技术和经济角度均优的方案，使得技术设计和经济评价严重分离，开发投资风险加大。同时，随着开发过程不断深入，越来越多的生产动态资料证实了油藏描述的不精确性，导致油藏模拟的结果不准确，这也影响了经济分析结果，此时需要修正地质模型、调整开发方案，重做油藏模拟，并对优选的开发方案进行经济评价，一直到满足经济要求为止。如果此时仍采用这种单向评价模式，信息得不到及时更新，编制出来的方案就会脱离实际，不仅不能反映出现有的生产情况，还可能造成决策的失误。

在油藏经营管理中，通过地质—工程—经济一体化设计，消除了这种局限性。经济评价者对工程推荐方案进行经济评价，根据经济动态，判断该推荐方案是否达到经济要求和经济评价准则。如果初步的评价结果不能满足经济要求，就应立即反馈给开发方案设计人员，使之明确各类方案 、各种开发方式的经济效益水平。设计人员根据这些信息进一步调整 、修改，提供更好的方案，供评价人员分析和优选。在多次循环反馈中，经济评价结果也向更符合实际情况发展。因此，油藏经营中的经济评价模式不同于传统的评价方式。在这一动态评价过程中，不确定因素在油藏模拟和经济评价中得到逐步修正、量化和完善。

五、工程与IT技术的协同

地质和工程的分析往往需要应用IT技术。它在油田的应用主要体现在数字油田和油田企业信息化方面。

数字油田，即油田的虚拟表示，能够汇集该油田的自然和人文信息，人们可以对该虚拟体进行探查和互动。

油田企业信息化是指油田在其勘探、开发、集输、化工、销售等各个环节，应用IT技术，充分共享、高效整合资源，为油田的战略层、战术层、动作决策层提供准确、及时、完整、有效的信息，以便对发展需求做出快速反应，最终实现数字化油田。

1. 计算机技术对石油工业的影响

20世纪80年代以来，计算机技术发展已经并正在加强多学科技术活动之间的综合集成，由此带来了各学科间技术研究和工商业实践的一场革命，使它们更灵活、更有效率。

综合集成正在改变石油公司的工作方式，同时综合集成也产生了挑战。这些挑战在于从管理计算机系统到设计组织，再到最好地利用多学科团队。

给石油工业带来巨大冲击的计算机技术主要包括：硬件技术、网络技术、数据库技术、三维可视化技术和大型集成软件系统。

1）硬件技术

超级计算机、工作站、高性能微机等计算机硬件技术是科学计算及信息技术发展的基础，油气开采领域历来是最新型计算机投放的领域之一，从油藏描述到油藏模拟的所有过程及各学科间的协作都离不开计算机，三维地震采集与处理技术的进步归功于迅速发展的计算机技术，高性能的计算机系统使油藏模拟工作速度更快、更准确。

1995年以前，作为地质科学、油藏工程及油藏管理综合团队的重要工具，不同种类工作站的需求一直在不断增长。之后，工作站正被功能越来越强大的个人计算机所代替。

2）网络

除了Internet等互联网外，大多数的石油公司在所有的分公司和工作室之间有局域网相连，不同的计算机和服务器相互连接形成油藏管理数据网络。用计算机网络建立的这种办公室与办公室之间的联系是非常迅速的、高效的、廉价的。通过网络和超级计算机及主机数据库相互连接的工作站、微机可以直接在相互连接的领域内进行数据引入、分析和解释（而不是以批处理方式进行处理），还能够在网上应用许多地质科学和工程软件。

计算机网络提供了一种给在不同位置的地理研究室之间交流和合作的手段。在不同地点的可视化会议中心，通过互联网相互交流的工作站的图纸、图形和报告都是网络工作的极好的例子。网络已经使综合团队完成任务变得更简单、快速和多产。

3）数据库技术

油气藏海量数据的存储和交流有赖于大型数据存储设备及数据库技术的发展。网络技术提供了一种数据传送的有效方法，但纠正和存储数据却给石油工业带来了挑战。问题是不同学科的软件和数据不兼容，数据库间经常不能互用。

20世纪90年代，几家主要的国内外石油公司形成了石油技术开发软件公司，以便建立行业标准，应用普通规则和行业数据系统。石油技术开发软件公司的技术目标是为计算机系统提供一个普通规范。它使数据能在不同组织间顺畅传递，让使用者从数据的一种应用方式到另一种应用方式转换自如。石油技术开发软件公司的成员希望石油技术开发软件公司和它的主要软件对相关数据库问题提供一个长久的解决办法。

由Finder Graphics Systems公司的GeoQuest和Schlumberger共同研制的完全公开数据交换系统，在1990年作为Geoshare标准而发布。Geoshare使用者协会的成员是很多地质科学软件开发者及石油天然气工作者，Geoshare使用者协会成员能在他们各种各样的数据库之间传递数据和解释成果，作为勘探开发技术的支持。

Cuthery、Landgren和Breedlove认为，已公布的Geoshare标准为在任何石油应用领域之间交换数据资料提供了方法，不管它们的格式、配置或硬件平台如何。这是一个完全公开的且能扩展的标准。

4）三维可视化技术

通过视频监视器在微观或宏观尺度上实现油藏的三维计算机可视化是计算机技术的一大突破。可视化的强大功能在于它综合了各种类型的数据，即地质、地球物理、油藏物理、钻井和油藏工程等，并且易于理解和掌握。三维可视化技术使我们更易理解油藏，并提供了更好的油藏描绘和油藏性质模型。它可能在将来几十年里作为油藏综合团队最有力和最善于表达的交流工具，并在国内外各种技术信息交流中得到广泛应用。

5）大型集成软件系统

世界上许多石油技术公司创建了技术可靠、功能完善、界面友好的大型集成商业软件系统，其子系统包括：油藏数值模拟、地质建模、地震、试井、测井等。各个子系统既可以独立工作，又可以相互组合。

三维地质建模软件可以自动地从地质和勘探数据生成地质图和剖面图。这种模型直接与油藏模拟器相接，因此，油藏工程师进行油田开发设计时就可以利用地质学家提供的复杂的油藏描述成果。油藏工程师可以利用新的数据和解释成果定期、快捷地更新模型，并很快地提供地质等值图和剖面图。

三维地震数据与计算机处理的测井和岩芯分析一同更加可靠和准确地描述油藏，并提供三维计算机图像。油藏工程师用这些图像，以及岩石、流体特性和生产/注入数据去模拟油藏动态并为新老油田设计开发及调整方案。

2. IT技术的发展

工程中对IT技术的应用逐渐向智能化、虚拟化、集成化方向发展。

（1）智能化：主要体现在智能钻井技术、智能布井技术、智能生产技术、集输仿真技术等。

（2）虚拟化：主要体现在勘探开发的虚拟现实技术、远程技术诊断与处理技术、技术创新虚拟研讨厅技术等。

（3）集成化：主要体现在勘探开发一体化技术、地下地面一体化技术、资源优化配置技术等。

第二节　协同团队

油气藏经营管理需要多学科协同工作才能发挥出重要作用。协同工作的运作者既是协同团队，也被称为协同工作组。它打破了部门之间的界限，形成了多学科专业工程师组成的、责权利分明的、油气藏单一对应的管理单元或者智囊团。它是油气藏开发部署、动态监测及调整、经济核算等工作的核心。在协同团队中，团队成员具有完成某项制定的事件时所显现出来的自愿合作和协同努力的精神。团队如果协作得好，就可以形成团队的向心力。协同团队也会给予那些真心付出、大公无私、敢于担当、责任心强、专业过硬的奉献者适当的回报。如果团队合作是出于自觉自愿，必将会产生一股强大而且持久的力量。

一、团队构成

如图13–2所示，油气藏经营管理的团队成员是多学科中的专业技术人员，也包括部分非专业技术人员。

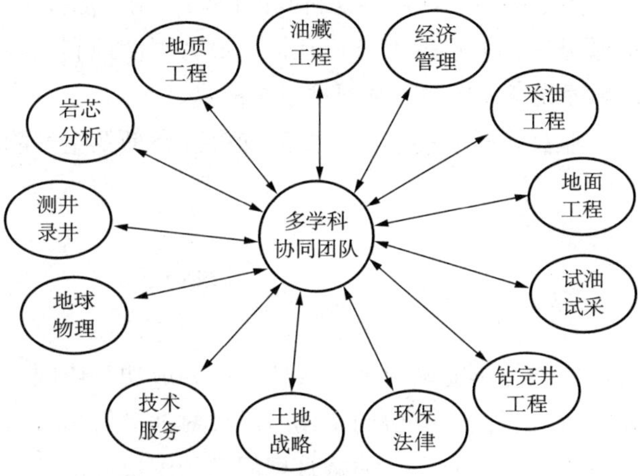

图13–2 多学科协同团队的构成

地质工程—油藏工程—经济评价一体化管理是油气藏经营管理的核心，是如何更确定地认识油气藏、如何高效地把油气采出来、如何降低开采成本三个目标的紧密对应学科，是油气藏开发策略制定的核心。

核心工作前阶段的地球物理、测井录井、岩芯分析、钻完井工程、试油试采为油藏描述奠定了基础，被称为油气藏勘探工程；核心工作后阶段的钻完井工程、采油工程和地面工程保证了油气藏的正常生产，被称为油气藏开发工程。勘探开发一体化实质上也是指这些专业技术的协同工作模式。

其他三个非专业技术人员是为油气藏的管理提供咨询、指导、服务等工作的。技术服务提供技术前沿的监测和预见，协助相关部门为油气藏的技术应用制订发展规划；土地战略包括土地征用管理及油气生产战略背景分析两个部分，为协同团队提供全方位的战略咨询服务；环保法律包括环境保护要求及油气生产过程中的法制法规的约束，为协同团队在油气藏管理过程中规避外部环境的风险。

二、组织形式

前面，已经介绍了团队协作的方法。但是，油藏管理团队自身的组织和管理也是至关重要的。

图12–3（a）显示在旧体系（传统体系）中，按照专业组建相应的管理和技术部门，团队的不同成员在各自老板的管理下在一个油藏上工作，局限于本部门内的工作，接受各部门领导的管理，形成了较明显的部门工作界限。专业技术人员只负责自己的工作，部门之间的横向联系往往比较薄弱，在部门之间的协作和交流中，很难体现出团队的精神及自我价值，数据的共享也不够充分，信息的传递往往会是部分的甚至缺失的。

图12–3（b）显示在新的多学科团队中，团队成员在一个职能监督和生产经理领导下工作，职能监督负责提供职能指导并执行评价，生产经理指出项目方向和经营需求。从不同专业来的团队成员在团队负责人领导下在一个给定的油藏上工作。组织形式上减少了管理层，适应了扁平化组织结构，多学科团队强调多学科间的协同作用，加强不同专业间的横向联系，使不同专业人员在不同领域、不同层面上进行互补，最大限度地利用各种专业知识，同时强化了交流学习的效果，顺理成章地形成了学习型组织模式。

团队成员需要的是专业技术过硬的人员，要随油气藏类型及生产阶段的不同而不同，亦即团队也是动态变化的。

三、管理模式

仅仅设立一个协同工作组并不能确保多学科的综合和成功。协同工作组的技能、职权与专业油藏管理组织的协调程度以及所有协同工作组成员对油藏管理过程全面的了解程度对项目的成功起着至关重要的作用。实际上，油藏管理问题的解决办法并不仅仅是设立一个协同工作组那么容易。协同工作组成员将面临许多问题。

（1）应由谁制定目标并做出油藏管理决策？是否是生产部门的管理者？协同工作组是否有这样的职权？

（2）谁是专家组的老板？谁负责时间分配和专业培训？

（3）公司如何组织和培养协同工作组？

协同团队的管理应该按以下模式展开：

（1）职能监督部门任命团队成员，指定其在项目管理团队中的具体任务。

（2）团队在管理项目上向油田（生产）经理负责，团队自己推选负责人，团队负责人的职责是统一协调全部活动并随时上报油田生产经理。

（3）团队成员由地质学、地球物理学、各种工程部门、油田作业、钻井、金融等各个领域的典型代表组成。

（4）团队成员首先起草包含所有工作组在内的油藏管理计划，明确目标和内容；然后呈交生产经理，接受反馈意见，做出适当修改；紧接着散发计划，团队成员按计划开展工作。

（5）团队成员业绩考核由职能监督做出，其中团队工作作为必要条件，同时参考团队负责人和生产经理提供的意见和材料。

（6）团队根据完成任务的时间和效果得到荣誉/现金奖励，这些奖励目的在于激励团队成员做得更好。

（7）随着项目目标和时间的改变，团队成员也随着变化，以保证始终只包括必要的专业人员。

（8）项目经费预算及拨款首先要团队成员批准，但工程、作业监督和生产经理具有最终决定权。

（9）因为团队实质上有两个老板（职能监督和团队负责人），有时会发生指令冲突。这种冲突一般由团队负责人、职能监督和生产经理三方协商解决。

四、成员分工

多学科协同团队不但要求团队成员具有丰富的专业技术知识和技术，以完成本职工作，而且要求团队成员要通过学习其他相关学科的知识，提高自身的协同工作的能力和水平，即团队成员的分工为本职工作和协同工作。

1．本职工作

油气藏经营管理的多学科协同团队的职能主要有六项：

1）指导建立油藏的数据库

其任务是规定要收集什么样的资料以及有多少资料要收集，并且在收集了资料以后接着要进行什么样的处理。这些数据最好是录入计算机中的数据库，这样便于协同团队中的所有专家运用和存入这些数据，并且可以把这些资料进行对比并以图表的方式展示。

2）多种技术手段处理、分析和解释数据

协同团队的第二个极其重要职能是用相关的办法和多学科的技术处理数据库中的这些资料，使它们大体与经验、与已知的科学原理及与类似油田的数据均能相容不悖，而使这些资料成为可用的。团队内的所有成员都要致力于开发各种分析数据库中的资料并臻于可用的各种办法。这些数据的分析和可用性确保协同团队有一个牢靠的基础，足以使有关该油藏动态及采收率最佳化的布置是可信的。

3）编制开采策略

这需要仔细地分析油藏的特性，油藏的流体以及驱动机理等。作为这一策略的局部，协同团队要推断用什么样的一次及二次采油方法和着手实施某种二次采油方法的最佳时机。

4）为油田的生产部门起咨询者的作用

帮助实施开采策略，并且评估或寻找以何种方法使开采计划得以实施。

5）监督采集和分析油田动态资料

其具体内容是确定什么类型的数据要收集，这些数据应以什么样的频率进行收集，以及这些数据的相关性与可用性。

一旦动态数据已着手采集，团队就开始对该油藏做开发分析。具体内容是要评论该油藏的地质描述与实测的压力分布格局是否一致，以及利用油藏模拟程序对实测的生产动态进行历史拟合。开发分析是一个在油藏整个寿命自始至终必不可少的进程。

根据开发分析所得的各种结果以及补充采集到的数据，油藏协同团队即可决定符合当前认识的该油藏的开采策略，其内容是要决定：现有开采方法是否要做某种改变或修改，是否要打加密井，在油井完成上要做什么改变，以及在井筒利用计划上要做何改变等。

6）编制后期开采计划

在油藏开采后期，当产量递减到一定水平，协同团队要编制后期开采计划。这一计划着重那些采油效果不理想的区域，也可能要包括制订一项实施提高采收率的计划。

完成上述职能是团队成员的本职工作。主要体现的是团队成员的技术水平。

2. 协同工作

团队成员除了本职工作之外，也要完成协同工作。

协同工作要求团队成员要学习和熟悉油气藏属性的相关知识和技术，比如地质工程师要学习油藏工程的动态预测方法和开发流程，油藏工程师要学习地质方面的知识和技术，经济师要学习油气藏的勘探开发过程及重要技术经济指标等，由此可保证团队成员在交流和研讨时能真正参与其中，避免事不关己、高高挂起、听不懂也不提意见等非协同现象的发生。

协同工作是相当重要的。有个公司的董事向协同团队的负责人为一个很有能力的团队成员求情：“那个人真是一个好小伙子，他唯一的问题是不能与人合作”。负责人回答说：“这太不幸了，因为我们周围全是人才，开除他吧”。

五、团队的管理

“协同”和“协同工作组”概念是地质学与工程综合的重要因素。综合的内容包括人员、技术、工具和数据（见图13–3）。

团队的管理是烦锁和多变化的，它的成功与否取决于下列情况：

（1）通过综合训练和整体作业用分派对油藏管理方法、技术和工具有一个全面的了解。

（2）开放程度、灵活性、通信手段和相互协作情况。

（3）以协同工作组形式工作。

（4）持久性。

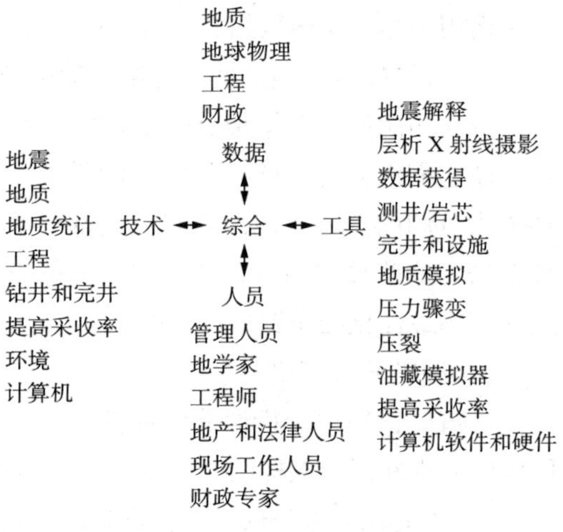

图13–3　协同团队管理要素

协同工作组需要公司组织和培养才能有效地开展工作。

对于一般由地球物理学家和工程师组成的协同工作组的管理，存在这样一个关键性的问题，即根据传统的管理体制协同工作组依然对他们的职能领导负责。现在，新的管理体制正在形成，通过资产组合为协同工作组提供良好的工作环境，在这里某一部门负责特定公司资产的所有勘探开发活动。这一组织形式使得多个学科的专业人员能够在该部门中共同进行一些项目工作。但是，以资产为基础的组织形式并不能解决所有的综合管理问题。协同工作组成员的专业开发和行政管理是必须解决的关键问题。同一个协同工作组中的工程师和地学家可以相互分开，独自完成自己的一部分工作。

Sessions和Lehman主张通过多种职能协同工作组和学科间的交叉培训来增强地质学家和油藏工程师之间的相互协作。德士古公司为地质学科学家和工程师举办的综合油藏管理培训课程就是完全按照这一宗旨设计的。

真正的综合油藏管理需要有持久性。地学科学家和工程师彼此不能很好地交流，仅仅认识到综合管理的好处还不够。真正的综合管理水平需要通过交叉培训、工作任务说明、组织调整、协同工作组的技术培训等手段持续地提高。即使具备了这些条件，综合管理仍然有许多困难。

经调研和讨论，组织和培养高效的协同工作组需要从以下内容着手：

（1）建立基于研讨的紧密交流平台。

（2）建立针对研讨矛盾的解决平台。

（3）推选负责任的小组组长。

（4）团队小组及成员工作任务明确。

（5）加强学科间多种形式的培训。

（6）加强团队外的各项相关培训。

（7）加强不同协同工作组间的交流与互评。

（8）成员积极学习相关学科基本知识。

（9）成员具有协同工作的意识高。

（10）突出团队精神创建协同文化。

（11）大力激励团队业绩。

（12）扩大成员内部差别化待遇。

（13）加强智力资源培养。

（14）加强团队成员的创新培养。

加拿大的一个公司认识到：工作组建设是一项社会活动。它既像一个部落，又是工作态度问题。需要做的事情总结如下：

（1）要认识到许多复杂问题只有依靠由众多专家组成的综合大脑才能解决，即“工作组”；

（2）领导赞成并支持组建工作组，称为“可以接受的环境”；

（3）坚持吸收高素质的工作人员；

（4）管理者信任职工，职工互相信任；

（5）友谊；

（6）能够自主地工作；

（7）能够自由地交流；

（8）因工作成就而自豪，而不是因头衔而沾沾自喜；

（9）互相支持的、提供便利的管理方式；

（10）灵活的组织形式，无命令者；

（11）一旦做出决定，不愿参与者应退出；

（12）一种不容置疑的精神：我们大家拧成股绳；

（13）要有甘心立于幕后的勇气。

管理小常识　权威效应

美国心理学家曾经做过一个实验：在给某大学心理学系的学生们讲课时，向学生介绍一位从外校请来的德语教师，说这位德语教师是从德国来的著名化学家。试验中这位“化学家”煞有其事地拿出了一个装有蒸馏水的瓶子，说这是他新发现的一种化学物质，有些气味，请在座的学生闻到气味时就举手，结果多数学生都举起了手。对于本来没有气味的蒸馏水，由于这位“权威”的心理学家的语言暗示而让多数学生都认为它有气味。权威效应就这样形成了。

权威效应表明说话的人如果地位高、有威信、受人敬重，则所说的话容易引起别人重视，并相信其正确性，也就是“人微言轻，人贵言重”。

权威效应，又被称为“权威暗示效应”。权威效应的普遍存在，首先是由于人们有“安全心理”，即人们总认为权威人物往往是正确的楷模，服从他们会使自己具备安全感，增加不会出错的“保险系数”；其次是由于人们有“赞许心理”，即人们总认为权威人物的要求往往和社会规范相一致，按照权威人物的要求去做，会得到各方面的赞许和奖励。

权威效应的寓意：迷信则轻信，盲目必盲从权威暗示。

权威效应在实际生活中的运用有许多，做广告时请权威人物赞誉某种产品，在辩论说理时引用权威人物的话作为论据，评审科研项目研究成果的学术水平邀请权威专家作评委等。在人际交往中，利用权威效应还能够达到引导或改变对方的态度和行为的目的。

但权威效应不能滥用，须知“千里之堤溃于蚁穴”，一些容易忽略的细节，不当的言行会逐渐地削减树立的威信。权威效应有用，但须慎用，更忌滥用。

课件“码”上来

第十四章　油气藏数据信息管理

油气藏经营管理过程就是人们不断研究油藏、认识油藏和开发油藏的过程。研究油藏就是获得油藏数据信息，认识油藏就是处理分析油藏数据信息，而开采油藏就是利用油藏数据信息。因此，油气藏管理过程是一个不断获取油藏数据信息、分析处理油藏数据信息、使用油藏数据信息，并将油藏数据信息转化为油气产量和利润的过程。

数据信息是油藏管理的血液，贯穿油藏管理的始终，一刻也不能少；其成分、产生、循环、使用都应是有机的系统整体。不断增添新血液，代谢旧血液。在实际油藏研究与开发中，初学者最感困难的是需要哪些数据资料？从哪里获取？原有的资料数据用在哪里？

第一节　数据信息管理过程

从油藏开发到废弃的整个过程，要采集大量的数据。数据信息管理的过程是：数据的分类、数据的采集与分析、数据的验证、数据的存储与检索、数据的应用，由它们所构成的有效的数据管理方案在油藏管理中扮演重要角色。

一、数据的分类

表14–1列出了生产前后所收集的不同类型的数据，包括它们的获取时间及负责采集和分析数据的人员。这里强调的是跨学科的专业人员要像一个综合小组那样工作来开发和实施有效的数据管理计划。

表14–1　油藏数据

类型	数据	采集时间	负责人员
地震	构造、地层、断层、油层厚度、流体、井间非均质	勘探	地震、地球物理人员
地质	沉积环境物源、岩性、构造、断层、裂缝	勘探、发现、开发	勘探、开发人员
测井	深度、岩性、厚度、孔隙度、流体饱和度、界面、井间连通性	钻井	地质、油藏工程人员

续表

类型		数据	采集时间	负责人员
取芯	基础	深度、岩性、厚度、孔隙度、渗透率、饱和度	钻井	地质、钻井、油藏工程、岩芯分析人员
	特殊	相对渗透率、毛管压力、孔隙压缩系数、颗粒尺度、孔隙尺度分布		
流体		体积系数、压缩系数、黏度、溶解气油比、化学组分、相态特征、相对密度	发现、描述、开发、采油	油藏工程、流体分析人员
试井		油藏压力、有效渗透率、厚度、油藏连续性、裂缝与断层、采液与注水指数、残余油饱和度	发现、试油试采、开发、采油、注水	油藏工程、采油工程人员
注采		油、气、水的日产量和累产量，水、气的日注入量和累注入量，注入与产液剖面	采油、注水	采油工程、油藏工程人员

有一类数据通常要在钻探井以前就收集，那就是地震资料。原先，这些数据不外乎就是常规的地震资料；但在钻了若干口探边及开发井之后，可能就需要收集三维地震资料以求更精细地进行构造解释和搞清断层位置，以及更准确地搞明白该油藏的沉积地层学。

测井资料是数据的重要组成部分，由于它能为我们提供油藏沉积层序方面的更详尽的形象，通常是指纯油砂层、孔隙度及流体饱和度等在垂向上分布的指标。测井数据应对井筒的斜度、泥浆滤液的侵入、水的含盐量变化、放射性矿物浓度等做出校正。

岩芯资料对校准测井结果及搞清油藏地质特征都是很有价值的。这些岩芯资料中包括孔隙度、渗透率、声波速率、粒度大小和沉积相描述等在常规岩芯上的实测结果，以及在保持原有润湿性的岩芯上所实测的相对渗透率、毛管压力、润湿性及电学特性等。再者，这些数据从实用上也要仔细评论，因为它们对烃类储量的估算，对井的产量及对最终采收率等会有很大的影响。

试井资料经常能对油藏的有效渗透率和厚度乘积提供最准确的估算值，而这种Kh值从岩芯分析和测井分析得出的却总是大相径庭，差别很大。此外，单井垂向试井及井间压力测试，诸如压力脉冲试井或干扰试井等，在某些情况下对于确定油藏连通性都会有所助益。

流体样品分析是确定储层烃类相态的基础。这些数据会影响对油藏中烃类体积的估算，影响对流体饱和度的估算，进而影响多相渗流特性，并且还影响开采过程的油藏压力。对于未饱和油藏或高于其露点的气藏，通常可以用分离各种流体的复配样就可以了。对于饱和油藏或接近露点压力的气藏，为了获得正确的流体组成数据，以井下取样为宜。

为了得到具体的物质平衡及油藏模型中的压力动态，要有一套完整的生产资料。这些资料包括油气水产量随时间变化情况等。经验表明，实用的产量分摊方法上的误差，乃是生产资料误差的主要根源。所以，这些生产数据均应仔细地加以选用。

可靠的测压资料对于研制可靠的油藏模型也是必不可少的。如果拥有每口井的初始压力数据，那就是很有好处的。这些测压数据往往能给出一口井的泄油区是否受到邻井影响的标志。在某些选定的或关键井中定期测压，是用开采史资料对油藏模型进行具体校正的基本依据。至少每年都要对各井进行测压。此外，如果能做到每口井2～8年各测压一次，那么用各种模型对油藏模拟进行历史拟合的方法所得到的油藏描述情况将会有很大改善。同样，在那些有多层合采的油藏中，在钻加密井时下入可重复使用的仪器测其压力变化，应当是很有用的。

二、数据的采集与分析

多学科工作组在油藏的整个生命中负责收集各种类型的数据。土地资源和法律专家也为数据收集过程做出了贡献。除了生产和注入数据，绝大多数的数据都在打探井和开发中得到的。

一个有效的数据采集和分析程序需要精心计划，还有多学科地质工程师和油藏工程师在油藏整个开发生命中的共同合作。一方面试图获取大量数据，另一方面试图减少所需数据而降低成本。调整、排序、时机、质量和成本效益是数据收集和分析的指导因素。如果对数据需求、成本和效益十分清楚，那么对管理数据收集的调整将更有效。

岩芯数据、原始流体性质、流体接触界面和原始油藏压力等，这些数据只能在开发初期获得。取芯、测井和原始油藏流体取样应在适当的时机通过合适的程序和分析得到。通常情况下所有井都要进行测井，同时一定数量的井要进行取芯以验证测井数据。最好是每口井都要测量原始地层压力，并且定期测量关键井的井底压力，关键井数占总井数的25%。

建立一个详细的说明是很必要的。这个说明包括收集什么数据、收集多少、收集程序和时间间隔。图14–1中给出了一个合乎逻辑的、系统性的、有顺序的数据采集和收集程序。

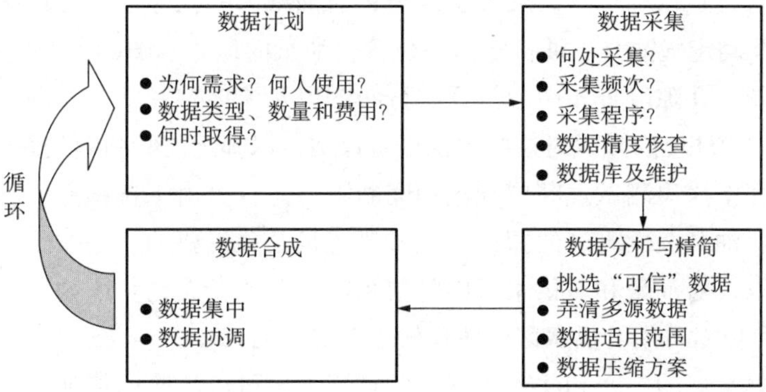

图14–1　数据采集与分析

三、数据的验证

许多现场数据是多源数据，单一依靠一种方法获取的信息可能并不准确，但经过多个技术分析得到的数据彼此验证，会使数据更为确定。因此，收集的数据要进行再检查，以确定其准确性。

（1）用不同岩芯分析方法校准物性参数。用岩芯进行例行的孔隙度及渗透率测量通常属于常规分析，此时岩芯的润湿性并不保留原状。此类测量在正常情况下是对目的层按0.3m的间隔取样测定。专项岩芯分析则是测量其相对渗透率函数、毛管压力曲线、润湿性、岩石物理性质以及埋深压力对孔隙度及渗透率的影响。相对渗透率、毛管压力及润湿性应该最好是用不污染取芯流体所得到的岩芯来测定为好。尤为重要的是以各种不同的途径将岩芯分析数据进行对比以检查其合用性，当然，确定岩芯各种性质的分布频率以及从数据辨认出能分别代表各种不同地质沉积相等也是重要的。

（2）岩芯和测井分析要进行认真对比，他们的频率分布用于确认不同的地质层面。用岩芯数据仔细校正测井数据的孔隙度和饱和度分布、有效厚度定义和油藏的地质区域划分。已用岩芯分析数据校正过的测井资料是油藏的划分地质层组及确定净含油砂层、搞清孔隙度与饱和度分布的主要依据。这些数据均应谨慎地对比并绘成频率直方分布图，只有这样才可以证明其适用性。

（3）岩石性质如油水和气水相对渗透率，以及流体性质如PVT数据等可通过状态方程计算和经验关系式校正；有时实验室不能得到，可用经验关系式导出这些数据。油藏流体样品的分析主要是为了搞清其相态或PVT特性，以及其输运特性。所需的PVT特性包括液体及气体密度、气体溶解度或气油比、烃类组成和任何掺杂物的性质，诸如沥青类与石蜡类等。流动特性如黏度、凝点和热力效应等，都是油藏模型所需的输入数据，也是计算井筒水力学和出油管压力损失等所必需的。在地面设施设计时也需要有各种流体特性数据。这些数据的适用性可以用状态方程式及相态模型来校验，也可与原油及天然气的标准相关式进行比较的办法进行校验。

（4）地质图的合理性应以沉积环境研究成果进行判断。油藏内部描述工作包括确定其沉积环境；测井及岩芯数据确定净含油砂层厚度；对油藏内的孔隙度、渗透率及流体饱和度分布加以描述，以及确定气油与水油接触面的位置。油藏的地质制图的工作包括：有关构造图、净含油砂层厚度图、孔隙度分布图、渗透率分布图以及流体饱和度分布图等。一个地质专家应能用他的有关沉积环境的知识对这些图幅进行评估，以确定这些图幅是否合乎情理。

（5）地质研究中探边测试、断层和流动间断测试等，可由干扰试井、脉冲试井和示踪剂测试进一步证实。油藏及供水区的探边对油藏描述是至关重要的。这一工作包括做出区域性构造的地质图，以及对油藏和对供水区内各层系进行对比。无论是用物质平衡模型或油藏数值模拟模型，都可以对可用的供水区的体积做出较好的估计。

（6）通过收集常规的生产和注入数据及油藏压力，可以严密监控油藏动态。如果过去的生产和压力数据是准确的，那么传统的物质平衡方法和油藏建模可以很有效地修正原始碳氢化合物体积和水体的尺度与强度。同样的，一旦建立数据库并肯定其可用性，就可以用各种体积图和流体体积系数来确定烃类储量的分布。并用这些数据去校验用数值模拟模型所算出的油藏的烃类储量。

四、数据的存储与检索

经过验证、理顺后的各种数据要被存储在公共计算机数据库中，以便所有跨学科的终端用户都能使用。如果有新的地学和工程数据可得，那么数据库将被更新。存储的数据用于开展多目标的油藏管理工作，其中包括监控和评价油藏动态。

在油藏的整个生命期内的数据的存储和检索是一个难题。这是由于：

（1）数据类型的多样性；

（2）数据体的多样性；

（3）数据的全面性；

（4）数据库的标准化；

（5）数据库的维护；

（6）数据库的兼容性。

目前许多石油公司已经建立了大型的数据中心或数据库，可以分模块地进行数据的存储和检索，查找和拷贝数据时就节省了很多的时间。

五、数据的应用

数据的应用主要包括以下方面：

（1）三维地震信息可以很好地用于油藏描述。井间的层析成像提供了井间的非均质性。

（2）地质图，如地层厚度和有效厚度、孔隙度、渗透率、饱和度、结构图和截面图，这些都是从地震、岩芯和测井分析中得到的。这些地质图，其中包括断层、油水/水气/气油接触界面，可用于圈定构造、油藏描述、油藏布井和油气地质储量的预测计算。

（3）测井数据提供油藏描述基础数据，还可用于地质制图、完井（射孔）设计与评价和预测计算原始油气储量。生产测井能被用于确定在生产和注水井间未开发区域的剩余油饱和度。在观察井中进行的时间推移测井可检测饱和度变化和流体接触面的运动。

（4）岩芯分析可分为常规岩芯分析、全岩芯分析和井壁分析，最常用的常规岩芯分析，包括用一个岩塞或岩芯的一部分来代表被测试层段。全岩芯分析用于那些包含裂缝、孔洞或孔隙度不规则的岩芯。井壁岩芯分析的是由井壁岩芯技术所取得的岩芯。

与测井分析不同，通过岩芯分析可以得到地层物性的直接数据，并且岩芯数据可用于校正测井数据，这些岩芯分析数据在烃类储量、产量和最终采收率的预测中起着决定性作用。

（5）流体性质通过实验室的平衡闪蒸实验或差异分离而得到。流体样品要么是地下取样，要么是来自地面分离器和存储罐的流体的重新混合物——配制样品。流体性质也可通过关系式算出。

流体数据可用于油藏油气体积、油藏类型的预测和油藏动态分析。流体性质也用作油藏动态预测，井筒水力学分析和输油管线压力损失计算。

（6）试井。在油藏描述和油藏动态评价上，试井数据很有用。压力恢复和压力下降试井提供了最好的评估油藏有效产能，以及油藏压力、层理、断层和裂缝的方法。压力干扰试井和压力脉冲试井则提供油藏连通性和非渗透性的信息。重复地层试井能测量层状油藏中的压力，显示各种不同区域油藏衰竭的程度。

（7）应用于水驱和提高采收率的多井示踪剂测试方法提供了注入井和生产井之间的最佳流动通道。单井示踪剂试井用于确定水驱油藏的残余油饱和度。

（8）生产和注入数据可用于油藏动态分析。表14-2中列出了油藏动态分析技术所需的数据。

表 14–2　油藏动态分析所需数据

数据群	容积法	递减曲线方法	物质平衡方法	数值模拟
几何	面积、厚度	无	面积、厚度	面积、厚度分布
岩石	孔隙度、饱和度	无	孔隙度、饱和度、相对渗透率、压缩系数	孔隙度、渗透率、饱和度、相对渗透率、压缩系数、毛管力，皆为非均质分布
流体	地层体积系数	无	PVT	PVT非均质分布
井	无	无	PI（产量—时间）	井位、完井、PI
生产与注入	无	生产	全部	全部
压力	无	无	全部	全部

第二节　数据信息管理的要求

在油气藏从勘探到废弃的整个生命期中，需要收集和应用大量的数据信息资料。在集约式油气藏经营管理中，建立由数据采集与分析、数据验证、数据存储和检索所组成的一套有效的数据信息管理程序起着关键作用。

数据信息管理需要事先制订完整的计划，列入优先地位而且要及时地做出调整，并及时地对数据进行补充和更新。因此，数据信息管理也是动态的管理过程。再加上数据的多样性、复杂性、长期性等特点，对数据信息管理的要求是严格的。

一、完善的采集计划

数据采集的类型多样，采集的时段差异很大，这就需要一个完善的采集计划，力求取全、取准必需的数据，一旦错过采集时机，则是不可弥补的，对油气藏的分析也必然会增加不确定性。图 14–2 简单列出油气藏开采前和开采中需要采集的数据及数据流程。

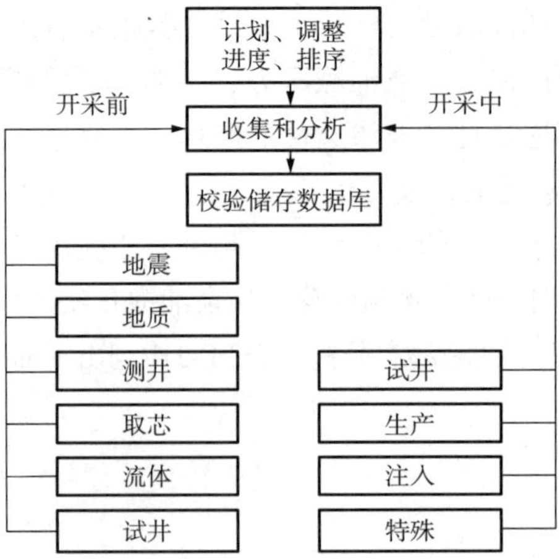

图 14–2　数据的采集计划及流程

二、准确的数据分析

油田数据不可避免地包含有多种误差，如取样误差、系统误差、随机误差等。因此、在应用这些数据作为输入参数之前，对所采集的数据需要进行仔细核查，并且要与其他相关数据对照、验证，检查它们的相容性、准确性和一致性，切实做到去粗取精、去伪存真。

例如，为了评价测井数据的有效性，应该仔细地对比岩芯和测井分析解释结果，并且做出其频率分布，以识别不同的沉积相；同时还要确定孔隙度和饱和度分布、砂岩有效厚度以及油气藏地质分层标准，并仔细对测井数据进行环境校正。当收集包括油藏压力在内的日常采油和注水数据时，应该密切监测油藏动态。如果能够得到过去的生产和压力数据，那么就可以利用经典的物质平衡方法和油藏模拟来验证油气原始地质储量、含水层大小和水侵强度。

三、高效的信息利用

多源数据经过有效分析、修正并确认后，可以进入数据管理系统和集成信息系统供学科团组成员共享。某一数据管理系统如图14–3所示。

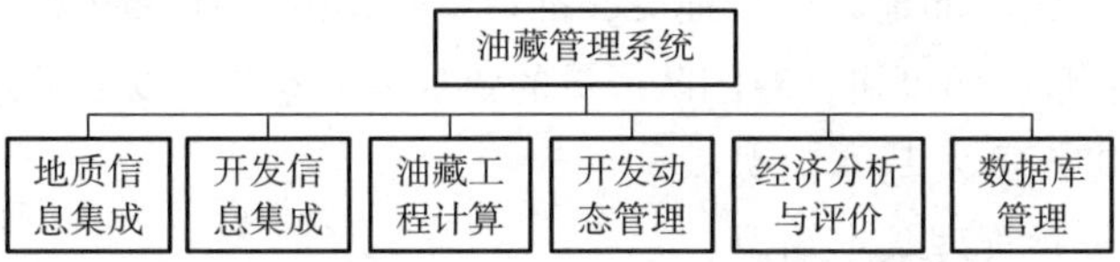

图14–3　油藏管理数据库系统

1）地质信息集成子系统

地质信息集成子系统强调对已有的地质研究成果的综合管理，将各类地质记录和图件系统化、规范化和有序化，并为这些记录和图件的展示、查询、修改等操作提供完善的功能，能使油藏管理小组成员全面、系统地了解油田、区块、油藏单井的有关地质信息。

2）开发信息集成子系统

开发信息集成子系统着重强调油藏和单井的开发信息集成、功能设计和划分，以体现其实用性，方便用户查询开发信息。

3）油藏工程计算子系统

油藏工程计算子系统为油藏工程师提供方便、实用的常规油藏工程计算方法。

4）开发动态管理子系统

以油藏经营管理系统数据库为基础，对油田实际开发动态进行监控和管理，开发动态管理子系统，具有油田数据维护、数据查询和开采动态评价管理等功能。

5）经济评价子系统

经济评价子系统以油藏经营管理系统数据库提供的参数为基础，对开发方案或调整方案进行评价和优选。

6）数据库管理子系统

对油藏管理子系统数据库进行维护和系统安全性管理的平台，形成数据库。数据库管理子系统主要包括数据录入、存储、删除和恢复；数据交叉检索；发送输入数据，回收计算结果。

随着计算机技术的发展，资料存储、检索和应用的最有用工具是数据库管理系统。目前，国外石油技术发达国家已经有专门的数据库管理系统，也有专门的数据资料公司来负责国内各个油气藏基础资料的录入、管理和定期更新工作，实现了众多用户的资料共享。国内各个油田目前也都分别建立了自己的勘探开发静、动态数据库系统和相关的区域计算机网络。上述工作都大大地提高了油藏工作的效率和质量。

但是，目前的油藏资料数据库在存储、检索、调用方面实际所能达到的水平离油藏管理的要求还有相当的差距。建成各个学科、专业的关系数据库系统只是问题的一个方面，而真正实现即时、高效地对各个学科、专业的相关资料数据进行检索和调用则是另外一个问题。即使是在信息高速公路已经建成并且畅通无阻的条件下也是如此。最根本的症结是由于目前还做不到使不同学科、专业的软件和数据库都相互兼容，所以在漫长的油田开发生命周期内各种资料数据的存储检索、调用及应用问题，已经向今天的石油工业提出了严峻的挑战。

四、专业的数据管理

协同团队中的每个成员都是数据管理员，都负责数据的计划、收集与分析、验证、存储、应用，因此，从数据管理的角度讲，对团队成员的要求更为专业，以下是经过研讨总结的条目：

（1）熟悉油气藏勘探开发基本知识。

（2）熟悉油气藏经营管理基本知识。

（3）具有完善的数据管理计划。

（4）具有统一的数据管理标准。

（5）强调数据管理的重点。

（6）注重数据管理的动态调整。

（7）重视数据管理的有效应用。

（8）把握数据管理过程中的多学科协同作用。

管理小常识　超限效应

马克·吐温听牧师演讲时，最初感觉牧师讲得好，打算捐款；10分钟后，牧师还没讲完，他不耐烦了，决定只捐些零钱；又过了10分钟，牧师还没有讲完，他决定不捐了。在牧师终于结束演讲开始募捐时，过于气愤的马克·吐温不仅分文未捐，还从盘子里偷了2元钱。这种由于刺激过多或作用时间过久，而引起逆反心理的现象，就是“超限效应”。

接二连三地重复对一件事进行同样的批评，会使团队成员从最初的内心愧疚变成不耐烦，产生逆反心理——“为什么对我的过失总是耿耿于怀？”本来他（她）也许已经做好了改正的准备，但在别人无休止批评的刺激下，完全有可能索性破罐子破摔，这会给管理带来更大的不稳定因素。

批评绝对是一门学问。善意的批评能够让人如沐春风，虚心接受，并很快改正；而不合适的批评方式却让人心存不平，难以接受。基于超限效应反映出来的现象，团队合作中的批评应该认识以下三个原则。

原则一：批评之后要鼓励。俗话说：“打一巴掌，再给一个甜枣。”尽管这个“巴掌”不能随便打，但为了今后管理工作的开展，既然打了，给与不给“甜枣”的效果肯定会不同，适当地给予鼓励是非常必要的。

原则二：不要捕风捉影去批评。人们常说“没有调查就没有发言权”，但是有的团队在批评队员的时候，并不是因为见到了队员的某种不当言行，是因为听到了其他渠道的反馈信息而进行了批评。不问青红皂白地批评，使队员“代人受过”，非但没有起到教育人的作用，而且还无形中伤害了对方。

原则三：学会运用幽默式批评。含蓄而幽默的批评，会让受批评者更愿意接受，这比那些生硬而直接的批评要有效果得多。一般情况下，对于队员那些并非原则性的失误，团队大可不必发现之后就进行歇斯底里的批评，好像不这样就不足以维护管理权威一样。其实，“响鼓何须重锤擂”？团队如果选用幽默轻松的方式轻轻敲打，大部分队员便能领悟。

在交流沟通方面，一个人的语言魅力不在于他说了多少，而在于他说的是什么。一些人所以话太多，喜欢讲长话，是想显示自己的“才能”。他们往往把讲长话当作是有水平的表现，其实，话讲得到位才能显示出自己的口才。语言学家拉克夫曾说过三个说话的原则：说话不要咄咄逼人、让别人也有说话的机会、让人觉得友善。说起话来滔滔不绝、唠叨不停的人，常常不考虑听者的感受，不考虑自己所说的话是否是别人需要的，也经常不给他人说话的机会，所以有时候也容易招人烦。

课件“码”上来

第十五章　油气藏动态分析管理

油气动态分析是油气藏经营管理的重要组成，是随着油气藏的正式生产期开始的持续工作过程，是数据管理过程中数据应用的最为核心的工作内容，是继开发方案编制后的多学科协同工作的评价、修正和完善的继续进程。

所谓油气藏动态是指油田投入开发后，随着开发活动（采油、注水、注汽/气）进行，地下流体按一定规律产生运动，并按照不同特点进行重新分布的过程。油藏动态的变化体现在生产井的产液量、含水率、地层压力、注入能力等的变化。

油气藏开发动态分析是认识油藏、改造油藏，科学有效地开发好油藏的重要手段。以齐全准的静态、动态及监测资料为依据，应用相关分析技术，分析油藏的开采特点，研究不同开发阶段的主要矛盾，不断深化对油藏特征及其内在规律的认识，明确开发潜力，进而提出下步调整方向与措施，实现油藏开发的最优化。它遵循了发现问题、分析原因、解决矛盾的经营管理思路，实现了不断认识油藏、改造油藏的动态管理过程。

第一节　油气藏动态分析的工作内容

油气藏投入开发以后，其地下流体的分布及状态将发生变化。这些变化是遵循一定的规律进行的，并且受到许多因素的影响。油气藏动态分析的主要任务就是要研究油气藏在投入开发以后的变化规律，寻找制约因素，运用这些规律来调整和完善开发方案，使之取得更好的开发效果。

一、动态分析的目的

1. 动态分析的特征

油气藏动态分析的研究对象是油藏，进行动态分析需要认识到以下三点特征：

（1）油气藏的开发是一个面广点多的大型系统工程，主要包括：油藏内部和与之相邻的水体；断层、隔层和夹层；储层、上覆岩层；油、气、水、岩石、颗粒；地质、钻完井、油藏、采油、地面、经济等多学科。

（2）油藏深埋地下，可以理解为黑箱—灰箱问题，只能根据数据来间接把握，初期认识的油藏经过更多的实际生产验证，对数据的动态分析能够帮助更准确的认识油藏及开发规律，以便采取最优的开发方案。

（3）对油藏的认识不可能短时间完成，而且开发中各种矛盾（储量、压力、流体分布、相态）持续变化，动态分析可提供解决矛盾的方案。

2. 动态分析的目的

动态分析始终围绕储量、产量和采出程度三个内容展开，具体是：

（1）预测油气藏中初始的烃类化合物体积，评价动态储量及储量动用程度。

（2）油气藏目前和过去的性质的分析，进一步修正油气藏地质属性，降低地质不确定性。

（3）认识油藏渗流规律，预测油藏未来的产量、采出程度，落实储量。

（4）不同开发方案下的采油速度和储量的评价和优化。

（5）抓住影响规律的主要矛盾，制定有效的开发决策。

（6）对数据、油藏模型等进行更新。

3. 动态分析的思路

（1）储层地质研究成果是动态分析的基础。

（2）进行取芯、流体分析以便把握渗流特征。

（3）通过每口井所能反映的局部地下信息和开发规律，用以诊断动态规律。

（4）应用油藏工程、测井、试井等多学科技术的协同，进行地质模型相互验证，提高精度。

（5）使用油藏模型和计算机软件，建立协同工作平台，构造协同氛围，提高工作效率。

二、动态分析的阶段

动态分析分为投产期、稳产期和递减期三个阶段。

1. 投产期

（1）产能评价。

（2）评价岩芯的“五敏”。

（3）计算井控储量。

（4）评价产量影响因素。

（5）分析合理生产压差。

（6）地层能量的利用状况。

（7）单井合理配产。

（8）生产异常分析。

2. 稳产期

(1)复核产能、储量。
(2)评价地层连通性。
(3)分析地层流体分布。
(4)优化单井配产。
(5)流体性质变化分析。
(6)评价水体能量。
(7)评价措施效果。
(8)开采的不均衡状况。

3. 递减期

(1)评价储量动用程度。
(2)递减规律分析。
(3)复核水体能量。
(4)计算经济极限产量。
(5)评价经济效益。
(6)评价增产措施效果。
(7)生产异常分析。

三、动态分析的类型

动态分析可分为月/季度动态分析、年度动态分析、阶段动态分析。

1. 月/季度动态分析

通过动态监测数据，分析目前地层压力和含水变化对生产的影响，提出保持高产、稳产及改善生产状况所要采取的基本措施。

2. 年度动态分析

全面系统进行年度油藏动态分析，搞清油藏动态变化规律，为编制第二年的配产、配注和调整部署提供可靠依据。

其重点是：
(1)分析注采比与压力水平的关系，评价注采井数的合理性。
(2)分析能量利用情况，评价能量的保持是否合理。
(3)分析注水见效的方向、分层增产效果，各层吸水量变化。
(4)年度含水率、含水上升，评价各种驱动指数及注水见效程度。
(5)分析注入水纵向及平面的波及程度，分析水洗状况。

（6）分析储量动用程度以及纵向和平面的油气水分布状况。
（7）分析评价新投产区块和综合调整区块的开发效果。
（8）分析评价增产措施的效果，提出改善建议。
（9）编写开发一年来的评价意见。

3. 阶段动态分析

根据开发中所反映出的问题，进行专题分析研究，为制定不同开发阶段的技术政策界限、综合调整和编制开发规划提供依据。

其重点是：
（1）分析注采系统的适应性。
（2）评价储量动用的潜力。
（3）评价重大调整方案和增产措施的效果。
（4）评价现有工艺技术的适应程度。
（5）评价开发项目的经济效益。
（6）进行油藏综合开采潜力评价。

四、动态分析的内容

动态分析的内容主要包括油水井单动态分析、注采井组动态分析和开发单元动态分析三个部分。

1. 油水井单井动态分析

（1）油井油层动态变化的分析，主要包括：生产层段、流动压力、含水、产液量、产油量、生产能力、分层动用状况等。

（2）油井井筒动态变化的分析，主要包括：自喷井井筒动态（油层堵塞、油管漏失、封隔器失效、油嘴磨损等）、人工举升井井筒动态（泵抽井泵效、油层供液能力、砂/气/蜡、原油黏度、腐蚀性物质、井口设备、工作制度、动液面等。

（3）油井地面管理状况的分析，主要包括：热洗清蜡、合理套压等。

（4）注水井油层动态分析，主要包括：注入层位、注入压力、注水量、注水分层吸水量、注采比、油层压力、周围生产井的含水变化等。

（5）注水井井筒动态分析，主要包括：油/套压和注水量变化的表现及原因分析、测试资料的分析。

2. 注采井组动态分析

（1）注采井组油层连通状况分析，根据注采井组静态及动态资料，分析每个油层岩性、厚度和渗透率在纵向或平面上的变化，绘制井组的油层栅状连通图，分析出采油井主要来水方向。

（2）井组注采平衡和压力平衡状况的分析，分析注水井全井注入量是否达到配注要求，对应分析各采油井采出液量是否达到配产要求，分析井组注采比变化原因；分析注水井各层段是否按分层配注量进行注水；对比注采井组各油井产液量变化情况，分析各油井采液强度与油层条件是否匹配；分析注采井组油层压力平衡状况。

（3）井组水淹状况分析。通过水淹和综合含水变化的分析，结合油藏所处开发阶段含水上升规律，检查平面、层间、层内水淹和综合含水上升是否正常。

（4）井组剩余油分布状况。通过饱和度测井、取芯井、油藏工程、油藏数值模拟和动态分析方法分析平面、层间、层内剩余油分布状况。

3. 开发单元动态分析

（1）开发单元措施效果分析，主要包括：注采系统完善、加密调整及效果分析；提液及效果分析；油层补孔及效果分析；油、水井储层改造及效果分析；其他措施效果分析等。

（2）开发管理指标对比分析，主要包括：分析产量指标变化情况：油量、气量、液量、水量等；分析开发指标变化情况：自然递减率、综合递减率、含水上升率、存水率、注水利用率、水驱指数等；分析管理指标变化情况：油水井综合利用率、油水井免修期、躺井率、注水层段合格率等。

（3）注采平衡及油层压力状况分析，主要包括：开发单元注采总量平衡和油层压力状况分析，总体上分析开发单元动态状况及存在主要问题；主力层注采平衡和油层压力分析，找出层间矛盾，针对主要矛盾提出调整措施；平面上注采平衡和油层压力分析，找出平面矛盾，提出调整措施。

（4）综合含水和产液量分析，主要包括：分析开发单元综合含水、产液量变化趋势及变化原因，提出控制含水上升的有效措施；分析开发单元含水上升与注采比、采油速度、总压降等关；分级分类统计油井含水及产液量，分析油井含水及产液量变化大的原因，提出措施意见或技术方案。

（5）开发单元潜力分析，主要包括：未动用储量和井网密度潜力；剩余油潜力，包括各开发单元累积采油量、采出程度、剩余可采油量状况的分析，各小层内水淹状况和剩余油状况分析；主要增产措施潜力，如提液、补孔、打加密调整井、扶躺井等措施。

五、动态分析的指标

动态分析的主要指标如图15–1所示。

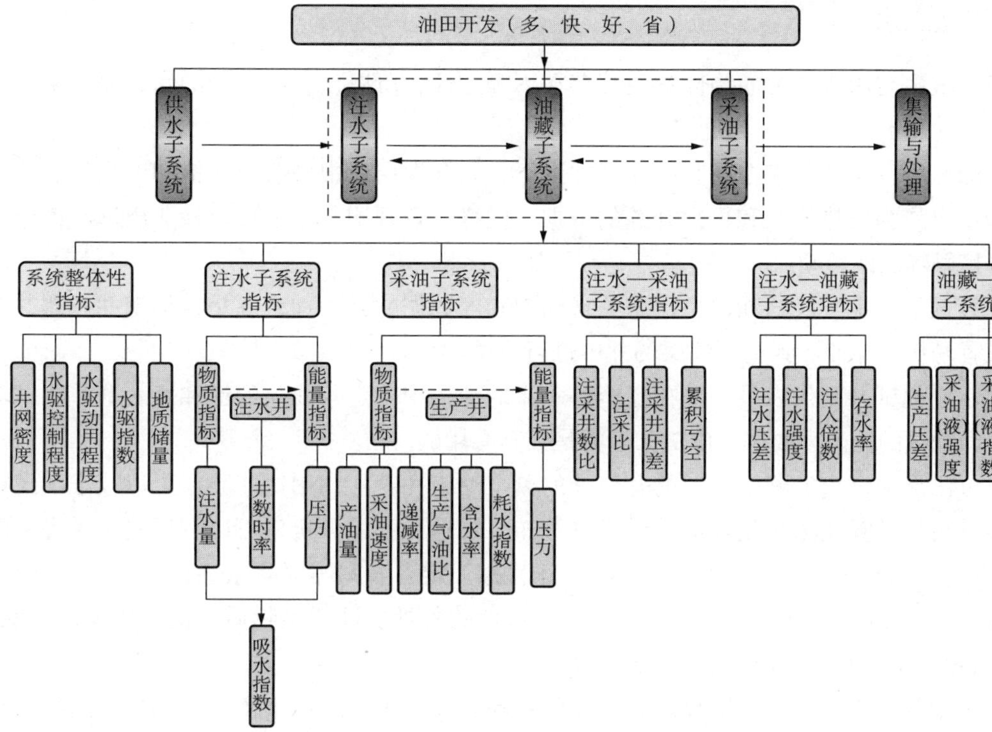

图15-1 油气藏动态分析主要指标

六、动态分析的过程

随着油气藏的生产进行，动态分析实现对现行的油藏模型进行修正，然后确定剩余油分布、评价油井工况、调整或加密井网、评估提高采收率潜在能力、更新对储量的估算、修改作业计划等管理工作。

1. 修正油藏模型

在改进地质模型方面，其首要目的是将常规地质数据连同油藏动态数据集成化以便发展成一个更一致及物理上能如实描述的模型。观测到的油藏内的压力分布，对于使其地质描述更精确来说是一个宝贵的资料来源。尤其是在鉴定封隔性断层和其他的使油藏渗流不连续方面更显得突出。另外，在井底不受污堵的情况下，测出井内流量分布剖面对于搞准油藏的分层特性可能是有用的。也有专项试井，以便解决油藏与渗流通道有关的不确定性等重要问题。

油藏工程模型的不断完善要靠用修正的地质描述及油藏动态数据的整体分析。改善工程模型的一般途径是通过油藏动态的拟合来校验其模型。历史拟合法或多或少有点技巧性的，有些人根据拥有的经验，可以使模型发展成高效益的。要做到更切合实际，必须比数学曲线的匹配做得更好。为了要做好可信的历史拟合，地质家及油藏工程师应该共同讨论及决断应对油藏描述做些什么样的调整，使其既能仍然与地质概念相致，而又与多孔介质的渗流原理相吻合。

2. 确定剩余油分布

由于油藏中与渗流有关的物性参数都存在不确定性，所以，如果可能的话，要对未采出的油作直接的测量。

生产测井可以用来鉴定在现有的注采井网下，未开发层系中剩余油的饱和度高低。这种剩油饱和度可作为安排修井和再次开井的依据。同样，在观测井中还可以检测出饱和度的改变和流体接触界面的移动。

在已开发了一定阶段的油田中，有关含油饱和度数据的另一种来源是在加密井中测井及取芯，或者是从钻穿油层到更深油层的井中进行测试。

单井示踪剂试井则代表另一类在已全部水淹的油层中确定其残余油饱和度。这些测试对于评价一个油藏的提高采收率（EOR）潜力是极其有用的。

这些方法能测试出油藏中分散的井位处的剩余油饱和度。利用这些数据可以校准油藏模型，然后就可以估算出未采出油的数量及其分布。在这种开发分析中可以利用若干种类型的油藏模型，究竟该用那一种则视要完成的具体目标而定。若只需对剩余油做出大概的估计，以及对驱油效率进行估测时，那么经典的、解析性的各种以油罐型物质平衡为依据的方法，还有Buckley–Leverett驱替计算法往往都是适用的。

对那些中等渗透性并且有明显压力梯度的油藏，要求出其物质平衡关系的最好途径是利用大规模、粗网格的数值模拟模型，它应能代表油藏的整体或其大部分才行。这些模型可以提供线索，说明一个油藏哪些区段已得到有成效地开发以及在什么地方可能存在着对渗流的巨大障碍。

小规模的详尽的模拟模型经常被用来进一步了解渗流的机理和一个油藏某些狭小地段的采收效果。这些模型可以用于搞清产量或注入量变化，井距和油藏压力水平等对油藏动态的影响。

3. 评价油井产况

评价油井产况的目的在于搞清哪些井出现异常。倘若某井的生产动态比预期的差得多，那么如果能搞清其理由则该井的产况就可以有所改善。倘若井的产况意外地好而其原因又能搞清楚的话，那么或许这种知识有助于改善其他油井的产况。

井的产况的评价中还要包括对井底压力和井的产率的分析，而且还要探讨各井的产率和注入率上所观测到的任何变化。人工举升系统的效率也应当进行评估，若有必要，还应做出优化的开发计划并付诸实施。在气举采油的情形下，整个体系必须尽力优化，使整个油藏设施网络能达到最大限度的产油能力。其最终结果很可能是某些具体的井并不一定总是在它们本身的优化条件下进行运营。

4. 调整或加密井网

在修正油藏模型、确定剩余油分布及油井产况评价之后，修井和打加密井的工作也就可以进行了。在特定情形下，应该鉴明哪里是该油藏的注入水未波及区，这样对于现成的这些井该如何开发，进行修井和补打新井等就可以统筹计划了。

必须搞明白何处是该油藏最终排油地点，把一些井布在这些部位处进行完善。最终排油点的位置涉及井布在构造上的位置和与此油藏构成渗流通道有关的层位，它们应该是最终仍然能产油的那些地点。

5. 评估提高采收率潜在能力

评估分析的目的在于要确保整个开发计划能尽量与后来对该油藏所具体实施的提高采收率（EOR）有相容性。在开发动态分析中重新考核其EOR潜力的目的是要确定所观测到的油藏动态对以前的那些结论究竟应作何改变，还有就是如何能提供更多的信息使得能在最佳的时机开始着手从事提高采收率的工作。

提高采收率的评价包括：①方法评估；②方法选择；③注采井网选择；④现场先导性试验。

方法评估包括：①将油藏动态及油藏参数与提高采收率方法以经验为依据的筛选准数进行比较；②实验室研究；③运用数值模拟模型研究。

提高采收率方法的选择则是把各种可能用上的方法，考虑到它们相对的特长，并且顾及那些可能会影响其成功率的不定因素，进行相互比较。

一个EOR方法的实施计划，要包括选择布井方式这一重要步骤在内。布井方式的选择应该考虑到油藏的非均质性，该法固有的波及效率，以及用此法及按原来地下的流体性质两者的相对注入率和产出率的情况如何。

最后，一旦选定了EOR方法及其布井方式，就需要在该油藏内有代表性的地方对这一方法进行先导性试验，除非是该法已在极其类似的油藏早已得到证实，否则是必不可少的。

6. 更新对储量的估算

应用修正后的地质模型及油藏的监察数据，重新推算烃类储量，从而更新对储量的认识。同样，根据油藏工程模型的历史拟合结果和EOR方法的评估，要对该油藏采收率做出修正。

7. 修改作业计划

动态分析的最后步骤是对该油藏的发展及作业计划做出修改。在这些计划如何优化方面，首要任务是确定一个基准案例；然后通过与此基准案例的比较而发展成一些敏感化的案例和对EOR方法的产出量预测。从而就可以做出决定，应该如何对现行作业计划做出某种变动。

8. 新计划实施及下步动态分析的开始

修改作业计划之后，就是将此各种修正方案付诸实施。多学科协同团队的作用就是当顾问及作为一个质量控制组，以便确保其计划能按所推荐的意见付诸实施。

一旦修正后作业计划已付之实施，根据新的资料再次修改油藏模型的进程应在某合适的时间重新开始。在我们所经营的某些油藏中，油藏模型大概是每隔3～5年就做一次修改。

第二节 油气藏动态分析的主要方法

油藏投入开采以后，其地下流体（油、气、水）的分布及状态将发生大幅的变化。这些变化是遵循一定的规律进行的，并且是受到某些因素的控制和约束的。油藏动态分析方法的主要任务是研究油藏投入开采以后的变化规律，寻找控制这些变化的因素，并且运用这些规律来调整和完善油藏的开发方案，使之取得最好的开发效果。

油藏动态分析方法一般由三个阶段组成：历史拟合阶段、动态预测阶段、校正和完善阶段。这三个阶段有机结合，可以完成油藏评价和方案制订工作。历史拟合阶段是充分利用油田已有的开发资料，针对油田开发过程的特点和规律，选取反映其特点和规律的方法来再现油田已开发的历程。动态预测阶段是将历史拟合阶段建立起来的描述油藏动态方法，用于规划和预测油藏今后的生产，并为确定油藏必要的调整措施提供帮助。对预测期内理论方法提供的油藏动态指标的变化和实际油藏动态指标进行对比，可以发现这二者往往是有差别的，有些差别的出现是由于偶然因素的影响，而相当多的情况下是因为历史拟合所确定的规律还不够完善，这就要求人们根据新的生产情况来校正和完善，即校正和完善阶段。所以从认识论的角度来看，油田开发过程是一个不断认识并使之符合实际的过程。

油气藏动态分析方法主要有容积法、递减曲线法、物质平衡法和数值模拟法，其中前三个多被称为“油藏工程法”。因此，在实际分析过程中，油气藏动态分析又分为“油藏工程法”和“数值模拟法”。

一、依靠天然能量开采的动态分析

油藏最初的动态分析取决于黏度、重力和毛管力。它的性质取决于油藏压力、生产速度、油气比、油水比、水层水量流入及气顶膨胀情况及其变化。影响油藏动态的因素包括地质特性、岩石及流体性质、流体流动机理和生产设备。油藏动态的质量也是非常重要的，因为同一个油藏被不同的工程人员和操作人员开发，并且采用不同的设备，而且生产实践随着油藏性质的不同而变化。

表15–1列出了依靠天然能量开采时的动态对比。

表15–1 各种天然能量驱动的动态对比

	特 性				
机理	油藏压力	GOR	水产量	采收率	其他
弹性驱	下降很快，且连续下降，$P_i > P_b$	保持低的水平且稳定	没有（除了在高 S_w 的油藏）	1%~10% 平均3%	衰竭式开采，消耗地层能量开采
溶解气驱	下降很快，且连续下降	开始低，然后到达最高再下降	没有（除了在高 S_w 的油藏）	5%~35% 平均20%	时间短，气会快速窜出，一般考虑过泡点补充地层能量

续表

机理	特性				
	油藏压力	GOR	水产量	采收率	其他
气顶驱	缓慢下降且持续下降	在向上倾斜的井中不断上升	没有或可以忽略	20% ~ 40%，平均超过25%	在向下倾斜的井中的气体突进，表明了气顶驱
水驱	保持很高，压力对油、气和水的产量很敏感	如果压力保持很高，则其保持很低	水产量上升到很高的水平	35% ~ 80%平均50%	主渗透率、裂缝、层间非均质、大孔道影响大
重力驱动	下降很快，且连续下降	在向下倾斜的井中低，在向上倾斜的井中高	没有或可以忽略	较低	当k>0.2μm^2，地层倾角>10°和μ_0低（<5mPa·s）采收率可达40%以上

二、容积法

容积法多用来计算储量，包括原始地质储量、可采储量、动用储量及剩余储量等。采用容积法计算地质储量时，其可信度的高低取决于含油面积、油气层有效厚度、孔隙度、饱和度和原始原油（天然气）体积系数这五大储量参数确定是否合理。依据钻井、测井、取芯、试油、试采及油气水分析资料能客观准确地获取五大储量参数，当再结合生产数据进行储量参数校正时，容积法得到的动态分析结果也是可信的。

1. 石油地质储量

根据《石油天然气储量计算规范》国家行业标准，容积法石油地质储量计算方程为：

$$N=\frac{100Ah\phi S_{\text{oi}}}{B_{\text{oi}}} \tag{15-1}$$

式中 N——原油地质储量，10^4m^3；

A——含油面积，km^2；

B_{oi}——原始原油体积系数，无量纲；

h——油层有效厚度，m；

S_{oi}——地层总孔隙度对应的原始含油饱和度，%；

ϕ——地层有效孔隙度，%。

容积法储量计算方程在探明地质储量研究中应用最为广泛。地质储量是指在钻探发现油气后，根据已发现油气藏的地震、钻井、测井和测试等资料估算求得的已发现油气藏中原始储藏的石油（天然气）总量。地质储量分为探明地质储量、控制地质储量和预测地质储量。探明地质储量是指在油气藏评价阶段，经评价钻探证实油气藏可提供开采并能获得经济效益后，估算求得的、确定性很大的地质储量，将来油气藏的实际采出油气量大于或等于探明经济可采储量的概率至少为80%。

2. 天然气地质储量

气藏的地质储量公式为：

$$G=\frac{0.01Ah\phi S_{gi}}{B_{gi}} \tag{15-2}$$

$$B_{gi}=\frac{p_{sc}ZT}{p_iT_{sc}} \tag{15-3}$$

式中　G——原油地质储量，10^8m^3；

A——含气面积，km^2；

h——气层有效厚度，m；

S_{gi}——原始含气饱和度，%；

ϕ——地层有效孔隙度，%；

B_{gi}——原始天然气体积系数，无量纲；

p_{sc}——地面标准压力，MPa；

T_{sc}——地面标准温度，K；

T——地层温度，K；

Z——原始地层条件下压缩系数；

p_i——原始地层压力，MPa。

3. 可采储量

可采储量一般是指技术经济可采储量，是地质储量与采收率的乘积，即：

$$N_R=N\cdot E_R \tag{15-4}$$

式中　N_R——原油可采储量，10^4m^3；

N——原始地质储量，10^4m^3；

E_R——采收率，%。

可采储量的关键是采收率，油藏采收率的主要影响因素为：

（1）油藏的类型，如构造层状、断块、岩性和裂缝性油藏。

（2）储层的孔隙结构特征、润湿性、连通性和非均质程度，以及渗透率、孔隙度和饱和度的大小。

（3）有无天然能量，如油田气顶、边水和底水，以及天然能量的可利用程度。

（4）地层流体性质的好坏，如原油的黏度等。

（5）开发层系划分和开发方式选择的合理性。

（6）井网密度及布井的合理性，以及开发调整的效果。

（7）钻采工艺技术水平和增产措施应用的效果与规模。

（8）提高油田采收率的二次和三次采油方法，应用的规模与效果。

气藏采收率的主要影响因素是驱动类型、储层渗透率、连通性和废弃地层压力的大小。

根据美国石油学会（API）采收率委员会，Arps等研究者对312个油田生产动态进行研究，得出不同驱动类型油藏的采收率经验公式。

水驱：

$$E_R = 0.3225\left[\frac{\phi(1-S_{wi})}{B_{oi}}\right]^{0.0422} \times \left(\frac{K\mu_{wi}}{\mu_{oi}}\right)^{0.077} \times S_{wi}^{-0.1903} \times \left(\frac{P_i}{P_a}\right)^{-0.2159} \tag{15-5}$$

溶解气驱：

$$E_R = 0.2126\left[\frac{\phi(1-S_{wi})}{B_{ob}}\right]^{0.1611} \times \left(\frac{K}{\mu_{ob}}\right)^{0.0979} \times S_{wi}^{0.3722} \times \left(\frac{P_b}{P_a}\right)^{0.1741} \tag{15-6}$$

式中 S_{wi}——束缚水饱和度，%；

K——算术平均绝对渗透率，$10^{-3}\mu m^2$；

μ_{wi}——原始地层压力下水的黏度，mPa·s；

μ_{oi}——原始地层压力下地层油的黏度，mPa·s；

P_a——油藏废弃压力，MPa；

P_b——饱和压力，MPa；

B_{ob}——饱和压力下地层油的体积系数，无量纲；

μ_{ob}——饱和压力下地层油的黏度，mPa·s。

4. 剩余可采储量

容积法动态分析时，需要通过生产动态计算剩余可采储量，其公式为：

$$N_{RR} = N \cdot E_R - N_p \tag{15-7}$$

式中 N_{RR}——剩余可采储量，10^4m^3；

N_p——原油累积生产量，10^4m^3。

剩余可采储量计算时需要对原始地质储量及采收率进行修正，应用它可进一步确定储采比，进而分析后续稳产年限及经济极限产油量，并据此进行开发方案的调整，达到动态分析和预测的目的。

三、递减曲线法

无论何种储集类型，也无论何种驱动类型的油气田，随着开发的深入和发展，都会进入产量递减阶段。根据该阶段的产量和累积产量的数据，利用产量递减分析法，既可预测油气藏未来时间的产量和累积产量的变化，又可对油气藏的可采储量和剩余可采储量作出有效的预测。

1. 油气藏开发模式

油气藏开发模式是指任何油气藏从投产到开发结束，油气藏产量随生产时间变化全过程的态势。如图15-2所示，概括起来，油气藏的开发模式共分为六种：图（a）投产即进入递减；图（b）投产后经过一段稳产后进入递减；图（c）投产后产量随时间增长，当达到最大值后进入递减；图（d）投产后产量随时间增加，在经过一个稳产阶段后进入递减；图（e）

和图（f）分别为图（d）和图（c）模式的变异形式。上述六种开发模式，只要已经进入递减期，均可利用产量递减法预测油气藏的可采储量和剩余可采储量。

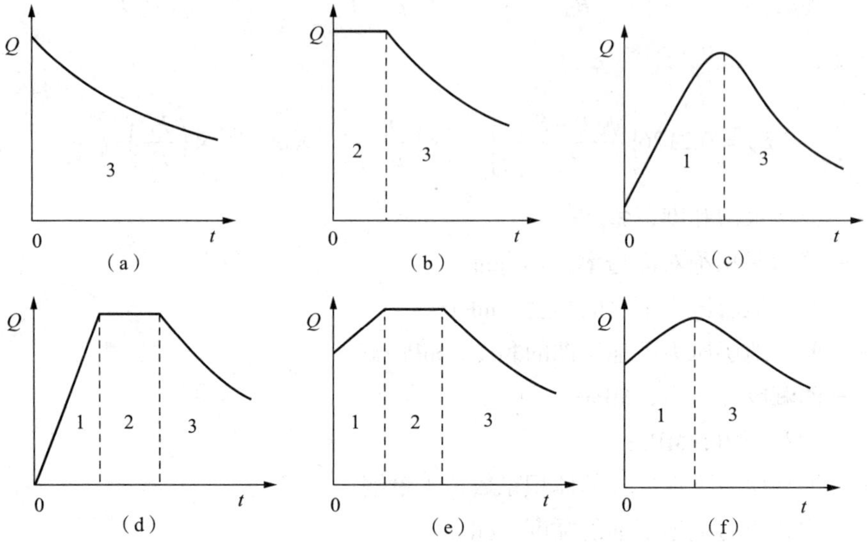

图15-2　油气藏开发模式图

2. Arps递减分类

动态分析应用较多的是Arps递减，其类型主要有指数递减、双曲递减、调和递减。

油气藏产量递减阶段，产量递减的大小通常用递减率表示，即单位时间内的产量递减分数，其表达式为：

$$D=-\frac{1}{Q}\frac{\mathrm{d}Q}{\mathrm{d}t} \tag{15-8}$$

式中　D——瞬时递减率，a^{-1}；

Q——递减阶段t时间的产量，m^3/a（油藏）或$10^8m^3/a$（气藏）。

Arps认为瞬时递减率与产量遵循下面关系：

$$D=KQ^n \tag{15-9}$$

式中　K——比例常数；

n——递减指数；

由此得到以下关系：

$$\frac{D}{D_0}=\left(\frac{Q}{Q_0}\right)^n \tag{15-10}$$

式中　D_0——初始递减率，a^{-1}；

Q_0——初始产量，m^3/a（油藏）或$10^8m^3/a$（气藏）。

当递减指数取不同值时，得出了三种递减类型，如表15-2所示。

表15-2 Arps三种递减类型基本特征对比表

递减类型	指数递减	双曲线递减	调和递减
递减指数	$n=0$	$0<n<1$	$n=1$
递减率	$D=D_i=$常数	$D=D_i(1+nD_it)^{-1}$	$D=D_i(1+D_it)^{-1}$
产量与时间	$Q=Q_ie^{-Dt}$ $\lg Q=\lg Q_i-\frac{D}{2.303}t$	$Q=Q_i(1+nD_it)^{-1/n}$ $\left(\frac{1}{Q}\right)^n=\left(\frac{1}{Q_i}\right)^n=\frac{nD_i}{Q_i^n}t$	$Q=Q_i(1+nD_it)^{-1}$ $\frac{1}{Q}=\frac{1}{Q_i}=\frac{D_i}{Q_i}t$
产量与累积产量	$N_p=\frac{E(Q_i-Q)}{D}$ $Q=Q_i-\frac{D}{E}N_p$	$N_p=\frac{D_i^n}{EQ_i}\left(\frac{1}{1-n}\right)\left[Q_i^{1-n}-Q^{1-n}\right]$	$N_p=\frac{EQ_i}{D_i}\ln\frac{Q_i}{Q}$ $\lg Q=\lg Q_i-2.303\frac{D_i}{EQ_i}N_p$
开发时间	$t=\frac{1}{D}\ln\frac{Q_i}{Q}$	$t=\frac{1}{nD_i}\left[\left(\frac{Q_i}{Q}\right)^n-1\right]$	$t=\frac{Q_i-Q}{D_iQ}$

通过理论曲线与递减历史数据的拟合可得到递减类型公式，由此进行产量、储量、采出程度的计算与预测。

3. 递减曲线类型

应用Arps递减可以得到半对数产量递减曲线，如图15-3所示。

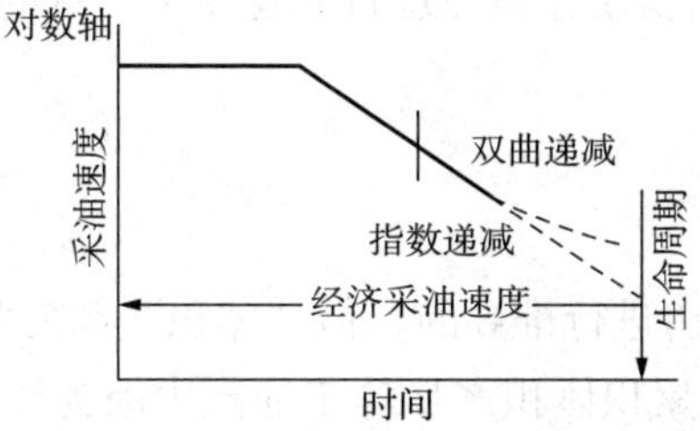

图15-3 半对数产油量与时间关系图

除此之外，递减曲线还有以下几种，如图15-4所示。

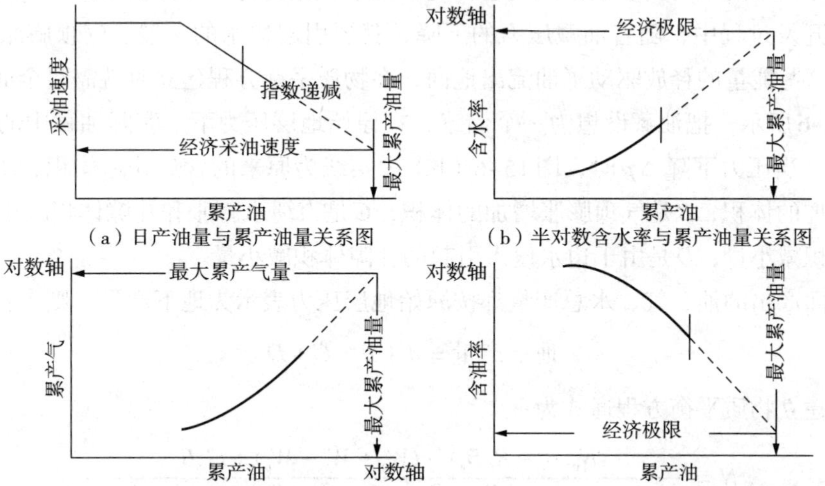

（a）日产油量与累产油量关系图 （b）半对数含水率与累产油量关系图

（c）半对数累产气量与累产油量关系图 （d）气油/油水界面与累产油量关系图

图15-4 其他递减曲线图

通过对以上各曲线的分析，可以完成动态分析中的预测产量和累积产量、预测可采储量、预测剩余可采储量及采储比、分析递减规律等。

还可以应用周期递减规律分析油气藏开发过程中的技术主体换代需求和时机，以提前制定策略，如图15-5所示。

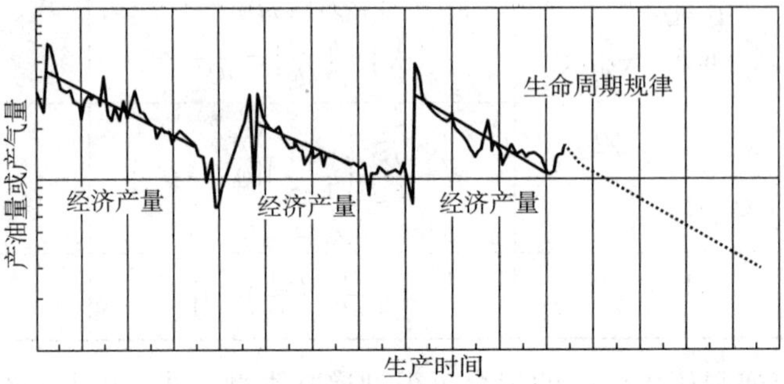

图15-5　日产油量和时间的周期递减曲线

四、物质平衡法

1953年，R.J.Schithuis利用物质守恒原理首先建立了油藏的物质平衡方程式，并在油藏工程中得到了广泛的应用和发展。

1. 物质平衡原理

物质平衡方程是按体积平衡进行推导的，但"体积"都需要换算为地下原始条件的体积，即以地下原始条件表示的地面累积体积产量等于油藏中因为压力下降引起的流体膨胀量与侵入量之体积总和。

物质平衡方程没有考虑渗流的运动过程，但同样建立了流量和压差之间的关系，也同样可以用来研究油藏的驱动机理及预测动态，是继数学模型的另一种分析方法。

在油藏开发过程中，随着油藏压力的下降，就要引起边水的入侵、气顶膨胀、溶解气分离和膨胀，这些能量的释放驱动了油流出地面，在物质平衡方程建立时就需要全面去考虑。

如图15-6所示，把油藏设想为一个储罐，在原始地层压力下，实际油藏中的油、气将全部充满其中。当压力下降 Δp 时，图15-6（b）中实线为原来的含烃孔隙体积，A 是油和溶解气因膨胀增加的体积，B 是气顶膨胀增加的体积，C 是束缚水膨胀和孔隙体积减小综合作用引起的孔隙体积减小量，D 是由于边水侵入引起的孔隙体积减小量。

若把地面产出的油、气、水总产量都按原始地层压力表示为地下产量，则有：

$$\text{地下产量} = A + B + C + D \tag{15-11}$$

由此，建立物质平衡方程通式为：

$$N = \frac{N_p(B_t - R_{si}B_g) - (W_e + W_i - W_p) + G_pB_g}{(B_t - B_{ti}) + mB_{ti}\dfrac{B_g - B_{gi}}{B_{gi}} + B_{ti}\dfrac{(1+m)}{1-S_{wc}}(C_f + C_wS_{wc})\Delta p} \tag{15-12}$$

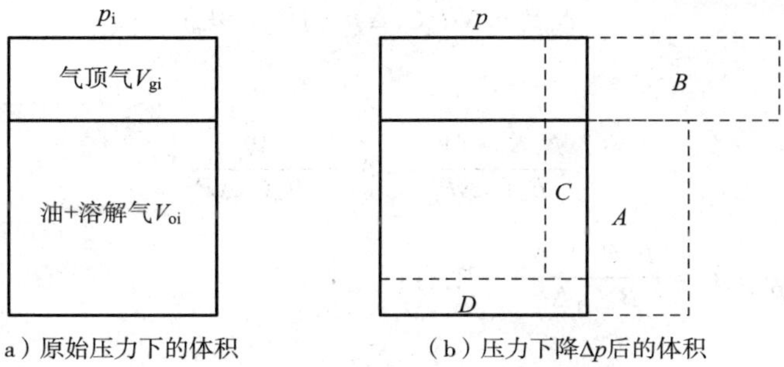

图15-6　油藏压力变化后发生的体积变化

变换为：

$$N_p(B_t - R_{si}B_g) + G_pB_g + W_p = N\left[(B_t - B_{ti}) + mB_{ti}\frac{B_g - B_{gi}}{B_{gi}} + B_{ti}\frac{(1+m)}{1-S_{wc}}(C_f + C_wS_{wc})\Delta p\right] + (W_e + W_i) \quad (15\text{-}13)$$

式中 N_p——累产油量（地面），10^4m^3；

G_p——累产气量（地面），$G_p = N_pR_p$，10^4m^3；

R_p——累产气油比；

W_p——累产水量（地面），10^4m^3；

N——油的原始储量（地面），公式$N = V\phi(1-S_{wc})/B_{oi}$，$10^4m^3$；

V——油藏体积，m^3；

W_e——天然水侵量（地面或地下，因为B_w=1），m^3；

W_i——人工注水量（地面或地下），m^3；$m = \frac{V_{gi}}{V_{oi}}$；$B_{ti} = B_{oi}$，$B_t = B_o+(R_{si}-R_s)B_g$；$\Delta p = p_i-p$；

下标i——代表原始压力状态。

2. 物质平衡方程的类型

对于不同驱动类型油藏，按物质平衡通式可进行简化。

1）未饱和油藏、封闭弹性驱

假设条件$W_e = W_i = W_p = 0$、$m = 0$、$R_p = R_s = R_{si}$

$$N_pB_o = NB_{oi}C_T\Delta p = N\cdot X \quad (15\text{-}14)$$

$$C_T = C_o + \frac{C_wS_{wc} + C_f}{1 - S_{wc}} \quad (15\text{-}15)$$

令$X = B_{oi}C_T\Delta p$，则：

$$N_pB_o = N\cdot X \quad (15\text{-}16)$$

指示曲线中，X和N_pB_o为一过原点的直线，斜率为N。

2）未饱和油藏、天然弹性水驱

假设条件$m = 0$、$R_p = R_s = R_{si}$、$W_i = 0$

$$N_pB_o = NB_{oi}C_T\Delta p + (W_e - W_p) \tag{15-17}$$

变换为：

$$\frac{N_pB_o + W_p}{B_{oi}C_T\Delta P} = N + \frac{W_e}{B_{oi}C_T\Delta P} \tag{15-18}$$

令$X = \dfrac{W_e}{B_{oi}C_T\Delta P}$、$Y = \dfrac{N_pB_o + W_p}{B_{oi}C_T\Delta P}$，则有：

$$Y = N + X \tag{15-19}$$

指示曲线中，X和Y为一直线，截距为N。

3）未饱和油藏、天然水驱和人工注水的弹性水驱

假设条件$m = 0$、$R_p = R_s = R_{si}$

$$N_pB_o = NB_{oi}C_T\Delta p + (W_e + W_i - W_p) \tag{15-20}$$

变换为：

$$\frac{N_pB_o + W_p - W_i}{B_{oi}C_T\Delta P} = N + \frac{W_e}{B_{oi}C_T\Delta P} \tag{15-21}$$

令$X = \dfrac{W_e}{B_{oi}C_T\Delta P}$、$Y = \dfrac{N_pB_o + W_p - W_i}{B_{oi}C_T\Delta P}$，则有：

$$Y = N + X \tag{15-22}$$

指示曲线中，X和Y为一直线，截距为N。

4）饱和油藏、无气顶无边底水溶解气驱

假设条件$W_e = W_i = W_p = 0$、$m = 0$、$R_p \neq R_s \neq R_{si} \neq 0$

$$N_p[B_t - (R_{si} - R_p)B_g] = N\frac{C_f + C_wS_{wc}}{1 - S_{wc}}B_{ti}\Delta p + N(B_t - B_{ti}) \tag{15-23}$$

忽略液体和岩石的弹性作用，变换为：

$$N_p[B_t - (R_{si} - R_p)B_g] = N(B_t - B_{ti}) \tag{15-24}$$

令$X = B_t - B_{ti}$、$Y = N_p[B_t - (R_{si} - R_p)B_g]$，则有：

$$Y = NX \tag{15-25}$$

指示曲线中，X和Y为一直线，斜率为N。

5）饱和油藏、有气顶无边底水溶解气驱

假设条件$W_e = W_i = W_p = 0$、$m \neq 0$、$R_p \neq R_s \neq R_{si} \neq 0$

$$N_p[B_t - (R_{si} - R_p)B_g] = N\frac{1 + m}{1 - S_{wc}}B_{ti}(C_f + C_wS_{wc})\Delta p + N\left[(B_t - B_{ti}) + mB_{ti}\frac{B_g - B_{gi}}{B_{gi}}\right] \tag{15-26}$$

忽略液体和岩石的弹性作用，变换为：

$$N_p[B_t - (R_{si} - R_p)B_g] = N\left[(B_t - B_{ti}) + mB_{ti}\frac{B_g - B_{gi}}{B_{gi}}\right] \tag{15-27}$$

令$X=(B_t-B_{ti})+mB_{ti}\dfrac{B_g-B_{gi}}{B_{gi}}$、$Y=N_p[B_t-(R_{si}-R_p)B_g]$，则有：

$$Y=NX \tag{15-28}$$

指示曲线中，X和Y为一直线，斜率为N。

6）饱和油藏、有气顶有边底水的溶解气驱

假设条件$W_e=W_i=W_p=0$、$m\neq0$、$R_p\neq R_s\neq R_{si}\neq0$

$$\begin{aligned}&N_p[B_t-(R_{si}-R_p)B_g]=\\&N\frac{1+m}{1-S_{wc}}B_{ti}(C_f+C_wS_{wc})\Delta p+N\left[(B_t-B_{ti})+mB_{ti}\frac{B_g-B_{gi}}{B_{gi}}\right]+(W_e-W_p)\end{aligned} \tag{15-29}$$

忽略液体和岩石的弹性作用，变换为：

$$\frac{N_p[B_t-(R_{si}-R_p)B_g]+W_p}{(B_t-B_{ti})+mB_{ti}\dfrac{B_g-B_{gi}}{B_{gi}}}=N+\frac{W_e}{(B_t-B_{ti})+mB_{ti}\dfrac{B_g-B_{gi}}{B_{gi}}} \tag{15-30}$$

令$X=\dfrac{W_e}{(B_t-B_{ti})+mB_{ti}\dfrac{B_g-B_{gi}}{B_{gi}}}$、$Y=\dfrac{N_p[B_t-(R_{si}-R_p)B_g]+W_p}{(B_t-B_{ti})+mB_{ti}\dfrac{B_g-B_{gi}}{B_{gi}}}$，则有：

$$Y=N+X \tag{15-31}$$

指示曲线中，X和Y为一直线，截距为N。

7）气藏的物质平衡方程

$$\begin{aligned}&\text{定容气藏：}P_P=P_{Pi}\left(1-\frac{G_P}{G}\right)\qquad P_P=\frac{P}{Z}\text{ 拟压力}\\&\text{封闭气藏：}P_F=P_{Fi}\left(1-\frac{G_P}{G}\right)\qquad P_F=P_P(1-C_C\Delta P)_F\text{压力}\\&\text{水驱气藏：}P_H=P_{Hi}\left(1-\frac{G_P}{G}\right)\qquad P_H=P_P(1-C_C\Delta P-w)_H\text{压力}\end{aligned} \tag{15-32}$$

3. 指示曲线

建立物质平衡方程的指示曲线如图15-7所示，可以通过曲线的形状、斜率、截距等进行动态分析。

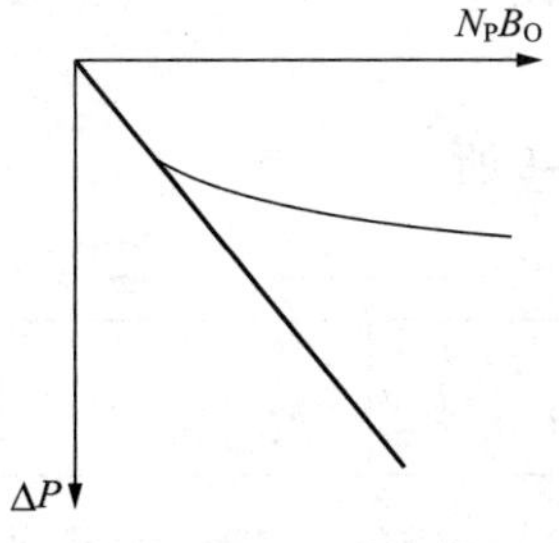

图15-7 物质平衡方法指示曲线示意图

应用指示曲线可以进行的动态分析主要功能在于：

（1）确定动态储量（动用储量）。

（2）判断驱动类型。

（3）油藏动态预测（压降或产量）。

（4）计算采收率。

（5）分析剩余储量。

（6）预测开采年限。

（7）分析水侵量。

（8）调整注采平衡。

五、数值模拟法

数值模拟在现代油气藏经营管理过程中起了非常重要的作用，它们被用来制订油气藏管理计划，并且用于监控和评价油气藏动态。

1. 数值模拟原理

模拟过程广泛应用于研究油气藏动态，用于提高油气藏最终采收率。数值模拟依旧以物质平衡为基础，要考虑油气藏的非均质性和流体的流动方向。不同于古典的物质平衡方法，一个数值模拟过程考虑了生产井和注入井的位置，以及它们的生产条件。这些井可以在想要的时间开井和关井，并且采用特别的井底完井。产量或井底压力都可以按需要进行设置。

把一个油气藏分成许多小的储油体、储油气细胞或区块来考虑油气藏的非均质性。在一开始，就用物质平衡方程和流体流动方程，来计算在离散时间段的每个区块的油、气、水相。

把储层划分为有限个网络，一维单向流、二维平面流、二维径向流和三维空间流四种网格形式，如图15–8所示。

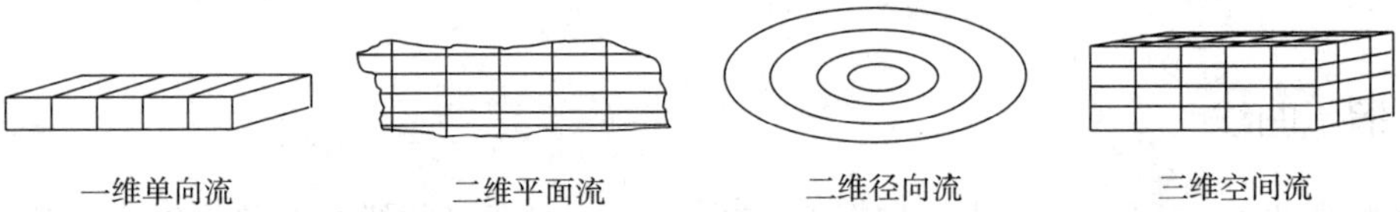

图15–8　储层网格离散示意图

在差分方程建立之前，需要对网格进行排序，排序会影响差分方程的复杂程度，有许多针对排序的研究，这里不再表述。

以一维自然排序为例，如图15–9所示。

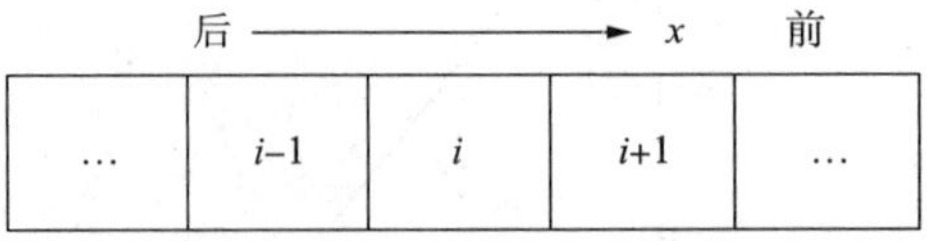

图15–9　一维单向渗流网格排序示意图

以一维单相液体弹性不稳定渗流为例进行差分方程的建立。已知基本微分方程为：

$$\frac{\partial^2 p}{\partial x^2} = \frac{1}{\eta}\frac{\partial p}{\partial t} \tag{15-33}$$

数值模拟是应用差商代替微分，渗流方程改变为每个节点上的差分方程。对网格节点（x_i，t_{n+1}），空间差商用n+1时刻值，时间差商用向后差商，则差分方程为：

$$\frac{\partial^2 p}{\partial x^2}\Big|_{x_i,t_{n+1}} = \frac{1}{\eta}\frac{\partial p}{\partial t}\Big|_{x_i,t_{n+1}} \tag{15-34}$$

$$\frac{p_{i+1}^{n+1} - 2p_i^{n+1} + p_{i-1}^{n+1}}{(\Delta x)^2} = \frac{1}{\eta}\frac{p_i^{n+1} - p_i^n}{\Delta t} \tag{15-35}$$

整理为任意点差分格式为：

$$-\delta p_{i-1}^{n+1} + (1+2\delta)p_i^{n+1} - \delta p_{i+1}^{n+1} = p_i^n \tag{15-36}$$

一个方程含有3个未知数，此时需要把所有网格的差分方程联立起来，构成方程组，再求方程组的解才能得到n+1时刻的压力值。

通过渗流基本微分方程建立差分方程组，然后求解，涉及许多问题，简要总结如下：

（1）隐式差分为无条件稳定，显式差分为有条件稳定，隐式差分为常用格式。

（2）差分方程组的系数矩阵一般为带状稀疏矩阵，网格数增多，矩阵会很大。

（3）大量方程构成的方程组直接解法或迭代解法会占用内存和耗费时间。

（4）差分方程中的系数需要进行线性化处理，增加了方程组的复杂程度。

（5）内边界和外边界的处理，会影响方程组的计算速度，甚至收敛性。

（6）涉及复杂渗流的多个方程的处理，计算难度增加；

（7）数值模拟一般都需要计算机软件辅助。

根据其原理可知，数值模拟的优点在于能够有效解决解析法面临的非均质、不等厚、非等温、多相多组分、物理化学渗流等复杂条件下的渗流问题。因为需要求解方程组的大量计算，所以数值模拟一般需要借助计算机编程实现。

油藏模拟的前提条件是基本的油藏过程分析，这可以帮助选择一个正确的油藏模拟模型。由于模拟所需要数据的复杂性，所以建议在开始模拟时，选用可能最简单的模型。模拟结果的准确性依赖于输入“黑箱”的数据，而不是必须依赖于模型的改进。

2. 历史拟合

数值模拟过程中，要花大量的时间来决定将无用信息排除。很明显，每个人关心的是油藏研究的大部分应该有助于收集和校正油藏数据。但是，当一个真正的油藏模拟开始时，人们改变油藏性质来追求完美的历史拟合，而不考虑油藏的物理实际。成功的历史拟合产生了更多的可信性数据，而不是产生更多的岩芯的测量、测井分析或者共同的观念，即使工程师知道他们的拟合并不是一个独一无二的结论。拟合的目标是获得尽可能最好的、最正确的油藏数据。如果模拟工作显示有些方面必须改变，那么要小心谨慎地处理。

过去的生产和压力动态的历史拟合包括调整模型的油藏参数，直到模拟出的动态符合观察到的和历史的动态。这是在预测前的一个必要的步骤，因为预测的准确性可能没有历史拟合的准确性好。然而，必须承认历史拟合不是独一无二的。可调整的油藏参数必须是明确的，调整的程度必须是确定的。一些已知的数据比其他的数据有更大的准确程度。举个例子，通常假定流体性质是确定的，因为提供了详细的实验室方法。油藏储层性质（孔隙度、渗透率和毛细管压力），仅仅在被射孔的岩层位置处才是可知的，甚至也有可能是错的。在两口井交叉地区，储层性质必须根据地质和油层物理的相关性进行内插得到。因此，如果井的参数是不正确的，那么模拟的结果也可能是不正确的。

3．动态预测

预测在目前工作条件下的未来动态，或预测在一些替代性开发方案（如加密钻井、后期注水等条件下的未来动态）是油藏模拟研究的最后阶段。主要的目标是确定最好的作业条件，使油藏的采收率达到最大的经济效率。

应该注意模拟研究即使在开始生产之前也是有用的。这可能是在新油藏中出现的情况。在这种情况下，油藏模拟可以用来进行敏感性研究，从而确定影响原油采收率的油藏参数，这可能有助于制订开发策略计划，有助于确定应该收集的其他数据。

4．正确理解

因为模拟软件和计算机硬件的不断完善，数值模拟的应用稳步增长。模拟的快速成长和过快被人们接受，导致了一些混乱和油气藏开发决策的误用。主要体现在：

不现实的预期——许多时候，存在着对数值模拟所能做的不现实的期望。有一种趋势认为，只要是从计算机得出来的结果就是绝对可靠的。

对模拟的不充分的判断——有时，油气藏数值模拟研究要比可用的数据调整更加苛刻，其结果是产生昂贵的费用。有时，研究的目的是不清楚的，原本传统的油藏工程工具，例如递减曲线分析、物质平衡方法等，也可以提供和模拟油藏一样多的信息，但为了追求业绩表现而选择了复杂昂贵的数值模拟。

对模拟的不现实的油藏描述——为了努力获得油藏的一个历史拟合。有时，因为参数的迅速采用，例如相对渗透率和一些烃类流体的性质，而使用不现实的油藏描述。

当考虑一项研究时，先检查有用于油藏模拟软件的输入数据的逻辑性是很有用的。这也许对明确研究的目的、辨别其他的油藏数据、判断油藏数据的可靠性和估计一个充分研究的价值是很有用的。

六、动态分析的管理行为

油气藏动态分析的管理行为包括五个内容：预测储量；动态分析；产能预测；方法应用；循环更新。其中前三个为专业技术的任务，方法应用和循环更新为经营管理的任务。

方法应用强调动态分析与预测时，除需要多学科团队成员的协同工作之外，也需要多种动态分析方法的综合应用与对比，以便更为全面地认识油气藏开发的规律，同时也需要明白，并非越复杂越高端的分析越准确，有时应用简便的方法也同样能获得很好的效果，重点在于资料的准确和全面、分析的细致和深入、多种方法的综合验证。

循环更新强调数据、模型、动态分析方法、开采方法等相关内容的更新，并要坚持不断的制定目标、设计方案、组织实施、监督评价、修订完善这一循环过程，始终保证油气藏在最优的开发方案指导下进行。

1. 所需要数据的对比

表15–3是动态分析方法所需要数据的对比。

表15–3 油气藏动态分析的数据对比

所需数据类型	容积法	递减曲线	物质平衡	数值模拟
几何	面积、厚度	否	面积、厚度非均质	面积、厚度非均质
岩石	孔隙度、饱和度	否	孔隙度、饱和度、相对渗透率、压缩系数、非均质	孔隙度、饱和度、相对渗透率、压缩系数、毛细管压力、非均质
流体	岩层体积系数	否	PVT非均质	PVT非均质
井	否	否	产量—时间PI	局部射孔PI
生产和注入	否	产量	是	是
压力	否	否	是	是

很明显，物质平衡方法和数值模拟的方法对数据的需求是更为全面的，尤其是数值模拟方法成为数据应用最充分的平台。

2. 结果对比

应用四种方法分析的结果对比如表15–4所示。

表15–4 油藏动态分析的结果对比

结果分类	容积法	递减曲线	物质平衡	数值模拟
原始储量	有	无	有	有
采收率或采出程度	有	有	有	有
产量—时间关系	否	有	可以	有
压力—时间关系	否	否	可以	有

数值模拟是油气藏动态分析和预测最完备的模型，对推动油气藏经营管理起到重要的作用，其分析的结果基本包括了所需要的指标，功能比较强大，是油气藏管理者最为喜欢的一个工具。

一定程度上，利用物质平衡模型也能进行大量的指标分析，但在与时间的关系分析中理论方法不够完善。

递减曲线法可以理解为回归分析的时间外推，对储量和压力显示力不从心。

容积法中的采出程度或采收率实则是许多经验公式，这些的基础是渗流力学的理论方法，模型过于理想化。

3. 适用性与可靠性对比

在不同油气藏开发阶段，动态分析方法适用性的对比如表15-5所示。

表15-5 油藏动态分析适用性方法对比

阶段（适用性/可靠性）	容积法	递减曲线	物质平衡	数值模拟
勘探	是/不可靠	否	是/不可靠	是/不可靠
发现	是/不可靠	否	是/不可靠	是/不可靠
描述	是/不可靠	否	是/不可靠	是/可靠
开发	是/较好	否	是/较好	是/好
生产	是/可靠	是/可靠	是/好	是/非常好

在数据比较全面的开发阶段，协同工作组对油气藏的地质及开发规律已经有了较为细致的认识，四种方法的适用性和可靠性都是值得信赖的，数值模拟表现得更为出色。在动态资料较少的情况时，不同阶段，各分析方法的适用性和可靠性会出现差异，但差异并不明显，即勘探和发现阶段，地质认识尚不清楚的情况下，即便是数值模拟方法分析的结果也是不可靠的。

除了本章对比的四个油气藏动态分析方法外，还有水驱特征曲线法、预测模型法、神经网络法、大数据法等。

管理小常识　磨合效应

群体心理学中，人们把新组成的群体相互之间经过一段时间磨合而产生更加协调契合的现象，称之为磨合效应。

这一效应来自：新装机器通过一定时期的使用，把摩擦面上的加工痕迹磨光而变得更加密合的现象。这一现象在新的自行车、汽车等使用上都会发生，使用一段时间后，必须加以整合车辆，这样就更加磨合了。

机器的每个零件被组装在一起，他们之间就形成了相互依赖的关系。在相互依赖的关系中，每个零部件必须通过磨合，共同消除阻挠这部机器运行的任何内力和外力。比如新车的汽缸在开始时，都有个磨合期，在磨合期中，汽车不能急刹，不能急动，速度不可过快。平稳缓慢的运行有助于汽车的各个零部件相互协调。磨合好的车，日后就比较耐用，性能也更好。人的身体也同此理，动静之理亦寓在其中。

新组成的群体，其中每一个个体相互间都是陌生的，互不了解对方的特点，因而在新的群体中难免产生一些磕磕碰碰的事情。经过一段时间的摩擦冲突，相互间得到了了解，得到了谅解，并逐步适应了对方，也适应了新的群体。即使不是新的群体组建，是一个个体进入另一个群体，这种摩擦也会有的，只是不直接表现出来而已。因此，组建一个新群体或是加入一个新群体，都可能产生摩擦，摩擦的结果就可能是磨合效应，另一种可能即是游离效应或冲突状态。

一个新群体相互都是陌生的，而平时习惯了的沟通方式双方会经常自觉不自觉地表现出来。这种沟通方式也许对方很不喜欢、很不适应，碍于不熟，因此就压抑下去，但经常性的沟通，又导致经常性的压抑，从而导致心理冲突，冲突的最佳结果就有可能是磨合效应。

一个新群体的组合能不能产生磨合效应？效应有多大？都不是一个常数，有待于我们去引发与开发。磨合效应是我们期望的，游离效应是我们要杜绝的，冲突状态也是我们所不喜欢看到的。

协同团队要想达到完整的契合，需要各方都做出必要的割舍。领导者要善于调节团队成员之间或者团队之间的矛盾，消除误会、解决分歧、倡导合理竞争，实现组织整体目标。

课件“码”上来

第十六章 油藏模型

油藏模型不是一个简单的工程或地球科学模型，它是一个由地学科学家和工程师联合建立的综合模型。这个综合油藏模型需要有关的地质、岩石、流体性质、流体动态、采收率机理、钻井、完井和生产历史的全部知识。它的主要组成部分是地质模型和数值模拟模型。油气藏模型是油气藏经营管理的综合性工作平台，是数据、团队成员、技术、多学科等协同工作的高级形式和具体展现，成为许多油公司油气藏评价、开发规划、动态分析、开发调整等日常管理的必要工具。因此，油藏模型在油气开发中占有非常重要的地位。

第一节 油藏模型的作用

多学科协同工作体现在油藏模型的建立、应用、修正的全过程，油气藏动态分析的主要作用之一是改进地质模型和工程模型，工程模型主要包括递减曲线模型、水驱特征模型、物质平衡模型和数值模拟模型等，功能最强、应用最广泛的是数值模拟模型。

一、油藏动态模拟

石油开采项目的经济可行性受目前和未来作业条件下的油藏生产动态的影响很大。因此，对油藏性质的过去和现在的评估，以及对其将来的预测是油藏管理过程中的一个必要方面。传统的容积法、物质平衡法和递减曲线解释法，以及高科技黑油模型、组分模型和提高采收率模拟器被用于油藏生产动态分析和估算可采储量。其结果的准确性决定于用作油藏动态分析的油藏模型的质量。

模拟软件可以模拟在不同背景下的油藏的不同开发过程，因此模拟软件为优选油藏管理的提供了一个有利的工具。油藏模拟器对于制订早期开发计划，历史拟合和优化未来生产以及设计、布置提高采收率项目等方面具有非常重要的作用。图16-1列出了油藏模拟中的关键步骤。

从历史上看，油藏模拟软件已经用于大型油田和那些正在进行的复杂开采过程，它并不适合于小的油藏。这是因为模拟需要的成本高，需要经过专门训练的专业人员，要花费大量的时间。但这种局面已经改变，个人计算机模拟技术在油藏的管理中发挥着重要作用。

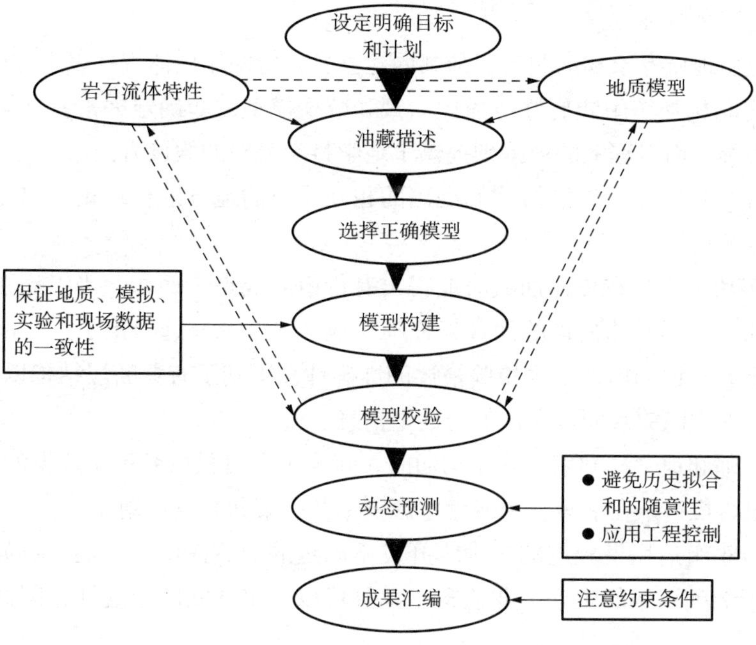

图16–1　油藏模拟过程

油藏动态模拟是建立在油藏模型基础上的虚拟生产过程，随着开发进程的分析，根据油藏监督监测、动态分析中所汇集的数据资料，一个很重要的活动是定期地改进油藏模型，包括先前所建的地质模型及数值模拟模型两者在内。

在改进地质模型方面，其首要目的是将常规地质数据连同油藏动态数据集成化以便发展成一个更一致及物理上能如实描述的模型。观测到的油藏内的压力分布，对于使其地质描述更精确来说是一个宝贵的资料来源。尤其是在鉴定封隔性断层和其他的使油藏渗流不连续方面更显得突出。另外，在井底不受污堵的情况下，测出井内流量分布剖面对于搞准油藏的分层特性可能是有用的。还包括专项试井，以便解决油藏与渗流通道有关的不确定性等重要问题。

数值模拟模型的不断完善要靠用修正的地质描述及油藏动态数据的整体分析。改善模型的一般途径是通过油藏动态的拟合来校验其模型。历史拟合法或多成少是带有点技巧性的，有些人根据其拥有的经验，可以使模型发展成高效益的。要做到更切合实际，必须比数学曲线的匹配做得更好。为了要做好可信的历史拟合，地质工程师及油藏工程师应该共同讨论及决断应对油藏描述做些什么样的调整，使其既能仍然与地质概念相一致，而又与多孔介质的渗流原理相吻合。

二、多学科协同作用

建立油藏模型是油气藏经营管理中非常重要的工作，这是因为：

（1）它使得地质和工程专家联合工作。

（2）它要求地质专家的解释和假设同生产历史和压力测试所得到的实际油藏动态相比较。

（3）它能够提供搞清油藏现在动态，并预测在各种假设条件下油藏未来动态的方法，所以能做出较好的油藏管理方案。

油藏模型应由地质专家和油藏工程师共同建立，其协同作用体现在以下方面：

（1）他们之间相互作用能更好地描述油藏和减少模型的非确定因素。地学科学家的数据有助于工程师解释，而工程上的数据则提供了地学科学家新的假设方向。

（2）地质和工程专家小组能对他们提出的相互矛盾的地方进行纠正，以免在将来的油田生产中付出高额的代价。

（3）一个多功能团队在描述油藏时能得出有价值的观点。例如，当工作在一个复杂的断层系统时，Amoco 国际石油公司的油藏工程师与地学科学家一起得出了一个准确的先验油藏描述。团队用模型对比油田性质来检验描述的准确性，得到了有关断层结构以及天然气体积、渗透率和储量三者之间关系的极有价值的数据信息。

（4）当工程师和地学科学家不互相沟通时，每一个学科只研究可用数据的一部分。因此，油藏管理的质量将反过来在油藏整个寿命中影响钻井决策和开发规划。

（5）多学科小组运用最先进的技术为开发不确定的油藏提供了可能。例如，改进的三维地震数据有助于老油田中的生产作业监督，并且可以确定井间的连通性，因此提高油藏模型的描述水平。

（6）多学科团队建立的油藏模型能提供精细油藏描述的实用技术，使生产过程最优化。

三、油藏模拟的工作

有一个考虑实际地质情况和其他岩石—流体性质的模型是很重要的。在油藏模型基础上，可以进行生产过程的模拟，主要包括如下工作：

（1）确定油田在注水、注气或自然衰减条件下的动态。

（2）选择注水井网方式，如排状注水、面积注水的可行性。

（3）确定井位和井距的影响。

（4）研究油藏采油速度的影响。

（5）井位已定条件下计算整个气田的供输气能力。

（6）计算预测非均质油田或气田中的泄油区域。

四、油藏模型建立的指导方针

模拟的工程包括油藏描述、历史拟合和在一个背景下预测油藏将来的动态。油藏描述阶段得出了一个包括全面几何学的油藏模型。形成油藏模型后，它是否能用，决定于它是否符合油田过去的活动情况。油藏描述信息经常在地质和工程约束范围内改变，以便历史拟合过去的生产动态。

建立模拟模型的经验教训：

（1）在确认计算结果的正确和可靠性之前，过分强调所有类型的输入数据的精确性。换句话说，对输入数据准确性的要求应该与计算结果对这些数据的敏感度成比例。

（2）模拟结果对油藏描述数据的敏感度，可以通过在合理的范围内改动这些数据后进行模拟试算确定。

因此，我们应努力得到那些对计算影响最大的数据。建立油藏模型的普遍指导方针是“选择能够进行所需油藏动态预测的最不复杂的模型和最粗糙的油藏描述”。

第二节 各学科在油藏模型中的作用

油气藏经营管理中，多学科协同发挥着重要的作用，这在油藏模型的建立与应用过程中能够得到更突出的体现。

一、地质工程的作用

油藏岩石和非油藏岩石及油藏流体的分布既决定了油藏模型的几何形状，也影响模型的类型。例如，地层中薄页岩夹层（或致密碳酸盐岩）的数量和规模决定了油藏剖面的连续性，而且影响每个网格单元的垂向和横向尺寸。油藏参数的变化趋势也许需要有几个断面或一个三维模型才能给定。其他影响网格尺寸的因素有计算成本、井距、流体相态分布和研究目的。

将地质模型融入模拟模型中需要认清和找出详细的油藏非均质性。随着高级模拟技术的运用和对地下复杂性的认识，在油田开发初期，油藏的这些非均质性就能被认识且加入模拟模型中。

模拟模型的研制和使用必须以地质和油藏工程评价作指导。地质工程师通常从以下四个方面集中研究岩石地层的属性。

（1）通过岩石研究建立岩性学参数，并确定沉积环境，区别出油藏岩石与非油藏岩石。

（2）通过对构造的研究建立构造类型，确定三维连续特性和油藏岩石的厚度分布。

（3）通过对油藏性质的研究，确定油藏物性如孔隙度、渗透率和毛细管性质随构造的变化。

（4）通过综合研究，确定碳氢化合物的孔隙体积并建立三维的流体运移模式。

地质工程师和油藏工程师在他们所有工作过程中需要不断相互反馈信息，例如：岩芯分析提供了确定油藏岩石类型的数据，而试井研究有助于识别非渗透区域和裂缝，模拟研究可用于通过压力—生产动态测试物理模型，而油藏模型需要进行调整才能与实际动态拟合好。

二、三维地震的作用

三维地震调查用于鉴定那些没有对储量进行最优化处理的生产。这样的分析可以通过使枯井数量和低产井数量最少而减少成本。在评价阶段进行的三维调查地震有利于开发计划的设计。随着生产的进行，地震数据通常是用于设定生产井和注入井井位，保持地层压力和完成修井的依据。而这些活动又产生新的资料，根据这些资料又要改变地质图，修改构造，改变油藏地质模型。

一项三维研究将对最初的发展计划产生冲击。随着新井不断钻出，有更多的信息可用于改进最初的解释。随着时间的推移和数据的建立，三维数据中最初一些模糊的部分开始变得清晰。有用的三维地震调查将在油藏的整个一生中发挥作用。

三维地震数据有助于明确几何框架，定性和定量分析岩石和流体性质，监控流动。

三、地质统计的作用

油藏有其固有的可测量的属性。它是许多复杂过程的一个最终产品，这些过程已发生了几百万年。油藏描述是观察、经验和有效的猜测的结合体。

用随机的技术描述固有油藏是因为：①所有规模的油藏的信息都是不完全的；②复杂的空间相沉积；③岩石性质的变化；④不了解属性之间的关系；⑤从中得到的相对大量的异常的信息；⑥建立过程简便和迅速。

随机模拟可以得出一些看似真实的结果，这些结果将用于比较它们对历史拟合的影响。

用分形地质统计学和其他随机技术可以描述非均质油藏不确定因素的变化。分形地质统计是以一个假设为基础的，即分形统计能用于将井间油藏非均质性用随机的分形变换附加于相互关联的测井数据的均匀插值上。标准的分形统计能用于确定从测井和岩芯数据分析中得到的随机分形变化的特性。这种方法是成功的，因为许多自然系统的变化实际上就是不规则的。

油藏非均质地质统计、随机统计模型在生成更准确的油藏模型上，发挥着越来越重要的作用。它提供了一系列空间数据分析工具。这些工具可由地质学家，地球物理学家和工程师共同完成，它也是将不确定信息的各种来源综合的一个工具。

地质统计学在模拟油藏性质和如孔隙度、地震速度这样相关的特性之间的结合是很有用的。

地质统计学使地质学家将有效的信息加入一个格式中，而油藏工程师也可以使用。当一个具体的油藏数据不完整时，可以用其他具有相似地质环境或地表研究的成熟油田的统计特征。通过以定量方式获取属性的不均匀性，便产生了一个更逼真的地质描述。

变量图用于研究一个具体变量的空间连续性。变量图也可用于研究不同地点的不同变量的横向连续性。例如，可以拿一个特定地点的孔隙度与其附近的传播时间比较。一旦形成模型，空间的相关性就能用于多变量回归，即“协同克里金法”，从可用的孔隙数据和地震信息中建立一个孔隙度图。

一旦被估算的不知道的值与有效的样品之间的统计关系被确定，任何没进行取样的值都可由周围测量的广义回归估算出。

结合数据的不同类型，如定性的地质信息和直接实验数据是不容易由多变量或“协同克里金法”完成的。在没有测量孔隙度的地方，岩相的考虑则提供了一个合理的范围，在这个范围内不知道的值将减少。

另外，如果基于岩相建立的孔隙度分布图，则可判别未知区域的孔隙度是在这个范围的低端还是高端。

四、油藏工程的作用

使采油和采气的采收率达到最大，有以下六种措施：

（1）认清一个给定油田内的所有单个油藏及它们的物理属性。

（2）演绎过去和预测油藏动态。

（3）减少不必要的钻井数量。

（4）确定和调整井筒和地表系统。

（5）在适当时机开始操作控制。

（6）考虑所有经济和法律因素。

当地质模型确定后，其余的工程/生产信息将被输入模型，这些信息有油藏流体和岩石性质、井位、完井情况、井底压力和脉冲试井，用于确定井的连通性和有效渗透率。物质平衡的使用使原始碳氢化合物、水层侵入量和油藏延伸区域的计算成为可能。注入/生产剖面图的应用可确定垂向流体分布。

五、综合作用

从传统上讲，对于不同类型的数据要分别进行处理，而产生几个不同的模型——地质模型、地球物理模型、生产/工程模型。地质统计学提供了一个将所有相关信息融合的方法，产生与信息相一致的油藏模型。

用于油藏动态预测的地质学的重要性已经被油藏工程师所认识。但是，将地质图转换成模型而不浪费时间和不失效也是很重要的。

三维地质模型已经能自动产生地质图和开发横截面。因为这些模型与油藏数值模型软件直接相连，油藏工程师能很容易的用地质学家提供的复杂的油藏描述进行开发计划。另外，油藏工程师能在日常中很容易的用新的数据或解释更新他们的模型。并且很快地提供相一致的地图和截面，用于估计像钻加密井这样行为的结果。三维地质模型程序能提供地图和截面图，这使工程师在设计模拟模型前能完全了解地质。

模拟技术中的变革随着数学模拟模型的产生而产生。正当信息技术快速发展的今天，油藏工程师从地质学家和生产工程师那寻找更多更详细的数据。另一方面，油藏历史拟合也给地质学家提供了地质信息的反馈。

关于地质学家和工程师之间的相互影响，Craig强调详细的油藏描述的价值，即根据地球物理知识，用地质、地球物理和油藏描述，为工程计算机去实现一个更准确的油藏描述。Harris和Hewitt指出了油藏管理中协同作用的地质前景，他们解释了油藏非均质性是由于油藏连续厚度模型和孔隙体积的复杂性而导致的。

随着用于有效和经济的管理油藏的地学和工程软件的问世，油藏模型制作也出现了重大突破。几个服务、软件和咨询公司正致力于开发能安装在一个普通平台的综合软件。这个交互的、容易使用的软件可提供更逼真的模型。来自各个领域的使用者能像篮球队那样合作的使用软件，而不像接力赛中的接力棒那样传递他们的成果。

管理小常识　位差效应

美国加利福尼亚州立大学对企业内部沟通进行研究发现，来自领导层的信息只有20%～25%被下级知道并正确理解，而从下到上反馈的信息则不超过10%，平行交流的效率则可达到90%以上。这一研究结果称为沟通的“位差效应”。

进一步的研究发现，平行交流的效率之所以如此之高，是因为平行交流是一种以平等为基础的交流。为试验平等交流在企业内部实施的可行性，他们试着在整个企业内部建立一种平等沟通的机制。结果发现，与建立这种机制前相比，在企业内建立平等的沟通渠道，可以大大增加领导者与下属之间的协调沟通能力，使他们在价值观、道德观、经营哲学等方面很快地达成一致；可以使上下级之间、各个部门之间的信息形成较为对称的流动，业务流、信息流、制度流也更为通畅，信息在执行过程中发生变形的情况也会大大减少。因此，得出一个结论：平等交流是企业有效沟通的保证。

上位心理与下位心理在组织成员间的沟通与交流过程中是客观存在的，其对组织成员的心理影响既有有利的一面，又有不利的一面。有利的一面主要表现在，它能从心理上维系组织中的上下关系和既定秩序，不利的一面是它可造成组织成员间的沟通障碍和心理隔膜，增加组织中的内耗。管理实践证明，“位差心理”所造成的不利方面是显而易见的。上位心理和下位心理给上下级之间所造成的不利影响，即由于上级搞官僚主义、夸夸其谈和妄自尊大而导致下属阿谀逢迎、谨小慎微和欺上瞒下的心理与行为。此外我们还可以看出，之所以会造成“上之难达”“下之难知”的结果，位差效应在发挥着潜在的作用。

“位差效应”，其意指：由于地位的不同使人形成上位心理与下位心理，具有上位心理的人因处在比别人高的层次而有某种优势感，具有下位心理的人因处在比别人低的层次而有某种自卑感；一个有上位心理者的自我感觉能力等于他的实际能力加上上位助力，而一个有下位心理者的自我感觉能力等于他的实际能力减去下位减力。我们在实际工作和交往中也常有这样的体验，在一个比自己地位高或威望大的人面前往往会表现失常，事前想好的一切常在手足无措中乱了套，以致出现许多尴尬的场面，可是如果在一个地位或能力都不如自己的人面前，我们却可一切应付自如，乃至有超常发挥。

为了避免沟通中“位差效应”的扩大，管理者应注意两点：

其一是把下属克隆成你自己。古语有云：“上有好者，下必甚焉。”因此，有什么样的上司，自然会有什么样的下属。在责怪下属处事不当之前，应该想想自己是否有同样缺点。

其二是别当“原则”的奴隶。所有队员希望自己有一位理想的上司，时间观念宽松、为下属争取高薪酬、与下属同喜同悲等，所以要想团队充分发挥协同作用，就得少一点原则，多一点灵活！

课件“码”上来

第十七章 油气藏经济管理

油气藏经济管理是地质—工程—经济的多学科协同工作过程，数据管理、动态分析及油藏模型的建立都是为了油气藏开发技术与经济综合效益最大化，前面章节侧重于如何应用多学科协同去提高技术管理水平，本章重点在于从经济角度去评估和管理油气藏开发过程。经济管理需要在油气藏的发现到废弃的生命周期中对其项目的经济性进行评估和分析，制定一个好的商业决策要看这个项目的经济可行性。

项目经济分析的任务也同样需要多学科的协同努力，表现在以下几个方面：

（1）根据公司的经济基准制定经济目标。生产和/或油藏工程师负责用从管理中得到的信息，与经济师共同进行经济调整。

（2）制订项目发展方案。工程师和地质学家是管理指导中起关键作用的人。

（3）收集生产、操作和经济数据。

（4）制定经济计算。工程师、地质学家和经济师负责此事。

（5）制定风险分析和选择最佳项目。工程师、地质学家和经济师开始共同负责分析。工程师、地质学家、经济师、操作人员和管理人员一同工作来决定最佳项目。

经济管理的首要任务是评价一个油田不同技术方案中的各类技术指标与经济指标间的关系，特别是各项投资和费用所发生的经济效果，以作为最后对比和选定开发方案的基本依据。在开发方案实施过程中，也要经常进行经济分析和核算，以考察原来所做的经济计算是否符合实际。除此之外，油气藏开发方案本身也要随着对地下储层认识的不断深化和开发过程中出现新的问题而不断加以调整。这时，经济分析工作也要紧接着进行，以随时研究油气开发的经济效果及其变化情况。

经济管理是从事石油勘探开发工作的重要组成部分，是现代化经营管理的标志之一。经济管理的结果是进行决策的重要依据，有了经济管理，就能使管理者对油气藏经营方向和目标、经营方法和经济效益以及经营状况进行定量分析，从而果断地做出正确的决策。

第一节 经济管理的数据

经济管理的数据是以技术数据为基础，经济数据为依据，进行经济指标的计算，进行方案的经济效果评估。最基本的数据如表17-1所示。

表 17–1 油气藏经济管理基本数据

基本数据	数据来源 / 说明
油气产量	油藏和生产工程师、每个项目各不相同
油气价格	金融和经济学家、战略计划的分析
资本投资（有形的、无形的）和操作费用	设备、作业和工程专家，每个项目各不相同
石油开采权/产量分配	每个项目各不相同
贴现和通货膨胀率	金融和经济学家、战略计划的分析
国家和地区税款（生产、解除合同和计税）	会计
国家所得税，减免和分期偿还计划	会计

一、基础技术数据

为了进行开发方案的经济管理，必须首先收集和分析油田开发的各项技术指标，以及与这些指标有关的各类资料，如油田地质特征、地层及其中流体物性，开采工艺及设备、建筑工程设施以及油田的自然地理、环境等，在开发方案基础上进行经济管理。

主要技术指标是：

（1）油田布井方案，特别是油田的总钻井数、采油井数和注水井数。

（2）油田开发阶段的采油速度、采油量、含水上升百分数。

（3）各开发阶段的开发年限及总开发年限。

（4）不同开发阶段所使用的不同开采方式的井数，即自喷井数及机械采油井数。

（5）油田注水或注气方案，不同开发阶段的注水量或注气量。

（6）不同开发阶段的采出程度和所预计的最终采收率。

（7）开发过程中的主要工艺技术措施等。

二、基础经济数据

在分析内容上，大体包括：勘探开发投资包括地球物理、勘探钻井、开发钻井、地面建设、其他投资等。

油气成本及单位能耗包括操作费、折旧大修理提成、单位产量综合能耗、原油损耗率等。以下从总投资、油气成本、利润、现值四个方面介绍基础经济数据。

1. 总投资

油田建设总投资由勘探投资和开发投资两部分组成。

勘探投资主要是物探（地震）工作和打探井，其余是研究、试验、管理费用。这部分投资通常在开发期以无息偿还或其他费用中偿还；

开发投资主要是钻井投资和地面建设投资。

钻井投资可由下式计算：

$$钻井投资 = 油水井口数 \times 平均井深（米）\times 每米进尺钻井成本 \quad (17-1)$$

式中，油水井口数及平均井深由开发方案提供，而每米钻井成本确定合理与否对总投资的影响很大，是个关键数据。由于各个地区地质条件及岩层性质不同，设计井深和井身结构亦不同，此值可以差别很大。故应根据各地实际情况或参考类似油田或区块数据确定合理数据。有些情况可能还需附加测井及完井射孔费用等。

油田地面建设投资主要包括油气集输工程、供水工程、电信工程、道路、机修、变电及油田公共福利设施的全面投资。常根据矿场经验数字，按钻井投资比例确定，其采用的比例系数因地而异，为0.4 ~ 1.2之间，或者根据地面建设流程初步估算求得。

2. 油气成本

油气成本是油气田采油气费用的货币表现，它反映油气开采过程中的劳动消耗及其价值。它既是衡量开发方案经济效益的综合性指标之一，又是编制现金流量表和计算利润的基础指标。油气成本主要有油气开采成本、油气经营成本、油气总成本。

油气开采成本应包括：

（1）材料费：指采油及采气过程中油气井、计量站、集输站、集输管线以及其他生产措施直接消耗的各种材料，如各种油管、破乳剂、录井钢丝、高压阀门等。

（2）燃料：指采油及采气过程中直接消耗的各种固体、液体、气体燃料，如原油、燃料油及天然气等。

（3）动力：指采油及采气过程中直接消耗的电力、蒸汽等。

（4）生产工人工资及工资附加费：指矿场所属直接从事采油、试井、维修等生产的工人工资及辅助工资和按规定比例提取的职工福利基金。

（5）折旧费：指矿场范围内生产用固定资产的基本折旧和大修理折旧。折旧年限6 ~ 8年，残值率取0 ~ 3%，固定资产折旧率由各油田统计确定。

（6）注水注气费：指为保持油层一定压力，提高采收率，对地层进行油水注气所支出的一切费用。

（7）井下作业费：指为维护油气井正常生产，采取各种井下作业措施，如酸化、压裂、射孔、试油、修井等发生的一切支出。

（8）原油三脱费：指为降低原油损耗、提高原油质量，对油气脱水，脱轻质油，含油污水的脱油，回收污油、轻质油等进行相应的处理和天然气脱硫所发生的支出。

（9）科学试验费：为油田合理开采所做科学试验发生的一切开支。包括现场试验及地质研究队、攻关队所发生的各项支出。

（10）油田维护费：为合理开发利用天然气资源，减缓油气递减速度，维持油气田生产支出的各项油田维护费用。

（11）矿场经费：指矿场（大队）一级发生的各项费用，包括消耗材料、工资、差旅费、折旧及修理费等。

（12）企业管理费：指管理局一级管理部门发生的各项管理费用。

（13）轻烃回收费：指从原油或天然气中回收轻烃所发生的一切费用。

（14）天然气净化费：为净化天然气所发生的一切费用。

（15）储量有偿使用费。

根据以上项目可计算出油气每采1t原油的开采成本。

油气经营成本是油气总成本扣除折旧费、摊销费、流动资金利息和储量使用费后的成本。

油气总成本要在油气开采成本基础上加入财务费用、管理费用和销售费用。

3. 利润

油气产品销售收入主要指用于销售的油气产量按当时油气价格计算的收入，再加上其他产品的销售收入。

油气利润 = 油气产品销售收入 − 油气产品总成本 − 油气产品销售税金及附加 + 其他销售利润

所得税 =（利润总和 − 累计亏损）× 0.33

税后利润 = 利润总额 − 所得税

纯利润 = 税后利润 − 联营者分成 + 投资净收益（从单独油气藏经营管理角度讲不考虑资金的对外投资）

4. 现值

在技术经济管理中，要首先考虑资金的时间价值，也就是资金的时间因素。

所谓资金的时间价值，是资金的价值与时间有关，资金的价值随时间的变化而变化。

现值即现在时刻的货币价值，或者说，把今后某一时刻的货币价值换算成现在的价值。如可以把两年后的110.25元换成现在的价值100元，也可在年利率为6%的情况下，把10年后的179元换成现在的100元，这一换算过程称为贴现或折现，换算所得到的现在时刻的价值即现值，现值即期初值或基期的价值。

折现率或贴现率指将未来有限期预期收益折算成现值的比率。用于计算资金的时间价值。我国石油行业的现行基准折现率为12%。

三、经济管理指标

油气藏经营管理的经营管理主要是评估方案的盈利能力，盈利能力分析主要是考察投资的盈利水平，用以下指标表示。

1. 财务内部收益率（FIRR）

财务内部收益率指在整个计算期内各年净现金流量现值等于零时的折现率，它反映项目所占用资金的盈利率，是考察项目盈利能力的主要动态评价指标。其表达式为：

$$\sum_{t=1}^{n}(C_1 - C_0)_t(1 + FIRR)^{-t} = 0 \tag{17-2}$$

式中 C_1——现金流入量；

C_0——现金流出量；

$(C_1-C_0)_t$——第t年的净现金流量；

n——计算期。

2. 投资回收期

投资回收期指以项目的净收益抵偿全部投资（固定资产投资、投资方向调节税和流动资金）所需的时间，它是考察项目在财务上投资回收能力的主要静态评价指标。石油基准投资期一般为6年。

3. 财务净现值（FNPV）

财务净现值指项目按行业的基准收益或设定的折现率，将项目计算期内各年的净现金流量折算到建设初期的现值之和。它是考察项目在计算期内盈利能力的动态指标，其表达式为：

$$FNPV = \sum_{t=1}^{n}(C_1 - C_0)_t(1 + i_c)^{-t} \tag{17-3}$$

式中 i_c——基准折现率。

4. 投资利润率

投资利税率指项目达到设计生产能力后的一个正常生产年份的年利润率总额与项目总投资的比率，它是考察项目单位投资盈利能力的静态指标。

5. 投资利税率

投资利税率指项目达到设计生产能力后的一个正常生产年份年利税总额或项目生产期内的年平均利税总额与项目总投资的比率。

第二节 经济管理的内容

油气藏开发经济分析的首要任务是对不同开发方案进行技术经济指标的分析、计算和综合对比，以获得选择最优开发方案的凭据，评估开发方案运行效果，提出改善经济效果的方向。因此，进行经济分析的基本数据就是油田开发方案中各项主要技术指标，以及与这些技术指标有密切关系的储层和流体物性情况、开采的工艺设备、建筑工程设施以及油田的自然地理环境等。

每一个完整的油气开发方案都可根据油田的地质情况及流体力学的计算和开采的工艺设备，得出该开发方案下的技术指标。开发方案不同，这些技术指标也就各有差异，进行经济分析，就是要对不同设计方案的技术指标进行经济分析，并最终算出全油田开发的经济效益。

一、经济管理的任务

油气开发经济管理是分析开发技术方案的经济效益，从而为投资决策及开发方案调整提供依据。结合油气藏开发工程的特点，经济管理的主要任务有以下三个方面。

1. 进行工程技术方案的经济评价与可行性研究

开发经济评价应配合各级生产管理部门和设计部门做好工程技术方案的经济评价与可行性研究，为提高工程投资项目的综合经济效益提供决策依据。工程技术方案主要包括下述内容：

（1）新区开发方案。

（2）老区调整方案。

（3）中外合作开发方案。

（4）未开发储量经济评价等。

2. 开展油田开发边际效益分析

为了分析技术方案或技术措施的经济极限，要开展油田开发边际效益分析，在实践中，需分析的问题是：

（1）极限产能或极限单井日产量。

（2）合理井网密度分析。

（3）单井极限含水率。

（4）热采极限汽油比。

3. 开展油田开发经济动态预测与分析

为了预测油区中长期开发规划的经济效果或分析油田开发经济动态，需分析的问题是：

（1）中长期开发规划的经济效果预测。

（2）油田开发经济动态分析等。

油气开发经济管理与分析的工作内容将在实践中不断扩展。

4. 对油气开发规划进行风险分析

油气藏开发是密资金工程，高投资是其主要特点，通过多学科协同工作获得的油藏地质模型及开发过程的油藏模拟本身存在不确定性，再加上油气生产过程中的原材料、人员工资、油价、环保、政治、战争等更活跃的风险因素紧密地伴随左右，因此，油气藏经营管理的风险管理越来越受到重视。

二、经济管理的原则

当前，我国实行社会主义的市场经济，经济管理应在国家宏观经济政策指导下进行，同时又要充分结合石油工业部门的特点，建立适合本部门的经济管理方法。经济管理应遵循以下基本原则：

（1）必须符合国家经济发展的产业政策、投资方针以及有关法规。

（2）经济管理工作必须在国家和地区中长期发展规划的指导下进行。

（3）经济管理必须注意宏观经济分析与微观经济分析相结合，选择最佳方案。

（4）经济管理必须遵守费用与效益的计算具有可比基础的原则。

（5）经济管理应使用国家规定的经济分析参数。

（6）经济管理必须保证基础资料来源的可靠性与时间的同期性。

（7）经济管理必须保证评价的客观性与公正性。

进行油气藏开发的技术经济管理，其原则总体概括为：整体性原则、经济性原则和可比性原则。

1. 整体性原则

进行技术经济分析与评价时，既应看到系统内部的关系，也要看到系统的外部关系。应当把技术经济的分析对象看作有机的整体，运用系统的思想、观点和方法，对技术方案的各个方面进行分析与评价，并以综合分析的结果作为选择和评价的依据。

为实现技术分析对象的总体最优，应处理好几个问题：

（1）经济、科学技术与社会的协调发展。

（2）正确处理经济效益、政治效益和社会效益的关系。

（3）方案各种因素、各个环节的关系及其相互影响。

（4）局部利益与全局利益的关系。

2. 经济性原则

（1）宏观经济效益分析与微观经济效益分析相结合，以宏观经济效益分析为主。

（2）目前经济效益分析与长远经济效益分析相结合，以长远经济效益分析为主。

（3）直接经济效益分析与间接经济效益分析相结合，以综合分析为主。

（4）定量分析与定性分析相结合，以定量分析为主。

（5）动态分析与静态分析相结合，以动态分析为主。

3. 可比性原则

在进行方案比较时，应首先明确主要方案的可比性，即用以比较的各方案必须具备相互比较的基础和条件，而不是任何方案都可以相互盲目比较。

三、经济管理的方法

在经济评价中，按照是否考虑资金的时间价值可分成静态法和动态法两类。

1. 静态法

所谓静态评价方法是指对投资项目进行效益评价时，不考虑时间因素，这种方法简单易行，适用于对方案进行粗略评价。常用的指标有以下几个：

（1）总投资额：总投资＝固定资产投资＋流动资金。

（2）高峰期的现金支出：这指标对资金筹措和安排有很重要意义。

（3）最终盈利：整个生命期内的现金流动累计值。正值为盈利，负值为亏损。

（4）静态投资回收期：是指项目投产后所得的净收益回收（抵偿）全部投资所需的时间。

（5）采油总成本和单位成本。

（6）投资利润率。

（7）投资利税率。

2. 动态法

所谓动态评价方法就是评价指标的计算中考虑了资金的时间因素，注意了资金运动的规律。考虑资金的时间价值，有利于加强资金周转的观念、利息的观念、投入产出观念，合理利用建设资金，提高经济效果。主要指标有：

（1）净现值（NPV）。

（2）净现值指数（净现值比率）NPVR：等于净现值与投资现值之比，或称单位投资的净现值。

（3）内部收益率IRR。

（4）动态投资回收期：它与静态投资回收期的概念基本相同，不同之处考虑了时间因素。

四、综合评价

经济管理需要对技术与经济的综合效果进行评价，可以对多个方案进行优选，也可以对已运行方案效果进行评估。

综合评价所需要的关键技术经济指标主要有以下内容：

（1）油田的布井方案：油田总井数、注水井数、生产井数等。

（2）油田的开发速度，单井采油量，油田年产量、年采液量的变化情况，含水率及其上升情况。

（3）油田开发年限及开发阶段的划分。

（4）在不同开发阶段，不同开采方法的井数，即自喷井数、机械采油井数。

（5）注水方式及不同开发阶段的注水量，各种井网密度和水驱控制储量。

（6）油层埋藏深度，油层总厚度，渗透率分布及流体性质。

（7）油田地质储量及可采储量。

（8）油田地面建设流程及建设进度。

（9）勘探工作量，包括已完成的地震测线长度及还需进一步补充进行的工作量。

（10）资金来源及利率。

（11）基本建设工程的定额。

在开发方案对比时，除经济指标外，还必须考虑技术—经济综合指标的对比。如：

（1）总投资额及单位投资额。

（2）产量水平及稳产时间和递减速度。

（3）开采速度（每年采出储量的百分数）及最终采收率。

（4）劳动消耗量，包括职工总数，劳动生产率［吨/（人·年）］。

（5）生产总费用（万元/年）及每吨原油成本（元/吨）。

（6）主要物资（如钢材）消耗量。

（7）利润额及投资回收期等。

一些指标可以根据情况需要有所变化和增减。

在方案评价时，当可供评价的因素即各种计算指标或非数量指标很多时，应正确对比和选择。简单的做法是选出重点考虑的指标，做综合分析，然后做出决策。但此法的缺点是容易凭指标单因素优而作为全局优来择取。另一种方法是采取分项打分法来确定方案的名次。首先由决策者对所采取的指标评价能达到优化目标重视的程度给分标准，然后根据各种方案能达到该项指标满意的程度给定分数，最后汇总起来，以最高分为最佳方案，依次排列。

五、风险评估

油气藏开发项目是一个充满不确定性的过程，不确定性受项目的规模、复杂性和技术含量等因素的影响，同时也受时间、资源和环境的制约。油气生产企业在油气田开发的过程中面临巨大的风险，这是因为油气田开发项目开始后，项目持续时间长，再加上经济环境的不确定性可能使油气生产企业所用的成本高于项目报价而导致亏损。人类对地下资源的存在与否、储量多少、质量优劣的认识，石油现代科学技术水平和地质学家驾驭知识的能力决定的，因此很难预测，油气资源量的计算依据含油面积、油气层有效厚度、孔隙度、含油饱和度、原油体积系数和原油密度等参数，这些参数都具有不确定性，因此依据这些参数计算资源量结果的不确定性就更大，而投资决策是建立在对这种油气资源量的评价基础上的，风险显而易见。

在当前石油市场激烈波动的形势下，我国石油已经进入国际资本市场的激烈竞争之中，市场竞争更加激烈，油价、政治、经济、战备等对油气藏的经营管理影响更为明显。油藏规划、调整方案制订、经济评价等关键环节，就必须分析影响油气藏开发的风险因素，从而采取正确的处理策略来减少或避免风险。

影响油气藏开发项目的风险因素主要有五类：①资源方面的因素；②研究/技术方面的因素；③人员方面的因素；④市场方面的因素；⑤研究环境方面的因素。

1）地质资源的把握程度

因为开发方案是建立在对地质资料和状况的研究之后，所以地质资源的把握程度是开发方案能否成功的基础，也是开发方案可靠度函数的关键变量。随着地质资源的把握程度的增大，地下资源的不确定不断减小，方案的确定性在不断增加。

2）技术工艺水平

技术工艺水平指的是从地质资料掌握、开发基础研究、技术政策、规划部署、工艺措施反映出来的方案技术水平。

一般来说，开发方案各个方面的技术工艺进行越细致的研究，开发方案成功的可能性就越大。但是技术水平本身并不能独立控制开发方案的成功度，随着地质资源的把握程度的增大，技术工艺方面的研究水平对于方案成功度的贡献就增大。也就是说，研究人员水平，研究方法，资源控制程度，市场控制程度都相同的情况下，技术工艺水平越高，方案成功的可能性越大。

3）研究人员水平

研究人员水平由以下几个方面的因素构成：研究人员学历层次，研究人员的职称及经验、知识结构、创新精神，研究人员的组合与激励。在方案研究阶段，研究人员的主要作用是在项目的研究、试验、设计等阶段对增强技术性的强度起作用，但是并不能改变方案研究过程中的技术工艺水平，尤其是一些环境因素。因为技术工艺水平反映的是方案研究项目承担单位整体的技术能力，不是具体的方案研究人员的能力。另外，研究人员的水平对方案可靠性的增加影响是随着地质资源的把握程度的增加是减少的。显而易见，如果地质资源的把握程度不是很大，要想使方案研究成功，这就反映了开发方面技术人员的水平的高低。反之，如果对地质资源的把握程度已经比较清晰，就显示不出开发技术人员的水平。

4）研究方法模型类型

从技术创新的角度来分，研究方法模型可分为试验研究、模拟研究、类比研究等。历史数据样本较多、技术水平较高、研究人员的水平较高都会带来更确定的信息，但单一模型的应用可能会面临较高的风险，因此，多种方法的协同才能保证风险降到最低。

5）环境因素

油气藏经营管理还受到以下几个方面因素的影响：油价、人员工资、原材料价格、能源动力价格、供需关系、国际政治/经济/军事等。这些因素的突发影响在风险管理时常常被称为“黑天鹅”或“灰犀牛”事件，有时它们的风险是致命性的。

风险评估经常用的方法有不确定性分析、敏感性分析、蒙特卡洛模拟模拟法、头脑风暴法、决策树法、德尔菲调查法、收益风险比法、名义集体决策法、期望值法等。

管理小常识　布利丹效应

布利丹效应是指管理者决策时犹豫不决、难做决定的现象。该效应源于法国经院哲学家布利丹一个关于驴的故事。

14世纪，法国经院哲学家布利丹，在一次议论自由问题时讲了这样一个寓言：“一头饥饿至极的毛驴站在两捆完全相同的草料中间，可是它却始终犹豫不决，不知道应该先吃哪一捆才好，结果活活被饿死了。”由这个寓言形成的“布利丹驴”，被人们用来喻指那些优柔寡断的人。

“布利丹效应”有三大特点。第一，追求最优，这样往往会一再丧失机遇；第二，最乱，情绪乱、思维乱，选择的标准乱；第三，最慢，问题的发现慢，决策慢，执行慢。怎么避免“乱”和“慢”呢？管理的“理”还有一层含义是排序，先干什么后干什么。在工作中要抓主要矛盾，牵牛鼻子、抓关键环节，这都是排序。管理是追求秩序的。

决策者避免布利丹效应的对策：果断选择后全力打拼，团队必须果断地抓住时机，确定新的行进方向，集中所有资源不遗余力地向新方向进发，这是一位优秀决策者应有的前瞻性能力。

“看清了再做”越来越成为一种理想状态，而不会在现实决策中出现，因为许多项目管理过程中，动态因素变化很多，由简到繁、由点到面、由浅到深的不断认识是主旋律，因此，当你看得非常清楚的时候，往往管理已经到了最后的阶段。因此，大致看清楚一个方向的时候，就必须全力进取，才能够有所突破。

实际上，在没有全力进入新方向之前，没有人可以准确地看清前行的道路，为了抓住机会，企业必须做出果断的决策。有时候，企业甚至需要进行一场“豪赌”，这是企业最高决策者必须承担的一项责任。在这个过程中，最怕的是“浅尝辄止，四面出击”。“浅尝辄止”，很可能在快要挖到井水的时候放弃，而并不能探索出真正的道路来。“四面出击”，只会分散有限的精力和资源，而不可能找到未来的增长点。

大赌有赢也有输，这是必然的现象。但如果长时间犹豫不决，代价可能更大。格鲁夫在回忆英特尔转型时谈道：“路径选错了，你就会死亡。但是大多数公司的死亡，并不是由于选错路径，而是由于三心二意，在优柔寡断的决策中浪费了宝贵的资源，断送了自己的前途。”所以最危险的莫过于原地不动。选择可能是错的，但是不选择的代价可能更高。严重地说，后者无异于一种慢性自杀。随着竞争的损耗，企业的资源越耗越薄，选择的空间越来越少，看起来选择多元化的企业像是保留了“东方不亮西方亮”的权力，但实际上丧失的是在任何一点获得突破的可能性。

课件“码”上来

第十八章　技术管理与技术创新

油气藏经营管理强调油气藏开发过程中的地质—工程—经济的多学科协同工作，其模式是把协同工作组作为油气藏开发决策的管理智囊团，通过多学科专业技术的综合应用，降低油气开采的不确定性，提高技术与经济的综合效益，体现了综合管理模式下的油气藏经营管理的作用。但是强调管理并非弱化技术，相反，技术管理在油气藏经营管理中处于非常重要的位置，只能通过技术的协同才能发挥管理的高效，只有技术的创新才能推动管理的发展和完善，团队成员的本职工作就是依赖其专业技术水平，团队学习的范畴更多的也是集中在技术上，数据管理过程也是技术作用的显示结果，因此，技术管理是必不可少的。

第一节　油气技术突破历程

技术的发展是承前启后的，石油工业发展过程是伴随着技术的突破而快速发展及持续稳定的，对技术的生命周期规律的认识可以增强团队成员的技术创新意识。

自1859年现代石油工业起，石油工业的发展模式经历了规模制胜（1859～1970年）、成本制胜（1970～1990年）、高新技术制胜（1990～2000年）、数字信息制胜（2000年～现在）四个时代，随着科技的快速发展，石油工业发展模式的变化也在加速。世界石油工业与中国石油工业的突破高度依赖科技创新的发展，同样，未来时期的油气可持续发展也将有待于科技的突破。

一、世界油气技术的突破

科技进步不断增强了人类获取石油的本领。在过去100多年的石油勘探开发历程中，全球石油产量实现了三次跨越式增长。如图18-1所示，第一次是20世纪20～30年代，世界石油产量从1×10^8t增长到2×10^8t，这一时期地震反射波法、最大有效产量概念内燃机驱动钻机和牙轮钻头等技术被广泛应用；第二次是20世纪60～70年代，世界石油产量由10×10^8t跨越到20×10^8t，这主要得益于板块构造、注水采油、喷射钻井等新理论和新技术的出现；第三次是20世纪90年代以来世界石油产量稳定在30×10^8t以上，期间盆地模拟、水平钻井、三维地震勘探以及三次采油技术为此做出了巨大贡献。进入21世纪后，非常规油气资源的规模化开发使世界石油产量稳中有升，同时改变了OPEC和OPEC+之间的供需局面，其依赖的技术主要是缝网压裂及地质工作一体化。从上述事实中，不难看出，每次石油产量的跨越式增长都是一批重大石油科技理论和技术突破的结果。

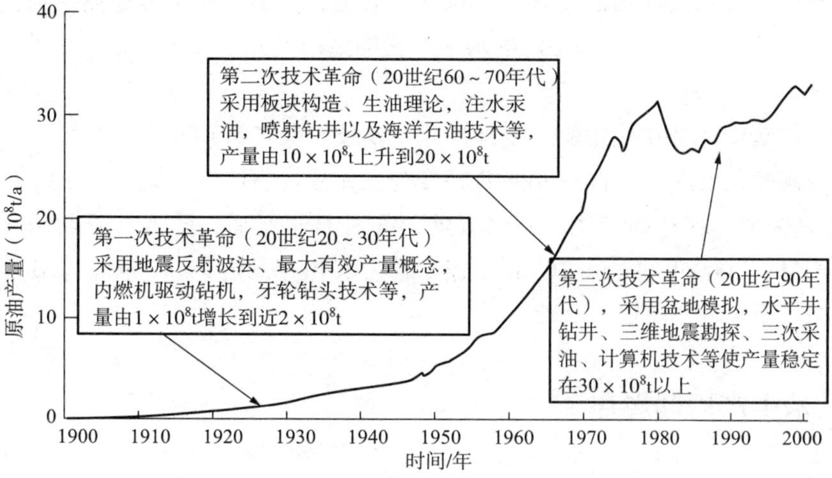

图18–1　科技对世界石油工业的推动作用

二、中国油气技术突破

中国自1959年发现大庆油田以来，油气产量由1949年的12×10^8t达到了2010年的1.9×10^8t，由贫油国上升到世界第四大石油生产国，突破性的创举也是伴随着油气勘探开发的基础理论与先进技术突破而快速发展起来的，总结科技发展可归结为四次较大的突破，如图18–2所示。

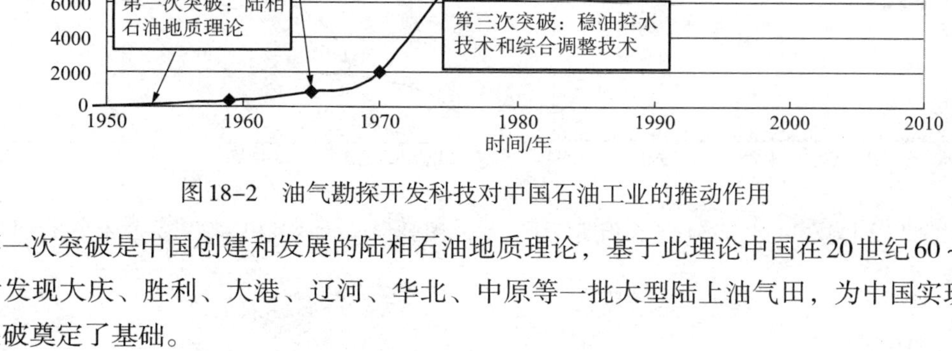

图18–2　油气勘探开发科技对中国石油工业的推动作用

第一次突破是中国创建和发展的陆相石油地质理论，基于此理论中国在20世纪60～70年代先后发现大庆、胜利、大港、辽河、华北、中原等一批大型陆上油气田，为中国实现石油产量突破奠定了基础。

第二次突破有两大技术的突破，即大型非均质砂岩油田开发理论与分层开采技术和渤海湾复式油气区滚动勘探开发技术。前者实现了大庆油田的高产5×10^7t目标，后者确保了渤海湾大油田的高产开发。

第三次突破是针对大油田的高含水、难开采问题，其突破技术是稳油控水技术和综合调整技术。这使大庆油田在年产5×10^7t的水平上长期稳产，并以大庆为龙头，带动了许多高含水油田的持续稳产。

第四次突破集中体现在化学驱、复杂油藏开发技术及气藏开发三个方面。1996年聚合物驱在大庆油田规模化推广，一直到2006年转变为三元复合驱技术，使大庆油田稳产5×10^7t达到27年，并且为继续保持高产稳产做出贡献；进入21世纪后，随着气藏勘探开发技术的突破，天然气产量由2000年的$2.5\times10^{10}m^3$快速上升为2010年的近$9\times10^{10}m^3$，为由石油时代向油气综合战略时代稳步转变奠定了基础。

三、技术生产周期规律

从科技对石油工业的推动作用可以看出：一项理论或者技术在一个特定条件下具有较强的突破性，但当这项技术发展到一定时期可能解决不了渐渐暴露出来的尖锐问题，这时候就需要新的理论或者技术发挥突破作用。这也遵循了科技生命周期规律。技术的发展具有生命的特性，如图18-3和图18-4所示，在油田开发初期应用自然能量进行开采的理论和技术是主体，随着能量的逐渐衰竭，这一主体技术不能再适应油田的经济开发，于是产生了补充能量的开发，即注水开发，因此，油田的产量继续保持稳产或者增长。同样，随着时间的推移，问题逐渐复杂化，注水也不能再完全适应油田的开发，就产生了聚合物驱等先进的化学驱技术，而在不远的将来也必将产生更新的技术来补充或者代替聚合物驱不能达到的产量。另一个应该注意的是在每一项主体技术出现时并不是把原来技术完全丢掉，而是继承和发展了，这是生命的遗传能力。

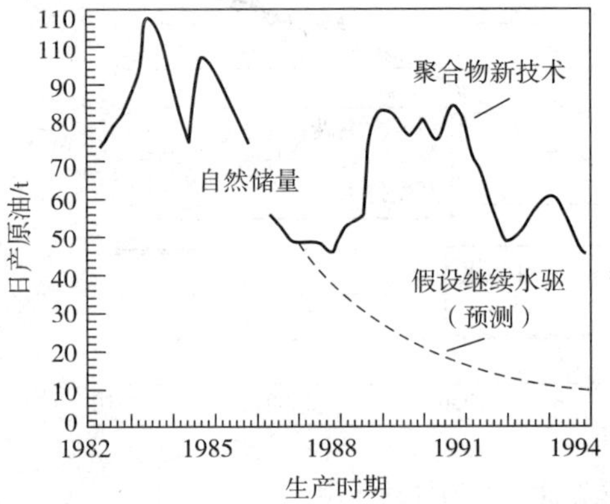

图18-3　油田主体技术的更新换代生命周期规律

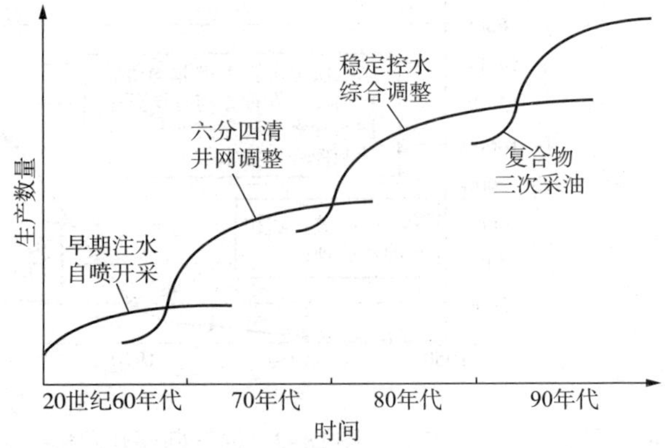

图18-4　大庆油田主要开采技术主体换代趋势

第二节 油气技术体系

一次采油法运用天然的油藏能量，二次采油法通过注入流体增加了天然能量。这两种方法使得1/2～2/3或更多的原油遗留在地层中。这就意味着由于无法采收遗留下来的原油将比已经采出的或通过一次和二次采油法采出的原油还多。然而，对于重油油藏、沥青砂、页岩油气，一次和二次采油法的采收率低的可以忽略不计。这样，显然提高原油采收率技术最终必然被用来获取这些巨大的天然能源。

一、关键技术群

把油气藏管理过程中的技术分为六大类，它们的构成为以下方面：

1. 油气藏描述理论与方法

（1）高分辨率层序地层学研究。
（2）储层非均质性特征及规律。
（3）储层原型地质规律研究。
（4）多学科协同储层表征技术。
（5）定量地质学研究技术。
（6）井间测井或套管测井新技术。
（7）四维地震与多波地震预测剩余油分布、薄储层、裂缝等。

2. 油气渗流理论与油气藏数值仿真

（1）非线性（非牛顿、非达西、纳米孔扩散、裂缝、化学反应）的渗流理论及应用。
（2）集成化油藏数值模拟技术。
（3）油藏条件下的物理模拟技术。
（4）3D打印物理模型基础上的渗流研究。

3. 油气田开发理论与方法

（1）多学科综合与集成的油藏评价。
（2）砂控建模技术。
（3）开发方案产能指标的准确预测技术。
（4）提高单井产能技术。
（5）高效点状调整井网技术。
（6）异常高压气藏高产井开采方式优化和安全生产技术的研究。
（7）低渗透、低产气田大型压裂酸化及水平井技术。

（8）多层疏松砂岩气藏防砂、堵水技术。
（9）高含硫气藏防腐、脱硫技术，天然气净化技术。
（10）凝析气田循环注气提高凝析油采收率技术。

4. 采油工程理论与技术

（1）智能完井技术。
（2）人工举升智能采油系统。
（3）精确定量智能注水技术。
（4）可视化、无伤害和特殊储层水力压裂技术。
（5）超声波彩色成像套损井检测及识别技术。
（6）深部调剖转向技术。
（7）地质—压裂—开采一体化工程。
（8）水力深穿透射孔技术。
（9）节能环保型采油工艺。

5. 提高采收率理论与方法

（1）三元复合驱技术及泡沫复合驱技术推广。
（2）微生物驱理论与应用。
（3）二氧化碳驱油技术。
（4）薄差储层的聚合物驱技术。
（5）一类储层化学驱后提高采收率技术。
（6）水平井、多底井和分支井提高致密砂岩的油气采收率技术。
（7）气驱、气体吞吐等提高采收率技术。
（8）缝网压裂提高采收率技术。

6. 非常规资源的开发配套技术

（1）页岩油气有效开发配套理论与技术。
（2）致密油气有效开发配套理论与技术。
（3）可燃冰有效开发配套理论与技术。
（4）深层油气高效开发配套理论与技术。
（5）煤层气高效开发配套理论与技术。
（6）水溶气有效开发配套理论与技术。
（7）新能源与可再生能源有效开发配套理论与技术。

二、提高采收率技术体系

20世纪40年代以前，油田开发主要是依靠天然能量消耗开采，一般采收率仅有5%～10%，称为一次采油。它反映了早期的油田开发技术水平较低，使90%左右的探明石油储量留在地下被废弃。

随着渗流理论的发展，达西定律应用于油田开发。人们认识到油井产量与压力梯度呈正比关系，一次采油采收率低的主要因素是油层能量的衰竭，从而提出了人工注水（气），保持油层压力的二次采油方法，使油采收率提高到30%～40%。这是至今世界上各油田的主要开发方式，是油田开发技术上的一次大飞跃。但二次采油仍有60%～70%的油留于地下。为此，国内外石油工作者进行了大量研究工作，逐步认识到制约二次采油采收率提高的原因，从而提出了三次采油新方法。

大量实践和理论研究证明，油层十分复杂，具有非均质性，油、水、气多相流体在油层多孔介质中的渗流过程十分复杂。不仅注入水（气）不可能活塞式驱油，不可能波及全油层，而且在多相渗流过程中，受黏度差、毛细管力、黏滞力、界面张力等的影响，各相流量将随驱油过程中各相饱和度的变化而变化。只有进一步扩大注入水（气）波及体积，提高驱油效率，才能大幅度提高采收率。由此，人们在非均质性的油层提出了多种三次采油方法，一种是旨在提高注入水黏度、降低油水黏度差、提高注入水波及体积的聚合物驱；第二种是旨在降低界面张力、提高注入水驱油效率的表面活性剂驱、碱驱、混相驱；第三种是20世纪80年代后期发展起来的既可扩大波及体积又可提高驱油效率的复合驱。

三次采油远不同于二次采油。二次采油是依靠人工补充油层能量的物理作用提高采收率，而三次采油方法是在注水保持油层压力基础上，又依靠注入大量新的驱油剂，改变流体黏度、组分和相态，具有物理化学的双重作用，不仅进一步扩大了注入水波及范围，而且使分散的、束缚在毛细管中的残余油重新聚集而被采出。因此，三次采油要求更精细地掌握分散原油在地下油层中的分布；研究新的驱油剂与十分复杂的岩石矿物、流体的物理—化学作用；探索并掌握非牛顿流体多相渗流的基本规律。从而正确合理地进行油田开发部署——井网、井距、层系划分、注采关系、注采工艺、动态监测、相应的地面集输系统和净化处理等。总之，一整套技术都将随着三次采油技术的应用而发生变化。油田开发要建立在更广泛的多学科综合应用基础上，从宏观和微观上更深化对地下流体渗流的认识，深化对油田的认识。三次采油将把油田开发带入一个更高技术水平的新阶段。

无论从波及系数还是从驱油效率进行提高地下原油采收率的生产，三次采油技术并不是万能的，它也有其局限性。据研究表明，三次采油技术达到的最终采收率是50%～60%，尚有至少40%的原油还在地下未被采出，但这已经不是三次采油技术所能解决的问题。根据技术生命周期规律，三次采油在其不能再发挥作用的时候，就会有更先进或者更适合的技术来替代它，由顺序数可以认为还有四次采油、五次采油、六次采油……

微生物驱油技术有时被看作是四次采油技术；依赖更精尖的物理驱油技术可以被称为五次采油技术；而纳米技术的突破与应用，不但可以对石油开采起巨大推动作用，还可以对世界科技的突破发展起巨大推动作用，这里可以把纳米技术在驱油方面的应用称为六次采油技术；在所谓的六次采油技术之后，地下原油将有80%～90%被采出，相比现在的40%～50%，有近一倍的增长，近期石油枯竭将被打破。

诚然，四次采油、五次采油、六次采油，甚至更多次采油技术还没有作为主体技术被广泛用来承担社会发展的需求，而且这种作为主体技术的可行性尚未得到进一步深入研究，但就目前来看，它们将是三次采油的发展趋势。

严格意义上的三次采油技术很难确定，比如聚合物驱油技术是在水驱的基础上加入化学药剂实现其作用，工艺技术和驱替过程仍然是水驱为主，因此，借助于热水驱名称，可以把聚合物驱称为化学水驱未尝不可；再比如，微生物驱既被称为四次采油技术，又被称为三次采油技术，四次的叫法根据是其作用机理与其他三采有明显区别，而被称为三次采油技术是根据其发展时期基本上与其他三次采油技术相同；此外，尚有学者认为不应该有三次采油，而叫“提高采收率”更加准确。

因此，三次采油技术是一次采油技术、二次采油技术的继承与发展，是四次采油技术、五次采油技术等的基础和源头。有学者提出“二次采油与三次采油的结合技术”，它是重视了在充分发挥二次采油作用的基础上进行有限度的三次采油的技术，强调充分与有限度；在目前三次采油应用基础上，巩固和寻求适合油田特征的三次采油高新技术，一方面加强现有的很成熟的技术的进一步完善和推广，以期得到更好的开发效果，另一方面加强非成熟的技术研发和创造，寻找更具有开发潜力的技术。

由图18–5可简单看出，三次采油技术外延发展过程与趋势，但是这一过程并不是严格的顺序过程。对于一次采油、二次采油和三次采油，可以从“开发阶段”的角度来认识，但是如果从它们的本质即不同的驱替特征来理解，则可以明显看出，它们实际上反映了不同的油田开发方式。在现实的油田开发活动中，一次采油、二次采油和三次采油如果作为开发阶段来认识，那么它们在程序上并非不可逾越，而这种逾越又反过来使它们作为开发阶段的作用和意义丧失了。例如，油田的早期注水开发，在很大程度上可以认为是二次采油代替了一次采油；再例如，有的油田注水开发早期就采用蒸汽驱，这可以认为是三次采油代替了二次采油；还有，气驱同样可以在一次采油或二次采油的早期实施，这也是“程序逾越”的例子。另外，如我国大庆油田的开发模式是油藏一开发就进行注水，以保持地层压力，提高水驱采收率。克拉玛依油田九区稠油油藏是以蒸汽吞吐和蒸汽驱方法开始开采的。这些例子表明，油藏不经过一次或二次采油，直接进行三次采油可获得更多的最终采收率，经济上更具有吸引力。由此来看，一次采油、二次采油和三次采油确实更应该从开发方式的角度和高度来理解。

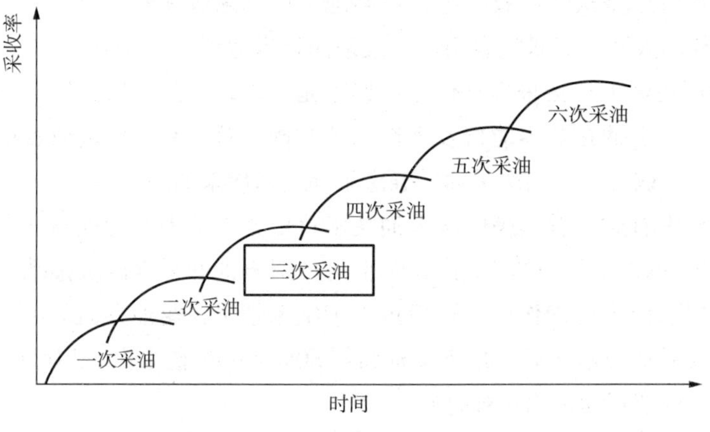

图18–5　三次采油承上启下的示意图

作为开发方式，三次采油无疑也是“油田开发的一次历史性革命”，但这种开发方式的早期应用所蕴含的革命性意义，比三次采油本身更加深远和深刻。

对提高采收率技术进行归纳，如表18–1所示。

表18–1　各种提高采收率技术对比结果

分类	专项技术	主要机理	主要缺陷
化学驱	碱驱	与原油中酸发生反应生成表面活性剂，降低界面张力，润湿性反转	碱耗大，破坏地层，弱碱驱不完善，适合于低黏土含量的酸性油藏
	聚合物驱	增加注入水黏度，降低流度比，改善波及系数	聚合物在高温、高矿化度下增黏能力差，稳定性差，注入能力受渗透率限制
	表面活性剂驱	降低油水界面张力，岩石润湿性反转	岩石吸附损失大，化学剂成本高
	三元复合驱	综合了碱、聚合物、表活剂功能，提高驱油效率	配方复杂，化学剂成本高，配套技术不完善
	泡沫复合驱	综合了化学驱与气体混相驱功能，既能提高驱油效率，也能扩大波及系数，效率较高	配方复杂，配套技术缺乏
热力驱	蒸汽驱	降低黏度、受热膨胀、蒸汽蒸馏、汽驱以及相对渗透率和润湿性改变	井热损失大；蒸汽超覆现象严重；蒸汽锅炉排放污染物
	蒸汽吞吐	周期性注蒸汽，加热井口附近原油，最后形成蒸汽驱	井热损失大；蒸汽超覆现象严重；蒸汽锅炉排放污染物
	火烧油层	降低原油黏度、原油轻质组分汽化、重质原油热裂解产生气体、混相驱作用	蒸汽反燃烧方法产生的气体超覆；燃烧难于控制；产出气污染环境；井下管柱腐蚀严重
	热化学驱	亚硝酸钠和硝酸铵在地层中发生化学反应，产生大量的热和氮气，加热原油，降低黏度，氮气参与气驱	化学剂注入与控制
气驱	气体混相驱	降低原油黏度 膨胀原油 混相驱替作用	重力分异导致的超覆现象；注入气源受限制；沥青沉淀降低渗透率
	CO_2驱	降低原油黏度、膨胀原油体积，多次接触混相	气源限制；腐蚀、结垢和沥青沉淀
	N_2驱	多次接触混相	要有足够$C_2 \sim C_6$组分，地层压力要高，适应高压轻质油藏，成本低，气源充足
生物驱	微生物驱	微生物堵塞大孔隙改善波及系数 生物表面活性剂降低界面张力 代谢酸性物质增加渗透率 代谢气体驱作用 降解原油作用	微生物耐盐、耐高温性差；降解重质原油的微生物难于研制；微生物潜在污染水源
物理驱	声波驱油	声波或者超声波具有机械振动作用、空化作用、热作用，穿透能力强、在液体和固体介质中传播距离远、传播方向性好，用超声波处理油层能疏通油流通道，降低毛细管张力，提高渗透率，改变油层流体的流变性及流态，促进油、水、气的流动，提高地层的泄油能力	机理研究与实践结合不够，缺少成熟配套设备工艺技术
	低频脉冲波驱油	低频脉冲比超声波能量衰减慢，强度更大。产生宏观裂缝、改善岩芯微观孔隙结构、改善原油流变性、改善界面特性、降低油水界面张力	水力冲击波、高能气体压裂已有应用，爆炸压裂应用很少，成熟配套设备和工艺不健全

续表

分类	专项技术	主要机理	主要缺陷
物理驱	电脉冲驱油	机械作用与声波及低频脉冲的作用相同、对不同的地层采用适当的化学液，可加强电脉冲的作用效果、利用电场来调节其相渗透率，达到控水增油的目的	机理有待验证，重视不够；成熟配套设备和工艺不健全
	磁场和电磁场驱油	随着磁场强度的升高，液体黏度下降；电磁场作用于油藏产生大量的热，从而改变原油的流变性	机理有待验证，重视不够；成熟配套设备和工艺不健全
纳米驱	纳米驱油	膜剂分子将在油膜局部脱落的岩石表面上吸附形成超薄膜，降低了原油和岩石表面间的黏附力，使得原油易于剥落和流动，具体有吸附作用、润湿性改变、扩散作用、毛细管自渗吸作用以及界面性质改变	纳米材料的研制是最大限制

三、提高采收率的拓展

提高采收率技术通常指强化（EOR）和改善（IOR）采收率技术，即通过物理、化学、生物等方法，来降低油气流动阻力、增加其流动力以开采出更多的油气的技术。可概括为水驱、化学驱、热力驱、气驱、微生物驱和物理法采油等。

随着低渗、稠油、高含水、复杂断块等难开发储层的比例越来越大，及页岩气、致密油、天然气水合物、深层等非常规储层快速开发与利用，水平井、压裂和完井成为传统提高采收率技术外的新成员。

水平井扩大了与油藏的接触面积，特别是对薄层、储层孔渗物性较差、稠油等储层来讲，渗流面积的大幅增加意味着原油流动阻力降低，可实现工业规模的高效开发。此外，对非均质严重的高含水油藏，针对剩余油集中区域和层位，水平井开采也具有较好效果。

压裂沟通了井与储层内部的连接通道，加大了流体在储层中的渗透性，降低了渗流阻力，对于许多非常规储层的开发，压裂可谓是有效开发的唯一手段，体积压裂、工厂化压裂、重复压裂等逐渐成为提高采收率的首选。

完井是连通储层和井的桥梁，是钻井和采油的交接口，层位的连通选择及施工质量的保证是后续开采的关键，小井眼完井、智能完井、水平井完井、完井储层保护、酸化、小型压裂等关系着油井寿命，完井与油藏在诸多油公司处于同等重要位置，是提高采收率重要保障。

因此，提高采收率不仅局限于传统的方法和技术，而且向更宽的技术体系拓展，未来的发展可能会突出以下方面：

（1）随着可采资源的多样性、突破式发展，油气提高采收率技术新增分支逐渐增多，学科界限弱化，交叉或者渗透研发成为趋势，一体化更具优势。

（2）目前，油气提高采收率处在第二大周期的中后期，继之而来的后期会窄幅下降，到第三周期会有较强的上升趋势，体现了油气提高采收率越来越重要的战略地位。

（3）油气提高采收率技术向着智能、信息、大数据、环保等方向发展，化学方法驱油会减弱，以扩大渗流通道、降低渗流阻力为主的物理法驱油大大增强，相应的设备、工具、工艺及地下施工监测预测等将更加突出。

第三节 技术管理的方法

多学科协同的团队成员在技术管理上侧重于技术的选择和应用，是团队的主职工作。除此之外，前沿技术监测、技术创新研究、创新技术应用等是保持油气藏持续开发的生命力元素。

一、前沿技术监测

科技发展具有一定规律，技术创新的对象应该是科技发展规律中与专题研究息息相关的，是人们迫切关心的、争论不休的、亟待解决的、有很大增长潜力的前沿技术。因此，在技术管理中，对科技前沿监测是非常重要的。

情报参数是科技情报活动的产物，其数量的变化与科技的发展动向有着密切联系。因此，某些情报参数可以作为监测科技发展的间接依据。

某一科技领域内文献量的增减反映了该领域的发展变化。一般以文献量翻倍周期作为衡量科技发展变化的尺度。文献量增长速度的加快说明该领域正处于兴旺发展阶段，文献量增长速度减慢则表示该领域科技发展已趋成熟而进入转折阶段，也预示着新科学和新技术即将诞生。

此外，某一科技领域内文献年变化量遵循S型逻辑增长规律（见图18-6），这也是情报参数用于前沿监测的重要依据。

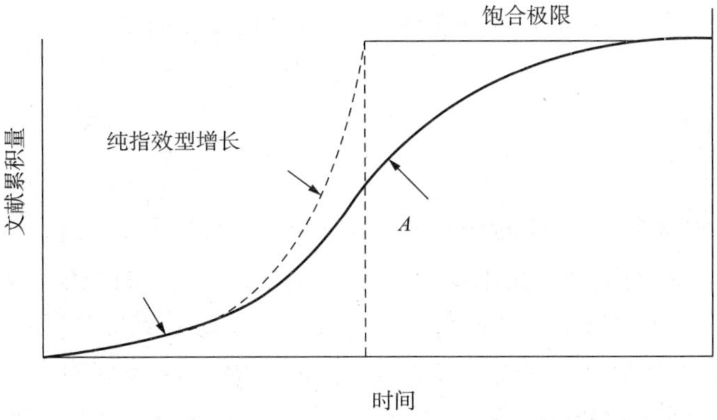

图18-6 文献逻辑增长规律

它遵循下面公式：

$$N = \frac{K}{1 + ae^{-bt}} \tag{18-1}$$

式中 N——文献的累积量；

t——以年为单位的时间变量；

K、a、b——大于零的常数。

图18–7为低渗透油气藏科技热点分析图，它是从1993～2001年的主体技术的文献统计。从统计结果看，我国低渗透油气科技领域的研究基础理论及常规技术研究较多（如渗流理论、压裂、注水注气、试油试采等），对尝试技术或者新发起技术较少（如爆炸、欠平衡钻井、三次采油等）。可以说明，目前的研究热点还处于该类油气藏开发早期阶段，但我国油气开发已经进入长期稳定的困难阶段，而较为先进的技术研究却较少，由此可见，科技创新的目标没有跟上油田的发展，形成的错位，长期下去将使科技瓶颈越来越窄，不利于油田的科技创新型持续发展。

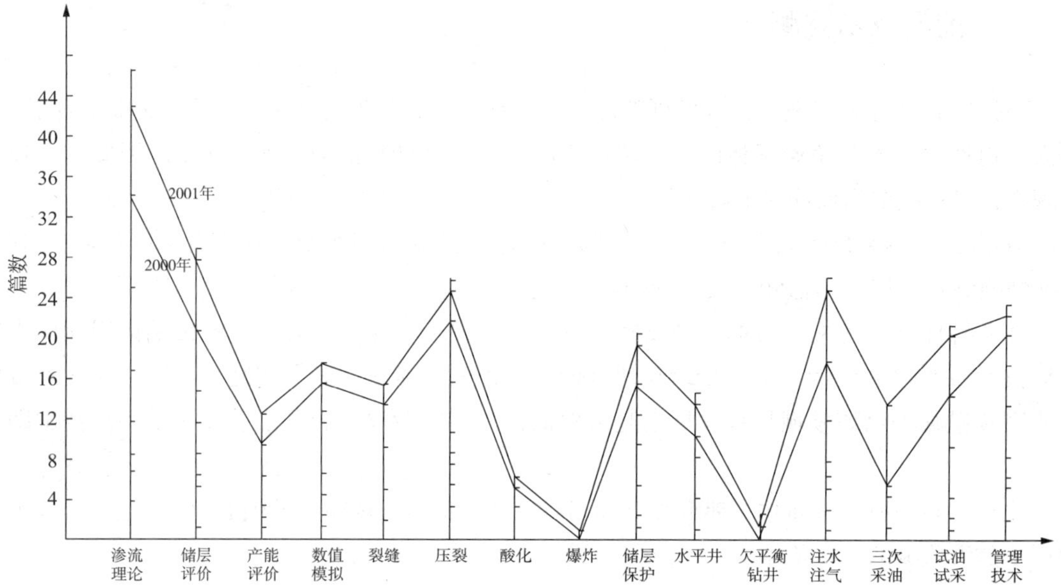

图18–7　我国低渗透油气田科技热点分析图

二、专利分析法

目前国内外对技术发展趋势的研究，公认度较高的是专利分析方法。如哈佛大学的Griliches教授所言："专利统计为技术变革过程分析提供了唯一的源泉，就数据质量的可获取性以及详细的产业、组织和技术细节而言，任何其他数据均无法与专利相媲美"。

以对纳米采油的专业技术分析为例说明该方法的应用。

在汤森路透专利数据库的H01子集下，对纳米技术在采油方面的应用进行研究，检索词设计为：nanometer OR molecular OR monomolecular OR monolayer OR nanoparti* OR nanomateri* OR nano device OR nano techno* OR nanofiber OR nanotube OR microemul* OR nanorobot OR nanosensor OR nanoaddition OR nano metal OR nanocryst，形成专利聚类地图如图18–8所示。

经对专利地图中1083个条目筛选确认为纳米相关专利共计976个，按统计聚类分区共23个，再进行专利摘要的分析和研究，把23个聚类分区归纳为18项关键技术（见表18–2）。

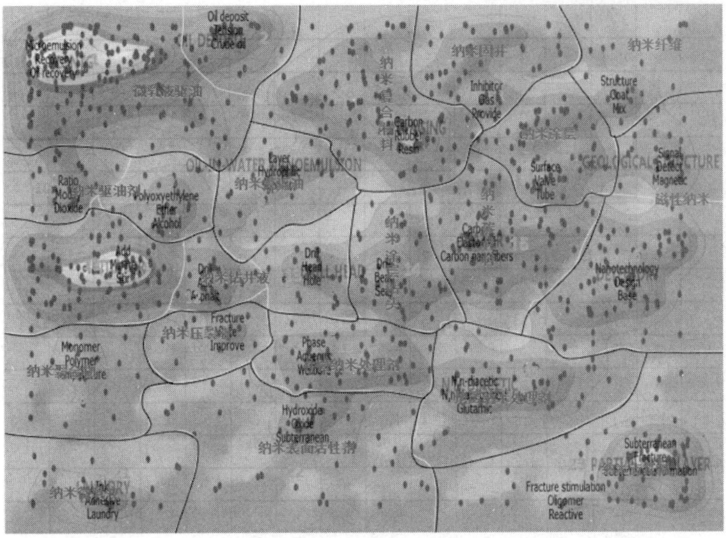

图18–8　纳米采油技术专利地图及聚类划分

表18–2　纳米采油技术分类国内外专利数统计表

序号	技术名称	专利数/件		
		国内	国外	小计
1	微乳液驱油	13	191	204
2	纳米复合材料	27	34	61
3	纳米固井	5	40	45
4	纳米纤维	1	11	12
5	磁性纳米	6	74	80
6	纳米涂层	16	27	43
7	纳米膜驱油	4	5	9
8	纳米驱油剂	46	12	58
9	纳米钻井液	63	38	101
10	纳米涂层钻头	2	19	21
11	纳米碳材料	1	53	54
12	地层纳米处理剂	3	72	75
13	井筒纳米处理剂	1	41	42
14	纳米压裂液	22	4	26
15	纳米聚合物	26	20	46
16	纳米微乳液	1	19	20
17	纳米表活剂	0	25	25
18	纳米支撑剂	2	52	54

由表18–2可知，微乳液驱油和纳米钻井液数量最多，约占总专利数的31.25%；其次为磁性纳米、地层纳米处理剂、纳米复合材料、纳米驱油剂、纳米碳材料、纳米支撑剂各占总专

利数5%以上；其他相对较少。

纳米采油随着世界第三次技术革命（纳米革命）的爆发而突破目前各项技术的常规认识，也将引起油气工业的另一个巨大转变，全新的石油工业亦将呈现到世人面前。因此，纳米采油技术的超前储备势在必行，基于专利分析内容，给出以下几点方向：

（1）致密油储层压采一体化系列纳米应用机理。

（2）油藏纳米催化提高采收率技术研究。

（3）油藏条件下纳米智能流体动态监测技术。

（4）深层油气藏纳米应用系列研究。

（5）高含水油藏聚驱后纳米采油技术研究。

（6）纳米材料在油田排液污水处理中的应用。

（7）纳米采油的技术经济环境评价体系研究。

三、技术预见方法

在人类历史上，科技的进步推动着社会向更加文明发展，进而改善着人们的生活方式和水平，让人类真正享受到科技带给我们的丰硕果实。人类逐渐把握住科技是第一生产力的这一客观规律，并试图剖析科技发展的更深层次途径和未来的走向。于是，在20世纪40年代兴起了科技预测活动。一直到20世纪70年代，科技预测被看成是国家或行业进行科技战略规划的重要方法和手段。但是在20世纪70～80年代，由于科技预测对科技系统外因影响估计不足，加上科技、社会、经济发展涉及因素和相互影响越来越复杂多变，使预测结果的正确性难以保证。

从20世纪80年代起，更加关注科技、经济、环境和社会的相互协调与统一的技术预见得到快速发展，突破了科技预测以科技发展的自身规律为主线的方法，重视了外部环境在一定程度上会影响或者改变科技的发展方向。当前技术预见研究已经成为未来学、战略规划和政策分析的有机结合，为把握油气科技发展趋势和选择科技优先发展领域或方向提供了重要支撑平台和工具。

技术预见（Technology Foresight）是对科学、技术、经济、环境和社会的远期未来进行有步骤的探索过程，它要高于技术预测和关键技术选择，这是因为其中的“技术”已不是单纯的技术，而是与科学、经济、社会、环境紧密结合的“大科技”意义上的技术，其中的“预见”也不是单纯的预测未来，而且包含了理性选择未来，主动塑造未来的意思。因此，技术预见实际上是一个“长期预测科技趋势，综合选择重点方向，优化配置科技资源”的社会系统工程，强调对未来科技发展各种可能性的“优选”和创新能力的预见。

无论从国家角度出发，还是从企业角度出发，技术预见的作用突出表现在4个方面：提高创新系统运行的效率、科技管理的重要工具、提供研发工作科技导向和公众了解科技发展趋势的重要渠道。

（1）提高创新系统运行的效率。技术预见在国家或区域创新系统内部促进了知识创新、知识传播和知识应用，加强了系统内参与者之间的互动，增强了政府研究机构、企业和高校之间的沟通能力。通过大规模的“产、学、研”和政府相结合的技术预见活动，对管理机构、研究机构和企业中的人员可以带来积极的影响，从而形成科技创新网络。通过技术预见过程，可在参与者之间建立起广泛的联系和协作，这是一般计划管理手段不可比拟的。一方面，它有利于研发机构的研究开发人员向市场需求靠拢；另一方面，企业的研发人员也可以积极参与到与自身有关的研究开发活动中，有效地促进以企业为主体的科技创新体系的建立。通过上述“沟通”和“互动”作用，可大大提高创新系统作为一个整体在学习和创新过程中的效率。

（2）科技管理工作的重要工具。技术预见与政府的科技管理工作密切相关，尤其是在科技规划和计划的制订中发挥着十分重要的作用。在科技和经济紧密结合、科技优势日益成为竞争焦点的今天，科技管理工作强调合理配置资源、突出发展重点、提高创新效率。在制订科技规划和计划时，要求综合考虑未来科技的发展趋势、社会经济发展对科技的需求、本国或地区科技发展的实力和水平等，这一切都需要以技术预见为依据。因此，将技术预见手段和科技规划的制定有机地结合在一起，制订出目标更加明确与合理的战略规划，可以尽可能减少研发工作在科技路径选择上的失误，降低风险和成本，这是世界各国技术预见工作普遍关注和为之奋斗的目标。

（3）提供研发工作科技导向。技术预见能够引导大学和研究机构的研发活动，利用技术预见的结果，研究人员可把握各自研究领域的科技发展趋势，进一步明确研究工作的方向。技术预见还可为企业制订战略计划提供信息，企业围绕自己的战略目标，利用技术预见的结果，分析市场需求的变化情况，从中找到有关产品开发的科技信息。为了适应市场竞争的需要，国际上的一些大企业或充分利用政府所组织的技术预见的研究成果，或自己组织力量进行与本企业发展有关的专项科技预测研究，用以制订或调整企业的发展战略。对中小型企业来讲，技术预见结果虽然不能给予直接指导，但他们仍然可以从中受益，如分析自身的优势，把握好科技发展的方向等。以大庆油田三次采油三元复合驱科技发展为例，由于在前期研究中缺乏对这一科技的合理预见，造成前期研究仅局限于驱油机理、渗流规律等方面的研究，而对于表面活性剂研制、采出液处理、地面举升工艺等配套科技的发展严重滞后，从而导致这一科技在油藏工程方面科技成熟后，由于配套科技的不健全一定程度上制约和延缓了其大规模工业化推广应用。

（4）公众了解科技发展趋势的重要渠道。通过政府发布的技术预见报告，可为公众和社会提供未来科技发展趋势信息。一方面，可以引导民间科技投资方向，吸引社会各方资源为实现国家科技发展总体目标服务；另一方面，让更多的社会主体参与到政府决策过程之中，从而使科技管理和决策更加科学化和民主化。

迄今为止，技术预见的方法多种多样。不同的技术预见目标或者不同的技术预见主体可能会选择不同的技术预见方法或是若干个技术预见方法的组合。

常见的技术预见方法包括：德尔菲调查法、情景分析法、相关树法、趋势外推法、科技投资组合法、专利分析法、文献计量方法和交叉影响矩阵法等。日本曾经对247个研究机构所用的预见方法进行了一次调查，如图18-9所示。结果发现德尔菲法、情景分析法和相关树法是进行长期预见的主要方法，非常适合于技术预见。但是这3种方法的应用程度却不高，主要是由于这3种方法需要耗费大量的时间和经费；专利统计分析也是一个非常有效和易操作的方法，但预测的时间较短（5年内），仅适用于短期预测；基于网络的“虚拟研讨会”、交叉影响矩阵及模型模拟方法，其应用程度较差；而形态模仿法、科技投资组合法和趋势外推法显得操作性不够高。

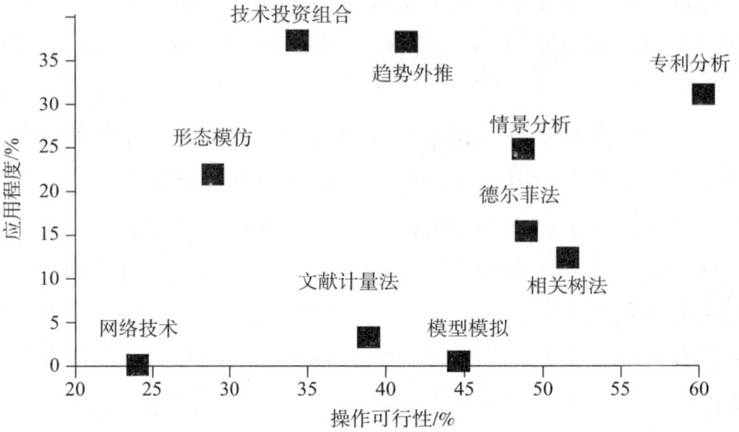

图18-9 技术预见常用方法

四、技术创新

协同工作组在把握专业技术发展过程、监测前沿技术动向的过程中，要积极参与到技术创新中去，并大胆尝试新技术在油气藏开发中的应用。

多学科协同形成了团队成员的密切交流，使学习型组织得到巩固和发展，使形成报告、图表、结论等形式的“显性知识”得到及时、有效传达的同时，更加强了“隐性知识”的传递和跃变，这样为智慧冲撞产生的智慧火花会不断绽放，为技术创新创造了有营养的环境，对团队成员的技术水平提升及油气藏开发的突破发展都是有利的。

技术创新不能只依赖于研究机构，如高校、研究所、研究院等，协同团队成员是一线的最好技术人员，对存在问题及解决方向的理解比任何人都充分，理论与实践相结合得更好，因此，团队成员应该参与技术创新的研究与开发。

协同团队的责权利相对清晰，尤其是权力得到一定程度的下放，新技术的尝试及应用为创新提供了平台，这点是相当重要的。

因此，油气藏经营管理团队的学习、分工、交流、协同、自我价值实现、共享数据等都是技术创新的宝贵动力和源泉。

管理小常识　阿伦森效应

阿伦森效应是指随着奖励减少而导致态度逐渐消极，随着奖励增加而导致态度逐渐积极的心理现象，也指人们最喜欢那些对自己的喜欢、奖励、赞扬不断增加的人或物，最不喜欢那些表扬等不断减少的人或物。

阿伦森是一位著名的心理学家，他认为，人们大都喜欢那些对自己表示赞赏的态度或行为不断增加的人或事，而反感上述态度或行为不断减少的人或事。为什么会这样呢？其实主要是挫折感在作怪。从倍加褒奖到小的赞赏乃至不再赞扬，这种递减会导致一定的挫折心理，但一次小的挫折一般人都能比较平静地加以承受。然而，继之不被褒奖反被贬低，挫折感会陡然增大，这就不大被一般人所接受了。递增的挫折感是很容易引起人的不悦及心理反感的。

“阿伦森效应”在组织生活中是常见的。比如刚刚毕业的大学生来到政府部门工作，从被保护的环境一下子跳入了一个竞争性的环境，很容易发生“适应不良症”。作为新人，开始时的勤奋工作可能被领导和同事重视并得到赞扬，但日子一长，从局外人逐渐成为局内人，领导的表扬没了，同事的赞赏少了，他会感到不自在，感到自己可有可无，无足轻重，产生挫折心理，所以工作积极性大受影响，没有初来时的那股干劲了，殊不知这种由勤到不勤的转变，对领导和同事而言，同样会产生“褒奖递减”作用，形成“阿伦森效应”，对其表露出不满。这会进一步加剧该成员的挫折感，使其更加懒散，进而大家更没有好印象。这种恶性循环会使他越来越陷入一种非常失败的关系之中。

防治阿伦森效应，可从三方面入手：一是防患于未然。平时注意加强心理素质的培养，增强心理适应能力。二是在日常工作与生活中，应该尽力避免由于自己的表现不当所造成的他人对自己印象不良方向的逆转，多以一颗平常心来面对周围的褒贬，并避免受它的影响而形成错误的态度。三是可酌情利用臆想法，从精神上取悦于自己，再以轻松姿态面对现实。

课件“码”上来

第十九章 资源优化配置

油气藏经营管理的手段是通过资金资源、技术资源和人力资源的整体优化，从而保障充分发挥多学科协同的作用，实现油气藏开采的最大效益。

油气藏的开发是资金密集型、技术密集型和多学科成员密集型的复杂系统工作，资源是生产活动的基本物质条件。相对于系统的需求而言，资源总是表现出相对的稀缺性，从而要求管理者对有限的、相对稀缺的资源进行合理配置，以便用最少的资源耗费，生产出最适用的商品和劳务，获取最佳的效益。

资源配置合理与否，对一个油气藏开发的成败有着极其重要的影响。一般来说，资源如果能够得到相对合理的配置，技术经济效益就显著提高，协同团队就能充满活力；否则，综合效益就明显低下，管理发展就会受到阻碍。

第一节 资源优化配置的认识

资源优化配置是指对相对稀缺的资源在各种不同用途上加以比较做出的最优化选择，其目的是合理安排资源实现有限的资源最大限度地满足生产的需求。

资源优化配置指的是能够带来高效率的资源使用，其着眼点在于“优化”，它既包括企业内部的人、财、物、科技、信息等资源的使用和安排的优化，也包括社会范围内人、财、物等资源配置的优化，经常所说的“劳动优化组织”“改善企业经营管理”“下岗分流，减员增效”等都是属于资源优化配置的范畴。资源配置是否优化，其标准主要是看资源的使用是否带来了生产的高效率和企业经济效益的大幅度提高。一般说来，那些在同行业中科技水平不高，生产效率低，经济效益差的劣势企业，会因其产品和服务缺乏市场竞争力而遭淘汰。因此，从资源使用这个角度看，归根到底是看有没有实现生产的高效率、高效益。

一、资源优化配置的方式

资源优化配置方式主要分为计划配置方式和市场配置方式。

（1）计划配置方式：计划部门根据生产需要和可能，以计划配额、行政命令来统管资源和分配资源。在一定条件下，这种方式有可能从整体利益上协调经济发展，集中力量完成重点工程项目。但是，配额排斥选择，统管取代竞争，市场处于消极被动的地位，从而易于出现资源闲置或浪费的现象。

（2）市场配置方式：依靠市场运行机制进行资源配置的方式。这种方式可以使生产与市场发生直接的联系，生产部门根据市场上供求关系的变化状况，根据市场上产品价格的信息，在竞争中实现生产要素的合理配置。但这种方式也存在着一些不足之处，例如，由于市场机制作用的盲目性和滞后性，有可能产生生产总供给和生产总需求的失衡，产业结构不合理，以及市场秩序混乱等现象。

相对于油气藏开发而言，资源优化配置应该包括总公司或油田对各个油气藏的投入资源的规划以及协同工作组利用下拨的有限资源的投入优化，后者是油气藏经营管理侧重的方面。所谓的市场机制，即是根据油气藏开发过程的技术需求、资金需求和人员需求而进行相应的资源优化，存在一定程度的优化，形成了一个小市场。但其优化模式应该是计划配置和市场配置的结合。

二、资源优化配置的作用

资源优化配置是通过一定的方式把有限的资源合理分配到生产的各个环节中去，以实现资源的最佳利用，即用最少的资源耗费，实现高效的经济生产，获取最佳的效益。简单而言，资源优化配置就是为了让资源得到更好的利用，而做的一些合理配置。

在企业中，资源优化配置作用体现在以下三个方面。

1）推动科学技术和经营管理的进步，促进劳动效率提高

企业作为市场主体以利润最大化为目标从事生产经营活动。企业要使产品价格具有竞争力和实现利润最大化，必须使自己生产商品的个别劳动时间即个别价值低于社会必要劳动时间即社会价值。在竞争的作用下，劳动生产率较高、个别价值较低的企业，在竞争中处于主动地位，能够以高于个别价值的价格出售产品，以此获得较高的收入。相反，劳动生产率较低，个别价值较高的企业，在竞争中处于被动地位，可能按低于其个别价值的价格出售产品，获得较少的收入以至蚀本。这样，企业作为市场主体，在市场机制的调节下，从自身利益出发，会主动地采用先进的科学技术，改进经营管理，以提高劳动生产率，进而带动整个社会生产力的迅速发展。

2）引导企业按照市场需要优化生产要素组合，实现产需衔接

企业作为市场调节信号的接受者，主要通过市场价格的涨落，了解市场供求状况，并据此安排和调整生产经营方向、品种、数量和规模，进行生产要素的组合。当某种商品的价格上涨，意味着该商品在市场上供不应求，企业就会自动扩大生产经营规模。反之，若某种商品价格下跌，表明该种商品在市场上供过于求，企业则会缩小生产规模，或调整经营方向，转而生产其他商品。市场是企业的“生命”，关系到企业经营效益的好坏和企业的发展。所以，面向市场进行生产经营，是企业发展的内在要求。

3）发挥竞争和优胜劣汰机制，增进商品生产经营能力

企业从事商品生产经营必然为争夺市场份额展开激烈的竞争。竞争以外部的强制力，迫

使企业在生产经营中强化管理，降低成本，提高效益；激励企业面向市场自主经营、自负盈亏、自我积累和自我发展；促使企业增强创新意识和锐意进取的活力。

在企业内部，部门或地区资源的合理使用，则主要是由市场途径来实现的。这种优胜劣汰的竞争机制促使企业改进技术，改善经营管理，提高劳动生产力，降低生产成本，提高经济效益，实现资源优化配置。同时，也促进企业面向市场组织生产，优化资产结构，形成合理的创新机制，从而在微观的企业，部门或地区范围内实现资源的合理配置。

三、资源优化配置的原则

1. 利润最大化原则

经济学家宋则行认为，资源优化配置是指“各类生产要素（资源）根据各个产业部门、各个地区的生产需求和争取最大报酬的原则，经过部门间、地区间的流动调整，最终被配置到效益较好的部门、地区中去。”这里，“最大报酬”和“效益较好”就是衡量是否“优化”的基本尺度。《市场经济百科全书》中“资源配置”词条是这样写的：“资源配置达到最优的标志是无论什么资源在投入任意一种用途时所得到的边际产品都相等。”这是西方经济学的解释。这里，所谓“边际产品相等”，是指厂商根据边际生产力状况追求的生产关系的供求平衡，即边际收益产品等于边际要素成本（MRP = MPC），在这平衡点上，厂商能够实现利润最大化。换句话说，优化资源配置的标准是利润最大化。可见，从经济学理论观点出发，衡量资源配置优化与否的基本标准是经济效益是否显著或者说利润是否实现了最大化。

2. 要考虑社会政治经济的战略需求

油气藏的开发最能体现技术水平的指标是产量、储量、采出程度，这也是国家对油气的需求形势所形成的指标，对于油田企业更是突出产量为中心的生产理念和考核标准，而从经济效益方面所考虑得相对较少，有些油气藏的开发即便是亏损生产也要投入大量资源，整体保证的是国家经济发展所需的能源稳定供给。因此，资源优化配置离不开其生产的战略背景。

3. 要考虑油气藏开发的可持续性

每一个油气藏的开发都会有其合理的规律，为了追求产量的最大化，往往形成一定程度的破坏性开采，使得油气藏的中后期调整面临不可调和的矛盾，造成了地下油气资源的大量浪费的同时，也增大了管理成本和开采成本。资源的优化配置要以油气藏开发的合理规律为基础，力促其可持续发展。

4. 要避免浪费或减少浪费

这里所说的浪费主要不是指生产过程中资源的浪费。对企业而言，只要不断提高科学管理水平，或按照西方经济学的观点，做到使“边际收益产品等于边际要素成本”，是能够避免或减少生产过程中的资源浪费。但在资源的配置时，由于资源的稀缺性使各部门在资源的争取时往往会有较大的夸大，如此，资源配置后可能会形成浪费。因此，在优化资源时采用抓大放小的措施，即重点协调资源占比较大的关键工程或部门，对其他占比较小或较微的可以适当粗放。

四、企业资源计划（ERP）

企业资源计划（ERP，Enterprise Resource Planning）是由美国著名的计算机技术咨询和评估集团Garter Group公司提出的一整套企业管理系统体系标准，是指建立在信息技术基础上，以提高企业资源效能为系统思想，为企业提供业务集成运行中的资源管理方案。

ERP不仅仅是一个软件，更重要的是一个管理思想，它实现了企业内部资源和企业相关的外部资源的整合。

通过软件把企业的人、财、物、产、供、销及相应的物流、信息流、资金流、管理流、增值流等紧密地集成起来，实现资源优化和共享。

在系统平台上，它除了具备生产资源计划、制造、财务、销售、采购等功能外，还有质量管理，实验室管理，业务流程管理，产品数据管理，存货、分销与运输管理，人力资源管理和定期报告系统。目前，在我国ERP所代表的含义已经被扩大，用于企业的各类软件，已经统统被纳入ERP的范畴。它跳出了传统企业边界，从供应链范围去优化企业的资源，是基于网络经济时代的新一代信息系统。它主要用于改善企业业务流程以提高企业核心竞争力。

ERP的提出与计算机技术的高度发展是分不开的，用户对系统有更大的主动性，作为计算机辅助管理所涉及的功能很强大。它将重新定义各项业务及其相互关系，在管理和组织上采取更加灵活的方式，对供应链上供需关系的变动（包括法规、标准和技术发展造成的变动），同步、敏捷、实时地做出响应；在掌握准确、及时、完整信息的基础上，做出正确决策，能动地采取措施。ERP采用了计算机技术的最新成就，如扩大用户自定义范围、面向对象技术、客户机/服务器体系结构、多种数据库平台、SQL结构化查询语言、图形用户界面、4GL/CASE、窗口技术、人工智能、仿真技术等。

在生产控制管理方面，ERP是一个以计划为导向的先进的生产、管理方法。首先，企业确定它的一个总生产计划，再经过系统层层细分后，下达到各部门去执行。即生产部门以此生产，采购部门按此采购等。主要包括：

（1）主生产计划。它是根据生产计划、预测和客户订单的输入来安排将来的各周期中提供的产品种类和数量，它将生产计划转为产品计划，在平衡了物料和能力的需要后，精确到时间、数量的详细的进度计划。是企业在一段时期内的总活动的安排，是一个稳定的计划，是以生产计划、实际订单和对历史销售分析得来的预测产生的。

（2）物料需求计划。在主生产计划决定生产多少最终产品后，再根据物料清单，把整个企业要生产的产品的数量转变为所需生产的零部件的数量，并对照现有的库存量，可得到还需加工多少，采购多少的最终数量。这才是整个部门真正依照的计划。

（3）能力需求计划。它是在得出初步的物料需求计划之后，将所有工作中心的总工作负荷，在与工作中心的能力平衡后产生的详细工作计划，用以确定生成的物料需求计划是否是企业生产能力上可行的需求计划。能力需求计划是一种短期的、当前实际应用的计划。

（4）车间控制。这是随时间变化的动态作业计划，是将作业分配到具体各个车间，再进行作业排序、作业管理、作业监控。

（5）制造标准。在编制计划中需要许多生产基本信息，这些基本信息就是制造标准，包括零件、产品结构、工序和工作中心，都用唯一的代码在计算机中识别。

第二节　技术措施投入优化

油气藏开发所应用的技术多种多样，依据技术的投入—效益模型的投资优化，体现了市场竞争的特点，本节以油田增产措施各项技术的优化为例进行技术资源优化方法的说明。

原油产量逐年递减是已开发油田的必然规律。油区要保持稳产，必须采取增产措施。一般油区常用增产措施达十种以上，增产措施的吨增油成本随该措施增油量变化而变化，单项措施增油任务量过小或过大都会导致油田总体吨增油成本升高。如何将全油区的增油任务最佳地分配到各种增产措施上，使其总体吨增油成本最低，从而使增产措施的总投资最小，是油区措施配产的主要目标。该方法首先进行增产措施的筛选和分类，建立单项措施投入—效益模型，以及油区措施配产多变量、多因素、多目标数学模型，然后利用非线性函数求得系统最优解方程，建立最优解的寻找计算方法，最后实现油区增产措施的优化配产。

一、措施投入—效益模型的建立

油田实际规划过程中，措施工作量的大小通常用施工井数来衡量，而配产优化直接处理的是各种措施在规划年所必须完成的增产量。过去人们在进行这种转换时，一般采用某项措施在规划年的平均单井年增油量。这种转换方法过于粗糙，特别是当措施潜力概率分布曲线为非对称时会带来较大的偏差。

任意一项措施i在规划年的潜力效果概率分布关系由油田统计数据得到，其变化趋势示意如图19–1所示。图中横坐标表示该措施单井在有效期内的增油量q（单位：t/口），m（单位：口^2/t）表示全油田内采用该措施后增油量位于某一单位区间的井数，$m = m(q)$为分布函数，q_{max}和q_{min}分别表示最大和最小单井增油量。例如：图中阴影区域面积N（单位：口）由曲线对q积分得到，表示所有措施增油效果大于q_c的井的总数；同样对m积分可得相应的所有措施增油效果大于q_c的井的总增油量Q_i。于是得措施增产量Q_i（单位：10^4t）与措施井数N_i之间的关系。其变化趋势随不同油田和不同时间而不同，如图19–2所示。

油田增产措施总是先选高效井进行施工，以实现低投入和高产出的目的；随着油田措施施工井数的增加，施工选井将由高效井向低效井方向转移。因此，一般增产措施的增产量Q_i与措施井数N_i之间的关系应该表现为一条先急后缓的曲线。

措施投入T_i（单位：10^4元）与措施井数N_i间的关系由油田实际统计数据得到。一般趋势如图19–3所示。

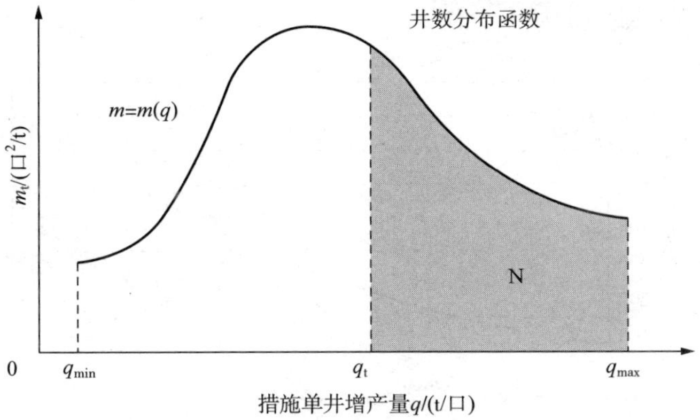

图 19–1　措施效果井数分布示意图

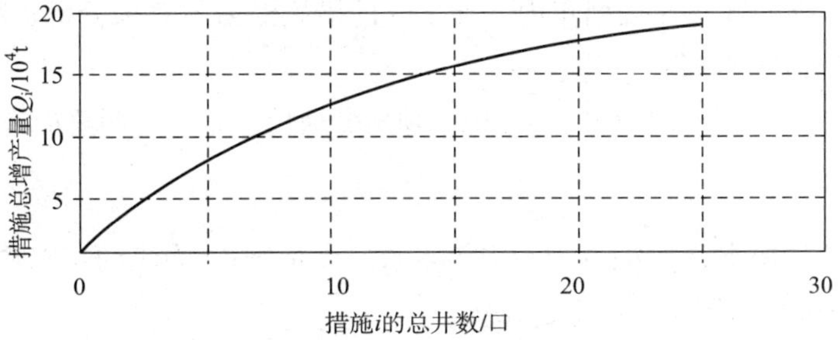

图 19–2　措施增油量与措施井数关系图

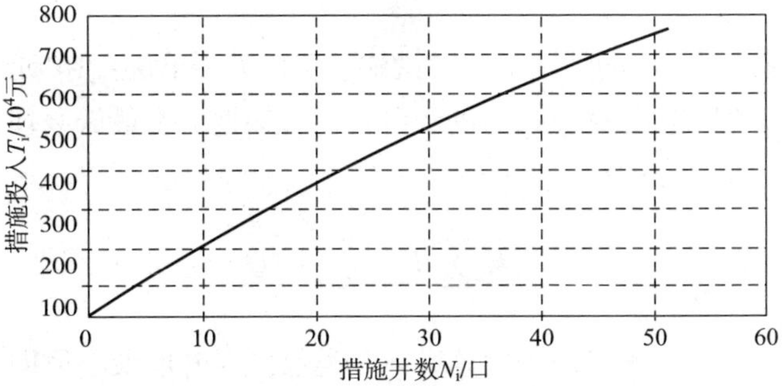

图 19–3　措施投入与措施井数关系图

显然 Q_i—N_i 和 T_i—N_i 这两组关系皆为非线性关系。由 Q_i—N_i 和 T_i—N_i 可得 Q_i 和 T_i 之间的函数关系，记作：

$$T_i = T_i(Q_i) \tag{19–1}$$

同时采用记号 C_i：

$$C_i = C_i(Q_i) = \frac{\partial T_i(Q_i)}{\partial Q_i} \tag{19–2}$$

式中，C_i 为措施 i 的吨增油成本（单位：元/t）。式（19–1）即为油田措施投入—效益模型，

图 19-4 为一般的投入—效益曲线示意图。

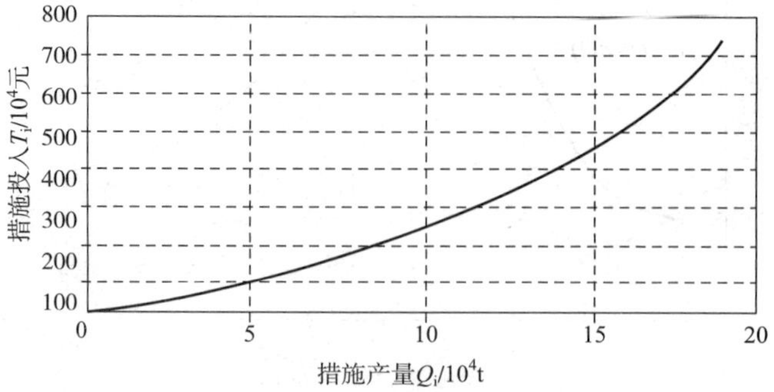

图 19-4　措施投入—效益模型示意图

油田所有措施的投入和效益之间均表征为非线性关系，不同的措施种类其模型有着不同的形式。通常要依据各区块在规划年内，油水井的措施潜力与效果分析资料，对数据去伪存真并经过一定的数学处理获得。

建立措施吨油投入—效益模型的过程中，须根据通货膨胀率，调整措施成本公式：

$$C_i = C'_{it}(1+r)^{l-t+1} \tag{19-3}$$

式中，C'_{it}为原始成本，元/t；l为历史年限数，无量纲；t为流动年限数，无量纲；r为通货膨胀率，无量纲；C_i为调整后成本，元/t。

二、泛函协调优化

在保证增产措施任务完成的情况下，使措施总费用T_c（单位：10^4元）最低（措施平均吨油成本最低），是油田配产整体优化追求的经济目标。根据成本最低原理，得到措施整体优化的目标函数：

$$T_c = \sum_{i=1}^{n} T_i = \sum_{i=1}^{n} T_i(Q_i) \tag{19-4}$$

式中，T_c为总费用，n（无量纲）为总措施种类数。当T_c取最小值即$T_c = T_{cmin}$时，措施配产达到最优。

由于油田生产含水上升，措施效果日趋变差，导致油田措施施工井数的增加，与之配套的油田队伍、装备以及后勤能力的约束只能作为一种弹性约束，需要依据具体情况作相应地调整。采油工程规划中考虑的约束条件主要有：

（1）措施增油任务：$\sum_{i=1}^{n} Q_i = Q$

Q_i为第i项措施增油量，10^4t；Q为规划年总增油任务，10^4t。

（2）措施潜力约束：$Q_{iL} \leqslant Q_i \leqslant Q_{iU}$，$i$=1, 2, ... n

Q_i为第i种措施的增产量，Q_{iU}和Q_{iL}分别为第i种措施增产的上限和下限，10^4t。

（3）队伍施工能力约束（考虑队伍发展）：$Q_i \leqslant Q_{id}$，$i=1, 2, ..., n$

Q_{id}为第i种措施的增产量施工能力，10^4t。

（4）专家因素：$Q_i \geqslant Q_{iz}$，$i=1, 2, ..., n$

Q_{iz}为专家对第i种措施增产量给定的经验值，10^4t。

（5）非负约束：$Q_i \geqslant 0$，$i=1, 2, ..., n$

根据该模型多变量、多约束、分段式和目标函数约束方程呈非线性表达式的特点，采用非线性函数求极值方法求解。

上述模型为一个多变量、多约束、分段式及带线性约束的非线性优化问题。根据最小二乘法原理求解此模型，为此引入一个辅助函数：

$$u = T_c^2 = \left[\sum_{i=1}^{n} T_i(Q_i)\right]^2 \tag{19-5}$$

即：

$$u = T_c^2 = [T_1(Q - Q_2 - Q_3 - \cdots - Q_n) + T_2(Q_2) + T_3(Q_3) + \cdots + T_n(Q_n)]^2 \tag{19-6}$$

分别取Q_2，Q_3，……，Q_n的偏导数，并令其为零可得：

$$\frac{\partial T_1(Q_1)}{\partial Q_1} = \frac{\partial T_2(Q_2)}{\partial Q_2} = \ ... \ = \frac{\partial T_n(Q_n)}{\partial Q_n} \tag{19-7}$$

即

$$C_1(Q_1) = C_2(Q_2) = \ ... \ = C_n(Q_n) \tag{19-8}$$

上式说明：当满足条件$\frac{\partial T_1(Q_1)}{\partial Q_1} = \frac{\partial T_2(Q_2)}{\partial Q_2} = \ ... \ = \frac{\partial T_n(Q_n)}{\partial Q_n}$时，函数$u$存在极小值，从而$T_c$也取极小值。此结论的经济含义为：当油田计划总产量为定值Q时，要使该油田各种措施配产达到最佳组合即平均单位成本最小，其条件为各种措施的配产量在各自的措施费用—产量关系曲线上对应点处的斜率（措施吨增油成本）都相等，如图19–5所示。

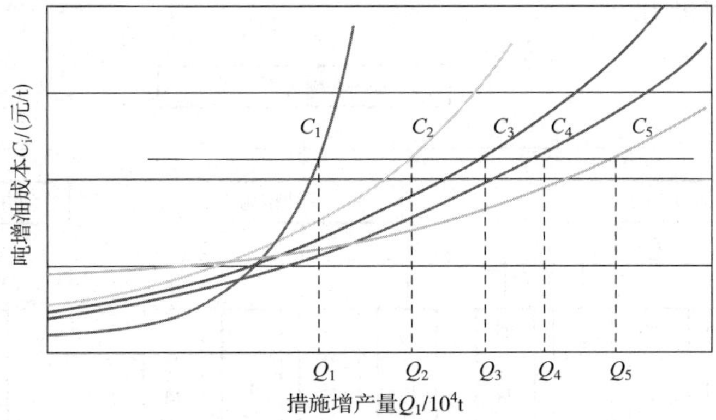

图19–5　优化配产模型求解示意图

由泛函协调方法可以求出各项措施的最优增油量，再由投资—效益模型计算出每一项技术的投资T，实现了资源优化配置。

在技术创新体系中的各项技术对油藏系统的投入—效益模型建立完成后，经泛函协调优化配置理论可以得到各项技术在科技生产力中的分配结果，即技术对油藏系统产能的贡献，在接下来的工作是对科技与油田所具有的人力、物力与财力的资源分配。

根据按劳分配，创新技术的人力投入、物力投入和财力投入根据其对产能的贡献进行分配，用公式可表示为：

$$\text{某项技术配置的资源}=\frac{\text{该项技术配置产能}}{\text{所有创新技术配置产能总和}}\times\text{油田拥有的资源} \qquad (19\text{–}9)$$

在人力、物力和财力上要考虑的方面由表19–1列出。

表19–1　科技资源优化配置细节

资源	细节
人力	施工队伍、施工人员、科研人员、管理人员、员工培训、员工升职等
物力	设备、交通、实验室等
财力	作业费用、研发费用、奖金等

三、资源优化配置应用

1. 科技生产力目标的确定

某油田采油工程目标认定为：①措施增油 96.94×10^4t；②措施增注 523.8×10^4m^3；③措施降水 327×10^4m^3。

2. 采油工程关键技术

考虑到地下油水分布日趋复杂、油水井井况日益变差、工艺措施施工难度越来越大及工艺技术发展的状况，并根据油田近几年的实际情况，筛选出如图19–6所示的措施项目，以便于今后深入挖掘措施潜力。

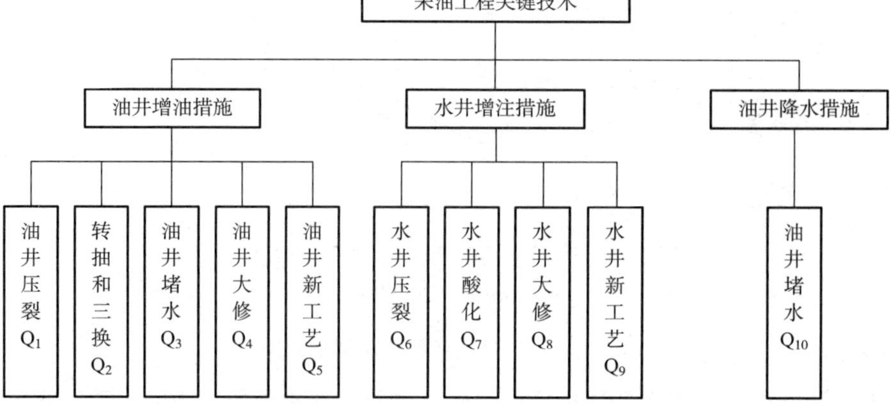

图19–6　采油工程关键技术构成

3．措施投入—效益模型建立

经措施潜力效果统计及投入产出模型拟合，得到各技术的投入—效益模型。

油井压裂投入—效益模型：

$$T_1 = 0.006982Q_1^3 - 0.551358Q_1^2 + 63.75Q_1 + 141.903$$

油井转抽和三换投入—效益模型：

$$T_2 = 0.00789754Q_2^3 + 0.108Q_2^2 + 34.8061Q_2 - 1.79393$$

油井堵水投入—效益模型：

$$T_3 = 12.862Q_3^3 - 210.598Q_3^2 + 1050.58Q_3 - 632.126$$

油井大修投入—效益模型：

$$T_4 = 4.59612Q_4^3 - 31.2801Q_4^2 + 292.189Q_4 - 22.4151$$

油井新工艺投入—效益模型：

$$T_5 = 0.868071Q_5^3 - 9.3158Q_5^2 + 72.262Q_5 - 32.1943$$

水井压裂投入—效益模型：

$$T_6 = 0.0001725Q_6^3 - 0.025614Q_6^2 + 14.3073Q_6 - 12.9878$$

水井酸化投入—效益模型：

$$T_7 = 0.00208084Q_7^3 - 0.221156Q_7^2 + 10.1844Q_7 - 30.9528$$

水井大修投入—效益模型：

$$T_8 = 0.0155631Q_8^3 - 0.870152Q_8^2 + 29.118Q_8 - 72.1577$$

水井新工艺投入—效益模型：

$$T_9 = 0.0758852Q_9^3 - 3.67109Q_9^2 + 57.9623Q_9 - 96.1607$$

油井堵水投入—效益模型：

$$T_{10} = 0.0000093027Q_{10}^3 - 0.01324411Q_{10}^2 + 10.8931Q_{10} - 380.363$$

4．优化模型的建立与求解

油井措施中因堵水既降水又增油，而在降水措施中，仅有堵水这一项措施，因此优先满足降水目标，即

$$Q_{10}^* = 降水目标 = 327 \times 10^4 \text{m}^3 \tag{19-10}$$

由油井堵水措施潜力降水效果分析，降水达到327万立方米作业井数为300口井，则由油井堵水措施增油潜力效果可增油9.2×10^4t，即

$$Q_3^* = 9.2 \times 10^4 \text{t} \tag{19-11}$$

于是得增油优化模型：

目标函数：

$$T_{c\min}=\sum_{i=1}^{n}T_i=\sum_{i=1}^{n}T_i(Q_i)=Q_1+Q_2+Q_4+Q_5 \tag{19-12}$$

由增油目标、队伍工作能力确定约束条件：

$$Q_1+Q_2+Q_4+Q_5=Q-Q_3^*=87.74 \tag{19-13}$$

$$50\leqslant Q_1\leqslant 100，20\leqslant Q_2\leqslant 43，3\leqslant Q_4\leqslant 8，5\leqslant Q_5\leqslant 16 \tag{19-14}$$

由泛函理论可得：

$Q_1^*=58.35\times10^4\text{t}$，$Q_2^*=20.03\times10^4\text{t}$，$Q_3^*=9.2\times10^4\text{t}$，$Q_4^*=3.61\times10^4\text{t}$，$Q_5^*=5.75\times10^4\text{t}$

同理得到水井增注优化配置结果：

$Q_6^*=277.37\times10^4\text{m}^3$，$Q_7^*=109.63\times10^4\text{m}^3$，$Q_8^*=86.61\times10^4\text{m}^3$，$Q_9^*=50.19\times10^4\text{m}^3$

由以上优化配置可进行科技资源及科技课题的管理。

第三节　科技创新课题资源优化

科技创新活动支撑着技术的发展和突破，有限的科技经费如何使用到多项课题研究是科技创新课题资源优化的问题。除了根据课题的预算之外，还需要考虑课题与油气藏发展的技术方向相结合，课题资源优化的前提是需要确定技术体系及技术的权重，然后进行课题与技术的相关性分析，最后计算出课题的创新价值，由此与总经费及课题预算经费相结合确定课题的经费。

一、课题与创新技术对应关系

在某专业领域内的创新技术的创新方向可能有多个，解决的问题也可能涉及多个方面，其关键词也应该是多个的。比如水平井钻井技术可解决低渗开发技术、稠油开发技术、薄层油藏开发技术等，关键词可设定为：低渗、稠油、薄差层。

而一个科研课题一般也对应多个关键词，比如：“二、三类油层三元复合驱配套技术研究”，其研究内容为：“搞清楚二、三类油层三元复合驱潜力，研究出适合二、三类油层三元复合驱配方，完善配方优化，解决举升和采出液处理等相关的配套技术问题，开展工业性矿场试验，使二、三类油层三元复合驱配套技术达到可以应用程度”。其关键词可设定为：三元复合驱、薄差层、采出液等。

由以上分析课题与创新技术对应关系可确定为以下几种关系：

1）一对一

在技术创新体系中，课题仅一个关键词也仅对应一项技术内的唯一个关键词（见图19-7），研究内容比较集中。

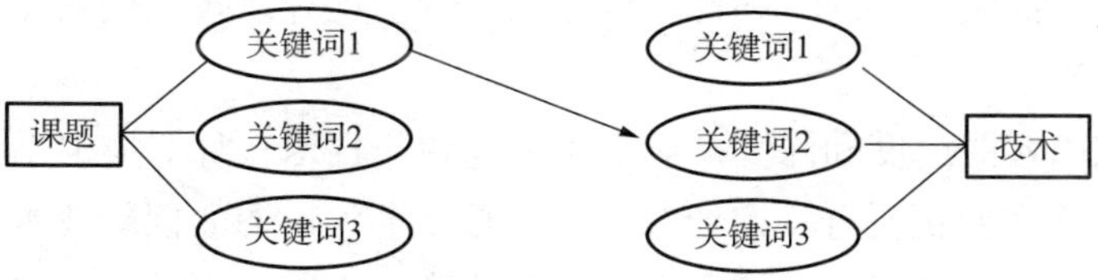

图19-7 课题与技术一对一关系

2）一对多

在技术创新体系中，课题仅一个关键词同时对应多个技术中的相同关键词（见图19-8），研究内容涉及所对应技术共同关心的难点。

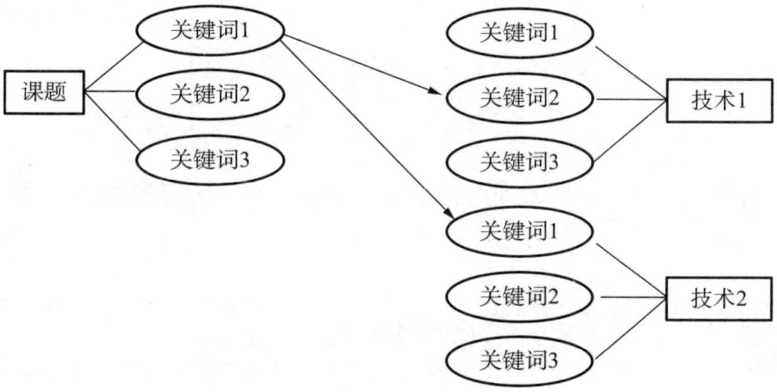

图19-8 课题与技术一对多关系

3）多对多

课题的关键词对应着技术创新体系中多个技术的多个关键词（见图19-9），说明课题涉及面较广，研究比较系统配套，但研究内容不够集中。

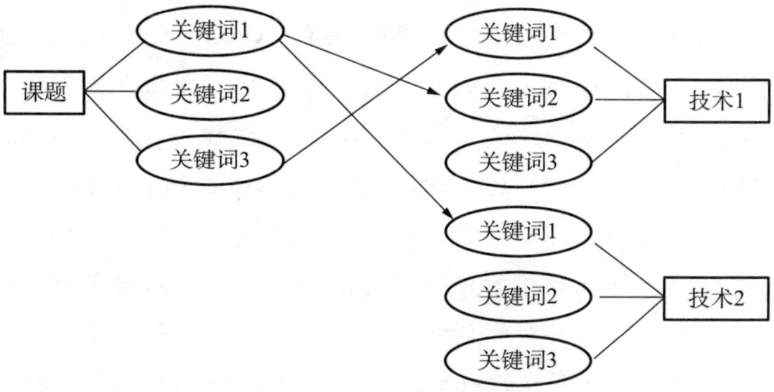

图19-9 课题与技术多对多关系

二、课题创新价值计算

课题设立的目的是解决当前或者未来时期的科技难题，技术创新体系是结合了专业技术发展趋势及油藏系统的实际情况，因此，课题创新价值计算以技术创新体系为依据为科研的正确方向奠定了基础。

若不考虑研究内容的广度和深度，对于以上课题与技术三种对应关系，无论哪一种，则设定课题的创新价值为课题所有关键词对应的所有技术关键词的创新技术优化配置得到的生产力比例大小之和，对于多对多的情况来说，若课题对应某一项技术的多个关键词，则在这一项技术上的创新价值将加倍，倍数为对应关键词的个数。

对于对应的某项技术而言，设N_i为对应关键词的个数，T_i为该项技术优化配置所得生产力比例，课题对应M项技术，共有L项创新技术，每项创新技术的生产力为Q技术i，则课题创新价值公式为：

$$V=\sum_{i=1}^{M}N_iT_i=\sum_{i=1}^{M}\left(N_i\frac{Q_{技术i}}{\sum\limits_{K=1}^{L}Q_{技术K}}\right) \tag{19-15}$$

由此创新价值对课题研究的预算进行修正，完成科技创新资源的优化配置。

管理小常识　懒蚂蚁效应

懒蚂蚁效应是日本北海道大学进化生物研究小组对三个分别由30只蚂蚁组成的黑蚁群的活动观察。结果发现：大部分蚂蚁都很勤快地寻找、搬运食物，少数蚂蚁却整日无所事事、东张西望，人们把这些少数蚂蚁叫作“懒蚂蚁”。有趣的是，当生物学家在这些“懒蚂蚁”身上做上标记，并且断绝蚁群的食物来源时，那些平时工作很勤快的蚂蚁表现得一筹莫展，而“懒蚂蚁”们则“挺身而出”，带领众蚂蚁向它们早已侦察到的新的食物源转移。原来“懒蚂蚁”们把大部分时间都花在了“侦察”和“研究”上了。它们能观察到组织的薄弱之处，同时保持对新的食物的探索状态，从而保证群体不断得到新的食物来源。在蚁群和企业中，“懒蚂蚁”很重要，此现象被称为“懒蚂蚁效应”。

20%的“懒蚂蚁”指导80%的勤劳蚂蚁，这是二八法则的自然体现。80%的蚂蚁都很勤奋，忙忙碌碌，任劳任怨，但它们离不开20%的“懒蚂蚁”。“懒蚂蚁”总能看到组织的薄弱之处，拥有让蚂蚁群在困难时刻仍然存活的本领，可以避免把全部蚁力投入到搬运食物的劳作中，总是可以保持对新的食物的探索状态，从而可以保证群体不断得到新的食物。勤与懒相辅相成，勤有勤的原则，懒有懒的道理，懒未必不是一种生存的智慧。

信任“懒蚂蚁”的创造力和特殊贡献力量，给“懒蚂蚁”群体真正发挥个人价值提供有力支持。当然，还需要保持“懒蚂蚁”群体的合理数量，不能使“懒蚂蚁”太多，影响管理效率，并要科学调整企业组织内部“滥竽充数”的“懒蚂蚁”，集中整治管理臃肿、人浮于事、运作缓慢、效率低下等一些长期累积的问题，尽力优化管理环境。

懒蚂蚁并不一定非要定义为某一类人，它也可以是指某种特质。企业内部不一定要把员工分为勤劳蚂蚁和懒蚂蚁两种类型，互相干着不同的活。懒蚂蚁可以是指能够着眼大局，能够时刻敏锐的观察市场，发现问题并解决问题，为企业或本部门指明方向的这种勤于思考的特质。从这个意义上来说，其实人人都应该成为懒蚂蚁。管理人员平时大多数都会陷入事务性的繁忙之中，忙着上传下达，忙着打电话、发Email，忙着完成考核指标，久而久之就变成了“近视眼”，而忽略了整个外部环境的变化。

勤与懒相辅相成，“懒”未必不是一种生存的智慧。懒于杂务，才能勤于思考。一个企业在激烈的市场竞争中，如果所有的人都很忙碌，没有人能静下心来思考、观察市场环境和内部经营状况，就永远不能跳出狭窄的视野，找到发现问题、解决问题的关键，看到企业未来的发展方向并作出一个长远的战略规划。

课件“码”上来

第二十章　油气藏经营管理决策

多学科协同团队在对油气藏进行管理过程中，都面临着决策的问题，例如：使用哪些技术为油藏地质模型的建立提供数据和技术支持、开发规划中的多个方案如何进行优选、何时进行技术主体换代的调整、提高采收率技术的筛选和应用、生产动态的监控评价及对应的修正等，这些决策保证了油气藏的持续不断、科学合理的开发进程。除了重大决策外，技术协同、数据管理、经济评价、技术创新、资源配置等多项管理无不需要大大小小的决策，因此，决策支持和方法一定程度上会减少决策的时间，也能保证决策的合理性。

第一节　管理决策的基本认识

管理决策是为了实现战略决策而进行有效的组织、协调，使生产技术经济活动正常进行的一种决策。其中包括组织结构的调整，团队成员的变动，资金的运用，设备的选择，生产经营计划的制订、现代管理科学的方法等方面的决策。管理决策是指组织中的管理者为了保证总体战略目标的实现而做出的、旨在解决组织重要问题的决策。管理决策旨在提高团队的管理效能，以实现团队内部各环节生产技术经济活动的高度协调及资源的合理配置与利用。

一、管理决策的作用

（1）管理决策是管理者实施管理职能的核心工作。管理的计划、组织、领导、控制等职能活动的中心工作就是进行各种各样的决策。

（2）管理决策是合理配置资源并使之产生最大的运转效益，协调生产活动，调动团队成员积极性，增强团队凝聚力的重要纽带和保证。

（3）管理决策是管理者的必备基本功，是检验团队领导水平的根本标志。管理者的能力大小，功绩大小，不仅要看他的日常事务管理的表现，更关键的是要看他的管理决策能力。

（4）管理决策是决定团队协同成败的关键因素。油气藏生产面临的外部环境变化剧烈，油气藏高效开发依赖于多学科团队协作，而在更大程度上取决于团队决策的正确性。

二、管理决策的模式

根据华盛顿大学Professor Bettin 的研究分析，大多数领导者的决策模式可分为五大模式，但是每一位领导者都有他们习惯或偏爱的决策模式，有些是合适的，有些不见得是适当的，这与决策的时机、性质都有关联。

1. “L”决策模式

L型决策模式是领导者对该项事情的决策，完全依据自己对该事情的了解与信息，凭其经验与知识做决策，完全不与相关部属讨论或征询意见。自信满满的领导者，或认为部属没有能力，或不习惯部属的参与决策，都喜欢使用这种决策模式。这种L型的决策模式，完全没有员工的参与，更谈不上透过决策模式与员工讨论，来提升员工的能力。习惯这种决策模式的主管大都倾向独断式的领导，平时与员工保持距离，由领导统驭的角度来看，这是一种最差的决策模式。但是有时候，由于时间紧迫，领导者被迫必须采用这种决策模式，如果领导者对该项事务并不十分了解，这时候L型的模式就要冒决策失败的风险了。

2. “LI”决策模式

LI型决策模式，领导者面对一项决策时，会选择性地询问员工一些问题的看法，但并不会让员工知道询问的目的所在，之后自己根据这些得来的信息做决策。由参与式管理的角度来看，LI决策模式只有10%的参与度，主要还是领导者，依据自己的知识与情报来做决策。如果决策的品质与正确性是很关键的时候，且领导者对这项决策又缺少足够知识时，L与LI两项都不是最理想的决策模式。

3. “LC”决策模式

LC型决策模式，是领导者单独地找几位部属，征询他们对决策的意见，领导者会先说明决策的目的与困难，并与这些部属相互讨论什么是最佳的方案。LC型的决策模式，虽然也只是与少数几位部属分开讨论，但是因为领导者会提出困难与决策目的说明，这样的参与程度，大概有50%，可算是比较民主参与式的领导，对员工的训练与培育，也可以起到一些作用。相对于L与LI，LC决策模式会花较多时间，但是如果这可换来更正确适当的决策，与员工的能力成长，牺牲部分效率还是值得的。

4. “LCT”决策模式

LCT模式是领导者在需要做决策的时候，会先召集相关的主管一起开会，向主管们说明决策的目的与困难，并请每一位主管提出各自的看法与决策建议，在会议中，领导者只扮演鼓励发言、引导讨论的角色，让不同的意见激发出更好的意见，最后领导者综合大家的意见后，加上自己深入的思考，才做出决策，并向相关提供意见的主管说明最终的决定与原因。

LCT模式虽然很花时间，但是这种决策模式充分做到上下交流，全员参与，对形成团队合作有很大的帮助，对员工能力的成长效果最好。这种模式通过脑力激荡法可以找到较佳的方案，也由于大家都参与讨论，决策的结果由大家一起承担，大家都愿意全力地支持这项决策，对决策的彻底执行起到决定性的作用。对于复杂且没有规范可循的问题，LCT是最好的决策模式。

5. “T”决策模式

T模式是一种全员参与的模式，领导者将决策的形成完全地交给团队，并全力地支持团队最后的决定。T模式由于是全员共同决策，可能会花比较多的时间，会缺乏效率，但是这种模式最能被大家接受，并愿意全力支持，效力最高。当然这种决策模式也存在决策错误的风险，因为决策结果是由团队决定的，如果你的团队对公司向心力与认同度不够，员工容易只考虑自己的立场而不管公司的立场与公司的利益，尤其是当这项决策涉及员工的切身利益时，更容易发生偏差的决策。T模式是最民主的决策模式，是员工参与度最高的模式，但这种模式如同L模式，也是一种极端，很容易被部分忽略自己管理责任的领导者，以授权之名义，完全放任员工做决策。

三、管理决策的原则

管理决策是管理者的一项基本活动，它关系到生产科学合理运行，往往“一步走错，全盘皆输”，它关系到人、财、物的使用方向及生产的经济效益。因而，在管理决策时应遵循一些基本要求，增强科学性，减少失误。

1. 及时性

市场具有瞬息万变的特征，团队其他方面的经营环境虽不像市场环境变化的那样迅速，但都是不断变动的，任何决策都是有风险的。因而团队决策者必须及时发现影响团队生存、成长的积极因素和限制性因素，做出决策，抓住机遇。任何一个决策的正确与否都是与当时的环境条件相联系的。决策时要注意避免产生“布里丹效应”。丹麦哲学家布里丹写过这样一则寓言：一头小毛驴在干枯的草原上好不容易找到了两堆草，由于不知道先吃哪一堆好，结果长时间选择而被活活饿死。后来，人们把决策时犹豫不决的现象，称为“布里丹效应”。可见，要实现有效决策，就要善于决策，敢于决策。

2. 经济性

团队的生产经营活动的目的是取得经济效益，因而决策必须掌握经济性原则，在生产经营过程中，应考虑资金的时间价值、机会成本、资金收益率等经济因素和指标，并进行各种核算，以取得经济效益。

3. 系统性

系统性即进行管理决策应综合考虑各种制约因素和有利条件，正确处理好当前利益与长远利益之间的关系。

4. 灵活性

根据团队内外部条件的变化，及时调整决策的重点和内容。曾经发生过这样一件事情：有个人单独到森林中去伐木，一棵大树倒下，压住了他的一条腿。他狠命往外拉自己的腿，剧烈的疼痛使他昏了过去；醒来又拉，又昏了过去。到了第二天，他已经没有力气了，这样下去只能等死。这时，理性终于占据了支配地位，于是他毅然锯断了压在树下的一条腿，爬出了森林，保住了自己的性命。此例可以深刻地说明在决策中一定要灵活，在必要的时候该舍弃的，即使是十分可惜的东西也要舍弃。如果没有这样的决断，就不能及时行动，没有行动就永远达不到所追求的目标。

四、管理决策的程序

一个完整的决策过程是由以下五个基本步骤组成的，即提出问题、预测分析、制订方案、选择方案和执行评价决策。

1. 提出问题

管理中的问题是指在组织目标的实现过程中先要研究讨论并加以解决的矛盾、疑难点。它经常表现为管理中各项活动的实际执行结果与预期结果之间的差距。如果实际结果与计划预期规定的结果相差甚远，那就说明在管理中存在许多问题需要解决。在这种情况下，需将这些问题逐一摆出来，并确定哪些是影响管理目标实现的主要问题，以便分清主次矛盾，有重点地解决。问题按其性质可以分为四种，即常见的问题、特殊事件（本质上仍是普通常见的问题）、真正例外及特殊事件、一般性问题首次出现。如果对所面临的问题属于哪种性质判断错了，就会导致决策失误。在这方面常出现的错误有：第一，将普遍性问题当特殊事件处理，就事论事做出相互矛盾的决策；第二，对新问题的出现不敏感，仍然采用老办法去解决；第三，对基本问题的确定似是而非，导致在决策上犹豫不决；第四，只看到问题的某些侧面，会出现片面决策。对决策者来讲，当遇到常见性问题时，要深入到问题的本质去思考；当遇到的是特殊现象时，要分析是否是新问题的到来，是否是一种新的普遍问题首次出现。由此可以制定出新的原则，去解决将会出现的一连串的同类问题。

2. 预测分析

预测是决策和计划的前提和基础。没有科学的预测，就不能有科学的决策，也不能有成功的计划。管理中各种问题的出现是与管理环境的变化紧密相关的。管理是一种综合系统活动，是一个动态过程。组织内外部影响管理的因素是不断变化的。之所以出现问题，说明组织计划中的一些指标已不再适应变化了的管理环境，必须对组织计划进行调整。调整组织计划，重新进行决策，需要管理人员掌握大量的信息和数据，这些信息不仅包括有关的历史资料，而且包括对未来情况的估计和预测，在预测的基础上对管理问题进行深入的分析。

3. 制订方案

制订可行的经营方案的阶段也是发动群众、集思广益的阶段。在这一阶段应当使人们的想法充分地表达出来，就某一单独的管理问题的解决和处理办法，都可以设计出许多具体的实施方案来，并说明各种方案之间的区别和联系。只有存在两个以上的多种可供选择的方案才构成决策。制订各种备选方案是为了管理者比较各种方案，并从中选出一种最适合的方案。制订方案的基本原则是创造性原则。在西方，比较盛行的一种能够激发人们创造性思维的方法是所谓的“头脑风暴法”。头脑风暴法是在会议上将有关各部门的人都集中在一起，就某一管理问题，如质量管理、如何提高劳动生产率等问题展开无约束的讨论。参加讨论的成员不是固定的，可因问题的性质而选择。在集体讨论过程中，允许每一个讨论者自由地发表自己的看法，鼓励大家提出与他人不同的观点，对一些看起来显得离奇甚至荒唐怪诞的想法也不允许他人批评。参加讨论的有各层管理者，讨论在一种自然和谐的气氛中展开。实践证明，这种方法确实是激发人们创造性思维的一种行之有效的方法。

4. 评价和选择方案

决策就是要对某问题做出最后的处理决定。决策进入到评价与选择经营方案的阶段，所要做的事情就是确定最后的经营方案，这是对各个方案进行全面评价之后，从中选出一个较优方案的工作。在选择方案时，要综合考虑方案实施后的各种结果。选择方案的标准对于某一特定的组织和特定的管理人员来说不一定是最优的，但应是最合适的。这是由于决策总是要面临大量未知的因素，未来的形势也会不断地变化。也就是说，不可避免地要经历一定的风险，根本就不可能“全优”。如果力求“全优”，就要权衡大量的因素，左思右想会花费较长的时间，而丢掉时间也就丢掉机会。正确的决策总是以达到目标为基本目的，而要达到目标总要舍弃点什么。选择方案时应注意使用科学适宜的方法。

5. 管理决策的执行和反馈

决策的执行和反馈是决策程序的重要内容。没有决策的执行，就不能达到决策的目的；没有决策的反馈就不能比较分析问题的处理效果，也不能为下一轮决策提供必要的信息。

综上所述，决策过程的各个阶段并不是截然独立的，它们之间存在着相互联系，各阶段构成一个循环往复的过程。

第二节 决策的方法

协同团队本身也是油气藏开发遇到的各种问题的管理者，决策往往会使团队面临更多的困难，决策方法的了解或者把握对于及时、系统地解决问题具有帮助。决策方法主要有定性决策方法、定量决策方法、计算机模拟。定性决策方法主要有头脑风暴法、名义小组法、德尔菲法、经营单位组合分析法、政策指导矩阵法等；定量决策方法主要有确定型决策方法、不确定型决策方法、风险型决策方法；计算机模拟决策方法是指利用计算机程序或软件实现决策，许多大型的决策支持系统基本上属于计算机模拟决策。本节介绍几个简单易行的定量决策方法。

一、模糊综合评价方法

在对多个方案进行优选时，优和劣是一个相对的概念，并没有明确的界限，具有中介过渡性，是客观存在着的模糊概念，这就是优选的模糊性与相对性。此外，对多方案的综合评价意味着从多个方案中选出一个最优的方案来，然而方案中的指标有多个，并且各指标的单位也不尽相同，于是直接评价起来就有相当困难。若使各不同指标之间具有可比性，那么必须使它们有相同的量纲，这也是很困难的，一个解决方法就是将其无量纲化。这种把有量纲的变为无量纲的方法称为归一化方法。以下正是应用这一方法来进行多方案寻优的。

1. 指标效用值矩阵

设全体方案组成的集合为P：

$$P = \{P_1, P_2, \cdots, P_m\} \tag{20-1}$$

方案的指标因素集X由n个指标构成：

$$X = \{X_1, X_2, \cdots, X_n\} \tag{20-2}$$

M个方案对应的N个指标构成指标特征量矩阵为：

$$Y = \begin{bmatrix} y_{11} & y_{12} & \cdots & y_{1n} \\ y_{21} & y_{22} & \cdots & y_{2n} \\ \vdots & \vdots & \vdots & \vdots \\ y_{m1} & y_{m2} & \cdots & y_{mn} \end{bmatrix} = \{Y_{ij}\} \tag{20-3}$$

不同的指标具有不同的量纲，无法直接进行比较，故应对这些指标进行处理，把各项都化为可比数值，即称之为效用值。利用效用函数把上述指标集进行换算，得到效用值矩阵：

$$R = \begin{bmatrix} r_{11} & r_{12} & \cdots & r_{1n} \\ r_{21} & r_{22} & \cdots & r_{2n} \\ \vdots & \vdots & \vdots & \vdots \\ r_{m1} & r_{m2} & \cdots & r_{mn} \end{bmatrix} = \{R_{ij}\} \tag{20-4}$$

效用值函数采用如下函数：

1）越大越优型

$$r_{ij} = \frac{y_{ij}}{y_{i\max}} \tag{20-5}$$

2）越小越优型

$$r_{ij}=1-\frac{y_{ij}-y_{i\min}}{y_{i\max}} \tag{20-6}$$

3）适中型

$$r_{ij}=\frac{y_{ij}}{y_{be}} \qquad y_{ij}\in[y_{\min},\ y_{be}] \tag{20-7}$$

$$r_{ij}=1+\frac{y_{be}-y_{ij}}{y_{i\max}} \qquad y_{ij}=[y_{be},\ y_{i\max}] \tag{20-8}$$

式中，$y_{i\min}$为同类指标中最小者；y_{be}为同类指标中适中者；$y_{i\max}$为同类指标中最大者。

越大越优型指的是指标值愈大愈好；越小越优型指的是指标值愈小愈好；而适中型指的是指标适合于以y_{be}为中值，在y_{be}的邻域内，靠y_{be}愈近愈好的指标。

2. 模糊综合评价

这是比较流行易懂的评价方法。首先选出各方案同类指标中最优的指标组成一个虚拟的“最佳方案”G，最差的指标组成一个虚拟的“最劣方案”B。

现在计算方案优劣距离，即海明距离。

优距离为j方案和最佳方案的距离：

$$D_g=\left\|W(G-R_j)\right\|=\sqrt{\sum_{j=1}^{n}w_i^2(G_i-R_{ij})^2} \tag{20-9}$$

劣距离为j方案和最劣方案的距离：

$$D_b=\left\|W(R_j-B)\right\|=\sqrt{\sum_{j=1}^{n}w_i^2(R_{ij}-B_j)^2} \tag{20-10}$$

令

$$s_j=\left[1+\left(\frac{D_g}{D_b}\right)^2\right]^{-1} \tag{20-11}$$

得到

$$S=(s_1,\ s_2,\ \cdots,\ s_m)^{T} \tag{20-12}$$

于是得到方案的唯一评价队列，从中可选出最优方案。

二、层次分析法

应用层次分析法可以进行方案的综合评价值或指标权重的确定。层次分析法（英文简称AHP）把复杂的问题分为若干层次，然后根据对一定客观现实的判断，就每一层次的各元素的相对重要性给出定量表示，亦即构造判断矩阵。而后根据这判断矩阵，通过求解其最大特征根及对应的特征向量，来确定出每一层次各元素的权重，最后通过一致性检验就可应用权重了。

层次分析法的关键步骤是构造判断矩阵。在这里构造判断矩阵在进行两个元素的重要程度比较时，用的是九标度法；求特征向量用的是求方根法。以求取指标权重为例，说明层次分析法的具体步骤如下：

第一步：建立层次结构模型。

分类指标集建立的同时其层次结构模型也就显而易见了。例如建立如下层次结构模型，如图20–1所示。

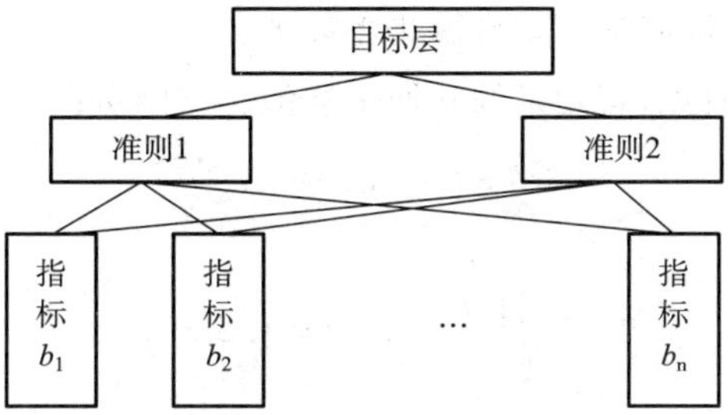

图20–1　层次结构模型

第二步：构造判断矩阵。

对每一层的结构，相对于上一层的某一因素而言，本层各因素两两比较其重要性的大小，并把比较的结果通过合适的标度表示出来，写成矩阵形式，即是判断矩阵。此次使用的标度法为1–9标度法，如表20–1所示。

表20–1　1–9标度法

标度	说　明
1	表示 B_i 与 B_j 同等重要
3	表示 B_i 比 B_j 稍微重要一些
5	表示 B_i 比 B_j 明显重要
7	表示 B_i 比 B_j 重要得多
8	表示 B_i 比 B_j 绝对重要
2，4，6，8	表示两相邻标度的中间值

对目标层而言，准则层的两个元素的判断矩阵如表20–2所示。

表20–2　准则层判断矩阵

关于目标层	准则1	准则2
准则1	b_{11}	b_{12}
准则2	b_{21}	b_{22}

同样，对准则层中任一元素都可建立指标层元素的判断矩阵。如对准则1建立如下判断矩阵，如表20–3所示。

表20-3 对准则1建立的判断矩阵

关于准则1	指标b_1	指标b_2	…	指标b_n
指标b_1	b_{11}	b_{12}	…	b_{1n}
指标b_2	b_{21}	b_{22}	…	b_{2n}
…	…	…	…	…
指标b_n	b_{n1}	b_{n2}	…	b_{nn}

需要注意的是判断矩阵中标度要有权威认同。

第三步：计算权重。

用方根法求判断矩阵特征向量，其计算步骤如下：

（1）计算判断矩阵中每行所有元素的几何平均值，得向量：

$$M=[m_1, m_2, \cdots, m_n]^T \tag{20-13}$$

$$m_i=\sqrt[n]{\prod_{j=1}^{n} b_{ij}}\ ,\ (i=1, 2, \cdots, n) \tag{20-14}$$

（2）对向量M作归一化处理，得相对权重向量：

$$W=[w_1, w_2, \cdots, w_n]^T \tag{20-15}$$

$$w_i=m_i\Big/\sum_{j=1}^{n} m_j \tag{20-16}$$

第四步：一致性检验。

由于客观事物的复杂性，人们在判断上往往会出现心理上的波动，导致判断矩阵产生一定的片面性。因此，为了保证结果的可靠性，需要对判断矩阵进行一致性检验。其步骤如下：

（1）计算最大特征值：

$$\lambda_{max}=\frac{1}{n}\sum_{i=1}^{n}\frac{(PW)_i}{w_i} \tag{20-17}$$

（2）计算偏离一致性检验指标：

$$C.I=\frac{\lambda_{max}-n}{n-1} \tag{20-18}$$

（3）从表20-4中查出随机一致性指标R.I：

表20-4 一致性指标R.I

n	1	2	3	4	5	6	7	8	9
R.I	0	0	0.52	0.89	1.12	1.26	1.36	1.41	1.46

（4）修正偏离一致性检验指标：

$$C.R=\frac{C.I}{R.I} \tag{20-19}$$

通常只要$C.R \leqslant 0.10$，则认为判断矩阵具有满意的一致性，否则必须重新调整其中元素的相对重要值。

第五步：组合权重计算。

组合权重计算是把最底一层的指标权重折算到相对于目标层上来，求得指标的最后权重。

层次分析法的关键步骤是构造判断矩阵。九标度的定义本身有其合理性和科学的地方，然而在实际应用中，往往会有一些问题。专家和决策者对于判断矩阵地给出往往比较棘手，难以适应和熟悉1～9的比较标度，常常难以给出一致性较好的判断矩阵。为解决这一问题，改进层次分析法在进行两个元素的重要程度比较时，将九标度变成容易给出的三标度矩阵。方法如下：

用三标度构造判断矩阵方法如下：

$$C=\begin{bmatrix} C_{11} & C_{12} & \dots & C_{1n} \\ C_{21} & C_{22} & \dots & C_{2n} \\ \dots & \dots & \dots & \dots \\ C_{1n} & C_{2n} & \dots & C_{nn} \end{bmatrix} \tag{20-20}$$

式中 $C_{ij}=2$ 第i个元素比第j个元素重要；

$C_{ij}=1$ 第i个元素与第j个元素同等重要；

$C_{ij}=0$ 第i个元素不如第j个元素重要。

$$r_i=\sum_{j=1}^{n} C_{ij} \qquad (i=1,2,\cdots,n) \tag{20-21}$$

设b_m为r_{max}与r_{min}比较时的一种标度（如九标度）。

这样三标度就转化为九标度。

$$b_{ij}=\begin{cases} \dfrac{r_i-r_j}{r_{max}-r_{min}}\times(b_m-1)+1 & (r_i>r_j) \\ 1 & (r_{max}=r_{min}) \\ \left[\dfrac{r_i-r_j}{r_{max}-r_{min}}\times(b_m-1)+1\right]^{-1} & (r_i<r_j) \end{cases} \tag{20-22}$$

式中 $b_m=r_{max}/r_{min}$；

$r_{max}=r_{imax}$（$1\leqslant i\leqslant n$）；

$r_{min}=r_{imin}$（$1\leqslant i\leqslant n$）。

上述构造的判断矩阵不一定满足思维判断的一致性，可以利用最优传递矩阵概念，对矩阵B进行改造，使之自然满足一致性要求，直接求出权重值。

令

$$a_{ij}=\lg b_{ij} \qquad (i,j=1,2,\cdots,n) \tag{20-23}$$

$$c_{ij}=\sum_{k=1}^{n}(a_{ik}-a_{jk})/n \tag{20-24}$$

$$b_{ij}^{+}=10^{c_{ij}} \qquad (i,j=1,2,\cdots,n) \tag{20-25}$$

则矩阵 $B^+ = (b_{ij}^+)_{n\times m}$ 具有较好的一致性，则 B^+ 为判断矩阵，用方根法求 B^+ 最大特征根对应的特征向量。

方根法：

令：

$$M_i = \prod_{j=1}^{n} b_{ij} \qquad (i=1,2,\cdots,n) \qquad (20\text{–}26)$$

$$\vec{W}_i = (M_i)^{1/n} \qquad (i=1,2,\cdots,n) \qquad (20\text{–}27)$$

对向量 $\vec{W} = \left[\vec{W}_1, \vec{W}_2, ..., \vec{W}_n\right]^T$ 归一化：

$$W_i = \frac{\vec{W}_i}{\sum_{j=1}^{n} \vec{W}_j} \qquad (20\text{–}28)$$

特征向量 $\vec{W} = \left[\vec{W}_1, \vec{W}_2, ..., \vec{W}_n\right]^T$，则 W 的各分量就是同一层中的 n 个元素对于上一层中某一元素的权重。

三、单因素评估方法

对于重大投资项目，在其前期阶段应该力争求取多个方案，对多个方案进行综合评价选择出最好的方案是静态的决策，而通过对各方案优劣因素分析，可以建立一个超出各方案最优方案，即达到一种动态的决策。因此，模糊综合评价的单因素评估对于得到最优方案更有意义。

在模糊综合评价中，已经得到了各指标的效用值，其实这些指标效用值本身就代表一定的意义，因为指标效用值的计算是以 m 个方案中同类指标的最好值为标准的，因此，效用值本身就代表在 m 个方案中这项指标的好坏程度。即单因素的效用值矩阵为：

$$\mathrm{R} = \begin{bmatrix} r_{11} & r_{12} & \cdots & r_{1n} \\ r_{21} & r_{22} & \cdots & r_{2n} \\ \vdots & \vdots & \vdots & \vdots \\ r_{m1} & r_{m2} & \cdots & r_{mn} \end{bmatrix} = \{\mathrm{R}_{ij}\} \qquad (20\text{–}29)$$

因为单因素分析要找出投资方案中的进步和不足，所以需要对每一指标进行综合分析，以某一指标为例，把所有方案的整体综合价值与此指标的效用值标注在下面象限中（见图20–2），横坐标为单因素效用值，纵坐标为整体综合价值，现分析不同情况下的意义。

（1）方案三情况：单因素效用值很高，但整体综合价值很低，说明此因素在该投资方案中具有较好的积极性，但未能挽回投资失败的结果，在某方面或者某些方面存在较大的缺陷，方案设计应进一步调整。

（2）方案二情况：整体综合价值很高，但此因素效用值却较低，说明该因素具有负面影响，但不足以影响全局，为了追求投资效果的更佳，应在以后投资执行进程中特别对该因素进行关注，以弥补短板。

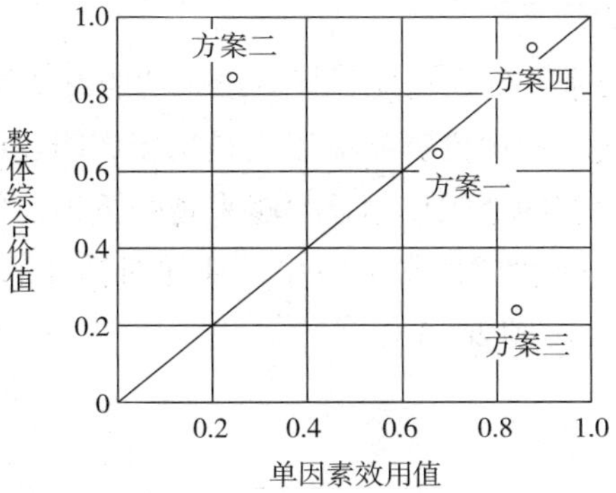

图20–2 投资方案单因素评估图

（3）方案一情况：整体综合价值与单因素效用值都处于一般位置，说明该因素所反映的效果与整体投资效果是一样的，进一步分析其他因素，把握投资效果的消极影响因素和积极影响因素是提高投资效果的关键，但不能得到该因素对方案的积极性影响和消极影响。

（4）方案四情况：整体综合价值与单因素效用值都处于很高水平，该因素起了比较积极的作用，也反映了投资整体的实施效果，在以后的发展中应继续此因素的改进与提高。

四、价值工程决策

价值工程又称价值分析，是一门技术与经济相结合的现代化管理科学。它通过对产品的功能分析，研究如何以最低的成本去实现产品的必要功能。因此，应用价值工程，既要研究技术，又要研究经济，即研究在提高功能的同时不增加成本，或在降低成本的同时不影响功能，把提高功能和降低成本统一在最佳方案之中。

价值工程的目的是力图以最低的成本具有适当的价值，亦即实现其应该具备的必要功能。因此，价值、功能和成本三者之间的关系为：

$$价值=\frac{功能}{成本} \tag{20–30}$$

由上述公式可得到启示，不仅深刻地反映价值与功能和实现此功能所耗成本之间的关系，而且也为如何提高价值提供了以下五条途径：

（1）在提高功能的同时，又降低成本，这是提高价值最为理想的途径。但对生产者要求较高，往往要借助科学技术才能实现。

（2）要成本不变的条件下，通过提高功能，提高利用资源的成果或效用，达到提高价值的目的。

（3）保持功能不变的前提下，通过降低成本达到提高价值的目的。

（4）功能有较大幅度提高，成本有较少提高。即成本虽然增加了一些，但功能的提高超过了成本的提高，因此价值还是提高了。

（5）在功能略有下降、成本大幅度降低的情况下，也可达到提高价值的目的。这种情况下功能虽然降低了些，但仍能满足顾客对特定功能的要求。以微小的功能下降换得成本较大的降低，最终也是提高了价值。

根据项目的特点和设计要求，确定功能目标，绘制功能系统图。

以油气藏的投资优化为例，油田投资70%以上是用于产能建设（钻井和地面工程），用于新技术开发试验的投资随着科技的瓶颈作用显得越来越受重视，但总量是比较有限的，因此，在总量控制的基础上，如何实现投资的最大效果，往往对钻井的投资需要重点优化。钻井技术投资项目有几个大的功能，（见图20–3）。

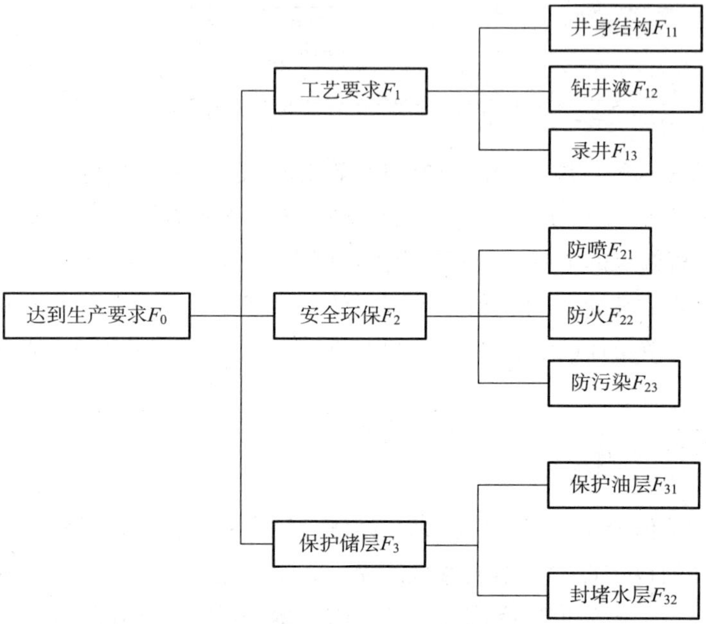

图20–3　钻井价值功能系统图

根据上述功能在技术中所起作用的大小，确定各种功能在技术中的比重。组织价值工程管理团队专家对功能性进行评价。可应用0～2标度的层次分析法（AHP）进行。

若已经计算出功能比重因子，亦即功能权重，则结合专家对每个方案的打分进行加权总分可得到方案的加权总分A_i，由此计算功能系数FI。

$$FI_i = A_i / \sum_{i=1}^{n} A_i \tag{20–31}$$

式中　A_i——加权总分；

n——方案个数。

如表20–5所示，可计算得到四个方案的功能系数。

表 20–5 各方案功能指数计算表

方案功能得分									加权总分（A_i）	功能系数（FI_i）
功能	F_{11}	F_{12}	F_{13}	F_{21}	F_{22}	F_{23}	F_{31}	F_{32}		
权重	0.1664	0.1664	0.0832	0.208	0.104	0.104	0.0924	0.0756		
甲方案	4.8	3.8	3.4	4.5	4.5	4.3	4.2	4.8	4.3161	0.2466
乙方案	4.9	3.6	3.2	4.8	4.6	4.5	4.5	4.8	4.4041	0.2517
丙方案	4.8	3.7	3.6	4.9	4.7	4.4	4.5	4.7	4.4506	0.2543
丁方案	4.8	3.5	3.2	4.8	4.2	4.6	4.3	4.9	4.3287	0.2474

若已知某研究单位所报预算造价，可以计算各方案的成本系数如表20–6所示。计算公式如下：

$$CI_i = B_i / \sum_{i=1}^{n} B_i \tag{20–32}$$

式中 B_i——第 i 个方案的预算值。

表 20–6 预算造价及成本指数计算表

方 案	预算造价 B_i /（元/m）	成本指数 CI
甲方案	3427	0.2546
乙方案	3589	0.2667
丙方案	3268	0.2428
丁方案	3675	0.2731

根据各方案的功能系数和成本系数计算出各方案的价值系数（见表20–7）。计算公式如下：

$$VI = \frac{FI}{CI} \tag{20–33}$$

表 20–7 各方案价值指数计算表

方 案	成本指数 CI	功能指数 FI	价值指数 VI
甲方案	0.2546	0.2466	0.968578
乙方案	0.2667	0.2517	0.943757
丙方案	0.2428	0.2543	1.047364
丁方案	0.2731	0.2474	0.905895

根据上述价值指数计算，可选择价值系数最大的方案作为最终决策方案。即可选用丙方案为最终方案。

第三节 风险决策

风险决策是在多种不定因素作用下，对两个以上的行动方案进行选择，由于有不定因素存在，则行动方案的实施结果其损益值是不能预先确定的。风险决策可分为两类：若自然状态的统计特性（主要指概率分布）是可知的，则称为概率型决策；若自然状态的统计特性不知道，则称为不定型决策。

本节主要针对概率型决策，认为风险是特定主客观条件和特定时期内，不利事件发生的可能性及其潜在影响。换而言之，风险有两层重要含义：即风险发生的概率分布特征和不同风险概率值对应的不利结果。

一、风险的性质

风险具有六个基本特性，即客观性、可变性、不确定性、不利性、相对性、与利益的对称性。

风险的客观性首先指它的存在不以人的意志为转移，因为决定风险的许多因素是相对于风险主体独立存在的，并在一定条件下促使风险由可能转变为现实。风险的客观性还表现在它存在于人类社会经济发展的整个过程中，潜藏于社会经济活动的各个角落，人们无法完全消除风险。

风险的可变性是风险常因某些时空动能因素改变其内在的性质。例如：①科技发明的影响：医学的发展降低了人们的死亡风险；核能的利用增加了人类前所未有的风险。②经济结构及发展的影响：经济结构的转型增加了某种人为的失业风险；经济的繁荣或萧条也使风险类型有所变化。③政治及社会结构的改变：政府政策、风俗习惯都会影响各地投资风险的性质，政治制度的不同也会有所影响。考虑以上诸因素是宏观经济风险（Macro-Risk）的主要研究内容。

风险的不确定性指对于风险主体来说，风险发生的可能性及其不利影响表现为复杂的概率分布特征，使人们进行风险分析和预测有很大难度，必须借助先进的理论和技术。

风险的不利性则要求风险主体采取各种方法分析风险，慎重决策，实施风险管理和控制，尽量规避风险。

风险的相对性指针对不同的风险主体，完全相同的风险因素产生的风险大小可以是完全不同的。例如，一口损失投资1000万元的干井对于一个总资产仅有1000万元的小型石油公司和拥有1000亿元资产的大型石油公司来说，风险大小相差极为悬殊，所以风险的相对性是由风险主体的不同风险承受能力决定的。

风险同利益的对称性是指风险和利益这两种可能性对其主体来说必然同时存在，风险是利益的代价，利益是风险的报偿，高风险伴随着高收益。

二、风险管理的程序

风险存在于项目的整个生命期内，由自然、环境、人力、设备、资金、油价等内外部各种不确定性因素所孕育，因此，研究油气勘探开发项目的风险性和风险管理十分必要，是搞好这类项目管理，提高经济效益的重要方面。

风险管理的程序可分成以下五个步骤：

（1）风险的识别。这是风险管理的基础。企业需以各种方法首先认识本身或投资项目所面临的风险有哪些并鉴定其类型和性质，初步估计将发生何种损失。

（2）风险的衡量与分析。风险经识别后，必须收集详细充分的损失资料（Loss Data）采用先进的理论方法和技术分析风险损失发生的频率特征和危害程度为决策提供科学依据。

（3）风险型决策。企业经营者根据经营战略，运用各种决策方法选择效益和安全性最佳的投资方案。

（4）选择风险管理（控制）的技术。风险管理技术分为两大类，一种是控制型技术；另一种为财务型技术。每一类方法又分为好几种管理技术，这里不再详述。

（5）执行、评估和损失处理。最佳的风险管理技术选定后，应定期地检讨与修正。因为主客观条件和风险的性质是时常变化的，一定期间内所制定的最佳技术如不及时修正将无法达成预期的目标和效果。同时做好风险损失的善后处理工作，这不作为本文探讨的重点。

三、蒙特卡罗风险决策

蒙特卡洛模拟法是用于研究和处理有限多个随机变量综合结果的一种数学方法。设有随机变量函数：

$$Y = g\,(X_1, X_2, \cdots, X_n) \tag{20-34}$$

其中，X_1，X_2，……，X_n是n个（n是有限值）相互独立的随机变量，并各自具有一定概率分布（连续型、离散型均可）。

通过对各自变量按其概率分布进行N次随机抽样，且对每次抽样结果都按关系式g进行一次运算处理，共抽样运算N次。当N趋于无穷时，这N次运算结果则构成了Y的概率分布。这样一种处理过程就是蒙特卡洛模拟的过程。这一过程需要对自变量（随机的）进行足够多次随机抽样，保证每个自变量都以各自分布的实际形态参加运算过程，从而获得包含随机变量全部信息的综合结果。对自变量的随机抽样是通过它们各自的累积频率曲线而实现的。据统计，模拟次数达到200次即可基本反映投资效果的概率情况。下面介绍两类概率分布的变量模拟方法。

1. 不确定性变量的三角分布

不确定性变量有多种概率分布，而三角分布是较为简单、较容易掌握和操作的一种，在大型工程项目中应用三角分布对不确定性变量进行分析是常用到的。它的基本思想是变量已经有3个值是能够较准确、较客观地确定了，这3个值是它的最小值X_1、最大值X_2和最可能值X_3，也就是说变量已经有了一个大致的变化区间，它的概率密度分布如图20-4所示。

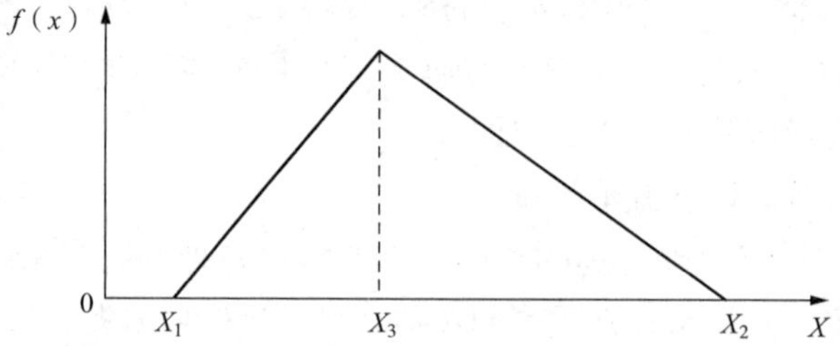

图20-4　三角概率分布示意图

由图20-4，根据概率统计可得：

当X在$[X_1，X_3]$区间时：

$$CF=\left(\frac{X-X_1}{X_3-X_1}\right)^2\cdot\frac{X_3-X_1}{X_2-X_1} \tag{20-35}$$

当X在$[X_3，X_2]$区间时：

$$CF=1-\left(\frac{X_2-X}{X_2-X_3}\right)^2\cdot\frac{X_2-X_3}{X_2-X_1} \tag{20-36}$$

式中，CF是变量在X时的概率，令随机数$RN=CF$，则得三角分布抽样的数学模型为：

当$RN\leqslant(X_3-X_1)/(X_2-X_1)$时，

$$X=X_1+[RN\cdot(X_3-X_1)(X_2-X_1)]^{1/2} \tag{20-37}$$

当$RN>(X_3-X_1)/(X_2-X_1)$时，

$$X=X_2-[(1-RN)\cdot(X_2-X_3)(X_2-X_1)]^{1/2} \tag{20-38}$$

利用以上公式即可求得当随机数为RN时的变量随机值，此值也符合三角分布，从而实现了不确定性变量的随机抽样。

2. 不确定性变量的正态分布

在《概率论》中，不确定性变量的正态分布概率数学表示形式为：

$$N(\mu，\sigma^2) \tag{20-39}$$

式中，μ为变量的期望值，σ为标准差。

由期望值和标准差来确定变量的概率，其概率分布函数为：

$$F(x)=\frac{1}{\sqrt{2\pi}\sigma}\int_{-\infty}^{x}\mathrm{e}^{-\frac{(t-\mu)^2}{2\sigma^2}}\mathrm{d}t \tag{20-40}$$

特别地，当$\mu=0$，$\sigma=1$时，称X服从标准正态分布。正态分布图与标准正态分布如图20-5所示。

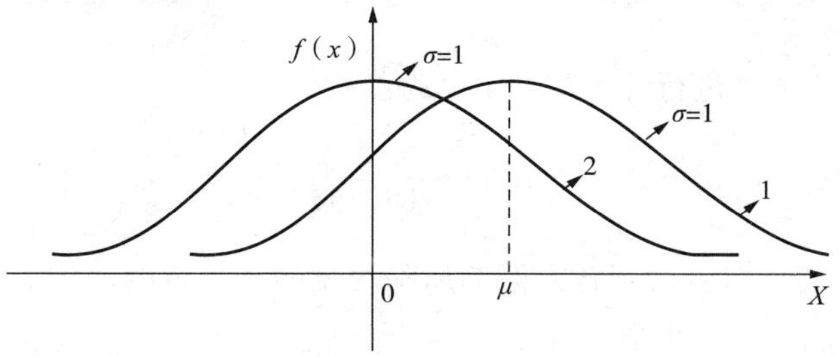

图20–5 正态概率分布示意图

图20–5中曲线1为正态概率分布，曲线2为标准正态分布。标准正态分布的概率与变量X的对应关系可以通过查标准正态分布表得出，正态分布也可借助于标准正态分布求得概率和变量X的对应关系求得，它们有下面的关系。

设

$$X:N(\mu,\sigma^2) \tag{20–41}$$

令$Z=(R-\mu)/\sigma$，则有Z服从标准正态分布，即

$$Z:N(0,1) \tag{20–42}$$

若给定某一置信水平$C=(X^*-\mu)/\sigma$，对应的标准正态分布的分位点为A（由标准正态分布表查得），所以有

$$(X^*-\mu)/\sigma=A \tag{20–43}$$

则有

$$X^*=\mu+A\sigma \tag{20–44}$$

在模拟过程中，使$C=RN$，可确定在发生概率为C的情况下的X值，即产生出变量的随机值。

相比较而言，正态分布要比三角分布精确，因为三角分布的概率密度为两段线段函数，含有很多成分的线性关系；而正态分布是综合了当前该变量的实际情况，通过曲线的拟合得到的函数，其精确度是较可靠的。大多数情况下，如果能经过详细的调查和分析，建议能使用正态分布来对不确定变量进行抽样分析。正态分布的处理有它的难度，那就是确定它的期望值和标准差，这应把握住变量在未来时间内发生较客观的走势和规律。

经模拟可得出200个同一指标的模拟值，把它们所在数值范围分成10等份区间，考察在每一区间模拟值落入其中的个数—频率，再由这个频率去除以模拟次数可得落入这一区间的概率。这样可以画出最终的指标概率分布图和累积概率分布图。

通过对200个数值的数理统计可计算出指标的期望值和标准差，同时可求出指标的最大值和最小值。则可以定义风险度为下面两种。

（1）风险度。

以不考虑随机因素影响时的数值为原值，其风险度为：

$$FD=\frac{\text{标准差}-(\text{期望值}-\text{原值})}{\text{期望值}} \tag{20–45}$$

（2）统计风险度。

只用标准差和期望值来进行计算的。定义为：

$$SFD = \frac{标准差}{期望值} \tag{20-46}$$

利用以上两个公式，即可得到各方案的风险程度的一个量的表示。风险值越大，说明该方案的抗风险能力越弱，反之越强。

第四节　指标体系的建立

评价指标体系是指由表征评价对象各方面特性及其相互联系的多个指标构成的具有内在结构的有机整体。

油气藏经营管理决策时往往是针对的大型、复杂、具有多目标性质的工程项目，单个指标难以全面、准确地反映方案的技术经济水平，只有借助于评价指标体系的形式，才能系统、全面地衡量方案的优劣。一个评价指标体系不能仅仅是一些指标的简单堆积，而应是一个具有一定功能的有机整体。从系统的角度可以将评价指标体系定义为：由若干个可以相互区别，相互联系而又相互作用的指标组成，在一定的层次结构中分布，在一定的大系统（包括评价指标体系、评价方法、方案实施）约束下，为达到评价总目的而存在的有机集合体。因此，只有在满足一般系统建立原则的基础上，分析被评价对象的具体特点，才能建立科学，合理的评价指标体系。

一、指标体系建立的原则

指标体系建立的原则一般有3个：全面性原则、离散性原则和有效性原则。

1. 全面性原则

评价方案的指标要覆盖尽可能全的方面，比如技术经济综合效益、关键技术的水平、多学科技术的体现等，但全面性原则可能会产生太多的指标，更不利于评价和决策，因此，指标选取时要具有很强的代表性和关键性。

2. 离散性原则

所谓指标的离散性指的是评价指标集里的每一个指标都应反映方案在某一方面的好坏。主成分分析法是将多个指标化为少数指标的一种统计方法，是解决指标集离散性的一种很好的方法。

设有某个P维总体G，它的每个样品皆是一个P维随机向量的一个实现，即是说每个样品都测得P个指标，这P个指标之间往往有影响，能否将这几个指标综合成很少的几个综合性指标，而且这几个综合性指标既能尽可能充分地反映原来P个指标的信息，同时，指标之间又互相无关，这就是主成分分析法要解决的问题。

从P个指标中求主成分的方法是从协方差阵出发，先求出协方差V的特征根，并依大小排列成λ，$\lambda_1 \geqslant \lambda_2 \geqslant \cdots \geqslant \lambda_m > 0$（其余$P-M$个特征根为零）。再求出相应于$\lambda_1$，$\lambda_2$，…，$\lambda_m$单位化了的特征根$\alpha_1$，$\alpha_2$，…，$\alpha_m$。于是就求得了第1，第2，…，第$m$个主成分。简单地说所谓主成分分析法，也可以看成对原来的x_1，x_2，…，x_p进行一次正交变换，变成了y_1，y_2，…，y_m，而y_1，y_2，…，y_m是相互无关的。

进行主成分分析法的目的是尽可能少的主成分y_1，y_2，…，y_m来代替原来的P个指标，同时又能对原资料所具有的意义进行解释。比值$\lambda_1 \Big/ \sum_{i=1}^{m} \lambda_i$表明方差$\sigma_1$在全部方差中所占的比重，显然，这个比值反映了这个变量“综合”x_1，x_2，…，x_p的能力的强弱，所以称之为第一主成分的贡献率。

而$\sum_{i=1}^{k} \lambda_i \Big/ \sum_{i=1}^{m} \lambda_i$即表示前$K$个主成分的累计贡献率（前$K$个指标所提供的信息占所有指标提供的信息的比重），一般可取累计贡献率达到98%即可。当然这是可变的。在应用时可根据具体境况进行分析。在应用时可根据具体境况进行分析。因此，由K个指标提供的信息几乎反映原有所有指标提供的全部信息，且这些指标之间相关性小，从而达到使指标集有较好的离散性。

用皮尔逊相关系数来计量两个变量之间的相关关系。

此公式为：

$$\rho = \frac{\sigma_{xy}}{\sqrt{D(X)}\,D(Y)} \tag{20-47}$$

式中，σ_{xy}是X和Y的总体协方差；$D(X)$是X的总体协方差；$D(Y)$是Y的总体协方差。

一般情况下，σ_{xy}、$D(X)$、$D(Y)$都不知道，用样本协方差S_{xy}，样本方差分别代替S_x^2、S_y^2这时，总体相关系数ρ的估计量为：

$$\rho = \frac{\sum_{i=1}^{n} X_i Y_i}{\sqrt{\sum_{i=1}^{n} X_i^2 \sum_{i=1}^{n} Y_i^2}} \tag{20-48}$$

对于项目方案来说，任两个指标之间的相关系数为：

$$\rho = \frac{\sum_{k=1}^{n} t_{ik} \times t_{jk}}{\sqrt{\sum_{k=1}^{n} t_{ik}^2 \sum_{k=1}^{n} t_{jk}^2}} \tag{20-49}$$

t_{ij}为第i方案第j个指标的值。

由两个指标的相关系数也能检验指标的离散性，把相关性高的指标合并集构成了离散指标集。

3. 有效性原则

评价指标集里面的每一个指标都应对方案的评价起作用，都能反映方案在某个方面的特征，即指标集里面的每一个指标都应有效。指标的有效性通过以下方法分析。

1）灰色关联度矩阵的动态聚类分析

若设有一开发方案集　$P=(p_1,\ p_2,\ p_3,\ \cdots,\ p_m)$，

原始指标集　$X_0=(x_1,\ x_2,\ x_3,\ \cdots,\ x_n)$，

指标权重集　$W=(w_1,\ w_2,\ w_3,\ \cdots,\ w_n)$。

在若干个可选方案中，有些方案的整体开发效果是差不多的，也就是说，这些方案是属于同一类的，可归于一类以方便分析。结合气田的开发特点，用基于灰色关联聚类分析方法对开发方案进行分析聚类。

设某一理想方案（由m个方案中每一个指标的最好值组成的假想方案）：$p_0=(x_{01},\ x_{02},\ x_{03},\ \cdots,\ x_{0n})$，求出任一个方案$p_i$与理想方案$p_0$之间的关联系数：

$$\zeta(k)=\frac{\min\limits_i\min\limits_k|x_0(k)-x_i(k)|+\rho\min\limits_i\min\limits_k|x_0(k)-x_i(k)|}{|x_0(k)-x_i(k)|+\rho\min\limits_i\min\limits_k|x_0(k)-x_i(k)|} \tag{20-50}$$

$\rho\in[0,1]$。

则关联度为：

$$r_i=\frac{1}{n}\sum_{k=1}^{n}\zeta_{i(k)} \tag{20-51}$$

则全体的r_i值构成的关联度集R：$R=(r_1,\ r_2,\ \cdots,\ r_{\mathrm{m}})$。这是下面进行聚类分析的基础。由分析系统的关联度集R，定义论域中各元素之间的关联度差异矩阵E_{s}，再由E_{s}差异矩阵得差异距离矩阵D_{s}，最后引出灰色相似矩阵，灰色相似矩阵反映了分析论域中各因素相互间的亲疏关系，同时也满足聚类条件，故可以对其进行聚类。

令：

$$\lambda g_{ij}=\begin{cases}0 & g_{ij}<\lambda\\ 1 & g_{ij}>\lambda\end{cases} \tag{20-52}$$

这样，在λ水平上，如果$\lambda g_{ij}=1$，则p_i，p_j两方案可聚为一类。

当λ变化时，聚类结果也随之变化。就可以得到对各方案的动态聚类分析的结果。

2）敏感性分析

有了上面的聚类结果，就可以着手研究评价指标集中的每一个指标对评价结果影响的大小来进行其有效性的分析。

在已有的指标评价集的基础上，首先对M个方案进行排序，得到一排序为Array，然后从评价指标集中取出一指标，再对其重新排序，得到新的结果为Array'，这样就有：

（1）如果Array和Array'的排序结果完全相同，则说明这一指标对方案评价所起的作用不大，这一指标是可以删除的。

（2）如果Array和Array'的排序结果不同，但是这些不同排序的方案是在同一聚类中（前面的聚类结果），那么这指标起的作用也是不大的，该指标是可以删除的。

（3）如果Array与Array'的排序结果不同，且它们不是发生在同一类中，则说明该指标对评价结果有较大的影响，应予以保留。

依此类推，对每一个指标都进行同样的处理，直到全部完成为止，这样就可根据对方案影响的大小来确定方案的指标集，把它和上节的主成分分析法结合起来，确定一合理而且有效的评价指标集。

3）概率性分析

显然，用上述方法进行评价时，必须以N组随机数据为依据，否则难以保证所得到的评价指标体系是稳定的。对于我们研究的问题来说，存在这样几个问题：①很难找到一个系统数据，能够提供前面确定的原始指标集中的数值；②多个系统的数据才具有代表性，但要解决多个系统统一的问题。

利用"正交化数据"来进行评价指标的筛选可解决上述问题。首先搜集到若干系统的数据，堆砌进行预处理，可得到一个离散化的数据矩阵LN：

$$LN=\begin{bmatrix} T_{11} & T_{12} & \dots & T_{1n} \\ T_{21} & T_{22} & \dots & T_{2n} \\ \vdots & \vdots & \vdots & \vdots \\ T_{m1} & T_{m2} & \dots & T_{mn} \end{bmatrix} \tag{20-53}$$

在这离散化数据集LN中，从T_1依次到T_n的各列中任意取一个数值就可以构成一组数据，每一组数据都可以理解为一个被评价的方案，只要选取适当个数r被评对象作一代表，设选n个即可，记为p_1，p_2，p_3，…，p_n。即$P_i=(t_{i1}，t_{i2}，t_{i3}，\cdots，t_{in})$，称$p_1$，$p_2$，$p_3$，…，$p_n$的$N$组数据为"正交化数据"。

这样就可由N组正交化数据按照上述评价指标进行筛选。做若干次随机试验，统计非敏感性指标出现的次数，筛除出现概率大的指标，剩下的指标即为敏感性指标。

二、气藏开发指标的建立

以气藏开发效果评价及决策研究为例，其指标体系建立的内容说明如下。

所有类型气藏开发的技术经济总体效果包括技术水平指标和经济水平指标。技术水平包括钻完井工艺技术水平、采气工艺技术水平、集输工艺技术水平和3项油藏工程生产效果指标，共6项，其中前三项技术指标又是一系列次级指标的函数。次级指标共有29项，任一个次级指标都可能是更次一级指标的函数。经济水平包括财务效益指标和国民经济效益指标，财务效益包括7项次级经济指标，国民经济效益包括3项次级经济指标。各指标评价标准由其所属具体技术领域的专家共同制定。评价指标的权重主要采用层次分析法和改进层次分析法确定。除最次级指标外，任意指标的归一化值由它的各次级指标值乘以各自的权重值再求和得到。从低到高逐级进行，直到技术经济总体效果。

1. 开发技术指标体系的建立

天然气藏划分为六种类型，技术水平指标体系见表20-8。

表20-8 气藏开发评价技术指标（∨表示“有”，○表示“无”）

技术指标	次级技术指标	气藏类型					
		无水气藏	浅层气藏	高压气藏	低渗气藏	含硫气藏	有水气藏
钻完井工艺技术水平	钻完井作业时效	∨	∨	∨	∨	∨	∨
	钻完井表皮系数	∨	∨	∨	∨	∨	∨
	流动效率	∨	∨	∨	∨	∨	∨
	固井合格率	∨	∨	∨	∨	∨	∨
	气层射开程度	○	∨	○	○	∨	∨
	缓蚀速率	○	○	○	○	∨	○
	渗透率伤害率	○	○	○	∨	○	○
	完井方式	○	∨	∨	○	○	○
	生产套管内压强度	○	○	∨	○	○	○
采气工艺技术水平	经济极限产气量	∨	∨	∨	∨	∨	∨
	采气指数	∨	∨	∨	○	∨	○
	无阻流量	∨	∨	∨	○	∨	○
	废弃地层压力	∨	∨	∨	○	∨	∨
	排水采气产量	○	○	○	○	○	∨
	最短减阀周期	○	○	○	○	○	∨
	水淹前采出程度	○	○	○	○	○	∨
	缓蚀剂加注量	○	○	○	○	∨	○
	增产措施有效期	○	○	○	∨	○	○
	措施日增产气量	○	○	○	∨	○	○
	压裂缝导流能力	○	○	○	∨	○	○
	措施前后产量比	○	○	○	∨	○	○
集输工艺技术水平	净化水平	∨	∨	∨	○	∨	∨
	集输能力	∨	∨	∨	○	∨	∨
	管网使用寿命	∨	∨	∨	○	∨	∨
	防腐蚀程度	○	○	○	○	∨	∨
	集输可靠度	∨	∨	∨	○	∨	∨
	集输可用度	∨	∨	∨	○	∨	∨
	井口压能利用率	∨	∨	∨	○	∨	○
	辅助工程完善程度	∨	∨	∨	○	∨	∨
开发水平	采气速度	∨	∨	∨	∨	∨	∨
	稳产年限	∨	∨	∨	∨	∨	○
	无水采气期年限	○	○	○	○	○	∨

续表

技术指标	次级技术指标	气藏类型					
		无水气藏	浅层气藏	高压气藏	低渗气藏	含硫气藏	有水气藏
开发水平	稳产期末采出程度	V	○	○	○	○	○
	开采期末采出程度	○	V	V	V	V	V

表20-8中部分次级技术指标含义如下：

（1）钻完井作业时效：钻完井过程的时间利用率，即生产时间/（生产时间+非生产时间）。

（2）钻完井表皮系数：评价钻井、完井对地层的伤害程度。

（3）流动效率：实际产能指数与理想产能指数之比。

（4）固井合格率：生产套管固井合格井数/生产套管固井总井数。

（5）渗透率伤害率：措施后比措施前岩芯基质渗透率降低百分数。

（6）压裂缝导流能力：裂缝的闭合宽度与压裂裂缝支撑剂渗透率的乘积。

（7）完井方式：井壁岩石所受最大切向应力大于岩石抗压强度时选择防砂完井方式，否则可选择不防砂完井方式。

（8）生产套管内压强度：生产套管内压主要是地层流体压力和特殊作业时所施加的压力。

（9）经济极限产气量：利润降到零时的气产量。计算公式：

$$Q_{\min} = C_F/(P_g R_{cn} - T_x - C_{vi})$$

式中 $Q_{\min}$——单井年经济极限产量，$10^4 m^3/a$；

C_F——年固定成本，万元；

R_{cn}——商品率，%；

C_{vi}——单位产量可变成本，元/m^3；

T_x——单位产品的销售税金，元/m^3。

（10）净化水平：是一系列更次级指标的函数，反映集输工程充分回收利用天然气组分的能力。

（11）集输能力：用管网最大设计集输气量来表示，反映地面集输能力与地下产能的协调程度。

（12）防腐蚀程度：含硫气藏、有水气藏集输管网的防腐蚀措施的作用效果。

（13）集输可靠度：集输系统在规定的时间和条件下无故障地完成输送任务的概率。

（14）集输可用度：实际集输气量与设计集输最大能力之比，反映集输工程的利用效率。

（15）井口压能利用率：井口剩余压力用于集输管网中能量消耗的能力。

（16）辅助工程完善程度：主要包括供电、供排水、注水或注气系统、通信、交通运输、环保、机修、自动化、矿区建设等九项。

2. 经济指标体系的建立

气田开发具有资金密集、技术密集和高风险的特点，经济评价能进一步促进决策民主化、科学化，引导投资方向，控制投资规模，优化投资结构，改善投资效益，减少和避免投资决策失误，提高经济效益。

经济评价主要分财务效益评价和国民经济效益评价。财务效益评价主要为项目投资者、债权人两个方面考虑；国民经济效益评价是从国民经济整体利益出发，以资源的最优配置和国民收入的最大增长为目标。

项目投资者侧重于关心项目盈利能力，这是投资者开发项目的初衷，也是企业经营的目标或方向，其指标包括项目财务净现值、投资内部收益率、投资利润率、资本金利润率。项目债权人侧重于关心企业开发项目的财务汇报，即项目投资回收能力和企业资产负债水平和偿债能力，其指标包括资产负债率、流动比率、投资回收期。从国家和社会的角度看，主要衡量该项目方案对国家或社会的贡献水平，其指标包括社会贡献率、社会积累率、经济内部收益率。

确定经济评价所用基础经济数据和经济评价指标（见表20–9）。

表20–9　基础经济数据与经济评价指标

<table>
<tr><th rowspan="2">基础经济数据</th><th colspan="2">经济评价指标</th></tr>
<tr><th>指标</th><th>次级指标</th></tr>
<tr><td rowspan="2">1. 评价年限
2. 建设期
3. 生产年限
4. 总产气量
5. 总商品气量
6. 总投资
7. 流动资金
8. 年均销售收入
9. 年均销售税金
10. 利润总额
11. 税金总额
13. 总成本
14. 经营成本
15. 单位生产成本</td><td>财务效益</td><td>1. 财务净现值
2. 财务内部收益率
3. 投资利润率
4. 投资回收期
5. 单位开采成本</td></tr>
<tr><td>国民经济效益</td><td>6. 经济内部收益率
7. 社会贡献率
8. 社会积累率</td></tr>
</table>

对于不同类型气藏进行经济评价时，其所采用的指标是相同的，只是指标的计算方法有所不同，即开发经济效益只有量的区别，而没有质的区别。

3. 技术经济指标体系

综合上述分析，我们采用如图20–6所示评价结构体系。图中的3个“气藏工程生产指标”依气藏类型不同而不同，但都在采气速度、稳产年限、无水采气期年限、稳产期末采出程度和开采期末采出程度这5个指标中选取。由此，建立起不同类型气藏开发效果及决策的指标体系。

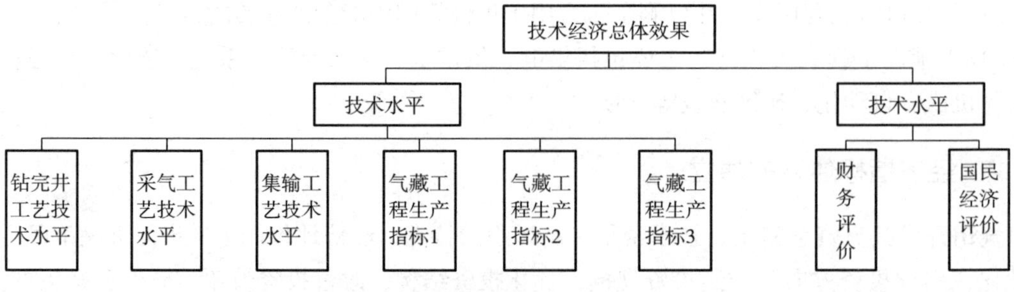

图20–6　天然气开发技术经济一体化总体评价指标体系

管理小常识

鸟笼效应

“鸟笼效应”出自近代杰出的心理学家詹姆斯，说的是：如果一个人买了一个空的鸟笼放在自己家的客厅里，过了一段时间，他一般会丢掉这个鸟笼或者买一只鸟回来养。原因是这样的：即使这个主人长期对着空鸟笼并不别扭，每次来访的客人都会很惊讶地问他这个空鸟笼是怎么回事，或者把怪异的目光投向空鸟笼。终于他不愿意忍受每次都要进行解释的麻烦，而是选择丢掉鸟笼或者买只鸟回来相配。经济学家解释说，这是因为买一只鸟比解释为什么有一只空鸟笼要简便得多。即使没有人来问，或者不需要加以解释，“鸟笼效应”也会造成人的一种心理上的压力，使其主动去买来一只鸟与笼子相配套。也是说明人们会在偶然获得一件原本不需要的物品的基础上，继续添加更多与之相关而自己不需要的东西。

与鸟笼效应相似的还有空花瓶效应：一个女孩子的男朋友送了她一束花，她很高兴，特意让妈妈从家里带来一只水晶花瓶，结果为了不让这个花瓶空着，她的男朋友就必须隔几天就送花给她。

这个规律放在企业里也可以说明很多问题，对整体而言，它可以说明企业的战略应该和能力相匹配，很多时候应该“顺势而为”，企业有什么样的能力，什么样的资源，往往就决定了战略的大方向。在选定方向后，就应该通过筛选果断地扔掉那些没有发展前景的空鸟笼，避免在这方面消耗过多精力。

课件“码”上来

第二十一章　油气藏经营管理发展趋势

油气新增储量多以非常规、小断块、深层等类型为主，对储层认识存在很大的不确定性，开发难度也面临前所未有的压力，对高新技术需求呈现出高度依赖的态势。70%石油产量来自中老型油田，进一步提高采收率同样带来了前所未有的挑战。随着市场更加激烈的竞争和信息技术的高速发展，油气藏经营管理所面临的系统环境越来越复杂，多学科的协同工作越来越迫切，单一依靠科技创新的突破已不能解决当前面临的诸多难题，系统综合集成管理成为当前形势及技术水平约束的最好方法，对传统油藏经营管理有了更新发展和更进步的认识，这主要体现在了持续发展为中心替代了数量速度为中心、现代和谐社会构成基础背景、系统协调发展要求全面组织、经营价值理念强调综合效益、管理效率途径立足核心能力建设以及战略前瞻谋划拓宽了审视角度。

第一节　战略管理思路的转变

现代油藏系统经营管理战略概念为：在现代社会背景下，以持续发展为中心，研究油藏系统经营管理战略对策的科学，它是传统油藏经营管理的更新发展和更高进步，其面临的战略管理思路的转变主要有以下几个方面。

一、“持续”发展中心——本质特征

传统油藏经营管理是强调应用各种技术和手段，以最小投入或费用得到最大的采收率和经济效益，其最终目的是追求数量与速度，尤其对于一个不可再生油藏系统来讲，开发速度加快往往会带来较高的经济效益，但是从长远考虑，作为国家安全的战略物资，仅以较高的速度或者数量来开发油藏显得急功近利。因此，若以持续发展为中心，油藏经营管理将充分结合复杂系统的理念，资源优化配置理论及实物期权理论进行全方位的战略设计，以此实现油藏开发的高效性、经济性、安全性、洁净性和协调性。高效性体现在依靠技术水平的提高，一方面不断发现新的油藏储量和提高油藏最终采收率，一方面加强节能管理，实现能源消耗的高效性；经济性体现在油田企业的经济效益和作为国家支柱产业给国家上交的利税；安全性一方面要求油藏开发自身生产时保障员工的安全，一方面要求产能的供给能给国家能源安

全做出大的贡献；洁净性也体现在两个方面，一方面是油藏系统开发要能够提供更多的洁净能源，比如气态能源的突破、可再生产能源的规模生产等，另一方面强调油藏开发要避免潜在的地下、地面及天空的环境污染；协调性体现了持续发展与保证产能数量的协调、资源潜力越来越小与未来需要较高产能的协调、科技研发与人财物等资源供给的协调、储量即时开发与实物期权经营的协调等。

二、“现代”和谐社会——基础背景

近些年，我国的经济实现了突破性发展，但随着经济快速增长也暴露了许多尖锐问题：环境问题、素质问题、腐败问题、安全问题等。进入21世纪，随着综合国力的增强，粗放型经济发展逐渐向精细型、节约型、科学型方向发展。

1）全面小康

21世纪之初是全面小康社会正式建设的开始，是中国向强国发展的重要一步，全面小康社会强调“全面”，从量上看，是“质量”与“数量”的全面提高，体现在用能上是由低级（煤炭）向高级（油气电）转变，由“少数”向“多数”转变，整体体现为人们生活水平的大幅提高，这样的发展背景对油气的大量需求是势不可挡的。因此，面临油气消费快速增长达到5亿吨并不过分，也并不是盲目发展，这是全面小康目标发展的必然。有些人认为应在用油上进行限制，但总也挡不住这种发展的势头，不过也需要系统和长远的谋划与协调，以避免过于集中的压迫油气行业造成的被动。

2）以民为本

“为人民服务”“以民为本”是整个社会发展的根本原则。通常“以民为本”是针对领导或官员而言，避免官僚主义，立足于为民服务的基础。对于大型油田来讲，其政治性与社会性相当明显，从“人本”上看，一方面重视生产的安全、员工的生活保障，更重要的是关注油田智力资源的挖掘、培训、发展，到充分发挥作用，再到创造价值，这也是“以民为本”的进一步深化，因为对于大型油田来讲，其重要的资源是智力资源，而智力资源的依托是“人”，所以把大型油田的发展看成是“人才”的积聚与运用是非常关键的。

3）科学发展观

“科学发展观”的提出可以说是对“以经济建设为中心”的一个挑战，科学发展强调系统协调。“发展是硬道理”，也并不一定仅指“经济发展”，而在经济发展的同时，保护环境，稳定和谐，精神素质提高是非常重要的，并且在经济发展中，各行各业之间的相互协调也是“科学发展观”的重要内容。经济发展需要能源消耗，然而低效、高污染的能源消费方式和低质量、低品质的粗放型经济生产方式越来越突出了“经济发展”与“能源消费”之间的矛盾，各环节的脱节现象非常严重，这种发展是与科学发展背道而驰的。对大型油田来讲，科学发展可从以下两个方面探讨：①由于大型油田是资源采掘型企业，而且又担负着国家安全的重任，其可持续发展是关键。可持续也就是立足于油气资源，以资源为基础，制定实际的开发策略，既然资源是资本，那么对资源的把握是第一位的。“手中有粮，心中不慌”，大型油田对它的理解应当是很深的；②系统协调，各部门之间的通力合作，地质—油藏—钻井—采油—经济—环境—法律—管理等多学科协同工作组的现代油气藏经营管理方式应得到充分体现。

4）创新型国家

以油气藏生产实践作用创新源头，再经产学研相结合，实现科学研究与创新，是把握科技制高点技术是创新型国家的体现。油田行业本身是技术高密集行业，又是一个复杂的巨系统，因此，其创新在于两个方面，即科技创新和制度创新。科技创新能够以较低的成本得到更多的地下原油可采储量，获得更大的效益，并且科技创新强调原创，把握其他企业未能应用或需要较高成本才能获得制高点技术，占领该技术领域的市场以独有的技术获取服务效益。制度创新是规划、战略、策略、管理、文化、科技创新的坚实基石。

5）和谐社会

总而言之，“和谐社会”可以是“全面小康”“以民为本”“科学发展”和“创新国家”的综合。但更体现了人的安居乐业和公平待遇，对大型油田的影响是很大的。员工的待遇、生活水平、文化氛围、医疗教育、环境卫生、人文素质等都是和谐稳定的重要因素。

三、“系统”协调发展——全面组织

油气藏系统本身是一个复杂系统，地质—地震—油藏—采油—钻井等各学科都是紧密相连的，尤其是在数字信息高度发达的今天，油气藏经营管理已经开始形成一个一体化的管理模式（见图21-1、图21-2），并组建了灵活的协同工作组，以利于在油藏开发的每一过程都会有各学科的共同参与，真正形成了系统性的开发。而且在油藏管理过程中战略学家显得越来越重要，充分体现了现代油气藏系统与各学科之间的高度融合。

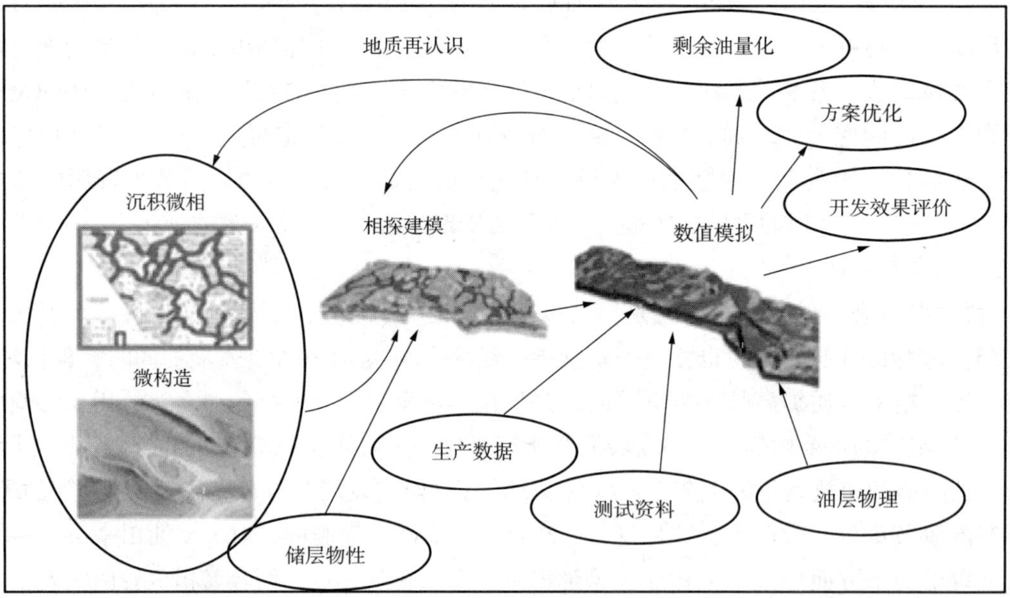

图21-1 现代油藏开发信息一体化示意图

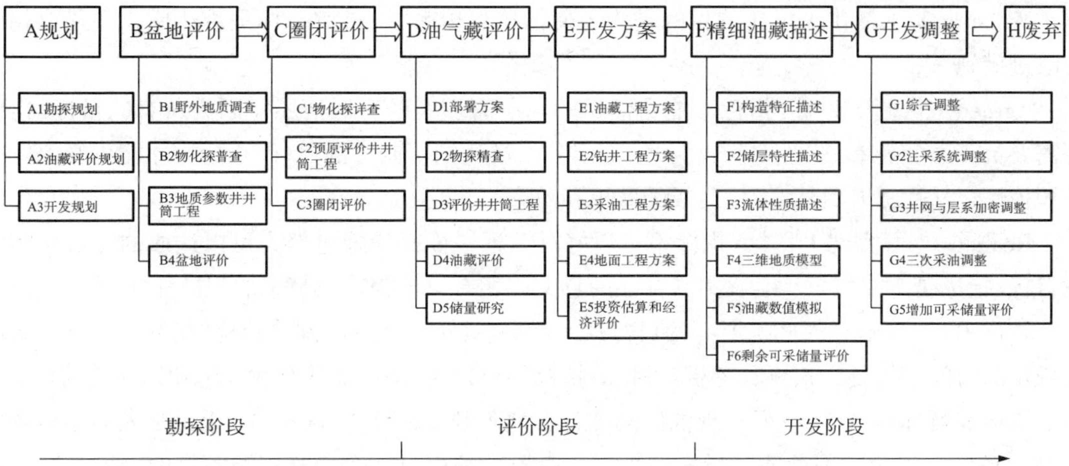

图21-2 现代油藏开发的各阶段任务分配示意图

四、"经营"价值理念——综合效益

经营是创造价值（Create Value），就是不断追求价值的最大化。

油田要生存和发展，要实现各方面的价值，在市场定位的过程中应考虑几个方面因素：

（1）现状，包括现有的需求，油田的经营业绩，现有的产量或服务，品牌的影响力等。

（2）资源/资本，油田应量力而行，没有资源/资本作坚实后盾的远大理想只能是空中楼阁。

（3）发展和创新，由于需求在不断提高，法律法规日趋完善，竞争对手也在不断前进，油田不得不不断地寻求创新和发展。生存是发展的基础，而发展是生存的保障。

油田应综合以上各方面的因素，了解自己的优势、弱点、机会和威胁。找到自己独特的长处，并将其作为核心竞争力，就有可能将优势转化为胜势。这是经营理念中的一个重要法则：以不同求更好。明确了市场定位，油田就能明确其应成为怎样的油田—战略方针，以及要提供怎样的质量—质量方针。油田的质量方针是与其战略方针/经营方针紧密相连的，质量方针是为战略方针/经营方针服务的。其共同目的是为了油田的生存和发展。

方针是方向性的，往往是定性的。为了实现方针并继而评定方针是否实现，就需要将方针转化为量化的目标/指标。目标/指标不是随意制订的，而应与方针相关联。当目标/指标达成时，方针应能得以实现。在油田中，每一个目标/指标都可能涉及几个，有时甚至所有的部门。如果只有一些总体的目标/指标，当其未能达成时，就很难去分析其原因，更无从采取措施予以改进。光有总体目标/指标的另一个弊端就是所有人似乎都有责任，而所有人都以为这是他人的责任，其结果可想而知。因此，油田必须将总体目标/指标分解到相应的部门或个人。必须注意的是，所谓分解绝不是各部门各自为政地另外去制订目标/指标。而应确保当分解的目标/指标达成时，总体的目标/指标能够达成，从而保证方针的实现。在制定目标/指标时要做到SMART（聪敏），这是由以下五个英文单词的缩写构成的：

Specific（明确）目标/指标应清楚明白，不应该是一个远景或理念，而应是切实需要完成的任务。

Measurable（量化）量化的目的是为了使油田可以考核目标/指标是否达成，并采取相应的改进措施。

Agreed（认同）目标/指标不能是油田的高层管理者的一厢情愿。因为所有的目标/指标都需要员工去实施和达成。只有相关的部门和人员认同所制订的目标/指标，才能更好地发挥其积极性，从而提升目标/指标达成的效果和效率。

Realistic（可实现）目标/指标不可以好高骛远，而是应通过努力可以达成的。不切实际的目标/指标是空喊口号，会丧失其存在的意义，还有可能损害到员工的积极性。

Time Based（规定时间）所有的目标/指标都应规定完成的时间，目标/指标的实施方案应按规定的时间来策划、执行和考核。目标/指标的SMART是保证其有效实施和达成的前提。

要达成目标/指标，继而实现油田的方针，离不开资源（Resource）。无论是人力还是物力（设施/环境）资源，都是油田投入的资本。有不少油田可能会面临资源不足的困境。其实对任何一个油田而言，资源都是有限的。要使有限的资源发挥出最大的效用，就需要对资源作合理的配置（Configuration）。

由以上内容，现代油气藏系统进行市场化经营，不仅仅把创造价值立足于油田所得到经济效益或者给国家上交的利税，更在于除经济效益之外的市场扩大、知识创新、品牌价值增加以及节约资源等各方面的产生的效益，这一点突出了经营的特性，补充了传统油藏管理的重技术、轻经营的弱点。

五、“管理”效率途径——立足核心

管理是使纷繁复杂的过程变得有秩序而又有效率。管理的任务是有效地实现人类活动的社会协作，通过最佳的协作方式和最优的组织结构保证在实现目标的过程中作出最小的支出，使人力、物力和财力都能发挥出最大效应。现代油气藏系统的管理突出了核心能力的管理。所谓核心能力即为：组织中具有核心竞争优势的积累性学识，特别是关于如何协调不同的生产技能和有机结合多种技术的知识，以及为知识、资源、技能的动态整合起支撑作用的企业组织管理、企业文化建设和企业战略管理的知识。核心能力是具有竞争优势的积累性学识，突出了“积累”和“优势”，尤其是对于油气采掘业，一朝一夕的核心能力不可能产生出来，即便自己认为是核心能力也不会具有竞争优势，而是需要长期的学识积累，由此而产生的不同于其他石油企业的具有明显竞争优势的一套知识体系、管理体系、组织体系和战略体系。而且这一核心能力是其他组织很难获得或者需要花较大成本才能够获得的能力。“管理”出效率就是要逐渐建立这种积极学习型的、高适应性的企业发展文化，为核心能力的建立创造有利环境。

六、“战略”前瞻谋划——更高视角

“现代油气藏经营管理”可以称之为战略，冠以“战略”的名字，把传统油藏管理提到了“战略”层次，综合了“系统”“经营”和“管理”的各项内容，结合了“现代”的特征，站在了更高的角度审视油藏开发，为其制定更为合理的开发策略打下基础。

战略是确定团队长远发展目标，并指出实现长远目标的策略和途径。战略确定的目标，必须与团队的宗旨和使命相吻合。从团队经营管理的角度看，团队发展战略并不神秘，战略是一种思想，一种思维方法，也是一种分析工具和一种较长远和整体的计划规划。一般来讲，一个完整无缺的团队发展战略，需要回答以下八个主要经营管理问题：

（1）团队将来发展的方向是什么。

（2）团队将来需要实现的目标是什么。

（3）团队现在和将来应该从事什么业务。

（4）团队应该采取什么样的策略，于预定的时间内实现设定的目标。

（5）在预定的时间内，团队将变成什么样子。

（6）团队发展中可能存在的主要风险是什么。

（7）这些风险应该如何加以控制。

（8）团队实现目标所需要的战略性资源是什么。

为什么要制定战略，战略的价值是什么，一直是团队各个层面的员工需要消释的一个疑惑。战略的实施需要团队全体员工尤其是领导人物对于战略准确的理解，更需要团队全体员工尤其是领导深刻认识到战略对于团队发展的重要意义和价值。没有对于战略深刻的理解，或没有对于战略的价值深刻的认识，就没有对战略真正的认同，没有真正的认同，战略的实施及其实施效果，就没有根本的保证。对于团队甚至个人来讲，战略并非可有可无。简单扼要地讲，战略对于团队健康发展具有以下重要价值：

（1）战略能够为我们明确未来的发展方向。战略的重要价值之一是为团队明确未来的发展方向。只有方向明确了，团队的经营管理活动才不至于迷失方向。只有方向明确了，我们才能知道什么是“正确的事”，而只有坚持“做正确的事”，我们才能不浪费团队有限的宝贵的资源。

（2）战略能够为我们明确我们的目标。清晰、可达到的目标是增强团队全体员工信心，鼓舞团队全体员工斗志，激发团队全体员工热情的重要工具。远大而可实现的目标是团队推进事业发展的加速器。

（3）战略能够指出我们实现目标的方法。战略还将告诉我们实现目标的正确方法。正确的方法包括策略、思路、措施，是高速度、高效率实现团队目标的重要保证。战略作为一种思想方法和思维方式，能够极大地拓宽我们的视野，提高团队总揽全局、把握未来的能力。

（4）战略能够使团队各部门更加协调一致。战略不仅告诉我们具体的业务发展计划，更重要的是，通过制定和实施战略，团队所有员工还得以深刻理解了团队作为一个整体，各部门各员工的工作都必须紧紧围绕着公司的战略来进行，所有员工的工作，都必须为实现战略目标而服务。因此，战略更能使团队全体员工领会到：团队是一个完整的大系统，要更好更快地实现目标，团队各部门各员工必须认真履行自己的职责，与团队的其他成员紧密配合，协调一致。

（5）战略能够帮助团队领导层、管理层更好地进行业务选择。由于战略明确规定了团队的业务发展方向和业务框架，对团队的核心业务、增长业务、种子业务是什么，都做出了明确的界定，因此，团队领导层和管理层在进行业务决策时减少了难度。战略使团队明白：所有一切有利于实现团队战略目标的业务选择，才是真正有价值和应该进行的业务选择；所有与实现团队发展战略目标无关的业务选择，尤其是新业务开发，都是应该避免和否定的业务选择。

（6）战略能够帮助团队更好地组合资源，形成更强大的内在力量。战略还能帮助团队更好地组合和利用资源。由于战略明确了团队较长时期内的发展方向，理清了团队的业务结构，设定了团队较长时期内应该达到的目标，从而有利于团队根据战略需要，前瞻性地组织和配置团队有限的资源，使资源用到最需要和最恰当的地方，最终使同样多的资源发挥出更大的作用，对增强团队的综合竞争能力有巨大帮助。

（7）战略能够帮助团队更加有效地规避经营风险。完整的战略对团队现今和未来团队发展中存在的经营管理风险做出了预见，并对团队应该如何防范风险提出了预案，团队因此可以实施自己的风险管理和危机管理，在业务上、在公共关系上、在资本运营上以及在经济形势上，均可以早做准备，化被动为主动。战略提醒团队对各种可能的危机给予充分重视。

（8）战略能够使团队更好地赢得市场竞争。由于战略的整体性和前瞻性，更由于战略的制定会充分考虑到行业状况和业内竞争对手的竞争态势，在战略计划中又制定出了针对对手的竞争战略性措施，从而有利于团队在与对手的市场竞争中获得竞争优势。

总之，团队发展战略并非只是一个梦想，或者只是一纸空文，完整、科学的战略方案对于团队改善经营管理、提升经营业绩，具有不可估量的巨大作用。战略对于团队的价值，就如同一个人的思想、智慧对于一个人的价值，没有思想、智慧的人不可能创造出更大的经济价值和社会价值。

第二节 管理系统的复杂性

现代油藏经营管理由于其战略特殊性、多学科交叉性、信息产业性、对外开放性等特点决定了成为复杂系统的组成部分，本节主要阐述现代油藏经营管理是一个复杂系统的原因，并对这一复杂系统的特性进行了总结。

一、现代油气藏经营管理是一个复杂系统

石油，在现代世界政治经济的发展进程中，起到了不可否认的、巨大的促进作用。简单地说，正是石油为20世纪带来了翻天覆地的变化，使人类摆脱落后，进入了现今的时代，现今的社会，现今的生活方式。概括起来，石油的巨大作用在于：①石油作为全球经济的主要动力机体，使发达国家提前实现经济现代化，发展中国家实现工业化，世界经济实现增长和进化成为可能；②石油作为国际性的大宗贸易商品，极大地促进了世界商业的繁荣和世界经济一体化的进程；③石油的应用，使人类社会的生活方式变得文明、丰富和进步；④石油作

为一种权势的象征，使世界政治、经济局势受制于某些拥有这种权势的国家的操纵；⑤三次石油危机和二次石油战争已经深刻波及世界政治经济系统安全，牵动了世界经济危机的形成，这说明“石油”对世界政治经济有着“不可替代”的决定性作用。同时，石油又具有不可再生性和全球分布上的非均衡性，导致世界石油市场的要素分离格局，使石油成为影响一个国家乃至整个世界的政治、经济不稳定、不安全的敏感因素之一，成为世界政治、经济战略的竞争焦点和一个国家政治、经济、外交与军事多方面统筹协调、统一决策的战略命题。因此，谁较多份额地控制了世界石油资源，谁就占据了部署政治经济战略的主导权，进而取得石油安全供应的支配权。

综合石油的重要战略性，分析现代油藏经营管理是一个复杂系统。

1．生产对象是复杂的

这是由于“石油”埋藏在几千米的地下，石油蕴藏环境受着亿年地质时代各种地质现象所控制，石油开采过程中，碳氧化合物的流动是在微米级的毛细管中进行，且在地层高温高压下，油气相态不断变化，伴随着各种物理化学作用和影响。迄今为止，人们对石油的存在状况和条件，从石油成因起都带有科学猜想的性质。这种地质的模糊性、流动的复杂性，使石油勘探与开发处于一个复杂的黑箱之中。为解决此黑箱问题，依靠的是人们向该黑箱输入的信息，以及人们能从该黑箱得到的输出信息，基于这些输入输出信息的综合、有效的利用，进行石油的勘探与开发，因此，石油勘探与开发本质上来讲就是一个信息产业。

2．不可再生的世界石油储量正在逐年减少

石油开采也进入了复杂油气田开发阶段。复杂油气田是指裂缝多重介质油气田、低渗油气田、稠油油田、油田地表地貌复杂、深井高投入油气田（如沙漠深井、浅海、沼泽油田等）以及非常规油气藏（如致密油气、页岩油气、天然气水合物、水溶气、地热等）。复杂性油气田开发的难点归结起来有两点：一是要研究掌握复杂油气田中流体流动的特殊规律和开发理论；二是复杂油气田开发遇到的问题不只是数量问题、确定问题，而更多的是非数量、非确定、非透明、非有序的复杂性问题，因此，要提高我们开发复杂油气田的水平，提高解决复杂性问题的能力，进行技术重组，发展复杂性科学，如将单一技术向复合技术、集成技术发展；传统纵向专业技术和新兴横向学科的多学科交叉结合向边缘科学发展；线性科学向非线性科学技术发展，串行技术向并行技术发展等。

3．世界石油工业目前的总体趋势

总体趋势为：需求增长较快；政府对储量的所有权及产品控制增大；世界储量增长率减缓；环境费用递增；油价影响范围大，波动大。出于对这些因素的考虑，人们越来越重视盈利率、尽量降低找油和开发成本、采用新技术和创新方法尽量减缓产量随时间的下降。为了迎接这些新的挑战，各大石油公司在观念、理论、方法、技术等方面都进行了积极的探索、取得了新的进展。这些进展有硬科学领域的，也有软科学领域的。在软科学领域，最令人瞩目的当属多学科协同概念的形成及其发展，它有利于充分发挥有限的技术资源的效能。因此

从某种意义上来说，多学科协同思想是比单纯的技术发展更为重要的战略措施。由此，石油工业近年来正开始撤销传统的组织机构，开始引入一种新的、灵活的商业管理方式，组织机构和促进发明创造的机构。融合工业界的油气田管理采用了多学科协作的工作组方式，成为工业界革命性进步之一。

4．数据和信息系统正改变着世界

信息网络成为企业管理变革的催化剂。现代油气藏经营管理正在进行信息网络化的管理。

现代油气藏经营管理由层次型人的组织结构、种类型的机构功能构成了水平上下层次与纵向左右种类的交叉混合网络，称为交互型的管理模式，如图21–3所示。

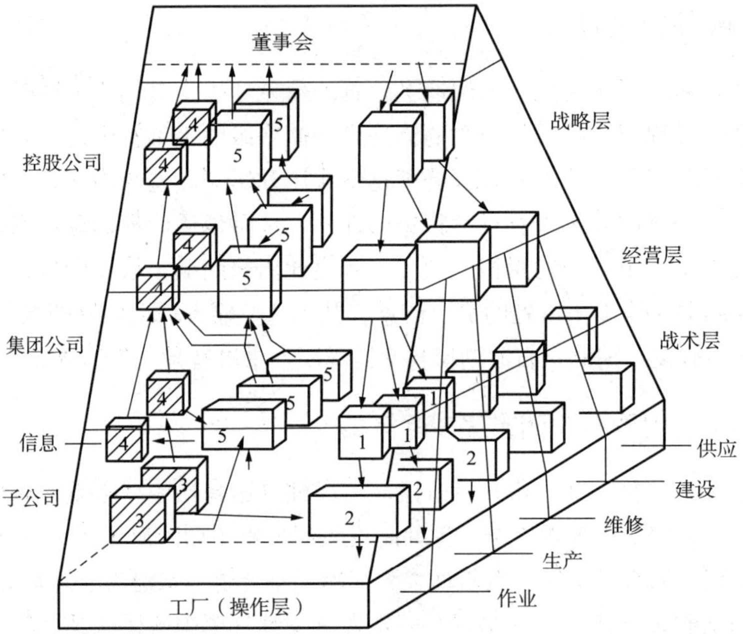

图21–3　石油公司由人组成的全层次管理实体模型

图21–3中由控股公司、集团公司、子公司构成层次型经营管理模式，由钻井采油作业、维修、建设、供应等各职能部门构成种类型经营管理模式。如图21–4所示，各层次的管理环又由决策块、执行块、生产块、信息块联结在一起，形成一个有机的整体。

每一管理环可由全部模块，或其中几个模块构成。交互型管理系统结构包含四个子系统：信息管理系统、生产管理系统、经营管理系统、决策管理系统。系统具备制订战略性规划、制订油藏开发方案、制订作业计划、进行正常生产活动等功能。信息系统数据处理三级过程如图21–5所示，经营管理系统流程如图21–6所示。这种多层次、全方位的信息网络管理体系构造出了一个现代油藏经营管理的复杂系统，它是一个开放的复杂系

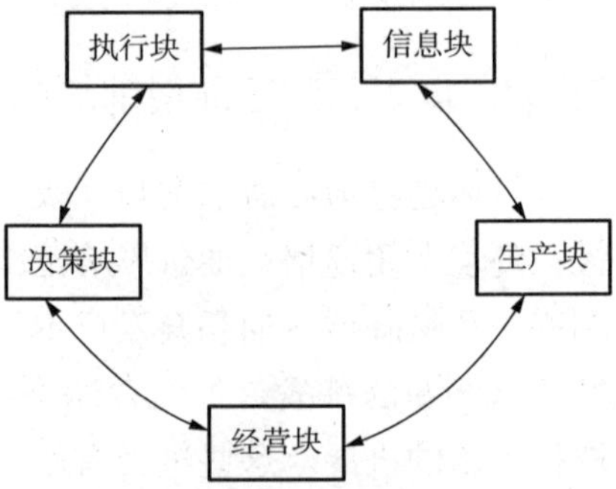

图21–4　每层的交互管理模式管理环

统，通过网络，系统内部与外界进行互相交换（信息交换、物质交换、能量交换等），通过人机结合的“人智”与“机智”的综合集成进行智力交换，实现系统自上而下的决策支持过程和自下而上的信息、知识、模型的组织结构。

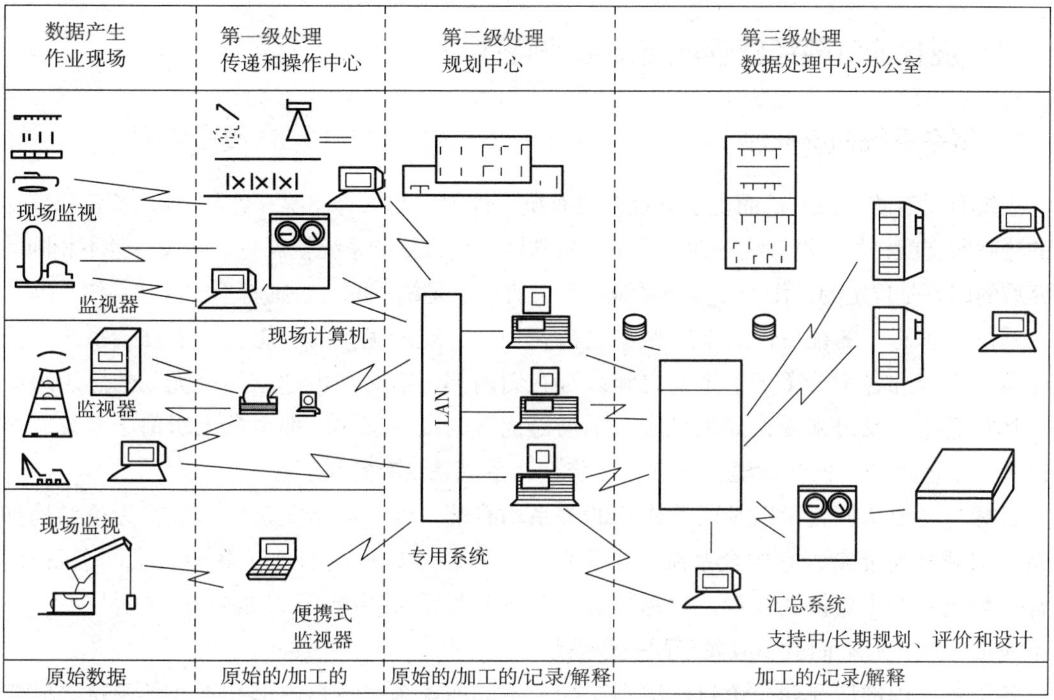

图21-5 计算机及信息网络组成的管理工作物的实体模型

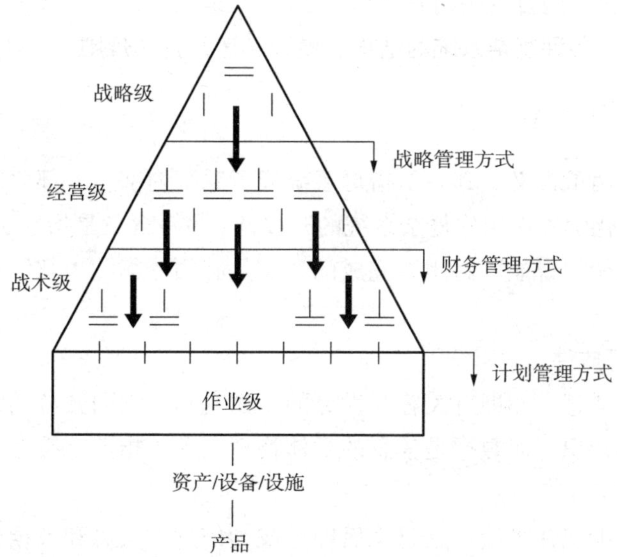

图21-6 层次递归式人机结合的管理模型

综上所述，一个国家的经济能否持续稳定发展，与石油工业能否安全可靠地供应“血液”密不可分，解决石油工业复杂性问题，不仅仅是依靠石油工业内部调整就能解决的问题，它与国家的政策、法规、政治、军事等相关，因此，现代油气藏经营管理的发展涉及面广、问题数量巨大，它必须将工程技术与社会科学相结合发展大系统科学、将硬科学与软科学相结合发展决策科学。

二、现代油气藏经营管理复杂系统特性

1. 复杂系统的统一性

系统有没有统一性？进而复杂系统有没有统一性呢？如果有“统一性”，则系统就应该受统一的法则所支配；如果没有统一性，而只有特殊性，那么复杂系统就需一事一议，各不相同。但研究后的回答是肯定的，作为“复杂系统”至少有三点是统一的，否则就不成为“系统”。

系统“思想”的统一性。系统科学之精髓是“全局最优”的思想。一个复杂系统不论是全（母）系统和各个分（子）系统之间以及它们内部，都必须由“全局最优”的思想组织起来，运行起来。反过来说，如果没有“全局最优”的统一思想，那也就无所谓子系统、全系统以及复杂巨系统。换句话说，没有这个统一，系统就没有意义了。

目标与主要协调变量以及两者构成的关系均有统一性。一个复杂巨系统，无论结构如何复杂、关系如何复杂，它的全系统和子系统必须有一个统一的目标（其中包括同名目标量、目标量数量以及主要协调变量、目标与协调变量的关系必须统一），如果各系统目标不一致，或不完全一致，那它们就不应属于同一个系统。

各子系统内部应受同一个自然法则支配。不同的子系统各自内部和不同子系统之间，并不要求受同一自然法则支配，这正是复杂系统的特征。如果同一个子系统同时受两个自然法则支配，那么就应该按不同自然法则再划细子系统。

除以上三条之外，各种复杂系统的结构、模式、运行自然规则、方法等当然都是多样的。

2. 复杂系统的开放性

系统的开放性有两重含义，其一是指母系统或子系统内部与外部之间有交换、相互影响的关系或产生物理、化学等作用称复杂系统的开放性。另一含义是指系统问题的辨识和处理，并不只是依靠计算机的“智能”封闭体完成的，而是必须依靠“人智”和“机智”的结合开放体才能解决。

1）信息交换的开放性

信息或称情报、消息，亦即有关客观世界的一切真知，它向开放的复杂巨系统提供有关现实世界新的事实的知识。而数据是信息的具体物理表示（指数字符号、声、光、图像等），它是承载信息的物理符号。

数据经过处理、组织并赋给一定意义后即可成为信息，信息和数据既是不可分离的，又是有一定区别的。一方面不是任何数据都能表示信息。信息只是消化了的数据。另一方面，信息是更基本的直接反映现实的概念，而数据则是信息的具体体现。所以，信息不随承载它的物理设备而改变，而数据则不然。

一个开放的复杂巨系统，不但由于和外界交换信息，增进了系统的适应能力，也形成了系统运作的动力。将熵定义为信息源发出每个信号中所包含信息的平均值与统计力学中的熵有相似的解释，即认为“信息流”与“能量流”有相似之处，但也并非完全是这样，有的信息流与能量流并非完全符合，甚至有相反矛盾之处。如果信息交换不遵循现有的信息流理论，则它将是一种复杂的信息交换，有待于我们进一步认识。

2）系统物质质量交换的开放性

系统物质质量交换的开放性是指系统外部与内部不仅有信息交换，还有其他物质的投入及产出，如原料与产品交换，资源储量输入与产量上市的交换，货币投入产出的交换以及如动物食物交换、气体交换等等。封闭的系统只能形成物质信息的内部循环，而开放的系统则有系统内部与系统外部的两个循环。物质交换给系统带来“动力”，从而维持系统的生产（或生命）。物质交换将遵循质量守恒定律，如果物质交换不遵循现有的还原法理论进行，那将是一种复杂的物质交换规律，有待我们去进一步认识。

3）系统能量交换的开放性

由于系统外部状态（如温度、压力等）变化引起系统内外部产生能量交换或者随着物质交换而带来能量交换，对复杂系统来说都是一个重要问题。因为能量交换会对系统内部带来“动力”，而也可能反过来形成内部向外部释放的动力，一般来说，能量交换符合“能量守恒规律”，因此能量交换对系统科学也是重大的课题。

4）人机结合的知识共享开放性

将以“人”为中心的人机交互共享系统放入“系统”结构之中，这是“开放的复杂巨系统”的开放性的核心，也是对系统科学的重大贡献，人机结合的“知识共享”开放性实质上是系统内外智力交换的开放性，思维交换的开放性。

3. 复杂系统的多重性

复杂系统的模型至少是由并行三重模型构成：

（1）由系统的决策者、管理者、操作者等“人”组成的系统实体模型。

（2）由系统具有的高性能计算机、信息交互网络等“物”组成的工具操作系统实体模型。

（3）为实现系统“全局最优”思想所组成的系统运行“概念模型”。

因此，模型构造的多重性是复杂系统的重要标志。

4. 复杂系统的非定常性

关于开放的复杂巨系统，由于其开放性和复杂性，不能用还原论的办法处理它，不能像经典统计物理以及由此派生的处理开放的简单巨系统方法来处理，必须依靠宏观观察，只求解决一定时期的发展变化方法，所以任何一次解决都不可能是一劳永逸的，它只能管一定的时期。过一段时间，宏观情况变了，巨系统成员本身也会有其变化、具体的计算参量及其相互关系都会有变化。因此对开放的复杂系统，只能做短期的预测计算，过一定时间，必须根据新的宏观观察对方法做新的调整。

5. 复杂系统的生命性

在系统分类中，可以分为生命系统和非生命系统，生命系统包括人、动物、植物，它们都具有自我发展，自我复制、自我免疫、自我修复等各种能力，但是并不是所有具备这些能力的生命系统都能改造自然，“人”用自己的体力、劳动力使用劳动工具，形成改造自然的“生产力”，但是，这种劳动力还是有限度的，另一方面“人”又用自己的脑力劳动（主要是“思维”）和使用计算机加上交叉信息网络，这些现代化脑力劳动的工具发展科技也可以形成“科技生产力”，而且这是“第一生产力”。

因此，在系统分类中除生命系统和非生命系统之间还有两个层次：仿生系统和“生命力系统”。从非生命系统向生命系统过渡之中，首先是仿生系统，然后进入“生命力系统”，非生命系统向“生命力系统”过渡必须有一个“系统激活元”，在众多“系统激活元”当中“科技激活元”是一种值得我们关注的对象。什么是“科技激活元”？人的长期生产实践和科学实验的经验，加上经过长期知识积累，通过有准备（大部分又是有规律的）的思维不断综合，集成延伸联想和对它利用现代化工具对自己器官（脑、眼、耳、腿）的延伸，有朝一日，就会由量变发生质变，出现“创新的实境”产生不断更新换代新兴技术。又形成不断更新的科技生产力，因此具有“科技激活元”的系统就可能激发出一种新的具有“生命力”的系统，它高于非生命系统和仿生系统，而是进入了带有一定生命性质的“生命力系统”。

6. 复杂系统的非对应性

复杂系统中的非对应性是指母系统与子系统之间相同物理量以及它们之间的关系是非确定的对应关系。

全局目标的构成是由若干个子系统通过一层一层的传递过来的（见图21-7），但是分系统最优不一定母系统最优，这需要整个复杂系统的优化配置才可能达到，具体到油气藏经营管

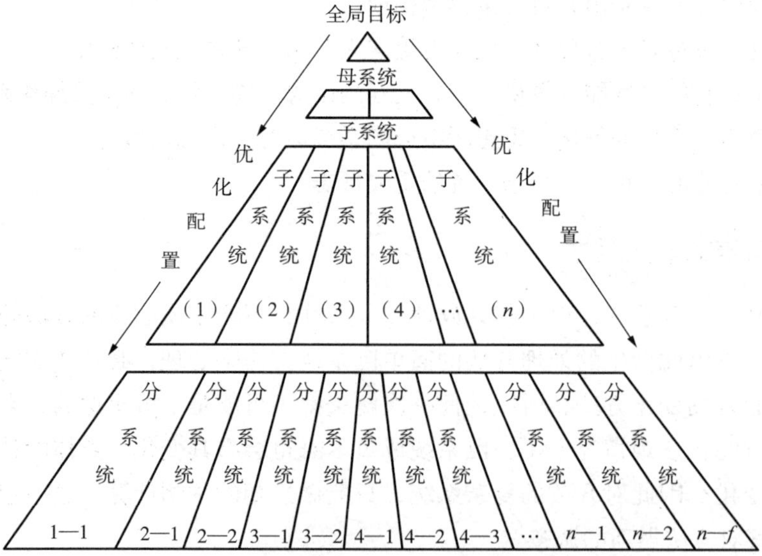

图21-7　全局目标优化配置到各子系统示意图

理也是在整个优化配置的过程中进行整体最优的协调与控制的（图21–8）。

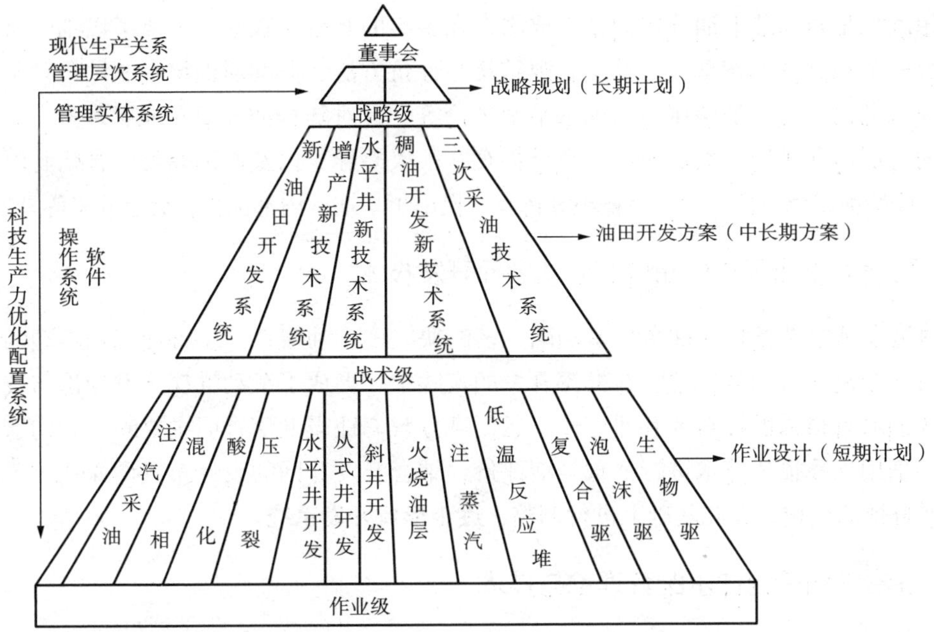

图21–8　全局目标优化配置图实例

第三节　油气藏开发技术发展形势

世界石油工业的四个革命性突破成就了其发展的四个重要阶段，中国油气技术的四次突破为中国油气稳定供应，乃至经济持续稳定发展创造了世界为之瞩目的骄人成绩，同样油气藏开发技术的发展也会根本性地影响着油气藏经营管理的发展。

一、我国油气技术优势

在我国油气勘探开发突破发展历程中，已经形成处于世界领先水平的六项配套技术。

1. 陆相石油地质理论

包括陆相沉积盆地形成机制及含油气区和盆地分类理论；陆相湖盆沉积理论；陆相盆地油气藏形成和复式油气聚集理论；陆相沉积地球化学和生油理论、低熟油理论、煤与煤系地层成烃理论等。形成了与世界海相生油及油气藏形成理论并列的石油地质理论体系，有效地指导了我国的油气资源勘探开发。

2．大型非均质砂岩油田的开发理论与开采技术

陆相沉积是我国陆上油气田的基本成因，在多年的开发实践中，形成了以细分沉积相为主要内容的陆相湖盆沉积理论、储层孔隙结构与评价方法、非均质油层水驱油机理与层内多相流体渗流理论，以及油层压力与能量平衡理论等。针对陆相油气田含油层系多、储层变化大，层间、层内和单层平面展布上孔隙结构存在很大差异，以及原油黏度、含蜡和凝固点偏高，油田原始地层压力低、天然能量小等特点，提出了早期、内部注水，分层开采等开发模式。

3．渤海湾盆地复式含油气区滚动勘探开发技术

渤海湾盆地复杂断块体油藏以多凹陷、多断块、多含油层系和多种油气藏类型为基本特征，成为一个复式含油气盆地。在勘探开发的实践中，形成了滚动勘探开发理论与技术，对复杂断块油藏有很强的针对性和适应性，运用高分辨率地震勘探查明主要断层和构造断裂带的形态，采用油藏描述技术进行油藏早期评价，结合开发井网的设计布置详探井，不断深化对其地层特征的认识，在此基础上进行调整，逐步形成开发系统。

4．砂岩油田综合注水配套理论与技术

在陆上油田快速增产的过程中，针对砂岩油藏的高度非均质、低渗透、孔隙结构复杂、流体成分多样等特点，我国形成了以早期注水、分层开采、加密调整、化学驱等为主导的系列开采技术，在很大程度上支撑了我国石油产量的长期稳定供给，整体配套理论与技术在国际上也是领先水平。

5．高含水油田化学驱油理论与技术

经过国际三次采油的方法对比与筛选，通过我国陆上油田的基本特征适应性研究，确定选用化学驱提高采收率，我国已形成聚合物驱、三元复合驱以及泡沫复合驱逐级提升的高含水化学驱油理论与技术，位于世界前列，这使中国成为世界最大的三次采油基地。

6．致密（低渗）油气藏开发理论与技术

在油气持续发展过程中，常规油气藏的开发已明显呈现出后备资源不足，而起到较大替补的资源是致密（低渗）油气藏。以长庆油田为代表的特低渗或超低渗等致密油气藏开发理论与技术推动了我国油气的稳定发展，在世界油气科技发展中也是位于前列，许多其他油田的资源接替中占比例最大的也当属致密（低渗）油气藏，并且在未来的发展趋势中，其作用将更加明显。

二、面临的挑战和机遇

我国油气勘探开发所面临的挑战可归结为：

（1）后备资源不足，持续发展形势严峻，非常规油气资源勘探开发面临技术经济双重压力；

（2）以复杂小断块为主的岩性油气藏发现越来越多，只有对其进行更深入的剖析认识才能高效经济的开发利用，勘探开发难度加大；

（3）以高含水为主的中后期开发油气藏开采效率低，开采成本上升，环境污染加大，节能效果降低；

（4）老油田挖潜，外围低品位储量利用成为老油田稳产的必要手段，技术瓶颈及高位成本尤为突出；

（5）节能降耗，低碳减排，以产量为中心的粗放型或者破坏型生产模式向以综合效益为中心的集约型或者持续型生产模式转变，实现科学发展等相关压力增加了技术、管理、投资等各方面的负担；

（6）油气的国际化经营规模的逐渐扩大，以传统陆相砂岩油气藏的单一勘探开发科技发展模式向更多类型油气藏科技需求转变，对科技的多元化提出挑战。

挑战就是发展的动力，挑战也带给科技发展的重要机遇：

（1）油气资源本身是不可再生资源，其储量势必会越来越少，正值煤层气、煤成油、煤制气、可燃冰、页岩油、页岩气、水溶气等非常规资源广受重视之时，大力拓展资源种类，减缓对传统油气资源的压力，以实现更长期的生产与供给；

（2）现代科技的发展更多是以多学科综合协同工作或者交叉突破为主要特点，尤其是重视信息化、网络化、远程化、智能化、集成化、自动化、虚拟化、可视化等现代化元素，对油气藏的识别、描述、分析及开发等一系列科技水平都将会结合现代科技发展特点；

（3）我国在注水驱、化学驱、致密（低渗）油气藏的开发中已位居世界领先，在资源全球化形势下，把握制高点技术，进一步突破和创新，以技术优势进入当前资源开发最大需求的领域；

（4）突破低品位储量的油气资源勘探开发技术瓶颈，降低开采成本，增加后备资源；

（5）借助国家对节能降耗，低碳减排，科学发展的大力鼓励与支持，积极进行科技改良与创新突破，使油气开发面貌焕然一新；

（6）国际化经营的多种资源类型推动我国油气科技向多元化方向发展。

三、技术发展瓶颈

我国油气大规模生产已有50年以上的历史，随着勘探开发程度的推进，所面临的生产难题主要集中在四个方面：

（1）高含水油藏总量大、开采成本高、套损及设备老化、产量维持及提高采收率困难。全国70%以上的产量来自老油田，但老油田面临的最严重问题就是高含水，因此，在没有大的资源发现的情况下，继续挖潜老油田的开发效益是油气田开发面临的紧迫问题。

（2）低稠薄差岩性油气藏成为资源替补主要对象，开发难度大，成本高。现在未动用储量一般集中在低渗、稠油、薄油层、非均质严重结构复杂差油层及岩性油气层中，其开发难度及风险都很大，但这部分储量在高油价及国家安全战略形势的推动下将成为后续的主要资源，但解决生产上面临关键问题尚需技术的突破。

（3）深层油气藏潜力很大，开采技术与设备有较大差别。在浅层油气藏占产量主体的结构中，深层油气藏可能是未来发展的重要方向。但油气田开发在深层地层中还有许多瓶颈有待解决。

（4）非常规油气资源勘探开发理论与技术尚需突破。以致密油、页岩气、致密气、页岩油、煤层气、天然气水合物、水溶气、地热能等为代表的非常规油气藏合理高效开发将是世界当前和今后一段时间需要重点研究的领域。中国在这些方面的科研研究方面给予了大力支持，经科技工作者和生产现场人员的共同努力，加强了研发力度，实现了突破转变，加快了生产实验及规模化投资步伐，取得了世界一流的成绩，但其理论与技术上，有的尚需进一步突破，形成多种资源合力开发的新局面，建立能源供给的新平衡。

四、技术发展趋势

油气藏开发技术发展趋势总结为六个方面。

1. 油气藏开发地质理论与技术

油藏描述技术逐步进入以多学科协同为特点的现代油藏描述时期，就是应用地质、地震、测井、测试等多学科有关信息，由复合型研究人员对油藏进行四维定量化研究并进行可视化描述。特别强调把地质、地震、测井等静态资料所建立的地质模型用开采取得的压力、含水、示踪剂响应等动态资料进行调整，利用集成化的、动静态资料结合的油藏描述所建立的地质模型预测开发过程中剩余油的分布，可以提高预测精度。其发展主要表现在：建立储层原型地质模型、各类储层内低渗透夹层的研究、储层流动单元的研究、层序地层学及高分辨层序地层学理论的完善与应用、单井储层剖面岩相和沉积特征研究。

2. 油层物理化学理论

随着技术的进步，研究手段更加多样化，高科技手段的应用是油层物理化学实验技术的重要标志。纵观国外研究的特点及发展趋势，可归纳为：研究的视角逐步从宏观转向微观、从均质转向非均质，物理模拟的重点则从静态转向动态、从定性转向定量，研究的工具从物理实验为主逐渐转为物理、化学、数学及计算机等多种手段相结合。其发展现状概括为：化学驱等提高采收率技术、低渗透储集层的动用、高含水期的产量保持等油田开发面临的迫切问题为油层物理研究提出了新的挑战，使油层物理和相关的物理化学渗流研究向多学科综合领域发展；以岩芯分析为核心的测试手段不断丰富，测试方法层出不穷；以微观模型和物理模拟为代表的物理模拟手段向着定量化、自动化方向发展；由逾渗理论、孔隙网络模型、数字化岩芯等方法构成的计算机仿真技术开始向实用化方向发展。

3. 油气渗流及数值仿真理论

油气藏中流体渗流理论是油气田开发的基础理论。国外渗流理论研究从传统的宏观领域向微观孔隙级别领域发展，从简单的线性渗流向非线性渗流领域发展。随着电子计算机技术的迅速发展，计算渗流力学向大型矩阵方程和并行算法方向发展，使得在油气强化开采条件下，对各种类型介质和各种流体的开采机理的认识更加深入，各种油气藏数值模拟方法更加符合地下实际。

孔隙介质中渗流过程的计算机模拟技术已成为继物理模拟之后又一进行物理化学渗流研究的重要手段。通常，计算机模拟的方法可以分为油藏数值模拟、孔隙网络模拟以及其他诸如格子气自动机方法等。孔隙网络模拟技术是其中发展最快的计算机模拟技术，并已成为国外物理化学渗流研究中最为重要的模拟技术。它研究的是孔隙水平的流动现象，与油藏数模中将油层划分为网格或单元不同，孔隙网络模拟采用毛管单元代表喉道，采用节点单元代表孔穴。它能够提供孔隙水平流体运动的具体信息，并可反映受多种机制共同作用的驱替动态。

4. 油气藏增产改造理论

压裂酸化技术已是一项成熟的增产工艺措施，从技术上讲又是一项发展中的高新技术。水力压裂技术从美国1947年开始应用迄今已有50年的发展历史，特别是20世纪70年代中期，使用大型水力压裂技术使深海相大面积沉积的致密气层取得工业性开发；20世纪80年代中后期，对于那些边远、环境恶劣条件下的中、高渗透的压裂取得成功，使得水力压裂技术的应用和研究得到了进一步的发展与拓宽，水力压裂理论日趋完善，尤其是快速发展的计算机技术与水力压裂应用技术研究、产品开发、现场施工控制、数据采集等整个过程相结合，使得水力压裂技术成为一项可控制与可证实的技术。进入21世纪后，迅猛发展起来的缝网压裂技术开创了非常规油气资源工业化开采的新局面。

5. 提高采收率的基础理论

尽管三次采油的化学驱技术在美国由于油价影响发展比较缓慢，但美国能源部对提高采收率的基础研究仍十分重视。化学驱主要研究领域为开发新型、廉价、高效的表面活性剂。从其研究内容和方向来看，驱油用表面活性剂已经从原先的石油磺酸盐、烷基苯磺酸盐类发展到新型表面活性剂，如*N*–己烷–吡咯烷酮和孪连表面活性剂，新型表面活性剂的特点是与油藏条件适应性强、用量少、吸附量低。生物表面活性剂的研究从基因工程开始，对微生物代谢产物、驱油机理进行定量化描述，并通过室内试验结果预测油田现场应用的技术经济可行性。

6. 油气藏开发工程理论与方法

1）注水开发老油田改善水驱新技术

国外发展了加密调整井、多分支水平井技术、深部调堵及液流转向技术、油层润湿性转变技术、井下油水分离及回注技术以及改变液流方向、周期注水等水动力学技术。除此以外，国外近年来十分重视油藏现代综合管理的研究与应用，其要点是组成油田开发地质、地球物理及油藏工程各专业的多学科工作组，应用计算机建模及油藏模拟方法，在油藏开发全过程进行模拟研究，以追求最佳经济效益为目标，确定各时期开发调整方案和工艺技术，最终实现扩大注水波及体积，增加产油量、提高采收率及降低采油成本的目的。

2）三次采油技术

以美国为代表的西方国家在化学驱油方面，由于开采成本较高，基本上放弃了现场试验与应用，但是美国能源部仍然资助化学驱油的基础研究工作，在化学驱油剂（超高分子量聚合物及表面活性剂）的研制方面取得高质量的工业化产品，在驱油机理研究方面，从宏观研究发展到孔隙级别的微观机理研究取得了有指导作用的成果；在注气混相驱技术方面已经比较成熟，广泛应用于工业化生产；微生物驱油技术近年来发展迅速，但是由于机理复杂，尚未投入工业化应用。

3）复杂结构井开采新技术

复杂结构井是在水平井技术上发展起来的以多分支井为主的复杂井身结构的钻井、完井和采油技术。国外多分支水平井出现于20世纪50年代，在80年代水平井技术发展成熟，在90年代得以发展应用，与缝网压裂相配套的水平井技术更是非常规油气开采的重要推手。多分支水平井的应用需要钻井、完井技术，要满足连续性、各分支井段的分隔性及贯通性。其井身轨迹的设计要根据油藏多油层剖面和剩余油饱和度分布情况，由油藏工程师与钻井完井工程师共同完成。

4）稠油及高凝油油藏开采接替技术

稠油、高凝油油藏开发世界上比较成熟的技术有蒸汽吞吐、蒸汽驱、火烧以及最近发展起来的蒸汽或火烧辅助重力泄油、带砂冷采技术等，注空气低温氧化开采及蒸汽—化学驱技术仍处于室内研究及先导试验阶段。

5）裂缝性低渗透油藏高效开采新技术

针对裂缝性低渗透油藏地质开发特点，国外近年来主要发展应用以下技术，保护油层为主的空气钻井、泡沫钻井、低密度钻井液及欠平衡钻井技术；采用注气开采技术以解决油层吸水能力差和水敏伤害问题；发展水平井及多分支井技术，以实现少井高产、降低吨油成本的目的；在发展大型、巨型水力压裂技术的同时，近年来又发展CO_2泡沫酸化压裂新技术，以大幅度提高单井产量并减少油层二次伤害。

6）气藏开发技术

国外在不同类型气田开发方面已经形成了一套比较完善的开发理论和开发工艺技术，以及一些特殊复杂类型气藏的开采和工艺技术，如超高压气田开发、低渗透气田开发、高含硫气田开发、凝析气田开发、地下储气库开发和开采、水平井和多分支井的钻采技术都具有较高的水平。在开发理论和开发实验研究方面有了较大的发展，如气藏流体多相相平衡理论、流体在孔隙介质中多相渗流规律、高含蜡和高含硫固相沉淀研究等。

7）非常规油气资源开发技术

煤层气已形成包括渗流、压裂、羽状井开采、多元气体驱替等各环节整套的勘探开发技术体系；页岩油开采形成了地面干馏法、地下转化、电压裂等工艺；页岩气方面在成藏机理、压裂开采及裂缝监测等方面有较快发展；可燃冰开采已形成渗流机理、固体法开采、热开采、替换开采等相关理论研究；水溶气方面日本1908年就已关注，形成了水溶气的地质与渗流基本理论、开采技术等。

五、技术发展展望

未来时期油气藏开发技术发展趋势总体总结为以下三点：

（1）有关地质—油藏—采油—钻井—经济—安全—环境—节能多学科协同工作方式越来越明显，并呈现出较好效果；

（2）在进一步提高老油田原油采收率基础上，针对特殊油气藏的开发研究越来越受到重视，推动了接替资源的快速发展；

（3）学科的发展充分与现代高新科学技术的结合加快了技术进步，提高了学科水平，比如网络远程诊断技术、油藏描述与开发虚拟现实技术、数值模拟及现代试井技术等。

经过2010～2020年的经济发展以后，传统油气资源将大大消耗，可发现新的资源将明显入不敷出，但对油气的需求达到峰值，一定程度上可以接替的资源一方面是非常规资源开采的突破性有效利用，如页岩油气、致密油气、深层油气、可燃冰、水溶气、煤层气等，另一方面则是化石能源向新能源及可再生能源转变，如氢能、太阳能、地热能、海洋能、风能等。随着低碳经济及环境保护的要求，新能源及可再生能源在2020后将得到很大发展，化石能源将处在被慢慢替代的处境下，但需求仍然较高。因此，未来（2020～2030年）油气科技特点将呈现出以下几点：

（1）提高采收率难度加大，非常规资源大规模开发。

（2）辨识油藏及描述油藏将更准确，理论、方法和工具更精细化和现实化，多学科交叉更复杂。

（3）以电磁学、声学、光学、生物学、量子学为基础的驱油及采油理论与技术将更普遍。

（4）各种形式的气态能源开发技术将得到较快发展。

（5）以化学驱为代表的化学剂的应用技术将越来越被避开，转而是向清洁生产及低能耗方式发展。

（6）油气科技将向新能源与可再生能源转变，实现油气产业的可持续发展战略转型。

第四节 把握理念，改变方式

今后若干年，油气藏管理者会更加重视综合的油气藏管理，团队协同工作模式的作用也会得到更充分的体现，油气藏的经济采收率通过综合的工作能够最大化。油气藏开发策略的决定，不要由单个人做出，而要由团队考虑整个油田的情况（油藏、井筒、地面设施及经济）得到。包含来自各个职能领域人员的团队工作对于成功的油藏管理程序的建立和实施是必要的。团队工作模式将进一步加强。

在油气藏经营管理过程中，以下工作将得到更深入研究和应用：

（1）一切在于突破地层的遮挡作用观察描述其内部物质运动的手段更加先进和多样，包括地震、遥感、电磁场、地球化学等，也包括钻井、测井、录井、试井等。如果在人们的眼里连地球（大地）都成了透明的，整个世界都将彻底改变，一切都无从遮拦。

（2）任何一个油藏模型必须提供准确反映孔隙度、渗透率和流体饱和度空间变化和连续性的油藏描述，同时，地球科学和工程模型提供流体可能的流动路径的信息，并为了更好地精准地油藏监控而建立便捷信息管理系统。可用于间接或直接监测或评价的地球物理方法，在油藏开发、生产和提高采收率措施中开始发挥关键作用。人们也开始认识到地球物理对于油藏描述和动态监控的价值。

（3）对流体在储层中的流动的路径和周围环境的监控监测技术会越来越精准和可用，同时对注入流体的控制也会逐渐变为现实。

（4）岩芯分析和测井提供了井筒附近情况的详细数据。关于如何对这些数据在井间进行内插的问题一直存在。油藏地球物理（地震反射）能提供这种信息，它需要油藏工程师、地质学家和地球物理学家更紧密的相互配合，由点及面，由点及体的地层离散模型中的多学科协同或工作平台贯穿于管理过程的各环节。

（5）油藏生命周期中数据的储存和检索仍是一个挑战。虽然已经有了一个数据标准，基本实现了通用。但在整个石油行业中，还有待更加成熟的技术，使来源于不同的硬件和数据库系统中的地球科学和工程数据的流动更加严丝合缝，让使用者能够通过一个普通用户界面、从普通平台更方便地访问到多学科的数据信息。

（6）油藏模型的网络化工作平台及日常化管理成为可能，随着综合地球科学和工程软件的出现，油藏模拟会实现重大突破。含有更深层次油藏动静态性质的软件会逐渐被应用，其功能更加综合全面和更加智能化。

（7）随着多学科协同工作，数据管理越来越详细和规范，数据平台应用越来越方便和功能强大，油藏模型运用越来越快速和智能，管理决策越来越科学和系统，油气藏的开发技术创新逐渐增强，开发经济效果逐步变好，团队成员的工作效率大幅提高，专业技术水平得到快速提升，福利待遇与自我价值实现紧密结合到了一起，工作过程更多体现的是轻松享受。

（8）油气藏多学科协同工作组在油气藏开发中突出位置得到显现，责权利更加明确，核心管理与专业服务职能部门的关系越来越清晰和分工明确。

综合以上八个方面的趋势，结合现代油气藏经营管理的体系构成，可以对油气藏的开发管理总结为四点：①系统协同工作；②动态中的管理；③高新技术的支撑；④综合效益最大化。

这对我们的启示不仅体现在油气藏的经营管理中，也要体现在我们的生活和其他工作中，“把握理论，改变方式”是本学习的最终目标。

管理小常识　二八定律

二八定律又称帕累托法则、巴莱特定律、朱伦法则、关键少数法则、不重要多数法则、最省力的法则、不平衡原则等，被广泛应用于社会学及企业管理学等。

二八定律是19世纪末20世纪初意大利经济学家帕累托发现的。他认为，在任何一组东西中，最重要的只占其中一小部分，约20%，其余80%尽管是多数，却是次要的。

1897年，意大利经济学者帕累托偶然注意到19世纪英国人的财富和收益模式。在调查取样中，发现大部分的财富流向了少数人手里。同时，他还从早期的资料中发现，在其他的国家，都发现有这种微妙关系，而且在数学上呈现出一种稳定的关系。于是，帕累托从大量具体的事实中发现：社会上20%的人占有80%的社会财富，即财富在人口中的分配是不平衡的。

同时，人们还发现生活中存在许多不平衡的现象。因此，二八定律成了这种不平等关系的简称，不管结果是不是恰好为80%和20%（从统计学上来说，精确的80%和20%出现的概率很小）。习惯上，二八定律讨论的是顶端的20%，而非底部的80%。

不同于线性思维，我们应该系统并谨慎地应用80/20分析法，因为线性思维会导致对80/20原则的误解，80/20分析法赋予的最有价值的洞察力总是检验别人都忽视的非线性关系。

20%喝啤酒的人喝掉80%的啤酒、80%的利润来自20%的产品、20%的强势品牌占有80%的市场份额、20%的人手里掌握着80%的财富、20%的人身上集中了人类80%的智慧、20%赚钱的人掌握了市场中80%正确的有价值信息、券商的80%佣金来自20%短线客的交易、股市中20%的机构和大户占有80%的主流资金……，这些都是二八定律的体现。

80/20分析法的用处是让人注意到造成某种状况的关键原因，也就是找到那些导致80%产出的20%投入，假如20%喝啤酒的人喝掉了80%的啤酒，那么这部分人应该是啤酒制造商注意的对象，尽可能争取到这20%的人来买，最好能进一步增加他们的啤酒消费。同样的，当一家公司发现，80%的利润来自20%的产品，那么这家公司应该尽全力来销售高利润的产品。

课件“码”上来

第三部分

信息平台篇

第二十二章　智慧综合集成研讨厅

现代油气藏经营管理的组织机构是扁平化学习型组织机构，体现的是篮球式协同工作模式，团队成员是多学科专业技术专家和管理人员，他们的工作分工除了本职工作之外，更重要的是协同工作，高效协同工作的基本要求是多学科的专业知识学习、便捷完整的数据管理平台、顺畅无缝连接的交流通道、宽松积极的智慧碰撞研讨过程、系统科学的管理决策支持等，特别体现了专家体系—知识体系—机器体系的紧密合作功能，这正是智慧综合集成研讨厅的核心思想。

第一节　智慧综合集成理论

顾基发在中国系统工程学会第十八届学术年会的文章“系统科学与系统工程理论在各个领域中的应用研究”中指出：从知识科学的角度看创新，知识有两类创新：个人创新与群体创新。群体创新如果简单把一群人知识加起来，充其量也不过是1+1=2，弄不好因为重复、因为相互斗气，还会小于2。而从系统科学角度看，我们希望达到1+1>2，这就是协同创新。协同创新应该有两层意思：第一层是思想的创新，要求共同参加创新的人能够本着百花齐放、百家争鸣，知无不言，言务必尽，有一个好气氛，要有一个充分交流、认真学习其他人和其他学科的知识的环境，最后还要能将各种思想、知识和创新加以协同和整合；第二层是行动的协调，一个新思想和新建议要求大家协同去解决和完成它。为了获取更大的共同利益，有时会要求某些部门做出相应牺牲，有时会要求创新一些打破原有管理体制的新的管理模式。为了解决开放复杂巨系统的问题，钱学森等早在1990年就提出从定性到定量综合集成系统方法论。综合集成的方法核心是把数据、信息、知识、模型、专家经验和智慧综合起来。后来又提出实现综合集成系统方法论的工具是综合集成研讨厅，而综合集成研讨厅则是由知识系统、机器系统和专家系统构成的，并且将知识系统、机器系统和专家系统集成起来，即要将已有的书本和过去的知识、机器的知识和人的活的、新创造的知识结合起来。

一、智慧综合集成演化过程

在20世纪70年代末，钱学森的综合集成思想已经初步形成，形成标志是对综合集成认识论上的升华，即钱学森提到的：系统论，既不是整体论，也非还原论，而是整体论与还原论的辩证统一。80年代末，钱学森首次提出的“定性与定量相结合的系统工程方法”，并不是综合集成方法，而是一个探索，为综合集成法的形成奠定了重要的基础。

1988年11月钱学森明确了“复杂巨系统”的概念，首次提出“定性定量相结合的综合集成法”，主要是针对复杂巨系统问题提出的方法论。

1990年5月，钱学森又提出了“从定性到定量的综合集成方法”。“从定性到定量的综合集成方法”就是：首先形成综合集成的定性认识，最后形成定量认识；狭义上就是技术工程，广义上理解成综合集成工程，后改称大成智慧工程。

1990年钱学森发表了一篇“一个科学新领域——开放的复杂巨系统及其方法论”的文章，总结并且提出了开放的复杂巨系统的理论，在解决复杂巨系统的问题过程中，给出来处理这类系统的方法论，即从定性到定量的综合集成法，从此开辟了大成智慧工程领域；更进一步从思维科学任务为着眼点总结了科技发展中一些成功的经验。在1992年，钱学森真正地提出从定性到定量的综合集成研讨厅这个体系，把“法”上升到“厅”的高度，1996年完成了包括11个科学技术部门的现代科学技术体系，形成系统、完整的、具有深远影响的“大成智慧”学术思想。综合集成研讨厅体系的形成过程概括起来主要经历了三个演进阶段，即从“定性定量相结合的综合集成法”到“从定性到定量的综合集成法”，再到“人机结合、从定性到定量的综合集成研讨厅体系”，对综合集成研讨厅体系的研究也日趋成熟起来。

钱学森提出的综合集成法主要是基于整体论的思想，即面对复杂巨系统。人们首先利用现有的理论和人的经验从整体上把握，并得出一些表面上的、感性上的认识和经验上的判断，再对这些定性认识进行综合集成、建模，并进行仿真试验，最后上升为理性知识。由于人的认识能力有限，这个过程必须反复迭代进行，最后得出的是逼近真理的结论。综合集成研讨厅是实现这一思想的一种切实可行的解决方案。它利用现代信息技术、计算机网络和人工智能等最新科技完成综合集成的可视化过程，它的技术核心是人机结合和从定性到定量的综合集成。

综合集成研讨厅体系中主要包括三个部分：专家体系、知识体系和机器体系，机器体系中主要是指计算机。在综合集成研讨厅的提出之后，对该体系的研究从来没有中断过，主要代表的学者有钱学森、戴汝为、于景元等，而对该体系的研究的领域也在不断扩展，涉及教育、军事、经济、网络等领域，取得的成果也是很显著。

二、集大成得智慧

大成智慧学是引导人们如何尽快获得聪明才智与创新能力的学问，其目的在于使人们面对浩瀚的宇宙和神秘的微观世界，面对新世纪各种飞速发展、变幻莫测而又错综复杂的事物时，能够迅速做出科学、准确而又灵活、明智的判断与决策，并能不断有所发现、有所创新。大成智慧，是以科学的哲学为指导，把理、工、文、艺结合起来走向大成智慧的过程。简要而通俗地说，就是“集大成，得智慧”。

“大成智慧学”与以往关于智慧或思维学说不同，是以辩证唯物论为指导，利用现代信息网络、人机结合以人为主的方式，集古今中外有关信息、经验、知识、智慧之大成。“大成智慧”的特点是沉浸在广阔的信息空间里所形成的网络智慧。“大成智慧”是在知识爆炸、信息如潮的时代里，所需要的新型的思维方式和思维体系。

大成智慧学是一个思想体系，内涵很丰富，大成智慧，是“量智”和“性智”的结合，是科学与艺术的结合，是逻辑思维与形象思维的结合，重视思维的整体观和系统观等。

1. “量智”和“性智”的结合

一个有才智的人，应具备广博的知识和高尚的情操，这是不断激发智慧的根基和动力。人的智慧是两大部分：量智和性智。缺一不成智慧！

现代科学技术体系中的数学科学、自然科学、系统科学、军事科学、社会科学、思维科学、人体科学、地理科学、行为科学、建筑科学10大科学技术部门的知识是性智、量智的结合，主要表现为“量智”；而文艺创作、文艺理论、美学以及各种文艺实践活动，也是性智与量智的结合，但主要表现为“性智”。

“量智”主要是科学技术，是说科学技术总是从局部到整体，从研究量变到质变，“量”非常重要。当然科学技术也重视由量变所引起的质变，所以科学技术也有“性智”，也很重要。大科学家就尤其要有“性智”。

大成智慧学告诉我们：在处理复杂的问题时，既不能只顾“量智”，搞还原论、“死心眼儿”，也不能只顾“性智”，空谈整体论、浮于幻想 。

2. 科学与艺术的结合

从思维科学角度看，科学工作总是从一个猜想开始的，然后才是科学论证；换言之，科学工作是源于形象思维，终于逻辑思维。形象思维是源于艺术，所以科学工作是先艺术，后才是科学。相反，艺术工作必须对事物有个科学的认识，然后才是艺术创作。在过去，人们总是只看到后一半，所以把科学和艺术分了家，而其实是分不了家的；科学需要艺术，艺术也需要科学。

3. 逻辑思维与形象思维的结合

从思维方式来看，逻辑思维方式，大多用于科学研究与实验，所以也叫作科学思维方式。侧重于形象思维的方式，大多用于艺术创造与艺术活动，所以，也叫作艺术思维方式。

逻辑思维的结果一般都是比较确定的、难一的、可以表达的。因而对于加工处理便于形式化的信息时，可以用电子计算机（电脑）帮助解决。但是，计算机的功能是有限的，单纯用逻辑思维，单纯靠计算机处理，没有人的形象思维，是不可能获得大成智慧和创新科学技术的。

灵感思维属于形象思维的一种，是人们在生活中真有的，灵感思维也是以人头脑中沉积的知识为基础的，如果没有人类的实践认识（自己的、他人告知的、书本上学得的），灵感思维也不能自天而降。

4. 思维的整体观与系统观

运用整体观和系统观，在处理各种复杂事物和人的问题时，既要弄清其微观的、细节的、量的准确变化，掌握好“度”，又要注意从宏观上、整体上，系统地把握其各层次、各因素、各方面质的变化与飞跃。不能只搞还原论、“死心眼儿”，也不能空谈整体论、浮于幻想。而是要把微观与宏观、还原论与整体论、理论与实践、部分与总体有机地结合起来，从整体上观察和解决问题。大成智慧学教我们总揽全局，洞察关系，所以促使我们突破障碍，从而做到大跨度地触类旁通，完成创新。

三、智慧综合集成法

综合集成法作为一门工程可称为综合集成工程，它是在对社会系统、人体系统、地理系统和军事系统这四个开放的复杂巨系统研究实践基础上提炼、概括和抽象出来的。在这些研究中通常是科学理论、经验知识和专家判断相结合，形成和提出经验性假设（判断或猜想），但这些经验性假设不能用严谨的科学方式加以证明，需借助现代计算机技术，基于各种统计数据和信息资料，建立起包括大量参数的模型，而这些模型应建立在经验和对系统的理解上并经过真实性检验。这里包括了感情的、理性的、经验的、科学的、定性的和定量的知识综合集成，通过人机交互，反复对比逐次逼近，最后形成结论。其实质是将专家群体（与主题有关的专家）、统计数据和信息资料（亦与主题有关的）三者有机结合起来，构成一个高度智能化的人机交互系统，它具有综合集成的各种知识，从感性上升到理性，实现从定性到定量的功能。

它的主要特点如下：①定性研究与定量研究有机结合，贯穿全过程；②科学理论与经验知识结合，把人们对客观事物的零散知识综合集成解决问题；③应用系统思想把多种学科结合起来进行综合研究；④根据复杂巨系统的层次结构，把宏观研究与微观研究统一起来；⑤必须有大型计算机系统支持，不仅有管理信息系统、决策支持系统等功能，而且还要有综合集成的功能。

第二节 智慧综合集成研讨厅

“智慧综合集成研讨厅”来自智慧综合集成理论，其思路是建立包括知识体系、机器体系和专家体系三部分内容的网络虚拟研讨厅，对专题进行异地即时研讨，并进行专家群体意见的一致性检验和综合集成，达到智慧集成的目的。智慧研讨理论包括四个方面内容：智慧研讨厅体系构成、智慧涌现、智慧聚度场、一致性检验。

一、智慧研讨厅体系

钱学森相继提出“从定性到定量的综合集成法”是解决复杂性问题的重要理论方法、“从定性到定量综合集成研讨厅体系”，智慧综合集成核心为：通过研讨厅的工作，可以将各方面有关专家的群体智慧、数据和各种信息与计算机、人工智能技术有机地结合起来，也把各种学科的科学理论、知识与难以言表的经验、直觉、灵感等结合起来。因此这种方法可以充分发挥人的主观能动性、充分发挥现代科学技术体系及其外围经验知识库的综合互补的整体优势，并充分发挥显性知识与隐性知识的有机结合作用，使人的智能大大提高。从而，研讨厅实际上是贯彻了钱学森的“集大成得智慧”的“大成智慧学”的精髓。

根据“综合集成研讨厅”的原理，智慧研讨厅包括三个体系（见图22-1）：

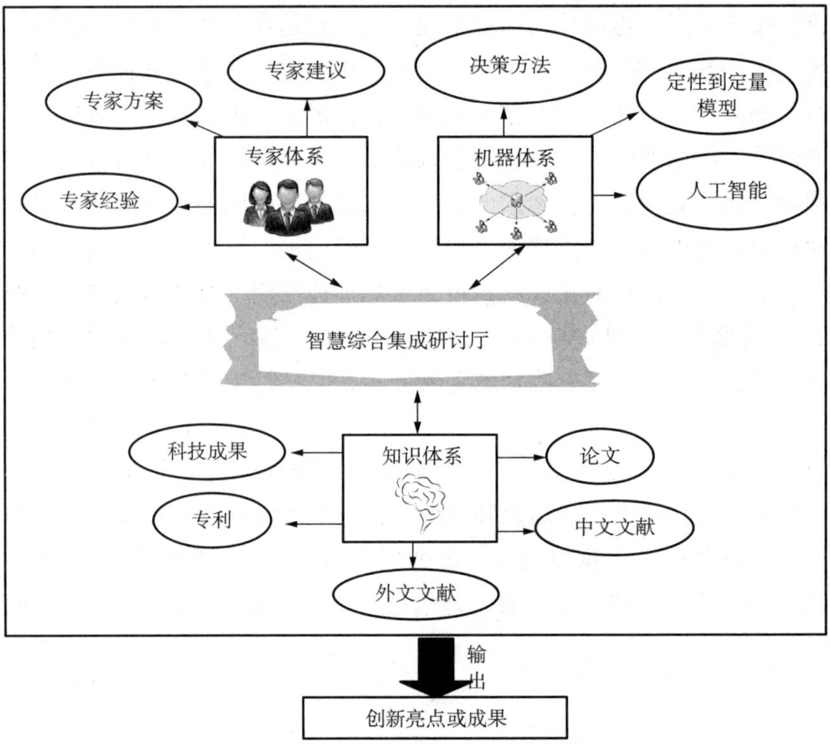

图22-1 智慧综合集成研讨厅的构成

一是专家体系。体现专家的智慧及由专家群体互相交流、学习而涌现出的群体智慧。

二是机器体系。利用计算机的较强逻辑分析优势，进行专家智慧的定性到定量转换及群体专家意见的一致性检验。

三是知识体系。用以集成不在场的专家以及前人的经验知识、相关的领域知识、问题求解的知识等，还可以由这些现有知识经过提炼和演化，形成新的知识，使得研讨厅成为知识的生产和服务体系。

由此，智慧研讨理论成为前人智慧（知识体系）、机器智慧（机器体系）、专家智慧（专家体系）的综合集成。也体现了现代智力创新的时代特点和基本出发点。

二、智慧涌现

专家群体中个体之间的互动是动态复杂的。只有通过专家群体某种组织下的互动，才能激发专家思考问题的个人能动性，使专家主动审视思考问题的模式，提高思维敏感度，创造新的对问题的认识，同时使专家个人的经验知识从隐式转化为显式浮现出来，从而不断丰富专家个人的知识，实现对复杂问题认识的自我超越，形成并不断扩大群体对问题认识的共同意义的汇集。通过某种互动充分发挥个人和群体创造性，是综合集成研讨厅体系充分发挥成员优势的要求，是理解群体智慧的关键。专家群体中的这种互动，在个体层次上是独立的，包含了自己对问题的判断、认知和推理，无法预测哪个专家会发言，无法预知专家会说什么，也无法预测专家会对以前谁的发言有评价或者响应，但在整体上这种相互响应导致了综合集成研讨厅体系充满有向链接的网络结构。显然这种有向链接结构，蕴涵了丰富的关于交互内容的信息。

研讨过程中，参与者毫不隐藏地摊出自己的假设和背后的推理过程，反思自己的思考过程，检验他人发言的假设和推理，并且鼓励别人也这样做，如此一来，习惯性防卫便无从发生作用，可以使参与者视彼此为真正的工作伙伴，在一个相互平等、信任、有十足安全感的反思开放的交互环境中，共享经验和心智模式，主动观察个人和群体对复杂问题的思维过程，增强思维敏感度，产生创新性的思维成果，凝聚群体的求真力量，创造性地扩大了群体共同认识的汇集，涌现出群体智慧。群体智慧产生并存在于专家群体的有效互动过程中。

因此，专家研讨过程是知识产生的过程，也是群体智慧不断涌现的过程。

在对创新技术进行群体专家智慧研讨时，应用专家群体智慧涌现原理，进行技术创新思维的研讨。

如图22-2所示，研讨议题在进行思维路径节点研讨之前，可先由路径设计者给出若干个节点方案，每个方案在研讨开始时就在智慧涌现区呈现出一个大的黑点，点击黑点可以给出该方案的详细说明，此黑点定义为方案点。

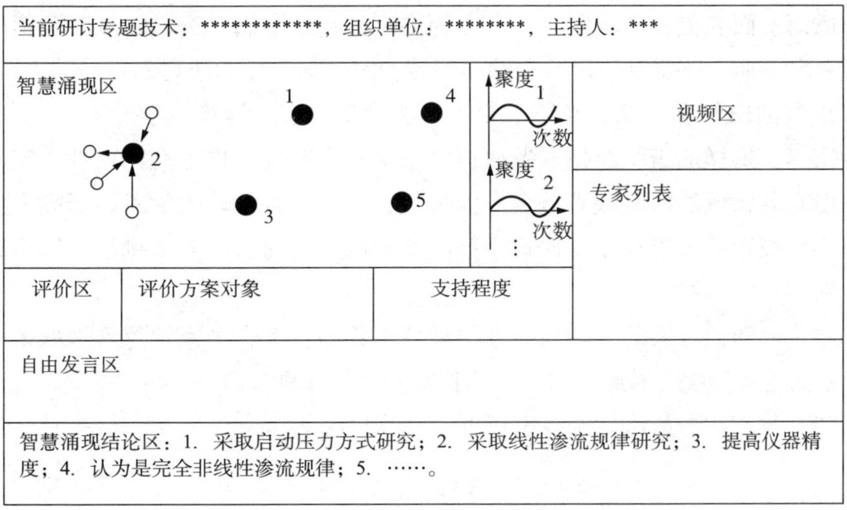

图22-2 路径方案的智慧涌现界面图

开始研讨，通过视频区可看到与会专家的实体，同时音频也可以传递声音（必须先选择看哪个和听哪个），专家列表显示所有被邀请的专家，并用显色和隐色表示在线的不同情况。

研讨过程中，专家可以查看方案点的内容，在自由发言区可以进行发言，表达自己的观点，但不在智慧涌现区内表现出来。

在评价区中的发言若要选择“创建方案点”，会在智慧涌现区中原有方案点的基础上再建立一个方案点，但“评价方案对象”与“支持程度”的两个选择就没有了作用，因为方案点之间应该是相互独立的，自成一个方案的，应该避免重复建设。若专家对某一个方案点的内容想表达很明了的看法，可以在评价区中输入自己的观点，并选择“评价方案对象”，以及“支持程度”，确认后即可在“智慧涌现区”中“评价方案对象”的黑点附近出现一个圆点，这个点可以定义为“评价点”，表征对“方案点”的评价，在“支持程度”中有5项选择：非常支持、支持、一般、反对、非常反对。如图22–3所示，分别设定2、1、0、–1、–2，在方案点周围分出三层。

从里向外分别为0、1（–1）、2（–2），在第一层没有箭头，第二层与第三层中从评价点到方案点的正向箭点代表支持，反向箭头代表反对。如图中所示，A点支持程度为0，B点为1，C点为–1，D点为2，E点为–2。

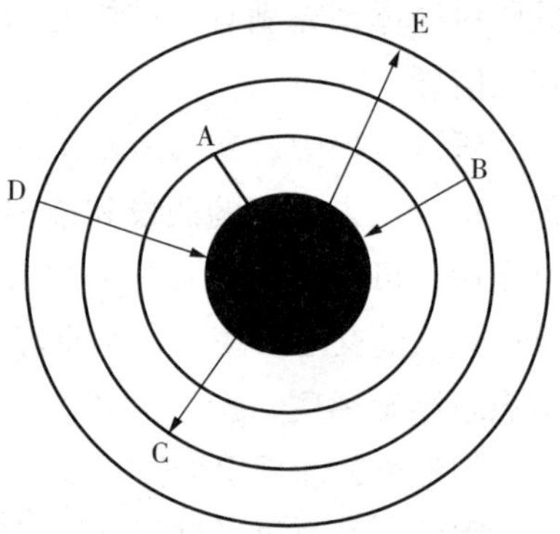

图22–3　专家点与方案点分层分布图

当研讨进行到一个阶段，可以计算每一个方案的所有评价点的支持程度或者反对程度，定义为“聚度”。应用专家基准权重则聚度的计算公式如下：

$$M = 2 + \sum_{i=1}^{N} P_i \cdot \varpi_i \qquad (22\text{–}1)$$

式中，2是建立方案点时的默认评价值。

专家基准权重的确定方法如下：

专家的邀请一面要突破领域限制，一方面要突破权威限制。突破领域限制指的是：不但要有该领域专家参加，还要有一定数量的非领域专家参加。比如研讨领域是油气田开发科学，那么专家可以有油田开发专家、经济学专家、法律学专家、计算机学专家、生命科学专家、环境科学专家等。这样的组织会使专题研讨结果更具全面性，也更有创新性。突破权威限制指的是：不但有各领域的权威或者著名专家参加，还要有各领域的学者、研究人员、感兴趣人员等不同年龄级别的人参加，在研讨中鼓励非权威人士向权威人士挑战，以便充分发展激发智慧的作用。

由专家邀请可知，专家的级别与研究领域各不相同，综合多家智慧若采取平均值做法将无法体现专家的重要程度，因此，引入专家权重处理与计算方法。

采用0～2标度层次分析法确定专家权重ϖ_i'，则有：

$$\sum_{i=1}^{n} \varpi_i' = 1 \qquad (22\text{–}2)$$

有时想考查专家评价值相对于某个专家评价值的大小，则引入基准权重概念，其意义为专家给出的值相当于被认为是标准专家给出值的倍数，计算公式为：

$$\varpi_i = \frac{\varpi_i'}{\varpi_h'} \tag{22-3}$$

式中：ϖ_i 为基准权重；ϖ_h' 为实际权重值。

每个专家可以对多个方案点进行评价，最后计算方案点的聚度，由此可以对方案进行排序。

若两个方案聚度相同，则认为后提出方案点比先提出方案点优越，这是考虑之后提出方案可能是受前面方案激发专家智慧产生，可能比较有创新。

在“涌现区”的右边是统计每个方案点聚度变化的趋势，横坐标是专家对方案点的评价次数（同一专家的两次评价，记次数为两次，但其评价新结果将覆盖他的旧结果）。纵坐标为方案点的聚度。这样的统计有利于了解专家某个方案点上的智慧涌现情况。

由智慧涌现理论和方法，路径节点研讨的最后会形成若干建议的排序。而若干建议正是这一节点的修正与完善建议。根据排序可以确定建议的被认可程度。因此，在节点修正时将起到至关重要的参考作用。

三、智慧聚度场

一个节点的若干方案的聚度在智慧涌现区中形成一个“聚度场”，“聚度场”对方案点及评价点有力的作用，即聚度大的任意点将吸引聚度小的任意点。这样用场的形式形象地表现出专家意见的汇聚方向。

“智慧聚度场”分为两种情况，一种是仅有两个方案点，且两个方案点形成鲜明的对立；一种是有多个（大于2）独立的方案点。两种情况的表现形式有差别。

1．对立点的智慧聚度场

进入研讨创建两个方案点，每一点的专家评价聚度也由一个值来表示，并且，对立点在研讨厅的距离在专家研讨过程中在发生改变，达到某一程度时会产生智慧碰撞，形成第三方折中观点，以便缓和对立的程度，实现智慧碰撞的过程。

整个研讨原理如下。

如图22–4所示，绘制两个对立点1和2，点击方案点可查看其所代表的观点，在研讨中同样计算每个方案点的聚度。

设两个对立点对应聚度为M_1和M_2。每一个点的初始聚度为2，两个对立点的初始距离设为R_{max}，也被认为是以后变化的最大距离；设两个对立点最小距离为R_{min}，即无论两个对立点的聚度有多大差别，两点的距离再也不能缩小，这个最小距离与每个对立点的周围专家点范围确定。

在研讨过程中，假设聚度$M_1/M_2 = 1$，则两个对立点严格对立，两个对立点距离最远；若

$M_1/M_2 \neq 1$，则认为两个方案有缓和的地方，表现为两个点逐渐靠近，各自移动的距离按下式计算。

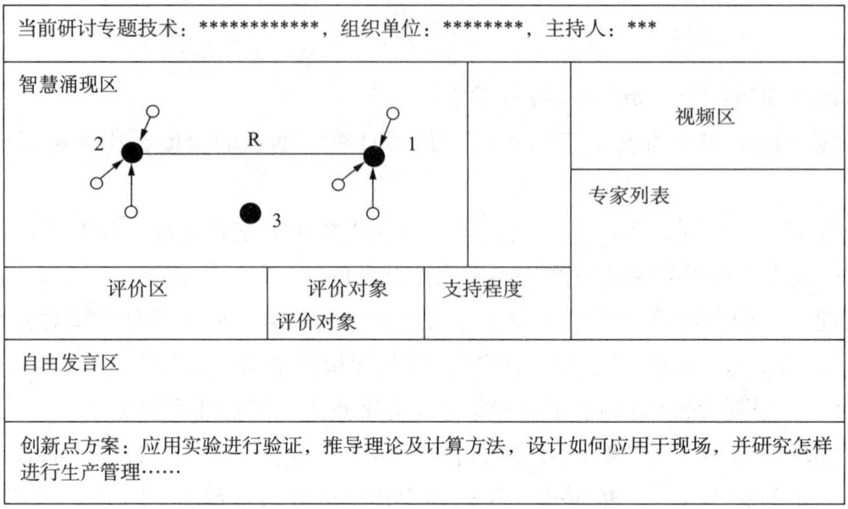

图22–4 研讨对立面的智慧碰撞表现示意图

若$M_1 = M_2$，则有：$R = R_{\max}$；即对立点退回到原点。

若$M_1 < M_2$，则有：

$$\Delta R_1 = \frac{M_2}{M_1 + M_2}\left(1 - \frac{M_1}{M_2}\right)(R_{\max} - R_{\min}) = \frac{M_2 - M_1}{M_2 + M_1}(R_{\max} - R_{\min})$$
$$\Delta R_2 = \frac{M_1}{M_1 + M_2}\left(1 - \frac{M_1}{M_2}\right)(R_{\max} - R_{\min}) = \frac{M_1}{M_2} \cdot \frac{M_2 - M_1}{M_2 + M_1}(R_{\max} - R_{\min}) \tag{22–4}$$

若$M_1 > M_2$，则有：

$$\Delta R_1 = \frac{M_2}{M_1 + M_2}\left(1 - \frac{M_2}{M_1}\right)(R_{\max} - R_{\min}) = \frac{M_2}{M_1} \cdot \frac{M_1 - M_2}{M_1 + M_2}(R_{\max} - R_{\min})$$
$$\Delta R_2 = \frac{M_1}{M_1 + M_2}\left(1 - \frac{M_2}{M_1}\right)(R_{\max} - R_{\min}) = \frac{M_1 - M_2}{M_1 + M_2}(R_{\max} - R_{\min}) \tag{22–5}$$

以上两个公式的物理意义是两个对立点间的距离随着聚度的差异变大而逐渐减小，亦即两个点在慢慢靠近，同时假设聚度小的向聚度大的移动距离大，则建立上述公式。

两个对立点的距离为：

$$R = R_{\max} - \Delta R_1 - \Delta R_2 \tag{22–6}$$

当任意一个点的专家数占到总专家数2/3以上时，若始终有：

$$R \geqslant \frac{4}{5} R_{\max} \tag{22–7}$$

则认为两个对立点对立程度很高，将产生碰撞自动得出第三个点，即折中点。在折中点中可以显示两个对立点的基本观点以及专家对两个基本观点的评价，并由主持人提交给专家进行综合，呈现出两个对立面的缓冲。

若在研讨结束之前并没有出现折中点，则取偏重于聚度较高的一面，但也必须把两个对立面综合起来，形成第三点。

最后，路径选择的是第三点的观点。

2. 多点智慧聚度场

当有大于2个方案点在智慧涌现区时，方案的移动计算方法会很困难，这时采用聚度场的描述形式来标志方案点聚度的分布情况。

其工作原理是：建立方案点，经专家对方案点进行评估后计算方案点的聚度，然后在涌现区内以这几个方案点的聚度为样点，对整个区域进行网格离散（根据克里格差值理论），然后绘制区域内的等值线，如图22–5所示。

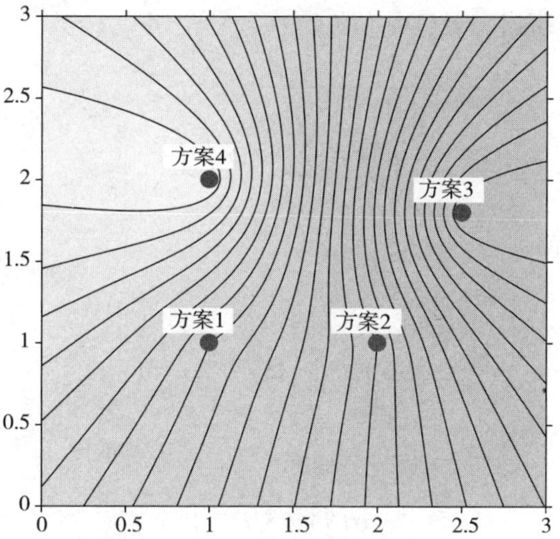

图22–5 多点聚度场描述形式

图中有四个方案点，其值为表22–1所示：

表22–1 方案点的聚度

方案1	方案2	方案3	方案4
12	6	–5	20

从图中可以看出较陡的地方位于方案3与方案4的区间上，这说明两个方案点的差别较大，方案4又处于高点，显然对其他方案点和专家评价点起吸引作用。方案1和方案2之间较缓和，而且两个方案点与方案3和方案4之间也较缓和，由此判断，矛盾的对立更明显的在于方案3和方案4。

四、一致性检验

多个专家智慧结论的集成问题必然涉及群体意见的一致性检验及收敛。它的关键点有两个：其一是专家群体意见一致性检验；其二是不同意见的专家结论集成。

1. 群体思维一致性检验

面对一个复杂问题，群体中每个成员都有不同的感知，这就产生了专家群体的分散性思维。分散性思维存在被普遍认为是专家研讨的弊病。这是因为思维分散后专家意见的综合集成会成为一个没有集中代表性的“一锅烩”，所有的特色都被淹没，所以群体思维一致性检验是有一定意义的。

在王丹力的“群体一致性及其在研讨厅中的应用”一文中设计了群体强一致性指标、群体强不一致性指标、个体强一致性指标及个体强不一致性指标来进行群体意见一致性检验，并得到较好效果。但仅是数字的处理与改变，而且比较复杂。在此，结合形象表现与定量评价也设计了一套一致性检验方法，运用起来简单易懂。

假设有M个专家进行研讨，其评估值S_i。

则综合值为：

$$S_0 = \sum_{i=1}^{M} \varpi'_i S_i \Big/ M \tag{22-8}$$

式中，ϖ'_i为专家权重。

则S的方差为：

$$D(S) = \sum_{i=1}^{M} (S_i - S_0)^2 \Big/ M \tag{22-9}$$

取均方差：

$$\sigma(S) = \sqrt{D(S)} \tag{22-10}$$

按定义，S的均方差表达了S的取值与数学期望S_0的偏离程度。若S取值比较集中，则D（S）较小；若取值比较分散，则D（S）较大。因此，D（S）是刻画S取值分散程度的一个量，它是衡量S取值分散程度的一个尺度。

用两个图形表示一致性情况：

如图22–6所示，其一是以R（S_0，S_0）点为圆心，$\sigma(S)$为半径，在平面图上做圆，随着专家研讨的进行，专家数的变大与专家评估值的不断修改完善，可以呈现出圆的半径的变化与圆心点的变化。在图上保留最近三次的变化情况，前两次分别用虚线，最近的一次用实线。其作用是直观体现专家研讨过程中研讨结果的变化情况与收敛情况，也仅仅是感官上的认识。

其二是在以“专家数—均方差”为坐标的平面上画出均方差的走势，级别的确定为：

$$\sigma(S) = \begin{cases} \leqslant S_t & \text{一级收敛} \\ S_t < \sigma(S) \leqslant 2S_t & \text{二级收敛} \\ 2S_t < \sigma(S) \leqslant 3S_t & \text{三级收敛} \\ > 3S_t & \text{四级收敛} \end{cases} \tag{22-11}$$

其中，S_t为2^6网格中的网格长度。这个图形的作用是量化专家研讨的一致性。

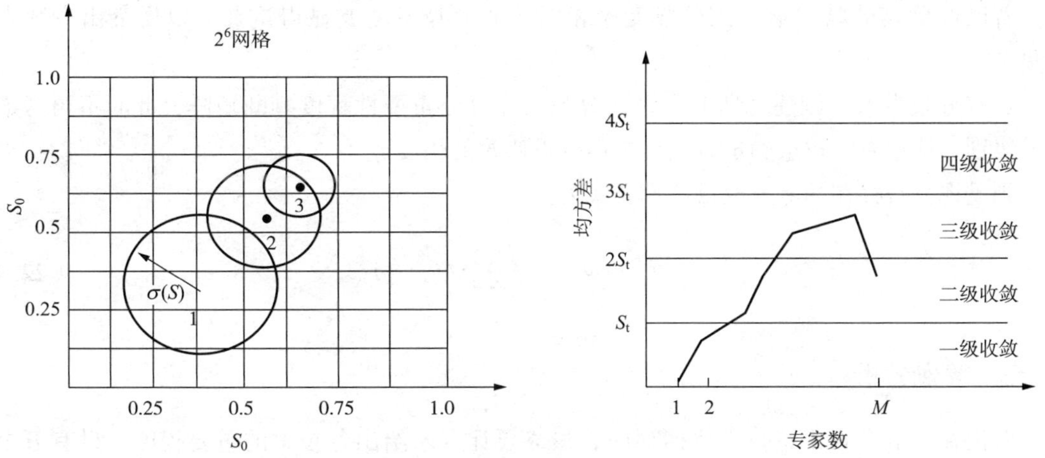

图22-6 群体思维集中收敛示意图

通过形象表现与定量分析，对群体思维收敛的级别进行了划分，可知收敛级别越高群体思维越收敛。

2．不同思维综合集成

在进行集成时，期望的是专家的评价能够达到很高的一致性，但是有时某个专家的意见与其他专家意见相差较多，考虑在智力创新中“真理往往掌握在少数人手里”的思想，综合结果中分歧较大专家不应该被群体思维埋没，而应该体现其价值，那么在定量方面采取分歧较大专家的评价值权重将变大的方式来解决。具体思路为：

1）确定分歧专家

若在多个专家中，某一专家的评估值S_i与期望值S_0之间的距离要比均方差大得多，这时可认为该专家是分歧专家。确定方法如下：

当符合条件

$$|S_i - S_0| > (g_r + 1) \cdot S_t \tag{22-12}$$

即认为第i个专家为分歧专家。

式中，$g_r = \begin{cases} 1 & 一级收敛 \\ 2 & 二级收敛 \\ 3 & 三级收敛 \end{cases}$

这个公式的含义是：当专家i的评价与期望评价距离超过比当前收敛级别次一级收敛的界限时即被认为是分歧专家。

2）综合集成

S_i的综合集成由下面公式计算得出：

$$S = \sum_{i=1}^{M} \alpha_i S_i \tag{22-13}$$

式中，α_i是考虑分歧专家的权重调整结果。其具体计算方法如下：

若已经确定分歧专家，则分歧专家相对于非分歧专家要显得重要，以便突出少数人的意见。

若有分歧专家，则建立所有专家的分歧与非分歧重要性程度判断矩阵，此时不再考虑专家的级别。依据专家权重确定方法，求得权重修改的幅度ε_i。

则重视分歧存在的专家权重计算公式为：

$$\alpha_i = (\varpi'_i \cdot \varepsilon_i) \Big/ \sum_{j=1}^{M} (\varpi'_j \cdot \varepsilon_j) \tag{22-14}$$

3. 算例分析

假设在对五项技术进行专家研讨时，最终要让专家给出各技术的重要程度，设有五个专家参与调查，专家权重及专家对各项技术评价的最终评价值如表22-2所示。

表22-2　专家评价数据表

	专家权重	技术一	技术二	技术三	技术四	技术五
专家一	0.39	0.8	0.86	0.92	0.62	0.9
专家二	0.39	0.9	0.7	0.6	0.8	0.85
专家三	0.094	0.85	0.4	0.76	0.45	0.8
专家四	0.094	0.82	0.9	0.4	0.78	0.9
专家五	0.034	0.76	0.72	0.83	0.84	0.4

在不考虑分歧专家存在时，各项技术的综合值及收敛级别如表22-3所示。

表22-3　不考虑分歧专家时的技术综合值及收敛级别

	技术一	技术二	技术三	技术四	技术五
专家群体综合值	0.84582	0.75508	0.73006	0.69798	0.8559
标准差	0.051155	0.180198	0.185912	0.144831	0.207313
收敛级别	一级	二级	二级	二级	二级

由表22-3可初步判断受重视程度的大小顺序为：技术五、技术一、技术二、技术三、技术四。

通过确定分歧专家计算得出群体专家在技术五上存在分歧专家，分歧专家为专家五，则扩大专家五的权重，得到新的权重分布，如表22-4所示。

表22-4　考虑分歧专家存在时的专家权重确定

	专家一	专家二	专家三	专家四	专家五
专家权重	0.373384	0.373384	0.089995	0.089995	0.073241

从表22-5可见，技术五的标准差缩小，体现出一定的收敛倾向，更大的区别在于与未考虑分歧专家时的技术受重视程度排序发生了根本性的变化，“技术一”的受重视程度由原来的

小于“技术五”变为“技术一”大于“技术五”，如此，体现了分歧专家在最后评价结果中的巨大作用。

表22–5　考虑分歧专家时的技术综合值及收敛级别

	技术一	技术二	技术三	技术四	技术五
专家群体综合值	0.84582	0.75508	0.73006	0.69798	0.83571
标准差	0.051155	0.180198	0.185912	0.144831	0.199795
收敛级别	一级	二级	二级	二级	二级

群体思维是利用多个专家的智慧能够较快地得到正确的决策，但是，群体思维也有其多个弊端，其中具有创新性的个性思维可能被群体思维中的从众现象所压制，因此，群体思维中一致性检验固然重要，但分歧专家的确定及分歧专家的意见更应该得到重视。在此思路的引导下，应用形象的图形法表示了群体思维的一致性检验方法，在通过一定程度的收敛级别后，设计了分歧专家的确定方法，并通过放大分歧专家权重的方法，加强了分歧专家在群体思维中的作用。

基于以上研究与分析提出如下建议：①群体研讨或者群体调查过程中，尽量避免面对面的讨论，减少从众现象或者从权威现象；②群体思维的一致性是需要的，过于分散对问题的解决更没有意义，但刻意追求专家群体思维必须达到一致的做法往往只能使个性的认识屈服于群众了，对于科技创新中关键技术选择忽视“个性”可能导致没有实际意义上的创新，因此，群体思维的处理必须重视“个性”或者“创新”的存在；③分歧专家可以被确定，处理时可以把分歧专家的意见扩大到群体中去，也可以把它单独分立出来，形成分歧专家的个别重点讨论，如此，更能增强分歧专家意见的创新性。

管理小常识　墨菲定律

“墨菲定律”也叫莫非定律、莫非定理或摩菲定理，是指“事情往往会向你所想到的不好的方向发展”这一概率性较大的规律。

墨菲是美国爱德华兹空军基地的上尉工程师。1949年，他和他的上司斯塔普少校，在一次火箭减速超重试验中，因仪器失灵发生了事故。墨菲发现，测量仪表被一个技术人员装反了。由此，他得出的教训是：如果做某项工作有多种方法，而其中有一种方法将导致事故，那么一定有人会按这种方法去做。

换种说法：假定你把一片干面包掉在地毯上，这片面包的两面均可能着地。但假定你把一片一面涂有一层果酱的面包掉在地毯上，常常是带有果酱的一面落在地毯上。在事后的一次记者招待会上，斯塔普将其称为“墨菲法则”，并以极为简洁的方式作了重新表述：凡事可能出岔子，就一定会出岔子。墨菲法则在技术界不胫而走，因为它道出了一个铁的事实：技术风险能够由可能性变为突发性的事实。

墨菲定律的适用范围非常广泛，它揭示了一种独特的社会及自然现象。它的极端表述是：如果坏事有可能发生，不管这种可能性有多小，它总会发生，并造成最大可能的破坏。

“墨菲定律”诞生于20世纪中叶，这正是一个经济飞速发展，科技不断进步，人类真正成为世界主宰的时代，在这个时代，处处弥漫着乐观主义的精神：人类取得了对自然、对疾病以及其他限制的胜利，并将不断扩大优势；我们不但飞上了天空，而且飞向太空……我们能够随心所欲地改造世界的面貌，这一切似乎昭示着：一切问题都是可以解决的。无论是怎样的困难和挑战，总能找到一种办法或模式战而胜之。近半个世纪以来，“墨菲定律”提醒我们：我们解决问题的手段越高明，我们将要面临的麻烦就越严重。事故照旧还会发生，永远会发生。“墨菲定律”忠告人们：面对人类的自身缺陷，最好还是想得更周到、全面一些，采取多种保险措施，防止偶然发生的人为失误导致的灾难和损失。归根到底，“错误”与我们一样，都是这个世界的一部分，狂妄自大只会使我们自讨苦吃，我们必须学会如何接受错误，并不断从中学习成功的经验。

墨菲定律的内容并不复杂，道理也不深奥，关键在于它揭示了在战略管理中人们为什么不能忽视小概率事件的科学道理；揭示了战略管理必须发挥警示职能，坚持预防为主原则的重要意义。

课件“码”上来

第二十三章　决策支持系统

在油气藏管理过程中，决策无处不在，并且决策的成败直接决定着开采效率的高低，高效正确的决策是油气藏获得最大综合效益的关键。决策是管理的关键要素，决策效益是最大效益，决策失误是最大失误，一个决策失误比任何经营错误产生的后果都要严重。管理团队面对地下油气藏发现和开采的特殊行业，由于受地下油气资源认识程度的限制，在其生产过程中将面对大量复杂、难度大、涵盖不同专业的决策问题，与其他制造加工行业有着显著差别，突出的特点是高风险、高投入和高技术。因此，建立油气藏勘探开发决策支持系统，实现决策科学化、制度化、网络化和程序化，对提高油气藏决策水平和决策效益具有较大指导意义和实际应用价值。

第一节　决策支持系统基本理论

决策支持系统（Decision-making Support System，简称DSS）是辅助决策者通过数据、模型和知识，以人机交互方式进行半结构化或非结构化决策的计算机应用系统。它是管理信息系统（MIS）向更高一级发展而产生的先进信息管理系统。它为决策者提供分析问题、建立模型、模拟决策过程和方案的环境，调用各种信息资源和分析工具，帮助决策者提高决策水平和质量。一般DSS包括数据库（DB）、模型库（MBMS）、方法库、知识库和会话部件。DSS数据库不同于一般数据库，是有较高性能要求，在原基层数据库的基础上建立起来的专用数据库。现在，一般由数据仓库（Data Warehouse）来充当DSS 数据库。数据库为决策提供数据能力或资料能力。模型库为决策提供分析能力的部件，模型能力的定义是转化非结构化问题的程度。会话部件，又称接口部件，它是人和决策支持系统联系的接口。智能决策支持系统（IDSS）在一般DSS基础上增加了OR/MS深度知识库。所以IDSS=DSS+AI（人工智能）。

一、发展过程

自从20世纪70年代决策支持系统概念被提出以来，决策支持系统已经得到很大的发展。

1980年Sprague提出了决策支持系统三部件结构（对话部件、数据部件、模型部件），明确了决策支持系统的基本组成，极大地推动了决策支持系统的发展。

20世纪80年代末90年代初，决策支持系统开始与专家系统（Expert System，ES）相结合，形成智能决策支持系统（ Intelligent Decision Support System，IDSS）。智能决策支持系统充分发挥了专家系统以知识推理形式解决定性分析问题的特点，又发挥了决策支持系统以模型计算为核心的解决定量分析问题的特点，充分做到了定性分析和定量分析的有机结合，使得解决问题的能力和范围得到了一个大的发展。智能决策支持系统是决策支持系统发展的一个新阶段。20世纪90年代中期出现了数据仓库（Data Warehouse，DW）、联机分析处理（On-Line Analysis Processing，OLAP）和数据挖掘（Data Mining，DM）新技术，DW+OLAP+DM逐渐形成新决策支持系统的概念，为此，将智能决策支持系统称为传统决策支持系统。新决策支持系统的特点是从数据中获取辅助决策信息和知识，完全不同于传统决策支持系统用模型和知识辅助决策。传统决策支持系统和新决策支持系统是两种不同的辅助决策方式，两者不能相互代替，更应该是互相结合。

把数据仓库、联机分析处理、数据挖掘、模型库、数据库、知识库结合起来形成的决策支持系统，即将传统决策支持系统和新决策支持系统结合起来的决策支持系统是更高级形式的决策支持系统，称为综合决策支持系统（Synthetic Decision Support System，SDSS）。综合决策支持系统发挥了传统决策支持系统和新决策支持系统的辅助决策优势，实现更有效的辅助决策。综合决策支持系统是今后的发展方向。

由于Internet的普及，网络环境的决策支持系统将以新的结构形式出现。决策支持系统的决策资源，如数据资源、模型资源、知识资源，将作为共享资源，以服务器的形式在网络上提供并发共享服务，为决策支持系统开辟一条新路。网络环境的决策支持系统是决策支持系统的发展方向。

知识经济时代的管理——知识管理（Knowledge Management，KM）与新一代Internet技术——网格计算，都与决策支持系统有一定的关系。知识管理系统强调知识共享，网格计算强调资源共享。决策支持系统是利用共享的决策资源（数据、模型、知识）辅助解决各类决策问题，基于数据仓库的新决策支持系统是知识管理的应用技术基础。在网络环境下的综合决策支持系统将建立在网格计算的基础上，充分利用网格上的共享决策资源，达到随需应变的决策支持。

二、特征组成

决策支持系统的特征有：

（1）主要针对管理人员经常面临的结构化程度不高、说明不够充分的问题。

（2）把模型或分析技术与传统的数据存取及检索技术结合起来。

（3）易于为非计算机专业人员以交互会话的方式使用。

（4）强调对环境及用户决策方法改变的灵活性和适应性。

（5）支持但不是代替高层管理者制定决策。

系统只是支持用户而不是代替他判断。因此，系统并不提供所谓“最优”的解，而是给出一类满意解，让用户自行决断。同时，系统并不要求用户给出一个预先定义好的决策过程。

系统所支持的主要对象是半结构化和非结构化的决策（不能完全用数学模型、数学公式来求解）。它的一部分分析可由计算机自动进行，但需要用户的监视和及时参与。

采用人机对话的有效形式解决问题，充分利用人的丰富经验，计算机的高速处理及存贮量大的特点，各取所长，有利于问题的解决。

决策支持系统的组成有模型库及其管理系统；交互式计算机硬件及软件；数据库及其管理系统；图形及其高级显示装置；对用户友好的建模语言。

用户通过交互语言系统把问题的描述和要求输入决策支持系统。交互语言系统对此进行识别和解释。问题处理系统通过知识库系统和数据库系统收集与该问题有关的各种数据、信息和知识，据此对该问题进行识别、判定问题的性质和求解过程；通过模型库系统集成构造解决所需的规则模型或数学模型，对该模型进行分析鉴定；在方法库中识别进行模型求解所需算法并进行模型求解，对所得结果进行分析评价。最后通过语言系统对结果进行解释，输出具有实际含义、用户可以理解的形式。

主要构成系统为以下七个部分。

1）网络/系统基础架构

由基本软、硬件系统构成，如交换机、路由器、主机设备、操作系统、数据管理系统等，该基础架构为所有的高级管理系统提供服务的同时，还实现基本的信息服务功能。

2）业务管理系统

正在运行的应用，如各种基于关系数据库的事务性应用、办公自动化管理应用等，实现政府日常的业务处理，这些系统所处理的数据是数据仓库的数据源。数据源的类型包括关系数据库、办公数据、平面文件等。

3）数据仓库管理系统

实现数据分析、统计、查询、信息挖掘、辅助决策支持等功能。数据仓库管理系统由关系数据库管理系统作为支撑系统，其管理的数据源自对业务数据的抽取，数据抽取的方法包括数据复制、数据抽取网关等。

数据交换模式：数据仓库管理系统与数据网关程序之间交换；数据仓库管理系统与业务数据库管理系统之间交换；数据仓库管理系统直接提取数据（如平面文件数据、办公数据）。

数据仓库由面向不同主题的数据集构成。

4）联机分析系统

实现分析、统计、查询、信息挖掘、趋势分析、辅助决策支持等功能。

5）中间件、Web及应用服务系统

实现三层结构的应用逻辑部分。

6）数据仓库客户端应用

实现三层结构的应用表示逻辑，提供数据仓库系统的用户接口服务。客户端应用可以通过中间件、应用服务器及Web访问数据仓库应用，也可以直接通过OLAP服务实现。

7）网络/系统管理

实现完整的网络及系统管理，管理的范围涉及系统的各个层次。如安全管理；备份、存储、恢复管理；开发管理；数据管理；监控管理等。

三、决策分类

1. 群决策支持系统（GDSS）

群决策支持系统可提供三个级别的决策支持：

第一层次是GDSS旨在减少群体决策中决策者之间的通信，沟通信息，消除交流的障碍，如及时显示各种意见的大屏幕，投票表决和汇总设备，无记名的意见和偏爱的输入，成员间的电子信息交流等。其目的是通过改进成员间的信息交流来改进决策过程，通常所说的“电子会议系统”就属于这一类。

第二层次的GDSS提供善于认识过程和系统动态的结构技术，决策分析建模和分析判断方法的选择技术。这类系统中的决策者往往面对面地工作，共享信息资源，共同制订行动计划。

第三层次的GDSS其主要特征是将上述两个层次的技术结合起来，用计算机来启发、指导群体的通信方式，包括专家咨询和会议中规则的智能安排。

2. 分布式决策支持系统（DDSS）

DDSS是由多个物理分离的信息处理特点构成的计算机网络，网络的每个结点至少含有一个决策支持系统或具有若干辅助决策的功能。与一般的决策支持系统相比，DDSS有以下一些特征：

DDSS是一类专门设计的系统，能支持处于不同结点的多层次的决策，提供个人支持、群体支持和组织支持。不仅能从一个结点向其他结点提供决策，还能提供对结果的说明和解释，有良好的资源共享。能为结点间提供交流机制和手段，支持人机交互，机机交互和人与人交互。具有处理结点间可能发生的冲突的能力，能协调各结点的操作，既有严格的内部协议，又是开放性的，允许系统或结点方便地扩展，同时系统内的结点作为平等成员而不形成递阶结构，每个结点享有自治权。

3. 智能决策支持系统（IDSS）

智能决策支持系统是决策支持系统（DSS）与人工智能（AI）相结合的产物，其设计思想着重研究把AI的知识推理技术和DSS的基本功能模块有机地结合起来。有的DSS已融进了启发式搜索技术，这就是人工智能方法在DSS中的初步实现。将人工智能技术引入决策支持系统主要有两方面原因：第一是人工智能因可以处理定性的、近似的或不精确的知识而引入DSS中；第二，DSS的一个共同特征是交互性强，这就要求使用更方便，并在接口水平和在进行的推理上更为“透明”。人工智能在接口水平，尤其是对话功能上对此可以作出有益的贡献，如自然语言的研究使用使DSS能用更接近于用户的语言来实现接口功能。

4. 智能—交互—集成化决策支持系统（3IDSS）

随着DSS应用范围的不断扩大，应用层次的逐渐提高，DSS已进入到区域性经济社会发展战略研究、大型企业生产经营决策等领域的决策活动中来，这些决策活动不仅涉及经济活动各个方面、经营管理的各个层次，而且各种因素互相关联，决策环境更加错综复杂。对于省、市、县等发展战略规划方面的应用领域，决策活动还受政治、社会、文化、心理等因素不同程度的影响，而且可供使用的信息又不够完善、精确，这些都给DSS系统的建设造成了很大的困难。在这种情况下，一种新型的、面向决策者、面向决策过程的综合性决策支持系统产生了，即智能—交互—集成化决策支持系统（Intelligent，Interactive and Integrated DSS，简称3IDSS）。

集成化：在这种情况下，采用单一的以信息为基础的系统，或以数学模型为基础的系统，或以知识、规则为基础的系统，都难以满足上述这些领域的决策活动的要求。这就需要在面向问题的前提下，将系统分析、运筹学方法、计算机技术、知识工程、人工智能等有机地结合起来，发挥各自的优势，实现决策支持过程的集成化。

交互性：决策支持系统的核心内容是人机交互。为了帮助决策者处理半结构化和非结构化的问题，认定目标和环境约束，进一步明确问题，产生决策方案和对决策方案进行综合评价，系统应具备更强的人机交互能力，成为交互式系统（Interactive Systems）。

智能化：决策支持系统在处理难以定量分析的问题时，需要使用知识工程、人工智能方法和工具，这就是决策支持系统的智能化（Intelligent）。

四、相关应用

1. 基础数据及事务处理层

事务处理层是应用软件中最基础的层次，也是最为庞大和烦琐的一层，所采集的信息是大量的业务基础数据。

另外，还包括对各类数据进行分析、统计、查询等事务处理的应用系统，如月度、季度、年度等监测系统、预警分析系统；跟踪、预测、预警系统等。

在决策支持系统中需要对该层的信息系统进行分类、加工和整理，形成决策支持系统中的元数据。

2. 统计分析管理监控层

根据由业务基础数据经过抽取或加工后所形成的信息，对其业务范围内的业务情况进行信息查询、信息分析、监督管理和检查的职能。

在经过抽取和整理的元数据的基础之上，建立各种统计、分析模型，如计量经济模型、多方程时间序列统计模型、神经网络及投入产出模型等。通过模型的定义和开发，利用构成的模型，对系统中各方面给出全面深入的各种分析结果，包括因素分析、预测和政策模拟。其中要求系统能自动调用和集成不同类型的分析工具，例如回归分析和投入产出的自动结合。

3. 辅助决策层

根据统计分析管理监控层的各种分析模型，进行多维的、更为复杂的综合分析和计算，从中发现各种趋势；发现异常情况；得到重要细节；找出内在规律，为各级领导的决策业务提供切实有效的帮助。

每一个业务系统都将包含针对其相应业务的辅助决策子系统，在各业务辅助决策子系统的支持下，还可拓展面向综合性的辅助决策系统。

第二节　决策支持系统的应用

本节给出几个决策支持系统在油气藏开发管理过程中的应用实例。

一、油田企业决策支持

解晓燕等在“决策支持理论与我国油田企业决策支持研究”一文中对决策支持系统进行了深入研究，文章根据油田企业决策风险大、具有较高难度和复杂性的特点，分析出不同层次、不同阶段、不同类型的决策问题，确定了与油田决策问题及要求相适应的决策支持系统。

1. 决策支持的内涵

决策是人们为了达到某一种目的而进行的有意识、有选择的行动。决策是不同层次领导者的基本职能，无论行政管理、科技管理或是企业的经营管理活动，都贯穿着一系列决策。油田企业受地下油气资源认识程度的限制，特别是又涉及大量的资金投入和不确定因素。因此油田勘探开发及生产过程中存在不同层次、不同阶段和不同类型的大量非结构化、半结构化决策问题，如风险勘探区域确定、探井井位布置等。

不同决策类型，其决策的内涵也有不同。决策支持是指用计算机来帮助管理者在非结构化任务中作出决策。决策支持的类型主要有基于数据的辅助决策、基于模型的辅助决策、基于知识的辅助决策、基于方案的辅助决策等。

（1）模型的决策支持。通过研究揭示客观事物本质的模型，并利用模型提供决策信息支持。模型库子系统是构建和管理模型的计算机软件系统，它是决策支持中最复杂、最难实现的部分。用户是依靠模型库中的模型进行决策的，因此我们认为决策支持是由“模型驱动”的。

（2）方案辅助决策对决策支持。对于大型的复杂问题，往往需要制订计划和方案。根据决策问题的要求，选择解决该问题的模型、数据以及知识，生成决策方案或快速调整方案，称为方案驱动的辅助决策。另外，对于比较复杂的决策问题，难以用单模型辅助决策，需要多模型组合来形成决策方案实现辅助决策。决策支持系统是辅助决策者通过数据、模型和知识，以人机交互方式进行半结构化或者非结构化决策的计算机应用系统。

（3）数据的决策支持。数据资源经过模型计算后产生的结果数据就是决策的依据，形成对决策的支持。基于数据的辅助决策是最基本的辅助决策方式，传统的管理信息系统实际上就是一种以数据方式提供辅助决策。数据决策系统是将存储、管理、提供与维护用于决策支持数据的DSS基本部件，是支撑模型库子系统及方法库子系统的基础。

（4）知识推理的决策支持。知识是从现实问题中抽取出来的，是现实问题状态（概念）改变的描述，智能技术都是以知识推理为核心。通过从不同角度进行定性推理分析，可实现对决策支持的作用。专家知识，尤其是经验性知识，一般不能直接用于辅助决策，而运用定性推理方法进行定性分析，可帮助决策者进行方案评判和选择。知识驱动的DSS就采取何种行动向管理者提出建议或推荐。

（5）模型与知识结合的决策支持。模型是以定量方式辅助决策，知识以定性方式辅助决策。两者相互结合发挥各自优势来完成定量与定性的结合决策支持，达到相互补充和提高辅助决策效果的目的。

（6）自动生成决策方案的决策支持。将模型、知识和各类数据作为决策资源存入模型库、知识库和数据库中，根据决策信息由系统自动形成决策意见的支持。利用计算机系统快速原型法及组件集成方法就能自动生成具有上面要求的决策支持系统控制程序，实现决策问题方案的自动生成，支持决策。

除以上辅助决策方式外，还有基于仿真的决策支持系统，可以提供决策支持信息和决策支持工具，以帮助管理者分析通过仿真形成的半结构化问题，以及群决策支持方式等。

2. 科学决策标准

科学决策是决策者依据科学方法、科学程序、科学手段所进行的决策。科学决策必须依靠决策体系开展工作，严格遵循决策程序、正确的决策原则，依靠专家和智囊组织，运用科学的决策方法，采用先进的信息处理技术和手段进行符合客观实际的决策。

判断科学的决策标准：①具有明确而又正确的目标，同时考虑时代的特征，即决策目标要适应环境条件和环境的变化，对环境条件要做具体的、历史的分析，决策目标不超前也不落后；②决策方案与实现的决策目标一致，这是衡量决策方案是否科学的首要标准；③决策方案必须是切实可行，即从人力、物力、财力、科学技术能力等诸方面来说，决策方案是可行的、可实施的；④实现决策方案所付出的人力、物力、财力、时间的代价要尽量小；⑤决策方案要全面考虑，尽量减少风险，即在其他条件相同时，选风险小的方案；⑥决策方案要具有应变能力，即决策要充分考虑到潜在问题以及相应的应变措施，避免产生不应有的损失。

由于决策（尤其是重大决策）从实施到完成，需要相当长的一段时间，有可能发生某些变化，这就要求决策方案具有可调节性，以适应变化了的形势，灵活性、可调性是决策科学性的重要标志。

3. 油田企业存在的问题

（1）由于资源行业的特殊性以及油田职能定位的限制，中长期规划主要考虑的是勘探和开发规划，其他如市场战略、人才战略、国际化战略等研究不够深化。

（2）决策、执行和监督的关系理解还需要进一步深化。在油田体制下，除了要求执行和监督适度分离外，决策和执行的界限并不是很清楚，更多的是强调目标的统一和协调。作为执行者，不能简单地把问题提交给决策者，而是要把自己也作为决策体系团队的一部分；作为监督者，不能简单地说对或错，要认真分析原因，提出改进措施。

（3）决策过程的规范化有待进一步提高。在具体工作中，主要表现在对科学决策重视程度还不够，不注意事物的发展和变化，不能广泛听取意见，拍脑袋决策现象还依然存在；决策结果重执行，而对前期调研分析不够，导致制订的方案有时不尽人意。

（4）决策技术相对落后，目前主要靠专家和领导人为决策；决策方法简单和单一，靠科学方法定量决策问题还较少。

（5）决策者个人能力尚需全面提升。管理者要成功进行决策，必须具备优良的决策能力，由于决策者经验、知识、信息和思维方法的限制，可能导致制订的决策方案不够符合实际，思考问题的广度不够，决策方法不够先进等问题。

（6）在投资决策上，部分二级单位规划编制流于形式，没有经过科学严密评估，无法指导前期工作和年度投资计划，出现了规划、计划“两张皮”现象。

4. 勘探开发决策方法

决策分析方法是寻找和确定最为接近解决决策问题的过程，并从备选方案中找出一个能满足决策目标的具体方法。勘探开发决策系统中应用了大量方法，解决不同性质、不同类型的决策问题。

不同决策问题有各自的特点和规律。由于不同类型决策问题对决策分析方法选择确定影响较大，不同勘探开发问题应选择与之特性相对应的分析方法。为了系统表述不同类型勘探开发决策问题采用的分析方法，按决策问题类型分别论述决策分析方法在勘探开发决策中的应用。

（1）确定性决策问题。每一方案只有一个结果。当方案个数较少时可以用穷举法，当方案个数较多时一般用最优化方法。常用的分析方法有线性规划法、动态规划法、盈亏平衡分析法等。

（2）随机（风险）性决策问题。一个方案可能引起几个结局中的一个，但每种结局都能确定发生的概率。常用的分析方法有期望值法、决策树法、矩阵法、贝叶斯法、基于效用分析法等。通常在能用某种估算概率的方法时，用随机决策方法。

（3）模糊（不确定）性决策问题。一个方案可能引起几个结局中的某一个结果，但各种结果的发生概率未知或不能确定，使用不确定性决策。常用的分析方法有模糊线性规划法、多目标模糊综合评价法、模糊相似优先比法、集中意见排序法、模糊多目标规划法、模糊层次分析法和模糊综合评判法等。

不确定性决策与决策者采用的决策准则密切相关。采用不同的决策准则，得到的决策方案可能会不相同。在实际应用中，方案的选择通常与决策者的风险态度、决策环境有关。

（4）多目标决策问题。由一个方案同时引起多个结果，它们分别属于不同属性或所追求的不同目标。常用的分析方法有多决策准则加权平均法、多目标层次分析法、多目标线性加权和法、等价代换法、多维效用并和法、数据包络分析法、一般加权和法、加权积法和TOPSIS决策法等。

（5）多人群决策问题。在同一个方案内有多个决策者，他们的利益不同，对方案结果的计价也不同。常用的分析方法有决策个体偏好序集结法、决策个体偏好概率集结法、群决策特征根法、群体AHP法、对策论、冲突分析等方法。

5. 决策支持体系设计

在油田企业的决策支持体系中，首先需要研究制定科学合理的决策目标。以主体明确、层次清晰、程序严谨、方法先进、决策科学为指导思想，设计确定出决策机构、参谋机构、信息部门职责、任务及相互关系，并制定出决策过程严格实施的决策程序。即决策体系中所有机构及人员都要明确自己在体系中的定位和职责，分清决策的类别，严格遵循查找问题、确定目标、搜集信息、制订方案、选择方案的决策过程，采用各种先进的管理方法，健全决策体制、完善决策机制、实现科学决策的目标。之后就是科学设计油田企业决策体系组织构成、各机构职责、相互关系和决策工作流程等。勘探开发决策是一个包括各个层次、各个部门在决策活动中的决策权限、组织形式、机构设置、调节机制、监督方法在内的一个完整体系，由决策机构、参谋（智囊）机构、信息机构、执行机构与监督机构五大部分组成。这五大机构中参谋（智囊）机构利用信息系统制订决策方案，决策机构利用信息提供的信息对参谋（智囊）机构确定的方案进行决策，决策机构的决策指令，在监督机构的监督下，由执行机构贯彻执行，执行的情况和结果又经智囊机构和信息机构反馈到决策机构，智囊机构根据新情况，提供修补或修改方案给决策机构，决策机构对修改方案进行决策，作出修订指示，由执行机构实施。

作为解决油田多层次、多领域复杂大型决策问题，充分利用现有技术和分析手段，设计构建集数据、模型、智能、服务与协同交互等多部件综合集成的新型架构决策支持系统。即把数据仓库、联机分析处理、数据挖掘、模型库、数据库、知识库结合起来形成的综合决策支持系统。综合决策支持系统综合了传统决策支持系统和新决策支持系统的辅助决策优势，更为有效辅助决策。

勘探开发综合决策支持系统是数据库及数据管理系统、模型库及模型管理系统、数据仓库及管理系统、知识库及管理系统、推理系统，数据挖掘及分析，人机交互界面等相互独立功能部件，经过有机集成后形成的综合决策支持系统。

综合决策支持系统中的数据仓库DW能够实现对决策主题数据的存储和综合；联机分析处理OLAP可以实现多维数据分析；数据挖掘DM可以挖掘数据库和数据仓库中的知识；模型库MB可以实现多个广义模型的组合辅助决策；数据库DB可以为辅助决策提供数据；专家系统ES可以利用知识推理进行定性分析。综合决策支持系统中各部分相互补充和依赖，发挥各自的辅助决策优势，实现更有效的辅助决策。

（1）用模型和模型的组合定量分析来辅助决策。

模型是客观事物的抽象，代表了事物的结构和规律。用模型辅助决策实质上是按事物的规律进行处理，这种用科学方法辅助决策比用经验进行决策前进了一大步。决策支持系统中使用的数学模型，特别是优化模型，在辅助决策中发挥了显著的效果和作用。

多模型的组合扩大了模型辅助决策的能力。多模型组合的实现是靠数据或数据处理来完成模型间的连接。多模型的组合使模型的范围由数学模型扩展为数据处理模型。决策支持系统的模型库和数据库的综合，实现了多模型组合辅助决策。人机交互的手段丰富了多模型组合辅助的效果，也为人控制多模型的组合提供了支持手段。

（2）用知识推理进行定性分析。

将知识推理的专家系统加入决策支持系统中，这是辅助决策发展的必然趋势。多模型组合实质上完成的是定量辅助决策（以数学模型和数据处理模型为主体）。知识推理的专家系统主要是进行定性分析。它结合到决策支持系统中，形成智能决策支持系统，实质上完成了定量分析和定性分析相结合的辅助决策方式。

（3）数据仓库和联机分析处理的数据组织方式是多维数据。

传统的DSS的人机接口开发不理想，只有少量成熟的软件可以直接使用，大量需要开发，代价很大，也不能实现全方位地为决策者提供服务。与传统系统不同，数据库的数据是二维平面结构形式（如关系数据库），而数据仓库的数据组织已经把它扩展为空间的多维结构形式。这样，数据仓库就集中了更多的数据，便于用户从大量数据中提取各自的辅助决策数据和信息。

数据仓库是为决策分析服务。数据仓库的数据不是大量数据库的堆积，而是按决策主题重新组织的。这与数据库数据是为事务处理有本质差别。所以，数据仓库数据可以提供综合信息和时间趋势分析信息等辅助决策信息。数据仓库的决策支持系统一般分为三层：数据服务层、OLAP–DM服务器层和用户服务层。数据服务层根据已确定的决策分析的主题域采集原有学科建设MIS系统中的相关业务数据，经过整理后存入数据仓库；OLAP–DM服务器层以中间数据库为数据源，按照分析主题建立数据仓库。用户服务层为用户提供可视界面，对OLAP服务器上的多维数据集进行多维分析操作，借助OLAP技术和DM技术，实现数据立方体的数据浏览，实现钻取、切片、切块、旋转等多维分析操作，提供多种查询方式，全面支持决策分析。

联机分析处理提供多维分析手段。联机分析处理所提供的多维分析手段有切片、切块、旋转、上下钻取等多种形式，便于用户从不同角度提取所需要的数据和信息。数据挖掘是从数据中挖掘出隐藏知识。

二、长庆油田一体化信息平台

杨华等在文章“油气藏研究与决策一体化信息平台的构建与应用”中，对数字化条件下油田企业级油气藏研究与决策一体化信息平台的构建与应用进行了探索研究，将现代信息技术与油气藏研究业务深度融合，开发建设了一体化、协同化、实时化、可视化的油气藏研究与决策支持系统（简称RDMS），其中包括数据整合、地质图元导航与图面作业、专业软件接口等关键技术，在油田勘探开发科研系统得到全面应用，实现了跨学科、跨部门、跨地域的协同研究与决策。简要介绍如下。

长庆油田面向勘探开发地质科研领域开发建设的油气藏研究与决策支持系统（简称RDMS）采用了面向服务的体系架构，以SOA服务平台（ePlanet）为基础 ，通过业务、数据、展现3个装配器建立“业务服务云”，实现业务流与数据流相统一、业务与数据相互驱动。RDMS系统划分为数据层、数据链、支撑层和应用层4层结构，从功能上包括基础管理、数据服务、协同研究、决策支持和云软件五大平台（见图23-1）。

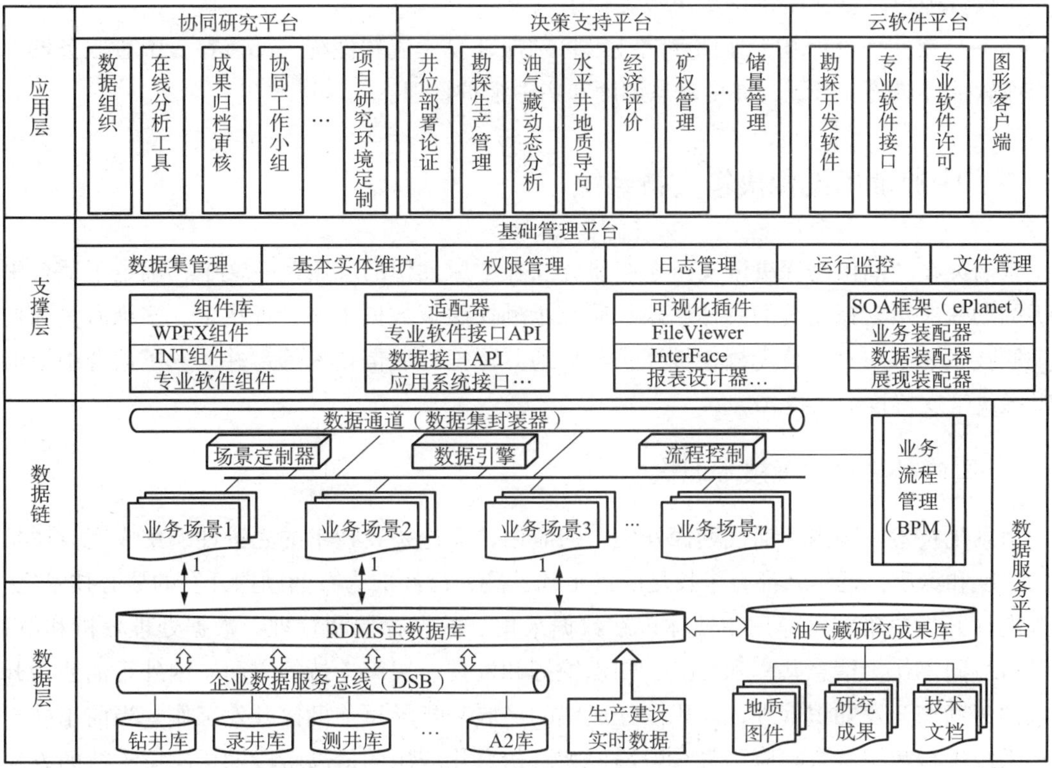

图23-1　油气藏研究与决策支持系统架构图

数据层是支撑系统运行的各类基础数据源，主要包括钻井、录井、测井、试油气、分析化验等各专业库数据，生产建设实时数据和油气藏研究成果库；数据链是以业务场景为核心，通过标准化业务流程建立业务、岗位、数据之间关联关系，实现数据推送、业务逻辑处理等功能；支撑层包括IT基础框架和系统中间件，通过封装集成组件库、适配器、可视化插件，面向应用场景提供数据交互、图形绘制、数据可视化服务及基础管理功能；应用层是油气藏研究与决策一系列应用场景的实现，是在业务逻辑服务框架的基础上，按业务需求及业务逻辑装配的一系列应用系统，如协同研究环境、决策支持子系统及专业软件等。

RDMS系统在四层结构基础上面向不同客户对象实现五大平台功能。

（1）基础管理平台：面向系统运行维护人员，基于SOA框架为各应用场景的协同工作提供基础IT服务，包括数据集管理、基本实体维护、权限管理、日志管理等模块。

（2）数据服务平台：采用油气藏数据链整合专业库结构化数据、现场实时数据和研究成果数据，面向研究岗位、地质单元、专业软件和专题应用场景提供数据推送支持服务。

（3）协同研究平台：面向研究人员，针对油气勘探、油藏评价、油气田开发、地球物理等不同业务岗位定制工作场景，为其提供便捷的数据组织、在线分析工具、成果归档审核、协同工作小组和项目研究环境定制等功能，是科研人员日常工作平台。

（4）决策支持平台：面向技术领导及技术专家，为多学科、一体化技术交流及方案决策提供环境，包括井位部署论证、勘探生产管理、油气藏动态分析、水平井地质导向、经济评价、矿权管理与储量管理等16个决策支持子系统。

（5）云软件平台：基于虚拟存储技术将勘探开发主流软件统一部署在云中心服务器，实现专业软件接口统一升级、许可动态调度和集中维护管理。

三、中原油田勘探决策支持系统

张瑞英在“油田勘探决策支持系统研究及在中原油田的应用”一文中，确定了适合中原油田的勘探决策支持系统的总体思路，研究了勘探决策数据集成管理技术、多维海量异构数据关联技术、多块大屏幕无缝连接展示与异地井位论证通信技术等，并开发了适合中原油田的勘探决策支持技术系统。

1. 国内外勘探决策技术现状

信息化技术在国内外油气勘探开发中的应用，无论是其技术的先进性、集成度，还是应用的广度和深度，近年来都有了长足的进步和发展，已经成为石油勘探开发的核心技术之一。国外勘探开发决策技术应用主要体现在数据采集、数据存储和管理、数据处理分析和解释、多学科协同工作、信息共享和交流、知识挖掘和发现、决策支持等方面。国外石油公司开始探索油田勘探开发知识管理，运用以往成熟的经验来指导目前勘探开发工作。当前正处于将各类系统进行数据整合、应用整合阶段，朝着信息化应用的最高阶段勘探决策支持的方向进行发展。目前发展最突出的信息技术有：数据管理技术（数据银行技术）、网络技术、可视化和虚拟现实技术、集群计算技术、数据仓库和决策支持技术等。

目前，国内石油企业信息化手段已经开始渗透到勘探管理阶段，针对勘探决策的支持系统正在积极探索之中。勘探信息化的发展方向是：以勘探数据库为基础，以成熟的石油地质理论为指导，充分利用信息化新技术，针对不同勘探阶段、不同勘探对象，设计并建立不同的决策模型，研究决策支持方法和模式，建立起一套包括储层预测、油藏描述、井位部署、勘探评价和风险决策为一体的油气勘探协同决策支持系统，实现油田勘探决策方案制订的定量化、计算机化和科学化，为勘探工作实时提供服务。

2. 决策技术总体结构设计

中原油田勘探决策技术总体目标是建立勘探决策支持系统和配套决策环境建设，充分挖掘和利用已有信息资源，将决策主题相关的各种信息有机地集成起来，进一步提高勘探决策效率和水平，总体结构如图23-2所示。重点解决勘探开发数据标准化、勘探开发数据一体化管理的难题；解决勘探底图、剖面、图档与电子挂图等异构数据的规范入库问题；进行地理信息系统GIS查询与三维可视化、井筒信息可视化的大屏幕展示技术攻关；研究探井部署流程管理和探井生产流程管理等内容。

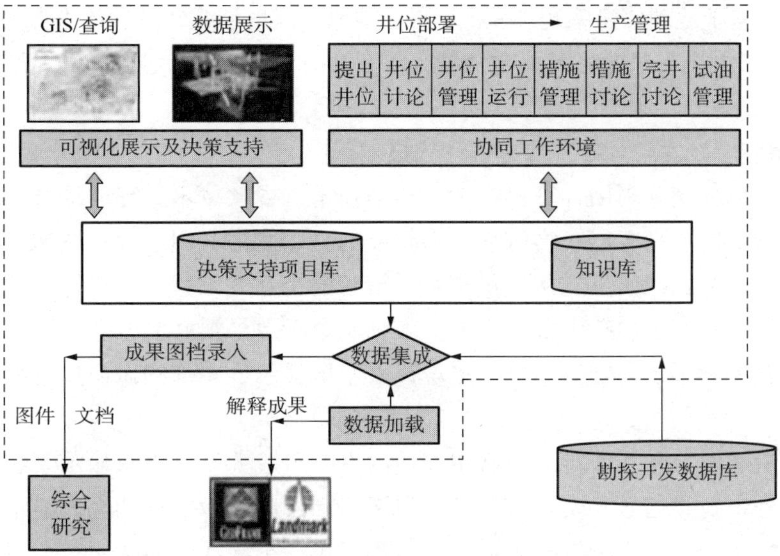

图23–2　中原油田勘探决策系统整体结构示意图

3. 决策支持系统组成特点

1）勘探决策数据集成管理技术研究

根据勘探地质资料的规范要求与管理规定，开展勘探数据资源集成管理与组织技术研究，实现油气勘探相关对象的图形化信息统一组织和管理，建立各类勘探对象分类组织的信息树，实现地理信息、矿权、储量、地震测网、地震工区以及各类勘探部署图、构造图等图件信息的有效组织。

系统综合展示所需的外部数据库支持：勘探决策支持系统实现对外部数据库中物探、钻录、测井、试油数据的综合集成展示，以井或项目等方式组织，满足论证会对有关论证数据的快速查询需求。

不同来源数据对接与定制按以下原则展开。

测井数据对接与定制：测井数据需要在部署前对相应模块进行必要的定制完善，修改（或增加）必要的模版，提供LAS文件等在内的测井曲线数据成图支持等。

录井、试油等数据的对接与定制：钻井地质数据包括录井图、岩屑录井、套管、钻头程序、钻井取芯等录井数据，以及气测、地质分层、地化、测井解释、综合解释、试油成果等其他类型数据，在勘探决策支持系统中都有重要而广泛的应用，根据油田的实际情况，结合勘探决策支持系统，对数据进行相应的对接和定制，实现系统的顺利部署和应用。

源头数据与决策项目库的数据接口：勘探决策支持系统的运行除依托本身的决策项目库外，还通过直接连到数据中心的源头库，实现对大多数专业数据的直接访问。

2）多维海量异构信息数据关联技术研究

油田勘探决策业务需要不同类型、不同专业的海量数据的集成应用与展示，这些数据来自物探地震解释、钻井、录井、测井、地质研究等不同专业部门，如何使这些异构的海量数据在勘探决策系统中合理组织关联与快速调用，是摆在技术人员面前的一道难题。实现的技术思路是：建立基于地理信息系统GIS展示与三维地理信息导航环境、建立探井和物探数据档案、GIS底图上二维图形显示、地震剖面显示、钻测录数据显示、数据漫游导航、数据联动、电子挂图。

3）大屏幕展示技术与异地井位论证通信技术研究

大屏幕显示系统充分利用计算机技术、通信技术、视频技术，完成综合、高速的信息处理，可实现高清晰度、高亮度、多画面、多功能的显示能力，用于远程图像及信息传送、显示、处理的需求，为勘探决策支持提供直观、形象的交互式工具，是勘探决策支持必不可少的手段。大屏幕显示系统包括图像处理能力较强和显示效果很好的专业投影单元，以及与之配套的图像融合控制系统，支持单屏、多屏以及整屏显示，实现图像窗口的缩放、移动、漫游等功能。

根据系统功能要求和技术特点，选用合适的设备组成大屏幕投影显示系统。整个系统可显示计算机信号、视频信号，实现这些计算机图形和视频图像信息的综合显示，满足勘探决策支持会议室的各种需要，为勘探决策支持工作提供一个灵活的显示系统，以适应不断发展的工作需要。

系统采用模块化设计和全硬件结构，无操作系统，内部自建核心运算机制，无板卡式传统处理器死机、蓝屏和病毒的困扰。所有系统并行工作，无系统整体崩溃危险；上机即工作，可全天24小时不间断运行。

管理小常识　帕金森定律

帕金森定律是指企业在发展过程中，往往会因业务的扩展或其他原因，而出现企业的机构迅速膨胀、资源浪费、员工积极性下降的一种现象。

1958年，英国历史学家、政治学家西里尔·诺斯古德·帕金森通过长期调查研究，出版了《帕金森定律》一书。帕金森经过多年调查研究，发现一个人做一件事所耗费的时间差别如此之大：他可以在10分钟内看完一份报纸，也可以看半天；一个忙碌的人20分钟可以寄出一叠明信片，但一个无所事事的老太太为了给远方的外甥女寄张明信片，足足要花一整天。特别是在工作中，工作会自动地膨胀，占满一个人所有可用的时间，如果时间充裕，他就会放慢工作节奏或是增添其他项目以便用掉所有的时间。

由此得出结论：在行政管理中，行政机构会像金字塔一样不断增多，行政人员会不断膨胀，每个人都很忙，但组织效率越来越低下。这条定律又被称为“金字塔上升”现象。

他在书中阐述了机构人员膨胀的原因及后果：一个不称职的官员，可能有三条出路。第一是申请退职，把位子让给能干的人；第二是让一位能干的人来协助自己工作；第三是任用两个水平比自己更低的人当助手。

这第一条路是万万走不得的，因为那样会丧失许多权力；第二条路也不能走，因为那个能干的人会成为自己的对手；看来只有第三条路最适宜。于是，两个平庸的助手分担了他的工作，他自己则高高在上，发号施令。两个助手既无能，也就上行下效，再为自己找两个无能的助手。如此类推，就形成了一个机构臃肿、人浮于事、相互扯皮、效率低下的领导体系。

帕金森定律深刻地揭示了行政权力扩张引发的人浮于事、效率低下的“官场传染病”。英国历史学家和作家诺斯古德·帕金森对英国社会政治制度的无情嘲弄，使得“帕金森定律”在世界上广为流传，许多人把它当作官僚主义的代名词。

要想解决帕金森定律的症结，必须把管理单位的用人权放在一个公正、公开、平等、科学、合理的用人制度上，不受人为因素的干扰，最需要注意的，是不将用人权放在一个可能直接影响或触犯掌握用人权的人手里，问题才能得到解决。其预防方法主要有建立学习型的组织、建立扁平化的机构、建立人才培养机制、定期对劳动分配率和人事费用率进行考核等。

课件“码”上来

第二十四章　客户端专业集成软件平台

油气藏的开发是一个长期的生产过程，可以经历十几年甚至几十年，形成的监测数据是庞大的，用于动态分析的模型对电脑硬件的要求也会更高。同时，随着技术的发展，动态分析模型和油藏模型在单机的安装和运行也越来越苛刻，更重要的是数据库的建立或与数据平台的接口也更加复杂。因此，对客户端专业集成软件平台的需求会越来越强。

对于油气藏管理者来讲，拥有一个客户端专业集成软件是很方便的，可以设想：只要能有上网的电脑，就可以通过网络密钥进入到所需的软件平台，可以查看油气藏的监测数据以及动态分析结果，可以调用专业集成功能模块并与数据平台联网，进行油藏分析的各种操作，比如地震解释、测井解释、地质建模、数值模拟、井筒节点分析、试井等，还可以与成员在决策支持平台上研讨方案及完成管理决策，这些都免去了单机上安装大型功能软件的烦锁过程和内存要求，它们都交给了服务器去处理和存储，方便了管理和加快了速度的同时，也避免了数据丢失的风险。正如游戏软件所做到的，油气藏的管理也可以做到，但遗憾的是油气藏管理所需的数据及功能更加庞大和复杂，还不能提供完美的客户端使用平台，不过，商业的软件功能越来越强大，越来越多地体现了地质、油藏、采油、经济等综合处理，这也正是多学科协同工作的结果，也是对现代油气藏经营管理的协同思想的最好体现。

基于服务器的客户端专业集成软件平台是油气藏管理的美好设想，大型多功能软件正在朝这一愿景前进。本章简要介绍几款油气藏管理过程中常用的专业技术软件，以供读者参考。

第一节　地质方面的软件

20世纪60～70年代，油藏描述包含的面较为狭隘，基本上是使用单一学科的信息，单一的方法来对油藏进行研究和分析。这个阶段仅仅利用静态属性资料和个别剖面，单井点资料进行油藏分析，缺乏动态属性资料，也无法从整体上把握油藏属性分布和进行油藏描述。到了70年代末期，计算机技术的兴起发展对油藏描述起了推动作用，计算机的强大计算能力和可视化技术应用到油藏描述领域，油藏描述技术趋于完善。这个阶段斯仑贝谢公司取得了突破性成果，该公司开发的油藏描述软件利用多种资料，包括三维地震资料，垂直剖面资料，测井资料等等，利用计算机辅助技术，对油藏进行整体描述和综合分析，取得了较大的进步。

20世纪80年代后期，尽管与油藏描述相关的学科发展迅速，与此同时，对油藏开发的要求也在提高，要求低成本、低风险、高效率、高收益。随着关于油藏描述的研究深入，油藏描述从单一学科发展成综合学科，形成了学科一体化平台。油藏工作者也要求与测井、地质、现场等工作人员协同工作，建立“油藏工作平台”，然后利用科学计算方法，精确描述和准确预测地下油藏，建立三维定量动静态油藏模型。

20世纪90年代以后，油藏勘探开发软件越来越多，功能也越来越完备，可以预见，随着科技进步带来的巨大影响，油田领域软件的发展必然越来越好，运用这些软件带给开发者的收益约会越来越精确。

一、Petrel

Petrel是一款综合的地质建模软件，是将地质、测井、地球物理资料和各种解释结果或者概念模型进行综合分析的基础上，利用计算机图形技术，生成的三维定量随机模型。已建成的地质模型有以下几种主要用途：

（1）为油藏数值模拟提供三维地质数据体。

（2）用来计算含油气孔隙体积，或者储量。

（3）帮助布井。

（4）进行断层封堵分析和预测。

（5）进行油田监测。

（6）有效的交流平台。

Petrel的开发始于1997年，是由程序员、地球物理学家、地质学家和油藏工程师组成的团队实现的，以三维地质模型为中心的勘探开发一体化平台，属于地球物理专业软件。在应用中，地球物理学、地质学、岩石物理学和生产数据均能被导入、产生可视化图形，易于所有工作组成员存取。其工作界面如图24–1所示。

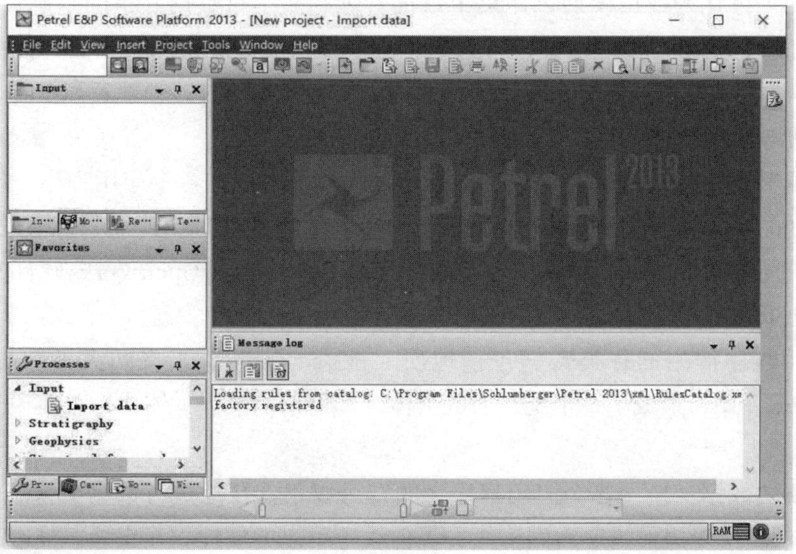

图24–1　Petrel操作界面

Petrel是一套基于Windows平台的三维可视化建模软件，它集地震解释、构造建模、岩相建模、油藏属性建模和油藏数值模拟显示及虚拟现实于一体，为地质学家、地球物理学家，岩石物理学家，油藏工程人员提供了一个共享的信息平台。同时，Petrel应用了各种先进技术：强大的构造建模技术、高精度的三维网格化技术、确定性和随机性沉积相模型建立技术、科学的岩石物理建模技术、先进的三维计算机可视化和虚拟现实技术。

Petrel的功能不仅可以使用户提高对油藏内部细节的认识、精确描述透视油藏属性的空间分布、计算其储量和误差、比较各风险开发模型、设计井位和钻井轨迹、无缝集成油井生产数据和油藏数模数值模拟器、发现剩余油藏和隐蔽油藏，从而极大地降低开发成本。同样重要的是，Petrel提供的数字模型及虚拟现实技术使技术总工和管理决策者不再限于传统方式那样审查报告图集和听取多媒体介绍来综合决策，他们和专业人员一起，通过声控或其他交互，浸入到工作区的圈闭和油藏周围，甚至沿着要布的井迹，触摸那些储层，亲临其境地检查成果，调看不同思路的建模和模拟结果，从而达到降低风险，优化决策。Petrel以更快、更精确、更为经济的技术手段满足了精细地质研究对软件的需求。

Petrel的核心工作是地质研究，它所建立的模型可以经过粗化后应用到数值模拟中去，随着软件的更新换代，Petrel也加入了数值模拟的功能，可以进行数值模拟的快速计算，定位是油藏分析，在数值模拟的时候只用后台调用数值模拟的运算器，这样做节省了成本，方便了使用，免去了单独设计每个软件的界面输出流程。

二、LandMark

LandMark软件是用于地质研究的综合性大型软件，其专业技术优势是地震解释和钻井设计，软件运行的操作系统是Linux。

LandMark应用软件一体化的数据管理结构及管理工具，覆盖整个勘探开发研究过程中各种数据类型的一体化的数据模型，是集中数据管理、多学科数据共享的基础：丰富、全面、灵活的数据加载、输出和管理工具，为数据管理者提供了高效率的、全面的数据加载能力和数据质量控制手段；基于web技术的数据和查询工具，为各层次的管理者和技术人员提供了简单实用的数据浏览和查询手段。

LandMark软件主要有两部分组成：OpenWorks软件平台和各个应用程序。应用程序都是OpenWorks的插件，均运行于OpenWorks的环境下，受它的管理，遵循其设置的规则和标准。例如，所有应用程序的数据测量系统，投影和坐标系统等都与OpenWorks软件平台的设置一致，这样有利于数据的交换。

所有应用程序产生的各类数据包括地质、地震、测井、人文四大类数据，均存储于OpenWorks数据库中，形成了一个统一的数据体，即所谓的数据一体化，总体说来，主要有下列三个特点：

（1）方便的数据交换。各个应用程序之间都可以很方便地进行数据交换，SeisWorks 和StratWorks中的断层多边形、层面网格线、等值线等可以方便地相互交换，MapView的图像也可以转成ZMAP+格式，输出高质量的图像。

（2）数据共享。OpenWorks是一个多用户系统，允许多个用户在一个工区内工作，你可以指定用哪些用户的数据，并可指定应用的次序，达到数据全面的共享。

（3）便利的数据通信。通信就是实时的数据交换。LandMark软件各个应用程序之间以及每个应用程序内部都存在广泛的通信。

另外，LandMark软件还具有多平台系统的特点，软件可以运行在SUN、SGI、IBM三种工作站上。应用PetroWorks的软件开发工具包（ModelBuilder），用户可以开发自己的应用程序，增强软件的功能。OpenWorks有浮动许可的功能，因此网上的任意一台工作站都可通过许可证浮动的方式运行软件。OpenWorks软件平台所挂接的应用程序很多，其中包括单井处理软件（PetroWorks）和多井处理软件（StratWorks）。

LandMark的大型地震综合解释软件，包括地震资料解释，三维自动层位追踪，合成地震记录制作，三维可视化解释、地质解释与地层对比、迭后处理，数据体相干分析，地震属性提取属性分析、地质建模、断层封堵分析作图。层面与断层模型，储量计算、测井解释，精细目标分析，井位设计等。

三、Discovery

Discovery是微机一体化油藏描述软件，是在Windows环境下开发的产品，无论地质情况简单还是复杂，Discovery都将为您提供一整套非常有效的工具，把地质研究、地震解释、测井分析、开发生产动态管理集成到一个完整的解释系统中，形成微机一体化油藏描述平台，可以完成各类项目研究工作，Discovery是基于Windows的、方便研究人员桌面使用的一体化解释软件。主要有：地震解释系统（用于评价、分析、管理已有的和潜在油气藏的构造和地层）、解释系统（多井测井曲线分析系统，用于评价、分析、管理和处理测井数据，确定油藏模型）、地质解释系统（包括绘图、网格制作和曲线制作、矢量和光栅测井曲线的解释性剖面），LandMark Discovery可解决地震构造解释、岩性油藏圈闭解释、测井分析解释、地质分析解释，同时也可解决综合油藏描述、圈闭研究、储量计算及综合评价。

四、EP Office

EP Office软件是油藏勘探开发综合性软件，它包括地震资料处理与解释、地质分析、地质建模、测录井、油藏开发、经济评价等多个模块。

EP Office SeisTalk软件为用户提供了完整的地震资料构造解释解决方案，通过该软件，用户可以快捷高效地完成精细构造解释、速度模型构建、时深转换、古构造恢复等，能够提供构造图、沉积相图、砂地比图、厚度图、各类属性图等地质图件以及三维显示图件。

EP Office GeoTalk可综合利用地质、钻测井、地震等资料，开展单井、连井分析，建立地层对比剖面、小层岩性对比剖面、沉积相对比剖面、油藏对比剖面，以了解地质变化规律，确定储层含油气性，指导下一步的勘探和开发工作。

五、卡奔软件

卡奔软件是石油勘探开发数据整合和集群应用软件，应用于油田地质综合研究和生产管理中。

1. IntellExplore（井筒资料综合分析工具）

用于单井分析，能有效地开展随钻分析、地层层序研究、单井评价、储层四性关系研究、油气水综合解释等工作。提供716、ASCII等格式测井资料和LZD、DBF、ASCII等格式综合录井资料加载，提供ASCII格式分层、取芯、岩性、分析化验、测试、文本和符号等资料加载。

将钻井、录井、测井、岩芯、分析化验和测试等各项资料相结合，反复进行分析、处理和解释，包括钻井工程和地质分析、测录井综合分析、四性关系分析、油气水综合解释等，整个研究工作自然流畅。

例如：四性关系分析包括进行岩芯归位、岩芯分类统计、岩电关系分析、储层参数计算，建立和验证解释模型等。

在上述各项资料综合分析和研究的基础上，形成钻井工程图、地化录井图、气测录井图、综合录井图、测录井图、典型曲线图、地层综合柱状图、沉积储层评价图、四性关系分析图、测井处理解释图、直方图、交会图等各类成果图形。

利用CarbonScript编程增加新的分析和解释方法，实现软件功能的不断扩展。例如：岩芯分类统计方法、储层参数计算方法、数据输出方法、自动Microsoft Excel生成解释成果表方法等。

2. BendLinkEx（层对比和油藏研究工具地）

可以使用PC机进行地层对比、小层对比和编制油气藏剖面的应用软件，能有效地开展油砂体对比、即时生成对比数据表，能快速编制各种对比图和剖面图，分析油气水分布规律，并进行储量单元和开发层系的划分。

对比连接完成后，形成对比剖面图、包括沉积相剖面图、砂层对比剖面图和油气藏剖面图等，在剖面上可以统计分层属性，计算连通率、设定油气水界面。

3. CarbonExplorer（卡奔石油浏览器）

通过网络实现对勘探开发数据库中各项数据进行查询、浏览、统计、分析和作图等工作，是油田科研工作者和生产管理者必备的桌面工具软件。

六、地质绘图软件

1. GeoMap

GeoMap地质制图系统基于“图形=数据+模板+观点”核心思想，遵循行业制图标准规范，内嵌丰富的图元符号与模板，具备精确的投影坐标体系，提供强大的数据成图、编辑和输出功能，适用于勘探、开发、工程等石油专业领域快速、准确、美观、规范的高质量工业制图。

2. Surfer

Surfer软件是一款画三维图（等高线、Image Map、3D Surface）的软件。该软件简单易学，其自带的帮助（Help）菜单对如何使用该软件解释详细，其中的教程（Tutorial）也清晰介绍了Surfer的简单应用。

Surfer具有的强大插值功能和绘制图件能力，使它成为用来处理XYZ数据，地质工作者常用的专业成图软件。可以轻松制作基面图、数据点位图、分类数据图、等值线图、线框图、地形地貌图、趋势图、矢量图以及三维表面图等；提供11种数据网格化方法，包含几乎所有流行的数据统计计算方法；提供各种流行图形图像文件格式的输入输出接口以及各大GIS软件文件格式的输入输出接口，大大方便了文件和数据的交流和交换；提供新版的脚本编辑引擎，自动化功能得到极大加强。

3. DoubleFox

双狐地质成图系统是油藏数据成图系统平台，其软件设计理念先进，成图精度、效率高，图件美观，与工作站解释系统（GeoFrame、Landmark等）结合紧密。它采用中文和英文两套界面设计，界面友好，操作简单。

DFDraw为强大的图形编辑修饰工具，与变速构造成图及数据库系统相结合，能一次编辑完成构造图、井位部署图、勘探部署图、地质剖面图、单井柱状图、油藏剖面图、地层对比图、小层连通图、栅状图、各类等值图、沉积相带图、综合评价图等各种图件，且所成图件可再次提取数据进行其他数学运算，具有一次成图多次利用的特点。保障了数据的一致性、循环性，很大程度上满足了与其他软件系统的兼容问题。

双狐地质成图软件可直接读写CGM图件；直接浏览SegY剖面；嵌入Excel表格文件；导出DXF文件；可方便地进行大图剪裁小图；整合了符号库与修饰库的管理功能；完善了半自动与全自动图像矢量化功能；并提供了配套的井资料数据库成图、带断层（包括逆断层）、等值线勾绘等23个常用工具模块，使您的工作会变得更加轻松高效。

双狐数据格式为开放的文本数据格式，简单易读，为软件的二次开发提供方便的环境。只要写成双狐数据格式，图形就自然形成。

第二节 油藏工程方面的软件

油田开发动态分析是油田在开发管理过程中的一项重要的工作，在油田开发生产过程中发挥着重要的指导作用，牢固地建立油田开发的地质基础，不断地修正人们对油田地下的地质特征、流体分布、油气资源利用状况的认识；指导开发调整和单井措施，为油田开发决策者当好参谋，确定开发调整的主攻方向，安排战略部署。在油田开发过程中，油藏工程师对油藏进行开发动态分析，动态地描述已投入开发的油藏，找出动态参数的变化规律及特点，从而进一步修正规划方案和调整方案，以期使油藏达到较高的采收率、较高的开发水平和取得较好的经济效益。

油田开发动态分析工作的结果直接影响到油田开发方案和调整方案的编制，具有重大意义。然而大量生产数据的处理，各种开发图件的绘制和开发指标的预测，使得动态分析人员的工作量十分巨大，消耗大量的时间。面对繁重的生产任务，动态分析人员往往力不从心，准确率不高，并且工作效率受到极大限制。因此，具有强大功能的专业技术软件的应用提高分析的准确率、降低劳动强度、提高工作效率。

一、OFM

OFM（Oilfield Manager）是一款油田管理软件，可以对油藏的静态及动态数据进行整理、计算并成图成表的综合性油藏工程软件，可用于帮助管理者日常监控与管理油气田。OFM提供了一个直观，友好的用户界面，可在Microsoft Windows环境中查看、修改和分析生产和储层数据。也可以对单个或多个完井、井组、一个油田或若干油田执行基本和复杂的分析。软件工作界面如图24-2所示。

图24-2　OFM界面

无论是对于高级石油工程以及分析不够老练的用户，OFM是用户理想的工具，非常适合日常使用。此外，其使用的工作环境十分舒适，无论是在井场、办公室或家里，OFM使您能够从本地桌面和企业资源库，如Oracle和SQL Server数据库访问或加载数据等，突出特点是对数据的管理功能比较完善，可以很方便地在本地建立中小型的油藏数据库。

OFM的常用功能有单井动态的整理更新、各种数据的计算、各种曲线和图件的制作、指标的预测、复杂统计结果的实现、与数值模拟的对接等。

OFM软件作为一个单点分析工具，允许您快速链接数据，无论这些数据位于电子表格、数据库还是其他数据源。有助于油藏和生产工程师在更短的时间内协调和管理更多的井。

OFM软件能够对任何资产类型（常规、非常规、热采等）生产问题进行早期发现和诊断。多视窗结构（图表、报告和场图）和快速筛选功能有助于快速识别有增产潜力的井，进而提高了油田的整体开发潜力。

在生产监控方面，OFM软件能够在早期发现和诊断出生产问题，直接从企业数据中快速地生成生产趋势图、诊断图、报告、场图、网格图和泡泡图。

在水驱监控方面，使用OFM流线模块可以利用生产及油藏数据来定义水驱井网。如果结合压力数据和PVT算法，则可以确定油藏条件下的流体体积和水侵量，并可借助不同的诊断交汇图进一步进行诊断分析。

在生产预测方面，传统的递减曲线分析和高级预测技术（如分析递减法和数值预测法）能够获得较快和较可靠的预测结果。与Petrel E&P软件平台连接，以便进行历史拟合和模型验证。模拟结果可以反传回OFM软件，以便进行产量验证和对比，更有助于进行预测。

二、PE Office

Petroleum Engineering office是面向包括非常规油气藏在内的油气藏管理和油气生产分析设计一体化的软件系统。软件包含了油气藏和井筒与地面管网系统的可视化分析、储层岩石和流体物性的计算分析、油气藏和井筒与集输管网系统的模拟计算、油气藏开发的实用工程计算、生产动态分析、油气井的生产评价和故障诊断与优化设计、注水系统的计算分析等油气开采的各相关技术环节。PE Office的应用可以极大地提高油气开采中技术研究、分析、管理的水平与工作效率，更好地挖掘油气生产潜力、提高油气田开发效益。

软件特点：①采用微软Ribbon风格的界面，布局清晰，操作方便；②基于井位图的操作，大大简化用户操作过程；③便捷的输入输出单位设置；④支持多语言版本，可一键切换；⑤灵活的功能与模板定制，保证用户个性化需要和一键成图的效果。

软件主要功能有：

（1）油田动态分析研究：油气开采图形可视化分析、岩石流体物性描述、油气开采统计分析、油气开采指标预测、油藏动态数值模拟分析等。

（2）生产系统评价、诊断、分析与设计：油气生产系统评价、诊断、分析设计、注水系统解决方案、油水井措施经济评价与预测。

（3）模块：从数据管理到油藏井筒地面一体化研究，PE Office拥有满足客户全方面油气田经营管理的20多个模块，这些模块可以单独使用，也可以组合成为具体的解决方案。包括数据管理、井筒可视化、岩石流体属性计算、数值模拟等。

三、Eclipse

Eclipse是一套数值模拟软件，它界面好，图形输出功能强大，可输出二维和三维视图，并可以进行角度变换，能够很好处理断层，并能半自动进行敏感性分析。在科研和现场有广泛应用。

Eclipse不仅为各种各样的油藏和各种复杂程度（构造、地质、流体、开发方案）的油藏提供了准确、计算快速的多项选择，而且还提供了全隐式、IMPES、AIM和IMPSAT求解方法，可以在任何工作平台上运行，包括UNIX和PC等，并能够完成在多个处理器上的大型并行计算。

图24-3为ECLIPSE主界面，ECLIPSE100、ECLIPSE300和FrontSim是主模拟器。ECLIPSE100是对黑油模型进行计算，ECLIPSE300是对组分模型和热采模型进行计算，FrontSim是流线法模拟器。前处理模块有FloGrid、PVTi、SCAL、Schedule、VFPi等。FloGrid用于为数值模拟建立模拟模型，包括油田构造和属性模型；PVTi用于模拟准备流体的PVT参数，对于黑油模型，主要是流体的属性随地层压力的变化关系表，对于组分模型是状态方程；SCAL为模型准备岩石的相渗曲线和毛管压力输入参数；Schedule处理油田的生产数据，输出ECLIPSE需要的数据格式，VFPi是生成井的垂直管流曲线表，用于模拟井筒管流。ECLIPSE OFFICE是后处理模块，进行计算曲线和三维场数据显示和分析，也是ECLIPSE的集成平台。除此之外，ECLIPSE还有Weltest试井模块。

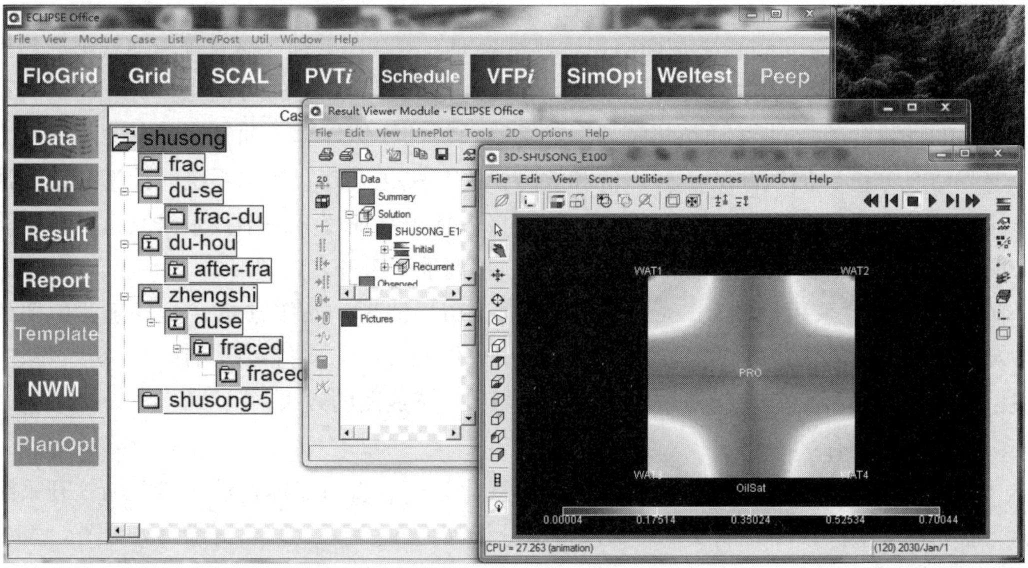

图24-3　ECLIPSE数值模拟软件主界面

四、CMG

CMG数值模拟软件是油藏数值模拟常用的软件，用来模拟各种复杂地质条件下油气水在地下的运移、物理化学过程。CMG软件在石油领域有着广泛的用户。CMG的操作界面及模块如图24-4所示。

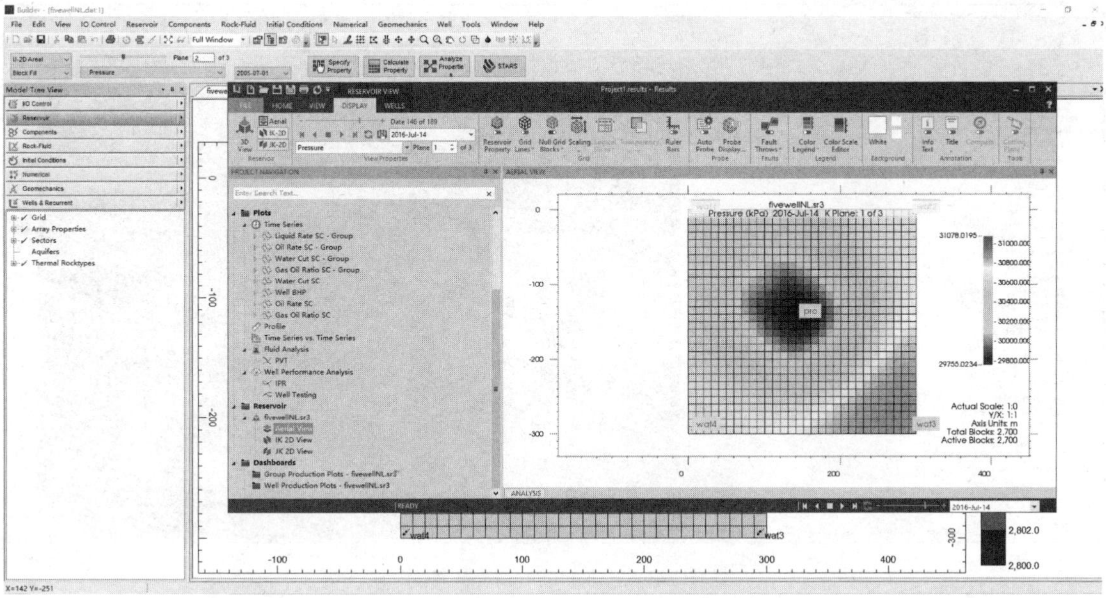

图24-4　CMG的操作界面及主要模块

CMG有以下几个模块，Builder——3D图形化建模、IMEX——三维三相全功能黑油数值模拟、STARS——热采、化学、冷采以及其他先进开采过程、GEM——通用状态方程模块组分油藏模拟、WinProp——PVT流体性质模拟、Results——结果可视化及动画软件，用户可根据模拟油藏与开发情况选择不同的模拟器，模拟精度高、模拟情况多样，效果较好。

五、tNavigator

tNavigator是一款油气藏管理的综合软件，可针对不同复杂地质问题，优选最适用的研究流程和解决方案，为勘探开发决策提供更具预测性、更可靠的研究成果。多学科、多数据融合迭代研究，消除各专业和学科间的壁垒，更大程度降低多解性，得到最大限度逼近地下实际的精细地质模型。

tNavigator可以很好地实现精细地质模型的模拟，凭借其行业领先独有先进的核心算法及领先的并行处理能力技术，使它可以适应未经粗化的巨型模型，可在较短时间内完成精细地质模型的数值模拟迭代研究。

tNavigator技术目前在全球20个国家120多家油气公司得到广泛应用，应用效果好，钻井成果吻合率高。国内包括在中国石油、中国石化、中国海油、振华石油等已广泛应用。运算速度是常规模拟器数倍乃至数十倍。尤其在大模型运算以及以往常规数模器不易收敛的模型模拟方面优势尤为明显。模型不需粗化，结合可用于超大网格节点模型运算的tNavigator新一代精细油气藏高效数值模拟技术，实现静态模型与动态模型的完美结合。

随着智能历史拟合技术的最新释放，更大程度解放用户时间得到更客观更具预测性的成果，使得超大网格节点巨型（千万至千兆级网格节点）油藏模型数值模拟成为可能，成为行业内革命性的智能高效数模技术产品。其工作界面如图24-5所示。

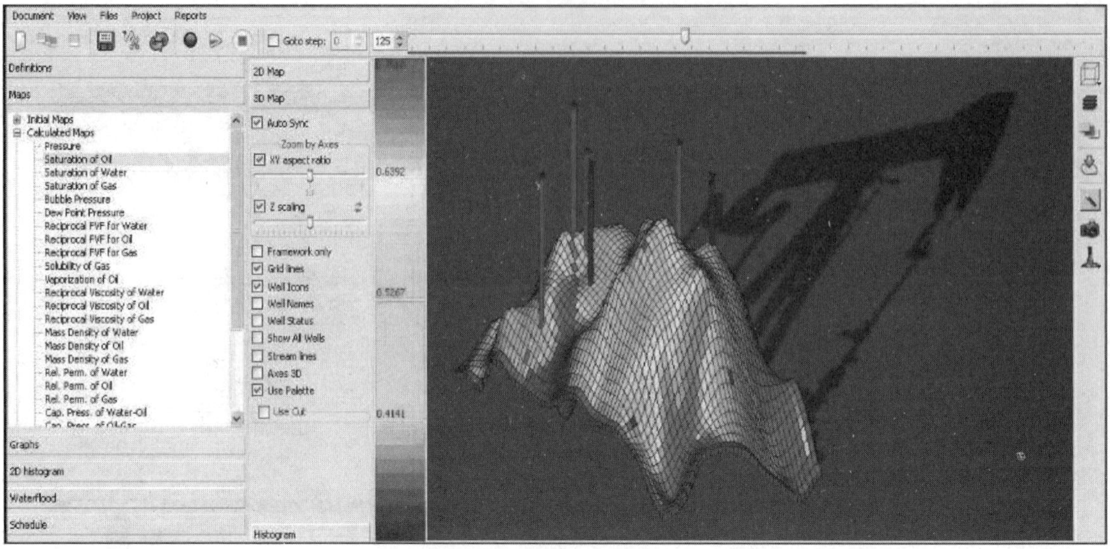

图24-5　tNavigator操作界面

六、FracproPT

FracproPT是国内压裂设计、分析的主力软件，PT软件可操作性强、使用方便、功能强大，为油气井压裂设计水平的提高发挥了重要作用。

其功能十分强大：可用于压裂的各个环节上——模拟、设计、分析、优化、产量预测、经济评价和实时监测。具有实时的数据管理和分析功能，其中包括根据实时数据，灵活的、快速校正压裂模型。另外，该软件结合先进的裂缝形状实际监测设备和技术以及其他最新压裂技术不断完善和提高。其工作界面及裂缝观察界面如图24-6所示。

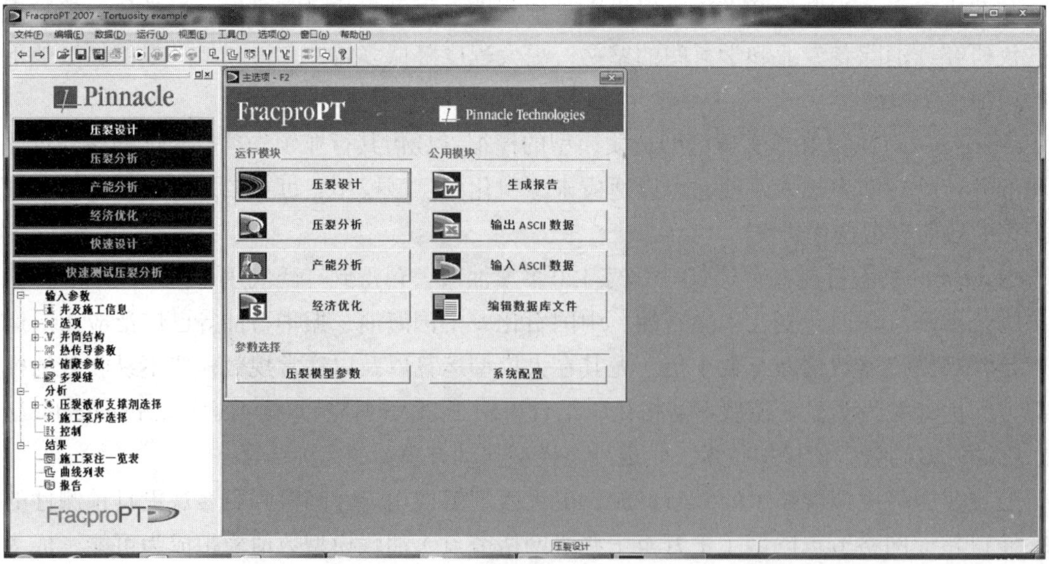

图24-6　操作界面

七、PanSystem

PanSystem可用于试井数据准备、数据分析和处理；对生产井进行产能预测和长期产量预测；进行试井分析、设计试井方案；生成详细的试井分析报告的强有力工具，其适用于油藏、气藏和凝析油气藏等油气储藏的垂直和水平生产井。其界面如图24–7所示。

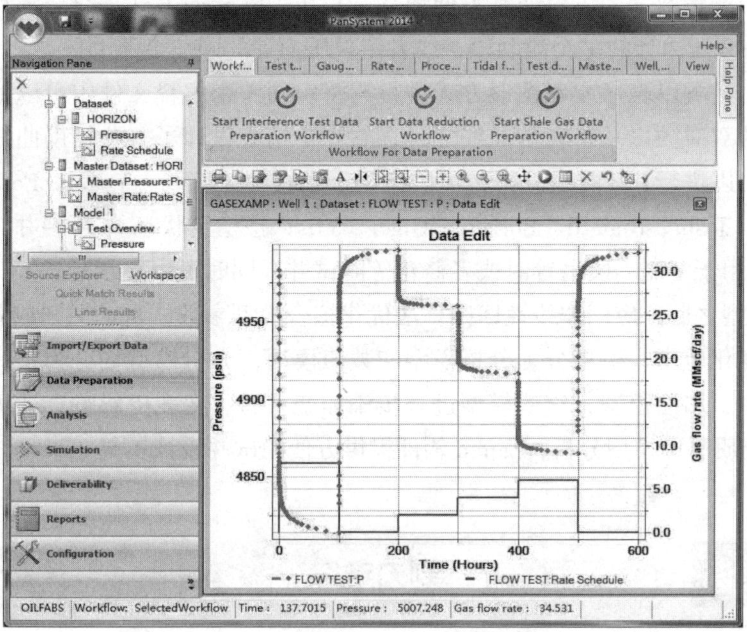

图24–7　PanSystem试井软件界面图

1. 数据准备、数据分析和处理

主要功能是对试井分析前的参数进行设定和编辑，比如对时间和压力、产量数据，油藏参数，流体参数、井的类型（油、气、水或凝析油、气井），水平井或垂直井等参数进行设定和编辑。

2. 试井分析

由试井测试得到的数据（主要是时间和压力、产量数据）画出不同测试时期的在不同坐标系（直角坐标、对数坐标、双对数坐标等坐标系）中的时间—压力、时间—产量图，并通过相关的分析技术，根据已知的压力和产量数据，包括一些油藏参数（如厚度、孔隙度等）来分析预测未知的油藏参数，如渗透率、表皮系数等。

3. 试井设计

利用软件的高级模拟功能，根据预先设定好的油藏参数，由假设一组地面产量来预测压力。用户可以检查模拟结果是否和实际情况相吻合，其目的是通过比较模拟的和实测的压力数据来确定油藏参数。

八、Saphir

Saphir也是一款试井解释软件。加载和处理数据非常方便，任意数目的压力计、任意数目的压力数据点、任意口井的流量历史。数据输入方式有剪贴板、ASCII格式、P.A.S.格式文件、键盘输入、实时测试等。为了便于观察，Saphir记录的文件，直观地显示为树状结构。如果加载多只压力计的测量数据，可以非常方便地从一只压力计转向另外一只压力计的分析。可以同时分析比较一只压力计的多个流动段，或者多只压力计的同一个流动段。

测试井的流量可以表格或者图形方式进行调整；同一个解释文件中可以加载多个压力计的数据；常用的双对数以及半对数曲线之外，软件中精心设计了一些辅助曲线用以分析一些流动特征；还可以进行IPR曲线分析，可以应用于垂直井（直线、Vogel、Fetkovitch、Jones、C&N）、水平井（Joshi、Renard、Borisov、Giger、Vlis、拟稳定状态）、压裂井（拟稳定状态），IPR曲线可以应用于多流动段、等时或者修正等时试井，同时可以显示延长段、稳定段、不稳定IPR；定义模型之后，应用非线性回归算法优化拟合模型参数，自动回归或者用户控制模型参数列表以及变化范围；模型分为分析模型和数值模型，分析模型划分为：标准模型、变井模型、扩展模型、多层模型，这些模型进一步添加变井筒、变表皮影响，还可以进行数值试井；可以进行物质平衡模型分析；Saphir软件提供方便的试井设计工具。

管理小常识　**剃刀定律**

剃刀定律由14世纪英格兰的逻辑学家来自奥卡姆的威廉提出，又称为“奥卡姆剃刀定律”。这个原理称为“如无必要，勿增实体”，即“简单有效原理”。正如他说“切勿浪费较多东西去做，用较少的东西，同样可以做好的事情。”

公元14世纪，来自奥卡姆的威廉对当时无休无止的关于“共相”“本质”之类的争吵感到厌倦，于是著书立说，宣传只承认确实存在的东西，认为那些空洞无物的普遍性要领都是无用的累赘，应当被无情地“剃除”。他所主张的“思维经济原则”，概括起来就是“如无必要，勿增实体”。这把剃刀出鞘后，剃秃了几百年间争论不休的经院哲学和基督神学，使科学、哲学从宗教中彻底分离出来，引发了始于欧洲的文艺复兴和宗教改革，科学革命，最终使宗教世俗化，形成宗教哲学，完成世界性政教分离，成果表明无神论更为现实。

如今这把剃刀又向复杂的企业管理发出了挑战，它指出许多东西是有害无益的，企业正在被这些自己制造的麻烦压垮。事实上，企业的组织正不断膨胀，制度越来越烦琐，文件越来越多，效率却越来越低。这迫使我们使用“奥卡姆剃刀”，采用简单管理，化繁为简，将复杂的事物变简单。

为什么要将复杂变简单呢？因为复杂容易使人迷失，只有简单化后才利于人们理解和操作。随着社会、经济的发展，时间和精力成为人们的稀缺资源，管理者的时间更加有限，许多终日忙忙碌碌的管理者却鲜有成效，究其原因正是缺乏简单管理的思维和能力，分不清“重要的事”与“紧迫的事”，结果成为低绩效或失败的管理者。从这个意义上讲，管理之道就是简化之道，简化才意味着对事务真正的掌控。

简单管理对于处于转型和成长时期的企业具有非凡的意义，简单管理本身却不简单。奥卡姆剃刀定律也认为把事情变复杂很简单，把事情变简单很复杂。一些人动辄以“无为而治”“治大国若烹小鲜”来概括简单管理，又有几人能若庖丁般游刃有余？实际上，简单管理作为一种古老而崭新的管理思维和能力，蕴涵着深刻的内涵。

课件“码”上来

第二十五章　大数据管理系统

基于专业技术领域的油气藏开发动态分析与预测，往往都是要求在现有的成熟模型基础上进行，它有一套严格的计算模型和分析路线，所依赖的是渗流理论、实验定律和数学求解方法等，比如：物质平衡方程、油藏数值模拟、递减曲线规律等。随着信息技术的快速发展，依赖传统模型的油气藏管理受到了挑战，建立于严谨理论体系下的技术方法不再是唯一的选择，大数据管理系统脱离开传统理论另起炉灶，它通过统计、回归、聚类、学习等计算机算法，建立起油气储层属性、储量、产量等与某些特定因素的关联关系，从而进行地质模型的建立及油藏生产的预测，实现对油气藏的管理决策支持，成为现代油气藏经营管理广受欢迎的新理论和新技术。

第一节　大数据的相关认识

大数据（big data），IT行业术语，是指无法在一定时间范围内用常规软件工具进行捕捉、管理和处理的数据集合，是需要新处理模式才能具有更强的决策力、洞察发现力和流程优化能力的海量、高增长率和多样化的信息资产。

大数据技术不在于掌握庞大的数据信息，而在于对这些含有意义的数据进行专业化处理。换而言之，如果把大数据比作一种产业，那么这种产业实现盈利的关键，在于提高对数据的“加工能力”，通过“加工”实现数据的“增值”。

大数据的应用技术是将大数据分析挖掘与处理、移动开发与架构、软件开发、云计算等前沿技术相结合的“互联网+”前沿科技。旨在应用数据管理及数据挖掘方法，进行大数据分析处理、数据仓库管理、大数据平台综合部署、大数据平台应用软件开发、数据产品的可视化展现与分析等多功能的实际应用。

一、大数据的特征

相较于传统的数据分析，大数据分析的主要优势在于数据处理的数量较大、数据分析速度较快以及无须进行因果关系的发掘。在进行大数据分析的过程中，可以同时处理关于某一方面的所有数据，同时还能很好的保证数据的精度，这是传统数据处理无法实现的，在很大程度上提升了数据处理的速度和精度，从而也在很大程度提升了工作质量和效率。另外，大数据处理的过程中无须像传统数据处理依靠行业内部数据来挖掘因果关系，通过搜集更多相关的数据，从而通过行业内部与行业外部的数据共同进行分析，从而数据处理的规模性和处理方式变得更加多样，正是因为如此，大数据分析的出现对于我国各行各业的发展都有着非常大的促进作用，不断改变着人们的生活和工作的方式。

大数据的演化来自数据，而含义要多于数据。

1. 数据

数据是可以获取和存储的信息。

直观而言，表达某种客观事实的数值是最容易被人们识别的数据（因为那是“数”）。但实际上，人类的一切语言文字、图形图画、音像记录，所有感官可以察觉的事物，只要能被记下来，能够查询到，就都是数据（data）。

不过数值是所有数据中最容易被处理的一种，许多和数据相关的概念，例如数据可视化和数据分析，最早是立足于数值数据的。

传统意义上的数据一词，尤其是相对于今天的“大数据”的“小数据”，主要指的就是数值数据，甚至在很多情况下专指统计数值数据。这些数值数据用来描述某种客观事物的属性。

2. 数据可视化

指通过图表将若干数字以直观的方式呈现给读者。比如常见的饼图、柱状图、走势图、热点图、K线等等，目前以二维展示为主，不过越来越多的三维图像和动态图也被用来展示数据。

3. 数据分析

这一概念狭义上指统计分析，即通过统计学手段，从数据中精炼对现实的描述。例如，针对以关系型数据库中以table形式存储的数据，按照某些指定的列进行分组，然后计算不同组的均值、方差、分布等。再以可视化的方式将这些计算结果呈现出来。目前很多文章中提及的数据分析，其实是包括数据可视化的。

4. 数据挖掘

主要是在传统统计学的基础上，结合机器学习的算法，对数据进行更深层次的分析，并从中获取一些传统统计学方法无法提供的预见。

简单而言，针对某个特定问题构建一个数学模型（可以把这个模型想象成一个或多个公式），其中包含一些具体取值未知的参数。我们将收集到的相关领域的若干数据（这些数据称为训练数据）代入模型，通过运算（运算过程称为训练），得出那些参数的值。然后再用这个已经确定了参数的模型，去计算一些全新的数据，得出相应结果。这一过程叫作机器学习。

机器学习的算法纷繁复杂，最常用的主要有回归分析、关联规则、分类、聚类、神经网络、决策树等。

大数据首先是数据，其次，它是具备了某些特征的数据。目前公认的特征有四个，简称“4V”。

（1）Volume：大量。就目前技术而言，至少TB级别以下不能称大数据。

（2）Velocity：高速。1TB的数据，十分钟处理完，叫大数据，一年处理完，就不能算“大”了。

（3）Variety：多样。就内容而言，大数据已经远远不局限数值、文字、图片、语音、图像，一切在网络上可以传输显示的信息，都属于此。从结构而言，和存储在数据库中的结构化数据不同，当前的大数据主要指半结构化和非结构化的信息，比如机器生成信息（各种日志）、自然语言等。

（4）Value：价值。如果不能从中提取出价值，不能通过挖掘、分析，得到指导业务的预见，那这些数据也就没什么用。不过现在还有另外一种提法，只要是数据就都有用，能不能获得价值，是分析人员的能力问题。

大数据分析，顾名思义，就是将前述的数据可视化、数据分析、数据挖掘等方法作用到大数据之上。

从某种意义上讲，大数据可谓机器学习的利好，很多原有的简单粗糙的机器学习模型，仅仅因为训练数据量级的增加就大幅提高了准确性。还有一些模型则因为准确性随着数据量增加而增加的势头尤其明显，得以脱离默默无闻而被广泛使用。

另一方面，大数据分析对于运算量的需求激增，原有的基于单机的运算技术显然已经不能满足需求，这就催生了一系列新技术，比如分布式存储+并行计算，具体体现为各种分布式文件系统和建立在其上的并行运算框架。这些软件程序都部署在多个相互连通、统一管理的物理或虚拟运算节点之上，形成集群。因此不妨说，云计算是大数据的基础。

大数据分析的产生旨在于IT管理，管理者可以将实时数据流分析和历史相关数据相结合，然后大数据分析并发现它们所需的模型。反过来，帮助预测和预防未来运行中断和性能问题。进一步来讲，他们可以利用大数据了解使用模型以及地理趋势，进而加深大数据对重要用户的洞察力。他们也可以追踪和记录网络行为，大数据轻松地识别业务影响；随着对服务利用的深刻理解加快利润增长。

大数据分析简单理解就是海量应用数据通过一套自定义的算法，进行存储分析，最终得到自己想要的结果，让数据发挥最大的应用价值。其特点是：①数据量非常大，一般会在几百T甚至几百P的规模，这就导致采用普通的存储技术和分析技术肯定搞不定，即使能搞定，计算的速度也会非常慢，失去即时分析的效果；②用户需要自定义检索算法，可以理解为一套相同的数据，通过不同的检索算法计算，最终得到的结果也会完全不一样；③和云计算结合得特别紧密。上面也提到数据量非常大，这个及时分析和存储就要求有海量的存储设备和计算设备，云计算的海量资源恰恰可以满足这个需求。

大数据概念的兴起正在对我们的社会产生多方面的影响：

1）定量分析

因“大数据”而使得人们开始关注“数据”，可谓最首要的影响。越来越多的决策者开始重视数据的力量，会在决断同时参考各类统计、分析报表，而不再是凭直觉拍脑袋。

2）从必然到相关

相对于传统的小数据统计，大数据更关注与发现事物之间的相关性，而非因果关系。人类历经百万年基于数据贫乏的现状而形成的“因为……所以……”的思维习惯，在大数据时代，转向“……有关联……”的思路。

3）信息安全

以今日的技术，一个人的个人信息、网页浏览记录、购物记录、对图书影片等内容的偏好，在浏览不同页面时的行为习惯，如此种种，都可以轻易被商家或某些机构获取。在大数据的笼罩之下，每个人都将无所遁形。

新技术解决了许多之前无法解决的问题，然而，新生事物也带来了新的问题。像所有技术一样，大数据也是一把“双刃剑”。能否用其利除其弊，有赖于全社会的共同努力。

二、大数据的关键技术

大数据技术，就是从各种类型的数据中快速获得有价值信息的技术。大数据领域已经涌现出了大量新的技术，它们成为大数据采集、存储、处理和展现的有力武器。其关键技术主要有五个方面：①大数据接入技术，主要包括已有数据接入、实时数据接入、文件数据接入、消息记录数据接入、文字数据接入、图片数据接入、视频数据接入；②大数据存储技术，主要包括结构化数据存储、半结构化数据存储、非结构化数据存储；③数据分析挖掘，主要包括离线分析、准实时分析、实时分析、图片识别、语音识别、机器学习；④大数据共享交换，主要包括数据接入、数据清洗、转换、脱敏、脱密、数据资产管理、数据导出；⑤大数据展现，主要包括图化展示（散点图、折线图、柱状图、地图、饼图、雷达图、K线图、箱线图、热力图、关系图、矩形树图、平行坐标、桑基图、漏斗图、仪表盘），文字展示等。

以下介绍几个关键技术。

1. 数据挖掘

数据挖掘是指从大量的数据中通过算法搜索隐藏于其中信息的过程。

数据挖掘通常与计算机科学有关，并通过统计、在线分析处理、情报检索、机器学习、专家系统（依靠过去的经验法则）和模式识别等诸多方法来实现上述目标。

数据挖掘是指从数据库的大量数据中揭示出隐含的、先前未知的并有潜在价值的信息的非平凡过程。数据挖掘是一种决策支持过程，它主要基于人工智能、机器学习、模式识别、统计学、数据库、可视化技术等，高度自动化地分析企业的数据，作出归纳性的推理，从中挖掘出潜在的模式，帮助决策者调整市场策略，减少风险，作出正确的决策。知识发现过程由以下三个阶段组成：①数据准备；②数据挖掘（寻找规律）；③结果表达和解释。

数据准备是从相关的数据源中选取所需的数据并整合成用于数据挖掘的数据集；规律寻找是用某种方法将数据集所含的规律找出来；规律表示是尽可能以用户可理解的方式（如可视化）将找出的规律表示出来。

数据挖掘的任务有关联分析、聚类分析、分类分析、异常分析、特异群组分析和演变分析等。数据挖掘分为有指导的数据挖掘和无指导的数据挖掘。有指导的数据挖掘是利用可用的数据建立一个模型，这个模型是对一个特定属性的描述。无指导的数据挖掘是在所有的属性中寻找某种关系。具体而言，分类、估值和预测属于有指导的数据挖掘；关联规则和聚类属于无指导的数据挖掘。

（1）分类。它首先从数据中选出已经分好类的训练集，在该训练集上运用数据挖掘技术，建立一个分类模型，再将该模型用于对没有分类的数据进行分类。

（2）估值。估值与分类类似，但估值最终的输出结果是连续型的数值，估值的量并非预先确定。估值可以作为分类的准备工作。

（3）预测。它是通过分类或估值来进行，通过分类或估值的训练得出一个模型，如果对于检验样本组而言该模型具有较高的准确率，可将该模型用于对新样本的未知变量进行预测。

（4）相关性分组或关联规则。其目的是发现哪些事情总是一起发生。

（5）聚类。它是自动寻找并建立分组规则的方法，它通过判断样本之间的相似性，把相似样本划分在一个簇中。

2. 机器学习

机器学习是一门多领域交叉学科，涉及概率论、统计学、逼近论、凸分析、算法复杂度理论等多门学科。专门研究计算机怎样模拟或实现人类的学习行为，以获取新的知识或技能，重新组织已有的知识结构使之不断改善自身的性能。

它是人工智能的核心，是使计算机具有智能的根本途径。

机器学习历经几十年的曲折发展，以深度学习为代表借鉴人脑的多分层结构、神经元的连接交互信息的逐层分析处理机制，自适应、自学习的强大并行信息处理能力，在很多方面收获了突破性进展，其中最有代表性的是图像识别领域。

随着大数据时代各行业对数据分析需求的持续增加，通过机器学习高效地获取知识，已逐渐成为当今机器学习技术发展的主要推动力。大数据时代的机器学习更强调“学习本身是手段”，机器学习成为一种支持和服务技术。如何基于机器学习对复杂多样的数据进行深层次的分析，更高效地利用信息成为当前大数据环境下机器学习研究的主要方向。所以，机器学习越来越朝着智能数据分析的方向发展，并已成为智能数据分析技术的一个重要源泉。另外，在大数据时代，随着数据产生速度的持续加快，数据的体量有了前所未有的增长，而需要分析的新的数据种类也在不断涌现，如文本的理解、文本情感的分析、图像的检索和理解、图形和网络数据的分析等。使得大数据机器学习和数据挖掘等智能计算技术在大数据智能化分析处理应用中具有极其重要的作用。

机器学习的方法有许多，简要介绍如下几个。

1）决策树算法

决策树及其变种是一类将输入空间分成不同的区域，每个区域有独立参数的算法。决策树算法充分利用了树形模型，根节点到一个叶子节点是一条分类的路径规则，每个叶子节点象征一个判断类别。先将样本分成不同的子集，再进行分割递推，直至每个子集得到同类型的样本，从根节点开始测试，到子树再到叶子节点，即可得出预测类别。此方法的特点是结构简单、处理数据效率较高。

2）朴素贝叶斯算法

朴素贝叶斯算法是一种分类算法。它不是单一算法，而是一系列算法，它们都有一个共同的原则，即被分类的每个特征都与任何其他特征的值无关。朴素贝叶斯分类器认为这些“特征”中的每一个都独立地贡献概率，而不管特征之间的任何相关性。然而，特征并不总是独立的，这通常被视为朴素贝叶斯算法的缺点。简而言之，朴素贝叶斯算法允许使用概率给出一组特征来预测一个类。与其他常见的分类方法相比，朴素贝叶斯算法需要的训练很少。在进行预测之前必须完成的唯一工作是找到特征的个体概率分布的参数，这通常可以快速且确定地完成。这意味着即使对于高维数据点或大量数据点，朴素贝叶斯分类器也可以表现良好。

3）支持向量机算法

首先，要利用一种变换将空间高维化，当然这种变换是非线性的。然后，在新的复杂空间取最优线性分类。由此种方式获得的分类函数在形式上类似于神经网络算法。支持向量机是统计学习领域中一个代表性算法，但它与传统方式的思维方法很不同，输入空间、提高维度从而将问题简短化，使问题归结为线性可分的经典解问题。支持向量机应用于垃圾邮件识别，人脸识别等多种分类问题。

4）随机森林算法

控制数据树生成的方式有多种，根据前人的经验，大多数时候更倾向选择分裂属性和剪枝，但这并不能解决所有问题，偶尔会遇到噪声或分裂属性过多的问题。基于这种情况，总结每次的结果可以得到袋外数据的估计误差，将它和测试样本的估计误差相结合可以评估组合树学习器的拟合及预测精度。此方法的优点有很多，可以产生高精度的分类器，并能够处理大量的变数，也可以平衡分类资料集之间的误差。

5）人工神经网络算法

人工神经网络与神经元组成的异常复杂的网络大体相似，是个体单元互相连接而成，每个单元有数值量的输入和输出，形式可以为实数或线性组合函数。它先要以一种学习准则去学习，然后才能进行工作。当网络判断错误时，通过学习使其减少犯同样错误的可能性。此方法有很强的泛化能力和非线性映射能力，可以对信息量少的系统进行模型处理。从功能模拟角度看具有并行性，且传递信息速度极快。

6）关联规则算法

关联规则是用规则去描述两个变量或多个变量之间的关系，是客观反映数据本身性质的方法。它是机器学习的一大类任务，可分为两个阶段，先从资料集中找到高频项目组，再去研究它们的关联规则。其得到的分析结果即是对变量间规律的总结。

7）期望最大化（EM）算法

在进行机器学习的过程中需要用到极大似然估计等参数估计的方法，在有潜在变量的情况下，通常选择EM算法，不是直接对函数对象进行极大估计，而是添加一些数据进行简化计算，再进行极大化模拟。它是对本身受限制或比较难直接处理的数据的极大似然估计算法。

8）深度学习

深度学习（DL，Deep Learning）是机器学习领域中一个新的研究方向，它被引入机器学习使其更接近于最初的目标——人工智能。深度学习是学习样本数据的内在规律和表示层次，这些学习过程中获得的信息对诸如文字、图像和声音等数据的解释有很大的帮助。它的最终目标是让机器能够像人一样具有分析学习能力，能够识别文字、图像和声音等数据。深度学习是一个复杂的机器学习算法，在语音和图像识别方面取得的效果，远远超过先前相关技术。

深度学习在搜索技术、数据挖掘、机器学习、机器翻译、自然语言处理、多媒体学习、语音、推荐和个性化技术，以及其他相关领域都取得了很多成果。深度学习使机器模仿视听和思考等人类的活动，解决了很多复杂的模式识别难题，使得人工智能相关技术取得了很大进步。

3. 分布式存储

分布式存储是将数据分散存储在多台独立的设备上。传统的网络存储系统采用集中的存储服务器存放所有数据，存储服务器成为系统性能的瓶颈，也是可靠性和安全性的焦点，不能满足大规模存储应用的需要。分布式网络存储系统采用可扩展的系统结构，利用多台存储服务器分担存储负荷，利用位置服务器定位存储信息，它不但提高了系统的可靠性、可用性和存取效率，还易于扩展。

分布式存储具有一致性、可用性、容错性特征。

分布式存储系统需要使用多台服务器共同存储数据，而随着服务器数量的增加，服务器出现故障的概率也在不断增加。为了保证在有服务器出现故障的情况下系统仍然可用。一般做法是把一个数据分成多份存储在不同的服务器中。但是由于故障和并行存储等情况的存在，同一个数据的多个副本之间可能存在不一致的情况。这里称保证多个副本的数据完全一致的性质为一致性。

分布式存储系统需要多台服务器同时工作。当服务器数量增多时，其中的一些服务器出现故障是在所难免的。希望这样的情况不会对整个系统造成太大的影响。在系统中的一部分节点出现故障之后，系统的整体不影响客服端的读/写请求称为可用性。

分布式存储系统中的多台服务器通过网络进行连接。但是无法保证网络是一直通畅的，分布式系统需要具有一定的容错性来处理网络故障带来的问题。一个令人满意的情况是，当一个网络因为故障而分解为多个部分的时候，分布式存储系统仍然能够工作。

4. 并行计算

并行计算（Parallel Computing）或称平行计算是相对于串行计算来说的。它是一种一次可执行多个指令的算法，目的是提高计算速度，及通过扩大问题求解规模，解决大型而复杂的计算问题。所谓并行计算可分为时间上的并行和空间上的并行。时间上的并行就是指流水线技术，而空间上的并行则是指用多个处理器并发的执行计算。

并行计算是指同时使用多种计算资源解决计算问题的过程，是提高计算机系统计算速度和处理能力的一种有效手段。它的基本思想是用多个处理器来协同求解同一问题，即将被求解的问题分解成若干个部分，各部分均由一个独立的处理机来并行计算。并行计算系统既可以是专门设计的、含有多个处理器的超级计算机，也可以是以某种方式互连的若干台的独立计算机构成的集群。通过并行计算集群完成数据的处理，再将处理的结果返回给用户。

并行计算表现为以下特征：

（1）将工作分离成离散部分，有助于同时解决。

（2）随时并及时地执行多个程序指令。

（3）多计算资源下解决问题的耗时要少于单个计算资源下的耗时。

5. 云计算

云计算（Cloud Computing）是分布式计算的一种，指的是通过网络“云”将巨大的数据计算处理程序分解成无数个小程序，然后，通过多部服务器组成的系统进行处理和分析这些小程序得到结果并返回给用户。云计算早期，简单地说，就是简单的分布式计算，解决任务分发，并进行计算结果的合并。因而，云计算又称为网格计算。通过这项技术，可以在很短的时间内（几秒钟）完成对数以万计的数据的处理，从而达到强大的网络服务。

现阶段所说的云服务已经不单单是一种分布式计算，而是分布式计算、效用计算、负载均衡、并行计算、网络存储、热备份冗杂和虚拟化等计算机技术混合演进并跃升的结果。

云计算不是一种全新的网络技术，而是一种全新的网络应用概念，云计算的核心概念就是以互联网为中心，在网站上提供快速且安全的云计算服务与数据存储，让每一个使用互联网的人都可以使用网络上的庞大计算资源与数据中心。

云计算是继互联网、计算机后在信息时代有一种新的革新，云计算是信息时代的一个大飞跃，未来的时代可能是云计算的时代，虽然目前有关云计算的定义有很多，但总体上来说，云计算虽然有许多的含义，但概括来说，云计算的基本含义是一致的，即云计算具有很强的扩展性和需要性，可以为用户提供一种全新的体验，云计算的核心是可以将很多的计算机资源协调在一起，因此，使用户通过网络就可以获取到无限的资源，同时获取的资源不受时间和空间的限制。

云计算的可贵之处在于高灵活性、可扩展性和高性比等，与传统的网络应用模式相比，其具有如下优势与特点：

（1）虚拟化。必须强调的是，虚拟化突破了时间、空间的界限，是云计算最为显著的特点，虚拟化包括应用虚拟和资源虚拟两种。物理平台与应用部署的环境在空间上是没有任何联系的，正是通过虚拟平台对相应终端操作完成数据备份、迁移和扩展等。

（2）可扩展性。云计算具有高效的运算能力，在原有服务器基础上增加云计算功能能够使计算速度迅速提高，最终实现动态扩展虚拟化的层次达到对应用进行扩展的目的。用户可以利用应用软件的快速部署条件来更为简单快捷的将自身所需的已有业务以及新业务进行扩展。如计算机云计算系统中出现设备的故障，对于云来说，无论是在计算机层面上，抑或是在具体运用上均不会受到阻碍，可以利用计算机云计算具有的动态扩展功能来对其他服务器开展有效扩展。这样一来就能够确保任务得以有序完成。在对虚拟化资源进行动态扩展的情况下，同时能够高效扩展应用，提高计算机云计算的操作水平。

（3）按需部署。计算机包含了许多应用、程序软件等，不同的应用对应的数据资源库不同，所以用户运行不同的应用需要较强的计算能力对资源进行部署，而云计算平台能够根据用户的需求快速配备计算能力及资源。

（4）灵活性高。目前市场上大多数IT资源、软、硬件都支持虚拟化，比如存储网络、操作系统和开发软、硬件等。虚拟化要素统一放在云系统资源虚拟池当中进行管理，可见云计算的兼容性非常强，不仅可以兼容低配置机器、不同厂商的硬件产品，还能够外设获得更高性能计算。

（5）可靠性高。倘若服务器故障也不影响计算与应用的正常运行。因为单点服务器出现故障可以通过虚拟化技术将分布在不同物理服务器上面的应用进行恢复或利用动态扩展功能部署新的服务器进行计算。

（6）性价比高。将资源放在虚拟资源池中统一管理在一定程度上优化了物理资源，用户不再需要昂贵、存储空间大的主机，可以选择相对廉价的PC组成云，一方面减少费用，另一方面计算性能不逊于大型主机。

三、大数据的应用

提到"大数据"时，也许大部分人会联想到庞大的服务器集群，或者联想到销售商提供的一些个性化的推荐和建议。如今大数据的深度和广度远不止这些，大数据已经在人类社会实践中发挥着巨大的优势，其利用价值也超出我们的想象。以下简要介绍大数据的五大应用领域。

1. 了解和定位客户

这是大数据目前最广为人知的应用领域。很多企业热衷于社交媒体数据、浏览器日志、文本挖掘等各类数据集，通过大数据技术创建预测模型，从而更全面地了解客户以及他们的行为、喜好。

利用大数据，美国零售商Target公司甚至能推测出客户何时会有Baby；电信公司可以更好地预测客户流失；沃尔玛可以更准确地预测产品销售情况；汽车保险公司能更真实地了解客户实际驾驶情况。

2. 了解和优化业务流程

大数据也越来越多地应用于优化业务流程，比如供应链或配送路径优化。通过定位和识别系统来跟踪货物或运输车辆，并根据实时交通路况数据优化运输路线。

人力资源业务流程也在使用大数据进行优化。Sociometric Solutions公司通过在员工工牌里植入传感器，检测其工作场所及社交活动——员工在哪些工作场所走动，与谁交谈，甚至交流时的语气如何。美国银行在使用中发现呼叫中心表现最好的员工——他们制定了小组轮流休息制度，平均业绩提高了23%。

3. 提供个性化服务

大数据不仅适用于公司和政府，也适用于我们每个人，比如从智能手表或智能手环等可穿戴设备采集的数据中获益。Jawbone的智能手环可以分析人们的卡路里消耗、活动量和睡眠质量等。Jawbone公司已经能够收集长达60年的睡眠数据，从中分析出一些独到的见解反馈给每个用户。

4．改善医疗保健和公共卫生

大数据分析的能力可以在几分钟内解码整个DNA序列，有助于我们找到新的治疗方法，更好地理解和预测疾病模式。试想一下，当来自所有智能手表等可穿戴设备的数据，都可以应用于数百万人及其各种疾病时，未来的临床试验将不再局限于小样本，而是包括所有人!

大数据分析有助于我们监测和预测流行性或传染性疾病的暴发时期，可以将医疗记录的数据与有些社交媒体的数据结合起来分析。比如，谷歌基于搜索流量预测流感爆发，尽管该预测模型并未奏效——因为你搜索"流感症状"并不意味着真正生病了，但是这种大数据分析的影响力越来越为人所知。

5．提高体育运动技能

如今大多数顶尖的体育赛事都采用了大数据分析技术。用于网球比赛的IBM SlamTracker工具，通过视频分析跟踪足球落点或者棒球比赛中每个球员的表现。许多优秀的运动队也在训练之外跟踪运动员的营养和睡眠情况。NFL开发了专门的应用平台，帮助所有球队根据球场上的草地状况、天气状况及学习期间球员的个人表现做出最佳决策，以减少球员不必要的受伤。

除以上五大领域之外，许多行业也在进行大数据的应用，比如科技发展规划、风险管理、资源优化配置等，在专业技术领域也取得了快速发展，比如药物研发、疾病诊断、油气藏动态分析与预测等。

四、大数据的发展趋势

1．数据的资源化

是指大数据成为企业和社会关注的重要战略资源，并已成为大家争相抢夺的新焦点。因而，企业必须要提前制订大数据营销战略计划，抢占市场先机。

2．与云计算的深度结合

大数据离不开云处理，云处理为大数据提供了弹性可拓展的基础设备，是产生大数据的平台之一。自2013年开始，大数据技术已开始和云计算技术紧密结合，未来两者关系将更为密切。除此之外，物联网、移动互联网等新兴计算形态，也将一齐助力大数据革命，让大数据营销发挥出更大的影响力。

3．科学理论的突破

随着大数据的快速发展，就像计算机和互联网一样，大数据很有可能是新一轮的技术革命。随之兴起的数据挖掘、机器学习和人工智能等相关技术，可能会改变数据世界里的很多算法和基础理论，实现科学技术上的突破。

4. 数据科学和数据联盟的成立

未来，数据科学将成为一门专门的学科，被越来越多的人所认知。各大高校将设立专门的数据科学类专业，也会催生一批与之相关的新的就业岗位。与此同时，基于数据这个基础平台，也将建立起跨领域的数据共享平台，之后，数据共享将扩展到企业层面，并且成为未来产业的核心一环。

5. 数据管理成为核心竞争力

数据管理成为核心竞争力，直接影响财务表现。当“数据资产是企业核心资产”的概念深入人心之后，企业对于数据管理便有了更清晰的界定，将数据管理作为企业核心竞争力，持续发展，战略性规划与运用数据资产，成为企业数据管理的核心。数据资产管理效率与主营业务收入增长率、销售收入增长率显著正相关；此外，对于具有互联网思维的企业而言，数据资产竞争力所占比重为36.8%，数据资产的管理效果将直接影响企业的财务表现。

6. 数据质量是BI（商业智能）成功的关键

采用自助式商业智能工具进行大数据处理的企业将会脱颖而出。其中要面临的一个挑战是，很多数据源会带来大量低质量数据。想要成功，企业需要理解原始数据与数据分析之间的差距，从而消除低质量数据并通过BI获得更佳决策。

7. 数据生态系统复合化程度加强

大数据的世界不只是一个单一的、巨大的计算机网络，而是一个由大量活动构件与多元参与者元素所构成的生态系统，终端设备提供商、基础设施提供商、网络服务提供商、网络接入服务提供商、数据服务使用者、数据服务提供商、触点服务、数据服务零售商等等一系列的参与者共同构建的生态系统。而今，这样一套数据生态系统的基本雏形已然形成，接下来的发展将趋向于系统内部角色的细分，也就是市场的细分；系统机制的调整，也就是商业模式的创新；系统结构的调整，也就是竞争环境的调整等，从而使得数据生态系统复合化程度逐渐增强。

第二节 大数据在油气开发中的应用

油气的勘探、生产、运输和安全管理等过程都需要有数据作为实践的支撑，这些数据不仅量大，而且类型复杂，称得上是大数据。它同样涵盖了大数据的4V特征：数据体量大，海量的数据；数据的快速流转，伴随着油田设置的更新、传感器网络的安装，数据的产生、更新和处理速度变快；数据的多样性，由于数据来源与数据类型变多，产生如文本、图片、视频等结构化数据，半结构化数据和非结构化数据；巨大的数据价值，大数据的终极目标在于从数据中挖掘价值。这与石油行业利用数据准确地找到更多的石油目标是一致的，因而大数据技术可以贯穿石油行业从上游到下游的整个领域。具体而言，油田大数据涵盖了地震、钻井、测井、录井、试油试采、分析化验、油层改造和开发生产的动态数据，包括现场的原始采集数据、经过专业人员处理的数据以及最终形成的知识成果。而数据格式也很多样，包括数据表、文本、图件、报表和例如地震数据等的大数据体。

一、大数据的作用

大数据通过对收集的所有信息数据进行分析和处理，找到其中有价值的信息，从专业的角度分析，大数据可以为油田的开发提供关键、有效的参数，使油田在开发的初期阶段，就能得到更加真实、有效的信息，制订科学合理的开发方案。在油田开发的中后期，通过大数据对油田地质模型的分析和处理，能够实现油田的合理调整，将生产中需要的重要信息转化为数据参数，通过数据参数找到对应的油田模型，通过对该模型的分析研究，结合油田实际生产效率，实现油田的增产稳产。

1. 提高地质研究的效率和质量

油气勘探过程中，地质信息数据的收集工作比较复杂，首先要熟悉和了解勘探地区的地质情况和地貌特征，为后期的布井提供良好的依据，同时对地震层位和断层分布特点进行分析研究，检查勘探地区是否有发生自然灾害的可能性。然后想要保障油气开发的质量和效率，需要全方位的收集勘探地区的产能信息，准确的计算出储量数据，如果计算出的数据结果存在明显的差异，就要从数据收集和管理方面入手，充分考虑到数据类型、信息内容、访问方式等因素，建立一体化程度比较高的管理模型，充分发挥出油气勘探过程中大数据技术的优势，保障大数据的准确无误。

2. 强化生产开发阶段的管理

油田勘探过程中应用大数据技术，能够实现油田的增产和管理水平的提升。经过调查分析发现，油气勘探过程中应用大数据技术，油田的整个采收率都有所提升，产业也随之增加，对我国能源紧张的现状进行了有效的缓解，促进了油气勘探企业的可持续发展。

通过应用大数据技术能够对油气勘探未来的发展和走向进行预测，实现智能化、现代化的发展趋势。实际的勘探过程中大数据能够计算出产量、压力随着时间变化的趋势，能够为油气模型的建立提供科学合理的决策支持，通过在模型中输入历史数据参数，再根据实际勘探中的变化进行适当的更改，保障模型准确性的同时，还能进行良好的预测。

3. 完善油气输送的质量控制

油气开发中油气输送是其重要的环节，油气管道在设计、运行、建设过程中会产生大量的数据和参数，将大数据技术应用其中在一定程度上就能提高油气输送环节的质量和效率。对油气管道中经常出现故障的位置和区域使用大数据技术进行分析和处理，对得到的结果进行权重排序，为后续制订科学合理的油气管道设计和建设方案提供依据，同时还要充分地考虑到周围环境因素的影响，制订管道维修和保养计划，识别风险隐患，降低投资成本，避免资源浪费，有效地提高了整体工作效率，保障了管道运行安全。

二、大数据的应用

与互联网云端数据相似，中国陆上油田勘探开发的大数据同样具有规模大、流转快、类型多样、价值密度低等特点，且在不同阶段的具体表现各不相同。开发前期阶段，油藏工程师开展的大数据分析，主要体现在对多个类似油田开发参数与指标的类比，为开发方案编制提供合理依据，降低地质不确定性风险。开发中期阶段，大数据主要指生产动态实时生成的海量监测数据，通过二次加工实现数据“增值”，为调整开发方案、提高油田采收率提供依据。进入油田开发后期，由油田开发全过程的各种动静态资料联合构成“大数据”库，建立高达百万级网格的精细地质模型，支撑油田深度调整挖潜。

依托各种“大数据”共享平台，油田勘探开发能够实现资源共享，发挥出数据“联盟”的优势。例如，在前期研究阶段，通过相似油田类比获取新油田开发的关键参数与指标是编制开发方案的重要基石，如何判断油田之间的“相似度”是关键。为此，油田研发了基于“指纹识别”的相似度判断技术，通过汇总鄂尔多斯盆地各个地区多个油田逾百种指纹数据特征，采用蛛网图、雷达图等构建了典型低孔低渗透油藏类比图版，将大数据浓缩转化为看得见的“相似度”。油田大数据同样具有复杂的数据生态系统，通过上游信息顺序传递的方式，在数据节点上链接了全流程十余个专业团队，因此，其数据管理重在把控源头的准确性，避免由于“蝴蝶效应”导致方案失误。低渗透油藏勘探开发方案设计情况直接决定油田开发投资，但地下地质情况的认识却是需要循序渐进的，因此，作为数据源头，开发方案的编制是否具备弹性、留有余地就显得十分重要。

1．大数据在储层预测中的应用

构造认识和储层认识在油气勘探开发中是基础中的核心内容，其中的重点和难点就是对储层进行预测。但是目前因为地震属性的混乱、地质意义模糊等因素，导致预测的结果不尽理想。目前困扰地质学家和物理学家的主要问题就是如何有效地对储层进行定性、定量和预测。大数据技术在油气勘探中的应用，逐渐地解决这一困难，大数据通过对海量数据参数的分析研究，告诉人们是什么，而不需要知道为什么。大数据应用的时代，不需要一定了解现象背后的原因，只是需要数据自己发声。储层的预测中应用大数据技术、数据挖掘思路能够提高准确性，是目前科研工作者们主要研究和探讨的问题。大数据在油气勘探中的应用，实现了数据准备到数据可视化全过程，完善和创新了大数据储层研究思路。

2. 大数据在油气层识别中的应用

目前在油田新区或开发中后期的老区，面临着储量、产量、成本等多重压力，需要借助信息技术从大量储集层中，快速排查出具有潜力的油气层，通过补孔及压裂等措施，增加油井产量。基于大数据挖掘的模型可以经常迭代计算，不断提高油气层识别工作效率和解释符合率。油气层识别和预测需要集成包括钻井、测井、录井、生产、试油和分析化验等多源、异构和多粒度的数据，需要对不同类别的数据进行归一化、标准化和统一粒度等数据预处理。在此基础上，对K最邻近、神经网络、决策树、朴素贝叶斯、支持向量机（SVM）5种数据挖掘算法进行分析和研究，完成了5种数据挖掘算法的具体实现；并独创性的应用数据集相似性原理进行5种算法推荐；并进行特征向量数据集学习，可构建不同地区、不同层位识别模型。2016年已全面实现，形成从数据集成、相似性判断、算法推荐到模型建立、模型评估等全流程软件系统。

3. 大数据在地震数据管理中的应用

石油行业中地震采集技术的应用越来越广泛，地震采集技术收集到的数据量也逐渐地增加，与传统数据量相比呈几何级数增长，甚至达到了几十T到几百T，占到油田数据总量的很大一部分。地震数据的处理和解释因为大数据技术的应用带来新的机遇，实现了大量地震数据的读取、处理、储存、提取、挖掘等功能。针对地震采集数据，在分布式构架的基础上，对地震数据的读取采用通用存储格式，实现了适用于大数据平台地震格式的转化。采用分布式读取管理为主的方式进行数据的读取和属性的提取，采用节点分布式进行策略的计算。地震数据采取分布式管理，各个分布式存储的节点通过地震数据映射到相对应这些数据的节点上进行控制管理，计算地震数据的主、从节点，各个数据节点通过主节点的计算资源进行发送，提取需要的地震属性数据，最终得到用户所需要的数据。

4. 大数据在抽油井预测性维护中的应用

油田每天都产生大量的生产物联网数据，如何利用这些海量数据来满足日益提高的系统可靠性要求已成为亟待解决的问题，其中基于数据挖掘的故障诊断技术是一个重要的方面。大港油田利用大数据分析技术，对抽油机井结蜡情况进行分析预测，以实现抽油机井结蜡情况判定的规范化、科学化。就油井结蜡而言，不同区域、不同生产速度的油井结蜡状态也不尽相同，在油田开采过程中，不管结蜡多少，都会对油井的稳产造成一定影响。抽油井结蜡预测模型在建模时主要用到的数据为抽油井的自动化数据（包括冲程、冲次、最大有功功率、上行程最大电流等）、示功图数据（包括泵最小载荷、泵最大载荷、曲线数据、顶点信息等）及日报数据（抽油井状态描述等）。利用这些数据，建立时间序列模型与分类模型，从而预测出抽油井结蜡现象发生的时间，以便提前进行洗井处理，降低因结蜡现象造成的经济损失以及人工检修成本。

5. 大数据在监测油气钻探中的应用

大数据分析也可应用于油田资产周围的物理环境。比如在钻井作业中，我们可以看到表面传感器监测井下条件，并将数据传输到表面以便做出决策。通过沉积物积累、渗透率、水透明度、热梯度、差压分析软件等与油井相关的历史数据，可以识别出卡管、井喷，或堵漏等常见的钻探问题。实时监测传感器传输的数据流，以确保井下工况保持在正常或预期范围内。数据分析软件能够检测钻井环境何时进入异常状态，并提醒运行人员采取行动，以防止潜在问题发生。决策者能不断优化钻井策略，因此这种早期检测方法，提供了一些运营上的优势。更重要的是它提高了井场的安全，并最大限度地减少破坏地层和周围环境的可能性。同时还可以随时通过数据监测和警告，避免资源浪费，减少设备磨损，还可以更好地降低事故发生的频率。

6. 大数据能确保集输过程储存交接的准确性

油田开发生产后进行集输也广泛应用了大数据，采油厂将生产的油气通过管道等方式进行输送，油气处理单位从井口获取的油气要通过运行工艺设施来处理这些气体，去除杂质，并通过储运设备及管道输送这些产品。这些单位面临的一个关键挑战是跟踪流向客户的产品，这一般通过存储交接系统完成。管网安装了各种流量计，产品流及气相色谱仪等与产品质量参数相关的测量仪表。SCADA（监控和数据采集系统）从这些仪表收集时序数据，并将这些数据传输到历史数据库。然后，用这些数据监控实时过程，确保管道的完整性和压缩机的性能。

三、大数据的形式

大数据应用于油气藏管理方面并不是一蹴而就的，管理过程中的软硬件建设已经为大数据的发展和应用提供了平台。

1. 数字油田

数字化油田是一套连接地面与井下的闭环信息采集、双向传输和处理应用系统，能够伴随作业进程实时地指导勘探开发方案的执行和相关技术的应用，是覆盖所有主要价值循环过程的一个闭环系统。因此，是涉及勘探、评估、开发和开采领域的各项新兴技术，对油气资源的整个生命周期都有重大影响，而其中遥测、虚拟现实、智能完井、自动控制和数据集成是组建数字油田的关键技术。

数字化油田实现了在油田生产和管理过程中的信息集成、共享以及协调，是一个对信息进行综合管理的系统，数字化油田建设包括多种学科，不仅包括石油工程以及地质学，还包括信息通信技术以及管理技术等，正是这些多学科技术的支持，使得现在油田面临的开采困难、开采条件恶劣等难题得到了技术上的保障。

随着技术的进步和应用的深入，数字油田的概念也处于不断的发展之中，因此，到目前为止，数字油田尚无一个确切的概念，就目前的应用而言，数字油田一般可以描述为：数字油田是以油田为研究对象，以计算机和高速网络为载体，以空间坐标信息为参考，将油田生产和管理的多种数据进行高度融合，在建立油田生产和管理流程各种优化模型的基础上，利用仿真和虚拟等技术对数据进行多维可视化表达，实现横向上涵盖整个油田地域，纵向上油田从地面到地下的多层次信息定位，提高油田总体信息分析能力，以支持油田的勘探和开发等关键业务深入需要，从总体上辅助油田经营管理的决策分析，进一步挖掘各个环节潜在的价值，为油田企业的可持续发展创造良好信息支撑环境。

或者定义为："数字化油田"就是通过各种数据的集成，把实体的油田放到计算机里和网络上，整个油田可以通过计算机呈现出来。数字油田的概念源于数字地球。1998年美国前副总统戈尔提出了数字地球的概念。数字油田实际上并不是"舶来"品，这一概念诞生在中国最大的油田———大庆油田。1999年末，大庆油田率先在全球范围内提出了数字油田的概念。

具体来说，数字化油田包括两层含义。从广义角度看，数字油田是全面信息化的油田，即指以信息技术为手段全面实现油田实体和企业的数字化、网络化、智能化和可视化。从狭义角度看，数字油田是一个以数字地球为技术导向，以油田实体为对象，以地理空间坐标为依据，具有多分辨率、海量数据和多种数据融合，可用多媒体和虚拟技术进行多维表达，具有空间化、数字化、网络化、智能化和可视化特征的技术系统，即一个以数字地球技术为主干，实现油田实体全面信息化的技术系统。

数字化油田在以下6个方面发挥了作用：

（1）掌握了油田所有实时生产信息，还能找到油田已经勘探开发的全部资源。

（2）实现了部门业务网上办公、打造成功"电子机关"。

（3）实现了井场基地数据共享、自动采集，以便实时决策。

（4）减少了科研人员收集整理资料的时间。

（5）提供了全方位的生产经营信息。

（6）实现了油田的可视化管理。所谓的数字化油田就是建设一套超大型的SCADA（数据采集与监视控制）系统。

通过物联网组网可以实现无线传感器网络和远程监测，能从根本上降低劳动强度、提高管控水平、改变记录数据不准确、数据间隔时间长、不科学的现状，可不再局限于人工巡视，人工查看的落后管理模式，更有利于科学决策组织生产；通过自动的数据采集，确保各种监测数据（水、气、油）的精确性和实时性，通过计算机记录的数据，准确分析故障原因，监督故障处理是否及时，进一步界定工作班组的责任关系，量化工作指标；通过物联网定位技术，清楚指示故障油井的地理位置，方便检修时工人及时准确地就位；通过物联网的网络组织和优化，实时将数据直接传送到企业数字管理系统内，提高可利用资源信息的综合分析能力，为企业领导监督采油进度、了解油井状况提供第一手资料，实现油田油水井生产实时监控、数据实时采集、井（站）场实时视频监控、生产安全、预警远程控制、自动计量和数据分析等一系列操作。

数字油田的体系可以包括以下6个方面：

（1）利用物联网构建数字化油田的意义。要使得"数字化油田"建设高度智能化，物联网技术必不可少，即必须建立在自动数据采集系统、网络数据传输系统、生产管理系统和自动化控制系统以及场站配套支持系统的基础上，用以实现整个体统多级监控一体化、管理流程化、数据共享化、数据处理智能化、预警及时化，为提高运行管理水平和简化地面工艺流程提供有力的支撑。

（2）智能数据采集系统。智能数据采集主要分为单井数据的采集和站库数据的采集两种情况。单井数据的自动采集主要根据油气井管理和生产实际的需求，对所采集的油、气、水井的各项数据进行整合和分析；站库数据的自动采集系统不但包括对注汽站、增压站、中间站、注入站和计量间等油气生产环节的数据采集分析和处理，还包括处理站和联合站油气处理的环节。

（3）智能数据网络传输系统。数据网络传输需要以现场实际情况为基础，采用有线、无线或两者混合三种方式，将生产网络与办公网络分别设置，与此同时，还需建立一套健全的安全网络体系，目的是为了保证所采集各项数据传输的及时性、安全性和稳定性。对于建设比较集中的丛式井场和站库，为了满足视频监控和数据采集对网络带宽的要求，可采用光纤连接方式。对于一些地理位置偏远或比较分散的油气水井、计量间，可采用无线连接方式。在网络覆盖不到的地区，可采用手持终端设备（PDA）进行数据的采集。

（4）企业生产管理系统。一般情况下，油田企业的中控室控制着生产系统的管理，这样做的意义在于能够通过中控室对各项生产数据进行管理、展示，并可以与其他相关系统进行工作的协同；此外，这样做的好处是还可以对油气井的示功图、井组或井站的监控视频等数据进行管理，来实现实时数据和相关数据的整合、分析，最终实现油水井的实时生产动态等数据进行分析处理、综合展示的目的。

（5）自动化控制系统。自动化控制系统是指在油气田生产过程中，通过自控系统对各种现场设备进行远程控制，包括紧急切断装置、油气井关停装置、集成增压撬设备、自动投球、收球装置以及相关的配套设备等。将采集的各种生产数据通过自动控制操作系统进行实时更新、分析和处理，最后实现远程控制单井的开关、自动调节注水阀、锅炉的智能控制等。

（6）场站配套系统。场站配套系统主要是指为单井、井组以及站库所配置的各种相关配套设备，包括太阳能发电设备、风力发电设备以及其他配套设备等。其中，油、水井的生产主要采用国家电网的工业用电；气井则主要采用低能耗的光伏发电并配备蓄电池组，以此来实现昼夜连续供电，确保各类设备和仪器仪表能够连续正常工作。

2. 油田企业信息化

企业信息化（Enterprises Informatization），其定义是将企业的生产计划、物资采购、生产工艺、业务处理、资金处理、人员组织等各个业务过程通过各种信息系统加工处理，从而转化为可以为企业所利用的信息资源，为给企业各类人员提供生产经营过程中有价值的信息，提升工作的运行效率，并为决策提供有效的信息支撑，使企业资源充分共享和利用，从而使企业能够不被市场瞬息万变的竞争环境所淘汰，从管理上提高企业的竞争力。

企业信息化主要由三个方面构成，分别是调整组织架构和优化业务模式；信息资源的开发利用；建设信息系统和网络，也可以简称为管理、信息、技术。“管理”是动力又是归宿，管理需求推动信息化工作的不断进步，管理效率和决策质量的提高是信息化工作的唯一评价标准。“信息”是信息化的基础，主要是在企业全局的规划指导下，使企业各类信息逐步集成化、数据化、资源化的过程，而信息的完整性、及时性、准确性和适用性是主要评价标准。“技术”是企业信息化的重要依托，是信息化水平的体现。自控技术、计算机辅助、网络设施、应用系统、数据存储等一系列软硬件设施是企业信息化的基石。

油田企业的信息化，是将勘探、开采、处理、炼化、产品销售、原料设备采购等流程信息化，对生产数据整合后汇入信息系统，对生产参数分析后，做出相应的指令，极大地提升了企业资源运转效率，使企业达到经济效益最大化的目的。

对传统的油田企业的勘探开发、开采、处理炼化、销售等流程进行信息化改造，是将生产和管理的各个环节纳入油田生产管理信息化系统。生产实现全程视频监控和计算机辅助控制，视频监控实时对生产场地进行把控，当异常发生时，可以第一时间发现，第一时间进行应急处理；采集生产流程中的主要的生产参数，例如压力、温度、流量、电压、电流等，对生产实现全过程控制，并实时做出调整，最终实现生产自动化。企业管理引入信息化技术，从计划、组织、领导、控制、反馈等环节提升信息化水平，将极大地提高企业管理效率，并可通过信息化数据库，为管理者科学决策提供协助。随着油田企业信息化的发展，将最终实现油田智能化。

油田信息化建设是将信息化技术融入油田企业生产管理运营的全过程，不仅仅是GIS（地理信息系统）的升级和ERP（企业资源规划）软件在企业运行的延伸，将是一个全新的概念。通过流程控制系统、数字化传感网络以及基础数据库，实现油田从勘探开发到生产运营管理等全过程的数字化、信息化改造升级，在保证生产安全的前提下，提高油田生产运营效率，有效降低用工数量，降低人力成本，降低能源损耗，达到最终降低生产运营成本，提升油田整体经济效益和行业竞争力的目的。

3. 远程诊断

随着计算机网络技术，现代控制技术，传感器技术的发展，远程故障诊断和维护技术可以在短时间内调动故障诊断和维护资源，实现对复杂系统快速、及时、正确诊断和维护。

远程故障诊断的最大特点是设备与诊断资源在地域上的分离，提供服务的诊断资源与被诊断设备之间通过网络通信，组成一个比较松散的逻辑整体，这使得远程资源为设备提供故障诊断服务的形式有了一些新的特点。一方面，可以将诊断任务分解为不同故障域的子问题，再利用不同的远程诊断资源进行诊断，进而将所有这些诊断结论综合，无疑会得到比较准确的诊断结果；另一方面，同一远程资源将可以为不同地域的多个或多种设备提供诊断服务。

因此，开放式远程故障诊断系统具有如下的特点：①多资源协作性。诊断系统中可以有多个诊断资源共同为一个设备协作进行故障诊断。②多设备适应性。能够快速地重构出相应的符合实际需要的诊断系统，比较方便地为不同类型、不同地域的设备提供故障诊断服务。

以闫志强等在文章“压裂远程监测及决策支持系统研究与开发”中的压裂远程决策为例说明远程诊断的意义和特点。

利用信息化手段对钻井、压裂井场的远程实时监测已比较普遍。技术专家在监控中心就能够实时看到井场施工的视频、施工曲线、裂缝图像，并能与井场技术人员进行实时语音通话，实现对井场的远程决策和指挥。

一口井压裂过程中，井场压裂仪表车的采集计算机会实时采集压裂曲线数据。同时，附近监测井的裂缝数据，采集计算机能够实时采集井下微地震裂缝监测设备所获得的微地震裂缝事件数据，并处理形成压裂裂缝形态图形。

压裂远程监测及决策支持系统框架为：一是利用成本低廉的GPRS或3G传输网络技术，将井场压裂曲线数据、微地震裂缝监测数据、压缩后的音频、视频数据实时传送回油网服务器中；二是利用信息化技术将服务器接收的曲线数据实时还原成二维压裂曲线，同时，将服务器接收的裂缝监测数据与专业数据库系统的井眼轨迹、目的层测井曲线数据有机结合，以三维裂缝图形方式实时展现压裂裂缝形态和地层之间的关系，并将服务器接收到的压裂数据与已设计好的压裂优化设计压裂数据进行实时图形化的实时对比；三是将接收的音频、视频解码还原，实现井场场景的远程观看，压裂专家通过该系统观看压裂曲线图、裂缝形态图和实时对比图等，实时对压裂方案进行调优、对压裂过程进行实时远程指导，实现压裂的远程决策支持。设计思路如图25-1所示。

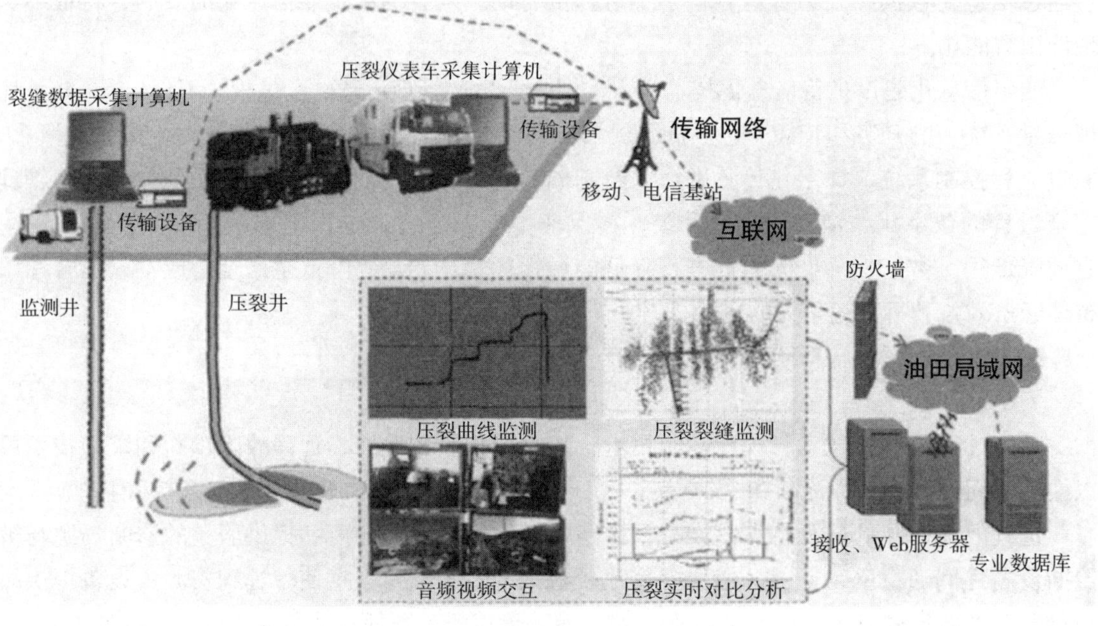

图25-1　压裂远程监测与决策系统设计

管理小常识 木桶定律

木桶定律，也叫水桶原理、木桶效应、短板效应。是指一只水桶能装多少水取决于它最短的那块木板。一只木桶想盛满水，必须每块木板都一样平齐且无破损，如果这只桶的木板中有一块不齐或者某块木板下面有破洞，这只桶就无法盛满水。任何一个组织，可能面临的一个共同问题，即构成组织的各个部分往往是优劣不齐的，而劣势部分往往决定整个组织的水平。因此，团队都应思考一下自己的“短板”，并尽早补足它。

水桶定律是由美国管理学家彼得提出的。说的是由多块木板构成的水桶，其价值在于其盛水量的多少，但决定水桶盛水量多少的关键因素不是其最长的板块，而是其最短的板块。若仅仅作为一个形象化的比喻，“水桶定律”可谓是极为巧妙和别致的。但随着它被应用得越来越频繁，应用场合及范围也越来越广泛，已基本由一个单纯的比喻上升到了理论的高度。这由许多块木板组成的“水桶”不仅可象征一个企业、一个部门、一个班组，也可象征某一个员工，而“水桶”的最大容量则象征着整体的实力和竞争力。

任何一个组织或许都有一个共同的特点，即构成组织的各个部分往往是优劣不齐的，但劣势部分却往往决定着整个组织的水平。问题是“最短的部分”是组织中一个有用的部分，你不能把它当成烂苹果扔掉，否则你会一点水也装不了！

劣势决定优势，劣势决定生死，这是市场竞争的残酷法则。它告诉领导者：在管理过程中，要下功夫狠抓单位的薄弱环节。领导者要有忧患意识，如果你个人有哪些方面是“最短的一块”，你应该考虑尽快把它补起来；如果你所领导的集体中存在着“一块最短的木板”，你一定要迅速将它做长补齐，否则它造成的损失可能是毁灭性的——很多时候，往往因为一件事而毁了所有的努力。有些人也许不知道木桶效应，但都知道“一票否决”，这是中国的“木桶”，有了它你便知道木桶效应是多么重要。

在科学研究方面，木桶定律也是适用的。决定一只木桶容量的，既不是最长的，也不是平均长度的，而是最短的那根木板。这意味着必须推进所有的知识前沿，加强整个科学技术事业和组织的结构，才能在竞争中取胜。一个团队组织的成功，不在于某几个人，而是所有人的齐头并进。

课件“码”上来

第二十六章　人工智能管理系统

技术的进步推动了油气藏经营管理的形成和快速发展，对油气藏的认识更加准确，地下原油采出速度更快，采出程度更高，油气开采成本大幅降低，如此向好的转变合力产生了油气藏生产的综合效益，而智能化的技术研发和应用又使它们更上一层楼，例如，智能流体可以根据孔隙水淹的程度自动改变水流方向、纳米机器人可以在储层中记录流动轨迹及周围岩石流体的特征、数值模拟自动拟合提高了运算效率、各种生产和安全预警系统降低了风险等，这些都是人工智能在管理中的具体体现。

第一节　人工智能的相关认识

人工智能（Artificial Intelligence），英文缩写为AI。它是研究、开发用于模拟、延伸和扩展人的智能的理论、方法、技术及应用系统的一门新的技术科学。

人工智能是计算机科学的一个分支，它企图了解智能的实质，并生产出一种新的能以人类智能相似的方式做出反应的智能机器，该领域的研究包括机器人、语言识别、图像识别、自然语言处理和专家系统等。人工智能从诞生以来，理论和技术日益成熟，应用领域也不断扩大，可以设想，未来人工智能带来的科技产品，将会是人类智慧的“容器”。人工智能可以实现对人的意识、思维的信息过程的模拟。

一、应用领域

人工智能是包括十分广泛的科学，它由不同的领域组成，如机器学习，计算机视觉等，人工智能研究的一个主要目标是使机器能够胜任一些通常需要人类智能才能完成的复杂工作。但不同的时代、不同的人对这种“复杂工作”的理解是不同的。

人工智能主要应用在机器视觉，指纹识别，人脸识别，视网膜识别，虹膜识别，掌纹识别，专家系统，自动规划，智能搜索，定理证明，博弈，自动程序设计，智能控制，机器人学，语言和图像理解，遗传编程等。

其研究范畴主要在于语言的学习与处理，知识表现，智能搜索，推理，规划，机器学习，知识获取，组合调度问题，感知问题，模式识别，逻辑程序设计，软计算，不精确和不确定的管理，人工生命，神经网络，复杂系统，遗传算法人类思维方式，最关键的难题还是机器的自主创造性思维能力的塑造与提升。

人工智能是计算机学科的一个分支，二十世纪七十年代以来被称为世界三大尖端技术之一（空间技术、能源技术、人工智能）。也被认为是二十一世纪三大尖端技术（基因工程、纳米科学、人工智能）之一。这是因为近三十年来它获得了迅速的发展，在很多学科领域都获得了广泛应用，并取得了丰硕的成果，人工智能已逐步成为一个独立的分支，无论在理论和实践上都已自成一个系统。

人工智能是研究使计算机来模拟人的某些思维过程和智能行为（如学习、推理、思考、规划等）的学科，主要包括计算机实现智能的原理、制造类似于人脑智能的计算机，使计算机能实现更高层次的应用。人工智能将涉及计算机科学、心理学、哲学和语言学等学科。可以说几乎是自然科学和社会科学的所有学科，其范围已远远超出了计算机科学的范畴，人工智能与思维科学的关系是实践和理论的关系，人工智能是处于思维科学的技术应用层次，是它的一个应用分支。从思维观点看，人工智能不仅限于逻辑思维，要考虑形象思维、灵感思维才能促进人工智能的突破性的发展，数学常被认为是多种学科的基础科学，数学也进入语言、思维领域，人工智能学科也必须借用数学工具，数学不仅在标准逻辑、模糊数学等范围发挥作用，数学进入人工智能学科，它们将互相促进而更快地发展。

通常，“机器学习”的数学基础是“统计学”“信息论”和“控制论”。还包括其他非数学学科。这类“机器学习”对“经验”的依赖性很强。计算机需要不断从解决一类问题的经验中获取知识，学习策略，在遇到类似的问题时，运用经验知识解决问题并积累新的经验，就像普通人一样。可以将这样的学习方式称之为“连续型学习”。但人类除了会从经验中学习之外，还会创造，即“跳跃型学习”。这在某些情形下被称为“灵感”或“顿悟”。一直以来，计算机最难学会的就是“顿悟”。或者再严格一些来说，计算机在学习和“实践”方面难以学会“不依赖于量变的质变”，很难从一种“质”直接到另一种“质”，或者从一个“概念”直接到另一个“概念”。正因为如此，这里的“实践”并非同人类一样的实践。人类的实践过程同时包括经验和创造。

二、研究方法

用来研究人工智能的主要物质基础以及能够实现人工智能技术平台的机器就是计算机，人工智能的发展历史是和计算机科学技术的发展史联系在一起的。除了计算机科学以外，人工智能还涉及信息论、控制论、自动化、仿生学、生物学、心理学、数理逻辑、语言学、医学和哲学等多门学科。

人工智能在计算机上实现时有两种不同的方式。一种是采用传统的编程技术，使系统呈现智能的效果，而不考虑所用方法是否与人或动物机体所用的方法相同。这种方法叫工程学方法，它已在一些领域内作出了成果，如文字识别、电脑下棋等。另一种是模拟法，它不仅要看效果，还要求实现方法也和人类或生物机体所用的方法相同或相类似。遗传算法（简称GA）和人工神经网络（简称ANN）均属后一类型。遗传算法模拟人类或生物的遗传—进化机制，人工神经网络则是模拟人类或动物大脑中神经细胞的活动方式。

为了得到相同智能效果，两种方式通常都可使用。采用前一种方法，需要人工详细规定程序逻辑，如果游戏简单，还是方便的。如果游戏复杂，角色数量和活动空间增加，相应的逻辑就会很复杂（按指数式增长），人工编程就非常烦琐，容易出错。而一旦出错，就必须修改原程序，重新编译、调试，最后为用户提供一个新的版本或提供一个新补丁，非常麻烦。采用后一种方法时，编程者要为每一角色设计一个智能系统（一个模块）来进行控制，这个智能系统（模块）开始什么也不懂，就像初生婴儿那样，但它能够学习，能渐渐地适应环境，应付各种复杂情况。这种系统开始也常犯错误，但它能吸取教训，下一次运行时就可能改正，至少不会永远错下去，用不到发布新版本或打补丁。利用这种方法来实现人工智能，要求编程者具有生物学的思考方法，入门难度大一点。但一旦入了门，就可得到广泛应用。由于这种方法编程时无须对角色的活动规律做详细规定，应用于复杂问题，通常会比前一种方法更省力。

第二节 人工智能在油气开发中的应用

人工智能的核心思想是让机器能够自主判断，完全或者部分代替人类决策，并使解决问题的工作效率最大化或收益最大化。

油气开发对人工智能技术的渴求日益增加。无论是诸如地震资料处理、井身结构优化、分层注水等科学研究，还是水力压裂、预测产量等现场应用方面，都对新一代油气藏经营管理者在数据分析、智能化调控能力方面提出了更高的要求，也在重塑多学科协同团队技术人才需求的标准。

人工智能所涵盖的机器学习，是其在石油行业的主要应用之一，被广泛应用在精准建模、优化钻井作业、预测性维护等。机器学习使计算机系统能够从数据中学习并对其进行解释，通过迭代改进过程来生成适合特定目的的程序。机器学习的应用使计算机能够快速、准确地分析大量数据，更快地找到油藏，例如精确筛选分析地震数据中的信号和噪声等。在收集和分析这些信息之后，软件应用程序可以构建精确的地质模型。这使得作业人员能够在钻井开始之前准确预测地表下的情况。

一、应用领域

刘伟等在文章“人工智能在石油工程领域应用及影响”中做了全面的介绍，这里摘录如下。

1. 基于AI的智能工作流，形成了多学科、多环节协作的工作平台

为了提高决策质量和管理水平，石油公司纷纷启动数字油田项目，如壳牌的智能油田、BP 的未来油田项目等，有的公司起名为智慧油田、未来智能油田、e—油田、一体化数字油

田等，基本路径都是以数据采集和存储为基础，在数据应用层形成相互支撑的协同研究平台、生产管理平台、经营管理平台和决策支持平台，以优化工作流程、提高工作效率和决策质量。对各个环节实时监测数据的智能分析、一体化协同和可视化展示是这些项目成功的关键，而以数据降维、结构化、分类、聚类、可视化为主要特征的AI技术是这些项目最核心的支撑。

壳牌的智能油田项目由智能井、先进协作环境、整体油藏管理等子项目构成，通过基于井筒中传感器传输的实时信息的分析决策，控制相关控制阀，实现油田生产的最佳状态。

Statoil的“整合运营项目”，通过创新的数字化工作流的应用，实现了跨学科、公司组织、地方协同合作。

BP在“未来油田”建设中，在全球建立35个协作中心，将地面与地下的实时数据传送到远程中心进行分析，实现了多学科多地区的协同。

科威特国家石油公司的数字油田建设经过数次升级完善，形成地上地下一体化的智能工作流。科威特国家石油公司的数字油田内部结构可分为4个层次：第一层是分析及数字化工具，主要用来记录生产历史，使用的方法主要包括节点分析、递减曲线分析、虚拟计量和数值模拟等；第二层是统计工具，主要用来监测实时生产现状，应用的方法主要包括线性回归、蒙特卡洛等；第三层主要利用智能代理进行短期预测，主要方法包括模型识别、神经网络、模糊逻辑等；第四层主要是应用数值模拟方法进行中长期产量预测。科威特国家石油公司第一代的数字油田主要侧重于生产工程工作流上的共享和优化，包括关键性能指标检测、井筒性能评价等9个主要功能，随着基础设施的逐渐完备，又增加了地下模型更新及重新计算、地下注水优化和一体化生产优化的功能，升级为地面系统和地下系统集成的高级智慧工作流。

斯伦贝谢公司推出的DELFI感知勘探与生产多维环境平台软件，集成了机器分析和学习、高性能计算、物联网等技术。通过项目管理、嵌入式引擎、实时工程协作和自动化设计确认来完成钻井设计。同时，该平台还可提供1000个3D地震、500万口井、100万组录井和4亿组生产数据作为模型训练的基础。

2. 基于AI的管理工具已替代部分人类员工

基于AI的管理工具，如智能机器人、虚拟助手等，不仅在高危或重复施工时替代了人类，在日常办公管理中也逐渐显示出优势。

中国航天科工集团第三研究院35所研制出的用于海底油气管道检测的蛇形机器人，可实现管道内外壁缺陷的准确识别、精确定位；为了监测哈萨克斯坦卡萨干油田的硫化氢气体，壳牌公司开发出配备有传感器、摄像头和无线通信系统的探测车——Sensabot机器人，只需一名工人远程操控；道达尔研制出可全天候巡逻及执行紧急操作的机器人原型；埃克森美孚公司和麻省理工学院、挪威国家石油公司和挪威科技大学等均在联合研究人工智能机器人。

3. 基于AI的资产管理工具可提供更高效准确的预测性维护

石油工程领域的设备需要定期检查以保障其正常运行，设备检测属于劳动密集型作业，耗时多、作业风险高，而定期检查错误发现率还不到2%，容易造成人财物的浪费。

贝克休斯公司利用数字孪生体（Digital Twin）技术，实现物理机械和分析技术的融合，通过储存于互联网平台上的深度学习模型，可以自动检测设备缺陷和异常情况，提供潜在故障的早期预警，根据风险制订检测计划，避免不必要的常规周期检测维修，研究建设井的数字孪生体，通过安装在井筒内的传感器，获取井筒内的工具和设备信息以及储层状态信息，可将井的状态、设备的运行状态与井的生产状态结合在一起。

4. AI持续助力地震资料分析，为更精确钻井提供坚实基础

石油地球物理勘探通过大量地震、电磁、重力等数据分析获取构造运动和沉积演化规律，这一过程与AI技术从海量数据中寻找规律的路径完全一致，石油地球物理勘探成为AI技术的天然试验场。地球物理反演技术中应用了基因算法、模拟退化算法、粒子群算法、马尔科夫链和蒙特卡洛等方法；边缘检测算法被应用到自动追踪地震层位辅助地震解释上；蚁群算法被运用于三维地震数据解释。

初创公司 Nervana 基于深度学习方法，训练数据根据地震资料发现油气资源，在其云端开发的油气勘探解决方案，可在没有人工干预的情况下从三维地震图像中识别大量地下断层，从而减少地质人员在重复性工作上花费的时间。

5. AI促进了钻井自动化，使钻井更安全和更高效

在数据采集、传输技术发展的协同下，AI 技术在钻井设计、钻井实时优化、操作故障预警等方面发挥了积极作用。

AI 技术在钻井设计中的应用主要有钻头选择、钻井液与裂缝梯度预测、坍塌压力预测及海上钻井平台选择等。

国民油井公司（NOV）采用人工神经网络（ANN）方法对钻头选择数据库的数据进行训练，形成优化钻头选型的人工智能方法。数据库中的信息包括：在特定岩层中使用的钻头、钻头在 IADC 中的代码、岩石强度数据、地质特性和钻头在该类岩石的常规钻速。应用经过训练后的人工神经网络，用户输入地理位置数据、地质数据、岩石力学数据和已钻井数据后，即可输出选择的钻头类型、该钻头的性能预测及使用指南。与此同时，用户输入的数据会进入到数据库中，继续参加数据训练。

在中东地区，油服公司使用人工神经网络方法来预测套管坍塌的发生概率和深度，使用 BP 神经网络程序，用户定义的内部（隐藏）层的反向传播网络可以连接到输入和输出层，提供一个估计井筒套管坍塌深度的“经验值”。数据层可以有多个输入，如位置、深度、孔隙压力、腐蚀速率、套管强度等。

实时风险预警基于模糊（或基于实例）推理方法，将现场数据（钻头、钻柱和底部钻具组合的实时监测数据）与数据库参考集进行基础比较，并提示实际值和参考值之间的偏移，可预估钻井风险，确定原因，建议预防或控制措施，通过操作者对可控影响因素调控，达到优化和规避风险的目的。

为了达到提高产量、降低成本、节省时间的目的，经常需要选择一些特殊的钻井作业程序（如欠平衡钻井、过平衡钻井、喷射钻井等），为了评价所选作业程序的适用性，需预先对钻井参数进行深入考虑。雪佛龙公司应用基于案例推理（CBR）进行浅疏松砂岩最佳洗井程

序的选择。为了进行推理评估，建立了包含近 5000 口井的生产操作和井筒干预的详细信息的数据库。通过一组随机案例的初始测试，结果表明 AI 工具提出的方法和专家现场指导实施的方法有 80% 的相似性。

6. AI 在油藏开发中的应用，促进油田在整个生命周期的产出最大化

利用油田生产的历史数据进行开发效果优化是 AI技术在油藏开发和开采领域的主要应用方式，英国石油公司（BP）与硅谷一家公司合作开发的基于 AI 的优化模型，将试点项目中的 180 口油井的产量提高了 20%。

另外，AI 技术为压裂施工方案设计、施工井及层位的选择提供了更为准确的方法。中国石油新疆油田公司收集大量压裂历史数据，优选出储层参数、岩石力学参数、压裂施工参数和产能参数等作为建模基础，采用 BP 神经网络和 LM 算法、Sigmoid 函数作为激活函数，并采用委员会机器的思想建立专家组，分别建立了裂缝模拟神经网络专家组和产能模拟神经网络专家组，应用遗传算法优化施工方案。油田实际应用结果证明，该方法预测的平均相对误差有明显降低，达到了压裂方案科学决策与参数精细优化、切实提高压裂效果的目的。

二、跨界研发

林伯韬等在文章“人工智能在石油工业中的应用现状探讨”中，阐述了世界顶尖石油公司与互联网科技公司的创新合作例子，在这里也摘录下来，说明人工智能在油气开发中的应用情况。

1. 道达尔牵手信息技术领跑者谷歌

道达尔和谷歌云部门签署框架协议，主动拥抱智能创新，联合发展石油工业领域的人工智能技术。油气勘探开发中地质数据的处理分析是道达尔此次人工智能技术率先应用的领域。

在石油勘探开发中，搜集整理地质数据是至关重要的环节。目前，由于各种技术限制，大量的油气资源无法高效开采出来，迫切需要地质建模更加精细化。但是由于技术问题，如地质数据不全或建立的地质模型存在较大误差（如地质甜点分析、定位不准），在严重情况下甚至使建立的地质模型无法使用，从而影响整个油田的开发。大量地质数据的采集处理是目前地质科学家和石油工程师都无法完全解决的难题；而人工智能的应用则具备解决该难题的巨大潜力。

人工智能当中的模糊逻辑技术能够处理“不完备”和“不完美”的数据。利用模糊逻辑处理勘探地震数据，做出靠人力难以实现的预测，从而更精细地描述油田的地质模型。道达尔和谷歌合作开发了一套能够解释地层图像的人工智能程序，该程序能够利用计算机成像技术实现地震数据的机器学习，并利用自然语言处理技术自动分析数据文件，从而建立更加精确的地质模型。

2. 壳牌与微软在人工智能领域开展合作

壳牌和微软联手，决心在定向钻井方面实现人工智能化，推动钻井技术的进一步发展。

定向井钻井技术目前已经十分成熟，广泛应用于页岩气的开发，但是这一技术依然需要耗费大量的人力、物力。由于需要在工作过程中应对各种突发状况，高技能的工程师在该过程中必须不断开展决策。为了提高决策的正确性并简化操作流程，壳牌和微软研发出了相应的解决方案——Shell Geodesic。Shell Geodesic能够实时收集钻井数据并自动做出决策。更为特别是这款应用的钻井仿真器可通过机器学习和控制算法软件，呈现给地质学家和钻井人员更为逼真的油气层图像。同时，微软将其Bonsai平台和“强化学习”技术进行了融合，使得机器能够像人一样学习。Bonsai平台可将指令翻译成算法，建立神经网络，并训练模型实施工作人员所期望的行为。这一技术有望让旋转导向系统自动学习，优化钻井导向过程。

3. 哈里伯顿与微软开展深度合作

微软和哈里伯顿开展深度合作，推出基于Azure系统的Decision Space 365软件产品。Decision Space 365可以通过物联网实时传输油田现场的数据，并通过建立相应的深度学习模型，实现钻井和生产的优化以降本增效。Decision Space 365可以通过大型计算和深度学习算法功能精确填补数据，实现更深层的地层模型的建立。随着合作的深入，二者还将应用微软的HoloLens和Surface设备，利用声音和图像识别、视频处理、增强现实、虚拟现实等技术，实现实物资产的数字化表征。此外，二者还将综合利用Landmark Field Appliance和Azure Stack系统，在物联网终端实现油井和泵的数字化表征。

4. Noble Energy石油公司发展人工智能技术

Noble Energy建立了自己的数据分析平台，在将两千余口井的数据放进数据平台分析后，利用大数据分析不同含油层对水力压裂和水平钻井的反应，其对最佳钻井位置预测的误差仅有几英尺。在钻井过程中，该公司通过位于休斯敦的控制室可实时控制所有钻机。诸如调整钻头速度以适应更加坚硬的岩层这样的动态调整工作，可根据数据库里面类似场景的数据，依托该系统迅速做出最佳决策。该公司可在5天内钻出一条两英里长的水平井，而过去从事同样的工作则需要两周以上的时间。

5. 斯伦贝谢实现人工智能落地化

斯伦贝谢为应对不断发展的石油行业推出了DELFI勘探和生产环境感知软件。这是一款多维环境软件，将设计与作业整合到一起。通过把人工智能、数据分析和自动化多个技术领域的优势集合在一起，使得勘探开发工作更加智能化。该软件集成几乎所有石油工业的通用性的现有专业知识，可用于解决复杂的油气行业技术问题。它的认知模式扩大了每个独立行业专家的专业技能，使用户通过学习系统，自动完成任务和访问丰富的数据资源，从而快速获取最佳结论，由此开拓了一种全新的工作方式。

管理小常识　布利斯定理

美国的心理学家布利斯等曾做过这样一个实验：把学生分成三组进行不同方式的投篮技巧训练。第一组学生在20天内每天练习实际投篮，把第一天和最后一天的成绩记录下来。第二组学生也记录下第一天和最后一天的成绩，但在此期间不做任何练习。第三组学生记录下第一天的成绩，然后每天花20分钟做想象中的投篮；如果投篮不中时，他们便在想象中做出相应的纠正。实验结果表明：第二组没有丝毫长进；第一组进球增加了24%；第三组进球增加了26%。由此，他们得出“布利斯定理”：行动前进行头脑热身，构想要做之事的每个细节，梳理心路，然后把它深深铭刻在脑海中，当你行动的时候，你就会得心应手。用简单的语言表述为：用较多的时间为一次工作事前计划，做这项工作所用的总时间就会减少。

这个实验告诉我们的就是计划的重要性。做事没有计划，行动起来就必然会是一盘散沙。只有事前拟定好了行动的计划，梳理通畅了做事的步骤，做起事来才会应付自如。好的规划是成功的开始。

同样的技术、同样的力气，如果砍刀不一样，那我们的工作效率肯定会不同，樵夫甲的砍刀经常磨，足够锋利，所以工作效率就高；而樵夫乙从来都不磨刀，费的力气可能比樵夫甲还要多，但是樵夫乙的刀却越来越钝，所以工作效率就低。正所谓磨刀不误砍柴工，这也是布利斯定理的例子。

由布利斯定理可得到3个方面的启示：

（1）启示1：事前先思考，事后少烦恼。凡事三思而后行，事前多想一步，事中会少一点折腾，事后会少一点悔意。生活中，有些人比较冲动，在确定一个目标后，急不可耐地动手干了起来，生怕晚点动手错失机遇。

（2）启示2：事先做计划，成功概率大。要把一件事做好，不一定要立即着手，而是先要进行一些筹划、进行可行性论证和步骤安排，做好充分准备，这样才能提高办事效率。

（3）启示3：拆分大目标，再各个击破。一个制订计划的人目标是明确的，计划也是详细的。如果说目标像是灯塔，指引着我们前进的方向，那么计划就是航线，时刻纠正着我们的行动。有了灯塔的指引，我们才不会偏离前进的方向，才不会陷入迷途。

课件“码”上来

第四部分

实践应用篇

第二十七章　裂缝性油藏精细描述

本章以QX油田KLS区块的裂缝性油藏精细描述为例，说明在进行地质研究时多学科协同的应用过程。

QX油田KLS区块位于某断陷湖盆中部弧形带上，构造形态整体为一西南高北东低的鼻状构造。区域沉积特征以扇三角洲前缘和湖泊相为主，储集层岩性主要有碳酸盐岩和碎屑岩两大类，属特低孔、特低渗白云质裂缝性储层。

工区沉积特征为扇三角洲前缘和湖泊相为主。储集岩性主要有碳酸盐岩和碎屑岩两大类，碎屑岩为砾岩、凝灰质砾岩、含云细中粒岩屑砂岩、含云不等粒岩屑砂岩、含云细粒岩屑砂岩、含云粉砂岩、粉砂岩、泥质粉砂岩；碳酸盐岩为泥质白云岩、白云质泥岩、白云岩。其中具有商业油流的储集岩性碳酸盐岩。

储层孔隙度分布在1%~10%，一般为3%~5%，粉细砂岩的孔隙度略大些，介于2%~6%。储层渗透率，除去有微裂缝影响的样品，多小于$1\times10^{-3}\mu m^2$。因此，从储层物性分析来看，本区属特低孔，特低渗裂缝性储层。

KLS区块自1990年L1井出油投入开发，在册各类油井41口，经15年开发后整体生产水平大幅降低，产水较高，新井生产效果较差，采出程度不到10%，需要对地质进行重新认识。

开发过程中发现KLS区块K_1g油藏非均质性强，裂缝发育程度不一，在探明含油区，近1/3区域含油性差。为保证后续开发部署及注采调整，需要进行工区构造精细解释、白云岩分布及裂缝分布的深入研究。

储层品质受裂缝控制特点非常突出，但裂缝发育规律及工区分布特征又受到诸多因素的影响，使其描述和认识变得异常复杂。该区域影响裂缝分布的关键因素有断层、岩性、沉积相及构造。断层复杂，断块差别较大，断层附近裂缝发育，但不同断块储层开发效果有较大差别；储层岩性中白云岩具有较好的储渗性能，是有利区筛选的重要对象，但含白云质泥岩或者含白云质砂岩中也有较好的测试和开发效果；沉积环境中主要裂缝发育区分布于半深湖相的白云岩区及扇三角洲相的砂岩区，前三角洲相和滨浅湖相也间或发育裂缝；就整体构造而言，受断层和岩性影响，高点有利区并不适用，需要具体断块具体分析。因此，工区的储层认识是多因素的综合评价，是构造精细解释、测井二次解释、沉积相和白云岩厚度等测井—地震—沉积相—试油—生产动态的多因素综合，并加以地质模型的直观描述。

针对QX油田KLS区块41口井，以多学科理论为指导，综合应用各种资料，包括地震、测井、成像、试油、岩芯、生产等数据，通过对研究区精细地层的划分与对比、构造精细解释、沉积微相及岩性划分、储层评价和油藏综合评价等研究，探索裂缝分布规律和油气富集规律，筛选出可能有利产建区，继而进行井位部署研究，为后期QX油田KLS区块的增产稳产提供依据。

具体技术流程如图27-1所示。

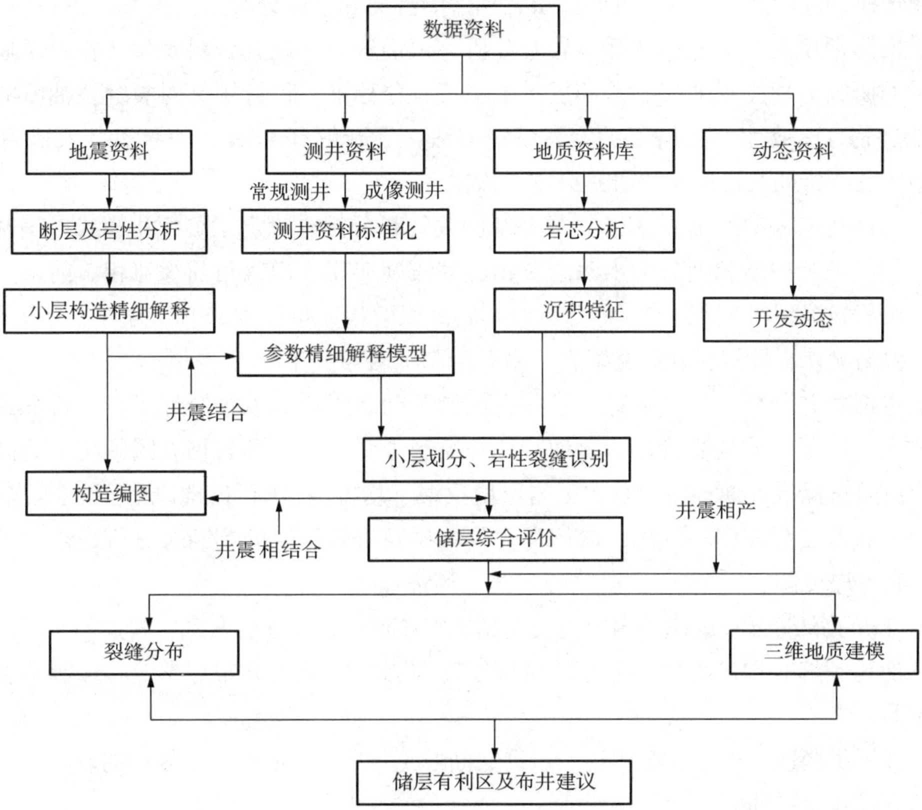

图27-1　技术流程图

研究综合应用地震、地质、测井、成像、试油、分析化验以及油藏动态等资料，在地质理论指导下，应用多种地质软件（EP-office、Discovery、Forward、Resform、Surfer、GeoMap、DoubleFox、Petrel）开展了工区层段的地震构造精细解释、测井二次解释、小层精细划分与对比、沉积微相的判别与分布、储层岩性特征、油层有效厚度分布、油藏裂缝分布特征、油气富集规律、有利区筛选、井位部署建议及地质模型建立等内容的综合研究，为工区的滚动开发提供了详细依据。取得如下主要研究成果：

（1）依据旋回对比、分级控制，并通过地震层位标定和剖面约束，对井区41口井进行统一地层对比和划分，本次共建立标准井剖面1条，东西方向5条，南北方向4条，西北东南方向4条共14条连井剖面，对井区地层进行精细划分与对比，共划分K_1g_0、K_1g_1、K_1g_2、K_1g_3四个大层，并对K_1g_0划分四个小层，K_1g_1四个小层，K_1g_2、K_1g_3各两个小层，对Q2-70井、Q2-74井有较大调整外，其他井有部分微调，由此建立了用于后续评价分析的包括24个条目的小层数据表。

（2）根据地震资料，进行精细井—震标定，根据标定结果确定所有解释层位的地震反射特征，为小层精细划分与对比提供依据；然后根据平面—剖面联合解释的原则，以地震属性分析为辅助手段，进行断层与层位解释，新增断层9条，并形成5个顶面构造图；利用相干体技术形成了储层断层及裂缝分布预测；应用应力计算分析模型，结合储层构造特征，研究了应力影响下的裂缝分布特征；以井点速度为控制，以断层、层位为约束，建立速度模型并进行时—深转换，进行储层反演，得到储层有利区的剖面和平面分布图。

（3）根据常规测井、成像测井、岩芯分析、试油资料、录井资料及生产资料，通过“四性”关系的研究，建立了油层、差油层、干层等解释标准，设计了针对裂缝性油藏的测井解释的岩性、物性、含水、裂缝等的定量解释方法，重新解释41井，解释参数及条目多达15项，为储层裂缝特征及富油规律研究提供了依据。

（4）通过对工区41口井的岩芯、录井及测井资料分析，确定了沉积相模式，编制了单井相和剖面相，把沉积微相划分为半深湖亚相、滨浅湖亚相、扇三角前缘亚相、前扇三角洲亚相、滑塌浊积扇沉积相5种类型，划分了各小层沉积微相分布；考虑工区为岩性约束下的裂缝性储层，根据测井岩性解释和裂缝解释结果，绘制了岩性分布图。

（5）根据岩芯分析、测井解释、录井、成像及动态生产等数据统计了岩性特征、孔渗特征、裂缝发育特征、非均质特征、含油特征；绘制了受沉积相和岩相共同影响下的储层厚度图；综合波阻抗储层反演、波阻抗白云岩厚度反演、均方根振幅白云岩厚度反演等多种手段，绘制了白云岩厚度分布图；利用二次解释对隔夹层及有效储层的判断及分析，绘制了隔夹层分布图及有效厚度图。

（6）分析了裂缝分布规律，内容主要包括7个方面：裂缝分层发育、岩性与裂缝、断层与裂缝、试油与裂缝、地应力裂缝分布、储层厚度与裂缝、夹层分布与裂缝、编制了裂缝发育程度分布图。

（7）分析了构造、岩性、沉积相、裂缝、断层5个方面对油气富集规律的影响，并通过连井剖面的方式建立了油藏剖面分布特征。

（8）建立了包括孔隙度、裂缝发育程度、有效厚度、碳酸盐岩含量、净毛比5个关键参数的油层综合评价指标体系及评价标准，编制了各小层的油层综合评价图；进一步结合构造、断层、白云岩厚度、储层预测及生产动态等多项成果和资料，筛选出了4个有利区，并结合工区的滚动开发需求，建议部署了6口井，用以后续钻探的参考。

（9）根据所研究的地质图件，应用Petrel软件建立了工区三维地质模型，主要包括构造模型、沉积相模型、断层模型、孔隙度模型、渗透率模型、有效厚度模型、含油饱和度模型、净毛比模型、裂缝模型，估算了储量。

基于以上内容，选择部分重点节点进行介绍。

第一节　地层精细划分与对比

地层的划分和对比是最基础的地质工作，是油藏精细描述的基础，用以实现井间等时对比，判断它们是否属相同时期的沉积，或者有着先后关系，同时要找出它们之间在岩性、岩相、厚度及接触关系等诸方面有无明显的变化规律。通过测井曲线特征、地震层位标定、地震构造解释等综合手段进行了地层的精细划分与对比，共建立14个对比剖面图，划分出K_1g中的12个小层，建立了小层数据表。

一、标准井的确定

以现场小层划分方案为依据，考虑沉积特征、厚度变化特点，进行小层划分和对比。主要步骤为筛选资料，找出标准井，确定标志层，连井剖面地层划分，多方面验证调整等。

油田上广泛用于地层对比的资料主要是测井资料，但作为层组划分及地层对比资料需要满足以下条件：

（1）能明显反映储层的岩性、物性、含油性特征。

（2）能明显反映各级旋回特征。

（3）能明显反映岩性上各个标志层的特征。

（4）能反映各类岩层的分界面。

（5）技术经济条件成熟，能大量获取，广泛应用，测量精度高。

所选的资料为8点/m的测井数据及0.125m测井校深综合解释结果。在划分对比的过程中，主要依据自然伽马（GR）、深侧向电阻率（R_D）、声波时差（AC）3条测井曲线，同时参考自然电位（SP）及其他测井曲线。

为了充分考虑平面分布，选择Q2–17、Q2–77、Q2–43、L115、QS1、L14、Q2–36等井作为标准井，建立标准井剖面，如图27–2所示。分析沉积旋回特征可知：K_1z层由下至上先反旋回后正旋回；K_1g_3层段从下到上先正旋回后反旋回；K_1g_2层从下到上先反旋回后正旋回；K_1g_1段由下至上先正旋回后反旋回；K_1g_0层从下到上整体呈先正旋回后反旋回特征。

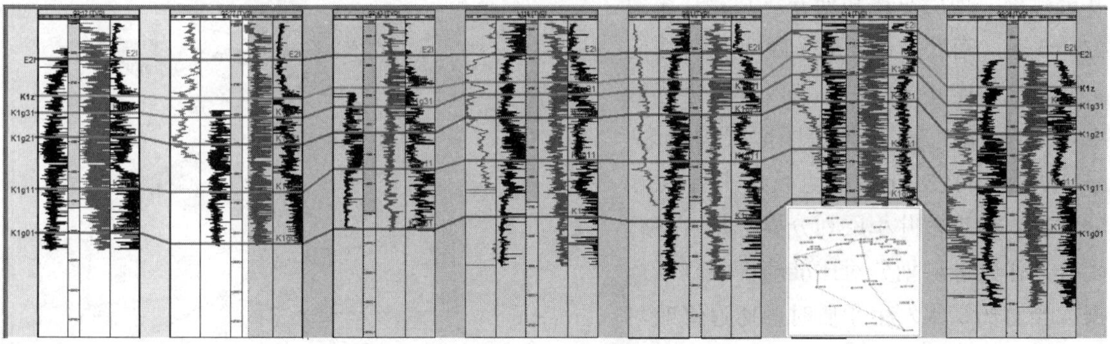

图27–2　标准井剖面

二、标志层的确定

标志层是指剖面中那些岩性稳定，厚度均匀，标志明显，分布范围广，测井曲线上易识别，与上下岩层容易区分出来的时间—地层单元，可以是一个单层或是一套岩性组合，也可以是一个界面。在标志层的控制之下，结合岩性、沉积旋回、沉积相序组合特征、电性等特征综合考虑，才能得到比较正确的小层划分。显然，在剖面上标志层越多，分布越普遍，对比就越容易进行。有的标志层分布范围小，岩性或电性不太稳定时，可以选作辅助标志层，或作为小范围的标志层。因此，在确定了剖面和骨架网之后，就需要寻找标志层。

寻找标志层可以通过高收获率取芯井的岩芯寻找岩性特殊，沉积稳定的标志层。一般在砂、泥岩剖面上可选厚度稳定的纯泥岩、页岩、油页岩或变化小的砂岩做标志层。在碳酸盐岩剖面上可选取泥灰岩、泥质灰岩或生物灰岩等特殊岩性作标志层。另一方面是通过各类岩性标准层在电测曲线上的响应特征，只有在电测曲线上有明显响应，易于识别的岩层才能作为储层对比的标志层。根据次一级沉积旋回、岩性及电性特征，该区地层划分共涉及如下标志层。

$K_{1}g_{3}$顶泥岩层：岩性为泥岩，测井曲线呈低电阻率，高GR，高声波时差特征。在东西、南北连井剖面上均可分辨出。

$K_{1}g_{2}$顶部泥岩层：测井曲线呈低电阻率，高声波时差特征。在东西、南北连井剖面上均可分辨出。

$K_{1}g_{1}$顶部低阻泥岩层：测井曲线呈高GR，低电阻率，高时差特征。

$K_{1}g_{1}^{3}$底部低阻泥岩夹层：曲线呈低电阻率，高时差，高GR特征。

$K_{1}g_{0}^{3}$顶部泥岩夹层：曲线具有高声波时差，高GR，低电阻率特征。

三、连井剖面对比

在标志层控制下，依据旋回对比、分级控制，并通过地震约束，对井区41口井进行统一地层对比和划分，共建立东西方向5条，南北方向4条，西北东南方向4条共13条连井剖面，对井区地层进行精细划分与对比。并依据层序地层学理论，采取井组环状对比剖面进行多井小层划分对比，检查多井小层划分界限是否平行闭合，作为地层划分对比准确性的判断依据。当对比结果发生矛盾时，通过修改对比结果，直至二者闭合结果达到相应的一致（见图27-3）。

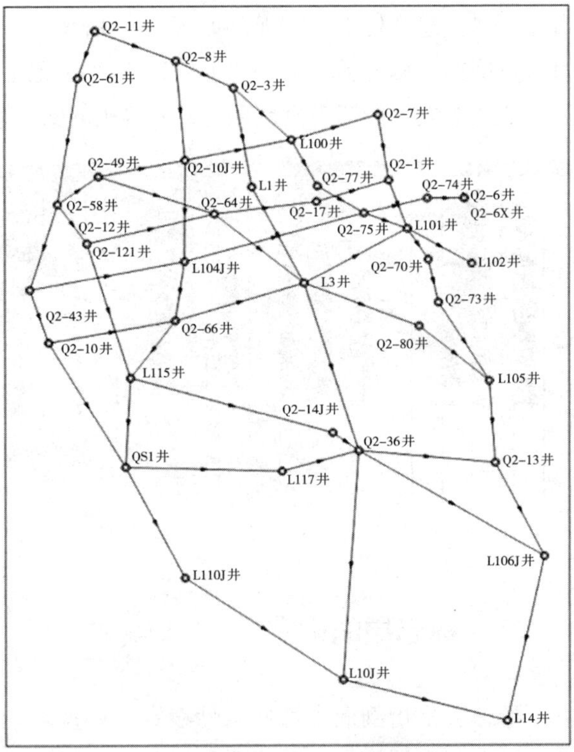

图27-3　全区连井剖面图

对于裂缝性油藏，自然电位曲线对地层划分的作用不大，本次划分主要参考深侧向电阻率和自然伽马曲线，结合地震剖面同相轴分布及声波时差曲线来进行地层对比。分层特点主要为：

K_1z层底界以GR增大，电阻率值降低，声波时差增大与下伏地层分界。

K_1g_3层底界以GR增大，电阻率值降低，声波时差增大与下伏地层分界。

K_1g_2层底界以GR增大，电阻率值降低，声波时差增大与下伏地层分界。

K_1g_1层底界以GR降低，电阻率值增大，声波时差减小与下伏地层分界。

K_1g_0层GR曲线呈峰状起伏，电阻率表现为块状中高值。

如图27-4所示，仅用东西向连井剖面说明，由测井曲线及地震资料可知4个大的分层比较明显，同时地层自西向东海拔逐渐降低。

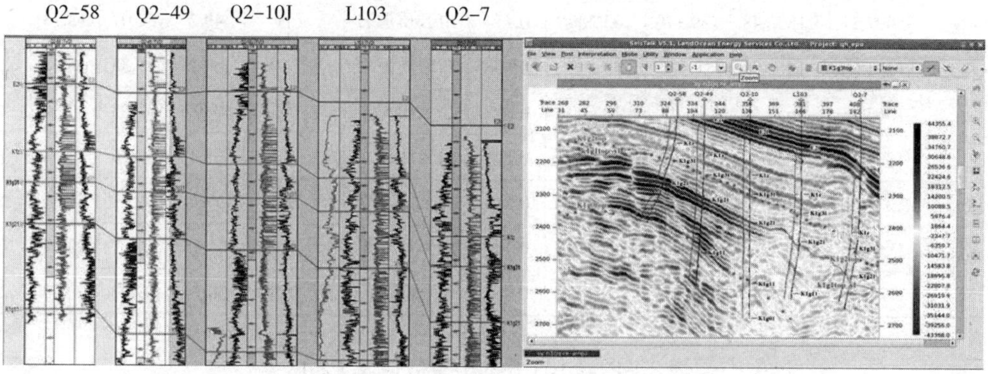

图27-4　东西向连井剖面

四、地层对比结果

对比过程中出现矛盾的分层，从地震反映及测井曲线特征出发，对局部井分层进行了调整，以达到小层地层横向延伸没有异常。

Q2-70的K_1z层向上调整47米依据如图27-5所示，原Q2-70测井曲线特征和地震剖面同相轴均显示不一致，调整后对应很好。

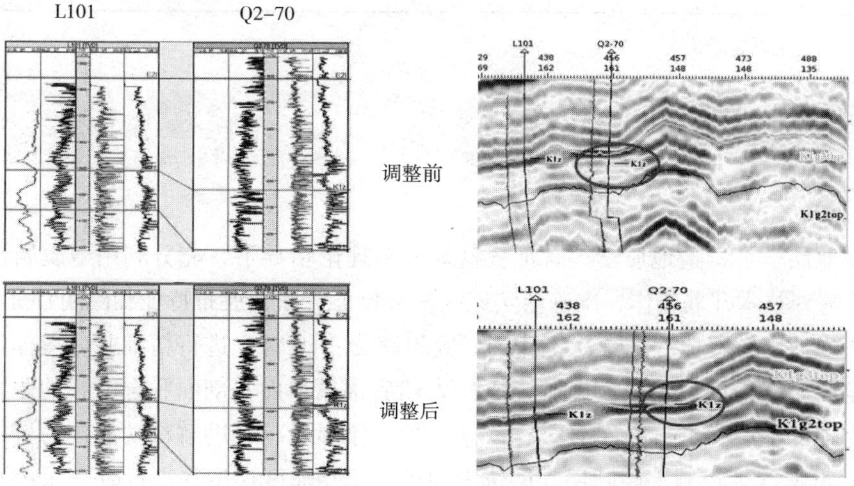

图27-5　Q2-70的K_1z层调整对比图

五、小层数据表

通过地层划分和对比，结合物性参数的评价得到小层数据表，表27-1和表27-2为L101井的数据情况。

表27-1　L101井的小层数据表（1）

井名	小层	顶面海拔	底面海拔	地厚	储层厚度	净毛比	岩性	裂缝发育	碳酸盐含量	砂岩含量	泥质含量	含水饱和度
L101	K_1g_{14}	−1697.37	−1836.48	139.110	63.200	0.454	白云质泥岩	发育	49.2	37.07	13.73	23.62
L101	K_1g_{22}	−1481.66	−1563.08	81.420	33.200	0.408	白云质泥岩	较发育	47.2	37.33	15.48	23.79
L101	K_1g_{21}	−1563.08	−1697.37	134.290	42.600	0.317	白云质泥岩	一般	29.92	39.53	30.54	20.93
L101	K_1g_{13}	−1836.48	−1964.53	128.050	34.700	0.271	白云质泥岩	一般	39.1	38.36	22.54	31.24
L101	K_1g_{32}	−1331.36	−1396.95	65.590	14.000	0.213	白云质泥岩	不发育	28.7	39.69	31.61	21.58
L101	K_1g_{12}	−1964.53	−2044.69	80.160	11.700	0.146	白云质泥岩	较发育	47.63	24.2	28.41	13.67
L101	K_1z	−979.08	−1331.36	352.280	18.000	0.051	泥岩	不发育	30.74	39.43	29.83	23.78

表27-2　L101井的小层数据表（2）

井名	小层	基质孔隙度/%	基质渗透率/$10^{-3}\mu m^2$	裂缝孔隙度/%	裂缝渗透率/$10^{-3}\mu m^2$	总孔隙度	总渗透率	裂缝开度/μm	裂缝密度/（1/m）	倾角	试油结果	有效厚度
L101	K_1g_{14}	5.03	7.49	0.068	152.97	5.098	10.64	51.58	9	74.24	油层	63.2
L101	K_1g_{22}	5.41	9.99	0.029	26.186	5.439	14.13	31.29	8	73.62	干层	14.3
L101	K_1g_{21}	3.56	2.55	0.003	0.664	3.563	3.61	16.02	0	36.41	干层	12.7
L101	K_1g_{13}	3.47	3.08	0.028	43.317	3.498	4.36	39.82	4	45.93	干层	4
L101	K_1g_{32}	3.9	3.22	0.004	1.256	3.904	4.55	20.47	0	38.19	干层	2
L101	K_1g_{12}	0	0.34	0.052	99.136	0.052	0.50	42.81	7	57.18	差油层	11.7
L101	K_1z	2.74	3.2	0.0035	1.16	2.7435	4.53	13.85	0	32.13	干层	6

第二节　地震构造精细解释

在层序地层学、构造地质学、含油气盆地分析理论指导下，充分利用地震属性、时间切片、全三维解释技术开展工作，准确落实该区构造特征、断裂展布特征和圈闭特征。

根据常规地震解释流程，本次工作的研究思路为：①首先进行精细井—震标定，根据标定结果确定所有解释层位的地震反射特征；②然后根据平面—剖面联合解释的原则，以地震属性分析为辅助手段，进行断层与层位解释；③三维显示与辅助解释功能作为有效的质控手段；④以井点速度为控制，以断层、层位为约束，建立速度模型并进行时—深转换；⑤构造成图；⑥根据地震解释结果，研究构造特征及其演化特点。

一、构造精细解释

1. 层位标定

利用区内41口钻井的测井资料制作合成地震记录与井旁地震道对比标定地质层位。以声波和密度测井曲线为基础制作合成记录。根据地震数据的频谱分析，合成记录的子波选用27Hz主频的雷克子波。所有含有声波曲线的斜井都制作了合成记录（见图27–6）。

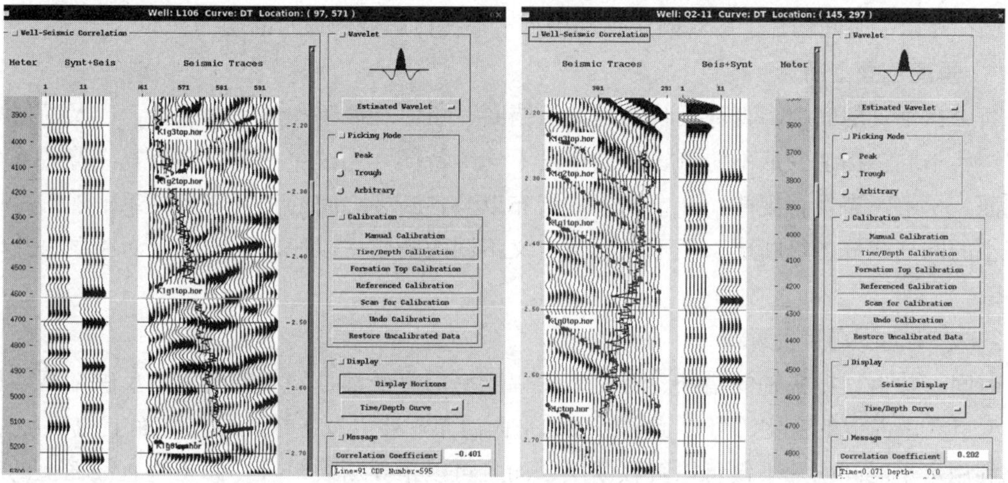

L106井　　Q2–11井

图27–6　合成记录标定

从合成地震记录与井旁地震道的对比分析，该区层位标定与前期解释的地震反射层位是一致的。层段为白垩系下统下沟组（K_1g_3、K_1g_2、K_1g_1、K_1g_0段），共解释了5个地震层位，分别是：K_1g_3段顶面、K_1g_2段顶面、K_1g_1段顶面、K_1g_0段顶面及K_1g_0段底面。各地震解释层位的连井剖面特征见图27–7。

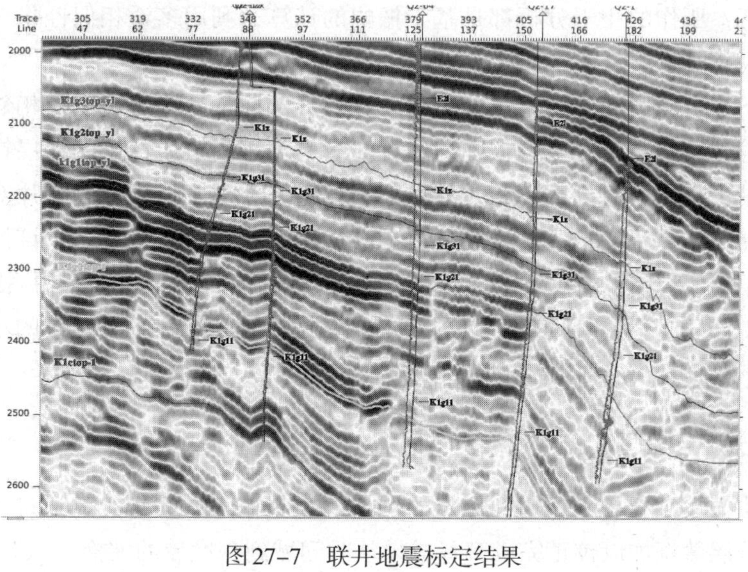

图27–7　联井地震标定结果

利用井—震标定确定解释层位的地震反射特征以后，首先解释过井地震测线，形成 64×64 全区闭合的地震层位解释框架，作为地震层位解释的基础。

2. 断层的精细解释

三维地震资料的解释，要充分发挥人机联作系统的各种显示手段，把常规三维地震数据体、相干数据体、时间切片、多种属性数据体相结合，进行全方位解释。解释充分利用三维数据的丰富信息及解释系统的多种功能，在不同方向、不同间距、不同比例的垂直剖面上解释断层；在水平时间切片上解释断层；利用相干数据体解释和检验断层的平面组合。

1）垂直剖面上解释

断层在垂直剖面上，直观反映的是波阻错断、扭曲、振幅和频率的突变，以及断层两侧地层产状不同。构造变形不协调，地层厚度不同等特征。先按照一定方向反复浏览一系列垂直剖面，了解断裂发育规律，在空间上的展布以及各断裂之间的相互切割关系。然后按照由大到小的网格解释各级断层，用不同颜色定义不同的断层，以便于在空间上对断层进行闭合和追踪。

2）水平时间切片上解释

时间切片上，振幅轴的错断、走向、振幅频率的突变都是同相轴的集中反映，观察振幅的突变点在平面上的变化，可以了解断层的平面展布规律以及各级断层在平面上的相互关系。因此利用水平时间切片不仅可以解释断层，而且可以指导断裂组合，修正垂直剖面上的解释方案，补充解释小断层，提高断层解释的精度及效率。

3）利用相干数据体解释和检验断层

相干概念最初只限于相邻道间的相关性，是多道数据间相似程度的一种度量。它最有效和最重要的应用之一是同相轴的检测，特别是当同相轴的幅值较小并隐藏在噪声中时。相干的计算可以在相干较弱或被噪声干扰的情况下提供出数据相似性的定量值，互相关是它的计算基础。

一般情况下，所作的相干分析都是基于振幅的计算，利用多道相似性将三维振幅数据体转化为相关系数数据体，在显示上通过强调不相关异常，突出不连续性。

由于当地下存在断层和地层不连续变化时，在局部地震道会表现出与相邻地震道不同的反射特征，这导致了道与道相关的极不连续性尤其是由于断层所产生的地层错动在相应道的相关曲线中，就表现出了极高的不相关特性，根据这一原理，沿着时间切片对三维数据每一个网络点计算相关，在平面上沿断层延伸方向会出现低相关特征，反映了该区域地震道与地震道之间沿断层相似程度较差。反之，则相关性好，相关值较大。因此，在相干平面切片上，就可判别真实的断层走向，并同时可以展示那些在振幅时间切片不易觉察的小断层，中浅层广泛发育的微小断层可以得到识别（见图 27–8）。

3. 速度分析与构造成图

速度的解决方案主要是利用精细标定的 41 口钻井的时深关系拟合，通过空间的插值形成速度场，再用分层数据加以校正完成解释成果从时间域到深度域的转换。从时深曲线关系看，

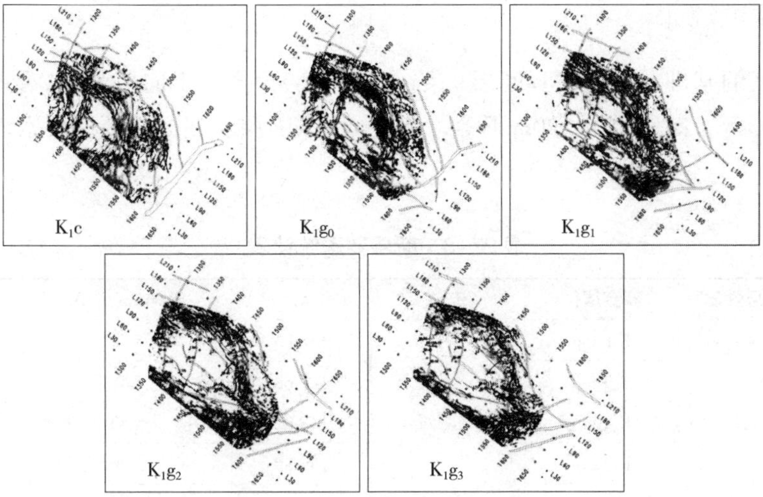

图 27–8　相干属性识别断裂

40 口井的速度由浅至深的趋势比较一致，没有异常变化，可以用作时深转换。

本次构造成图的基本过程是按照以下步骤进行的：

等 t_0 图的制作→平均速度场的建立→深度构造图的编制。

等 t_0 图编制：将解释好的断层平面组合、层位数据输入到双狐成图软件，进行网格化，生成 t_0 网格数据，绘制等值线，经编辑而形成。最后经过全面检查核对，剖面的构造形态与等 t_0 图上所反映的构造形态吻合很好，从而确保了目的层面、剖面特征的一致性和等 t_0 图的准确性。

构造图的编制：在本区时—深转换过程中，利用钻井的时深关系建立平均速度，通过井点校正后进行平面网格化，将其与等 t_0 图网格叠加相乘，得到各反射层基准深度平面图，最后通过校正基准深度将其转化为海拔深度，从而实现构造图的编制，各顶面构造整体上呈西南高，东北低的趋势（见图 27–9）。

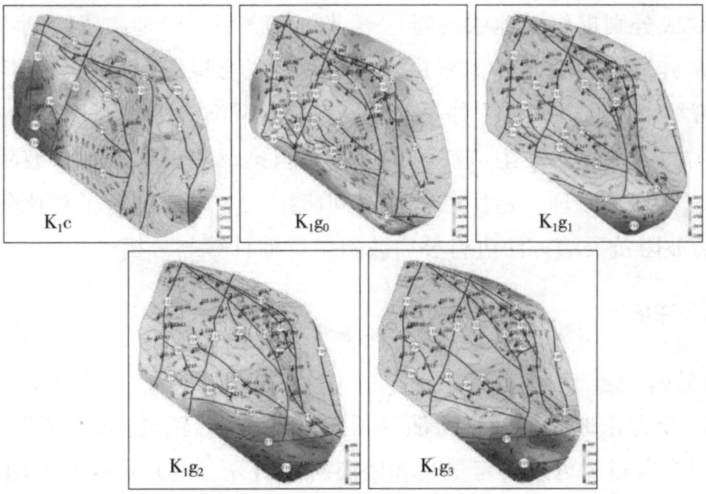

图 27–9　各地层顶面构造图

4. 断层要素统计

在原有方案的基础上，新解释断层9条，以逆断层为主，走向多为NW及NNW，延伸长度0.4 ~ 7.3km不等，断距20 ~ 220m不等，调整了1条断层。建立了断层要素统计（仅展示2条断层）见表27-3。

表27-3 断层要素统计表

断层名称	断层性质	断穿层位	走向	方位角/(°)	延伸长度/km	断距/m
F1	逆断层	K_1g_3top	北西西	146.23	5.51	60
		K_1g_2top		147.68	5.46	70
		K_1g_1top		148.32	5.42	55
		K_1g_0top		149.89	5.66	100
		K_1ctop		151.89	5.15	76
F2	逆断层	K_1g_3top	北西西	138.24	5.61	95
		K_1g_2top		132.68	5.47	78
		K_1g_1top		134.59	6.12	45
		K_1g_0top		137.33	7.05	56
		K_1ctop		135.20	7.25	75

二、储层预测

地震反演近些年来已经成为储层预测、油藏描述的重要技术，也是地震资料解释的主要研究内容之一。为了做好该区储层识别预测工作，分析了该区地震资料、钻井及油气地质等特征，在此基础上提出了储层预测的难点，再根据难点确定针对性的技术，进而展开多种方法进行储层预测，预测储层的分布规律。

测井曲线中包含了地震资料中缺少的低频和高频信息，低频成分提供了地层背景的基本速度结构，而高频成分则提供了地层的岩性等纵向分辨率。而地震资料则提供了稳定的中频信息和可靠的横向分辨能力。所以，测井—地震资料联合反演可以充分利用宽频带来解决地质实际问题。宽带约束反演方法是测井—地震资料联合反演效果得到肯定的一种好方法。

针对目前常用的三种叠后波阻抗反演：递归波阻抗反演、稀疏脉冲波阻抗反演和基于模型的波阻抗反演，从方法原理、适用条件和时间应用三个方面进行了对比分析，寻找出适用于本研究区的叠后波阻抗反演方法进行叠后波阻抗反演计算与分析。

1. 基础资料分析

1）测井资料分析

测井资料是迄今为止地质资料中所能获得的分辨率最高、纵向连续性最好的地质数据，结合钻井取芯、露头资料，可进行定量化和横向对比研究。测井资料还可用于约束地震反演，得到高分辨率的反演成果。

A. 测井资料的分析与处理

本项目所应用的基础资料众多，包括录井的岩性、岩芯资料，测井资料，测井解释成果资料（包括岩性、物性、油气水解释成果）等各类资料。这些资料往往是多批次的，资料的一致性或多或少存在一些问题，需要进行校正及匹配处理。本项目重点进行了岩性校正，异常值校正与环境校正，声波、密度、GR、中子孔隙等一致性处理，测井解释成果资料与测井资料的深度校正等处理工作。

（1）环境校正。

测井环境如井径、泥浆密度、泥浆矿化度、泥饼、井壁粗糙度、泥浆侵入带、地层温度与压力、围岩以及仪器外径、间隙等非地层因素对各种测井曲线都会产生不可忽视的影响。本区从声波测井资料看，主要目的层段声波测井数据基本正常，环境影响不太明显，因此本次未进行声波速度的环境校正。

（2）测井资料的一致性校正处理。

测井原始数据的误差除环境因素的影响外，另一个主要来源则是由于仪器刻度的不确定性。这是因为对于一个油田来说，一方面，在漫长的勘探与开发过程中，很难保证所有井的测井数据都采用同类型的数据、统一的标准刻度器以及同样的操作方式，这样就会在井与井之间产生以刻度为主的误差。另一方面，井与井之间的测井误差还可能来自校正不完善等因素。因此，在对测井原始数据进行环境校正后，有必要对数据进行标准化处理，以便在更高程度上克服与消除仪器刻度的不精确性所造成的影响。

声波资料归一化处理的思路：在岩性划分的基础上，进行各井的声波时差和深度的交汇分析，建立声波时差与深度间的趋势线，然后分析声波时差与趋势线间的差异，并分析产生差异的原因，这样可以有效避免岩性因素造成的速度的变化对趋势线的影响。在确认有系统误差后，再进行系统校正处理。该区声波资料、密度资料及深侧向电阻率曲线等基值基本一致，因此，本次未做一致性校正处理。

B. 测井曲线岩电响应特征分析

对测井曲线进行岩性、储层敏感性分析是地震反演的重要环节，对测井曲线进行分析，找出能反映地层岩性和有利储层的曲线。针对研究区目的层段储层岩性特征分析，结合声波、密度及深浅侧向电阻率能较好地识别储层的岩性（见图27-10）。深侧向电阻率曲线能较好地反映岩性，所以结合深侧向电阻率、速度及密度能较好地区分出泥云岩储层。

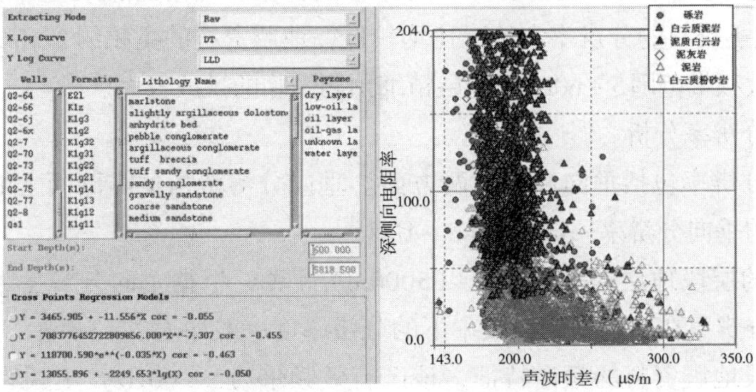

图27-10　岩性敏感曲线交汇分析

通过声波时差曲线与深侧向电阻率曲线的交汇分析，认为声波曲线岩性识别能力较差，深侧向电阻率能较好地识别泥云岩储层。因此可拟合声波曲线和深侧向电阻率曲线成拟声波曲线，区分储层与非储层。

区内有利储层主要为裂缝储层，通过裂缝敏感曲线分析，发现密度曲线及自然电位曲线对裂缝储层的识别能力较强（见图27–11），认为密度曲线的识别效果较好，因此将拟合声波曲线和密度曲线成拟声波曲线，区分裂缝性储层和非裂缝性储层。

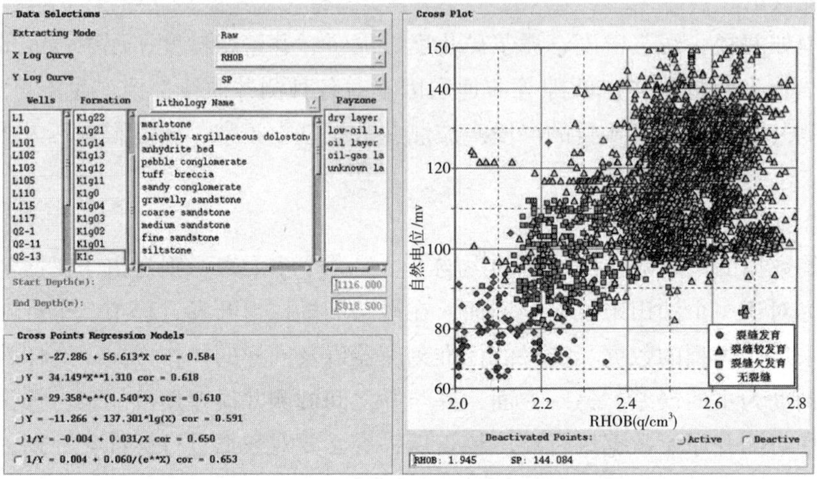

图27–11 裂缝敏感曲线交汇分析

2）地震资料分辨率

研究区目的层段为中生界白垩系下统下沟组，下沟组地层本身埋藏较深，且构造、岩性复杂，地震反射波组较弱，连续性较差，分辨率偏低，这给精细的储层预测带来很大的挑战。

A. 地震资料频率分析

研究分析整个数据体的频谱变化情况，尤其是针对目的层段，要做大量的频谱分析，调查了解目的层段的频谱在空间中的变化情况，以及频带宽度的变化情况，从而保证在地震反演预测工作中能正确选取合适的地震参数。

一般情况下，要求数据至少要保证一倍频宽以上的频带范围，如主频为18～20Hz，则要求数据必须达到10～60Hz的频宽范围。原始SEGY数据的CMP面元为25m×25m，采样间隔为2ms，为了提高与测井曲线的匹配程度，本次研究对原始SEGY数据进行重采样，采样后采样间隔为1ms。本区地震资料的分辨率和信噪比均较低，地震资料的主频约27Hz，最大有效频率接近55～60Hz，有效频带范围5～60Hz，储层精细预测面临的挑战较大。

B. 地震资料分辨率分析

地震勘探的分辨率包括垂向和横向两方面。垂向分辨率指地震剖面上能分辨的最小地层厚度。地震勘探的垂向分辨率一般在1/4λ ～1/8λ。

研究区内目的层段地层的平均速度以5000m/s计算，根据垂向分辨率大于等于1/4λ的理论，研究区地震分辨率在不同的子波频率下的分辨厚度一般如表27–3所示。

分析目的层段地震资料的频谱特征，该区有效频带为5～60Hz，主频约27Hz，最优势频率27Hz，能有效分辨的厚度为46.3米。

如果通过分频来进行储层识别，可以提高地震资料的储层识别能力，不同频率的地震资料对应的分辨率如表27–4所示。

表27–4　研究区地震资料分辨率

频率/Hz	20	25	30	40	50	60
分辨率/m	62.5	50	41.7	31.25	25	20.8

3）地质资料分析

对现有资料进行统计分析，认为下沟组地层岩性以白云质泥岩、泥质白云岩、泥岩、灰质泥岩、白云质粉砂岩及砾岩为主，其中泥云岩（白云质泥岩及泥质白云岩）及砂岩为本区的主要储层。

白云质泥岩—泥质白云岩和砂岩储层主要以裂缝孔隙为主，平行的层间缝是主要的储集空间，斜交缝是储层主要的流动与沟通通道；大量的取芯、试油资料已证实，二者的匹配关系及发育程度直接决定着储层的物性和含油性。目前在区域上已获得工业油流的井均是以下沟组的这一套白云质泥岩—泥质白云岩为主的储层和产层。

以砂岩—白云质砂岩为主的裂缝性储层，以基底孔隙度和平行的层间缝为其主要储集空间，斜交缝是其流动与沟通之道。

4）储层预测难点分析及技术对策

A. 储层预测难点

（1）储层类型多样化。下沟组主要发育泥云岩（泥质白云岩、白云质泥岩等）储层及砂岩储层，储层类型复杂且多样化，给储层预测带来极大的挑战。

（2）有利储层多样化。本区储层主要为裂缝性储层，包括泥云岩、砂岩裂缝性储层，给有利储层预测带来很大的困难。

B. 技术对策

基于基础资料的分析，确定本次储层预测的基本研究思路为：

（1）预测储层分布，包括泥质白云岩、白云质泥岩等储层的分布范围。电阻率对岩性反映比较敏感，不管是砂岩还是泥云岩都表现为高电阻率的特征，因此通过电阻率与声波曲线构建拟声波曲线预测储层的分布范围。

（2）在储层预测分布的基础上，预测有利储层分布，包括孔隙发育及裂缝发育的储层。密度曲线和自然电位曲线对渗透性储层（包括孔隙型和裂缝型储层）反映比较敏感，储层孔隙或裂缝发育时，密度降低，自然电位曲线表现为负异常，因此有利储层预测时需参考密度曲线和自然电位曲线。

2. 拟声波曲线的构建

1）问题提出

基于模型的宽带约束反演方法建立在褶积理论基础之上，其初始模型是地层声波或波阻抗。但是，在很多情况下，由于井筒污染、储层胶结程度和孔隙度或其他原因，测井声波不能很好地反映储层和围岩的差异，导致岩性识别困难，使得反演结果不能解决储层预测问题。为此，要寻找一种方法，充分利用现有各种测井资料，弥补声波测井的不足，提高地震反演的分辨率，以便更准确地进行储层预测。

2）方法实现

波阻抗反演是对叠后地震资料反演的唯一有效手段，如果直接进行参数反演在理论上是站不住脚的。因此可以基于声波测井曲线，有效地综合各种信息，利用信息融合技术把它们统一到同一个模型上，实现各种信息的有机融合和有效控制，从而把反映地层岩性变化比较敏感的自然伽马（GR）、深浅侧向电阻率（R_D、R_S）等测井曲线转换成具有声波量纲的拟声波曲线，使其具备GR高频信息，同时结合声波的低频信息，合成拟声波曲线，使它既能反映地层速度和波阻抗的变化，又能反映地层岩性等的细微差别。

合成拟声波曲线的关键是如何将声波曲线的低频信息和自然伽马等其他曲线的高频信息“调制”到一起。利用小波多分辨率分解和信息融合技术进行拟声波曲线的合成取得了较好效果（见图27-12）。把声波中的地层背景速度低频信息与反映地层岩性变化比较敏感的源测井曲线高频信息调制成拟声波曲线。

实现步骤：

（1）利用声波曲线和反映地层岩性变化比较敏感的自然伽马等其他曲线，进行统计回归，寻找对岩性最为敏感的曲线。

（2）利用数据缩放技术，将非声波的源曲线创建成具有声波量纲的新曲线。

（3）从原始声波曲线中提取能够反映地层背景速度的低频成分。

（4）将已产生的具有声波量纲的新曲线和从原始声波曲线中提取的低频成分进行“调制”，最后合成拟声波曲线。

该区储层岩性以泥云岩（泥质白云岩、白云质泥岩等）为主，本区对岩性较为敏感的曲线为深侧向电阻率曲线。利用深侧向电阻率曲线与声波曲线重构了工区内井的拟声波曲线，用于地震反演和储层岩性预测。

从深侧向电阻率曲线、声波曲线、拟声波曲线（声波时差与深侧向电阻率拟合）与岩性

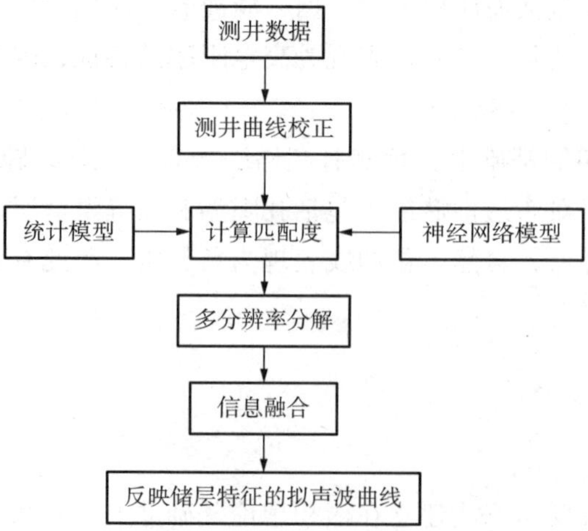

图27-12　拟声波曲线合成流程图

的对比图上可以看出，拟声波曲线比声波曲线能更好地识别储层岩性。

该区储层主要是裂缝储层，从多井裂缝敏感曲线交汇分析图可看出，密度曲线对裂缝储层的识别较好，本次主要采用声波曲线和密度曲线拟合拟声波曲线，用于裂缝储层的识别。

3. 层位标定和子波提取

为了更好地研究下沟组储层的分布规律，必须充分利用地震资料。作为精细地球物理储层预测的基础工作之一，子波反演和层位标定是联系地震和测井数据的桥梁，在地震反演中占有重要地位。只有在子波提取和层位标定准确的情况下，才能获得高精度的预测结果。

层位标定的好坏直接影响到子波的反演结果，而子波的正确性又对层位的准确标定具有重大影响，正因为它们之间的相互制约，只有通过子波反演和层位标定交互迭代才能获取最佳标定和最佳子波。判断最佳标定与最优子波的根据是使井旁实际地震记录与合成记录之间的互相关系具有最大的主峰值以及主峰值与次峰值之比应尽可能大。子波反演采用以下方法：①用最小二乘法子波反演求取初始子波；②用广义线性子波反演方法求取最佳子波。

在反演前，对工区内所有具备声波时差曲线的井进行了层位标定工作，从井旁地震道提取子波，与反射系数褶积以后产生合成记录剖面与实际地震剖面对比，同时不断调整子波参数，使两者达到最大相关。在地震层位和地质层位标定出现不完全吻合时，结合小层对比及时深关系，进行统层调整，确保地质分层、地震层位及时深关系的准确性。

4. 初始模型的建立

在地质模型建立过程中，采用信息融合技术把地质、测井、地震等多元地学信息统一到同一模型上，实现各类信息在模型空间的有机融合，提高反演的信息使用量、信息匹配精度和反演结果的置信度。并且在建模时考虑了多种沉积模式（超覆、退覆、剥蚀和尖灭等）的约束，使用地震分形技术和地震波形相干技术内插方法，建造出复杂储层的初始地质模型，该模型完全保留了储层构造、沉积和地层学特征（通过地震波形变化）在横向上的变化特征。

5. 储层反演效果分析

在反演过程中，通过采用子波反演和层位标定交互迭代技术，获取最佳层位标定和最佳子波。在复杂构造框架和多种储层沉积模式的约束下，采用全局寻优的快速反演算法，对初始地质模型进行反复的迭代修正，得到高分辨率的波阻抗反演结果。其地震反演结果符合工区的构造、沉积和地层特点。

实际应用表明，该地震反演方法能够适应复杂地质模型的反演计算，反演结果精度高，具有较宽的频带，适用范围广，可用于少井或多井地区的勘探开发。该方法具有较强的抗干扰能力，能够适应含噪声的地震资料。

1）实际反演步骤

（1）利用声波曲线与地震资料联合反演，输出速度数据体，为储层厚度的求取和时深转换提供速度数据体。

（2）利用深侧向电阻率拟声波曲线与地震资料联合反演，得到拟声波阻抗数据体，用于识别储层。

（3）利用密度与地震联合反演，得到拟声波阻抗数据体，用于识别裂缝储层。

（4）在数据体（2）基础上，用数据体（3）对其进行过滤，得到有利储层预测的分布。

2）反演效果分析

图27-13为过Q2-11、Q2-8、Q2-3、L103、Q2-77、Q2-75、L101、L102连井线的拟声波阻抗剖面，主要目的是为了找有利储层。Q2-11井在下沟组试油发现10个油层组，最厚油层组21m（深度段4458～4479m），与有利储层预测结果较吻合；Q2-8井在下沟组试油未见油气显示，与有利储层预测结果吻合度高；L103井在下沟组试油发现6个低产油层组，其与有利储层预测结果吻合；Q2-77井在下沟组4532.1～4630.5m深度段试油是油层，另外发现19个水层组，与有利储层预测结果吻合度好；Q2-75在下沟组试油发现5个油层组，厚度最大油层组为13.8米（深度段4561.6～4575.4m），与有利储层预测结果吻合。L101井在下沟组试油发现4个油层组、3个低产油层组，厚度最大的油层组为31m（深度段4272～4303m），与有利储层预测结果吻合度高。

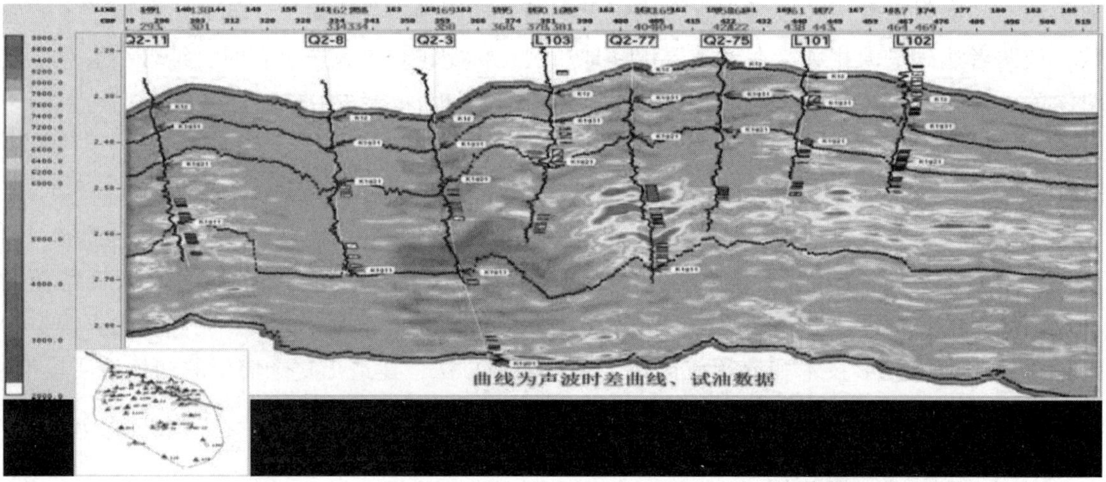

图27-13　Q2-11～L102连井有利储层预测拟波阻抗剖面图

6. 储层门槛值的确定

为了准确的确定储层与非储层门槛值，比较直观明了的方法就是采用交汇图来分析。本次是将反演的拟声波阻抗输出来和井上的声波曲线进行交汇，以精确求取储层与非储层的门槛值。

图27-14是目的层段反演拟声波阻抗和井上声波曲线的交汇图。

红色及蓝色代表有利储层，墨绿色代表非储层，分析得知储层与非储层之间的反演拟声波阻抗值均存在较明显的差别，虽然二者存在一定的重叠区，但不是很大。从反演的拟声波阻抗（纵坐标）可以大致确定储层门槛值为6500左右。在提取有利储层平面分布图时，值域在6500以上的是储层，将储层的时间厚度进行累加就得到了储层的时间厚度平面图。

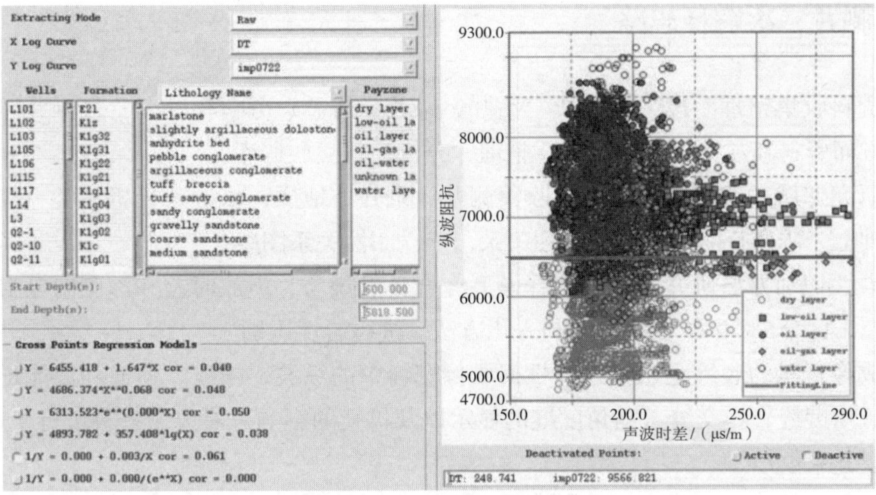

图27-14　井上反演拟声波阻抗与自然伽马曲线交汇确定储层阻抗门槛值

7．储层厚度平面分布图

以求取的门槛值为依据，得到各小层段的储层时间厚度平面分布图（仅展示2层如图27-15和图27-16），整体来看，裂缝储层主要发育在断裂附近，尤其是两个弧形断层所夹区域内。

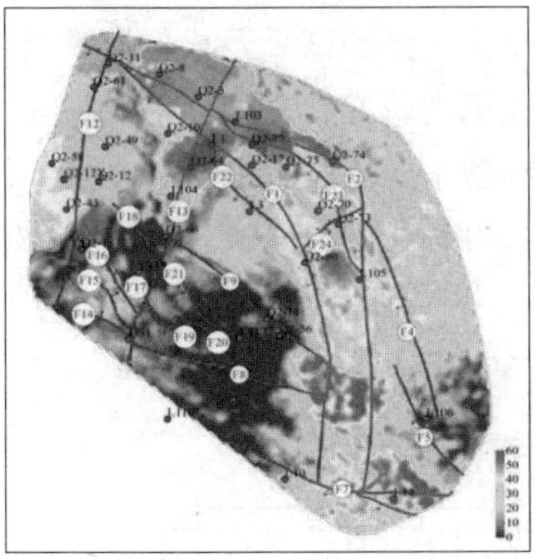

图27-15　$K_1g_1^1$小层储层厚度预测平面分布

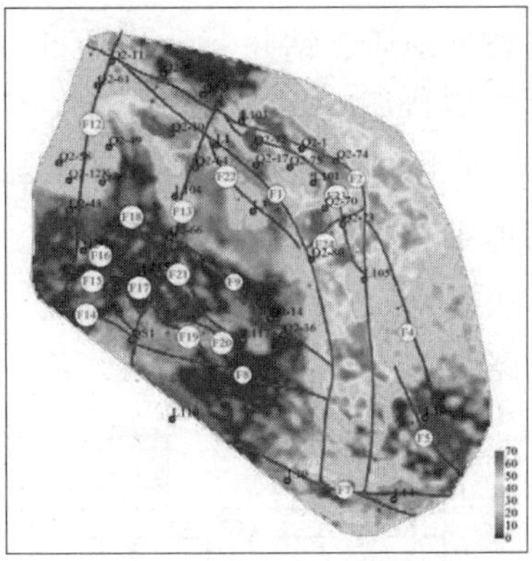

图27-16　$K_1g_1^2$小层储层厚度预测平面分布

第三节　测井二次解释

综合考虑岩芯、成像测井解释成果、试油成果及生产动态资料，重新建立常规测井解释方法体系和油层划分标准，由此，在全区多井相互联系及同时解释的情况下，弥补了小范围工区上的不足，完善了该区裂缝性油藏的测井解释方法，建立的解释方法具有一定的普遍应用价值，可为同类油藏测井解释所借鉴。

一、测井二次解释思路

（1）资料收集整理阶段。对地质、钻井、录井、岩芯、分析化验、常规测井、试油、成像测井等方面资料和数据进行了收集、整理、分析、建立数据库。

（2）研究储层“四性”关系。在收集测井、录井、地质、试油、分析化验、成像测井等资料的基础上，研究各油组的储层四性关系，建立四性关系图版。

（3）岩性识别方法研究。岩性解释模型综合自然伽马、声波时差和深侧向电阻率测井曲线，将研究工区分5个区块，采用“归一化方法”进行岩性识别。

（4）成像资料的裂缝定量描述。根据成像资料中的纵波、横波、斯通利波能量衰减的程度，成像低角度缝、斜交缝、高角度缝的显示以及扩径的影响，对成像资料进行半定量描述，得到综合裂缝系数CF。

（5）储层基质参数计算模型研究。在岩芯实验分析的基础上，综合自然伽马、声波时差和深侧向电阻率测井曲线，采用“归一化方法”建立各油组测井解释泥质含量模型、碳酸盐含量模型、孔隙度模型、渗透率模型、含水饱和度模型，系统地建立各油组的储层参数解释模型。

（6）储层裂缝参数计算模型研究。在成像资料裂缝定量描述的基础上，综合自然伽马、声波时差和深侧向电阻率测井曲线，采用“归一化方法”建立各油组测井解释裂缝开度模型、裂缝孔隙度模型、裂缝渗透率模型、裂缝密度和裂缝倾角模型，系统地建立了各油组的裂缝参数解释模型。

收集整理地质、钻井、录井、测井、取芯、分析化验、试油试采及成像测井资料，分析储层测井响应特征，开展储层四性关系研究，进行岩性识别研究，并建立储层泥质含量、碳酸盐含量、孔隙度、渗透率、流体饱和度等参数解释模型，建立裂缝开度、密度、倾角、孔隙度、渗透率等参数解释模型，进而对单井资料进行处理解释，形成一套适用于QX油田的测井解释方法。

技术路线如图27-17所示。

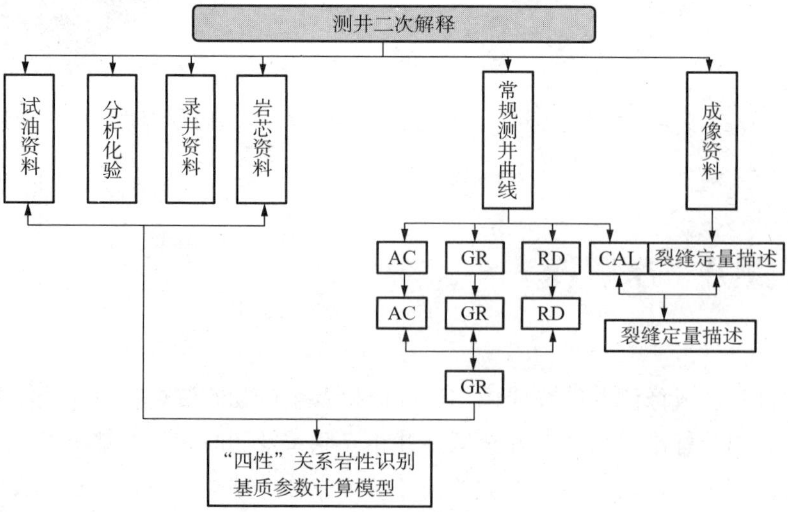

图27-17　技术路线图

二、岩性解释

岩性解释中泥质体积含量计算是基础，生产实践中计算最常用的是自然伽马法、电阻率法和声波法，但对于含白云岩裂缝储层而言，单一曲线对岩性的反映并不敏感，因此，采取自然伽马 GR、声波时差 AC、深侧向电阻率 RD 三个曲线组合方法进行岩性解释。

对三个曲线进行归一化为：

$$C_{GR}=1-\frac{GR-GR_{\min}}{GR_{\max}} \tag{27-1}$$

$$C_{AC}=\frac{AC_{\max}-AC}{AC_{\max}-AC_{\min}} \tag{27-2}$$

$$C_{RD}=1-\frac{RD-RD_{\min}}{RD_{\max}} \tag{27-3}$$

式中，$GR_{\max}$、$GR_{\min}$ 为自然伽马最大值和最小值，API；$AC_{\max}$、$AC_{\min}$ 为声波时差最大值和最小值，μs/m；$RD_{\max}$、$RD_{\min}$ 为深侧向电阻率最大值和最小值，Ω·m。

参考高通滤波函数原理，结合研究区的录井、成像等资料进行拟合，将岩性综合系数 N_C 设计为：

$$N_C=e^{0.3}-e^{1-\frac{C_{AC}+C_{GR}+C_{RD}}{3}} \tag{27-4}$$

拟合 N_C 与岩芯实验中的泥质体积含量、白云岩体积含量关系如图27-18和图27-19所示。

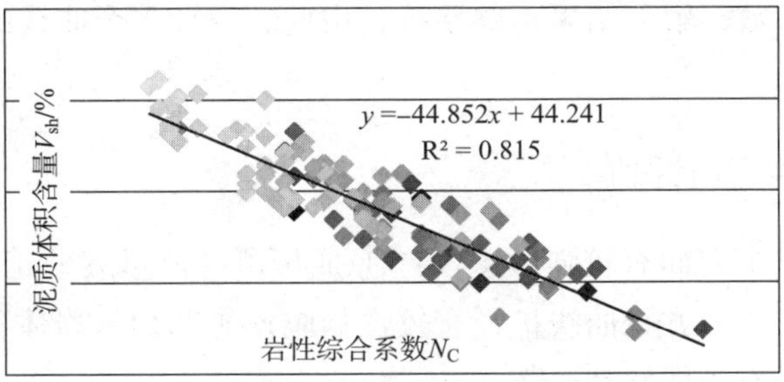

图27-18　泥质体积含量 V_{sh} 与岩性综合系数 N_C 关系

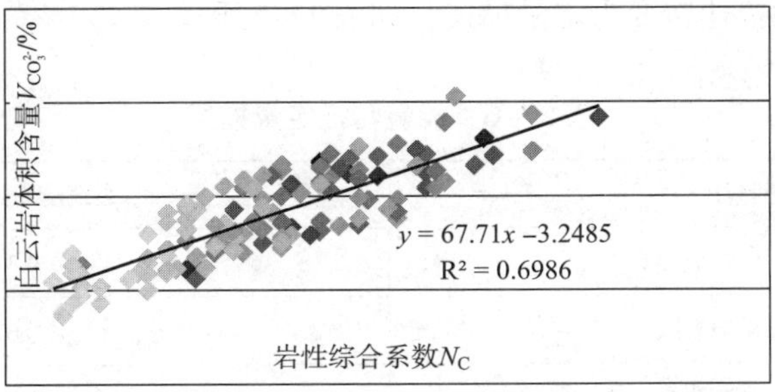

图27-19　白云岩体积含量 $V_{CO_3^{2-}}$ 与岩性综合系数 N_C 关系

由此，得到岩性计算公式为：

$$V_{sh} = -44.85 \times N_C + 44.24 \tag{27-5}$$

$$V_{CO_3^{2-}} = 67.71 \times N_C - 3.248 \tag{27-6}$$

式中：N_C——岩性综合系数，小数；$V_{CO_3^{2-}}$——白云岩体积含量，%；V_{sh}——泥质体积含量，%。

根据QX油田的储层岩芯和录井资料对岩性的划分，设计如表27-5所示岩性判别标准。

表27-5　QX油田岩性划分标准

岩性	标准/%
泥质白云岩	$V_{CO_3^{2-}} \geqslant 47$
白云质泥岩	$25 \leqslant V_{CO_3^{2-}} < 47$ 并且 $V_{sh} \geqslant 38$
白云质砂岩	$25 \leqslant V_{CO_3^{2-}} < 47$ 并且 $V_{sh} \leqslant 38$
砂岩	$V_{CO_3^{2-}} < 25$ 并且 $V_{sh} < 38$
泥岩	$V_{CO_3^{2-}} < 25$ 并且 $V_{sh} > 38$

三、裂缝解释

裂缝性油藏的有利储层中裂缝发育是关键，对其评价和参数计算至关重要，其分析手段主要来源于成像测井和常规测井，成像测井解释裂缝基本为定性描述，常规测井主要依赖深浅侧向曲线计算裂缝参数，解释结果不够系统，由此，设计多个曲线的多因素综合方法以全面评价裂缝属性。

1. 裂缝发育程度定量评价

裂缝发育程度在三个方面有较强敏感性：①成像测井能量衰减越大、高角度缝越发育，则说明储层裂缝越发育；②井径曲线扩径有较强响应；③与白云岩体积含量正相关的岩性综合系数N_C越大，储层越有条件发育裂缝。

成像测井裂缝评价因素考虑两个指标：由能量特征定性描述转变为定量描述，如表27-6所示；由裂缝类型定性描述转变为定量描述，如表27-7所示。

表27-6　能量特征定量描述

能量特征	裂缝能量系数F_{EN}
声波能量基本无衰减	0.33
声波能量微弱衰减	0.67
横波幅度衰减明显	1

表27-7 裂缝类型定量描述

裂缝描述	裂缝类型系数F_{KI}
裂缝不发育	0.2
低角度裂缝发育	0.4
裂缝较发育	0.6
斜交缝发育	0.8
高角度裂缝发育	1

井径曲线裂缝评价应用0–1标度，即明显的扩径表明裂缝发育，其值设为1，否则设为0。用公式表示为：

$$F_{CAL}=\begin{cases}1 & \text{扩径明显}\\0 & \text{扩径不明显}\end{cases} \quad (27\text{–}7)$$

结合常规测井曲线岩性综合系数N_C，由加权平均得到裂缝综合系数F。

$$F=\omega_1 F_{EN}+\omega_2 F_{KI}+\omega_3 F_{CAL}+\omega_4 N_C \quad (27\text{–}8)$$

式中，F为裂缝综合系数，小数；F_{EN}、F_{KI}、F_{CAL}分别为裂缝能量系数、裂缝类型系数、井径系数，小数；ω_1、ω_2、ω_3、ω_4分别是对应各系数的权重，小数。

对裂缝综合系数进行分类，描述裂缝发育情况，如表27–8所示。

表27-8 裂缝发育分类标准

裂缝综合评价	指标
裂缝不发育	$F<0.4$
裂缝发育一般	$0.4\leqslant F<0.6$
裂缝较发育	$0.6\leqslant F<0.8$
裂缝发育	$F\geqslant 0.8$

2. 裂缝类型判断

利用测井曲线计算裂缝倾角的最常用方法是通过深浅侧向电阻率计算出系数Y，从系数Y可以定性地判断倾角的范围，如表27–9所示。

$$Y=\frac{R_D-R_S}{\sqrt{R_D\times R_S}} \quad (27\text{–}9)$$

表27-9 裂缝倾角定性描述

裂缝状态	Y	倾角/(°)
低角度裂缝	$Y<0$	<30
倾斜裂缝	$0\leqslant Y\leqslant 0.1$	30 ~ 70
高角度裂缝	$Y>0.1$	>70

为了定量计算倾角，由成像测井裂缝倾角描述与裂缝综合系数进行计算回归，得到计算裂缝倾角Q_J表达式：

$$Q_J=\begin{cases}25\times F & F<0.4\\ 30+40\times F & 0.4\leqslant F\leqslant 0.6\\ 70+20\times F & 0.6<F\end{cases} \tag{27-10}$$

式中，Y为裂缝函数，无量纲；R_D为深侧向电阻率，Ω·m；R_S为浅侧向电阻率，Ω·m；Q_J为裂缝倾角，(°)。

3. 裂缝开度和密度计算

由深浅侧向电阻率可以计算裂缝开度，但对于裂缝不发育储层其计算方法有所不同，以裂缝综合系数为判别依据，对常用的裂缝开度计算经验公式进行修正后，得到适合QX油田的裂缝开度表达式：

$$K_D=\begin{cases}1058.33\times\left(\dfrac{1}{R_D}-\dfrac{1}{R_S}\right) & F\geqslant 0.4\\ 317.5\times\left(\dfrac{1}{R_S}-\dfrac{1}{R_D}\right) & F<0.4\end{cases} \tag{27-11}$$

将裂缝密度与白云岩体积含量、裂缝综合系数、岩性综合系数、裂缝密度、裂缝孔隙度等参数拟合，发现裂缝密度与白云岩体积含量、裂缝开度的相关性较高，得到裂缝密度计算公式：

$$DEN=\left\{\left[\frac{V_{CO_3^{2-}}-10}{50}\times 0.7+\frac{K_D-10}{60}\times 0.3\right]/2\right\}\times 22.56-8.294 \tag{27-12}$$

式中，K_D为裂缝开度，μm；DEN为裂缝密度，1/m。

4. 裂缝渗透率和孔隙度计算

根据裂缝孔隙度解释的经验公式，结合岩芯资料，对经验公式进行修正后，得到以下裂缝孔隙度和裂缝渗透率计算公式：

$$\phi_f=\begin{cases}\left(-\dfrac{0.992417}{R_S}+\dfrac{1.97247}{R_D}+0.0003183\right)\times 0.127 & F<0.4\\ \left(-\dfrac{17.6332}{R_S}+\dfrac{20.36451}{R_D}+0.0009318\right)\times 0.127 & 0.4\leqslant F\leqslant 0.6\\ \left(-\dfrac{8.522532}{R_S}+\dfrac{8.242788}{R_D}+0.0007124\right)\times 0.127 & F>0.6\end{cases} \tag{27-13}$$

$$K_f=0.833\times\phi_f\times {K_D}^2 \tag{27-14}$$

式中，ϕ_f为裂缝孔隙度，%；K_f为裂缝渗透率，$10^{-3}\mu m^2$。

四、基质参数计算

裂缝性油藏的基质系统具有较大程度的储集能力，并通过较低的渗流通道向裂缝中补充油源，因此，对其孔隙度和渗透率的定量计算也很重要。

1. 基质孔隙度的计算

计算孔隙度应用声波时差模型（威利公式）为：

$$\phi_m = \frac{\Delta t_{ma} - \Delta t}{\Delta t_{ma} - \Delta t_{fl}} \tag{27-15}$$

式中，ϕ_m为基质孔隙度，小数；Δt_{ma}为骨架声波时差，μs/m；Δt_{fl}为流体声波时差，μs/m；Δt为实际声波时差，μs/m。

Δt_{ma}受岩性的影响很大，不同岩石的声波时差差别较大，结合油田岩芯类型及测井曲线，拟合储层骨架声波时差分别是泥质白云岩Δt_{ma} = 140μs/m；白云质泥岩和白云质砂岩Δt_{ma} = 160μs/m；储层流体声波时差Δt_{fl} = 620μs/m（淡水泥浆）。

2. 基质渗透率的计算

基于岩芯资料和测井解释资料，利用“岩芯刻度测井法”，回归出基质渗透率的计算模型，如图27–20所示。

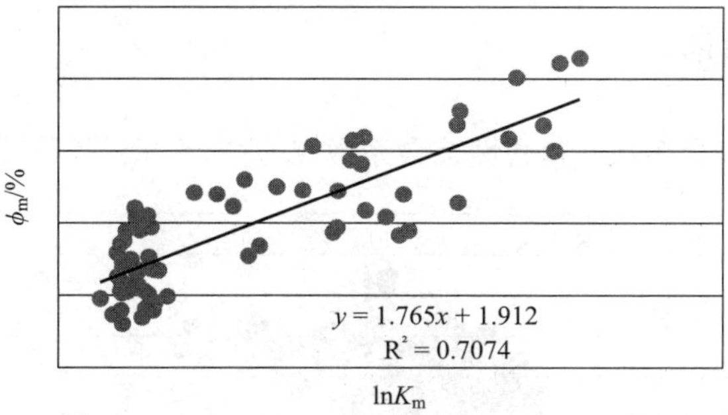

图27–20　基质孔隙度ϕ_m和渗透率K_m关系

得到基质渗透率K_m的计算公式为：

$$K_m = e^{\frac{\phi_m - 1.912}{1.765}} \tag{27-16}$$

3. 含水饱和度的计算

含水饱和度用来区分油水层，并提供计算储量的重要依据，不同区块的含水饱和度计算有一定差别。

首先，根据不同区块深侧向电阻率和最大含水饱和度关系曲线回归公式，以便计算单井的最大含水饱和度，如图27–21所示。

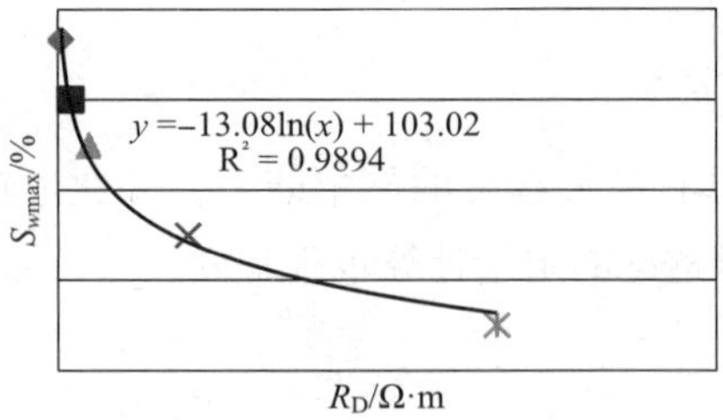

图27-21　最大含水饱和度S_{wmax}和深侧向电阻率R_D关系

则单井的最大含水饱和度公式为：

$$S_{w\max} = -13\ln(R_D) + 103 \tag{27-17}$$

然后，根据最大含水饱和度和双侧向电阻率曲线计算单井的含水饱和度：

$$S_w = S_{w\min} + C_w \times (S_{w\max} - S_{w\min}) \tag{27-18}$$

式中，S_w为含水饱和度，小数；S_{wmax}、S_{wmin}分别最大含水饱和度和最小含水饱和度，小数；C_w为含水饱和度系数，其值计算公式为：

$$M = \frac{R_D - R_S}{R_S}$$
$$C_w = \frac{50 - M}{100} \tag{27-19}$$

五、测井曲线特征

对QX油田的裂缝综合系数F和岩性综合系数N_C进行计算，绘制交会图如图27-22所示。

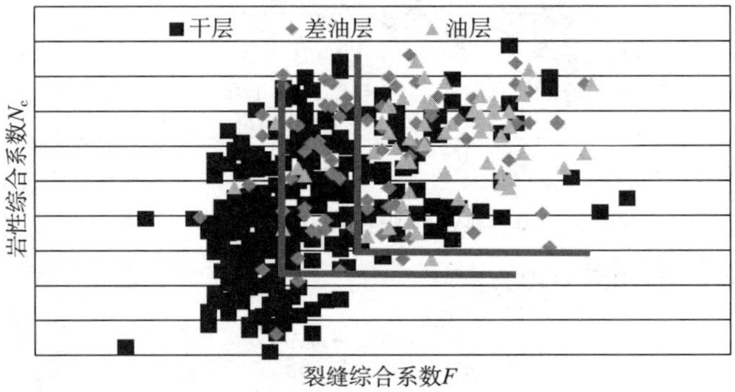

图27-22　裂缝综合系数F和岩性综合系数N_C交会图

储层分为干层、差油层和油层，其解释结果主要依据试油和成像结果，并借鉴了常规测井曲线所反映出的储层特征。从图上看出，有利储层受岩性和裂缝约束较明显，并且裂缝约束要大于岩性约束。对于油层，裂缝综合系数F大于0.48，岩性综合系数N_C大于0.34；对于差油层，裂缝综合系数F大于0.36，岩性综合系数N_C大于0.24，岩性综合系数下限并不高，说明在不同类岩石中都可能有油，但裂缝发育要求较高，亦即，即使在白云质泥岩中，若裂缝发育，则仍然可能存在油层，这与油田储层特征一致，由此，也证实了裂缝综合系数F和岩性综合系数N_C具有典型代表价值，依据这两个值进行的测井解释可靠准确。

经各参数解释方法计算和分析，总结出各类储层的测井曲线特征如下：

1）油层测井曲线特征

油层测井曲线中，双侧向电阻率显示高电阻背景下的低阻值，声波时差出现明显的“指形”或“箱形”凸起，伽马曲线显示低值；解释参数道中，裂缝孔隙度、裂缝渗透率及裂缝密度明显增大，裂缝综合评价为发育或者较发育，岩性为白云质泥岩或泥质白云岩，如图27–23所示。

2）差油层测井曲线特征

差油层测井曲线中，双侧向电阻率依然为高电阻背景下的低阻值，声波时差出现锯齿状凸起，伽马曲线显示低值；解释参数道中，裂缝参数也明显增大，裂缝综合评价为较发育，成像显示低角度缝或者层间缝，岩性为白云质泥岩，如图27–24所示。

3）干层测井曲线特征

干层测井曲线中，电阻率高值抑或低值，声波时差亦有锯齿台阶状，伽马曲线出现明显的高幅“指形”凸起；解释参数道中，裂缝参数增大，裂缝综合评价为不发育或者一般，基质孔隙度和渗透率解释增幅较小，如图27–25所示。

4）水层测井曲线特征

水层测井曲线中，电阻率高阻低值（呈现高阻，但其值相对低些，其值相对高时认为是泥岩），R_D小于R_S，伽马曲线有高幅凸起；解释参数道中，裂缝参数增大，含水饱和度高值，如图27–26所示。

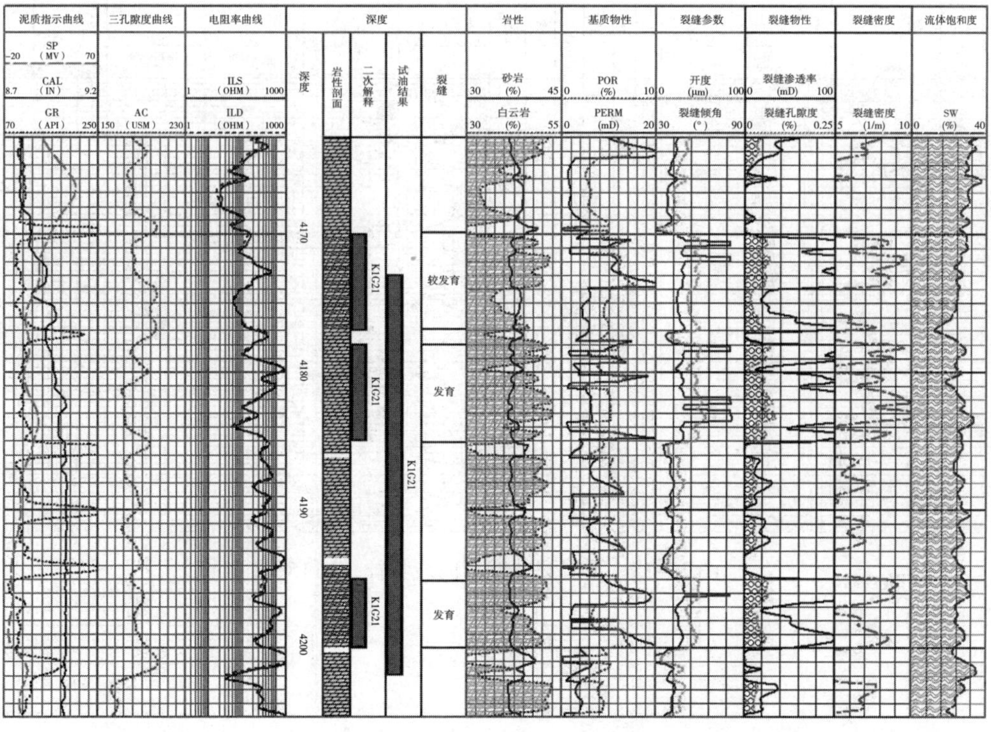

图27–23 油层测井解释曲线特征（L103）

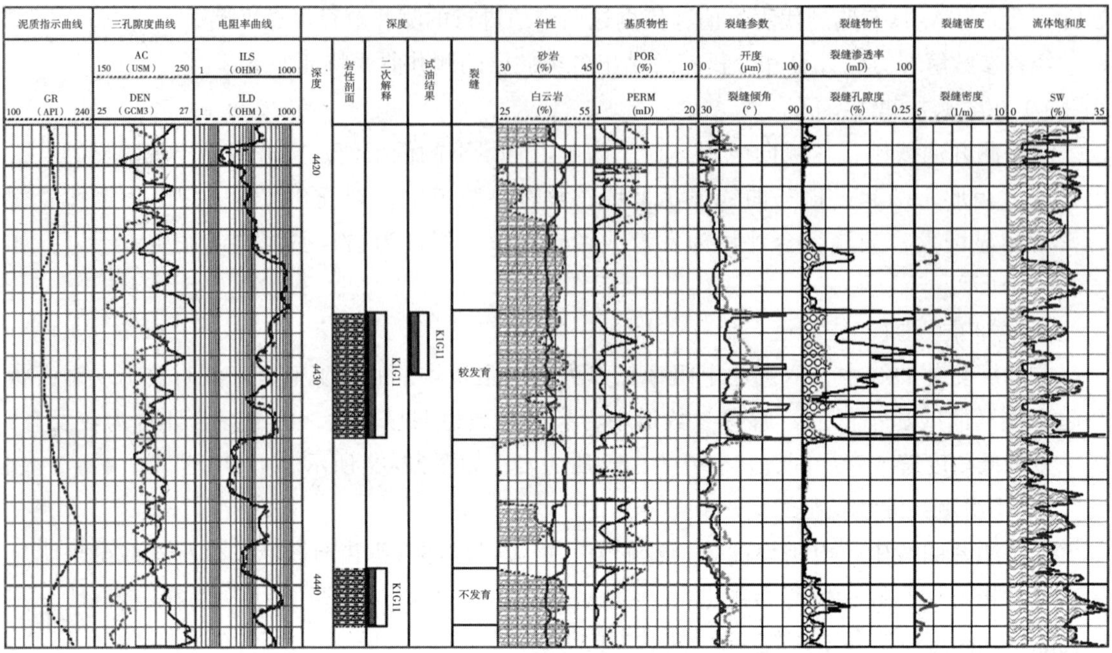

图 27–24　差油层测井解释曲线特征（L101）

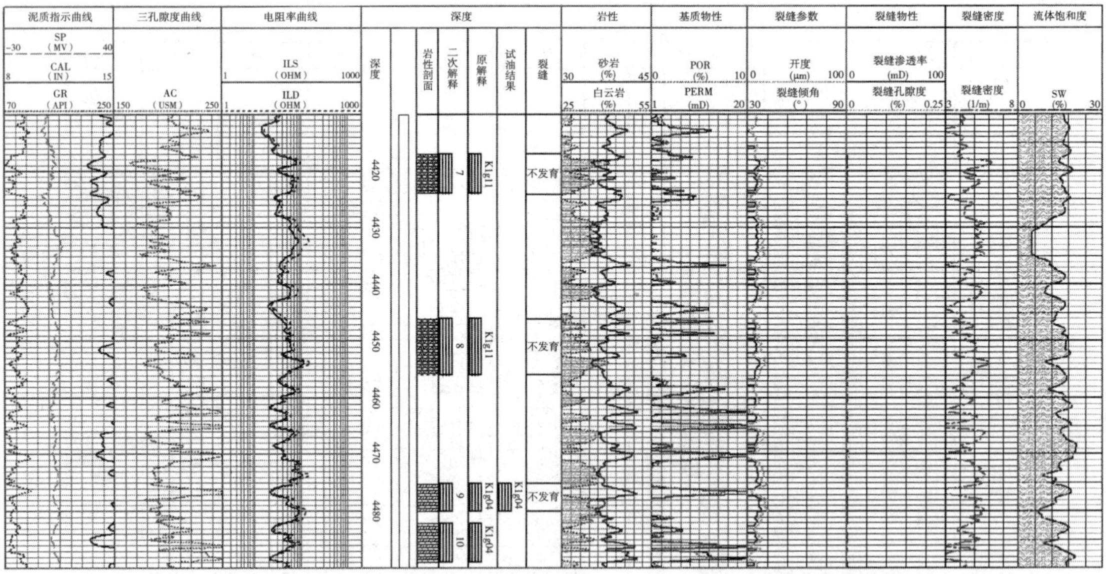

图 27–25　干层测井解释曲线特征（L115）

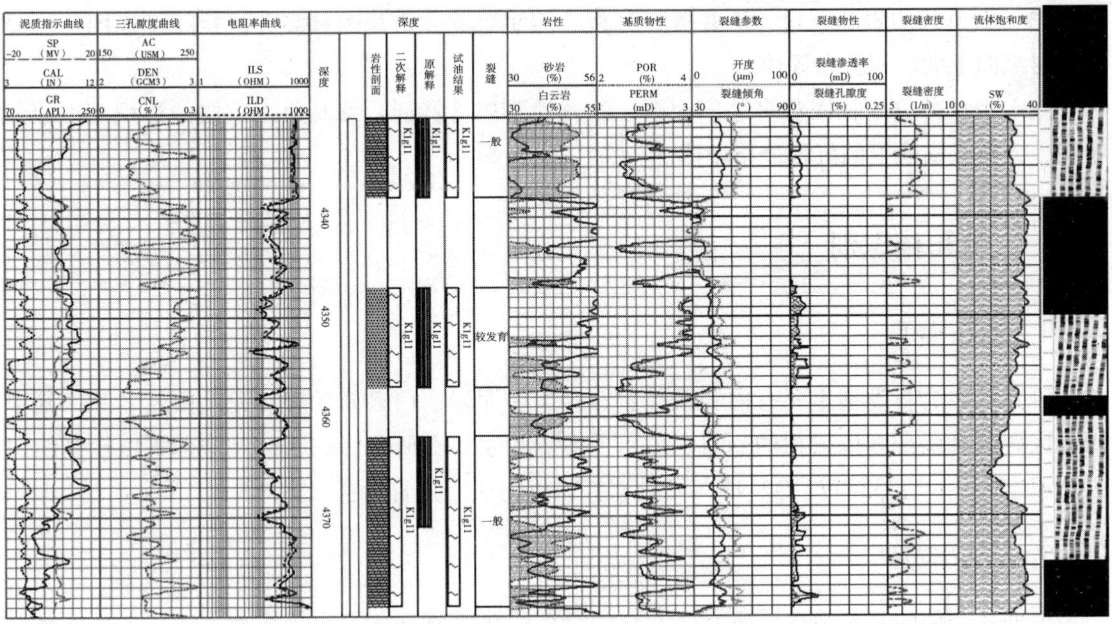

图27-26　水层测井解释曲线特征（Q2-74）

第四节　沉积特征研究

该部分工作主要是结合之前的基础构架，应用小层数据表及连井剖面图，综合现场测井录井数据，岩芯测试数据等，开展对沉积相的划分，研究沉积相对物性的影响，从而确立沉积相对整个工区富集规律的影响关系，得出相应的规律。

在现场研究的基础上，结合岩芯、录井和测井资料，对QX油田KLS区块下沟组沉积岩岩性、沉积构造、测井相等相标志进行分析研究，该研究区属于断陷湖盆，广泛发育呈裙带状展布的入湖扇三角洲沉积体和湖相沉积体，并划分出主要的沉积亚相。同时，研究该区的湖相碳酸盐岩的平面展布特征，并指出含油有利相带。结合研究区岩芯的观察与描述，以及岩电关系，并再充分利用收集的测井资料并结合区域地质资料进行综合研究，进而确定沉积相类型，做出单井相、剖面相分布图。在单井相、剖面相研究的基础上，描述典型小层的沉积相平面展布并建立下沟组的沉积相模式。

沉积相研究的具体步骤为：

（1）根据对研究区内岩芯、沉积构造、测井和录井资料的分析，得出工区下白垩系下沟组内发育有扇三角洲和湖泊相两种。

（2）根据测井和录井资料，结合前人的研究，对储层的沉积亚相进行判别，可分为扇三角洲前缘，前扇三角洲、滑塌浊积扇、滨浅湖、半深湖五种。

（3）由单井的岩芯资料、测井资料分析，编制单井分析相图和多井沉积相剖面图，以分析小层纵向上的沉积分布规律。

（4）由单井分析相图和多井剖面图，结合地震属性特征，编制每一小层的沉积相平面分布图，分析其横向上的沉积分布规律。

一、沉积相识别

1. 岩石类型

研究区内岩石类型主要有白云质砂岩、砂岩、泥岩、白云质泥岩、泥质白云岩等。其中研究区西部和南部多以较粗的砂岩、白云质砂岩为主；在研究区的东部和中部则以较细的白云质泥岩为主；在Q2–77、Q2–17等井处岩性多以泥质白云岩为主。

2. 沉积构造

根据各个井的岩芯观察，研究区发育的沉积构造主要有：①水平层理，形成于低能环境的低流态中，常见于分流河道间沉积和湖相沉积；②块状层理，由沉积物在重力流的作用下快速堆积而成的，常见于滑塌浊积扇沉积中；③平行层理，代表了一种较强的水动力条件，扇三角洲前缘等沉积中常见；④交错层理，常见于扇三角洲沉积；⑤间或发育波状层理、包卷层理、斜层理等。沉积构造的不同组合是判断沉积微相的重要依据，对环境的重塑有重要的作用。

3. 测井相标志

KLS区块下沟组测井曲线的幅度以中、高幅为主，这与沉积物粒度较粗有关；突变式接触在该区很发育，反映了沉积体沉积前后水动力条件和沉积物供应类型的剧烈变化；测井曲线的光滑程度以齿化较为常见，表明了沉积不连续或水动力条件频繁变化所造成的沉积物分选差，物性非均质性强。

4. 沉积相的类型和特征

根据对研究区内岩芯、沉积构造、测井和录井资料的分析，结合前人的研究，得出工区下白垩系下沟组内发育有扇三角洲相和湖泊相；其中，扇三角洲相可分为扇三角洲前缘亚相、前扇三角洲亚相、滑塌浊积扇三种，湖泊相分为滨浅湖亚相、半深湖亚相两种。

（1）扇三角前缘亚相：岩性主要为白云质砂岩、砂岩，还夹有少量的白云质泥岩和泥质白云岩。多发育平行层理和小型交错层理，自然电位曲线偏移幅度较大呈低至中幅微齿或齿化的钟形，有时呈箱形或两者的复合。

（2）滑塌浊积扇：岩性既有扇三角洲前缘砂的特点，又有深水重力流的特点，主要以白云质砂岩和白云质泥岩为主。块状层理发育，自然电位曲线呈低幅微齿或齿化箱形—漏斗形、指形，电阻率呈低—中幅锯齿状。

（3）前扇三角洲：岩性主要为白云质泥岩，还有少量的泥质白云岩。自然电位曲线相对比较平直。

（4）滨浅湖亚相：与前扇三角洲相接，岩性也与其极为相似，主要以白云质泥岩为主，还夹有少量的泥质白云岩。自然电位曲线呈低至中幅的微齿化箱形或漏斗形，电阻率曲线为齿化的漏斗形。

（5）半深湖亚相：位于缺氧的弱还原—还原环境，岩性主要以泥质白云岩和白云质泥岩为主。水平层理发育，自然电位曲线呈低幅度光滑平直状态，电阻率低幅微齿化。

5. 沉积相模式

通过对该区域的沉积亚相的分析，该区的沉积模式可用图27–27表示。

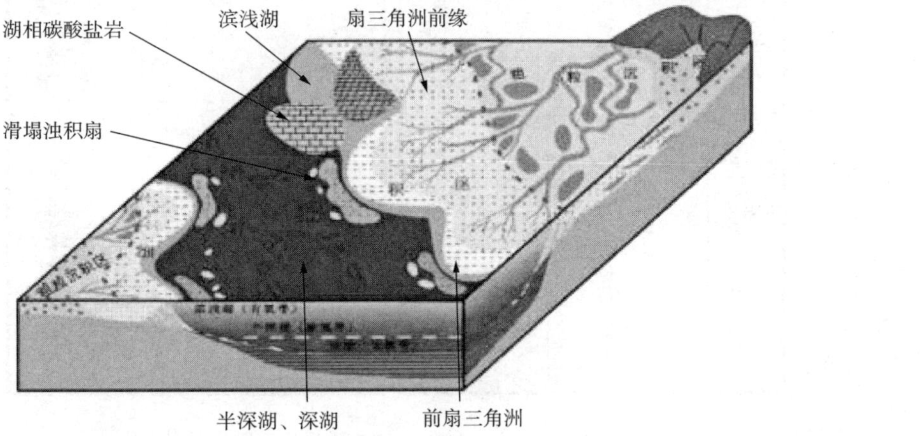

图27–27 研究区的沉积相模式

其中湖相碳酸盐岩是发育在半深湖中的一种岩石类型，并非沉积相类型，在本研究区内湖相碳酸盐岩主要以泥质白云岩的形式存在。

二、单井分析相

利用岩芯、测井和录井资料中包含的丰富地质信息的优势，对纵向上的沉积亚相进行研究。选取6口代表性的井，利用自然伽马、电阻率、自然电位、声波时差、地质分层数据，岩性数据进行分析，2口单井相图如图27–28所示。

三、剖面分析相

利用测井数据画出了5个油藏剖面沉积微相，可以分析出剖面上的沉积分布规律。

只展示一个剖面图，如图27–29所示，根据沉积相剖面分布上来看，从上往下沉积相的继承性逐渐变好，特别是$K_1g_1^3$、$K_1g_1^4$层沉积相继承性最好。

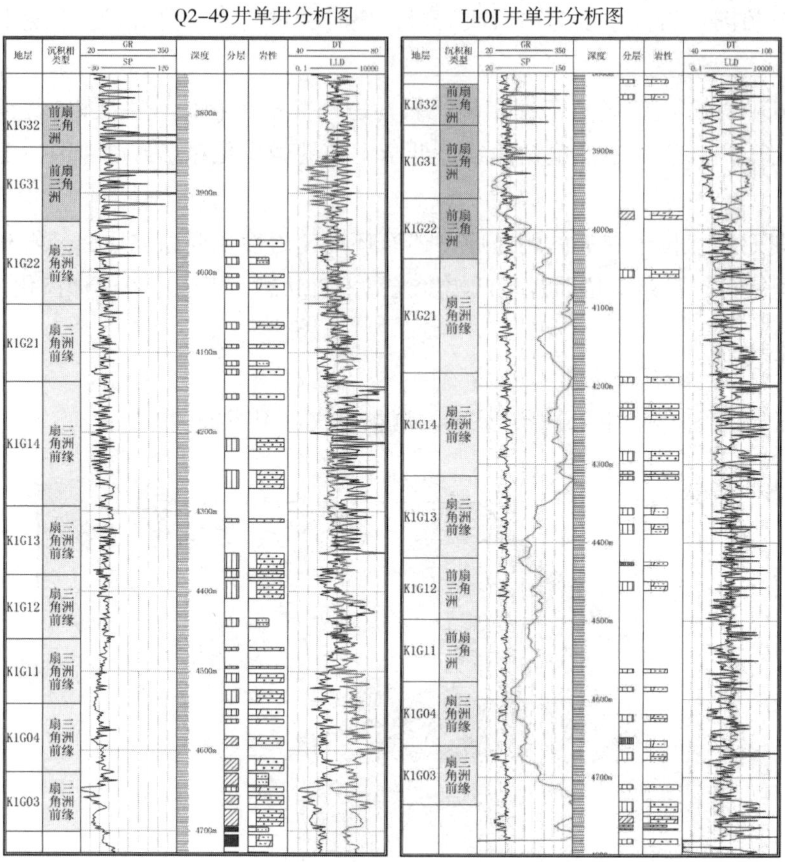

图27-28 Q2-49井、L10J井单井相综合分析图

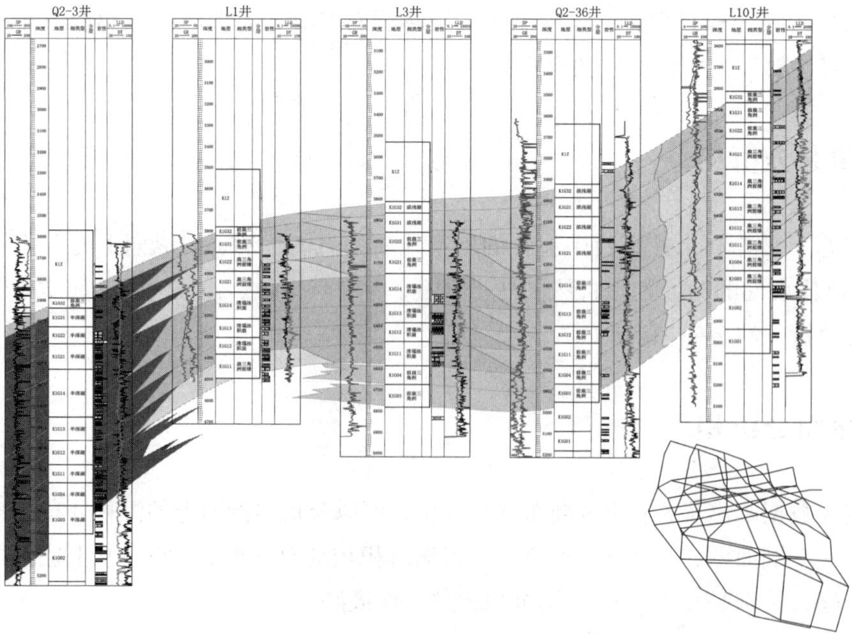

图27-29 Q2-3井～L10J井沉积相剖面图

四、平面沉积相

根据单井相分析和剖面相分析成果，结合区域构造特征以及整体的砂厚、地厚及净毛比统计，划分了沉积亚相，结合盆地的构造特征、物源方向（西部和南部）、地震反演、开发井区位置进行验证，最终确立了各小层的沉积相图。根据测井二次解释的岩性，结合录井资料和单井分析相图，以及地震资料提取出的均方根振幅属性，利用GeoMap软件分别编制了$K_1g_0^1$ ~ $K_1g_3^2$层12个小层的平面沉积相图和岩相图。其中，平面沉积相的编制主要考虑了优势相和有利相，并将某些侧向和垂向上相邻且不易区分的沉积亚相进行了组合，以求图面简洁，并可适当降低人为划分带来的主观影响。仅展示$K_1g_1^3$层的平面相描述，如图27-30所示。

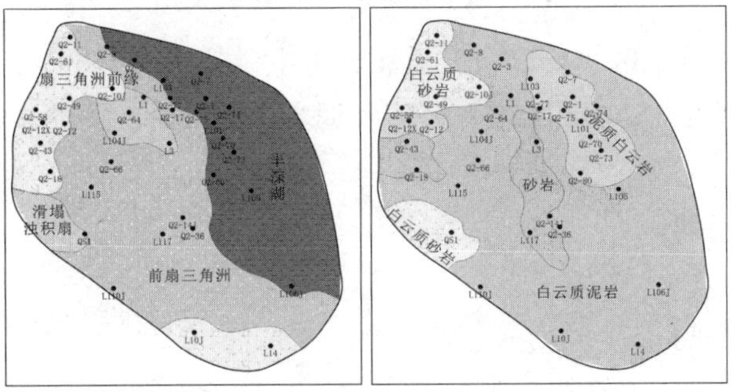

图27-30　$K_1g_1^3$沉积相图、岩相图

K_1g_1时期为湖盆收缩时期，半深湖面积有所退缩，此时并无滨浅湖存在；水动力较K_1g_0时期有所减弱，扇三角洲前缘面积减少明显，大部分区域属于扇三角洲前缘相与半深湖相之间的过渡相前扇三角洲；此时由于前扇三角洲面积较大，沉积物的快速侧向沉积，使扇三角洲前缘沉积物向前滑塌在前扇三角洲处形成滑塌浊积扇；物源方向依然为西部和南部。较K_1g_0层，K_1g_1层的岩相分布较分散，多以小块存在，岩相图中出现新的岩性—砂岩，主要分布在扇三角洲前缘和滑塌浊积扇中，各层之间的继承性依然很好。

第五节　储层特征研究

工区为白云质裂缝性油藏，除了储层岩石特征和孔渗特征之外，更重要的是要利用综合的手段和方法研究白云岩厚度分布、储层厚度分布、隔夹层厚度分布及有效厚度分布，由此建立综合而全面信息用于储层评价与分析，为有利区筛选奠定基础。

一、储层岩石特征

本研究区下沟组储集岩性主要有碳酸盐岩和碎屑岩两大类，碎屑岩主要是白云质砂岩、砾岩；碳酸盐岩为泥质白云岩、白云质泥岩、白云岩。各个岩性所占的比例如图27-31所示。

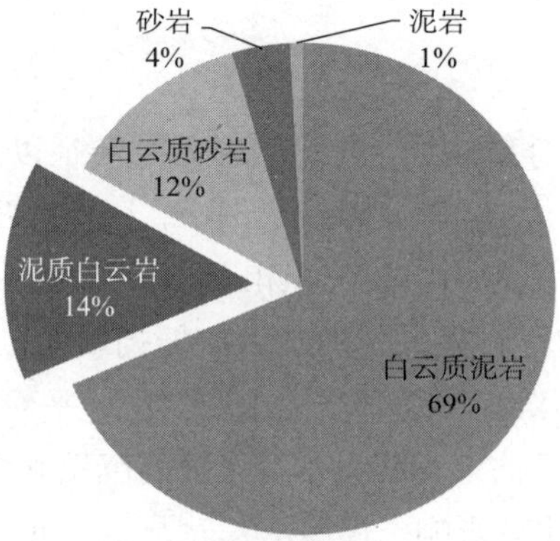

图27-31　油藏岩石类型分布图

从图中可以看出，该工区主要以白云质泥岩为主，其比重为69%；其次为泥质白云岩和白云质砂岩，比例分别占了14%和12%；砂岩和泥岩比例较少，砂岩占4%，泥岩仅占1%。

二、储层物性特征

1. 岩芯分析物性特征

通过对工区内取芯井段岩芯资料进行分析，得到部分井在某些层段的孔隙度、渗透率、含油饱和度和含水饱和度的分布。

该区块储层的孔隙度的分布区间主要集中在1%～5%，其比例为80%。渗透率分布区间主要集中在$0.6\times10^{-3}\sim5\times10^{-3}\mu m^2$，其所占比例为76.4%。因此，从储层物性分析来看，本区属于特低孔、特低渗裂缝性储层。

2. 储层非均质性

由于储层非均质性对油田的影响很大。因此，人们常把储层的渗透性优劣看作是储层非均质性的集中表现，从而研究渗透率的各向异性，以揭示储层的非均质性的本质。研究选取了关于非均质性的常规参数—突进系数（S_K）。这个参数的含义如下：

$$S_K=\frac{K_{max}}{\overline{K}} \tag{27-20}$$

根据这个参数，将层内非均质性划分为强、弱、中三级。按照行业标准对工区内40口井在各小层的渗透率进行了统计与计算，并对计算出来的突进系数作折线图。非均质性参数评价标准及统计结果见表27-10。

表27-10　渗透率非均质性统计表

储层类型	突进系数	频数	频率
均质储层	<2.0	67	23.2%
中等非均质储层	2.0～3.0	114	39.4%

续表

储层类型	突进系数	频数	频率
强非均质储层	>3.0	108	37.4%

从上表中看出，所研究工区储层主要属于非均质储层，非均质储层占所有研究储层的80%左右，甚至有三分之一以上的储层表现为较强的非均质性，远远加大了现场开采的难度，也给储层评价带来较大的影响。

三、储层白云岩分布特征

所研究区块是白云岩控制下的裂缝性油藏，白云岩的分布和裂缝的发育情况是影响原油分布的两个主要因素。通过地震资料进行波阻抗和均方根白云岩反演，结合测井录井资料，并用均方根振幅属性特征控制边界，编制12个小层的白云岩分布图，为分析原油的分布和井位部署提供帮助和指导。

K_1g_1层的波阻抗反演白云岩厚度图和白云岩厚度平面分布图如图27-32、图27-33所示。

由K_1g_1层白云岩分析图可知，波阻抗和均方根反演出的白云岩厚度图均显示在工区东北部白云岩发育较好，工区西南部白云岩厚度很低。虽然在L14、L106J井附近均方根反演显示白云岩含量很高，但井上测录井资料显示此处岩性复杂，砂岩、泥岩、白云岩均有发育，且白云岩含量较低。因此综合考虑，K_1g_1层白云岩主要分布在工区东北部的狭长带上，厚度高达60m以上，较K_1g_0层而言，K_1g_1层白云岩分布区域有所变化，工区南部不再有白云岩发育，西部的部分井附近开始出现白云岩。四个小层的白云岩分布具有较好的纵向叠置性，且各个小层在狭长带上的白云岩厚度均在10m以上，有的甚至达到40～50m以上，这对该区块裂缝发育和油气开采效果较好提供了强有力的依据。该层的白云岩分布图与沉积相图和岩相图的匹配度依然很高。

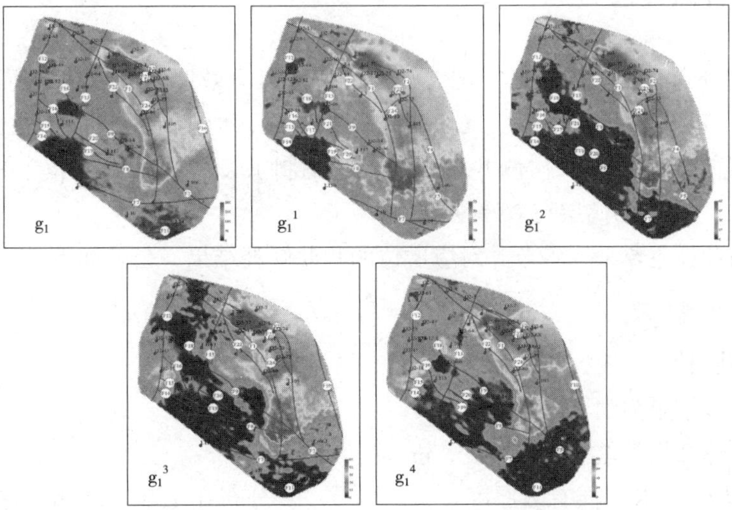

图27-32　K_1g_1层波阻抗反演白云岩厚度图

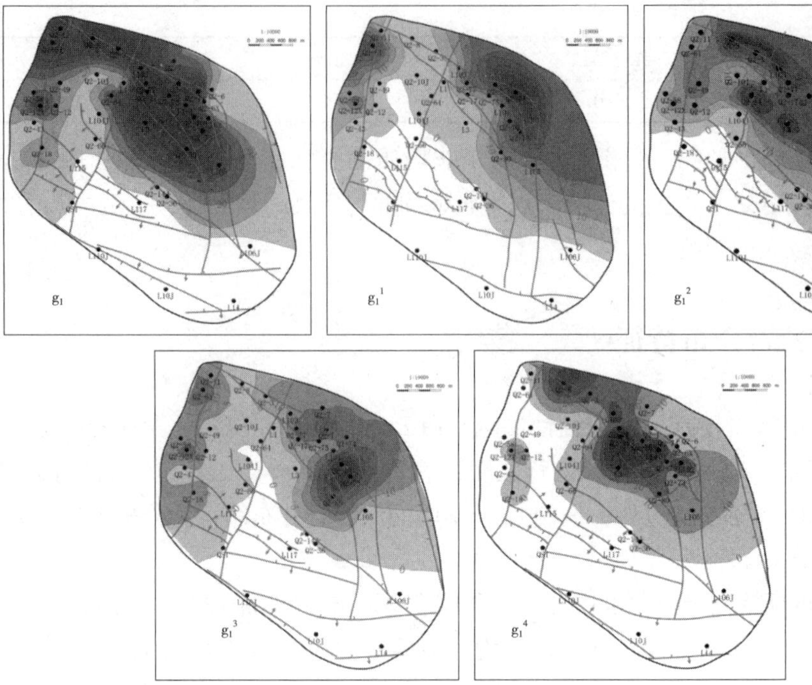

图27–33　K_1g_1白云岩分布图

综合整体的白云岩厚度分布图，在K_1g_0、K_1g_1层的白云岩厚度较大、白云岩发育的区域较广，且厚度较大的区域连片性较好。从K_1g_2层开始，储层厚度大的区域面积呈衰退的形式，厚度也逐渐变薄。K_1g_3层的储层厚度分布特征较之前的各层面积和厚度衰减得都相当明显。白云岩主要分布在半深湖沉积相中，且白云岩比较发育的区域，裂缝也比较发育，实际生产效果显示较好。

四、储层有效厚度分布特征

有效厚度的分布直接反映了区域内含油性的好坏，有效厚度图在确定所研究工区的地质背景上，根据41口井的相关资料、沉积相的分布特征、地震储层反演、白云岩分布、储层厚度图、储层隔夹层图以及二次测井解释结果，编制了K_1g_0、K_1g_1、K_1g_2、K_1g_3共4个大层，$K_1g_0^1$～$K_1g_3^2$共12个小层的储层有效厚度图。

有效厚度的计算主要采取各单井对应层位的测井解释结果，公式如下：

$$H_e = h_o + H_{os} \tag{27-21}$$

式中　H_e——储层有效厚度，m；

h_o——解释结果为油层的厚度，m；

H_{os}——解释结果为差油层的厚度，m。

如图27–34所示，K_1g_1层有效厚度较大的区域主要分布在工区的北部，有效厚度均在20m以上。因此，该层位有较大面积的油层，特别是分布在Q2–1、Q2–70、Q2–73井区附近储层有效厚度较大，油层也较多，这些井的实际生产效果显示较好。其中，$K_1g_1^1$小层与$K_1g_0^4$有较好的纵向叠置性，在Q2-64、Q2-77井附近的有效厚度均在35m以上，隔夹层的厚度较小，因此表现出一定的开采价值。$K_1g_1^2$ ~ $K_1g_1^4$层有效厚度较大的区域主要是工区东北部的狭长带。结合储层厚度图和隔夹层厚度可以看出，该狭长带的储层厚度较大，隔夹层厚度较小，且油气显示较好，实际生产效果也很好。

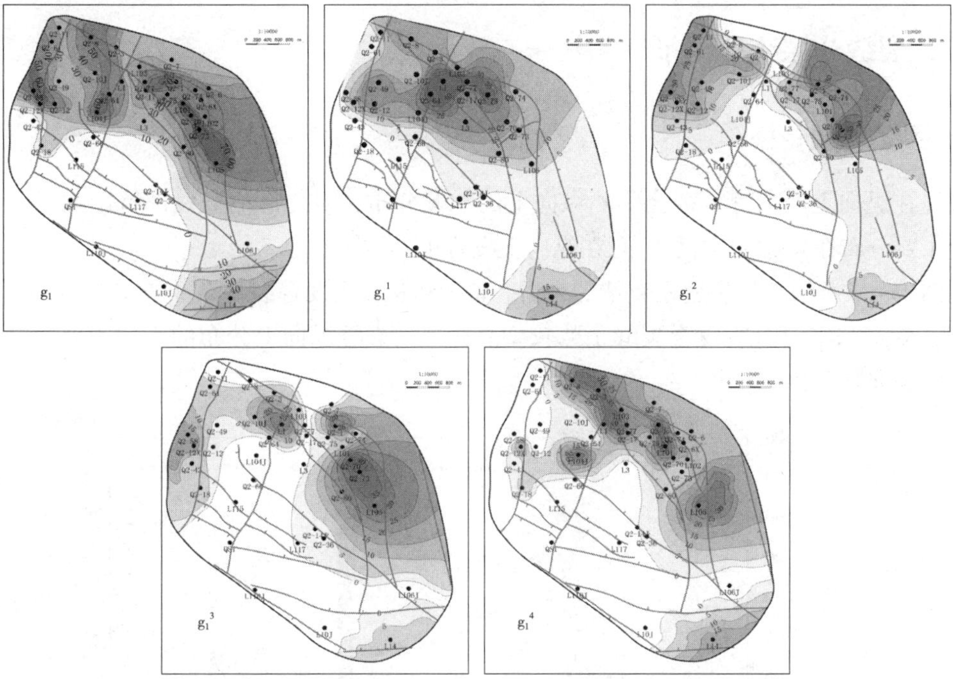

图27-34　K_1g_1层有效厚度图

综合以上油层有效厚度的平面分布特征，可以得出K_1g_0到K_1g_3各小层都有油层发育。各小层分布图与沉积相分布图、白云岩分布图、储层厚度分布图、隔夹层分布图结合度良好，综合其沉积相、储层厚度、储层岩性和物性分析可知，K_1g_0和K_1g_1层是良好的储油层，其中$K_1g_0^3$、$K_1g_0^4$、$K_1g_1^1$、$K_1g_1^2$层储层有效厚度较大，纵向叠置性也较好，是最好的储油层，是有利区筛选的主要层位，与上述的储层评价结果基本相符。

第六节　裂缝分布规律研究

QX油田KLS区块为白垩系构造油藏，储层的岩性主要为脆性的湖相泥质白云岩、白云质泥岩和扇三角洲砂砾岩，具有形成大规模构造裂缝的基础。该储层埋深大于4000m，物性较差，胶结致密，基质孔隙度一般小于8%，基质渗透率一般小于5mD。因此裂缝就成为该区块最主要的油气储集空间和运移通道。经历新生代强烈的构造作用，产生了一组近北—西向的逆断层，与此同时也形成了一系列裂缝发育的破碎带，是油气聚集的成藏的有利场所。

41口井的试油资料证实，油层、差油层大多是裂缝发育程度高的地层，故裂缝发育程度是油气分布的重要控制因素。该工区裂缝分为斜交缝、层间缝、高角度缝和网状缝四类，其中斜交缝、高角度缝对油气的聚集起着重要的作用。

以下从分层统计、储层厚度、岩性、断层、夹层厚度、试油结果等方面对裂缝发育特征进行对比分析，并通过编制裂缝发育分布图，找出裂缝分布规律。

一、裂缝分层统计特征

1. 裂缝数量特征

裂缝在纵向上的发育特征会影响纵向上的油藏分布，对之后的开发部署影响很大。研究区裂缝主要分布在K_1g_0～K_1g_1段，且在纵向上发育极不均匀。

如图27-35所示，从裂缝发育情况来看，K_1g_1和K_1g_0层发育裂缝条数较多，为KLS区块主力储层；K_1g_2、K_1g_3和K_1z发育裂缝条数较少。此外，裂缝纵向上分布的不均匀会造成纵向上储层的较强非均质性。

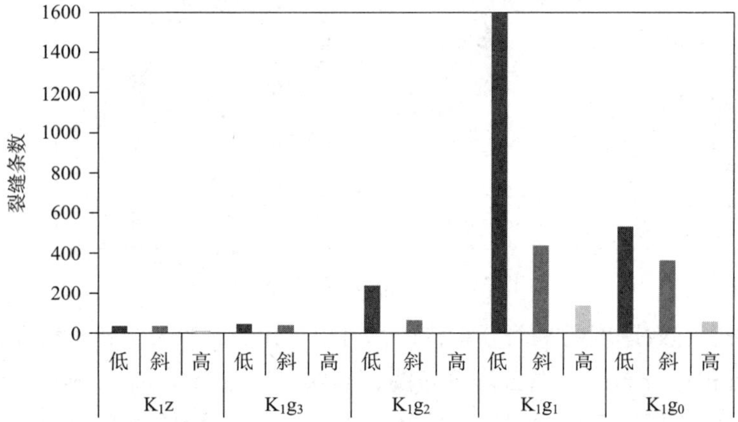

图27-35　分层裂缝条数统计图

2. 裂缝类型特征

从裂缝发育层位来看，其中K_1g_1层斜交缝、高角度缝最为发育，层理缝发育也很多，$K_1g_1^1$层斜交缝最为发育，占该层裂缝总量的57.58%；K_1g_0层斜交缝、高角度缝也较为发育，层理缝相对较少，其中$K_1g_0^4$层高角度缝最为发育，占该层裂缝总量的44.45%；K_1g_2、K_1g_3和K_1z层以低角度裂缝或层理缝为主，斜交缝和高角度发育较少。

3. 裂缝走向特征

根据地震解释中应力场裂缝分布模拟结果可以得到各小层的裂缝走向玫瑰图（见图27-36），玫瑰图中红色的代表裂缝走向的主要方向。

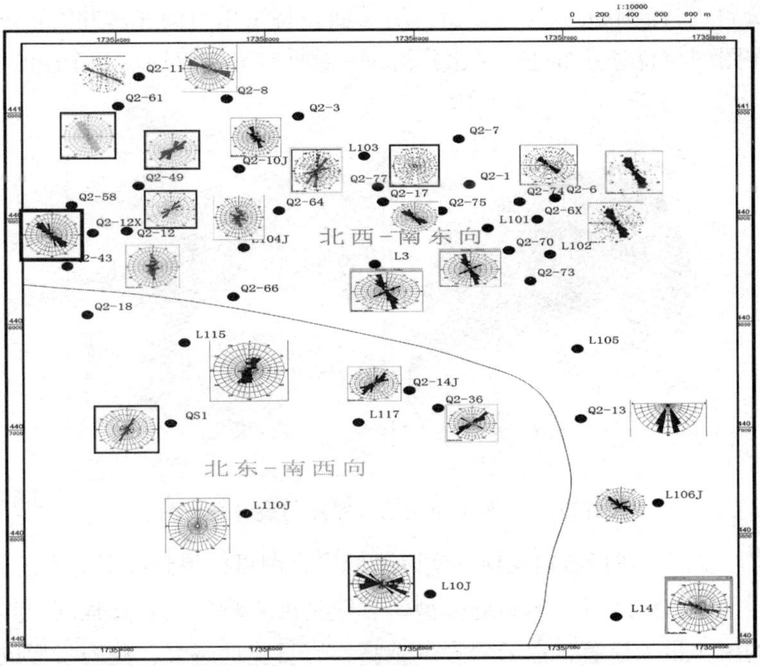

图27-36 各井成像测井解释裂缝走向玫瑰图

与成像测井的裂缝走向分布玫瑰图对比，各小层裂缝走向主要分两组：北西—南东向和北东—南西向，其中北西—南东向占主导，分布在工区的右上角；而北东—南西向主要分布在工区的左下角。

二、裂缝分布与岩性

1. 工区岩性组成分析

岩石的物理性质直接影响裂缝的发育程度，脆性岩石易产生裂缝，塑性岩石不易产生裂缝。岩石的脆性系数从大到小依次是石英岩、白云岩、石英砂岩、钙质胶结砂岩、灰岩。

根据岩芯资料和薄片分析，QX油田下沟组泥质白云岩主要由纹层状分布的微—隐晶质长石质矿物与铁白云石、伊利石和有机质纹层相间组成，并含重晶石、方沸石和黄铁矿等特殊矿物。由于斜长石和铁白云石属于脆性矿物，加之区域构造活动频繁，使该区泥云岩储层微裂缝—裂缝十分发育。

2. 白云岩含量对裂缝的影响

统计全区各井岩性及裂缝发育（裂缝类型、裂缝密度、综合评价）情况，得到以下不同岩性下裂缝发育情况。

泥质白云岩的裂缝发育较好，以高角度缝、斜交缝为主，裂缝密度大于5条/m；白云质泥岩和白云质砂岩的裂缝以斜交缝、低角度缝为主，且裂缝密度为3～4条/m；泥岩和砂岩裂缝发育较差。

通过地震资料进行波阻抗和均方根白云岩反演，将结果与测井录井资料进行拟合，得到白云岩厚度分布图，与裂缝分布进行对比分析，一致性较好，仅展示一个层的分布如图27-37所示。

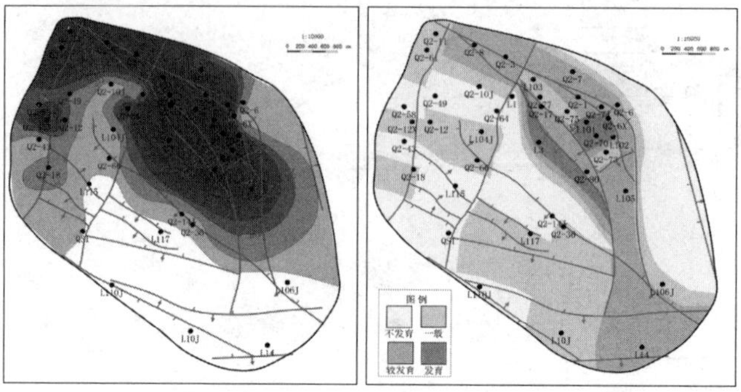

图27-37　K_1g_1层白云岩厚度与裂缝发育图

对比白云岩厚度图与成像资料反应的实际裂缝发育图可以得到以下结论：

（1）白云岩含量主要通过影响裂缝类型、裂缝密度影响裂缝发育程度。其中，白云岩含量对裂缝类型的影响最为显著，白云岩含量越高，岩石脆性越大，更容易形成开度较大的高角度缝和网状裂缝。

（2）白云岩厚度会影响裂缝发育的程度和范围，从而影响油气的分布范围。白云岩越厚，裂缝延伸的越长，形成的缝网范围就会越广，非常有助于油气的聚集和渗流。

三、裂缝分布与断层

由成像资料得到的裂缝发育图以及实际的油层分布图（图27-38）可以得到以下结论：

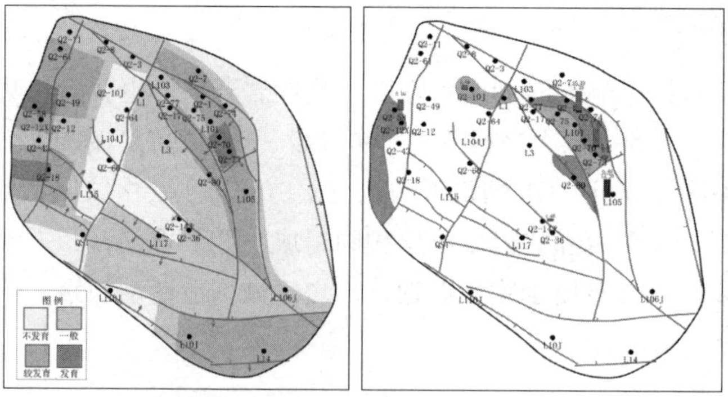

图27-38　$K_1g_1^3$裂缝发育与油层分布图

（1）断层附近裂缝十分发育，裂缝密度大，多发育斜交缝、高角度缝（如Q2-13、Q2-14J和L106J井）。

（2）断层附近的油层分布不仅受裂缝发育程度影响，还受到构造、岩性等因素的影响。如Q2-14J、L105井处于断层处，且裂缝十分发育，但是由于其处于构造低部位，Q2-14J井差油层发育，L105井则主要发育含油水层。

四、裂缝分布与试油

QX油田的窟L山油藏属于典型的裂缝性油藏，裂缝的发育程度控制了QX油田不同区块、不同层段油气富集的程度，由裂缝类型、密度等与实际试油结果关系可以得到以下结论：

（1）裂缝发育且多为高角度缝和斜角缝的地层是油层、差油层的可能性大；裂缝不发育或发育低角度缝、层理缝的地层多为干层。

（2）油层、水层的裂缝都很发育，裂缝的发育会沟通油水层，生产一段时间后会出现含水率不断上升的现象，在生产中应当予以重视。

五、裂缝发育综合评价

根据裂缝评价标准，结合断层分布、层间的继承性、层内的连贯性对各个小层的裂缝发育特征进行评价，结果如图27–39所示。

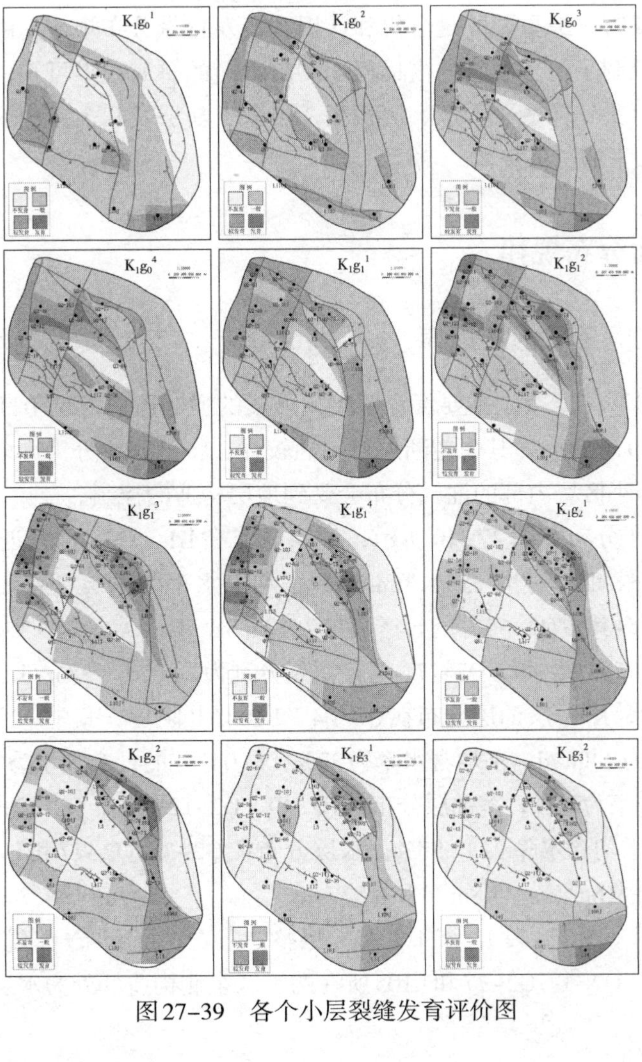

图27–39　各个小层裂缝发育评价图

纵向上，裂缝发育情况较好的层位是$K_1g_0^2$、$K_1g_0^3$、$K_1g_0^4$、$K_1g_1^1$、$K_1g_1^2$，其中$K_1g_1^1$层裂缝发育情况最好。

平面上，裂缝发育区域主要可分为3个，其一为L3至Q2–80一线以北所在狭长带区域，自北向南由Q2–3至L101至L105至Q2–13至L14；其二为沿Q2–66至Q2–3断层附近；其三为沿Q2–14J至Q2–66断层附近和以南至8号断层区域。

第七节　油气富集规律

小层对比与划分、沉积相分布、储层评价、油层评价等各类图表的编制及相关规律的研究与分析构成了地质模型的基础，也同时成为后续研究富集规律及有利区筛选的基础数据。该区域主要为裂缝性油藏，是由裂缝性圈闭所形成的油藏类型，裂缝性油气藏是一种比较复杂的油气藏类型，裂缝的发育程度控制了QX油田不同区块、不同层段油气富集的程度。在开发这种类型的油气藏时，最重要的是分析和认识裂缝发育带分布规律，因为正是这些裂缝带的发育分布情况，控制了地下油气的富集程度。由之前的研究成果可知白垩统下沟组油气藏的形成与富集实际上受到构造、岩性、沉积相、裂缝、断层及几个方面因素的影响。综合各项内容研究，得出如下的富集规律。

一、油藏平面分布规律

1. 构造控制油层平面分布规律

KLS区块为断层系统复杂，主要发育新生代形成的逆断层以及调节断层两组断裂，且两组断层的段距较大50 ~ 100m，其中逆断层封闭性较强，将该区块分为许多小块，各个小区块相互独立；同时各个小区块内部的油气分布会受到地层构造的控制。

$K_1g_0^3$层油水生产分布如图27–40所示，油层分布在L1、Q2–64附近，其中Q2–64井的日产油量为10.9m^3/d，日产水量为11.36m^3/d，平均含水率为51%；差油层主要分布在Q2–66、Q2–80、L3附近，其中Q2–66井的日产油量为10m^3/d，日产水量为6.55m^3/d，平均含水率为60.42%；水层主要分布在Q2–49、Q2–77，日产水量分别为20m^3/d和38m^3/d，含水率接近100%。

如图27–41所示，$K_1g_0^4$层油层分布在Q2–64、L104J井附近，其中Q2–64井的日产油量为4.76m^3/d，日产水量为2.8m^3/d，平均含水率为37%，L104J井的日产油量为9.67m^3/d，日产水量为3.4m^3/d，平均含水率为26%；差油层分布在Q2–49、Q2–12附近，Q2–12井日产油量为4m^3/d，日产水量为3m^3/d，平均含水率为42.85%；水层分布在Q2–3、Q2–77和L105附近的工区东北地带，日产水量分别为6m^3/d、44.8m^3/d和6.57m^3/d。

结合地层构造图（图27–42），该工区K_1g_0层整体上看油层分布规律总体呈“构造高部位是油，低部位是水”，Q2–3、Q2–77和L105所在的工区东北构造低处为水层，中部构造高处多为油层或差油层。

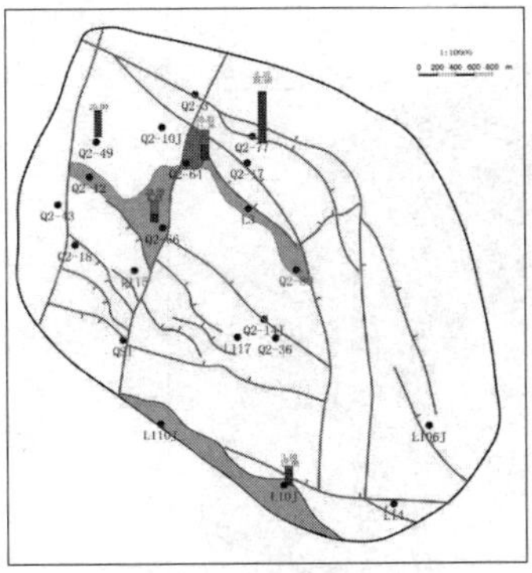

图27-40　$K_1g_0^3$油水生产分布图

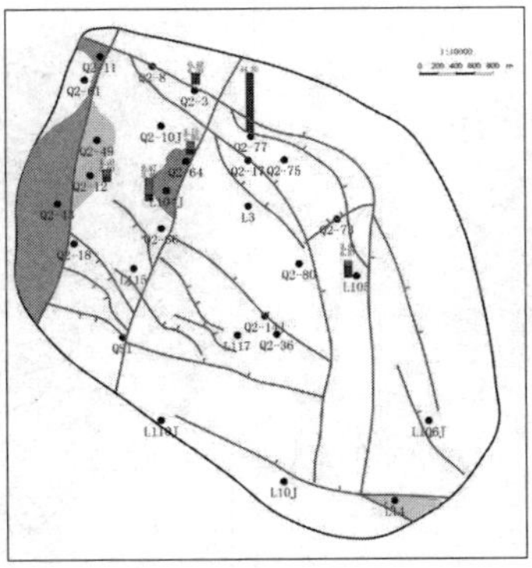

图27-41　$K_1g_0^4$油水生产分布图

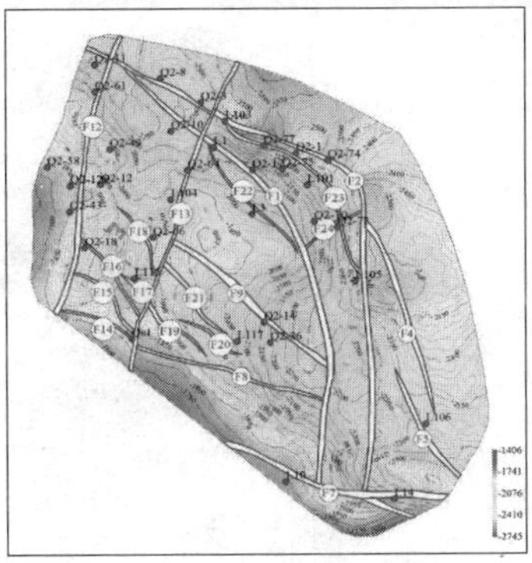

图27-42　K_1g_0地层构造图

2. 岩性和沉积相对油气富集的控制作用

QX油田KLS区块油气主要来源于工区内下沟组和赤金堡组的暗色藻纹层泥质白云岩、白云质泥岩。研究表明，这套藻纹层泥岩分布广泛、厚度较大，具有较高的有机质丰度，具有较强的生烃能力。QX油田KLS区块的分层数据显示，下沟组厚度在1300 m左右，埋深超过3500m，是好的烃源岩层。从岩相图来看，研究区岩性主要是白云质泥岩和泥质白云岩，仅含少量的白云质砂岩。其中，白云质泥岩和泥质白云岩是烃源岩；结合油层平面分布图不难发现泥质白云岩含量较多的区域多为油层发育区。

有利的沉积相带有利于油气大面积富集成藏，该地区主要发育5种类型沉积体系，其中扇三角洲前缘、前扇三角洲和半深湖相为主要沉积相。扇三角洲前缘亚相发育中—厚层状含砾泥岩和砂砾质泥岩，可作为储集层；前扇三角洲亚相主要储集岩，沉积厚度较大的暗色泥岩，富含有机质，可作为优质烃源岩；半深湖相以暗色泥岩为主，除了具有丰富的烃源岩外，白云岩的发育为裂缝性油藏提供了有利条件，成为主要储集相带。

从沉积相图和综合评价图对比来看，扇三角洲前缘亚相、滑塌浊积扇、半深湖区域综合评价结果好，故沉积相为扇三角洲前缘亚相、滑塌浊积扇、半深湖的区域油气富集。

3. 裂缝对油气富集的控制作用

1）裂缝发育程度对油气富集的控制作用

QX油田的油藏属于典型的构造（裂缝性）油藏，裂缝的发育程度控制了QX油田不同区块、不同层段油气富集的程度。油藏油气的富集主要受岩性、构造和裂缝多重控制，岩性和构造控制了油气的富集程度，裂缝控制了油气的局部高产如图27-43所示。

QX油田是源岩裂缝性油藏，有利区大多为裂缝发育的地区。而断层附近和破碎带裂缝非常发育，故平面上有利区多在断层附近和破碎带处；纵向上K_1g_1和K_1g_0层多发育斜交缝、高角度缝等，故油气最为富集；对比各层的裂缝发育和油层综合评价图可以得到以下结论：

（1）裂缝发育且多为高角度缝和斜角缝的地层是油层、差油层的可能性大；裂缝为油气提供了有效的储集空间和渗流通道，对油气的局部高产起决定性作用。

（2）裂缝较发育的区域，尤其是垂直裂缝发育的区域，会在生产初期见水。垂直裂缝的

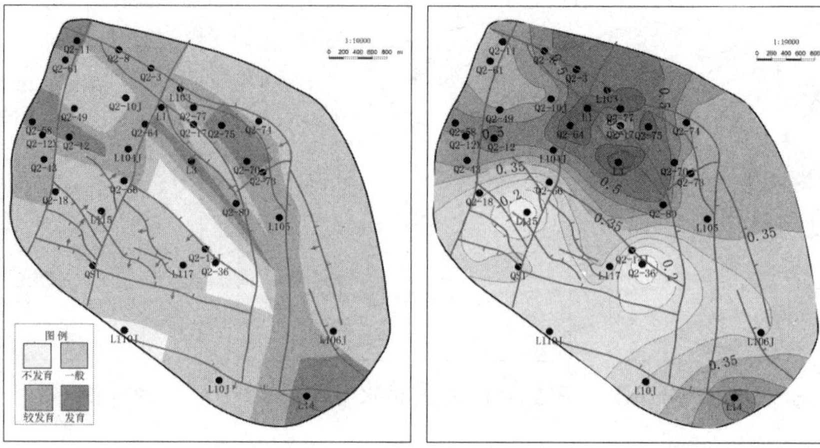

图 27–43　$K_1g_1^1$ 裂缝发育和综合评价图

发育会沟通油水层，生产一段时间后会出现含水率不断上升的现象，故在生产中应当及时采取有效措施来控制底水锥进。

2）裂缝发育方向对油气富集的控制作用

裂缝方向是使油气发生垂向或侧向运移的十分重要的因素。由于KLS区块基质岩石致密，油气很难运移，而裂缝为油气储存和运移提供了通道。研究区的裂缝多为断层形成时的伴生裂缝，多为短距离的小裂缝，故油气会发生短距离的运移。

结合有利区的分布和裂缝发育方向玫瑰图发现，区块14和区块15间的有利区分布在断层附近且延伸方向与L10井附近的裂缝方向一致；区块7和区块8交界处的有利区分布在断层附近且延伸方向与Q2–64井附近的裂缝方向一致；区块6处的有利区分布在断层附近且延伸方向与L3井附近的裂缝方向一致；区块13断层较为复杂，形成封闭断层较少，裂缝方向基本是垂直断层方向，但依然分布在断层附近。故裂缝发育区，亦即油气有利储层多分布在断层附近，其延伸方向与裂缝的发育方向基本一致。

4. 断层对油气富集的控制作用

有效圈闭是形成油气藏必不可少的控制要素，QX油田KLS区块的有效圈闭类型主要有构造圈闭、岩性圈闭和复合圈闭，其中构造圈闭主要是断层圈闭，占主要地位，岩性圈闭起一定的辅助作用，如图27–44所示。

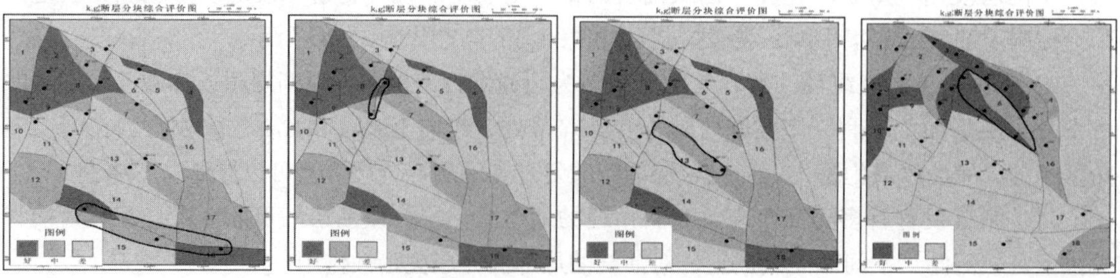

图 27–44　有利区分布图

如图27–45所示，对于L105井来说，在K_1g_1层，由于断层的封闭遮挡作用和构造的影响，由于其处于构造低部位，L105井附近试油结果显示为含油水层，而在其西北方向的L101区域则显示为油层；又如Q2–74处于L101区域东北断层之外，生产中100%含水，差异突出；最新的井Q2–80井处于22号断层西部和东部的差异或者会呈现不同的结果。

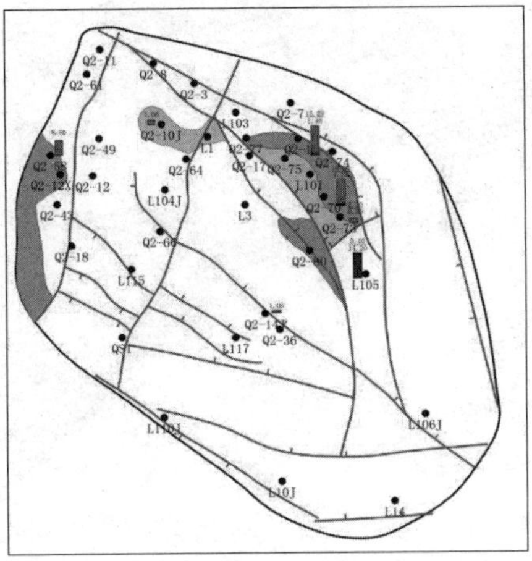

图27–45　断层的遮挡对油水生产分布的影响

二、油藏剖面对比分析

由于各油层组含油情况差异很大，为了体现油层纵向上的分布特征，本次研究利用地震反演和测井资料综合解释的结果，以各小层为单位，得到以下结论。

油藏主要分布在K_1g_0、K_1g_1、K_1g_2油层组，油藏埋深3785～4900m，含油井段分散，各油层组都有油层分布。K_1g_1油层组油层厚度最大，平均油层厚度达到37.8m，其中该工区内23口井发育油层。

展示地震反演得到的油层分布剖面图，如图27–46所示。

由图27–46油层纵向分布图可看出，油气集中在K_1g_0和K_1g_1层两个层，从小层来看，$K_1g_1^3$、$K_1g_1^2$、$K_1g_1^1$、$K_1g_0^4$油层最为富集。

第八节　三维地质模型构建

储层地质建模是为了定量地表征各种储层的空间几何形态及物性特征，最终为计算机模拟提供一个客观的、切合实际的储层地质模型。当前国内外储层地质建模的总体思路和方法基本上是一致的，即在广泛收集地质（包括露头、钻井及综合测试）、地震及测井资料的基础上，利用沉积学、储层地质学和一系列数学方法（包括地质统计学、分形几何学、随机数学、模糊数学等）来定量表征二维或三维储层的宏观几何形态及内部特性参数的空间变化，最终

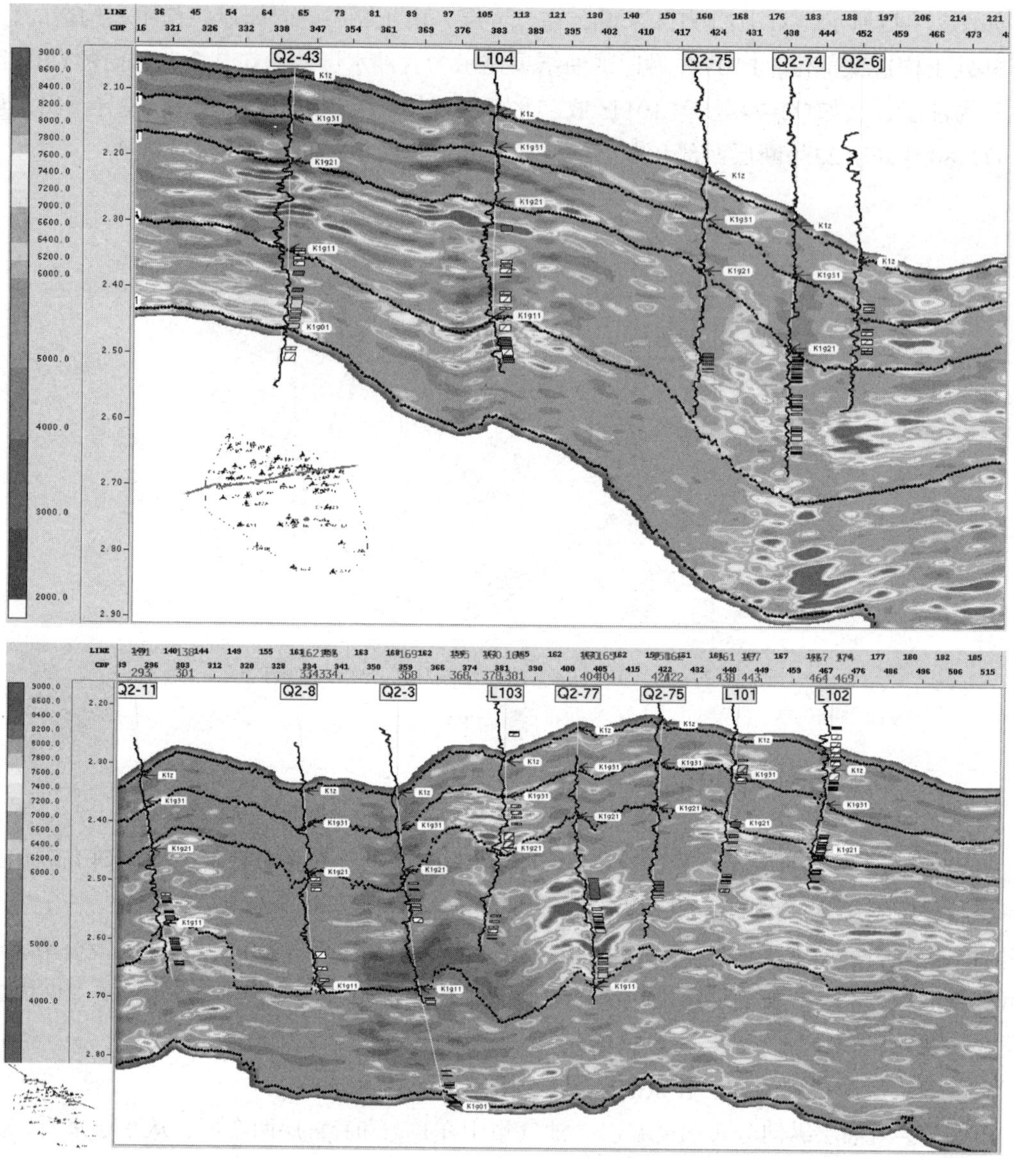

图27-46　油层纵向分布图

利用计算机来动态地模拟储层的空间变化特征。

地质模型是油藏描述的核心，可以直观地展现储层特征及储层非均质性在三维空间上的分布和变化情况，对油气勘探及开发有着重要的作用，储层三维地质模型是进行油气田开发分析的基础。模型是在精细地层对比和储层沉积微相划分的基础上，采用Petrel软件，分层次逐步建立，通过综合运用地震、地质、测井资料，依次建立三维的数字化构造模型、沉积相相模型，结合油田地质情况，利用沉积相和储层反演成果及沉积微相研究成果作为地质建模的软约束。针对研究区裂缝发育特点，运用Petrel软件Fisher分布建立裂缝模型，并根据Oda算法得出裂缝属性模型。通过对三维属性模型的研究分析对QX油田储层的有利区块分布特点作出评价，为QX油田的进一步开发作出指导。

一、断层模型

断层模型反映了三维空间上研究区断层的展布特征，直观地展示了地层错动情况与不同断块之间的差异性，根据实际数据需要同时由断层模型的控制建立精细网格。断层建模首先要将每一条断层面的断层线组合起来，由于断层线很多很杂，因而要判断以及组合断层多边形是否属于该断层，这里的参考资料是研究区的每一层的顶面构造图，结合顶面构造图，对每一条断层进行严格的调整和组合，使其尽可能地与地质的实际情况相一致，区内大部分都是逆断层，断层分布密集且断层关系较为复杂，因此，组合断层关系有一定的难度和耗时。处理两条断层之间相交的关系，关键点在于相交的地方不能发生扭曲的现象，否则会影响之后的网格质量。将所有断层的组合关系完成后，要将断层在模拟的顶面构造图的每一层的位置与地质构造图上断层的位置作对比，保证其位置一致，形态一致。

考虑断层模型是网格化的基础，为了得到较好的网格质量，并且能表征本区的构造形态和断层发育情况，对断层做了适当的简化处理。建立断面模型如图27-47所示。

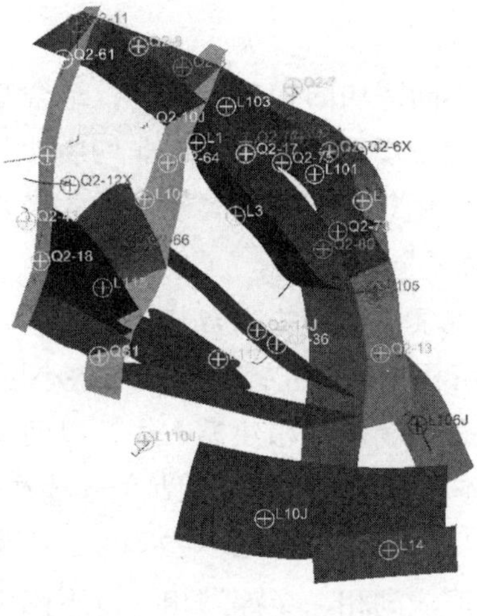

图27-47 断层模型示意图

网格化的过程就是生成空间网格的过程，储层模型中网格大小的确定需要考虑到很多方面，网格大小的确定涉及模型的分辨率以及地质模型质量的好坏。建模网格类型采用角点网格，平面采用均匀网格。由于工区范围广，综合考虑工区范围，设计平面网格步长为25m×25m。垂向划分为$K_1g_3{}^2$、$K_1g_3{}^1$、$K_1g_2{}^2$、$K_1g_2{}^1$、$K_1g_1{}^4$、$K_1g_1{}^3$、$K_1g_1{}^2$、$K_1g_1{}^1$、$K_1g_0{}^4$、$K_1g_0{}^3$、$K_1g_0{}^2$、$K_1g_0{}^1$共计12个小层，纵向上每个网格为1m，网格系统总网格块数：205×242×1139=56505790个，网格节点总数为206×243×1140=57066120个。

二、层面模型

三维骨架网格是建立各个层面模型的基础，层面模型的建立也需要考虑断层在各个层位的情况，对于生成的面，还需要观察每一层面上的断层情况，包括上下盘的错动关系，利用分层数据及顶面构造图综合约束，建立层面模型，如图27–48所示（仅展示部分）。

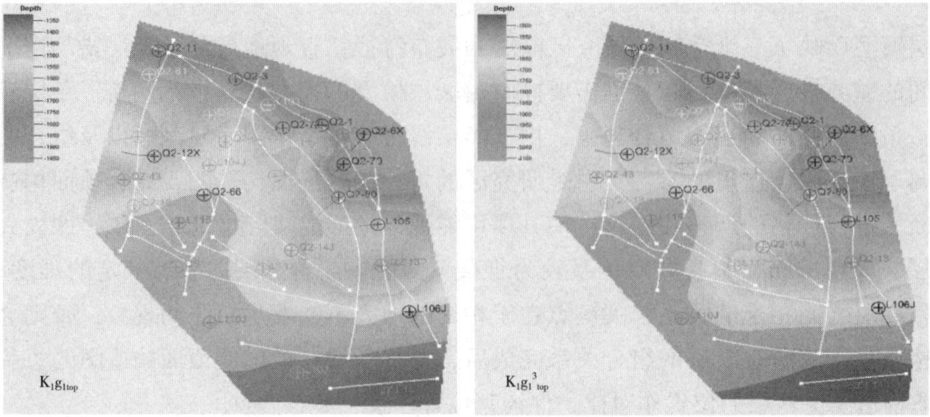

图27–48　各层层面模型

三、沉积相模型建立

沉积相研究的是地下储层不同区块的相分布情况，结合基础地质研究情况，建立沉积相模型，可直观的展示储层空间展布规律，探讨储层非均质性，指导油气分布规律。在地质建模的角度来看，正确的相模型是建立精细地质属性模型的必要前提，相控建模的基础上，储层物性的变化因相类型的不同而不同。

根据前面的取芯井的岩芯观察与取芯井段岩芯相与对应井段测井曲线的对应关系以及对单井沉积微相等对沉积环境及沉积相的研究，对研究区各小层的沉积相做了精细沉积相分析，并绘制了沉积相图，可以将该工作利用到相建模中去，以便从三维空间来检验和展示对该区地质认识的准确性和合理性，本次沉积相建模采用赋值建模法进行确定性建模。

从研究区12个精细相平面图中可得知（见图27–49），研究区分别有扇三角洲前缘相、滑塌浊积扇相、前扇三角洲相、滨浅湖相、半深湖相。以下图中展示的是确定性建模方法建立

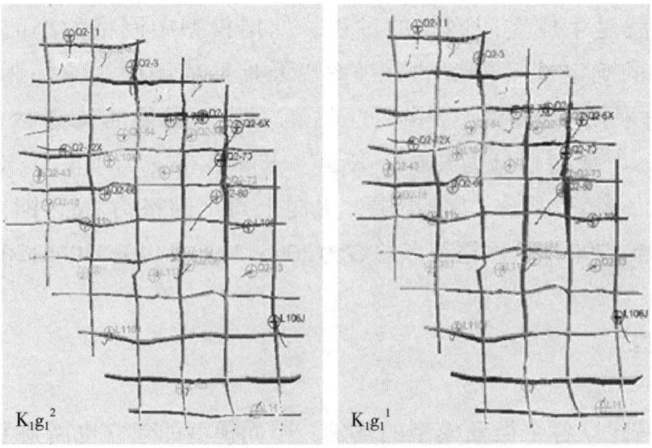

图27–49　沉积相模型栅状图

的沉积相模型，该模型的相分布特征与理论研究的认识完全一致，主要实现了理论研究结果的三维展示功能，主要通过栅状图的形式来表现。

四、属性模型建立

储层物性模型通常是指储层的孔隙度、渗透率等模型，储层三维地质建模的目的就是要获得储层物性的三维空间展布。研究区沉积相既有扇三角洲相，又有湖相，加之岩性复杂，因此在构造模型、微相模型的约束下，充分发挥测井数据具有较高垂向分辨率而能够反映薄层的特点，选用地质统计学中适用于连续变量模拟的序贯高斯模拟算法，运用变差函数控制手段，模拟得到各种属性模型。

属性建模的主要流程包括离散测井曲线和变差函数分析，储层的孔隙度、渗透率和含水饱和度参数属于连续性数据，需要进行离散化，离散化是将井数据分配给井轨迹穿过的网格，使每一个网格得到一个值。离散化后井数据才能在属性建模过程中被调用，从而控制井间的属性分布。变差函数分析是随机模拟的关键步骤，它是反应储层参数随着空间位置变化的一种度量。变差函数主要反应储层的非均质性，变差函数的参数设置需要考虑很多因素，要求研究者了解本工区数据的分布情况，同时变差函数的求取有一定的原则及流程。

1. 孔隙度模型

孔隙度模型是衡量储层物性好坏的重要参数之一，孔隙度模拟准确与否直接影响到渗透率计算值的准确性。本区孔隙度模型是采用序贯高斯模拟的方法建立的。序贯高斯模拟孔隙度需要计算孔隙度变差函数，在进行模拟孔隙度时起到约束作用，有利于提高建模精度，孔隙度变差函数采用球状模型。

建模过程分小层进行，建模数据来源于测井二次解释结果，首先对孔隙度数据进行分析处理，剔除异常值，转换为高斯分布，然后进行变差函数分析，最终使试验变差函数曲线和理论变差函数曲线的拟合程度达到最好，将数据分析的结果保存后，在建模过程中可以直接调用，建立好的孔隙度模型如图27–50所示。

2. 渗透率模型

渗透率模型反映流体在三维空间上的流动能力，渗透率模型的数据分析和变差函数分析的基本上和孔隙度建模时是一样的，也需要在数据输入之前对渗透率进行变换，转换成高斯分布，进行变差函数分析。利用序贯高斯随机模拟方法建立渗透率模型，渗透率数据基于二次解释，三维显示如图27–51所示。

3. 含水饱和度模型

对测井解释结果得到的含水饱和度数据加载，进行数据变换，对每个小层进行变差函数分析，利用序贯高斯模拟方法与孔隙度模型协同进行含水饱和度模型的建立，含水饱和度模型栅状图如图27–52所示。

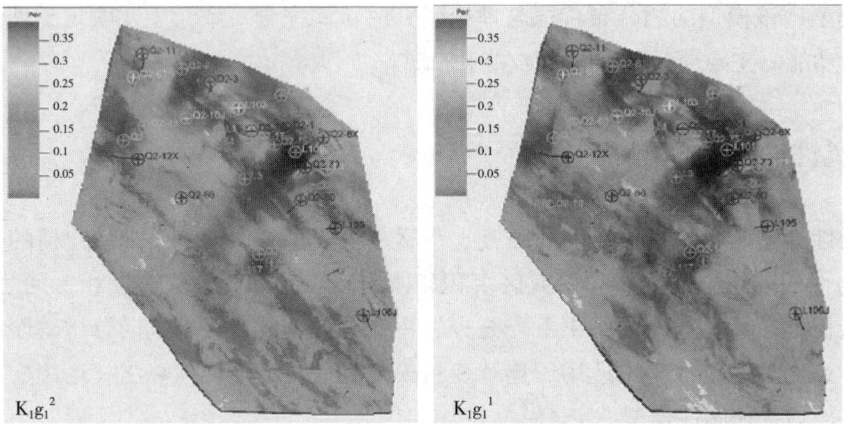

图 27-50　孔隙度模型及剖面图

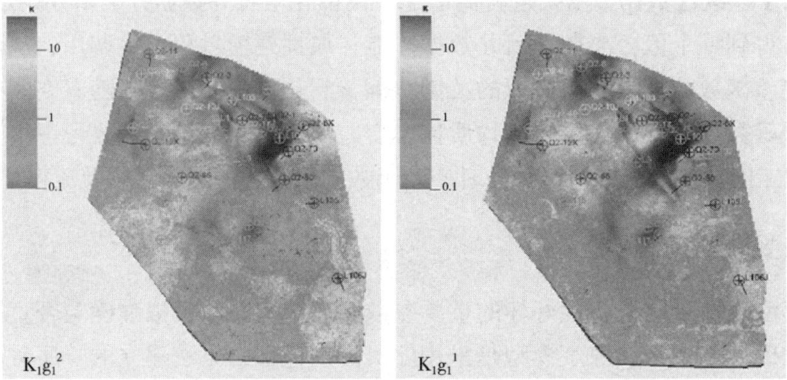

图 27-51　渗透率模型及剖面图

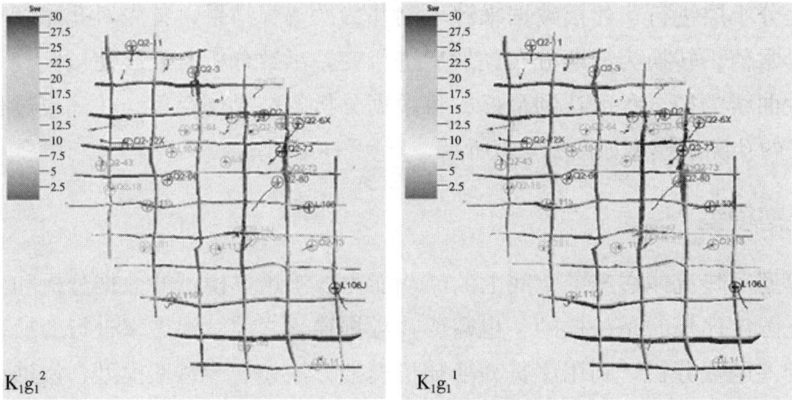

图 27-52　含水饱和度模型及剖面图

4. 有效厚度模型

有效厚度模型是反映储层分布的模型，通过整理工区每口井的储层厚度数据，结合测井解释有效储层的方法，同样采用序贯高斯模拟的方法建立有效厚度模型，如图 27-53 所示。

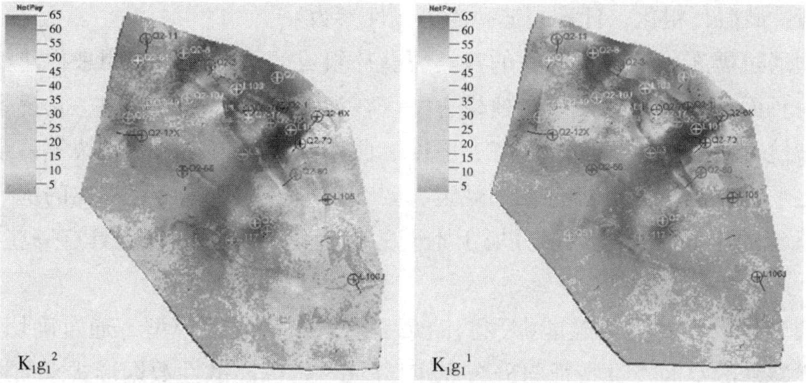

图27-53　有效厚度模型及剖面图

对比建立的模型与已经做好的等值图，有效厚度分布趋势基本一致，说明建模忠实于原始数据，采用方法得当，能准确反映储层情况。

5. 净毛比模型

净毛比即为储层厚度与地层厚度的比值，根据二次解释结果以及储层解释结论，计算出净毛比，剔除异常值，导入到Petrel软件中，利用序贯高斯模拟的方法建立净毛比模型，在一定程度上与有效厚度模型具有相似性，能够反映各小层的储层分布情况，模型如图27-54所示。

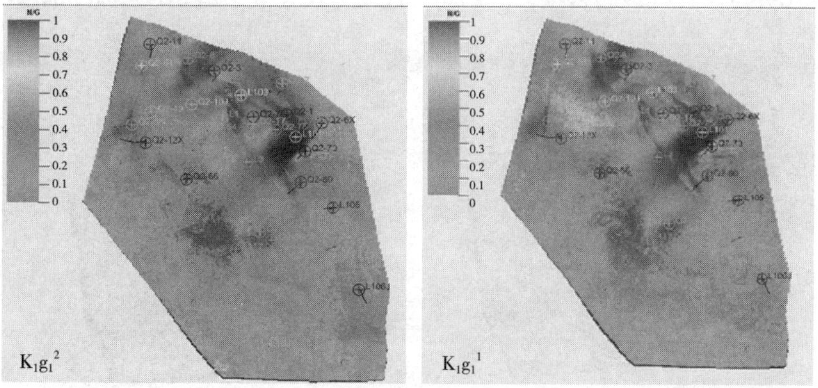

图27-54　净毛比模型及剖面图

五、裂缝模型

在裂缝建模过程中，为了更好地描述裂缝，针对不同区域的裂缝发育特征，制定以岩芯观察、成像测井为基础，综合静态和动态多方面资料一体化的建模思路。具体实现流程如下：首先，综合岩芯、测井和地震资料进行裂缝分析，分别计算各组裂缝的裂缝密度；为克服连续性介质模型在裂缝描述和计算效率上的缺点，得到满意的离散裂缝模型，以总裂缝密度体做趋势约束，采用序贯高斯模拟方法将各组系裂缝密度离散到模型中，建立不同组系裂缝密度体。再次，分组建立各层的离散裂缝网络模型（DFN），并结合动态资料优选出最佳的离散裂缝网络模型；最后，粗化，计算裂缝孔渗等属性参数。

DFN模型通过展布于三维空间中的各类裂缝片组成的裂缝网络集团来构建整体的裂缝模型，它采用一种面向对象的地质统计建模方法。在裂缝片的生成过程中，它逐个生成每个裂缝片。每个裂缝片有位置、方向、形态、厚度、曲率及依附与它的基质块等一系列属性，这些属性的确定要么依据事先已经存在的规定，要么依据一些事先已经存在的统计关系随机地生成。根据来源的不同，裂缝片又分属于不同的裂缝集团，每一集团具有一些共性的特点，并成批生成。

裂缝地质建模的目的是创建能够预测油藏裂缝展布的属性模型，通过确切的裂缝模型，可以详尽描述裂缝的空间发育特征与分布规律。Petrel将以离散性数据形式来描述裂缝，每一条裂缝都可以用一个面表示，裂缝长度和裂缝形状可以由用户自定义或通过算法进行描述，裂缝倾角用Fisher分布定义，进而建立离散裂缝模型。通过裂缝密度、位置、开度来确定裂缝的孔隙度渗透率，并生成地质模型网格单元值。

1. 裂缝密度建模

裂缝密度（线密度）建模是裂缝建模的核心，裂缝密度是描述裂缝发育程度的参数，一般由相对比值给定，裂缝密度建模不仅能表征裂缝在三维空间的分布规律，评价不同组系裂缝的发育趋势，也是建立离散网络模型的基础。通过分析成像测井资料，并根据之前的裂缝发育分析结果，计算出井点所在处裂缝密度，应用属性建模方法建立裂缝密度模型如图27–55所示。

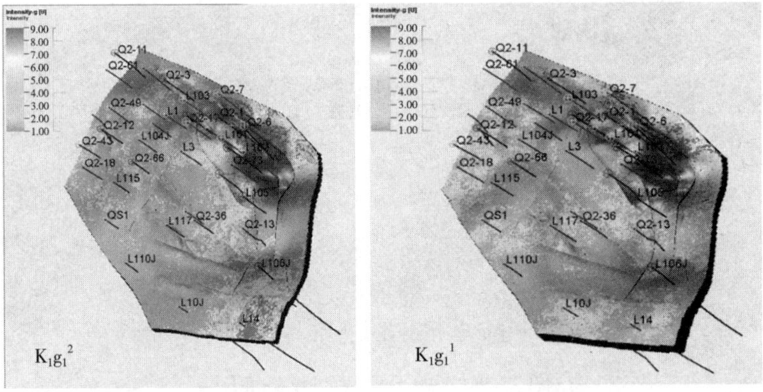

图27–55 裂缝密度模型示意图及剖面图

2. 裂缝网络模型（DFN）

DFN建模是在裂缝密度建模的基础上对裂缝片的方位、几何形态、分布进行三维定量化描述，通过整理原始成像测井资料，统计井点处裂缝倾角、方位角数据，综合二次解释对裂缝的描述结果以及裂缝发育分析结论，得到裂缝的基础数据，导入到Petrel软件中，将上面形成的裂缝密度属性体作为裂缝发育程度的一个约束条件，采用Petrel软件DFN裂缝建模模块，运用Fisher分布模型，对每层的裂缝特点进行分析，设定了裂缝的倾角以及方位等参数，分层进行了裂缝片的模拟和生成，如图27–56所示。

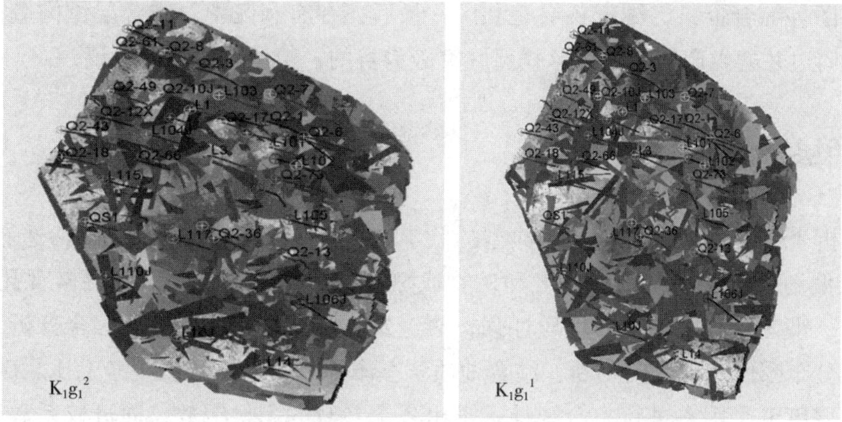

图27-56　裂缝模型示意图

3．裂缝属性模型

对裂缝模型粗化，能得到裂缝孔隙度、渗透率等储层参数，这些参数对裂缝油藏的开发至关重要。以三维裂缝几何模型为基础，对裂缝等效属性进行计算，最终建立反映双重介质系统的物性模型（孔隙度、渗透率）及计算表征裂缝系统与基质系统关系的Sigma因子。

Petrel中包含有两种渗透率粗化方法，两种方法在运算过程中都要直接使用Golder技术。Oda是数据统计的计算方式，它以单个网格内裂缝的总面积及裂缝的不同参数为基准，进行渗透率估算。

在粗化前，需要在裂缝属性里面计算裂缝的一些信息，主要包括裂缝的长度、裂缝的开度等。通过Oda算法，将裂缝粗化到基质模型中去，形成裂缝介质的属性体。

通过分析裂缝密度分布、各层裂缝片发育情况、DFN裂缝网络模型、裂缝属性，可发现裂缝在K_1g_2和K_1g_1层段L101区块及Q2-12井附近较发育，K_1g_3层段裂缝主要位于L14井附近，与原裂缝认识规律、动态资料和裂缝方位相符。

六、油藏储量估算

在已建立的地质模型的基础上，采用容积法对工区的储量进行了估算，按层位对储量进行叠加，进行了储量估算。

第九节　滚动开发部署建议

首先，应用孔隙度、净毛比、裂缝发育程度、碳酸盐含量、油层有效厚度5个指标建立油层综合评价方法，编制油层综合评价分布图；结合综合评价等值线图、波阻抗储层厚度反演图、裂缝发育图、沉积相图、岩相图、波阻抗白云岩厚度反演图、白云岩厚度分布图、有效厚度等值线图等综合资料，圈定各层有利区；最后，在有利区中，结合层位构造特征、裂缝发育特征及周边井的生产情况，以寻找新区突破为目的，给出井位部署建议。

一、油层综合评价分析

前面分析表明，QX油田储层属于典型的低渗透裂缝性储层，具有典型低渗透储层的特点，即岩石粒度偏细、沉积物结构成熟度和矿物成熟度低、储层物性差、储层微观孔隙结构差、渗流能力低，即宏观和微观上非均质性强，裂缝发育。结合储层物性的综合分析，根据所做平面属性的分布图做宏观方向判断，结合地质学基本原理，对孔隙度、净毛比、碳酸盐含量、裂缝、有效厚度五个因素进行整合统计，求出各个参数的无量纲数，通过权系数得到关于油层综合评价的计算表达式。

$$Z(i) = \lambda_1 \cdot \phi_D(i) + \lambda_2 \cdot NTG_D(i) + \lambda_3 \cdot crack_D(i) + \lambda_4 \cdot carb_D(i) + \lambda_5 \cdot He_D(i) \quad (27\text{–}22)$$

$$\phi_D(i) = \frac{\phi(i) - \phi_{min}}{\phi_{max} - \phi_{min}} \quad (27\text{–}23)$$

$$NTG_D(i) = \frac{NTG(i) - NTG_{min}}{NTG_{max} - NTG_{min}} \quad (27\text{–}24)$$

$$crack_D(i) = \frac{crack(i) - crack_{min}}{crack_{max} - crack_{min}} \quad (27\text{–}25)$$

$$carb_D(i) = \frac{carb(i) - carb_{min}}{carb_{max} - carb_{min}} \quad (27\text{–}26)$$

$$He_D(i) = \frac{He(i) - He_{min}}{He_{max} - He_{min}} \quad (27\text{–}27)$$

式中 $Z(i)$——综合评价值；

$\phi_D(i)$——无量纲孔隙度；

$NTG_D(i)$——无量纲净毛比；

$crack_D(i)$——无量纲裂缝发育程度；

$carb_D(i)$——无量纲碳酸盐含量；

$He_D(i)$——无量纲有效厚度；

$\lambda_1 \sim \lambda_5$——各个参数的权系数，其中$\lambda_1+\lambda_2+\lambda_3+\lambda_4+\lambda_5=1$。

为了体现各指标对综合评价的影响程度，应用下式进行权系数的计算。

$$P_x = \frac{\sqrt{\sum_{i=1}^{n}(x_i - \overline{x})^2 / n}}{\overline{x}} \quad (27\text{–}28)$$

$$\lambda_i = \frac{P_i}{\sum_{i=1}^{5} P_i} \quad (27\text{–}29)$$

利用上式求出这5个物性参数的各项的权重见表27-11，可见工区受裂缝因素（包括碳酸盐岩含量）影响要大于其他指标，其次为储层厚度，在常规储层评价中占重要地位的孔隙度反而弱化了很多，这更突出了裂缝性油藏的特点。

表27-11 各物性参数所占的权重

孔隙度	净毛比	裂缝	碳酸盐含量	有效厚度
0.14	0.17	0.26	0.24	0.17

对孔隙度、净毛比、裂缝、碳酸盐含量、油层有效厚度进行无量纲转换，将其化为小于1的归一化小数，分别乘以各项的权重值，得出综合评价值。归一化值的计算公式为：

$$归一化值=\frac{实际值-同类指标中最小值}{同类指标中最大值-同类指标中最小值} \tag{27-30}$$

由小层数据表，对工区内40口井的383个数据进行计算得到各小层单井的油层综合评价值，按油层综合评价值对油层进行分类划分，对所得综合评价值进行统计，图27-57所示。

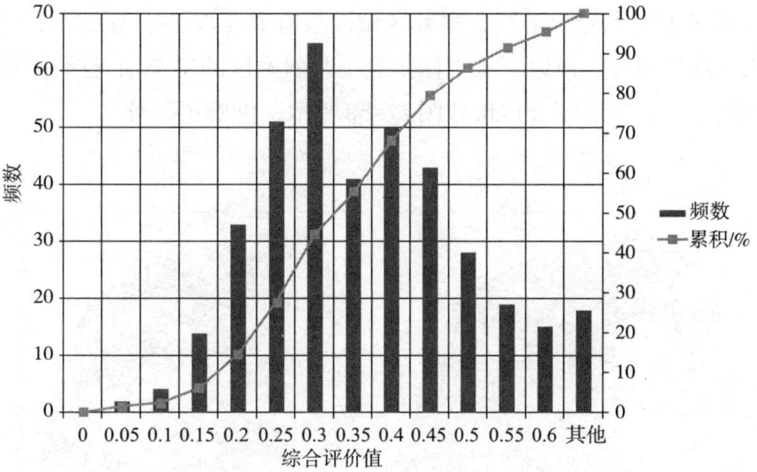

图27-57 综合评价值统计图

计算表明，QX油田白垩统下沟组的综合评价值最小值是$K_1g_1^3$层的L110J井，其值为0.04，最大值为$K_1g_1^3$层的Q2-70井，其值为0.73。从统计图中可以看出，综合评价值集中分布在0.25～0.45之间。

对综合评价值进行评估，根据统计结果将油层分为三类，即I类油层，II类油层，III类油层，结果如表27-12所示。

表27-12 油层分类结果

油层类别	综合评价值
Ⅰ类油层	>0.5
Ⅱ类油层	0.4～0.5
Ⅲ类油层	<0.4

针对油层分类结果，结合统计数据，油层分类具有以下特征。

1）Ⅰ类油层

Ⅰ类油层的孔隙度一般大于4%，渗透率一般大于$5 \times 10^{-3}\mu m^2$，属低孔—低渗油层。此类油层储层厚度较大，油层有效厚度多数大于20m，裂缝发育较好，大多分布于扇三角洲前缘亚相、滑塌浊积扇亚相和半深湖亚相区域内，主要发育白云质砂岩、泥质白云岩，具有砂岩厚度大，部分地区纵向叠置性强，砂体连片性好，岩石分选较好的地质特点。所以，Ⅰ类油层是研究区良好的油气储集空间。

2）Ⅱ类油层

Ⅱ类油层的孔隙度在3%～4%之间，渗透率在（3～5）$\times 10^{-3}\mu m^2$，属于低孔—低渗油层。此类油层有效厚度多在5～20m之间，此类油层分布区域多发育白云质砂岩和泥质白云岩，具有较好的纵向叠置性，具备储集油气的条件。所以，Ⅱ类储集层也是研究区的主要油气储存场所。

3）Ⅲ类油层

Ⅲ类油层的孔隙度小于3%，渗透率低于$3 \times 10^{-3}\mu m^2$，属低孔—低渗透储集层。此类油层大多分布于前扇三角洲亚相和滨浅湖亚相区域内，多发育白云质泥岩，孔隙分布不均匀，连通性差，试油结果显示大多层为干层，多数区域油层有效厚度小于5m，裂缝大多不发育，缺少形成油气储集空间的条件。所以，Ⅲ类储集层不是研究区的主要油气储存场所。

按照油层分类标准，各层综合评价如图27–58所示，仅展示部分。

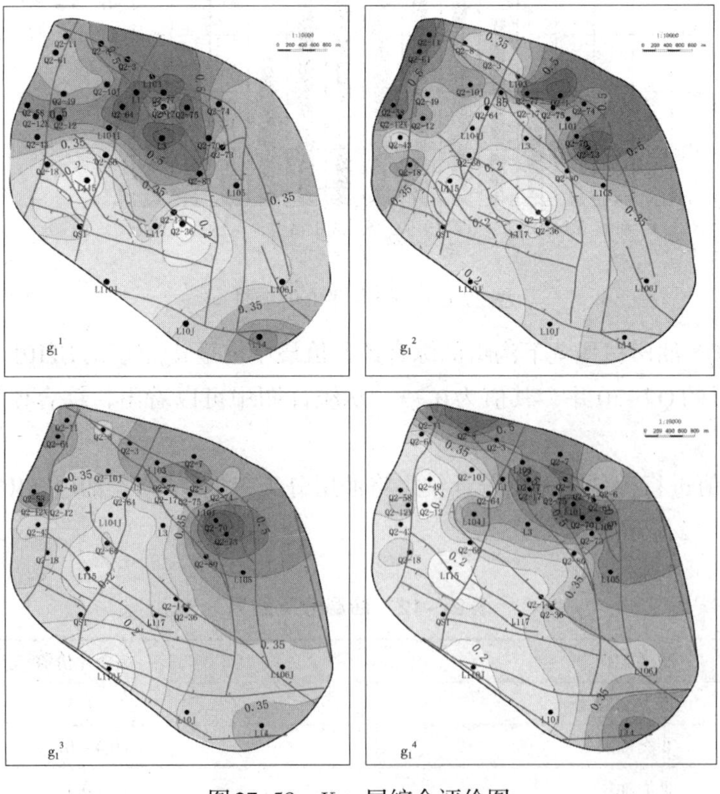

图27–58　K_1g_1层综合评价图

K_1g_1层在工区东北部和西北部Ⅰ类、Ⅱ类油层较多，而且纵向叠置性也较好，特别是在Q2-77、Q2-1、Q2-70、Q2-73井区附近有大片Ⅰ类、Ⅱ类油层，在$K_1g_1^1$、$K_1g_1^2$和$K_1g_1^3$小层的Q2-12X井区附近有小片Ⅰ类油层，工区西南部和中部大部分区域为Ⅲ类油层，由图可看出，K_1g_1层油层连片分布明显，$K_1g_1^1$小层连片性较$K_1g_1^2$、$K_1g_1^3$、$K_1g_1^4$三个小层都好，容易形成局部的叠加，同样具有较高的开采价值。

$K_1g_1^1$油层受砂岩和白云岩双重作用，Q2-64、L1、L3处于扇三角洲前缘和滑塌浊积扇沉积相区域，以砂岩储层为主，继承了$K_1g_0^4$的油层发育，但白云岩区与其连片发育，并且通过区内各井的试油与生产情况，白云岩区域实际效果要优于砂岩区域，因此，砂岩区的储层综合反映很大程度受到白云岩的影响，亦即越靠近白云岩区域，油层综合评价越高。其他3个小层基本上受白云岩控制。

以上分析表明，研究区油层性质及其分布主要受岩性、裂缝分布和沉积相的共同控制。在此基础上，KLS区块鼻状构造也对油气的富集起着重要作用。在纵向上，$K_1g_0^3$、$K_1g_0^4$、$K_1g_1^1$、$K_1g_1^2$层油层综合价值最好，尤其是$K_1g_0^3$层的Q2-64井区附近，$K_1g_0^4$层的Q2-70、Q2-73、Q2-64井区附近，$K_1g_1^1$层的Q2-70、Q2-75、Q2-77井区附近，$K_1g_1^2$层的Q2-70、Q2-73、Q2-77井区附近，存在Ⅰ类油层且为该油层主力层段。其次为$K_1g_1^3$、$K_1g_1^4$层，特别在$K_1g_1^3$层的Q2-70、Q2-73井区附近，$K_1g_1^4$层的L101、L102、Q2-17、Q2-77、Q2-1井区附近，存在Ⅰ类油层且为该油层主力层段。

二、有利区筛选

1. 有利区筛选原则

在有利区筛选时，一般要从以下几个方面综合考虑：

（1）参考沉积相分布进行有利区预测。有利的沉积相带是油气富集的重要地质基础，是油气运移聚集的重要载体。本区以白云质裂缝发育的储层为主，部分发育白云质砂岩，但裂缝影响也较大，部分区域纵向叠置性好，连片性强等特点，为油气聚集成藏提供了良好的条件，因此油气有利富集区的预测要考虑有利的沉积相带。

（2）储层条件是有利区预测的主要因素。发育裂缝是QX油田各个储层的主要特点，针对本区的特点，需要在有利的白云岩厚度分布、裂缝发育程度、构造特征等基础上，优选储层物性好且连片的区域。

（3）鼻状构造是有利区预测的重要线索。研究区下白垩统下沟组储层构造形态整体为一西南高北东低的鼻状构造，其构造形态和相对幅度主要受砂体发育程度的控制。砂层在纵向上多期叠加，厚度大，砂体在平面上复合连片，岩性及厚度有明显差别。由于油气的运移及油水的密度差异，在成藏有利的相带上所发育的鼻状构造对油气的富集起到了一定的作用。因此，鼻褶构造控制着油气相对富集的程度，是有利区预测的重要线索。

（4）井点控制对有利区的筛选起到重要作用。所划分有利区块内若有试油井点、压裂试油获取工业油流、录井结果显示较好等都是选定该区域为有利区的重要依据。

基于以上几点，确定有利区筛选原则为：

（1）符合沉积学基本规律。

（2）满足基本条件：白云岩分布多，裂缝发育，储层厚度反演有利，试油结果较好。

（3）优选纵向叠置性较好的区域。

（4）对已开采区域和已开采层位进行排除。

（5）重视断层区块分布及构造的走势。

2. 有利区筛选结果

根据上述分析，依据油源条件、储层特征、裂缝发育情况、研究区目前勘探开发现状及已有的试油信息所提供的重要信息，依据测井解释成果，对各个储层孔隙度、净毛比、裂缝、碳酸盐含量、油层有效厚度五个数据进行综合统计，综合计算出综合评价值。结合综合评价等值线图、储层厚度反演图、白云岩分布图、裂缝发育图、沉积相图、岩相图、白云岩波阻抗反演图、有效厚度等值线图和白云岩均方根反演图，圈定各层有利区：有利区储层厚度较大，地震反演显示较好，大体处于扇三角洲前缘、半深湖和滑塌浊积扇亚相上，主要发育泥质白云岩、白云质砂岩和砂岩，处于裂缝较发育的断层区域附近，油层综合评价为Ⅰ类、Ⅱ类的油层，在此基础上按层段筛选有利区4个，有利区划分结果见图27-59，有利区数据统计结果见表27-13。

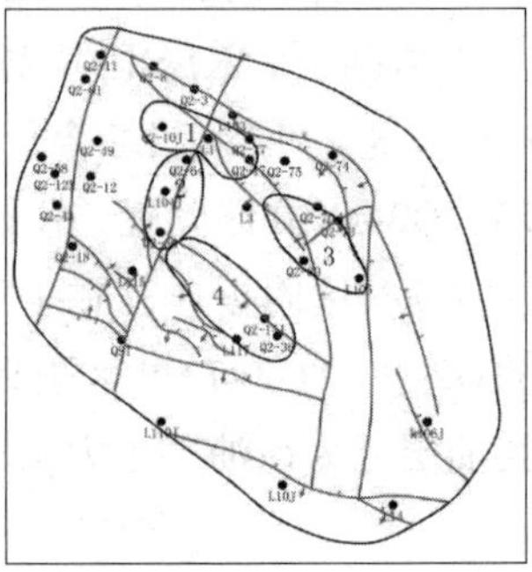

图27-59　有利区划分结果图

表27-13　有利区数据表

序号	井区	层段	厚度h/m	孔隙度ϕ/%	含油饱和度S_o/%
有利区1	Q2-10J，L1，Q2-17，Q2-77	$K_1g_1^1 \sim K_1g_1^4$	67.4	4.0	71.4
有利区2	Q2-64，Q2-66，L104J	$K_1g_0^3 \sim K_1g_0^4$，$K_1g_1^1$	68.9	4.1	87.0
有利区3	Q2-80，L105，Q2-70，Q2-73	$K_1g_0^4$，$K_1g_1^1 \sim K_1g_1^3$	75.6	3.4	70.2
有利区4	Q2-14J，L117，Q2-36	$K_1g_0^2 \sim K_1g_0^3$	51.1	4.7	84.4

仅对有利区1的$K_1g_1^1$说明如下：

如图27-60所示，在$K_1g_1^1$层段L1、Q2-77井区附近综合评价值分别达到0.59和0.62，属于Ⅰ类油层，Q2-10J井区附近综合评价值达到0.38，属于Ⅱ类油层；地震反演显示好，储层厚度都达到30m以上，其中L1、Q2-77井区附近储层有效厚度高达64.9m、49.8m；白云岩厚度在15～25m之间；有利区内裂缝发育，尤其以L1和Q2-77井区附近裂缝较为发育；处在半深湖亚相和扇三角洲前缘亚相上，主要发育白云质砂岩和泥质白云岩；试油结果显示较好，Q2-17井试油结果为差油层，L1和Q2-77井为油层。综上，划定有利区1的$K_1g_1^1$层段为Ⅰ类有利层段。

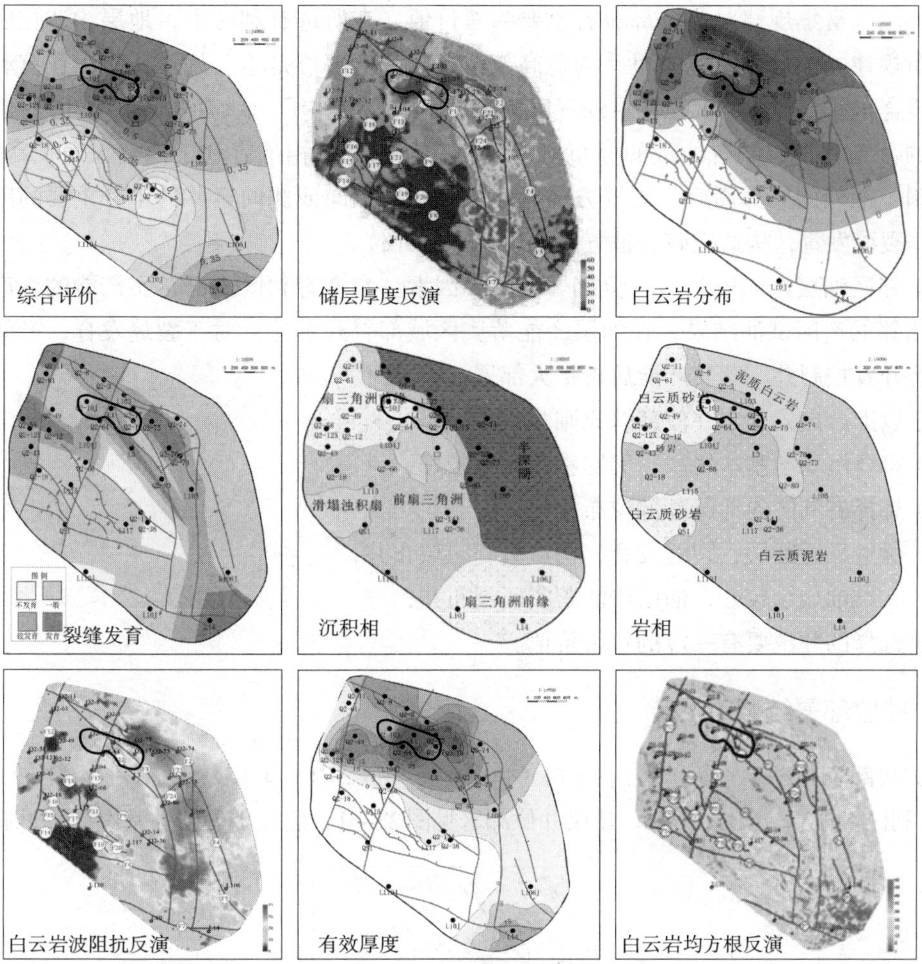

图27-60 有利区1有利层段$K_1g_1^{1}$层段图

有利区1关键井有两口：L1和Q2-10J，L1井在$K_1g_1^{1}$为主力油层，累产油量近5万吨，是该区最早的证实具有生产工业价值的探井，由该井向南到L3，油层逐渐变差，向东到Q2-17油层变差油层，裂缝发育一般。延F22断层L1和L3之间具有较好的油层显示。Q2-10J处于水下扇三角洲前缘，以砂岩发育为主，K_1g_0发育部分差油层，K_1g_1多数为干层，发育部分差油层，L1由白云岩区前缘向Q2-10J过渡为砂岩前缘，而且受F13断层隔开作用，油层变差，两口井之间裂缝发育，而且处于构造高点，中间区域可选为有利区。

通过对有利区1的四个有利层段进行统计得出：有利区1有利层段内的平均油层厚度为67.39m，平均孔隙度为3.95%，平均含油饱和度为71.37%。

三、井位部署建议

1. 井位部署原则

在井位部署时，从以下两个方面综合考虑：

（1）油气富集规律对井位部署有重要参考价值。在所选有利区中，地层构造控制了油层平面分布规律，油层分布总体呈“构造高部位是油，低部位是水”规律，所以在有利区相对高部位适合布井；岩性、沉积相对油气富集有一定的控制作用，QX油田属“自生自储”油藏，烃源岩的分布直接控制着油藏的分布范围，而有利的沉积相带有利于油气大面积富集成藏；裂缝控制了油气的局部高产，裂缝方向是使油气发生垂向或侧向运移的十分重要的因素，靠近断层，裂缝发育，构造破碎，油气聚集适合部署井位。

（2）邻区油层产能落实是井位部署的主要因素。参考有利区内已落实产能的生产井和与有利区相邻的产区试油结果，在油层产能落实区域部署开发井，对于裂缝发育，产能不落实区域部署开发控制井，落实产能后再扩大部署。

基于以上两点，确定井位部署原则为：

（1）符合沉积学基本规律，储层物性相对较好；

（2）选择有利区内地层高部位布井；

（3）优选靠近断层，裂缝发育，构造破碎区域布井；

（4）在试油显示较好，油层产能落实区域布井；

（5）选择的井位要有一定的扩区价值。

2. 井位部署结果

本次共部署井6口，有利区1内1口（D1），有利区2内1口（D2），有利区3内2口（D3、D4），有利区4内2口（D5、D6）。建议井位部署见图27-61，建议部署新井基本参数见表27-14。

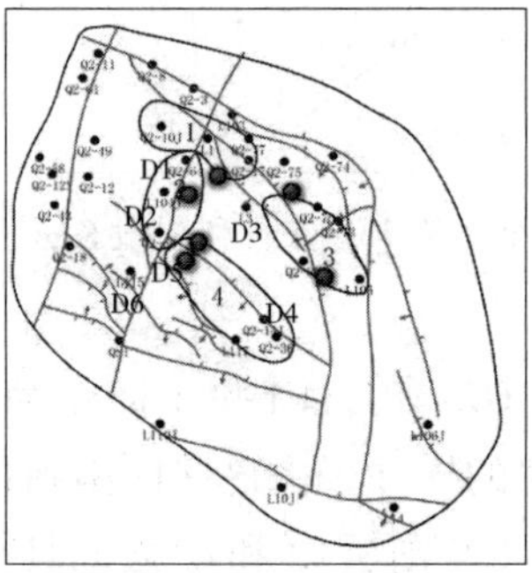

图27-61 建议井位部署图

表27-14 建议部署新井基本参数表

序号	井号	目的层位	目标
有利区1	D1	$K_{1}g_{1}^{1} \sim K_{1}g_{1}^{4}$	落实22号断层以西
有利区2	D2	$K_{1}g_{0}^{3} \sim K_{1}g_{1}^{1}$	落实Q2-64断层以东
有利区3	D3	$K_{1}g_{1}^{1} \sim K_{1}g_{1}^{3}$	验证L101构造高位
	D4	$K_{1}g_{1}^{2} \sim K_{1}g_{1}^{3}$	落实L105构造高位
有利区4	D5	$K_{1}g_{0}^{2} \sim K_{1}g_{0}^{3}$	落实Q2-14断层高位
	D6	$K_{1}g_{0}^{2}$	落实Q2-14区块高位

3. 井位部署依据

仅介绍有利区1的井位部署依据，如图27-62所示。

（1）D1井在K_1g_1层处在扇三角洲前缘亚相和滑塌浊积扇亚相上，可作为储集层；主要发育白云质泥岩和泥质白云岩，仅含少量的白云质砂岩，而白云质泥岩和泥质白云岩是烃源岩；基质孔隙度大于4%，从综合评价图中可看出综合评价值大于0.5，属于Ⅰ类油层。

（2）从顶面构造图看出D1井处在地势较平的部位，油气不易向周边区域逸散。

（3）D1井处在断层F22外侧，靠近断层，从裂缝发育图可看出D1井处裂缝较发育，处于构造破碎带。

（4）D1井靠近L1井，L1井产能落实，试油结果显示L1井在$K_1g_1^2$、$K_1g_1^3$层为差油层，在$K_1g_1^1$、$K_1g_1^4$层为油层，L1井的日产油量为30.3m^3/d，日产水量为6m^3/d，平均含水率为16.53%；D1井靠近东北方向区块，区块内L103井和Q2-77井产能已落实，试油结果显示大部分为差油层和油层。

（5）D1井选在断层F22外侧L1井和L3井之间，既研究断层F1、F9、F13、F22所构成区块西北角含油气情况，又考察断层F22对于油气运移的作用，对今后沿断层F22方向布井提供参考依据。

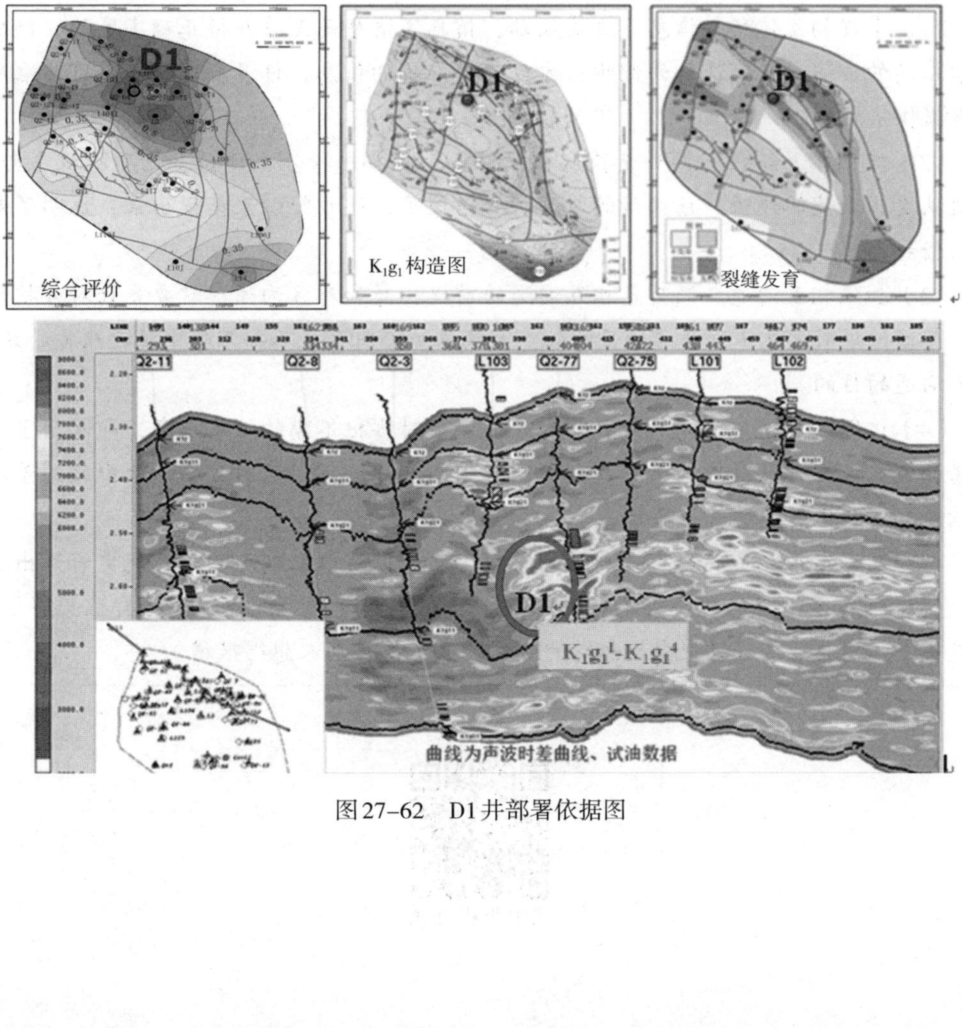

图27-62　D1井部署依据图

管理小常识

费斯诺定理

费斯诺定理是指人有两只耳朵却只有一张嘴巴，这意味着人应该多听少讲。提出者为英国联合航空公司总裁兼总经理费斯诺。说得过多了，说的就会成为做的障碍。在企业内部，倾听是管理者与员工沟通的基础，但在现实中很多人并没有真正掌握“听”的艺术。只有很好听取别人的，才能更好说出自己的，虚心听取别人的意见是一个人进步的必要条件；自己意见不成熟时不能发表，说得过多了，说的就会成为做的障碍；多听、多做、少说是一个人成熟的表现。

其实，中国古时候就懂得了这个道理，“兼听则明，偏听则暗”就是流传下来的至理名言。

善于倾听别人的意见，既是对他人的尊敬，又赢得他人对自己的尊敬。同时，不同的意见又有益于自身的改进。费斯诺定理的核心意义就是倾听，倾听既是一种获得有效信息的途径，又是一种有效沟通的方法，也是对员工或是领导的一种尊重，有效的倾听可以辅助做好本职工作，并且可以完成建立有效倾听的基础上的创新。人们无论是在生活，还是在工作中，无时无刻地都在接受倾听，那么做好与做到有效倾听，无论在工作还是对个人的职业发展都是相当有好处的。

费斯诺定理及倾听的意义有以下四点：

（1）掌握相互信息。信息是决策基础，信息不清楚是无法获得正确决策的。倾听是获取信息的方法，只有认真的倾听，才会获得准确的信息，许多准确的信息可为准确的决策提供依据的。

（2）建立相互信任。倾听是获取相互信任的重要手段。俗话讲，话不投机半句多。通过认真、真诚的倾听，让倾诉的对方打开话匣子，逐步把心里话说出来，说明了对你的信任和期望。

（3）加强相互沟通。倾听是相互沟通的前提，想和对方沟通，就要先让对方把话讲完。想通过说教是达不到沟通的目的的，而认真地倾听会在不知不觉中拉近双方的距离，达到沟通的目的。

（4）化解相互矛盾。倾听是和解的开始，让对方把不满的话讲出来，即吐出了心中窝着的火，又在你认真地倾听中找到心理的平衡，你还可以从对方的话语中找到矛盾的根结所在，为化解矛盾打下基础。

与费斯诺定理相似的还有：斯坦纳定理（只有很好听取别人的，才能更好说出自己的。说得过多了，说的就会成为做的障碍）和卢维斯定理（谦虚不是把自己想得很糟，而是完全不想自己。如果把自己想得太好，就很容易将别人想得很糟）。

课件“码”上来

第二十八章　页岩气储层压采一体化

页岩气属于非常规油气资源，自生自储、纳米级孔隙、天然裂缝发育、需要水力压裂缝网、多尺度渗流、吸附气解吸、低产量持续生产时间长等，这些是页岩气储层属性和渗流特征的关键因素。由于这些区别于常规储层的特点，页岩气储层的生产管理对多学科的协同工作要求更高，地质—压裂—油藏—采油需要紧密结合，才能确保质量高的压裂和产出效果。各学科的协同是必不可少的，尤其是压裂和开采的结合，称之为压采一体化，更宽领域的协同称之为地质—工程一体化。

第一节　页岩气生产特征

页岩气是赋存于以富有机质页岩为主的储集岩系中的非常规天然气，可以游离态存在于天然裂缝和孔隙中，以吸附态存在于干酪根、黏土颗粒表面，还有极少量以溶解状态储存于干酪根和沥青质中，游离气比例一般在20%～85%。页岩气采用水平井开采，需要对水平井进行分段压裂，生成缝网，以便更大程度的沟通储层，生产过程中一般无须排水，产量初期递减快，后期以低产气量维持，生产周期长，一般为30～50年。

一、页岩气储层参数

页岩气储层的特征参数总结归纳如表28-1所示。

表28-1　页岩气储层的特征参数及数据范围

项目	关键评价参数	数据范围
有机质丰度	总有机碳含量	$TOC>2\%$
	热成熟度（镜质体反射率）	$R_o=1.3\%\sim1.7\%$
无机矿物	石英或方解石含量	>40%
	黏土矿物含量	<30%
	黏土矿物组成	蒙皂石等膨胀性黏土矿物含量低
	脆性系数	>35%

续表

项目	关键评价参数	数据范围
物性	基质孔隙大小	< 1μm
	基质渗透率	$K< 0.1\times10^{-6}\mu m^2$
	基质孔隙度	< 5%
	裂缝渗透率	与开度有关，比基质大上千倍
	裂缝孔隙度	< 0.45%
	含水饱和度	$S_w < 40\%$
	含油饱和度	$S_o < 30\%$
岩石力学	泊松比	$\nu < 0.25$
	弹性模量	$E > 2\times10^4$MPa
	岩石密度	1.89 ~ 3.02t/m³，平均2.47 t/m³
厚度	高伽马页岩厚度	> 30m
含气量	总含气量	0.1903 TOC + 0.1185 ϕ，0.1 ~ 3m³/t
	游离气含量	孔隙体积折算到标况下，0.12 ~ 0.82m³/t
	吸附气含量	20% ~ 80% 为吸附气含量，高压时变化不大
	朗缪尔压力 *PL*	10MPa
	朗缪尔体积 *VL*	2.83 ~ 8m³/t
压裂参数	段距	40 ~ 100m
	簇间距	20 ~ 30m
	排量	5 ~ 20m³/min
	砂比	25% 左右
	缝半带宽	15m 左右
	缝半长	150m 左右

二、页岩气渗流特征

页岩气往往以逐步释放的形式产出：

（1）初期生产，能量充足，主要是人工裂缝排水（未返排完的压裂液），由于人工裂缝渗透率高，气水混排，初始产气量较大，压力下降较快，存在于人工裂缝的较小储量的自由气衰竭较快，致使产量迅速下降，下降幅度可达20%。

（2）人工裂缝渗流区域增大，压力降低变缓，产水量降低，与基岩和天然裂缝接触面气源快速补充，产气量趋势稳定。

（3）天然裂缝及基质渗流区域供气逐渐明显，但由于较慢的压力降和较低的渗透率，产气量处于下降趋势。

（4）随着压力降在天然裂缝渗流储层的传播，与缝网接触的基质中越来越多的游离气慢慢渗流到裂缝中参与渗流，同时基质储层中的吸附气分解，用以补充游离气源，产量得以稳定。

（5）储层整体压力的降低引起的基质压力降也相应增大，渗流和解吸的动力增强，气量的补充比较迅速。

（6）基质内部渗流区域逐渐扩大，来自基质的游离气与解吸气成为主要供气源，尤其是缓慢解吸的气源成为产气量增加的主要动力。

（7）当压力降传播到基质整个区域时，储层能量呈现衰竭状态，产气量缓慢下降，此阶段低产量并持续时间长。

所涉及的渗流模式主要有以下几个。

1. 解吸吸附

发生在多孔介质的有机质中，当吸附了天然气的有机质属于多孔介质时，吸附气通过解吸作用直接释放到有机质孔隙中，解吸吸附的诱因是压力降低，其结果是增加游离态气体，有机质附近微孔隙内天然气浓度变大，为扩散和渗流增加了气源。

页岩含气量是指每吨岩石中所含天然气折算到标准温度和压力条件下（101.325kPa，25℃）的天然气总量，包括游离气、吸附气、溶解气等，游离气是指以游离状态赋存于孔隙和微裂缝中的天然气；吸附气是指吸附于有机质和黏土矿物表面的天然气，以有机质吸附为主，伊利石等黏土矿物也有一定的吸附能力。

2. 扩散

发生在远离裂缝的基质中。天然气分子在流动过程中，只有暴露于大的基质孔隙或裂缝处的气体才能顺畅流动，但那些远离裂缝的气体在纳米孔中运动时，会存在扩散作用，即气体会沿浓度递减的方向运移。

3. 渗吸

渗吸发生在页岩储层与水接触时。由于热成因成藏作用，页岩气藏原始含水饱和度低于束缚水饱和度，如果开采时沟通水体或外来流体侵入，外来水会在毛管力的作用下吸入页岩储层，增加页岩气藏含水饱和度，并替出天然气，有时这是一个采气的有利因素。

4. 达西渗流

主要发生在天然裂缝或水力裂缝中，不论是基质的吸附气还是孔隙中的游离气，以各种方式进入到天然裂缝或水力裂缝以后，在页岩气产出过程中，在裂缝中的渗流一般遵循达西定律。

5. 非达西渗流

发生在基质的微孔隙中，在无机质和有机质的孔隙中流动时，会发生气体滑脱效应，由此，增加了气体流入裂缝的动力，使天然气更容易流入裂缝。

对于油藏，非达西渗流会导致更多的能量损失，不利于油气开采，但对于页岩气这种非常规气藏，基于压力降落的解吸产气机制为主的气藏，非达西渗流的存在，使得基岩中气体较快流入裂缝，释放空间，并促进压裂缝与基岩间的压力降的传播，如此将会有利于吸附气的解吸，有利于页岩气的开采。

6. 应力敏感

储层压力敏感性是指由于储层的上覆岩层压力和储层孔隙压力等的变化，使储层的岩石骨架受力发生变化，发生弹性、塑性或弹塑性的变形，并且使储层微观结构也发生变化，并影响到油气等流体在其中渗流的性质，在宏观上则表现为储层的物理参数（如孔隙度、渗透率等）随着地层压力变化而变化的现象。对于页岩气储层而言，一方面，天然气的解吸产出造成基质收缩，孔、裂隙空间被扩大，渗透率增大；另一方面，降压过程中页岩气储层表现出较强的应力敏感性，这主要是由于其内部存在大量的裂缝，在应力的作用下，裂缝的应力敏感性远高于基质孔隙。

三、页岩气开采特征

以某页岩气压裂水平井为例说明开采特征。

该井初期气产量13239m^3/d，随着井底压力的较快降低，生产到1年时气产量为10800m^3/d，下降了18.42%，然后基本保持稳定产量；从产水量上看，初期生产时为关键排水期，100天内的日排水量由开始的70m^3/d降到约10m^3/d，累计排水可达50%。应用物质平衡模型对历史产量进行拟合，之后再进行预测，得到产量变化图，如图28-1所示。

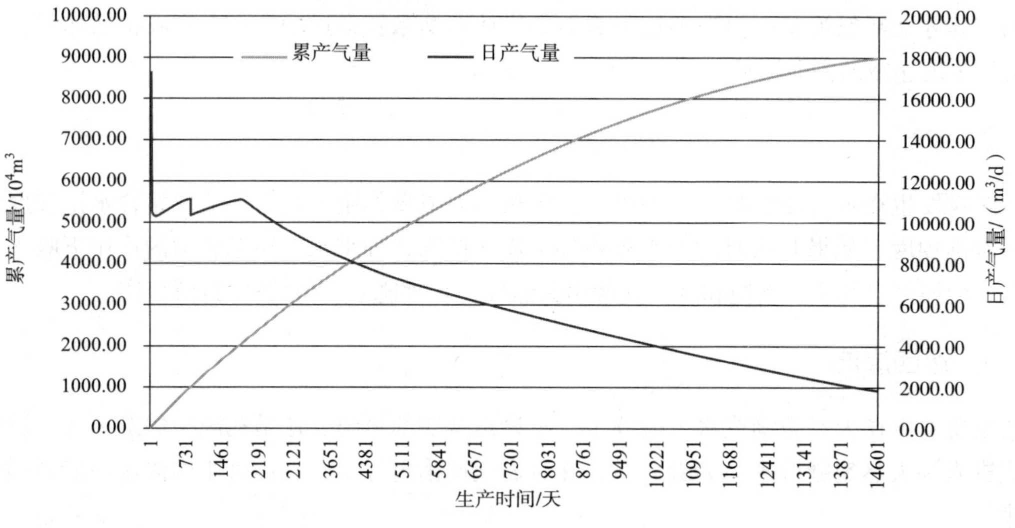

图28-1　物质平衡方程预测生产参数变化

把产气量变化分成以下七个阶段。

第1阶段：人工裂缝排水阶段（第1天～第12天）。初期生产，能量充足，主要功能为人工裂缝排水（累排水量占预测总排水量的10.31%），由于人工裂缝渗透率高，气水混排，初始产气量较大，压力下降较快，存在于人工裂缝的较小储量的自由气衰竭较快，致使产量迅速下降，到第12天降幅达到27.84%。

第2阶段：人工裂缝供气阶段（第13天～第40天）。人工裂缝渗流区域增大，压力降低变缓，产水量降低，与基岩和天然裂缝接触面气源快速补充，产气量处于增加趋势，增幅可达

18.74%，持续时间较短。

第3阶段：天然裂缝渗流区过渡阶段（第41天～第122天）。人工裂缝动态渗流区域在第42天到达边界，天然裂缝及基质渗流区域供气逐渐明显，但由于较慢的压力降和较低的渗透率，产气量处于下降趋势，相对于初期产量下降幅度为40.35%。

第4阶段：天然裂缝导流阶段（第123天～第400天）。随着压力降在天然裂缝渗流储层的传播，与缝网接触的基质中，越来越多的游离气慢慢渗流到裂缝中参与渗流，同时基质储层中的吸附气分解，用以补充游离气源，产量得以稳定并略有增长。

生产400天后产气量仍然沿着第4阶段继续稳中有升，天然裂缝渗流区继续扩大与基质的接触面积，同时基质也继续缓慢补充游离态的气源。

第5阶段：基质主渗流过渡阶段（第860天～第872天）。到第860天，由于天然裂缝渗流动态区域到达边界，产量出现短期小幅下降，但这一过渡阶段很短，储层整体压力的降低引起的基质压力降也相应增大，渗流和解吸的动力增强，气量的补充比较迅速，到第872天产量不降反升。

第6阶段：基质主渗流区供气阶段（第873天～第1897天）。这一阶段，基质实际渗流区域逐渐扩大，来自基质的游离气与解吸气成为主要供气源，尤其是缓慢解吸的气源成为产气量增加的主要动力，但产量增加幅度并不高，约3年的时间产量增加7.33%。

第7阶段：产量主体递减阶段（第1898天～第14600天），当压力降传播到基质渗流区的边界时，储层能量呈现衰竭状态，产气量缓慢下降，到第2530天（6.9年）产量降到$1\times10^4m^3/d$，到第8391天（约23年）产量降到$5000m^3/d$，到第14236天（约39年）产量降到$2000m^3/d$，该阶段也是页岩气压裂水平井最长、最具有区别于常规储层生产特点的阶段，即生产约5年后产量缓慢递减并持续很长时间。

以上压裂水平井生产的七个阶段是根据物质平衡模型理论分析得出的，与该气井Eclipse数值模拟结果进行对比，年产量的变化趋势基本一致，但七个阶段没有办法验证。

第二节 页岩气水平井压裂

页岩气储层规模高效开发的常用手段是水平井分段多簇体积压裂，它沟通了与储层更大的接触空间，扩大了渗流面积。页岩储层中由于脆性岩石含量较高，岩石颗粒小，孔隙度低，相同应力条件下一般发育天然裂缝，水力压裂在扩大与储层接触面的同时，也在沟通天然裂缝，以获得更多的渗流通道。因此，水平井体积压裂缝网的结构、关键参数与天然裂缝有着密切的关系，而且在产能计算与分析时，天然裂缝渗流通道也起着较重要作用。因此，在压裂前，针对全区的天然裂缝预测，需要进行单个水平井的体积压裂多因素影响下缝网模拟，根据一体化综合软件，可以输出用于数值模拟计算的原地质模型带天然裂缝和压裂缝网的新地质模型，实现压采一体化。

一、压裂水平井

压裂水平井一般是分段多簇压裂，形成的缝网示意如图28–2所示。例如，对于1000m的水平井，可以分成10段压裂，段距为100m，在每段压裂2簇（分簇射孔），簇间距30m，压裂时在射孔处形成主裂缝，主裂缝向地层延伸时产生分支缝，形成缝网区域，其宽度为缝带宽，其半长为缝网半长，缝网区域之外的地层为压裂缝网控制外的区域。

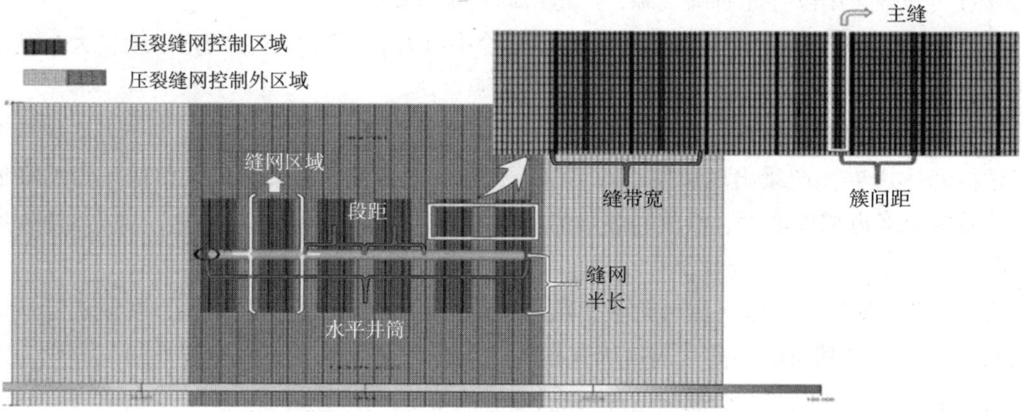

图28–2 体积压裂水平井缝网示意图

二、压裂模型

1. 天然裂缝模拟

天然裂缝受构造、应力、厚度、岩性、压力、温度等多种复杂因素影响，对其进行模拟和参数计算存在诸多的不确定性，而且对天然裂缝的描述和计算也没有统一的方法，由此，本文采用经验公式法用以计算裂缝参数，用随机离散裂缝片法用以模拟天然缝网。

裂缝间距与储层厚度、脆性系数和地层深度之间的关系式为：

$$D_0 = 0.02h + \frac{H}{1000B_{\text{RIT-T}}} \tag{28–1}$$

$$b = 2\ln D_0 + 5 \tag{28–2}$$

式中 D_0——裂缝间距，m；

h——砂岩单层厚度，m；

$B_{\text{RIT-T}}$——脆性系数；

H——地层深度，m；

b——裂缝开度，μm。

根据E.M.Cemexoba等人1969年提出天然裂缝参数计算为：

$$D_{\text{lf}} = \frac{1}{D_0} \tag{28–3}$$

$$K_f = CD_{lf}b^3 \times 10^{-12} \quad (28\text{–}4)$$

$$\phi_f = \frac{K_f}{8.5 \times 10^{-4} b^2} \quad (28\text{–}5)$$

式中 D_{lf}——裂缝线密度，m^{-1}；

K_f——天然裂缝渗透率，μm^2；

C——比列系数，1.71×10^6；

ϕ_f——天然裂缝孔隙度，小数。

模拟中需要把天然裂缝随机分布在储层中，采用离散裂缝网络模型中裂缝片的方法，裂缝的高度为储层厚度，裂缝位置采用Monte–Carlo模拟方法，裂缝参数以计算值为基数，按指数分布模拟。

2. 压裂缝网模拟

压裂缝网模拟包括裂缝关键参数计算、裂缝延伸参数计算、模拟软件三个部分。

1）裂缝关键参数计算

适用于体积压裂缝网长度的模型多为数值模型，为了计算方便，在单簇裂缝模拟时，首先假设仍按单翼缝延伸，在总长度上再考虑分支缝，由此选择较为简化的PKN模型，裂缝关键参数计算如下：

$$L = 0.73\left[\frac{GQ^3}{(1-\nu)\mu h^3}\right]^{\frac{1}{5}} t^{\frac{4}{5}} \quad (28\text{–}6)$$

$$G = \frac{E}{2(1+\nu)} \quad (28\text{–}7)$$

$$w_{max} = 1.49\left[\frac{(1-\nu)Q^2\mu}{Gh}\right]^{\frac{1}{5}} t^{\frac{1}{5}} \quad (28\text{–}8)$$

$$w = \frac{\pi}{4} w_{max} \quad (28\text{–}9)$$

式中 L——假想单翼裂缝半长，m；

w_{max}——裂缝的缝口宽度，m；

w——平均动态缝宽，m；

Q——压裂液排量，m^3/min；

G——岩石的剪切模量，Pa；

E——岩石的弹性模量，Pa；

ν——岩石泊松比；

μ——压裂液黏度，mPa·s；

t——压裂施工时间，min。

压开裂缝后填砂，则支撑缝宽和裂缝导流能力为：

$$w_z = \frac{V_s}{2Lh} \tag{28-10}$$

$$k_{f1} = 54 \times 10^6 w_z^2 \tag{28-11}$$

$$k_{f2} = k_{f1} w_z / d \tag{28-12}$$

$$F = k_{f2} w_z \tag{28-13}$$

式中　w_z——支撑缝宽，cm；

V_s——注砂量，m^3；

d——簇间距，m；

k_{f1}——绝对渗透率，μm^2；

k_{f2}——有效渗透率，μm^2；

F——导流能力，$\mu m^2 \cdot cm$。

2）裂缝延伸参数计算

裂缝延伸受脆性系数、水平地应力级差、天然裂缝和裂缝净压力的综合影响，设计算法如下。

A. 分支缝起裂位置确定

（1）脆性系数的影响。

经实验研究，当储层脆性系数大于40后，压裂时人工裂缝易产生分支，由此，裂缝网络模拟时，通过设置假想天然裂缝来实现多分支缝，即当储层脆性系数大于40时，裂缝在$L_{Rt} = \frac{40}{B_{RIT-T}} \times l$的长度内随机遇到假想缝，由此开启假想缝而产生分支缝。

（2）水平地应力级差的影响。

水平地应力级差用水平应力差异系数表示，定义为：

$$k_h = \frac{\sigma_H - \sigma_h}{\sigma_h} \tag{28-14}$$

式中，σ_H为最大水平主应力，MPa；σ_h为最小水平主应力，MPa；k_h为水平应力差异系数，无量纲。

水平应力差异系数小于0.5时易产生分支缝，由此，模拟压裂时，裂缝在$L_{Rk} = \frac{k_h}{0.2} \times l$距离内随机位置设置假想天然裂缝。

脆性系数和水平应力差异系数都对分支缝具有控制作用，采用调和平均方法确定随机设置假想裂缝位置和长度，则裂缝起裂位置为：

$$L_R = \frac{2L_{Rt}L_{Rk}}{L_{Rt} + L_{Rk}} \tag{28-15}$$

（3）净压力对缝网模型的影响。

净压力是指在施工过程中裂缝内的流体压力与垂直作用于裂缝面上的正应力的差值。净压力越大，天然裂缝更容易被张开，水力裂缝转向延伸的可能性就越大，更容易形成复杂的裂缝网络。

净压力的计算式为：

$$p_r = p_w - p_{pf} - \Delta p_f - p_c \tag{28-16}$$

$$p_w = p_t + \rho_{fl} g H - \Delta p_1 \tag{28-17}$$

$$P_{pf} = \frac{223.26 Q^2 \rho_{fl}}{n^2 d^4 C^2} \tag{28-18}$$

$$\Delta p_f = 0.167 \times 80.85^{n_l} \times L_f K_l w_z^{-2n_l-1} \left(\frac{q_f}{h}\right)^{n_l} \tag{28-19}$$

$$p_c = \sigma_h \tag{28-20}$$

式中，p_r为净压力，MPa；p_w为井底压力，MPa；p_t为井口施工压力，MPa；ρ_{fl}为压裂液密度，kg/m^3；g为重力加速度常数；Δp_1为井筒摩阻，MPa；p_{pf}为射孔孔眼摩阻，MPa；n为孔眼数，无因次；d为孔眼直径，mm；C为孔眼流量系数，无因次；Δp_f为缝内压降，MPa；L_f为任意延伸缝长，m；K_l为幂律液缝流稠度系数，Pa·s^n；q_f为单翼裂缝内流量，m^3/s；n为压裂液流态指数，无因次；p_c为裂缝闭合压力，MPa。

对脆性系数和水平地应力级差双重影响下的起裂位置进行修正，得到考虑净压力的裂缝起裂位置计算公式：

$$L_{RZ} = \frac{L_R(\sigma_H - \sigma_h)}{p_r} \tag{28-21}$$

B. 主缝长确定

主缝占总缝长的比例可以考虑为：

$$B = \frac{\beta_1}{l/L_{RZ} + 1} \tag{28-22}$$

式中，β_1为系数，取2；l为起裂分支缝最大长度，m（默认为100）。

则主缝半长为：

$$L_Z = BL \tag{28-23}$$

式中，L_Z为主缝半长，m。

C. 裂缝延展判断

根据水平井压裂方案，针对一段的压裂首先按射孔簇数进行单簇的排量分配，再进行单簇的裂缝延伸模拟，然后依次各簇和各段逐渐进行，单簇缝网模拟有以下步骤：

（1）裂缝由射孔点起裂，垂直于井筒方向，随着压裂液的注入向外逐渐扩展，当遇到天然裂缝时由压裂裂缝和天然裂缝的夹角θ判断延伸方向：

①若θ在30° 和150° 之间时，裂缝沿着天然裂缝方向向两侧延伸，整个天然裂缝全部被开启；

②若θ小于30° 或大于150° 时，裂缝只沿着背离井筒方向延伸，天然裂缝则只开启一部分；

③当压裂液延伸到天然裂缝尖端时，压裂裂缝会继续沿着最大水平主应力的方向延伸，形成新的裂缝。

（2）若在一定长度内没有遇到天然裂缝，则按以下步骤进行计算：

①缝沿着最大水平主应力方向延伸时，首先计算 L_R；

②然后在分支缝范围内判断是否存在天然裂缝，若存在则依据天然裂缝开启原则造缝；

③不存在则在分支缝位置造缝，沿主缝方向依次产生分支缝；

④支缝垂直主缝向两侧延伸，向两侧的延伸距离为 $L_{RZ}/8$，再垂直分支缝方向起裂改变延伸路径。

（3）遵循上述规则延伸，直到地层中的压裂裂缝总长度与计算出的压裂裂缝长度相等后，压裂裂缝停止延伸，最终形成裂缝网络。

3）缝网模拟软件实现

根据设计的天然裂缝和人工裂缝的基本算法，编制了一套用于致密油藏的压裂缝网模拟软件，它由3个模块构成，如图28-3所示。

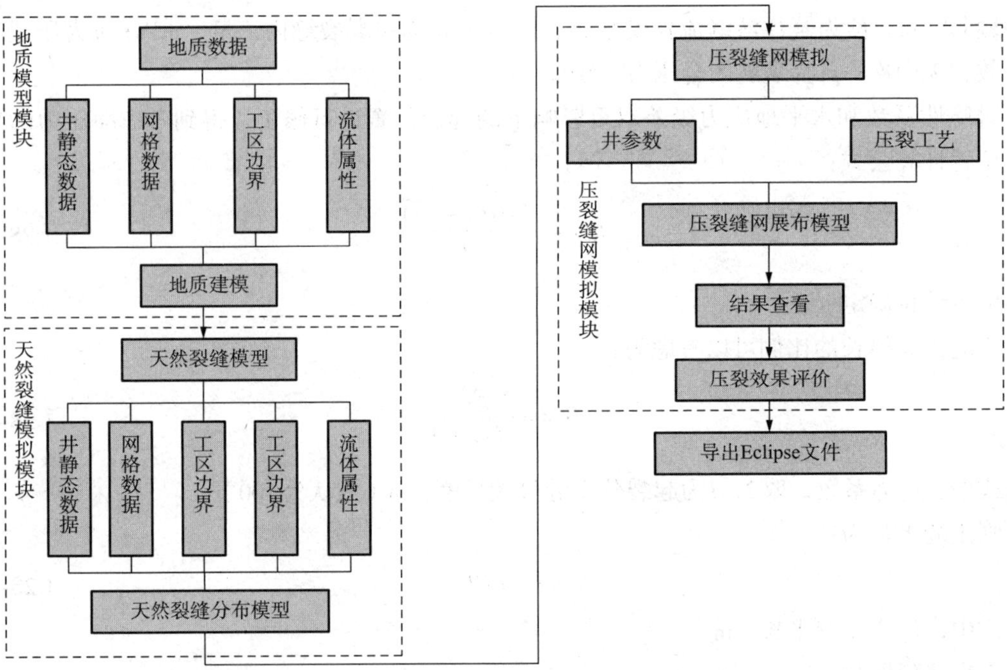

图28-3　缝网模拟软件结构图

地质模型模块：根据储层的边界、井静态数据（包括层位深度、厚度、渗透率、孔隙度、岩石性质等）、网格数据和流体属性，通过离散差值，得到整个研究区的地质模型，可形成三维图形。

天然裂缝模拟模块：以地质模型为依据，计算天然裂缝的关键参数，再通过随机位置离散，预测模拟研究区的天然裂缝（见图28-4），由此可直观认识天然裂缝在储层中的分布情况。

压裂缝网模拟模块：在已有天然裂缝分布的研究区内部署水平井，输入分段多簇压裂方案，应用压裂参数计算方法得到缝网形态（见图28-5），形象地描述了水平井的缝网立体图。

图 28–4 天然裂缝分布模拟图

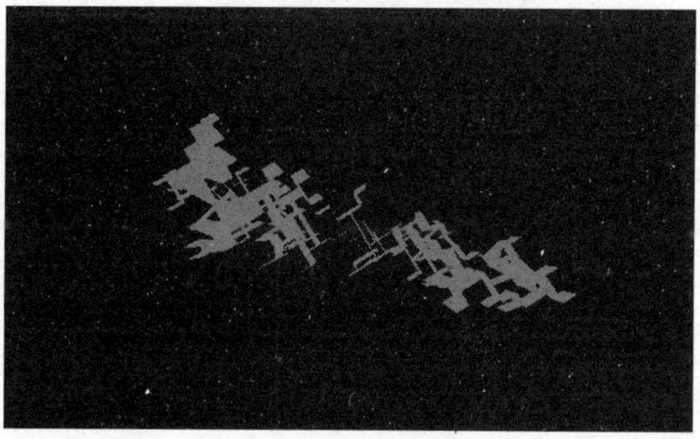

图 28–5 水平井压裂缝网模拟图

软件除了输出地质模型、天然裂缝分布和水平井压裂缝网三个的三维图形外，还以文本文件的形式分别输出涉及的关键地质参数、天然裂缝参数、压裂缝网参数及沟通效果参数等值，同时可输出直接用于数值模拟的文本文件，表 28–2 为缝网模拟的关键参数。

表 28–2 缝网模拟关键参数

关键参数	关键参数
最小水平应力 /MPa	裂缝闭合压力 /MPa
最大水平应力 /MPa	孔眼摩阻 /MPa
主缝半长 /m	井筒摩阻 /MPa
压裂缝网半带宽 /m	脆性系数 /%
铺砂浓度 /（kg/m^2）	增产储层体积百分比 /%
破裂压力 /MPa	增产储层体积 /m^3
裂缝平均渗透率 /$10^{-3}\mu m^2$	预压裂储层体积 /m^3
裂缝平均宽度 /m	有效压裂储层体积 /m^3
裂缝平均孔隙度 /%	天然裂缝沟通效率 /%
裂缝平均净压力 /MPa	天然裂缝沟通程度 /%
裂缝导流能力 /$\mu m^2 \cdot cm$	裂缝密度增长率

第三节 页岩气数值模拟

水平井分段压裂技术一方面能使储层中的天然裂缝与人工裂缝沟通形成较大的裂缝网络体系，增加气体的渗流能力；另一方面增加裂缝与基质的接触面积，提高了基岩中的游离气向裂缝网络渗流的能力，进而有利于基质表面的吸附气解吸以补充基岩中的游离气，从而确保连续的渗流过程。本节对单井开采模式下页岩气藏复杂渗流模式进行分析研究，建立了考虑解吸吸附机理的双重介质渗流模型，对模型进行差分离散并进行求解。

一、基本微分方程

假设储层中存在游离气和吸附气，没有油相和水相，裂缝中的流动符合达西渗流，基质中的渗流考虑解吸吸附，不考虑重力影响，等温渗流过程。采用Warren–Root模型建立双重介质基本微分方程如下所示。

1. 基质渗流模型

考虑解吸—吸附的基质渗流方程为：

$$\nabla\left[\frac{k_{\mathrm{m}}}{\mu}\rho_{\mathrm{g}}\nabla p_{\mathrm{m}}\right]-q_{\mathrm{mf}}=\frac{\partial}{\partial t}(\phi_{\mathrm{m}}\rho_{\mathrm{g}}+\rho_{\mathrm{gsc}}V_{\mathrm{E}}) \tag{28-24}$$

其中：$V_{\mathrm{E}}=\dfrac{V_{\mathrm{L}}p_{\mathrm{m}}}{p_{\mathrm{L}}+p_{\mathrm{m}}}$为Langmuir吸附气，$\rho_{\mathrm{g}}=\dfrac{p_{\mathrm{m}}M}{RTz}$，$\rho_{\mathrm{gsc}}=\dfrac{p_{\mathrm{sc}}M}{RT_{\mathrm{sc}}z_{\mathrm{sc}}}$

代入渗流方程得：

$$\frac{M}{RT}\nabla\left[\frac{k_{\mathrm{m}}}{\mu}\frac{p_{\mathrm{m}}}{z}\nabla p_{\mathrm{m}}\right]-q_{\mathrm{mf}}=\frac{\partial}{\partial t}\left(\phi_{\mathrm{m}}\frac{p_{\mathrm{m}}M}{RTz}+\rho_{\mathrm{gsc}}\frac{V_{\mathrm{L}}p_{\mathrm{m}}}{p_{\mathrm{L}}+p_{\mathrm{m}}}\right) \tag{28-25}$$

守恒方程的右边两项整理过程为：

$$\begin{aligned}
①\ \frac{\partial}{\partial t}\left(\phi_{\mathrm{m}}\frac{p_{\mathrm{m}}M}{RTz}\right)&=\phi_{\mathrm{m}}\frac{M}{RT}\frac{\partial}{\partial t}\left(\frac{p_{\mathrm{m}}}{z}\right)\\
&=\phi_{\mathrm{m}}\frac{M}{RT}\left[-\frac{p_{\mathrm{m}}}{z^2}\frac{\partial}{\partial t}\left(\frac{1}{z}\right)+\frac{1}{z}\frac{\partial p_{\mathrm{m}}}{\partial t}\right]\\
&=\phi_{\mathrm{m}}\frac{M}{RT}\left[-\frac{p_{\mathrm{m}}}{z^2}\frac{\partial z}{\partial p_{\mathrm{m}}}\frac{\partial p_{\mathrm{m}}}{\partial t}+\frac{1}{z}\frac{\partial p_{\mathrm{m}}}{\partial t}\right]\\
&=\phi_{\mathrm{m}}\frac{M}{RT}\frac{p_{\mathrm{m}}}{z}\left[\frac{1}{p_{\mathrm{m}}}-\frac{1}{z}\frac{\partial z}{\partial p_{\mathrm{m}}}\right]\frac{\partial p_{\mathrm{m}}}{\partial t}\\
&=\phi_{\mathrm{m}}\frac{M}{RT}\frac{p_{\mathrm{m}}}{z}C_{\mathrm{gm}}\frac{\partial p_{\mathrm{m}}}{\partial t}
\end{aligned} \tag{28-26}$$

其中：$C_{\mathrm{gm}}=\dfrac{1}{p_{\mathrm{m}}}-\dfrac{1}{z}\dfrac{\partial z}{\partial p_{\mathrm{m}}}$

$$②\ \frac{\partial}{\partial t}\left(\rho_{\mathrm{gsc}}\frac{V_{\mathrm{L}}p_{\mathrm{m}}}{p_{\mathrm{L}}+p_{\mathrm{m}}}\right)=\rho_{\mathrm{gsc}}V_{\mathrm{L}}\frac{(p_{\mathrm{L}}+p_{\mathrm{m}})\frac{\partial p_{\mathrm{m}}}{\partial t}-p_{\mathrm{m}}\frac{\partial p_{\mathrm{m}}}{\partial t}}{(p_{\mathrm{L}}+p_{\mathrm{m}})^2}=\rho_{\mathrm{gsc}}\frac{V_{\mathrm{L}}p_{\mathrm{L}}}{(p_{\mathrm{L}}+p_{\mathrm{m}})^2}\frac{\partial p_{\mathrm{m}}}{\partial t}$$

所以方程右边可化为：

$$\begin{aligned}
&\phi_{\mathrm{m}}\frac{M}{RT}\frac{p_{\mathrm{m}}}{z}C_{\mathrm{gm}}\frac{\partial p_{\mathrm{m}}}{\partial t}+\rho_{\mathrm{gsc}}V_L\frac{p_{\mathrm{L}}}{(p_{\mathrm{m}}+p_{\mathrm{L}})^2}\frac{\partial p_{\mathrm{m}}}{\partial t}\\
&=\phi_{\mathrm{m}}\frac{M}{RT}\frac{p_{\mathrm{m}}}{z}\left[C_{\mathrm{gm}}+\frac{\rho_{\mathrm{gsc}}V_{\mathrm{L}}p_{\mathrm{L}}}{\varphi_{\mathrm{m}}\frac{M}{RT}\frac{p_{\mathrm{m}}}{z}(p_{\mathrm{m}}+p_{\mathrm{L}})^2}\right]\frac{\partial p_{\mathrm{m}}}{\partial t}\\
&=\phi_{\mathrm{m}}\frac{M}{RT}\frac{p_{\mathrm{m}}}{z}[C_{\mathrm{gm}}+\frac{\rho_{\mathrm{gsc}}V_{\mathrm{L}}p_{\mathrm{L}}}{\phi_{\mathrm{m}}\rho_{\mathrm{gm}}(p_L+p_{\mathrm{m}})^2}]\frac{\partial p_{\mathrm{m}}}{\partial t}
\end{aligned} \tag{28-27}$$

定义考虑解吸/吸附的基质综合压缩系数

$$\overline{C}_{tm} = C_{gm} + \frac{\rho_{gsc} V_L p_L}{\phi_m \rho_{gm} (p_L + p_m)^2} \tag{28-28}$$

从而基质渗流方程右边为

$$\frac{M}{RT} \phi_m \overline{C}_{tm} \frac{p_m}{z} \frac{\partial p_m}{\partial t} \tag{28-29}$$

则基质渗流方程可表示为：

$$\nabla \left[\frac{k_m}{\mu} \frac{p_m}{z} \nabla p_m \right] - \frac{RT}{M} q_{mf} = \phi_m \overline{C}_{tm} \frac{p_m}{z} \frac{\partial p_m}{\partial t} \tag{28-30}$$

定义拟压力函数：

$$\psi_m = 2 \int_0^{p_m} \frac{p}{\mu z} dp \tag{28-31}$$

基质渗流方程改写为：

$$\nabla [k_m \nabla \psi_m] - \frac{RT}{M} q_{mf} = \phi_m \overline{C}_{tm} \mu \frac{\partial \psi_m}{\partial t} \tag{28-32}$$

定义窜流量公式为：

$$\begin{aligned} q_{mf} &= \alpha \frac{k_m}{\mu} \rho_g (p_m - p_f) \\ &= \alpha \frac{k_m}{\mu} \frac{p_m M}{zTR} (p_m - p_f) \\ &= \alpha \frac{k_m M}{RT} (\psi_m - \psi_f) \end{aligned} \tag{28-33}$$

式中，α 为与基质形状有关的系数，m^{-2}。

则基质渗流方程可写为：

$$\nabla [k_m \nabla \psi_m] - \alpha k_m (\psi_m - \psi_f) = \phi_m \overline{C}_{tm} \mu \frac{\partial \psi_m}{\partial t} \tag{28-34}$$

2. 裂缝渗流模型

页岩气体分子在裂缝中的流动可以认为符合达西定律，其渗流方程为：

$$\nabla \left[\rho_f \frac{k_f}{\mu} \nabla p_f \right] + q_{mf} = \frac{\partial}{\partial t} (\phi_f \rho_f) \tag{28-35}$$

其中：$\rho_f = \dfrac{p_f M}{RTz}$

带入渗流方程并化简得到：

$$\nabla \left[\frac{p_f}{z} \frac{k_f}{\mu} \nabla p_f \right] + \frac{RT}{M} q_{mf} = \phi_f C_{fg} \frac{p_f}{z} \frac{\partial p_f}{\partial t} \tag{28-36}$$

其中：$C_{fg}=\frac{1}{p_f}-\frac{1}{z}\frac{\partial z}{\partial p_f}$

定义拟压力函数：$\psi_f=2\int_0^{p_f}\frac{p}{\mu z}dp$

结合窜流量方程，得到：

$$\nabla[k_f\nabla\psi_f]+\alpha k_m(\psi_m-\psi_f)=\phi_f C_{fg}\mu\frac{\partial\psi_f}{\partial t} \tag{28-37}$$

令：$\alpha_{mf}=\alpha k_m$

则有：

$$\nabla[k_f\nabla\psi_f]+\alpha_{mf}(\psi_m-\psi_f)=\phi_f C_{fg}\mu\frac{\partial\psi_f}{\partial t} \tag{28-38}$$

二、数学模型

设气藏外边界定压，内边界定产，原始地层压力处处相等，则数值模拟条件为：

内边界条件 $Q_{Vg}(x,y,t)=Q_{Vg}(t)$

外边界条件 $\psi_{E1}=f_1(x,y,t)$

初始条件 $\psi_{mij}=\psi^0(x_i,y_i)\quad\psi_{fij}=\psi^0(x_i,y_i)$

则描述页岩储层中页岩气解吸、运移、产出的完整数学模型如下：

$$\begin{cases}\nabla[k_m\nabla\psi_m]-\alpha_{mf}(\psi_m-\psi_f)=\phi_m\overline{C}_{tm}\mu\frac{\partial\psi_m}{\partial t}\\ \nabla[k_f\nabla\psi_f]+\alpha_{mf}(\psi_m-\psi_f)=\phi_f C_f\mu\frac{\partial\psi_f}{\partial t}\\ \psi_{E1}=f_1(x,y,t)\\ Q_{Vg}(x,y,t)=Q_{Vg}(t)\\ \psi_{mij}=\psi^0(x_i,y_i)\psi_{fij}=\psi^0(x_i,y_i)\end{cases} \tag{28-39}$$

三、数值模型

上述建立的页岩气藏双重介质渗流模型是一个复杂的非线性偏微分方程组，解析方法不易直接求解。通常将方程及其定解条件进行离散化，然后用数值法求解。在油气藏数值模拟中，有限差分法应用较广泛，有关的理论和方法也比较成熟，下面采用有限差分法来建立描述页岩气渗流规律的数值模型，即差分方程组。

在不均匀网格条件下，采用块中心差分格式，对上述渗流方程进行差分。

基质系统差分方程：

$$\begin{aligned}&T^n_{m(i+1/2),j}(\psi^{n+1}_{m(i+1),j}-\psi^{n+1}_{mij})-T^n_{m(i-1/2),j}(\psi^{n+1}_{mij}-\psi^{n+1}_{m(i-1),j})+T^n_{mi,(j+1/2)}(\psi^{n+1}_{mi,j+1}-\psi^{n+1}_{mij})\\&-T^n_{mi,(j-1/2)}(\psi^{n+1}_{mij}-\psi^{n+1}_{mi,j-1})-\beta_{mf}(\psi^n_{mij}-\psi^n_{fij})=\frac{V_m}{\Delta t}[\psi^{n+1}_{mij}-\psi^n_{mij}]\end{aligned} \tag{28-40}$$

裂缝系统差分方程：

$$\begin{aligned}&T^{n}_{\mathrm{f}i,(j-1/2)}\psi^{n+1}_{\mathrm{f}i,j-1}+T^{n}_{\mathrm{f}(i-1/2),j}\psi^{n+1}_{\mathrm{f}(i-1),j}+\left[-T^{n}_{\mathrm{f}(i+1/2),j}-T^{n}_{\mathrm{f}(i-1/2),j}-T^{n}_{\mathrm{f}i,(j+1/2)}-T^{n}_{\mathrm{f}i,(j-1/2)}-\frac{V_{\mathrm{f}}}{\Delta t}\right]\psi^{n+1}_{\mathrm{f}ij}\\&+T^{n}_{\mathrm{f}(i+1/2),j}\psi^{n+1}_{\mathrm{f}(i+1),j}+T^{n}_{\mathrm{f}i,(j+1/2)}\psi^{n+1}_{\mathrm{f}i,j+1}=-\beta_{\mathrm{mf}}(\psi^{n}_{\mathrm{m}ij}-\psi^{n}_{\mathrm{f}ij})-\frac{V_{\mathrm{f}}}{\Delta t}\psi^{n}_{\mathrm{f}ij}\end{aligned} \tag{28-41}$$

对上式进行化简合并，得到：

基质方程：

$$a_{\mathrm{m}ij}\psi^{n+1}_{\mathrm{m}i,j-1}+b_{\mathrm{m}ij}\psi^{n+1}_{\mathrm{m}(i-1),j}+c_{\mathrm{m}ij}\psi^{n+1}_{\mathrm{m}ij}+d_{\mathrm{m}ij}\psi^{n+1}_{\mathrm{m}(i+1),j}+e_{\mathrm{m}ij}\psi^{n+1}_{\mathrm{m}i,j+1}=g_{\mathrm{m}ij} \tag{28-42}$$

裂缝方程：

$$a_{\mathrm{f}ij}\psi^{n+1}_{\mathrm{f}i,j-1}+b_{\mathrm{f}ij}\psi^{n+1}_{\mathrm{f}(i-1),j}+c_{\mathrm{f}ij}\psi^{n+1}_{\mathrm{f}ij}+d_{\mathrm{f}ij}\psi^{n+1}_{\mathrm{f}(i+1),j}+e_{\mathrm{f}ij}\psi^{n+1}_{\mathrm{f}i,j+1}=g_{\mathrm{f}ij} \tag{28-43}$$

其中：

$$\beta_{\mathrm{mf}}=\Delta x\Delta y\sigma k_{\mathrm{m}}\qquad V_{\mathrm{m}}=\Delta x\Delta y\varphi_{\mathrm{m}}\overline{C}_{\mathrm{tm}}\mu\qquad V_{\mathrm{f}}=\Delta x\Delta y\varphi_{\mathrm{f}}C_{\mathrm{f}}\mu$$

$$T_{\mathrm{m}(i\pm1/2)}=\left[\frac{\Delta y(k_{\mathrm{mx}})}{\Delta x}\right]_{i\pm1/2,j}\qquad T_{\mathrm{m}(j\pm1/2)}=\left[\frac{\Delta x(k_{\mathrm{my}})}{\Delta y}\right]_{i,j\pm1/2}$$

$$T_{\mathrm{f}(i\pm1/2)}=\left[\frac{\Delta y(k_{\mathrm{fx}})}{\Delta x}\right]_{i\pm1/2,j}\qquad T_{\mathrm{f}(j\pm1/2)}=\left[\frac{\Delta x(k_{\mathrm{fy}})}{\Delta y}\right]_{i,j\pm1/2}$$

将页岩气藏渗流方程转化为线性方程组，其系数矩阵实际上是一个块系数带状稀疏矩阵，矩阵形式可表示为：

$$AX=g \tag{28-44}$$

以3×3网格并且采用块中心标准行排列为例，则此方程组的矩阵结构形式为：

$$\begin{bmatrix}c_{11}&e_{11}&&d_{11}&&&&&\\a_{12}&c_{12}&e_{12}&&d_{12}&&&&\\&a_{13}&c_{13}&0&&d_{13}&&&\\b_{21}&&0&c_{21}&e_{21}&&d_{21}&&\\&b_{22}&&a_{22}&c_{22}&e_{22}&&d_{22}&\\&&b_{23}&&a_{23}&c_{23}&0&&d_{23}\\&&&b_{31}&&0&c_{31}&e_{31}&\\&&&&b_{32}&&a_{32}&c_{32}&e_{32}\\&&&&&b_{33}&&a_{33}&c_{33}\end{bmatrix}\begin{bmatrix}\delta\psi_{m11}\\\delta\psi_{m12}\\\delta\psi_{m13}\\\delta\psi_{m21}\\\delta\psi_{m22}\\\delta\psi_{m23}\\\delta\psi_{m31}\\\delta\psi_{m32}\\\delta\psi_{m33}\end{bmatrix}=\begin{bmatrix}g_{11}\\g_{12}\\g_{13}\\g_{21}\\g_{22}\\g_{23}\\g_{31}\\g_{32}\\g_{33}\end{bmatrix}$$

由系数矩阵A的结构可以看出，该矩阵除了中间部分5条对角线上有非零元素外，其余元素均为零，可利用Gauss—Seidel迭代编程求解可得到压力分布，进而可计算产量变化。

第四节 页岩气多级渗流

本节在页岩气储层压裂水平井三线性渗流模型基础上，建立考虑解吸吸附、扩散、滑脱效应及应力敏感的多级渗流模型，并进行解析解的推导，从而定量分析综合作用下对页岩气储层生产的影响程度。三线性多级渗流模型突显了页岩气藏的渗流规律，并综合在了一个数学模型中，完善了渗流理论，丰富了分析的手段和方法，为水平井单井产能计算与分析提供了依据。

一、多级渗流模式

多级渗流包括解吸—吸附、扩散、滑脱和应用敏感四个模式，渗流模型建立过程中四个级别的数学表达如下所示。

1. 解吸—吸附

页岩气以吸附态附着于有机质表面是页岩气与常规天然气藏最主要的区别，对于页岩气藏来说，仅依靠游离气的渗流很难达到商业开发的目的，而解吸吸附现象的存在则为储层的成功开采提供了连续的气源。

Langmuir等温吸附曲线能定量的描述在恒温条件下页岩气吸附解吸的平衡关系，由于吸附是解吸的可逆过程，等温吸附曲线可以表征页岩气的解吸特征。1918年，Langmuir从动力学的观点出发，得出了单分子层吸附的吸附方程，即岩石不同，基岩压力p_m的吸附气量方程为：

$$V_E = \frac{V_L p_m}{p_L + p_m} \tag{28-45}$$

2. 扩散

2007年Florence等人通过引入克努森系数提出了适合致密气和页岩气扩散流动渗透率表达式，即扩散影响下的基质渗透率等效值k_{m1}为：

$$k_{m1} = k_{m0}\left[\frac{128}{15\pi^2}\tan^{-1}(4K_n^{0.4})K_n\right]\left[1 + \frac{4K_n}{1 + K_n}\right] \tag{28-46}$$

其中：$K_n = \frac{\lambda}{d}$，$\lambda = \frac{k_B T}{\sqrt{2}\pi\delta^2 p} \times 10^{21}$

由于页岩气在储层中流动过程中一般都在高压情况下，分子自由程随压力变化已经很小，因此，克努森系数可认为是一个常数，其运动方程可写为：

$$v_m = -\frac{k_{m1}}{\mu}\frac{dp}{dx} = -\frac{k_{m0}\left[\frac{128}{15\pi^2}\tan^{-1}(4K_n^{0.4})K_n\right]\left[1 + \frac{4K_n}{1 + K_n}\right]}{\mu}\frac{dp}{dx} \tag{28-47}$$

3. 滑脱

当气体分子的平均自由程接近毛细管管径的尺寸时，就会出现滑脱现象，即管壁上各个分子都处于运动状态，其运动速度不再为0，这样相当于多出一个附加的流量。在渗流力学中把这种效应称为Klinkenberg效应，由滑脱影响下的基质渗透率等效值k_{m2}公式为：

$$k_{m2} = k_{m0}\left(1 + \frac{b}{\bar{p}_m}\right) \tag{28-48}$$

滑脱系数b在计算时使用McMahon经验公式：

$$b = 0.04275k_{m0}^{-0.34} \tag{28-49}$$

由此，滑脱效应下的运动方程为：

$$v_m = -\frac{k_{m2}}{\mu}\frac{dp}{dx} = -\frac{k_{m0}\left(1 + \frac{b}{\bar{p}_m}\right)}{\mu}\frac{dp}{dx} \tag{28-50}$$

4．应力敏感

页岩储层渗透率k_f随围压的变化可以用指数关系来拟合，即：

$$k_f/k_{fi} = ae^{-cP_{eff}} \tag{28-51}$$

在页岩气藏实际生产过程中，储层的上覆岩石压力是不变的，实际变化的是储层的孔隙压力，因此有效压力P_{eff}应该是上覆岩石压力与储层压力之间的差值，所以用储层压力来表示与渗透率之间的变化关系：

$$k_f/k_{fi} = e^{-c(P_i - P_{wf})} \tag{28-52}$$

则应力敏感下裂缝网络中气体的运动方程可表述为：

$$v_f = -\frac{k_f}{\mu}\frac{dp_f}{dy} = -\frac{k_{fi}e^{-c(p_i - p_{wf})}}{\mu}\frac{dp_f}{dy} \tag{28-53}$$

二、多级渗流模型

1．三线性渗流模型

对页岩气藏水平井压裂后会形成带有一条主裂缝的裂缝网络（见图28-6），页岩气则通过基岩解吸、扩散和渗流到裂缝网络中，然后通过主裂缝流入井内，形成了完整的渗流过程，其中还会伴有滑脱效应和应力敏感等现象，是一个较为复杂的多级渗流模式。为了便于研究，国外学者对页岩储层压裂区域进行一定的简化和等效处理，提出了经典的三线性渗流模型。在此渗流模型的基础上加入了页岩多级渗流的解吸、扩散、滑脱和应力敏感等因素，建立了新的页岩气藏多级渗流模型。

2．综合渗流模型的建立

扩散作用与滑脱效应主要发生在渗透率极低的基质中，应力敏感作用则主要在裂缝网络部分，在建立模型的过程中，将扩散作用引起的基质渗透率变化值与滑脱效应引起的渗透率改变值叠加得到基质渗透率，即：

$$k_m = k_{m1} + k_{m2} - k_{m0} \tag{28-54}$$

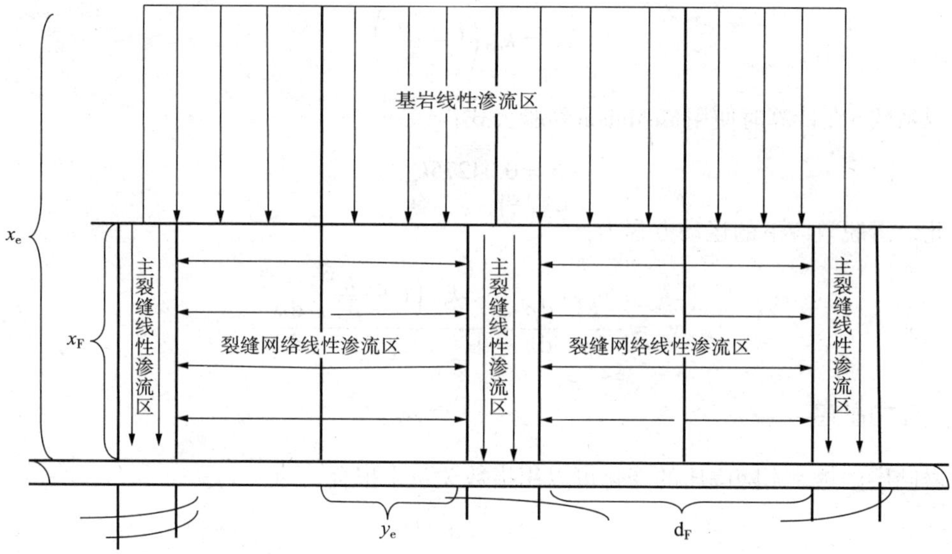

图28-6　压裂水平井裂缝网络示意图

则三个部分的渗流数学模型为：

基质渗流方程：$-\frac{\partial}{\partial x}[\rho_{gm}v_m]=\frac{\partial}{\partial t}(\phi_m\rho_{gm}+\rho_{gsc}V_E)$ （28–55）

裂缝网络渗流方程：$-\frac{\partial}{\partial y}[\rho_{gf}v_f]+2q_{mf}=\frac{\partial}{\partial t}(\phi_f\rho_{gf})$ （28–56）

主裂缝渗流方程：$-\frac{\partial}{\partial x}[\rho_{gF}v_F]+2q_{fF}=\frac{\partial}{\partial t}(\phi_F\rho_{gF})$ （28–57）

其中：

$$v_m=-\frac{k_m}{\mu}\frac{dp}{dx},\ k_m=k_{m1}+k_{m2}-k_{m0},\ V_E=\frac{V_L p_m}{p_L+p_m},\ v_f=-\frac{k_f}{\mu}\frac{\partial p_f}{\partial y},\ k_f=k_{fi}e^{-c(p_i-p_{wf})}$$

$$v_F=-\frac{k_F}{\mu}\frac{\partial p_F}{\partial y},\ \rho_{gF}=\frac{p_F M}{RTz},\ \rho_{gm}=\frac{p_m M}{zRT},\ \rho_{gf}=\frac{p_f M}{RTz},$$

$$q_{mf}=\rho_{gm}q_{gf}=\frac{p_m}{z}\frac{M}{RT}\frac{k_m}{\mu}\frac{\partial p_m}{\partial x}\Big|_{x=x_F},\ q_{fF}=\rho_{gf}q_{gf}=\frac{p_f}{z}\frac{M}{RT}\frac{k_f}{\mu}\frac{\partial p_f}{\partial x}\Big|_{y=y_e}$$

经过渗流方程的整理和拉普拉斯的变换可得到单一主裂缝到井筒的流量：

$$q_F=\frac{6.89\times10^6(p_i^2-p_{wf}^2)k_{fi}e^{-c(p_i-p_{wf})}hC_{FD}x_e}{\pi y_{eD}\eta_m T\mu z}$$
$$\times\left\{k_{m0}\left[\frac{128}{15\pi^2}\tan^{-1}(4K_n^{0.4})K_n\right]\left[1+\frac{4K_n}{1+K_n}\right]+k_{m0}\left(1+\frac{b}{p_m}\right)-k_{m0}\right\}^2 \quad (28\text{–}58)$$
$$\times(y_{eD}-W_D/2)[2\eta_f(x_{eD}-1)+C_{fD}y_{eD}\eta_m+C_{FD}{}^2y_{eD}\eta_m]t_D^{-1/4}$$

其中：$C_{FD}=\frac{k_F w}{k_f x_F}$，$C_{fD}=\frac{k_f x_F}{k_m y_e}$，$x_{eD}=\frac{x_e}{x_F}$，$y_{eD}=\frac{y_e}{x_F}$，$w_D=\frac{w}{x_F}$，$t_D=1.69\times10^{-7}\frac{k_f}{\phi_f\mu C_{tf}x_F{}^2}t$

则水平井总的产量为：

$$q = q_F n_F \tag{28-59}$$

三、算例分析

应用所建立的多级渗流模型得到的解析解分析某压裂水平井的产量变化，基础数据如表28-3所示。

表28-3 页岩气藏基本参数

参数	符号	单位	值
基岩孔隙度	ϕ_m	%	4.5
裂缝网络孔隙度	ϕ_f	%	0.45
基岩综合压缩系数	C_{tm}	1/MPa	0.022
裂缝网络综合压缩系数	C_{tf}	1/MPa	0.035
主裂缝综合压缩系数	C_{tF}	1/MPa	0.045
裂缝网络渗透率	k_f	$10^{-3}\mu m^2$	0.001
主裂缝渗透率	k_F	$10^{-3}\mu m^2$	300
储层厚度	h	m	46
水平井段长度	L	m	1000
射孔簇间距半长	y_e	m	15
压裂缝网半长	x_e	m	300
主裂缝半长	x_F	m	75
主裂缝条数	n_F	–	33
朗缪尔体积	V_L	m^3/t	1
朗缪尔压力	p_L	MPa	10
井深	H	m	1600
原始地层压力	p_i	MPa	21

计算不同渗流特征引起的基质渗透率变化，得到表28-4。

表28-4 不同孔径下的气藏参数

孔隙直径 d/nm	基质初始渗透率 $K_0/10^{-3}\mu m^2$	克努森数 K_n	滑脱系数 b	多级渗流模式下基质渗透率 K	渗透率增长倍数 $N=K/K_0$
1	1.56×10^{-9}	0.5	42.173	3.29×10^{-8}	21.09
3	1.41×10^{-8}	0.167	19.98	1.069×10^{-7}	7.58
5	3.91×10^{-8}	0.1	14.12	1.92×10^{-7}	4.91
10	1.56×10^{-7}	0.05	8.81	4.48×10^{-7}	2.87
15	3.52×10^{-7}	0.033	6.688	7.516×10^{-7}	2.14
20	6.245×10^{-7}	0.025	5.50	1.094×10^{-6}	1.75

续表

孔隙直径 d/nm	基质初始渗透率 $K_0/10^{-3}\mu m^2$	克努森数 K_n	滑脱系数 b	多级渗流模式下基质渗透率 K	渗透率增长倍数 $N=K/K_0$
25	9.765×10^{-7}	0.02	4.725	1.469×10^{-6}	1.92
30	1.41×10^{-6}	0.01667	2.211	1.873×10^{-6}	1.33
35	1.914×10^{-6}	0.0143	2.088	2.302×10^{-6}	1.20
40	2.5×10^{-6}	0.0125	3.433	2.756×10^{-6}	1.10
45	3.164×10^{-6}	0.012	3.1685	3.231×10^{-6}	1.02
50	3.91×10^{-6}	0.01	2.949	3.97×10^{-6}	1.02
100	1.56×10^{-5}	0.005	1.841	1.57×10^{-5}	1.01

由表28–4可知，扩散和滑脱引起渗透率增加，尤其是当孔隙半径很小时，其作用效果更加明显，但当孔隙半径大于50nm时，渗透率几乎不受它们的影响。

计算分析天然裂缝开度为10μm、30μm时不同基质孔隙下多级渗流作用对页岩气井开采的影响，得到图28–7及图28–8。

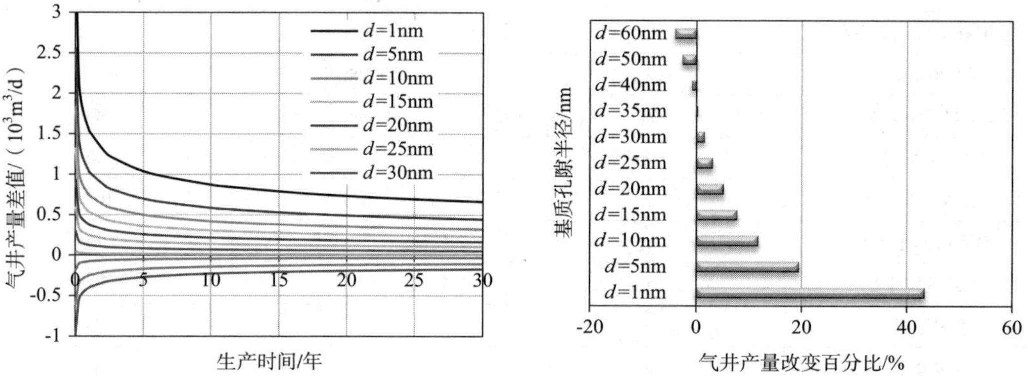

图28–7 天然裂缝开度10μm时不同孔径下多级渗流作用对气井生产的影响效果图

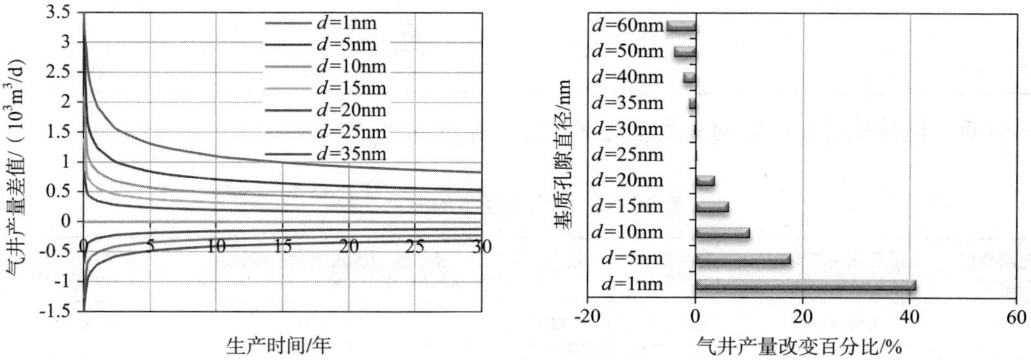

图28–8 天然裂缝开度30μm时不同孔径下多级渗流作用对气井生产的影响效果图

由表28–4可知，随着孔隙直径的增加，页岩气储层扩散作用减弱，滑脱系数减小（滑脱作用减弱）。同时由图可知，随着基质孔隙直径的增加，解吸、扩散与滑脱对页岩气井的影响作用减弱，应力敏感效应增强，表现为页岩气井产量的降低；天然裂缝的开度为10μm、基质孔隙直径小于35nm，开度为30μm、基质孔隙直径小于25nm时，扩散与滑脱的综合作用要大于天然裂缝中的应力敏感效应，表现为解吸、扩散、滑脱及应力敏感综合作用下的气井产能增加；当孔隙直径大于阈值时，天然裂缝中的应力敏感效应对气井的影响要大于基质中解吸扩散及滑脱的综合作用，随着孔径的增加气井产能下降，并且孔径越大效果越明显。

第五节 页岩气储层气水两相渗流

随着对页岩气储层开发认识的不断深入，用于描述各种复杂渗流机理的数学模型及压裂产能计算模型已经建立了很多。但是这些模型中重点考虑了天然气单相渗流，忽略了压裂后残留水或地层水对气相渗流的影响。但现场实际情况是多数页岩气井在实际生产中一直伴随着产水，并且生产水气比一直较高。

图28-9为某页岩储层压裂水平井1065天的生产历史。在第1年的生产中，产气量伴随产水量快速降低也呈现出较大幅度降低态势，产水量由最开始的70m^3/d降到5m^3/d，产气量也由近14000m^3/d降到10000m^3/d，水气比由48m^3/10^{4}m^{3}降低到7m^3/10^{4}m^3。在接下来的生产中产水基本保持在2～5m^3/d，而产气量降低到10000m^3/d以下，在第900天以后采用间歇式开采方式，生产最小值为3000m^3/d，最大值可达初始产量以上，平均约为5000m^3/d，期间的水气比基本维持在5m^3/10^{4}m^3。

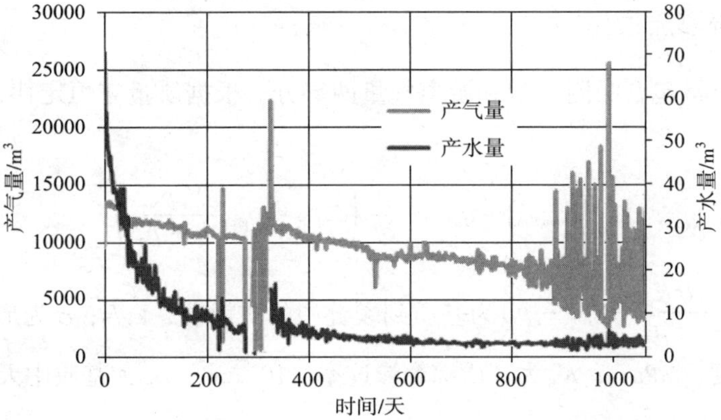

图28-9　某压裂水平井产气量和产水量变化走势图

从气水产出历史走势来看，产气一直伴随着产水，而且生产水气比一直较大，储层中气水两相渗流较为明显。

再看累积产水变化，生产3年的累积产水量约为7400m^3，与储层压裂时的压裂液返排率60%相比，残留压裂液约8800m^3，大于累积产水量，而且压裂液所到之处基本形成有效压裂储层空间，即产出水大部分来自储层通过渗吸作用保存于孔隙或者裂缝中的压裂液用水。这个结论与页岩储层形成时的热化学反应有关，页岩储层形成时，往往都会伴随水的沉积一起历经高压极其干燥的条件，由于页岩孔隙很小，毛管力作用很大，游离气对水的驱替是在高压下的活塞式驱替方式，造成页岩基岩的原始含水饱和度较小，若页岩储层在钻井及压裂过程中没有连通含水储层，则储层中的水相对较少，原始含水饱和度基本接近甚至小于束缚水饱和度，当水力压裂时，水首先进入裂缝，然后通过裂缝与基岩接触面渗入基岩，但当压力退去后，通过渗吸进入基岩或者微裂缝的水会较慢的渗流出来，因此造成压裂水平井先期的高产水阶段及后期的相对低产水阶段，而且产出水也多来自残留压裂液用水。

该井并不是特例，多数的页岩储层压裂水平井都具有相同的气水产出规律。因此，页岩气储层的压裂带来的含水饱和度变化对生产有较大影响，气水两相渗流更是压采一体化的具体表现。

一、数学模型的建立

页岩气储层压裂水平井地质模型假设为裂缝—孔隙双重介质；在基质系统中多存在纳米级孔隙，根据气水相渗关系，其缚束水饱和度一般较大，甚至普遍存在高于原始含水饱和度现象，在压裂过程中，压裂液中的水会渗吸进入基质，使基质与裂缝接触面很小范围内的含水饱和度变大，由于基质渗透率很低并且束缚水饱和度较大，受渗吸影响区域的渗入水不会改变单相渗流的状态，水的吸入仅仅是把含水饱和度提高到缚水饱和度，气相渗透率仍为“1”，故基质中假设只存在天然气单相渗流，并且渗透率不改变；从多尺度渗流机理考虑，基质中存在吸附—解吸、扩散渗流和滑脱渗流，作用较为明显的应力敏感存在于裂缝系统中。基于此，分别设计基质和裂缝的渗流模型。

1. 基质系统渗流模型

基岩中气体总量包含吸附气量和游离气量两部分。根据质量守恒定律，建立其连续性方程为：

$$\nabla[\rho_m v_m] - q_{mfg} = \frac{\partial}{\partial t}\left(\phi_m \rho_m + \rho_{gsc}\frac{V_L p_m}{p_L + p_m}\right) \tag{28-60}$$

式中，$q_{mfg} = -\frac{\sigma K_m \rho_m}{\mu_m}(p_m - p_f)$为基质到裂缝中的扩散项，kg/s；$\sigma$为形状因子，无因次；$\mu_m$为基质气体黏度，mPa·s；$K_m$为基质综合渗透率，$10^{-3}\mu m^2$；$\rho_m$为基质中天然气密度，kg/m^3；$p_m$为基质系统压力，MPa；$p_f$为裂缝系统压力，MPa；$v_m = -\frac{K_m}{\mu_m}\nabla p_m$为基质渗流速度，m/s；$\phi_m$为基质孔隙度，小数；$\rho_{gsc}$为标准状态天然气密度，kg/m^3；$V_L$为Langmuir体积，m^3/m^3；$p_L$为Langmuir压力，MPa；

整理得到基质渗流方程：

$$\nabla\left[\alpha\frac{K_m \rho_m}{\mu_m}\nabla p_m\right] - \alpha\frac{\sigma K_m \rho_m}{\mu_m}(p_m - p_g) = \alpha\frac{\partial}{\partial t}\left(\phi_m \rho_m + \rho_{gsc}\frac{V_L p_m}{p_L + p_m}\right) \tag{28-61}$$

式中，α为维数系数，无因次；t为时间，s。

基质综合渗透率受扩散和滑脱双重作用影响。应用Knudsen公式，扩散作用的基质渗透率等效值K_{m1}为：

$$K_{m1} = K_{m0}\left[1 + \frac{128}{15\pi^2}\tan^{-1}(4K_n^{0.4})K_n\right]\left[1 + \frac{4K_n}{1 + K_n}\right] \qquad (28\text{–}62)$$

式中，K_{m0}为基质原始渗透率，$10^{-3}\mu m^2$；K_n为克努森系数，小数；K_{m1}为基质扩散渗透率等效值，$10^{-3}\mu m^2$。

应用KlinKenberg公式，滑脱作用的基质渗透率等效值K_{m2}为：

$$K_{m2} = K_{m0}\left(1 + \frac{b}{p_m}\right) \qquad (28\text{–}63)$$

式中，b为滑脱因子，MPa；K_{m2}为基质滑脱渗透率等效值，$10^{-3}\mu m^2$。

则基质综合渗透率值等于原始渗透率与扩散和滑脱带来的渗透率增大值之和，即为：

$$K_m = K_{m0} + (K_{m1} - K_{m0}) + (K_{m2} - K_{m0}) = K_{m1} + K_{m2} - K_{m0} \qquad (28\text{–}64)$$

2. 裂缝系统渗流模型

裂缝系统模型包括气相渗流和水相渗流两个部分。

1）气相渗流方程

根据质量守恒定律可以得到：

$$\nabla[\rho_{fg}v_{fg}] + q_g + q_{mfg} = \frac{\partial}{\partial t}(\phi_f\rho_{fg}S_g) \qquad (28\text{–}65)$$

式中，$v_{fg}=-\frac{K_fK_{rg}}{\mu_{fg}}\nabla p_{fg}$；$K_f$为裂缝系统渗透率，$10^{-3}\mu m^2$；$K_{rg}$为气相相对渗透率，小数；$\mu_{fg}$为裂缝天然气黏度，mPa·s；$p_{fg}$为裂缝中气相压力，MPa；$\rho_{fg}$为裂缝中天然气密度，kg/m³；$q_g$为气体的产量项，kg/s；$\phi_f$为裂缝孔隙度，小数；$S_g$为裂缝中含气饱和度，小数。

整理得到裂缝系统气相渗流方程为：

$$\nabla\left[\alpha\frac{K_fK_{rg}\rho_{fg}}{\mu_{fg}}\nabla p_{fg}\right] + \alpha\frac{\sigma K_m\rho_m}{\mu_m}(p_m - p_{fg}) + q_g = \alpha\frac{\partial}{\partial t}(\phi_f\rho_{fg}S_g) \qquad (28\text{–}66)$$

2）水相渗流方程

同理得到裂缝中水相的渗流方程为：

$$\nabla\left[\alpha\frac{K_fK_{rw}\rho_{fw}}{\mu_{fw}}\nabla p_{fw}\right] + q_{vw} = \alpha\frac{\partial}{\partial t}(\phi_f\rho_{fw}S_w) \qquad (28\text{–}67)$$

式中，K_{rw}为水相相对渗透率，小数；ρ_{fw}为裂缝中水的密度，kg/m³；μ_{fw}为裂缝中水的黏度，mPa·s；p_{fw}为裂缝中水相压力，MPa；q_{vw}为水的产量项，m³/s；S_w为裂缝中的含水饱和度，小数。

3）裂缝渗透率处理

应力敏感作用于裂缝系统，裂缝渗透率K_f应用指数拟合公式为：

$$K_f = K_{f0}e^{-c(p_i - p_{wf})} \qquad (28\text{–}68)$$

式中，c为应力敏感系数，小数；K_{f0}为裂缝初始渗透率，$10^{-3}\mu m^2$；p_i为原始地层压力，

MPa；p_{wf}为井底压力，MPa。

4）裂缝含水饱和度处理

假设储层中有基质原始含水饱和度S_{mwo}，压裂时由于渗吸作用使与人工裂缝接触的基质面较小深度范围d内的含水达到基岩的束缚水饱和度S_{mwc}，当井生产时此饱和度不会降低（一般页岩基质的$S_{mwo}<S_{mwc}$），由此得到裂缝系统的含水饱和度S_w的计算式为：

$$S_w = S_{mwo} + \frac{V_{in}(1-R_r) - V_{ms}}{LBh\phi_f} \quad (28\text{–}69)$$

式中，V_{in}为压裂液注入体积，m^3；S_{mwo}为基质系统的原始含水饱和度，小数；R_r为压裂液返排率，小数；L为水平井长度，m；h为储层厚度，m；B为缝网区域宽度，m；$\phi_f = \frac{(V_{in} - V_{ms})\beta}{LBh}$为裂缝孔隙度，小数；$\beta$为裂缝效率系数，小数；$V_{ms} = 2L_{tF}hd(S_{mwc} - S_{mwo})$为渗吸入基质体积，m^3；$d = \sqrt{\frac{K_{m0}t_m}{\pi\phi_m\mu_w C_t}}$为渗吸深度，m；$L_{tF} = \frac{LB\phi_f}{w_f}$为裂缝总长度，m；$S_{mwc}$为基质系统的束缚水饱和度，小数；$t_m$为压裂后闷井时间，h；$C_t$为基质储层和液体水的综合压缩系数，MPa^{-1}；w_f为裂缝平均宽度，m。

二、数学模型的数值解

对渗流模型进行差分离散并整理，得到差分方程为：

基质气相渗流：

$$b_m\delta p_{m_{i+1,j}} + a_m\delta p_{m_{i-1,j}} + d_m\delta p_{m_{i,j+1}} + c_m\delta p_{m_{i,j-1}} + e_m\delta p_{m_{i,j}} + e_{mg}\delta p_{f\,i,j} = g_m \quad (28\text{–}70)$$

裂缝气相渗流：

$$\begin{aligned} & b_g\delta p_{f_{i+1,j}} + a_g\delta p_{f_{i-1,j}} + d_g\delta p_{f_{i,j+1}} + c_g\delta p_{f_{i,j-1}} + e_g\delta p_{f_{i,j}} + e_{gm}\delta p_{m_{i,j}} + sb_g\delta s_{w_{i+1,j}} + \\ & sa_g\delta s_{w_{i-1,j}} + sd_g\delta s_{w_{i,j+1}} + sc_g\delta s_{w_{i,j-1}} + se_g\delta s_{w_{i,j}} = g_{g_{i,j}} \end{aligned} \quad (28\text{–}71)$$

裂缝水相渗流：

$$\begin{aligned} & b_w\delta p_{f_{i+1,j}} + a_w\delta p_{f_{i-1,j}} + d_w\delta p_{f_{i,j+1}} + c_w\delta p_{f_{i,j-1}} + e_w\delta p_{f_{i,j}} + sb_w\delta s_{w_{i+1,j}} + \\ & sa_w\delta s_{w_{i-1,j}} + sd_w\delta s_{w_{i,j+1}} + sc_w\delta s_{w_{i,j-1}} + se_w\delta s_{w_{i,j}} = g_{w_{i,j}} \end{aligned} \quad (28\text{–}72)$$

以上差分方程δp_m、δp_f、δp_w为未知数，因此构成3个未知数和3个方程，联立可以进行求解，差分方程受基质气、裂缝气和裂缝水多因素约束，求解方法很复杂，应用IMPES方法会导致物质平衡误差，对模型计算结果影响较大，但仅对单井渗流区域范围内使用IMPES方法，而且设定规则化的网格序列和边界，则与其他方法相比较误差基本可忽略，因此，为了简化运算，模型对系数按显式处理，求解方法应用IMPES方法，对各节点按块中心网格顺序排列，联立渗流方程，利用Gauss-Seudel迭代法顺序求解n+1时刻的基质压力、裂缝压力和裂缝含水饱和度分布。

三、算例分析

以某页岩气储层压裂水平井为例，应用所建立模型及计算方法，分别计算对比含水饱和度、压裂参数及综合渗流对产能的影响程度。

该井主要参数如表28-5所示。概念模型大小为1400m × 1000m × 45m，设计DX = DY = 33.3m的均匀网格系统，纵向上1个小层DZ = 45m，网格数为42 × 30 × 1 = 1260个。

表28-5 压裂水平井关键参数

名称	数值	名称	数值	名称	数值
D/m	2100	p_L/MPa	2	B/m	300
p_i/MPa	23	S_{Mw0}	0.1	$K_f \cdot w/\mu m^2 \cdot cm$	20
h/m	45	S_{Mwc}	0.35	c	0.01
ϕ_m	0.04	L/m	1200	b/MPa	4.5
$K_{m0}/10^{-3}\mu m^2$	0.0001	V_{in}/m^3	24000	K_n	0.1
$V_L/m^3/t$	1.8	R_r/%	50		

1. 含水饱和度影响

受渗吸影响，基质渗吸区域内含水饱和度为束缚水饱和度，裂缝含水饱和度则与原始含水饱和度、压裂液返排率和渗吸深度有关。对于渗吸深度影响裂缝含水饱和度的情况如表28-6所示。闷井1小时和闷井20小时相比，含水饱和度的变化相对于原始含水饱和度和压裂液返排率对裂缝含水饱和度的影响要小较多，况且压裂后闷井时间多为1天左右，因此，渗吸深度对裂缝含水饱和度的分析可暂不考虑。

表28-6 渗吸深度对裂缝含水饱和度的影响

t/h	1	10	20	40
d/m	0.0000892	0.00028	0.000399	0.000564
S_W	0.59	0.54	0.51	0.47

设压裂后闷井24小时，则基质渗吸深度为0.437mm，由此分别研究不同原始含水饱和度和不同压裂液返排率的影响。

1）不同原始含水饱和度

保持压裂液返排率0.5不变，计算得到的裂缝含水饱和度随不同原始含水饱和度变化为表28-7。

表28-7 受原始含水饱和度影响的裂缝含水饱和度分布

S_{Mw0}	0	0.05	0.1	0.15	0.2	0.25	0.3	0.35
S_W	0.36	0.43	0.5	0.57	0.64	0.71	0.78	0.86

对不同的原始含水饱和度进行模拟，得到气水产量如图28-10所示。

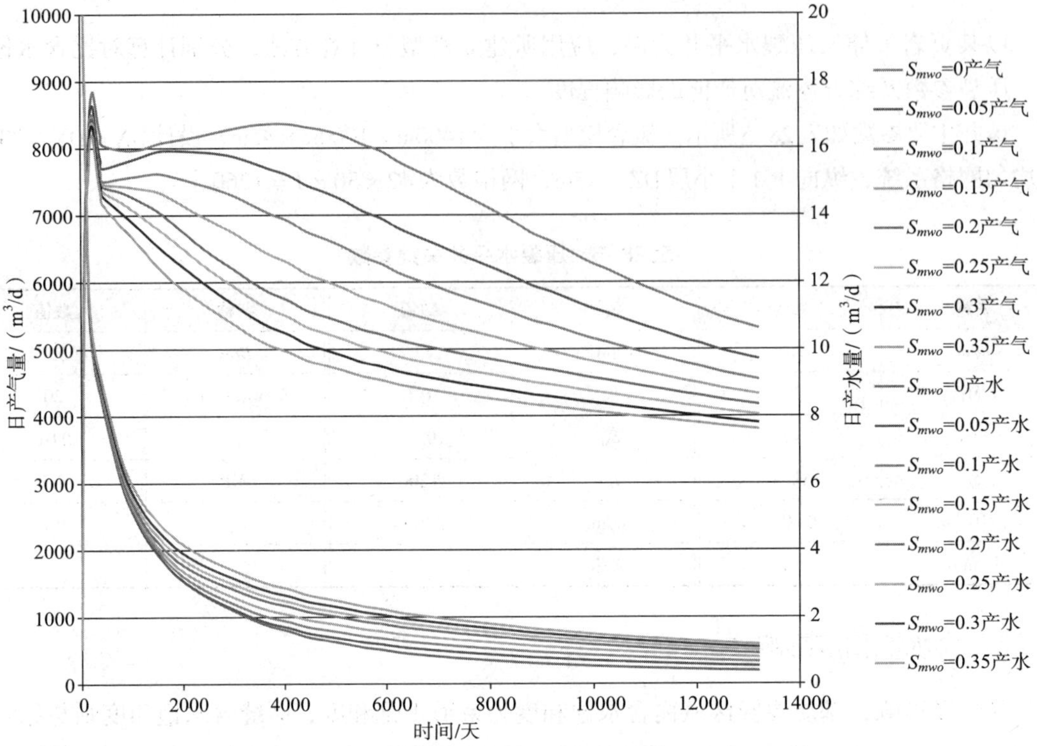

图28-10　不同基质原始含水饱和度的气水日产量曲线

在返排率一定的条件下，基质原始含水饱和度越大，日产气量越小，渗吸进入基质的压裂液越少，裂缝中含水饱和度越高，日产水量也越大；从产气量曲线上看，当基质含水饱和度较小时，日产气量在大量排水后有一个回升的态势，含水饱和度越小其回升的幅度越大，维持时间越长，后期日产气量越大，累产气量同样明显较大；同理，当含水饱和度较大时，产气量回升幅度减弱或者消失，产量递减较快，后期日产气量明显变小，累产气量也将较小。

2）不同压裂液返排率

保持基质初始含水饱和度0.1不变，计算得到裂缝含水饱和度随不同压裂液返排率变化为表28-8。

表28-8　受压裂液返排率影响的裂缝含水饱和度分布

R_r	0.1	0.2	0.3	0.4	0.5
S_w	0.91	0.81	0.70	0.60	0.5
R_r	0.6	0.7	0.8	0.9	
S_w	0.39	0.28	0.19	0.09	

对不同的压裂液返排率进行模拟，得到气水日产量如图28-11和图28-12所示。

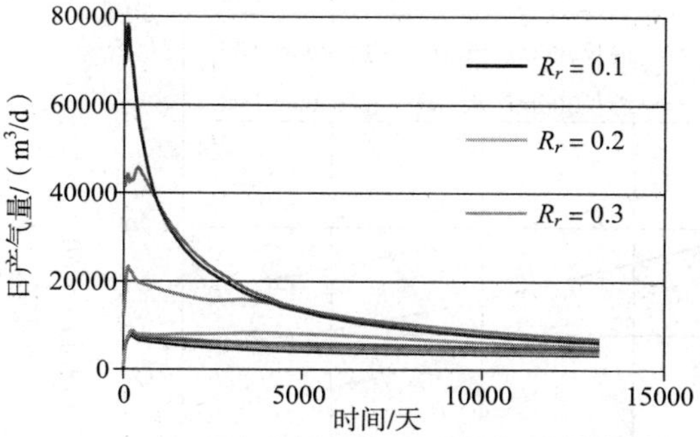

图28-11 不同返排率的日产气量曲线

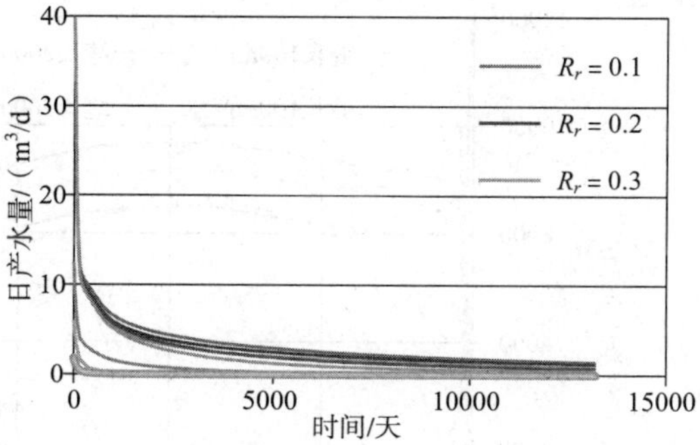

图28-12 不同返排率的日产水量曲线

当返排率低于0.5时，前期日产气量较低，各个时间段的产气量差异不明显，日产水量较大，差异亦不明显；当返排率处于0.5～0.8之间时，前期日产气量随着返排率增加而大幅度增加，但递减也较快，中后期生产差别不明显，仍比返排率小于0.5的情况好，此区间产水量也较明显的随返排率增高而降低；当返排率大于0.8时，日产气量和产水量变化不大。这说明，压裂液返排率在0.5～0.8区间利于提高开发效果。

2. 压裂参数影响

保持其他参数不变的情况下，研究裂缝系统导流能力、缝网半长对生产的影响。

1）不同裂缝导流能力

对不同裂缝导流能力进行模拟，如图28-13和图28-14所示。

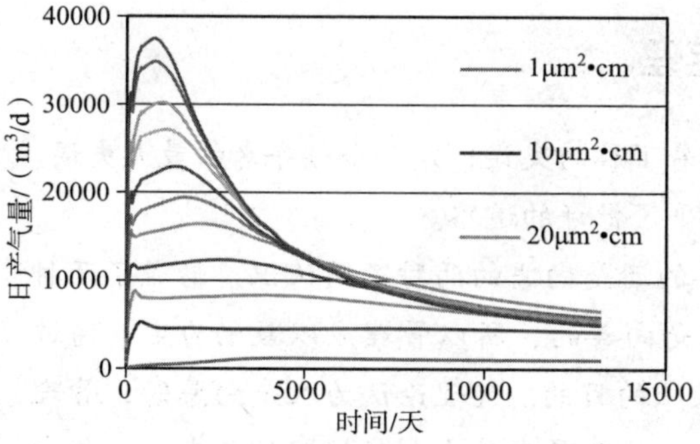

图28-13 不同主裂缝导流能力下日产气量对比

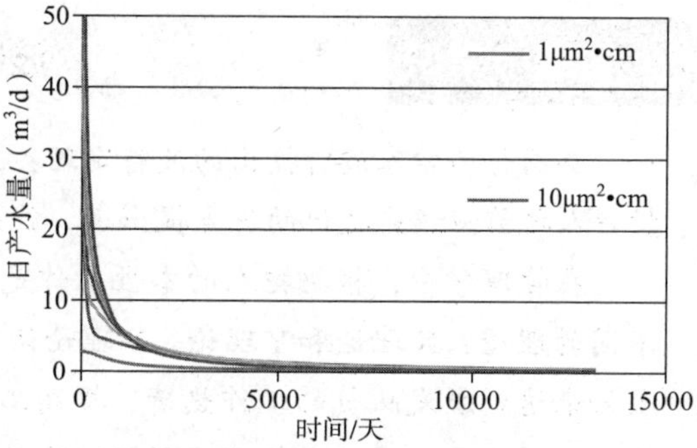

图28-14 不同主裂缝导流能力下日产水量对比

裂缝导流能力低于20μm²·cm时，该井日产气量不足$1\times10^4m^3/d$，产水量也较低并且维持时间长，不利于排水采气；当裂缝导流能力大于20μm²·cm时，前期的日产气量随着导流能力的增大明显升高，初期产水量也明显增大，利于生产；当裂缝导流能力大于40μm²·cm时，前期产量确实有较大差异，但中后期基本无差异，产水量亦然。这说明，压裂时导流能力在40μm²·cm即可达到利于生产的目的，若追求前期较大产量则需要进一步提高导流能力。

2）不同缝网半长

对不同缝网半长进行模拟，结果如图28-15所示。

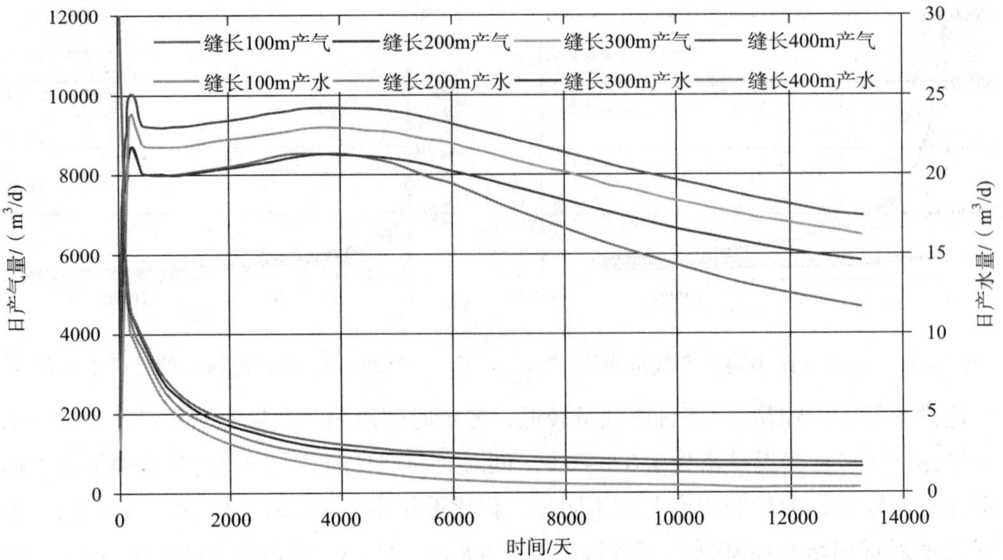

图28-15 不同缝网半长下气水日产量对比

当缝网区域半长小于200m时，前期日产气量差异不大，后期分化明显，缝网区域越大，日产气越高，日产水也较高；当缝网区域半长大于200m时，日产气量在整个生产过程中都有明显增高，但增加幅度不大，产水亦然。这说明，缝网区域半长要大于200m，越大越有利于生产。

管理小常识 波特定理

英国行为学家波特提出的波特定理：总盯着下属的失误，是一个领导者的最大失误。批评人之前应该先把他的优点提出来，就是铺平了批评的道路。

在管理学中，根据把人的本性看作是向善的还是向恶的两种不同认识，形成了两种不同的理论：X理论和Y理论。Y理论认为人是向善的，所以管理应以激励为主，通过激励来达到激发队员的工作热情、提高工作效率的目的。X理论认为人是向恶的，管理应以惩罚为主，通过严惩来达到规范队员行为、使队员在外在制度规范的约束下，集中精力工作，提高工作效率。

在很多时候，当下属犯了错误时，领导者都会严词批评一番，有时甚至将队员骂得狗血淋头。在他们看来，似乎这样才会起到杀一儆百的作用，才能体现规章制度的严肃性，才能显示出领导管理者的威严。其实，有的时候过于关注队员的错误，尤其是一些非根本性的错误的话，会大大挫伤他的积极性和创造性，甚至产生对抗情绪，这样就会产生非常恶劣的效果。所以，在管理事务中，要学会宽容下属的错误。但宽容并不等于是做“好好先生”，而是设身处地地替下属着想。在批评的同时不忘肯定部下的功绩，以激励其进取心，并有效避免伤害其自尊和自信。

通用电气的杰克·韦尔奇认为：管理者过于关注员工的错误，就不会有人勇于尝试。

而没有人勇于尝试比犯错误还可怕，它使员工故步自封，拘泥于现有的一切，不敢有丝毫的突破和逾越。所以评价员工重点不在于其职业生涯中是否保持不犯错误的完美记录，而在于是否勇于承担风险，并善于从错误中学习，获得教益。

即使最有涵养的人，也不喜欢别人指出他做错了事。先进行表扬，让他知道上级是赏识他的，他就会诚心接受批评，否则，他就会憋一肚子怨气。

课件“码”上来

第二十九章　稠油油藏二次开发部署

以某稠油油藏为例，简要介绍二次开发部署研究中的地质和油藏工程的结合。

研究对象为某稠油油藏，该油藏自1997年投产以来，由于底水快速侵入和井型适应性等原因，造成生产井过早水淹，采出程度仅16.48%，井间部分构造高部位经侧钻证实仍存在剩余油。为挖掘区块潜力，提高油层最终采收率，有必要开展地质研究及二次开发部署的研究。基于此而确定研究目标是针对目标油层底水块状油藏开展油藏地质的重新认识，结合测井、录井及生产动态等相关资料重新绘制微构造图，寻找局部构造高点；研究水淹及剩余油分布规律，建立数值模拟模型，进行二次开发部署。

第一节　油藏地质研究

对目标油藏的地质再认识包括地层精细对比、砂体沉积相研究、储层评价、油层评价四个部分。

一、地层精细对比

1. 地层划分对比依据

地层对比与划分是油藏描述的基础。通常，该项工作的开展需要结合地震、钻井、录井和测井资料共同来完成。对于盆地级别的地层划分，地震资料显得重要，而对已开发区块的地层划分而言，由于井控程度较高（井距141m），且需要划分到小层级别，因此主要依据钻井、录井和测井资料来完成。

根据碎屑岩地层划分与对比方法，油区地层级次由大到小依次包括含油层系、油组、砂组、小层和单砂体。对于目标油藏，沙河街组相当于含油层系，L油层为其油组之一，包括LⅠ、LⅡ两个油组。本次研究主要是在LⅠ油组内进行砂组和小层的划分。

对于碎屑岩地层，一般采取“旋回对比、分级控制”的地层划分对比原则，地层划分对比依据主要是沉积旋回、垂向岩性组合和电性组合特征，并结合沉积标志层分布来进行。实际工作中，在岩性单一（如发育厚层泥岩或厚层砂岩）或电性特征不明显（如电测曲线幅度差异小、平缓）时，常根据等厚法和切片法，采取按厚度比例切分的办法来进行砂组、小层划分。

研究区LⅠ油组属于陆相湖泊水下扇沉积，地层岩性包括灰色泥岩与灰色、灰褐色粉砂岩、细砂岩、中砂岩和砂砾岩，以泥岩、细砂岩和砂砾岩为主；垂向序列以反旋回或复合反旋回为主。自然电位特征以漏斗形、箱形、漏斗形—箱形的测井相组合为主。根据这些特征，将LⅠ油组自下而上划分为2个砂组，即$LⅠ_2$和$LⅠ_1$。$LⅠ_2$砂组进一步细分为3个小层，即自下而上$LⅠ_2^3$、$LⅠ_2^2$和$LⅠ_2^1$；$LⅠ_1$砂组细分为2个小层，即自下而上$LⅠ_1^2$和$LⅠ_1^1$（见表29-1）。其中，$LⅠ_1^2$和$LⅠ_2^1$之间、$LⅠ_2^3$和LⅡ之间普遍发育稳定泥岩层，可视为全区的标志层。

表29-1 油藏LⅠ油组小层划分方案与地层厚度统计表

地层系统			小层地层厚度		
油组	砂组	小层	最大/m	最小/m	平均值/m
LⅠ	$LⅠ_1$	$LⅠ_1^1$	25.6	1.8	7.2
		$LⅠ_1^2$	17.2	2.6	6.9
	$LⅠ_2$	$LⅠ_2^1$	54.6	20.6	35.1
		$LⅠ_2^2$	62.7	13.8	33.0
		$LⅠ_2^3$	50.8	11.8	32.1

2. 地层划分对比流程

在具体的划分与对比中，按标准井地层划分→地层剖面对比→地层对比平面调整的工作流程依次展开。

1）标准井地层划分

本次研究选用了具有代表性的5口井作为标准井，以控制全区地层特征。

以H-42-44井为例对$LⅠ_1$砂岩组地层岩性、电性特征做简单描述。该井位于研究区西北，$LⅠ_1$砂岩组的$LⅠ_1^1$、$Ⅰ_1^2$小层和$LⅠ_2$砂岩组的$LⅠ_2^1$、$Ⅰ_2^2$和$Ⅰ_2^3$三个小层均发育。$LⅠ_1^2$和$LⅠ_2^3$底部均发育一定厚度的岩性较纯的泥岩。其中，$LⅠ_1^2$小层底部岩性为灰色泥岩，上部为灰色细砂岩、灰黑色油浸细砂岩夹灰色泥岩薄层，为典型反旋回，自然电位为漏斗形，深电阻率表现出向上升高的特征；$LⅠ_1^1$小层底部岩性为薄层灰色泥岩，中部为灰褐色油浸细砂岩，上部为灰色泥岩夹薄层细砂岩，为反正复合旋回，自然电位表现为下部漏斗形、上部钟形的特征，深电阻率表现为中下部高、顶部低的特征（见图29-1）。

2）地层剖面对比

首先对典型井所在剖面，由典型井向外分东西、南北两个剖面方向依次进行邻井对比，再由该井排向其他井排延伸，最终形成了涵盖工区所有钻井的地层对比剖面网络。地层对比剖面位置见图29-2。

3）地层对比平面调整

根据主力油层平面分布特征，对局部井分层进行了调整。对于对比过程中对出现矛盾的分层，重新按上述对比流程进行了修正，以达到全区小层地层横向延伸协调。

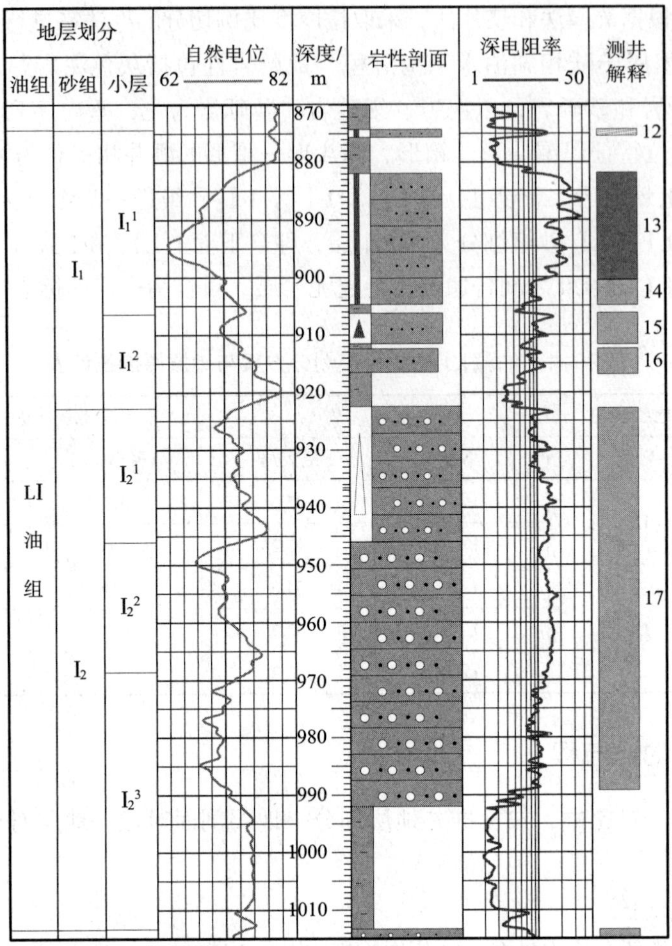

图 29-1 H-42-44井地层划分柱状图

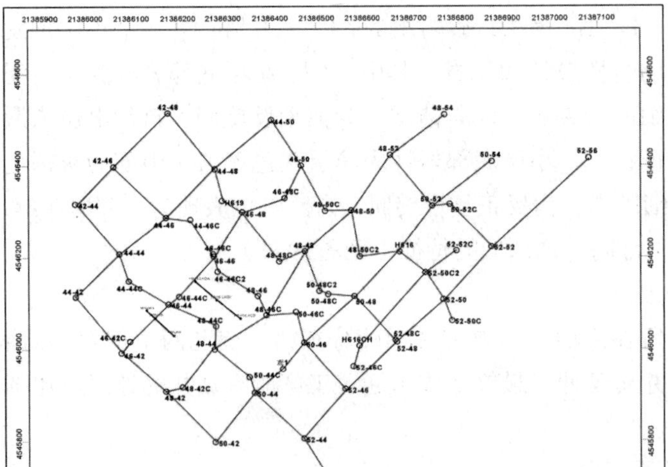

图 29-2 地层对比剖面位置分布图

3．地层划分对比结果

根据上述对比依据与对比流程，对全区61口井LⅠ油层进行了地层划分与对比，并形成了相应的分层数据表。根据分层数据编制的小层对比图显示，尽管地层厚度变化较大，但地层厚度横向分布比较协调。

根据分层结果，编制了$LⅠ_1$地层厚度图，显示其自北西向南东减薄，$LⅠ_2$地层全区分布稳定，如图29-3所示。

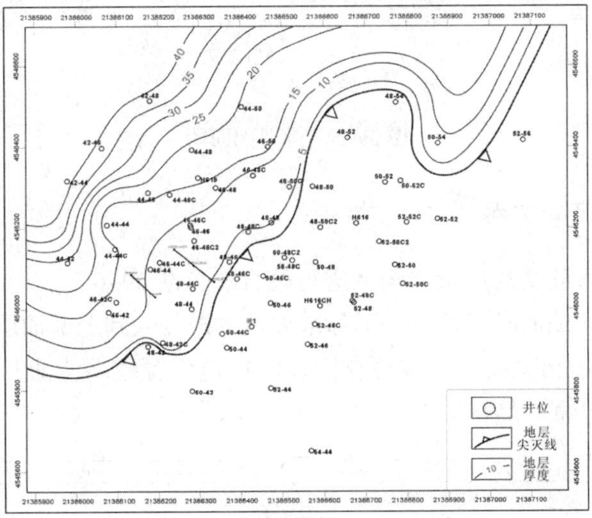

图29-3　$LⅠ_1$砂组地层厚度图

4．构造特征

根据分层数据表，结合井轨迹数据，编制了主力油层$LⅠ_2^1$顶部构造图（见图29-4）和构造剖面图（见图29-5），其平面位置与地层对比剖面图一致。

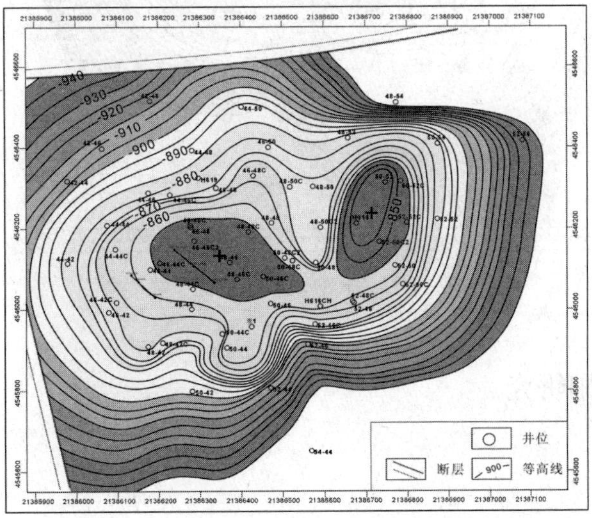

图29-4　$LⅠ_2^1$顶面构造图

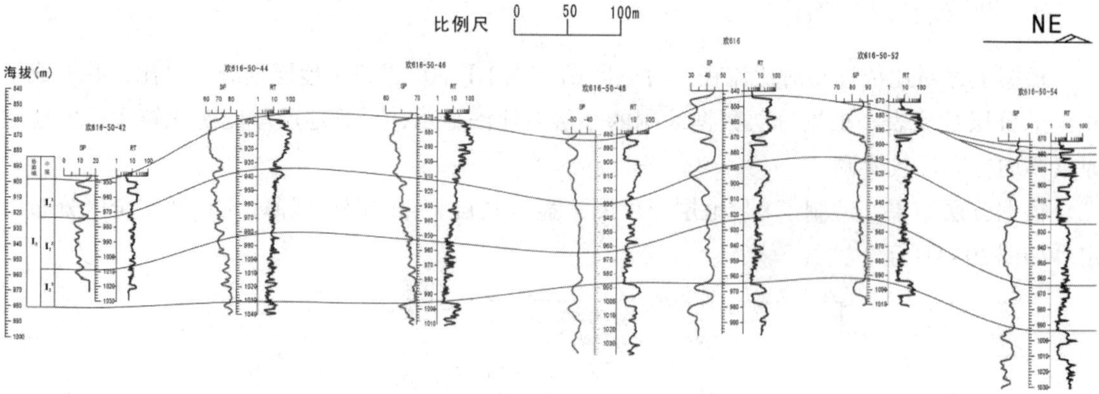

图29-5　构造剖面图

5. 构造与油井产能关系

选取了试油井，将其试油产量与构造进行叠合（见图29-6），以寻找构造分布与油井产量相关性，因为这些井试油时间较早，下部水体基本未侵入到上部油层，能反映其原始油层分布与构造位置高低的相关关系。该叠合图反映构造位置越高，油井产能越高，当海拔高于-870m时，油井日产油多大于10t。

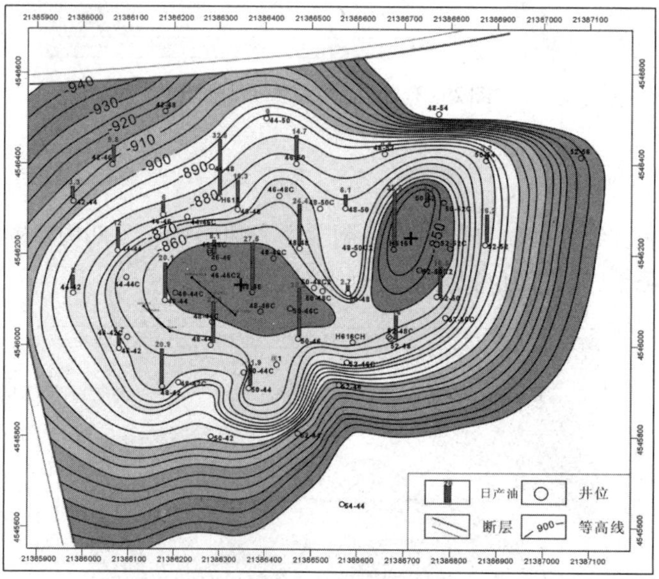

图29-6　LI_2^1顶面构造与试油产量叠合图

二、砂体沉积相研究

1. 相标志分析

相标志是分析沉积环境、划分沉积相类型的基础，相标志包括岩性、沉积构造、粒度、测井相、沉积序列和古生物等。限于资料收集程度，本次研究主要使用了岩性和测井相标志。

1）岩性标志

研究区LⅠ油层砂岩以细砂岩和砂砾岩为主，少量（泥质）粉砂岩和中砂岩，颗粒粒度变化较大，表明其水动力环境能量变化大，具有事件性沉积的阵发性特征。其中，不含油砂岩为灰色。泥岩岩性较纯，局部含粉砂，颜色以灰色为主，无紫色、红色等反映氧化标志的颜色，表明沉积水体相对较深，介于还原—弱还原环境。垂向上，砂、泥岩组成互层，反映了受事件性沉积影响的静水环境。因此，LⅠ油层更可能为水下环境沉积。

2）测井相标志

研究区LⅠ油层砂体自然电位测井相形态与层位具有一定的相关性。在$LⅠ_1$砂组和$LⅠ_2^3$小层，砂体普遍不发育，测井相以指状、漏斗形为主，仅部分井发育钟形（见图29–7）。在$LⅠ_2^1$、$LⅠ_2^2$小层，砂体发育，垂向叠置厚度大，其测井相多为漏斗形、箱型、叠加箱形、箱形+漏斗型、钟形+漏斗形等叠加形态。箱形、叠加箱形、箱形+漏斗型、钟形+漏斗形反映了强水动力环境，如水道型环境，指状反映了事件性漫溢沉积，而漏斗形则反映了向上粒度变粗、水体变浅的进积沉积。

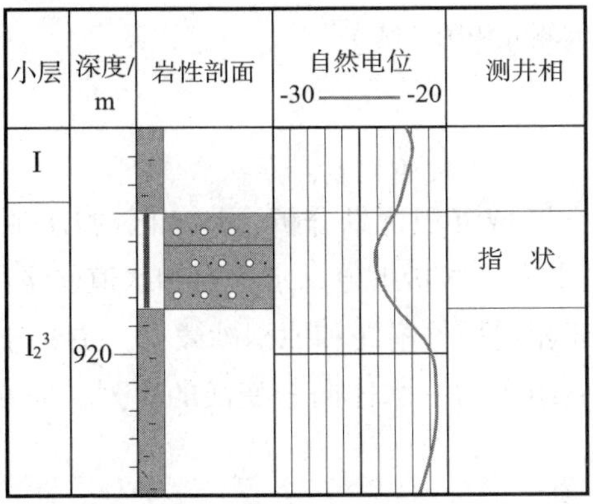

（1）指状，H-48-46

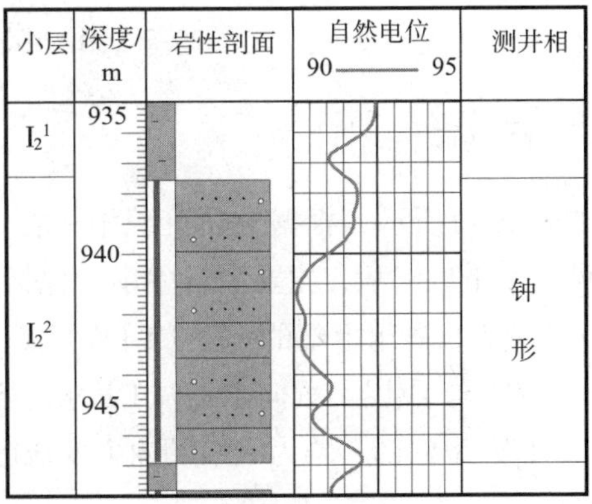

（2）钟形，H-52-46

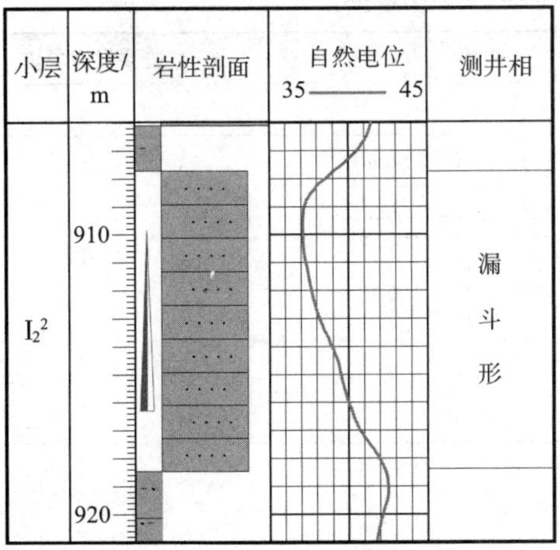

（3）漏斗形，H

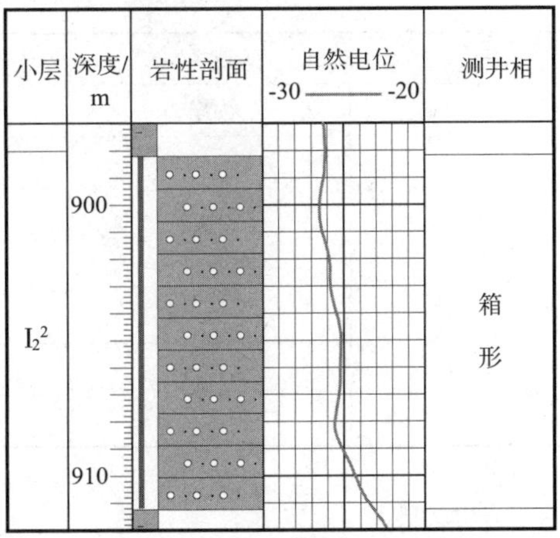

（4）箱形，H-48-46

图29–7 LⅠ油层砂体典型测井相图

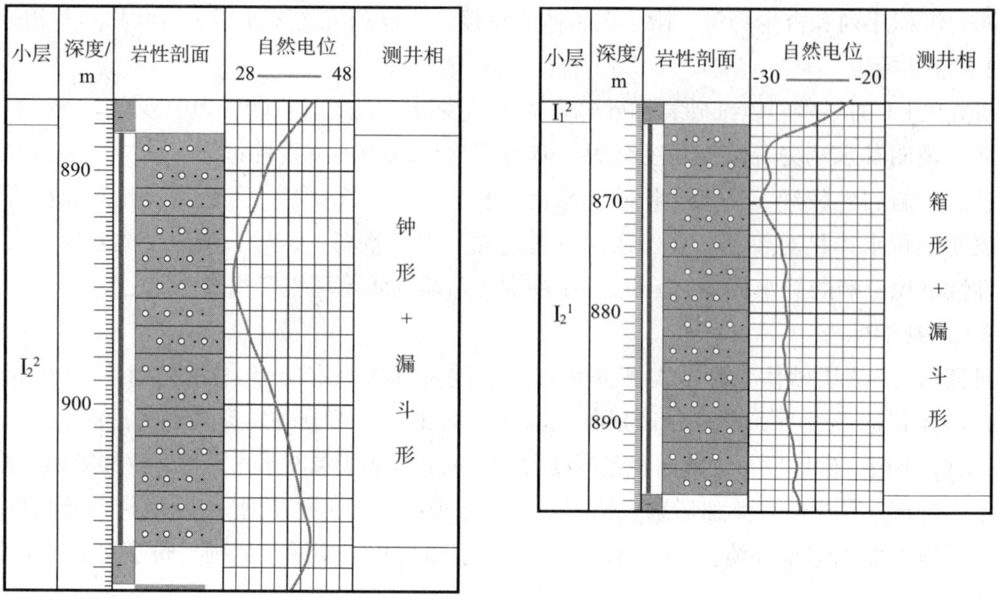

（5）钟形+漏斗形，H　　（6）箱形+漏斗形，H-48-46

图29-7　LⅠ油层砂体典型测井相图（续）

2. 标准微相划分

如表29-2所示，根据上述沉积相标志，并结合区域沉积背景分析，将工区内LⅠ油层划分为湖泊水下扇沉积，主要发育中扇，包括辫状主水道、辫状水道、水道间和水道前缘微相，主要分布在LI_2砂组上部的LI_2^1、LI_2^2小层；外扇亚相包括外扇泥和浊积砂微相，主要分布在LI_1砂组和LI_2^3小层。垂向上，从LI_2砂组到LI_1砂组，为一水体向上变浅的序列，而在LI_2砂组、LI_1砂组内部，均为次级的向上变浅序列。

表29-2　H区块LⅠ油层沉积微相划分表

相	亚相	微相	主要发育层位
湖泊水下扇	内扇	—	—
	中扇	辫状主水道（砂厚>6m）	LI_2^1、LI_2^2小层
		辫状水道（砂厚2～6m）	
		水道间	
		水道前缘	
	外扇	外扇泥	LI_1砂组 LI_2^3小层
		浊积砂	

3. 单井相

对五口井进行了单井相分析。以H-48-46为代表井，如图29-8所示，对其单井相分析如下：

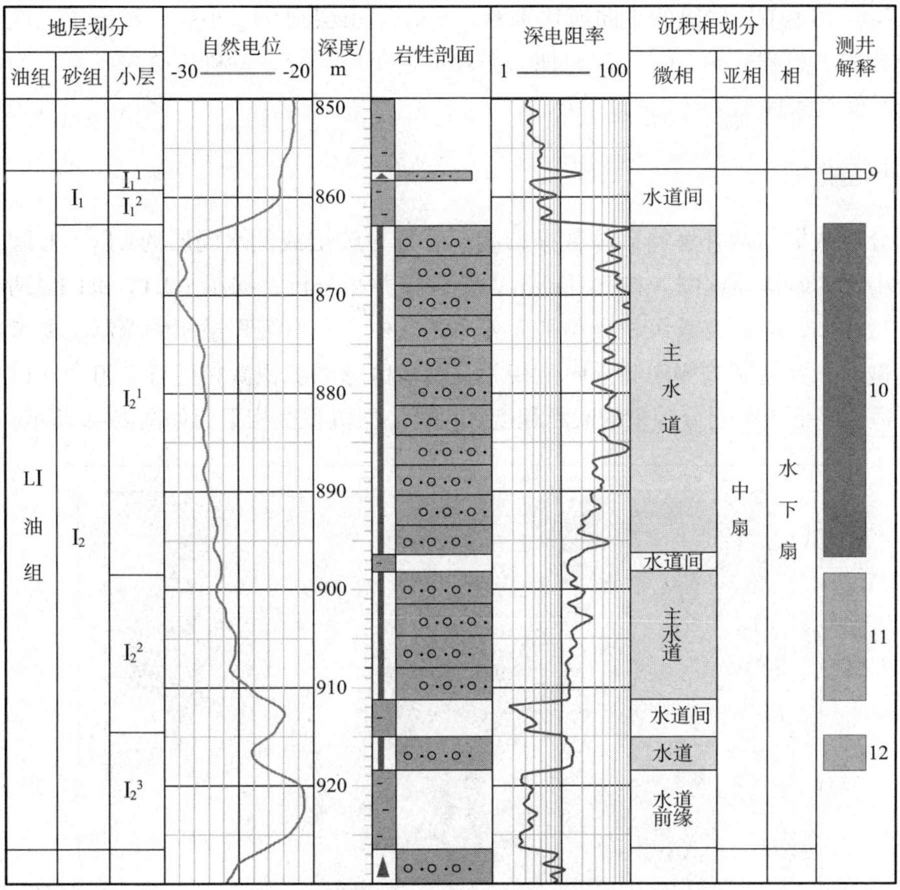

图29-8 H-48-46单井相图

LI_2^3小层下部岩性为灰色厚层泥岩，上部为灰褐色油浸砂砾岩，厚3.4m，砂砾岩自然电位测井相呈典型的指状，曲线平滑。测井解释砂砾岩孔隙度23.9%，渗透率0.95μm²，泥质含量11.3%，含水饱和度90.4%，为水层。综合解释下部为水道前缘微相，上部为辫状水道微相。

LI_2^2小层底部岩性为灰色泥岩，中、上部为灰褐色油浸砂砾岩，厚度大，达13m，砂砾岩自然电位测井相呈箱形，曲线略有起伏。测井解释砂砾岩孔隙度26.1%，渗透率1.23μm²，泥质含量5.9%，含水饱和度82.8%，为水层。综合解释底部为水道间微相，上部为辫状主水道微相。

LI_2^1小层底部岩性为灰色薄层泥岩，中、上部为灰褐色油浸砂砾岩，叠合厚度大，达33.5m，砂砾岩自然电位测井相呈箱形+漏斗形，曲线略有起伏。测井解释砂砾岩孔隙度32.8%，渗透率2.94μm²，泥质含量1.0%，含水饱和度39.4%，为油层。其中，砂砾岩顶部的863～878m井段射孔，蒸汽吞吐求产，获27.5t的工业油流。综合解释底部为水道间微相，上部为辫状主水道微相，可能为多期水道的叠置。

LI_1砂组厚度极薄，仅5.5m，其中下部的LI_1^2小层岩性为灰色泥岩，上部的LI_1^1小层岩性为灰色泥岩与灰褐色油浸细砂岩，均呈薄层状，细砂岩自然电位无明显起伏。综合解释LI_1砂组为水道间微相。

从H–48–46井LI_2砂组的垂向演化来看，从LI_2^3小层到LI_2^1小层，经历了三次水体向上变浅（反旋回）过程，到LI_2^1小层时期，粗粒碎屑供应充分，砂砾岩叠置发育，为后期原油聚集创造了储集条件。

4．平面微相

根据分层数据与测井解释砂体数据，编制了发育油层或油水同层的LI_2^2、LI_2^1、LI_1^2和LI_1^1四个小层的砂体厚度图。在此基础上，结合单井相分析，编制了LI_2^1和LI_1^1两个小层的平面沉积微相图，以研究其沉积微相平面分布。其中，平面沉积微相的编制主要考虑了优势相和有利微相，并将某些侧向和垂向上相邻且不易区分的沉积微相进行了组合，以求图面简洁，并可适当降低人为划分带来的武断程度。LI_2^1小层沉积微相平面如图29–9所示。

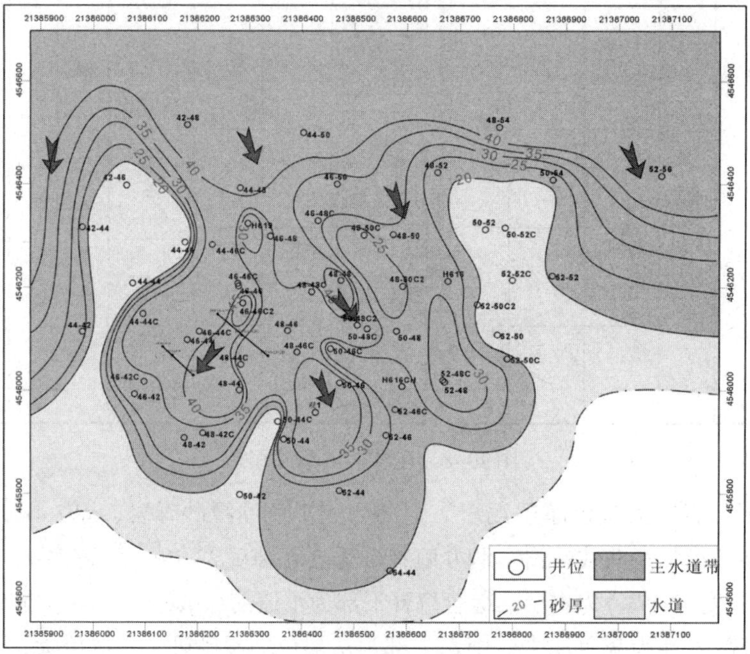

图29–9 LI_2^1小层沉积微相平面图

三、储层评价

1．储层岩性与物性

1）岩性

根据45井（共计2826.5m）录井岩性的统计，储层岩性包括砂砾岩、中砂岩、细砂岩和粉砂岩，以砂砾岩和细砂岩为主。在层位上，LI_1砂组储层岩性以细砂岩为主，LI_2以砂砾岩和细砂岩为主，反映LI_2砂组岩性更粗。

2）物性

根据LI油层506层测井解释砂体物性的统计，其孔隙度分布变化范围大，多分布在16%～32%

之间，其次为8%～16%；渗透率变化范围也很大，主要分布多小于1μm²，其次为1～3μm²。

2. 储层非均质性

1）沉积旋回性

LI油层旋回特征与层位相关。LI_2^1、LI_2^2沉积旋回以复合反旋回为主，LI_2^3以反正复合旋回为主（见图29-10），而LI_1^1以反正复合旋回为主，LI_1^2以反旋回为主。

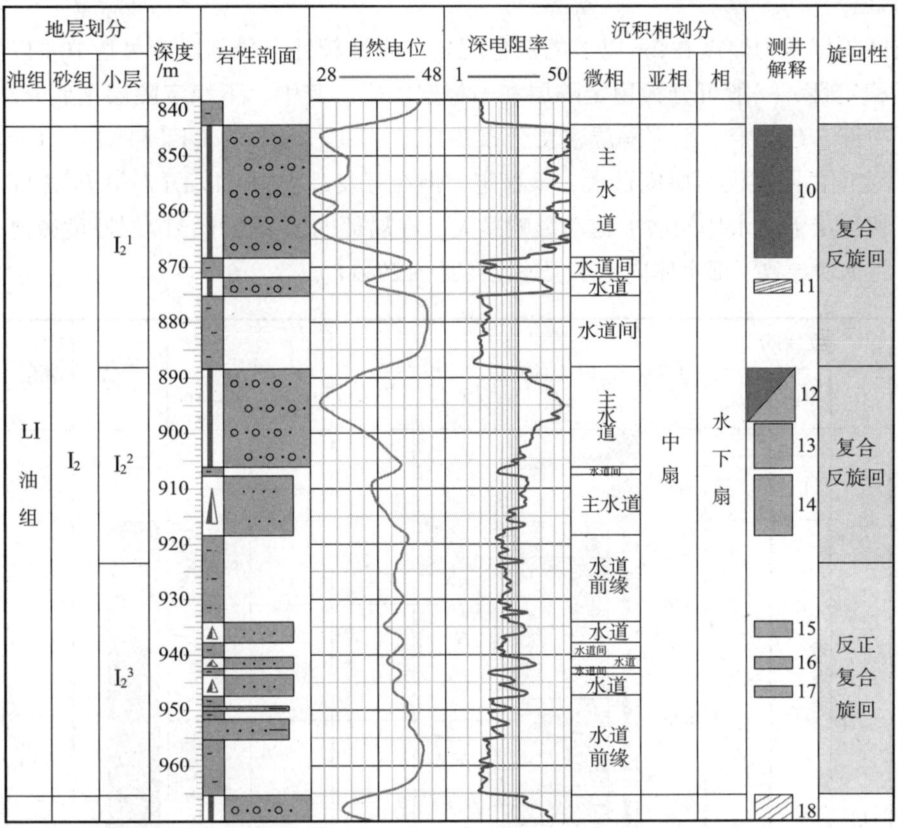

图29-10 H井LⅠ₂砂组沉积旋回划分柱状图

2）砂地比

主力油层LI_2^1小层砂地比高，多大于90%，其次为80%～90%，表明砂体钻遇率高。平面上，砂地比大于90%的区带呈南北向展布在工区中部。

3）夹层

工区内LI_1^1、LI_1^2小层一般发育一层砂体，层内非均质性较弱，LI_2^2小层仅顶部发育油水同层，研究其夹层分布意义不大。因此，这里主要研究了主力油层LI_2^1小层层内夹层分布。录井显示，LI_2^1小层夹层岩性主要为灰色泥岩，属于岩性夹层，局部可能发育物性夹层。泥岩夹层厚度一般少于1.5m，渗透能力弱，在测井曲线上反映为较高自然电位和较低深电阻率。

通常描述夹层的分布有两个参数：一是夹层分布频率，即每米储层内非渗透性夹层的个数，二是夹层分布密度，指每米储层内非渗透性夹层的厚度。根据对LI_2^1小层的统计，其夹层数以2、3层为主；夹层密度0.011～0.425m/m，平均0.080m/m，即平均每米夹层厚度不足0.1m；夹层频率0.023～0.231层/m，平均0.086层/m，即平均每米夹层数不足0.1层；夹层数、频率和密度均反映LI_2^1小层非均质性普遍较弱。

对LI_2^1小层，平面上工区中部夹层密度、频率较小，非均质性较弱，而东部夹层密度、频率较大，非均质性较强。显然，对工区中部地区，下部LI_2^2小层水体由于上部夹层数少，厚度薄，其向上运动能力增强，易导致油井水淹。

4）隔层

研究区隔层多为厚度在2m以上的灰色泥岩，岩性较纯，局部厚度可达10m以上。根据隔层横向稳定性，一般可分为稳定隔层和不稳定隔层。其中，不稳定隔层主要分布在LI_2^1、LI_2^2小层内部，延伸窄。稳定隔层主要分布在LI_2^1～LI_2^2、LI_2^1～LI_2^2和LI_2^3～LⅡ之间，以LI_2^3～LⅡ之间的隔层泥岩厚度最大、最稳定，但在开发过程中，以LI_2^1～LI_2^2之间的隔层泥岩对H区块油层下部水体的向上运动影响最大，在局部地区，由于该隔层厚度减薄，如研究区中部，将加快导致下部水体向上水侵速度（见图29–11）。

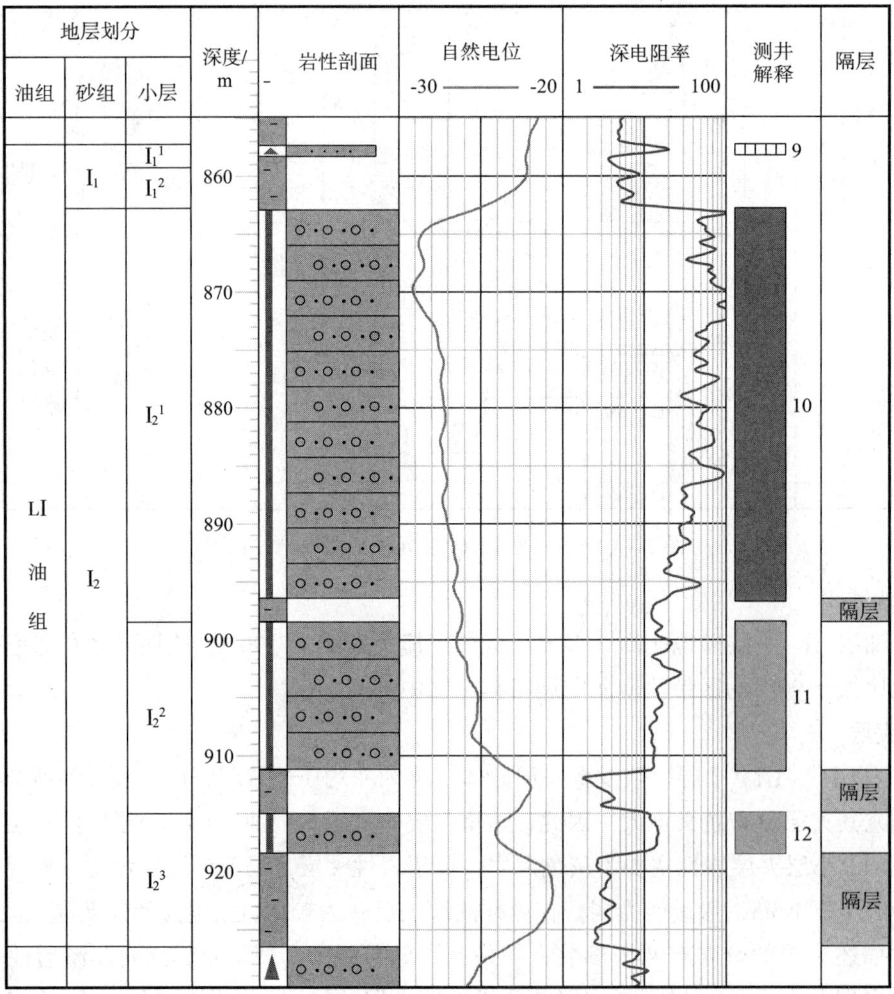

图29–11　H–48–46井LI_2砂组隔层岩—电特征图

平面上，$LI_2^1 \sim LI_2^2$隔层分布较稳定，但厚度变化大；中部隔层厚度较薄，多小于2m，层间非均质性弱，对下部水体向上运动封隔性能差，下部水体易向上侵入，导致上部油层水淹；最厚处厚度达5m以上，层间非均质性强，对下部水体的封隔性能最好。

5）有效厚度展布

根据四性关系研究确定的油、水层划分标准，重新进行了油、水层判定。在此基础上，编制了LI_1^1、LI_1^2、LI_2^1和LI_2^2小层的油层厚度图。LI_1^1小层有效厚度薄，不超过8m，向南南东尖灭，与砂体尖灭趋势一致；此外，东北角局部可见薄油层。LI_1^2小层有效厚度最薄，不超过4m。LI_2^1小层分布在工区中部，有效厚度最大，最厚可达35m以上，连片性好，面积最大；有效厚度分布与构造高低关系密切，构造位置越高，有效厚度越大。LI_2^2小层有效厚度局限分布在工区中部，分为东西两块，其分布面积不及LI_2^1小层，但有效厚度较大，最厚可达14m以上，如图29-12所示。

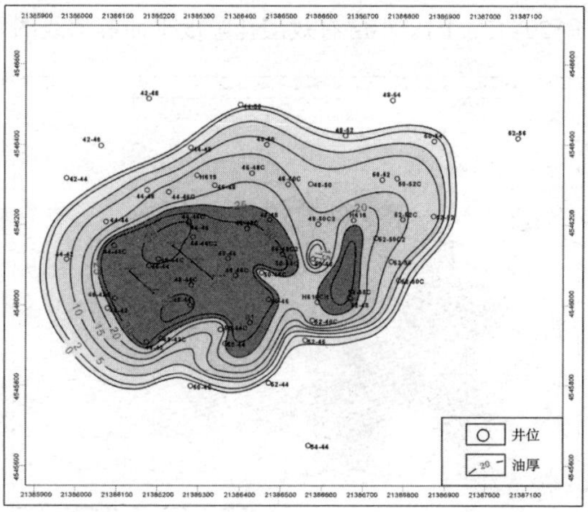

图29-12　LI_2^1小层有效厚度平面等值线图

6）有效层物性展布

根据重新核实的有效孔隙度、渗透率和含油饱和度数据，编制了主力油层LI_2^1小层有效层孔隙度、渗透率和含油饱和度平面等值线图（见图29-13、图29-14、图29-15）。其中，高孔隙度带、高渗透率带均主要呈南北向展布，可分为中部、东部两个条带，以中部条带最宽，与砂体厚度高值带（或主水道带）、展布带具有较好的一致性，表明沉积相带分布对储层孔隙度、渗透率分布具有较强的控制作用。有效层含油饱和度高值带分布在工区中部，呈东西向或北东—南西向，其平面分布趋势与厚砂带走向有较大差异，而与构造位置的高低关系密切，表明构造对含油饱和度分布控制作用明显。

3. 储层分类评价

本次研究没有应用常规物性、压汞等实验数据，因此对储层的分类评价主要依据测井解释成果进行。由有效层孔隙度—渗透率图，二者在不同的孔渗区间具有不同的线性相关关系（见图29-16）。据此，把H区块LⅠ油层储层主要划分为三类（见表29-3）。其中，以Ⅱ类储层为主，Ⅰ、Ⅲ类所占比例较少。

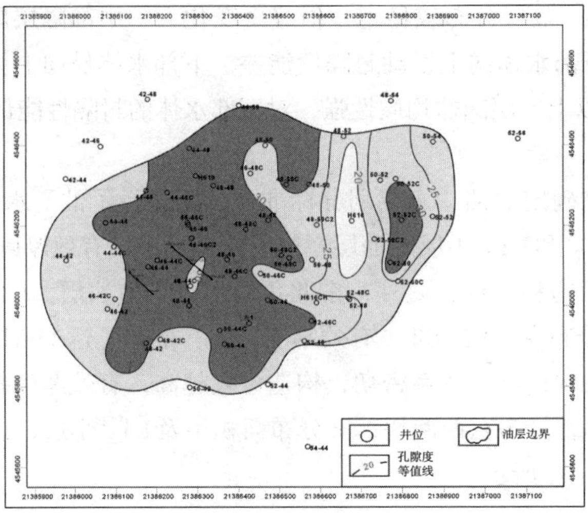

图29-13 LI$_2^1$小层有效层孔隙度平面等值线图

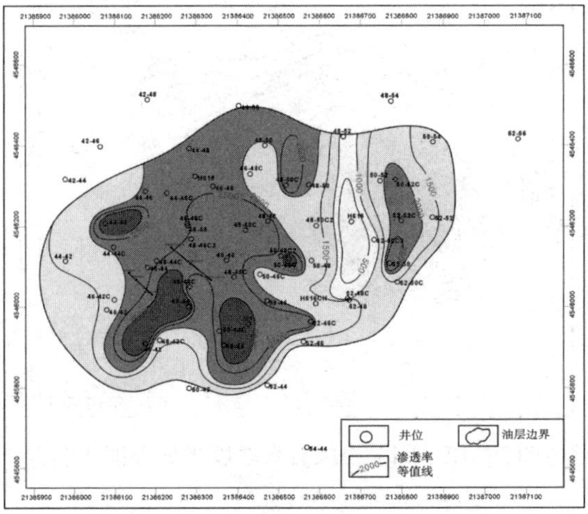

图29-14 LI$_2^1$小层有效层渗透率平面等值线图

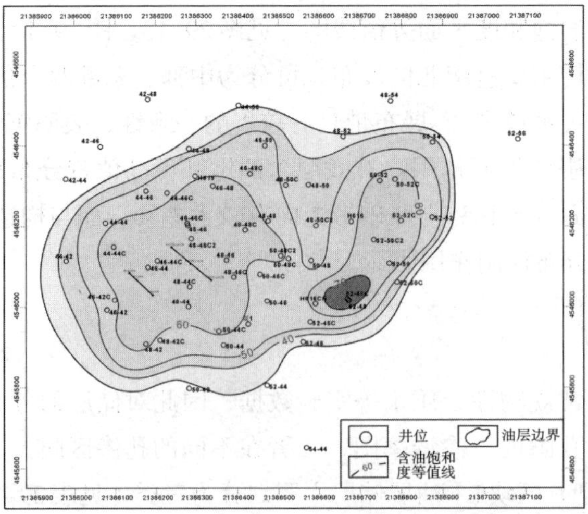

图29-15 LI$_2^1$小层有效层含油饱和度平面等值线图

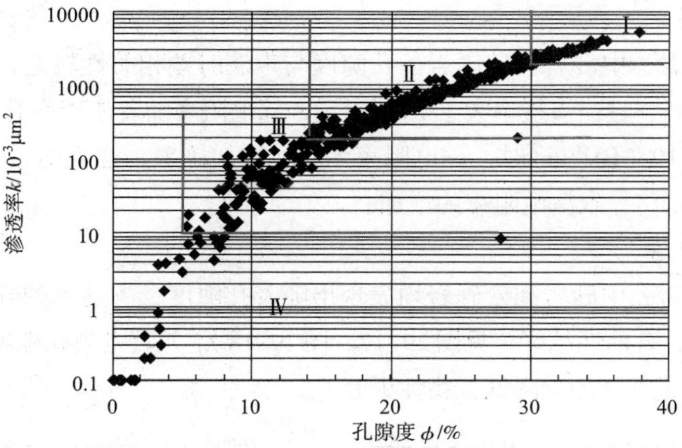

图29-16 LⅠ储层分类评价图

表29-3 LⅠ储层分类评价表

储层类别	孔隙度 ϕ /%	渗透率 $k/10^{-3}\mu m^2$	评价
Ⅰ	>30	>2000	好
Ⅱ	15 ~ 30	200 ~ 2000	中
Ⅲ	6 ~ 15	10 ~ 200	差
Ⅳ	<6	<10	非储层

四、油层评价

1. “四性”关系研究

1）岩性与物性

LⅠ油层储层岩性包括粉砂岩、细砂岩、中砂岩和砂砾岩，以砂砾岩和细砂岩为主。对砂砾岩，其孔隙度主要分布在8% ~ 32%之间，渗透率主要分布在1μm^{2}以下，1 ~ 30μm^{2}亦占有一定比例；细砂岩孔隙度分布分散、渗透率主要在0.4μm^{2}以下，表明砂砾岩物性更好。泥质含量对物性影响明显，各类储层岩性孔、渗均表现为随着泥质含量的升高而降低。

2）岩性与电性

粉砂岩、细砂岩、中砂岩和砂砾岩的深电阻率值分布范围相近，且均表现为随着泥质含量增加而降低，但当泥质含量大于15%后，降低趋势减缓。粉砂岩、细砂岩、中砂岩和砂砾岩的声波时差分布范围也相近，且与泥质含量无明显相关关系，没有表现出随着泥质含量的增加而升高的趋势。

3）岩性与含油性

粉砂岩、细砂岩、中砂岩和砂砾岩均可呈油浸、油斑、油迹级别的含油性显示或无显示，然而油浸或油斑级别的各类储层岩性厚度累计统计显示，以砂砾岩含油性最好，其次为细砂岩。

4）物性与电性

粉砂岩、细砂岩、中砂岩和砂砾岩的孔隙度与声波时差相关性较差，而深电阻率总体随着渗透率升高而升高，且当渗透率大于1μm^{2}以后，深电阻率随着渗透率升高而升高趋势加剧，但是在渗透率小于10×10^{-3}μm^{2}时，深电阻率无明显增加迹象，这表明，不论其含油性如何，随着渗透率升高，都将导致深电阻率的增加。

5）物性与含油性

粉砂岩、细砂岩、中砂岩和砂砾岩均表现出随着孔隙度、渗透率的升高，含水饱和度降低，表明物性越好，含油性越好（见图29–17、图29–18），尤其是当孔隙度大于25%，渗透率大于1μm^{2}时，含水饱和度加剧降低，物性更好。

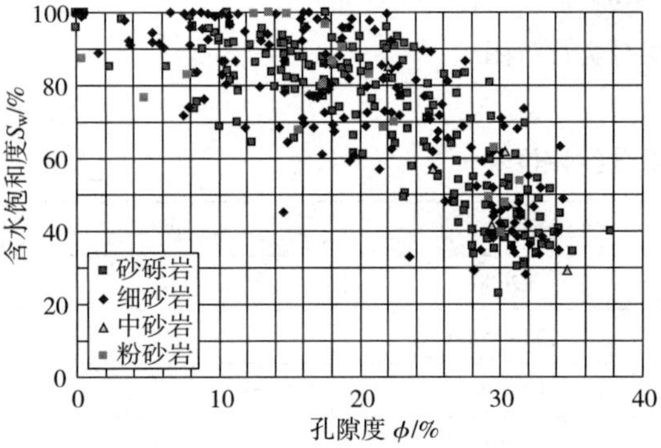

图29–17 LⅠ储层孔隙度—含水饱和度图

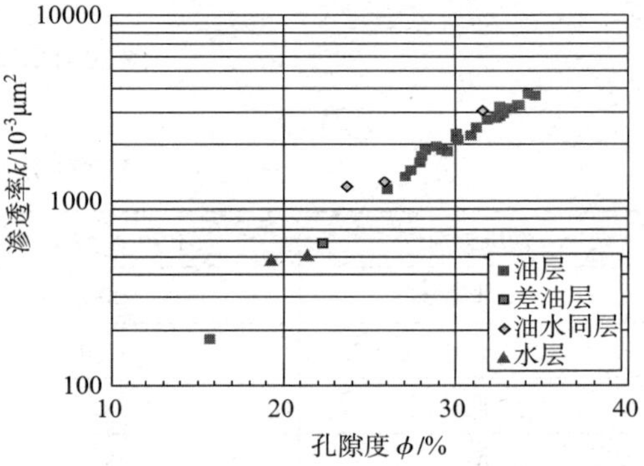

图29–18 LⅠ储层渗透率—含水饱和度图

6）电性与含油性

粉砂岩、细砂岩、中砂岩和砂砾岩含水饱和度随着声波时差增大，有降低趋势，但并不明显。相比之下，含水饱和度随着深电阻率的升高而显著降低，相关关系明显，但是当深电阻率大于30Ω·m时，含水饱和度降低趋势减缓。

总之，岩性越粗，泥质含量越低，物性越好，含油性也越好，深电阻率也越高。

2. 油层、油水同层下限标准确定

根据试油成果与测井解释成果，结合构造分布，以试油成果为主要划分依据，重新建立了LⅠ$_1$、LⅠ$_2$油、水层识别图版（见图29–19～图29–24），主要根据射孔层的物性、深电阻率和声波时差参数对油层、油水同层进行了判识。其中，射孔层位选择了1997、1998年试油井射孔层位，因为这些井层尚未受到水侵的影响，能反映其原始的含油性状态。在此基础上，结合录井岩性、含油性统计，分层建立了LⅠ$_1$、LⅠ$_2$油层、油水同层岩性、物性、电性和含油性划分标准（见表29–4）。

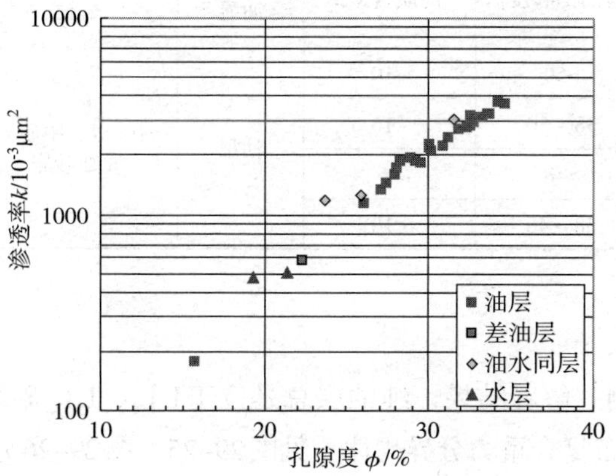

图29-19 LⅠ$_2$射孔层孔隙度—渗透率图

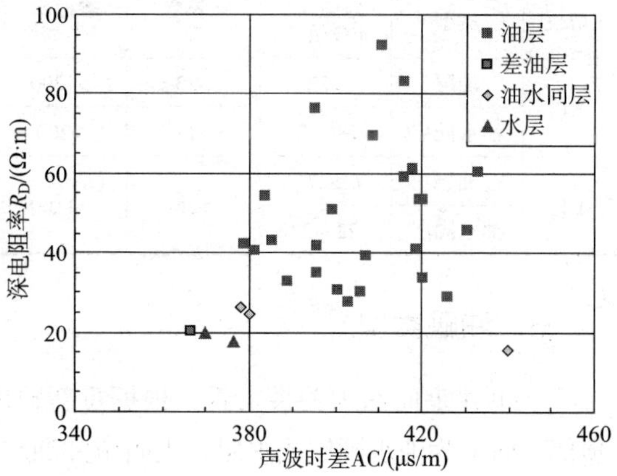

图29-20 LⅠ$_2$射孔层声波时差—深电阻率图

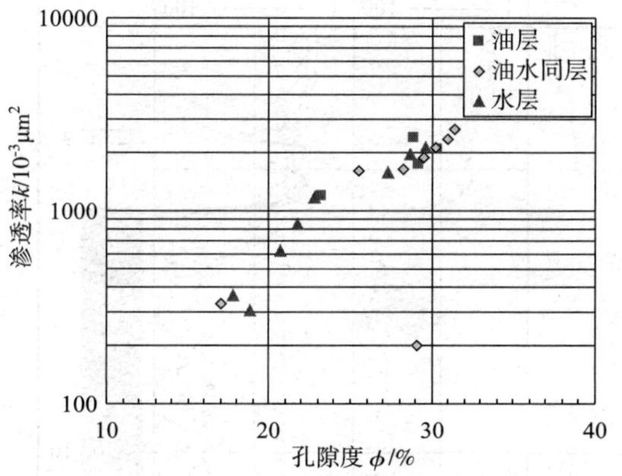

图29-21 LⅠ$_1$射孔层孔隙度—渗透率图

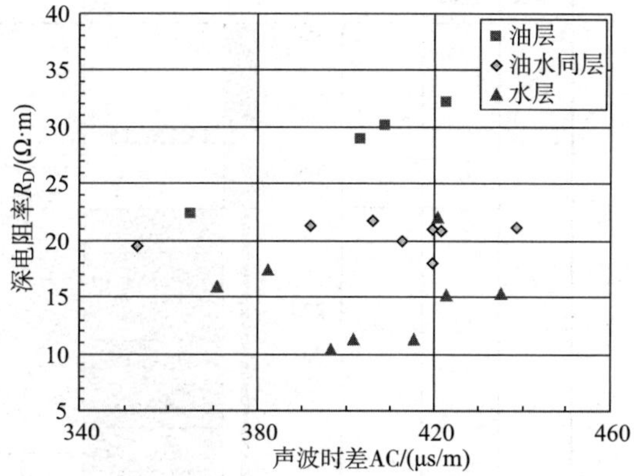

图29-22 LⅠ$_1$射孔层声波时差—深电阻率图

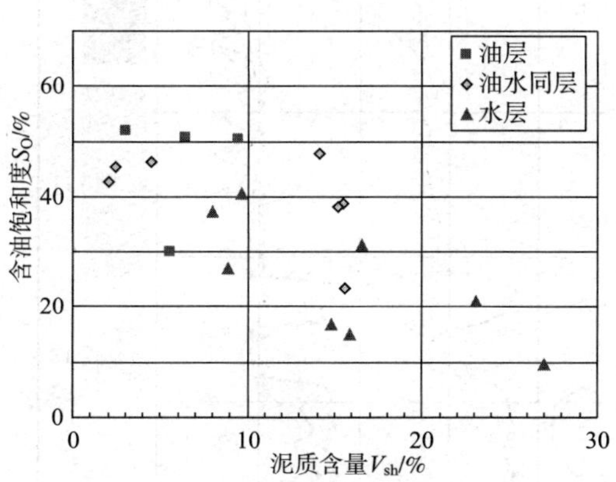

图29-23 LⅠ$_1$射孔层含油饱和度—泥质含量图

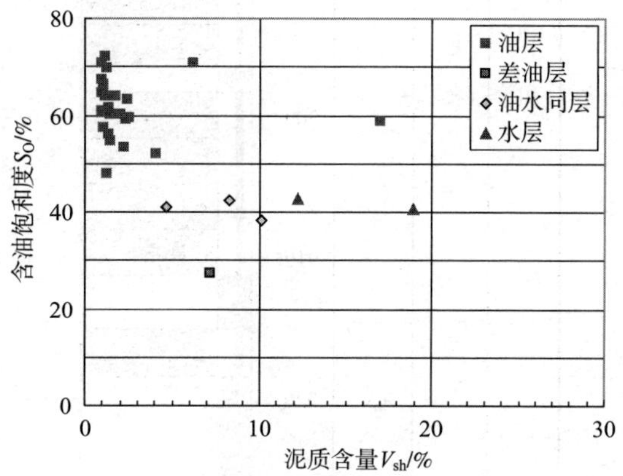

图29-24 LⅠ$_2$射孔层含油饱和度—泥质含量图

表29–4　H区块LⅠ油组油层、油水同层划分标准表

层位	类型	电阻率/(Ω·m)	孔隙度/%	渗透率/$10^{-3}\mu m^2$	含油饱和度/%	泥质含量/%	含油显示	岩性
LI_1	油层	>22	>23	>1200	>50	<10	油浸	砂砾岩、中砂岩或细砂岩
	油水同层	18～22	>17	>200	38～50	<16		
LI_2	油层	>27	>26	>1100	>48	<6		
	油水同层	22～27			38～48	<10		

3. 油藏类型

从单井垂向油水关系来看，根据重新粒度测井解释结果，纯油层总是位于LI_1、LI_2砂组顶部，向下为油水同层或水层，表明单井油水分布复合重力分异规律（见图29–25、图29–26）。

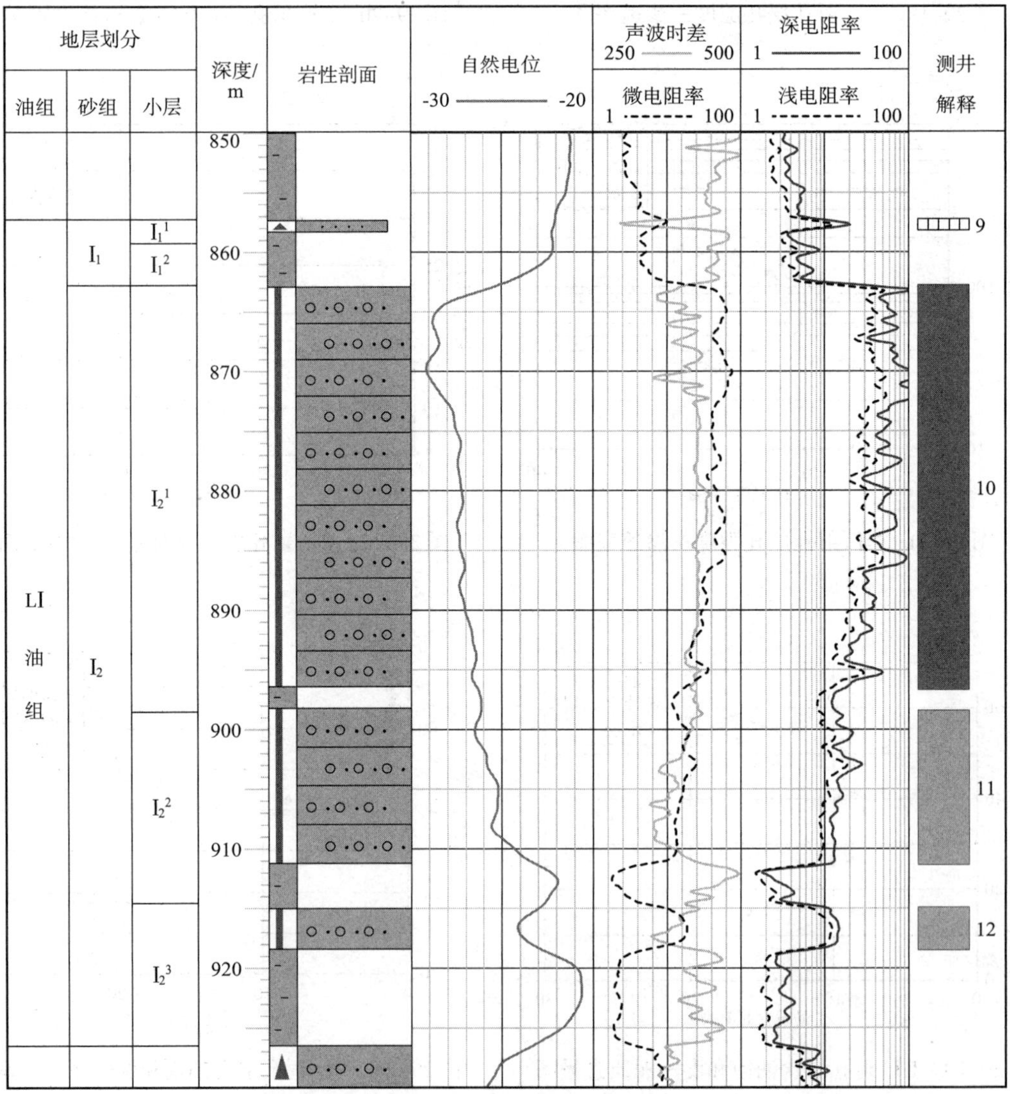

图29–25　H–48–46油、水层分布图

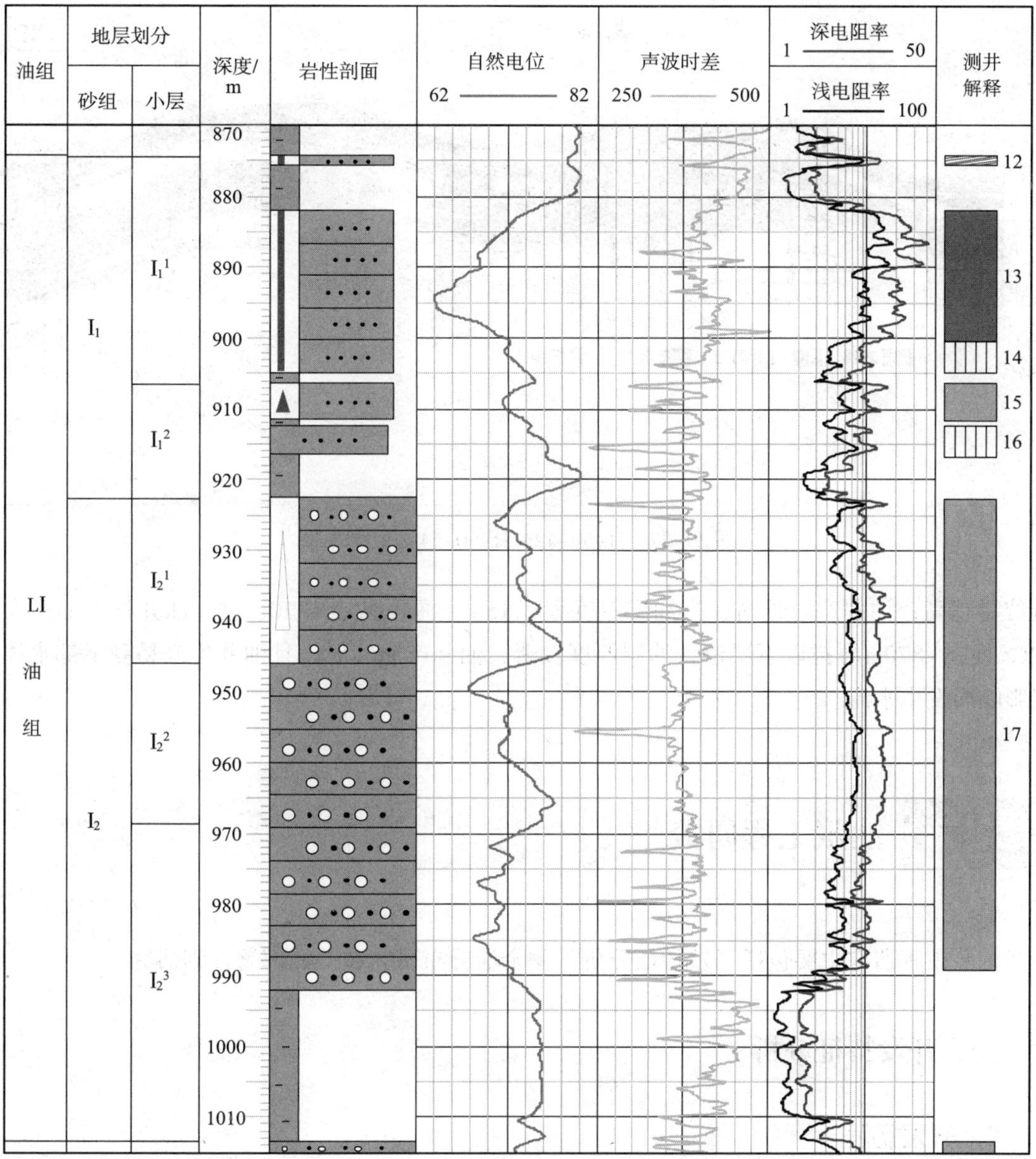

图29-26　H-42-44油、水层分布图

从过工区中部的油藏剖面来看，LI$_2$砂组油水分布受构造控制作用明显，背斜顶部油层厚度大，边部油层厚度减薄，并逐渐过渡到油水同层或水层（见图29-27），相应地，含油饱和度由构造高部位到低部位逐渐降低，为典型构造油藏。

对LI$_1$砂组，根据其有效厚度分布，并结合构造与砂体分布，可知其为向上倾方向（南东方向）尖灭的构造—岩性油藏，油层的分布受砂体展布和构造位置高低双重控制。

4．油井初始产能预测

研究区射孔层主要为LI$_2^1$小层油层，且主要分布在工区中部的背斜构造顶部。根据LI$_2^1$小层油层厚度与试油产能的叠合图，结合构造与试油产能的叠合图，可知油层厚度越厚、构

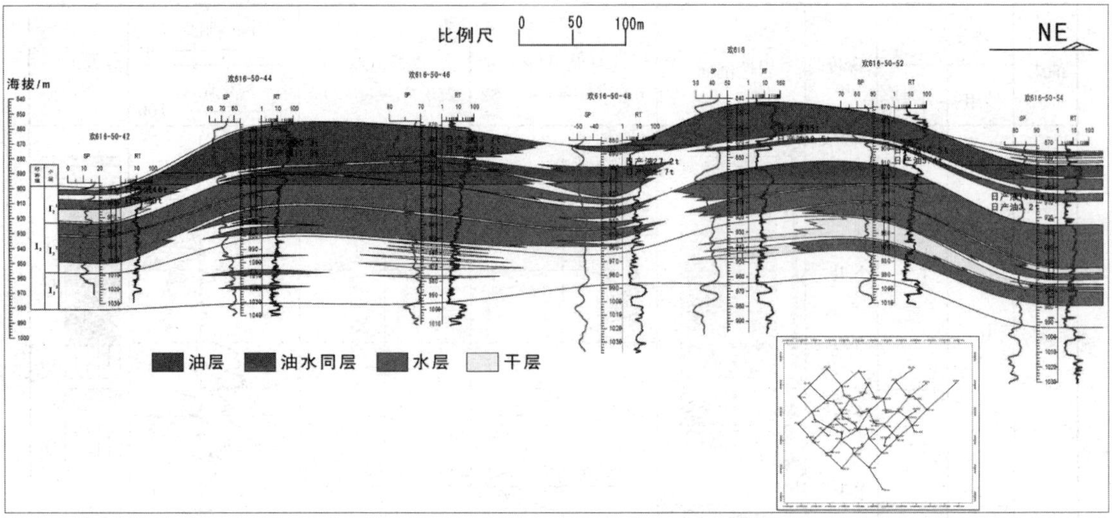

图29-27 H-50-42～H-50-54油藏剖面图

造位置越高，油井产能越高；当油层厚度大于15m、海拔高于-870m时，油井日产油多大于10t，而在-870m海拔以下层位，油层厚度较薄，油井产能较低，且油井生产易受下部水体上侵影响而发生水淹。

第二节 油藏工程研究

油藏工程研究主要包括开发特征分析、剩余油分布研究和井网部署计划研究。

一、开发特征分析

1. 开发历程

H块1997年3月试采H井后，以L油层为目的层，在油层厚度大于10m的范围内，按一套层系，141m井距、正方形井网部署开发井37口。1997年投产了12口井，1998年投产了23口井（见图29-28）。投产后部分油井因低产、出水等原因上返X油层。

HL油层油井水淹主要为底水水淹，通过精细化水淹规律分析，井间存在大量剩余油。实施大位移侧钻及水平侧钻效果良好。自1999～2006年，H块LⅠ$_2$油层共侧钻16井次，增油44791 t，平均单井增油2799 t。

如图29-29所示，H油层初始生产的前三年年产量比较高，随后逐渐降低，累积产量也呈现出先快速增长，继而缓慢增长的形势。

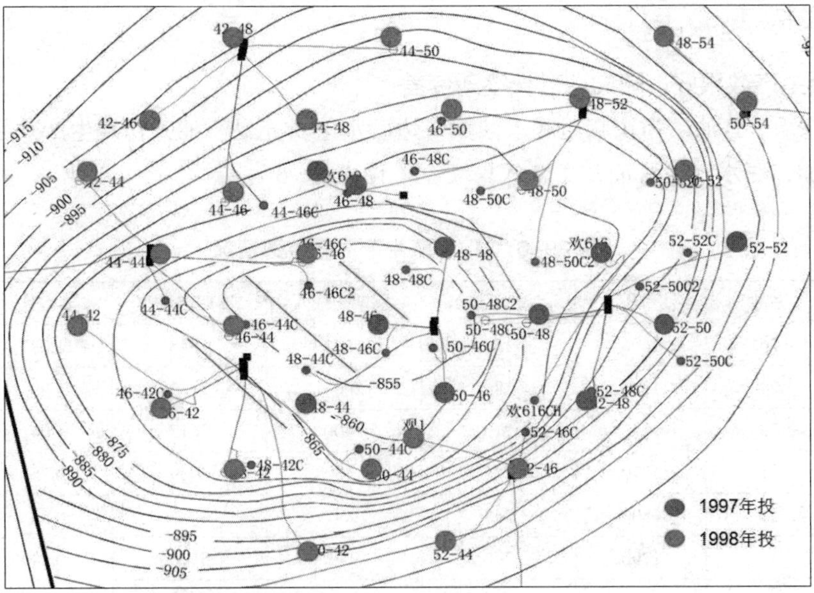

图29-28 H油藏投产井位图

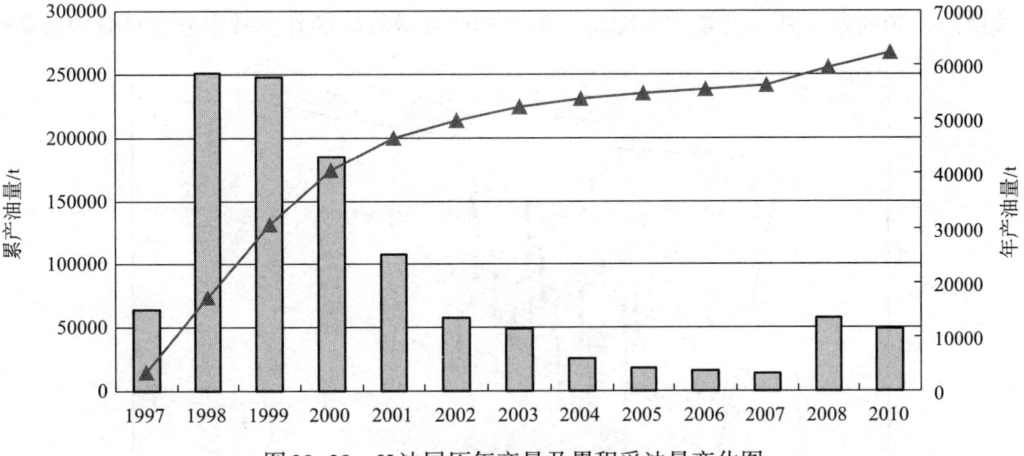

图29-29 H油层历年产量及累积采油量变化图

2. 开发现状

到2010年，H块L油层共有油井22口井，开井数12口，日产油32t，日产水213m^3，含水87.13%，累产油27.19×10^4 t，累产水96.84×10^4t，累注汽39.46×10^4t，采油速度0.61%，采出程度16.48%，累积油汽比0.69，返水率245.41%，如表29-5所示。

表29-5 HL油层生产现状表

井数	开井数	日产油/t	日产液/t	含水率/%	累产油/10^4t	累产水/10^4 t	累注汽/10^4t	采油速度/%	采出程度/%	返水率/%	油汽比
22	12	32	213	87.13	27.19	96.84	39.46	0.61	16.48	245.41	0.69

3. 开发特点

1）初期生产效果好，随周期增长逐渐变差

从整体来看，H油层为块状边底水油藏，边底水能量充足。油井初期生产效果好，但随生产周期的增加，底水水侵后油井生产效果变差（见表29–6）。

表29–6　HL油藏生产周期参数情况

周期	井数	注汽量/t	生产天数/d	周期产油/t	周期产水/t	油汽比	返水率/%
1	26	1696	153	1831	1545	1.08	91.1
2	24	1846	186	2004	2131	1.09	115.4
3	23	1830	210	1900	3617	1.04	197.6
4	21	1779	188	1339	4039	0.75	227.0
5	21	1800	248	960	4749	0.53	263.8
6	19	1790	275	959	5516	0.54	308.2
7	15	1648	316	640	7444	0.39	451.8

2）基础井网高部位油井产能高，低部位油井产能低

如图29–30所示，从油井累产情况看，单井累产油量较高的井，基本分布在微构造高点。

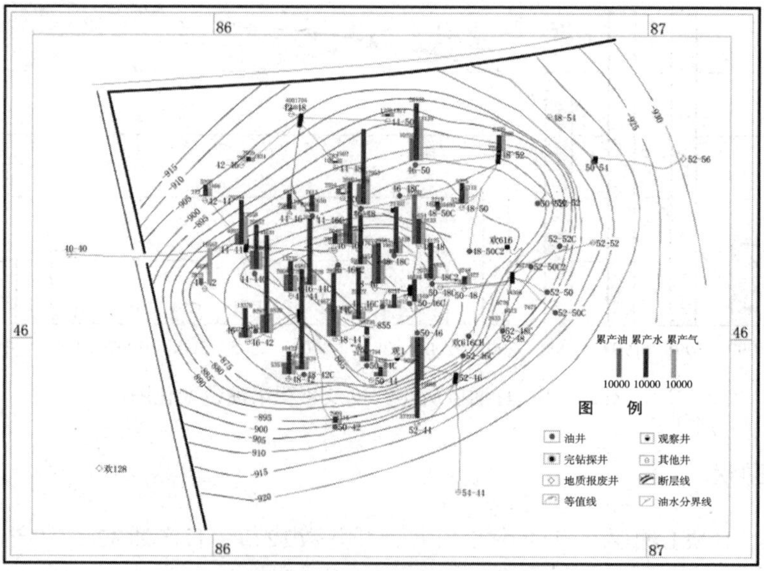

图29–30　H油层开采现状图

3）侧钻井生产效果较好

如图29–31所示，从历年侧钻井生产情况看，1999年投产侧钻井由于原井套坏采出程度低，生产效果较好。后期投产侧钻井效果变差，2004年在高部位和低采出区域实施2口侧钻井，取得较好效果。

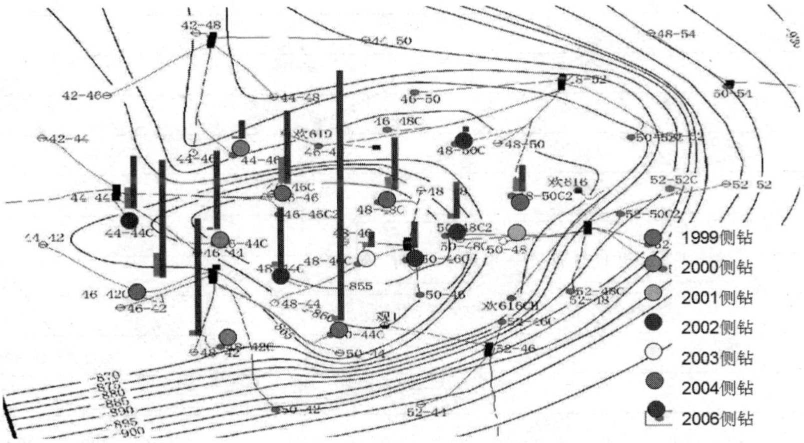

图29-31　历年侧钻井生产效果图

4）年产量随生产井数减少递减快

如图29-32所示，H油层最高生产井数为1998年的27口，但由于底水原因许多井上返X油层，L油层年产液量下降较快，致使产油量也呈现下降趋势，最低是2007年的3208t，与高峰时产量相比下降了18倍。2008年后由于加强对底水水淹规律的研究、化堵措施及水平井开发，原油产量有较大回升，2009年达到1×10^4t产量。

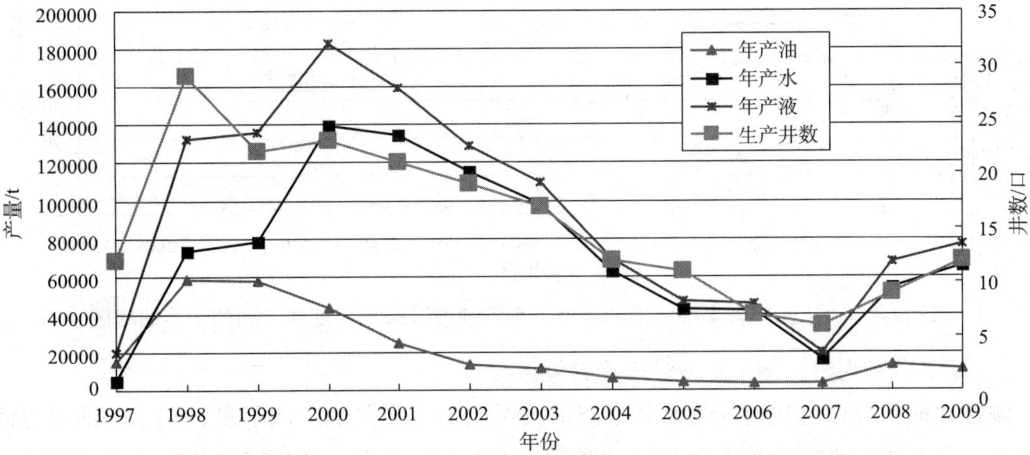

图29-32　HL油层生产井数、年产量随时间的关系曲线图

5）平均单井产量低，含水高

如图29-33所示，单井产量处于下降的趋势，1997年投产的12口井平均日产油可达到14t，但随着其他井的生产及含水的上升，单井日产油降到近2t，下降了7倍。但单井日产液的变化不大，产油量下降很重要一个原因是含水太高，如图29-34所示，从1997年投产开始油层综合含水就快速上升，最高达到92%。由于含水升高及生产井数减少，采油速度及采液速度都呈现较大下降趋势。采油速度由1998年的最大值4%下降到2007年的最小值0.22%，采液速度由2000年的最大值8%下降到2007年的最小值0.88%。由此，形成的采出程度随着时间的变化特点为前4年生产的采出程度达到了14%，而后的8年中仅采出了4%，采出效率较差。

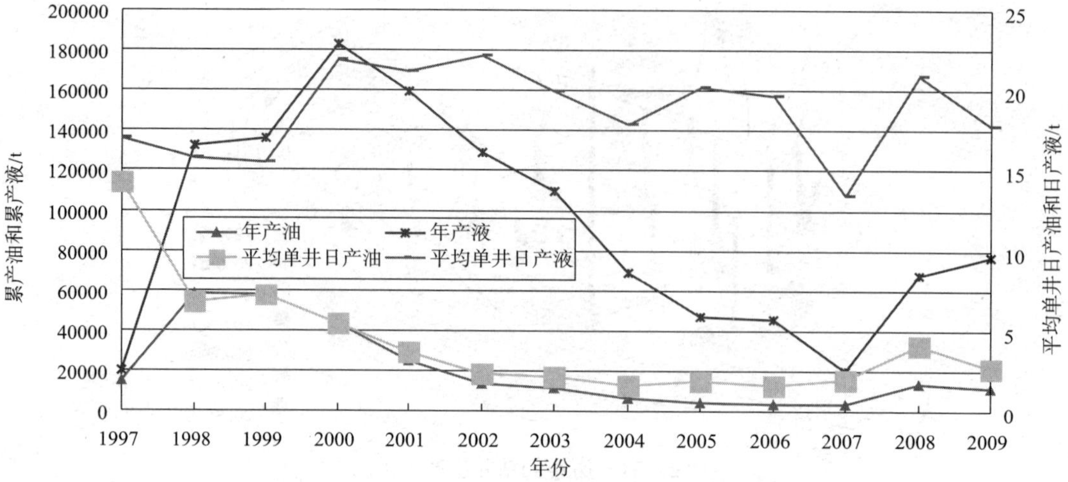

图29-33　HL油层单井产量、年产量随时间的关系曲线图

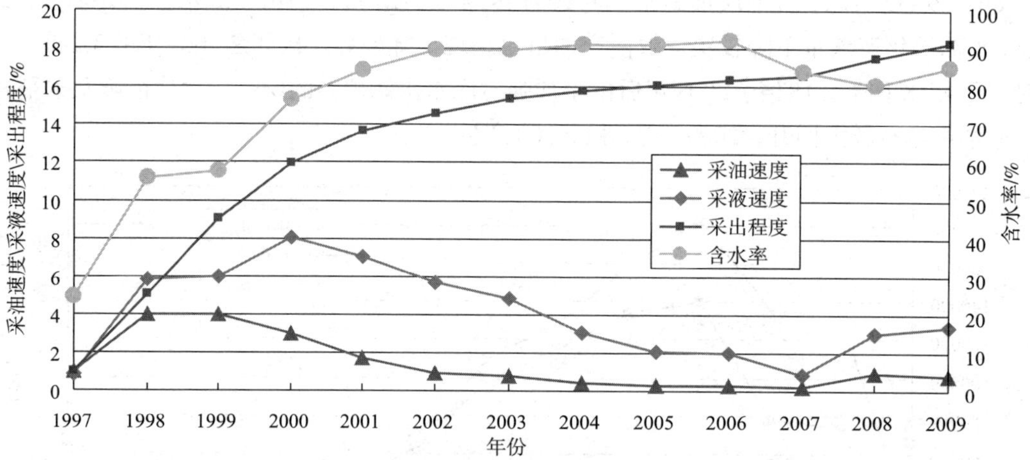

图29-34　HL油层含水率、采油速度、采液速度及采出程度随时间的关系曲线图

6）底水水淹明显，剩余油多分布于井间

侧钻井油水界面变化情况与老井累产油关系明显。老井累产油越多，侧钻井油水界面上升越大。当老井产油在8000t以下时油水界面上升在10m以下；老井产油在2×10^4t左右时，侧钻井油水界面上升20m左右。从侧钻井侧钻位移与累产油散点图可以看出，侧钻位移越大，产油量越高，当侧钻位移大于50m时，侧钻井能取得较好的生产效果。从侧钻井产油量与老井累产油散点图可以看出，老井产油量越高，侧钻井产油量越低。从侧钻井产油量与老井产油量、侧钻位移与侧钻产油量、侧钻井油水界面变化说明区块水淹为底水水淹。

区块油井水淹主要为底水水淹，区块底水水淹示意如图29-35所示，从图29-36油层剖面图中看出剩余油主要分布在油井井间。

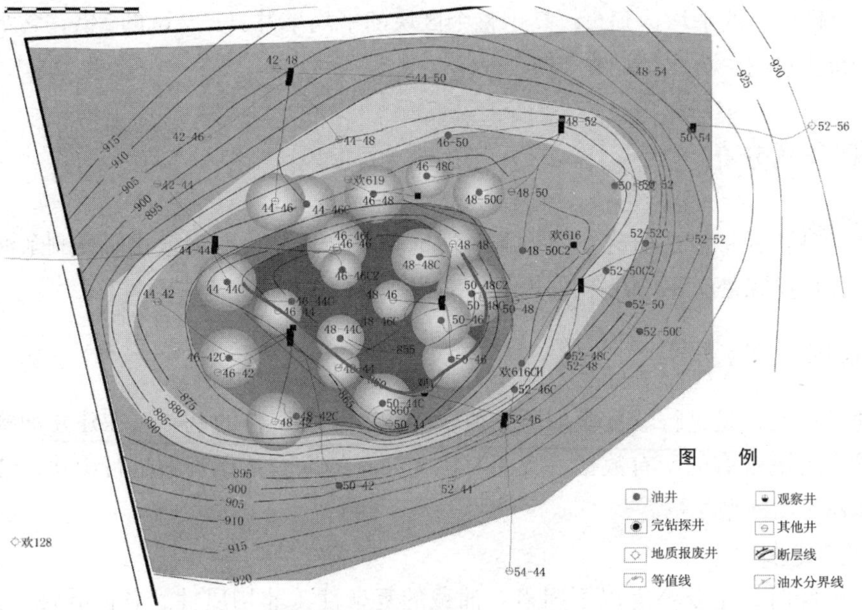

图29-35 H油层水淹示意图

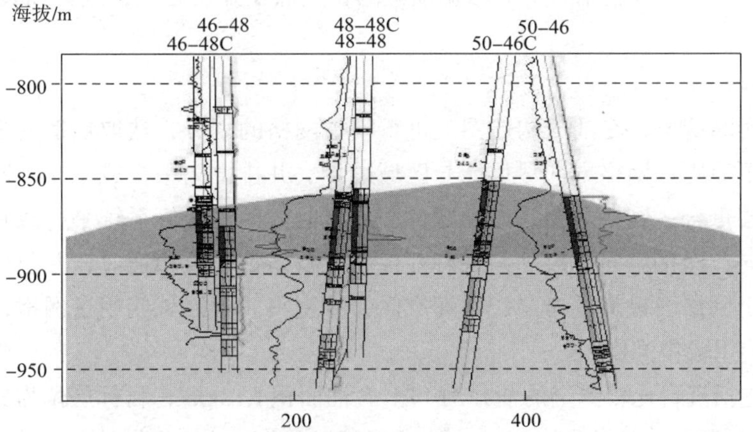

图29-36 HL井位剖面图水淹示意图

7）合理油井避射厚度增加油井生产效果

H块属巨厚块状底水油藏，底水能量充足，油井避射厚度越大，见水时间越长。基础井网油井避射厚度大于7m时，油井从投产到水淹时间在20个月以上。

8）底水水锥油层化堵大大提高油井生产效果

H块2008年共实施化堵8口井，投产6口井，其中5口井见到明显效果，措施有效率达83%。

通过实施化堵，改善了开发效果，使区块日产油从最低时候的2.2t上升到37.1t，日产油明显上升，含水由化堵前92%下降到化堵后的74%。

9）底水油藏水平井生产效果好

水平井是提高底水油藏开发效果的一种有效手段，H油层2008年布4口水平井，到2010

年投产2口，日均产油平均达到5t，高于整个区块的平均单井日产2.6t的2倍，含水得到较好控制，大于5t生产时，含水控制在80%以内。

二、剩余油分布

应用油藏数值模拟方法研究油层中剩余油饱和度分布是目前定量化研究剩余油潜力的有效手段之一，该研究是应用CMG软件进行的油藏数值模拟。

1．油藏模型的建立

建立地质模型，是进行数值模拟历史拟合和动态预测工作的基础。在建立油藏地质模型时，既要综合考虑现有的所有数据，又要对实际油藏的众多数据资料进行简化，选择最能代表油藏流体动态的模型结构。

1）模型的选择

在选择模型时，主要考虑以下因素：油藏的复杂性（非均质性、各向异性、分层情况、断层等）；布井情况及其对动态的影响；油藏内流体驱动机理；流体相数及相态特征；资料的可靠性和完整性；经济预测结果等。根据油藏的特点以及开发方式，选择CMG中的STARS模块进行模拟研究。

2）网格系统

根据油田实际情况，在油藏构造图上进行模拟网格的划分，选取矩形网格系统，在划分网格时遵循以下原则：网格方向尽可能与区域边界、井排方向平行或正交，网格边缘应尽可能与边界、断层重合；网格方向考虑油藏性质变化的方向，坐标系统平行或垂直于油藏中流体的主流动方向；网格方向、尺寸与现有井位和准备新钻井位相适应，井位尽可能布置在网格的中心，一个网格内只有一口井；在高产区、井密集区等区域使用密网格，而在边部和水区部位等区域使用较粗网格。

数模区内包括资料比较齐全的油井51口。含油面积1.13km^2；目标层位为H块LI油组，包括LI_1^1、I_1^2小层和LI_2砂岩组的LI_2^1、I_2^2和I_2^3五个单砂体。根据油藏描述结果，LI_2^3单砂体的有效厚度在各井点处均为0m，因此建模时不予考虑。

为了使所划网格系统能尽量反映油藏非均质性、非均匀程度，使模拟结果能充分体现各种地质因素和开发因素对地下油水运动、油水分布的控制和影响，在模型网格划分时，纵向上分有4个模拟层；平面上X方向有65个网格，步长20m，Y方向有58个网格，步长20m，基本上可以反映油藏储层物性及流体的运动变化规律。共有网格数$65 \times 58 \times 4 = 15080$个，见图29-37。

3）数值模拟数据的准备

在油藏储层研究方面，利用测井解释成果，建立了地质模型，作为该油藏数值模拟储层地质特征参数的取值依据。

A.油藏及流体物性参数

地面条件下的水密度：1.0g/cm^3；

地面条件下的油密度：0.965g/cm^3；

原始油藏条件下地层水黏度：0.5mPa·s；

原始油藏条件下地层油黏度：2180mPa·s。

图29–37　数值模拟网格图

B.相对渗透率曲线

本次数值模拟研究采用的相对渗透率曲线见表29–7。

表29–7　H油层LⅠ油组相对渗透率数据表

S_w	K_{rw}	K_{ro}
0.450	0.000	1.000
0.489	0.005	0.790
0.600	0.040	0.250
0.668	0.094	0.080
0.750	0.230	0.000

C.生产历史数据

参加模拟的井包括曾经在该区油藏中试油及生产过的井，共计有51口。井的动态数据包括单井产油量、产液量、注气量等；完井数据包括射孔厚度、射孔时间等。

4）地质模型的建立

根据储层评价的研究结果建立了H油层LI油组的地质模型，包括四个小砂体的构造模型、孔隙度模型、渗透率模型和饱和度模型。

A.构造模型

目标砂体构造简单，是一个两面被断层夹持的构造，由西北向东南逐渐倾斜。有两个构造高部位。仅展示LⅠ$_2^1$顶面构造图，如图29–38所示。

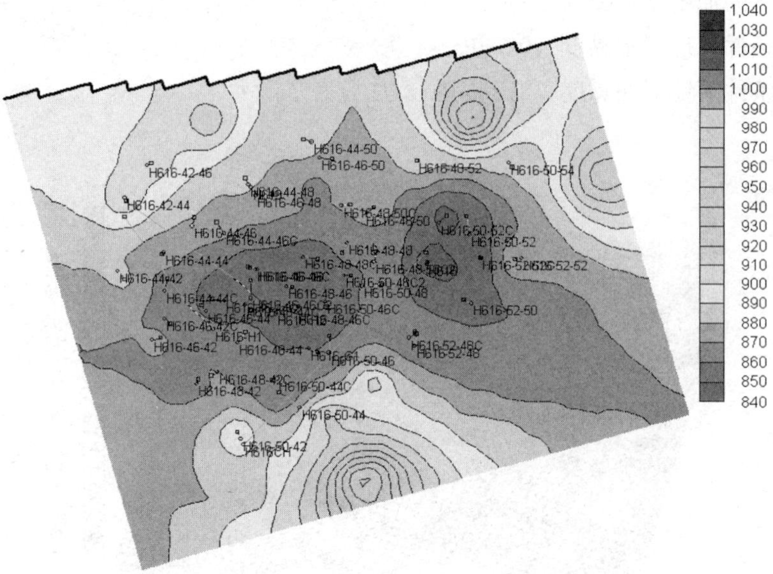

图29-38　LⅠ$_2^1$顶面构造图

B.砂体厚度模型

第一层的平均砂体厚度为3.88m，最大值为25.01m，最小值为0.00m。第二层的平均砂体厚度为3.58m，最大值为17.14m，最小值为0.00m。第三层的平均砂体厚度为31.65m，最大值为53.93m，最小值为0.13m。第四层的平均砂体厚度为23.90m，最大值为56.01m，最小值为0.23m。从砂体厚度的分布上看，第三层和第四层物性较好，第一层和第二层较差。各层的砂体厚度均呈现出较为严重的非均质性特点。

C.净毛比模型

第一层的平均净毛比为0.049，最大值为0.613，最小值为0。第二层的平均净毛比为0.0148，最大值为0.360，最小值为0。第三次的平均净毛比为0.415，最大值为0.954，最小值为0.001。第四层的平均净毛比为0.0213，最大值为0.689，最小值为0。从净毛比分布上看，第三层物性较好，其他三层较差。

D.孔隙度模型

第一层的平均孔隙度为0.052，最大值为0.330，最小值为0。第二层的平均孔隙度为0.019，最大值为0.311，最小值为0。第三层的平均孔隙度为0.216，最大值为0.331，最小值为0.011。第四层的平均孔隙度为0.056，最大值为0.329，最小值为0。从孔隙度分布上看，第三层物性较好。各层均呈现出较为严重的非均质性特点。图29-39是一个小层的孔隙度分布图。

E.渗透率模型

第一层的平均渗透率为$1142\times10^{-3}\mu m^2$，最大值为$3614\times10^{-3}\mu m^2$，最小值为$0\times10^{-3}\mu m^2$。第二层的平均渗透率为$457\times10^{-3}\mu m^2$，最大值为$2653\times10^{-3}\mu m^2$，最小值为$0\times10^{-3}\mu m^2$。第三层的平均渗透率为$1530\times10^{-3}\mu m^2$，最大值为$3200\times10^{-3}\mu m^2$，最小值为$7\times10^{-3}\mu m^2$。第四层的平均渗透率为$338\times10^{-3}\mu m^2$，最大值为$3405\times10^{-3}\mu m^2$，最小值为$2\times10^{-3}\mu m^2$。从渗透率分布上

看，第三层物性较好，其他三层物性较差。各层均呈现出较为严重的非均质性特点。图29–40是一个小层的渗透率分布图。

F.含油饱和度模型

第一层的平均含油饱和度为0.08，最大值为0.49，最小值为0.00。第二层的平均含油饱和度为0.03，最大值为0.62，最小值为0.00。第三层的平均含油饱和度为0.40，最大值为0.67，最小值为0.01。第四层的平均含油饱和度为0.09，最大值为0.52，最小值为0.00。图29–41是一个小层的渗透率分布图。

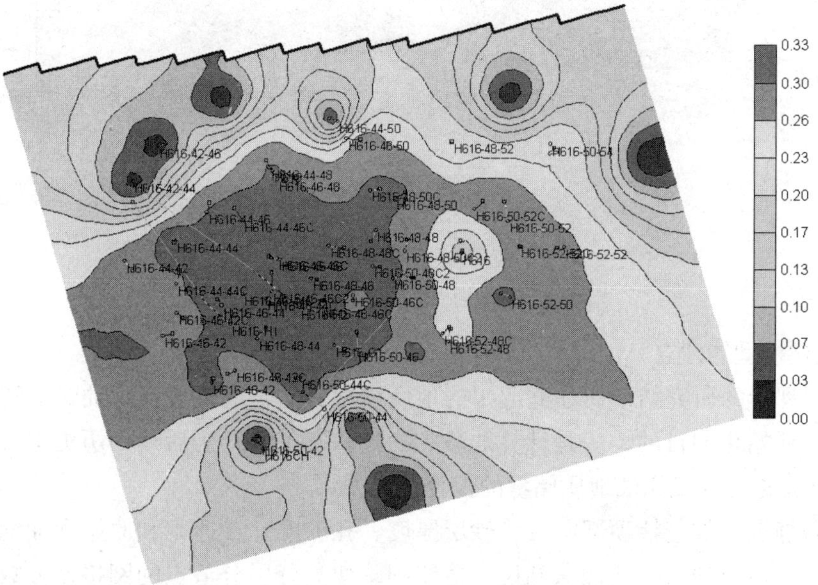

图29–39　LI$_2^1$孔隙度等值图

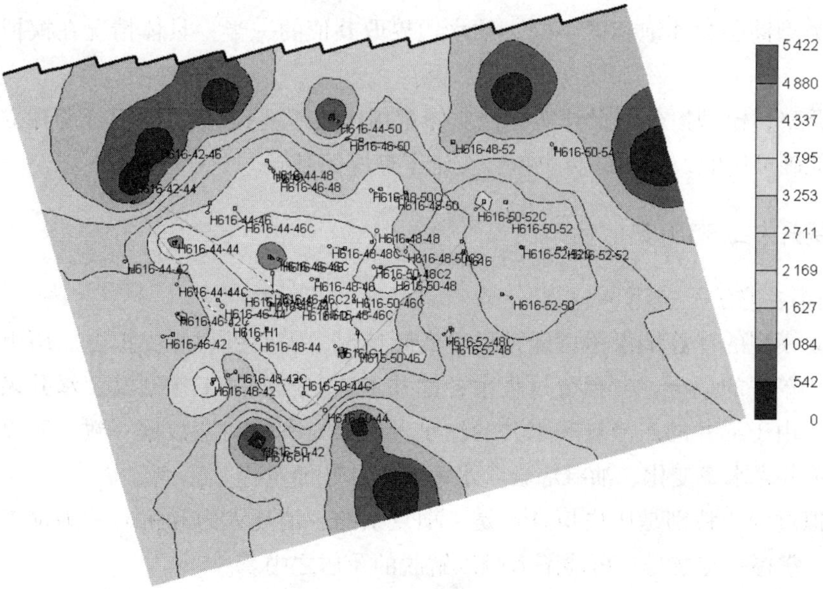

图29–40　LI$_2^1$渗透率等值图

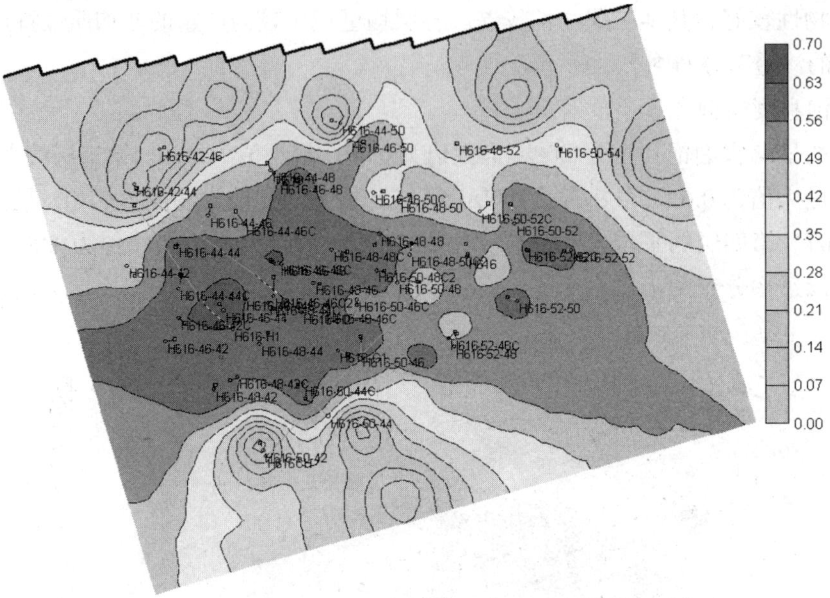

图29-41　LL$_2^1$含油饱和度等值图

5）初始化模型的建立

根据储层评价的研究结果所建立起来的地质模型，是否能代表实际油藏的特性，有待历史拟合检验。初始化的目的，一是计算油藏的初始状态条件，为后续的历史拟合提供初始状态参数场；二是进行油藏原油地质储量的拟合。

数模所需静态参数包括顶部深度、砂层厚度、孔隙度、渗透率和原始含油饱和度，以井点数据为基础，参考油藏描述油藏储层等值线图，建立分层分节点的网格差分数据，形成数模静态模型。原始地质储量按各油层数据（有效厚度、孔隙度、含油饱和度）分别拟合。根据油藏描述结果，各模拟层内的流体分布采用平均值，含油饱和度根据相对渗透率曲线端点确定，不同类型储层含油饱和度不同，油水边界取其值的一半，具体情况在模拟运行时再作相应的调整。

经初步调整，模型拟合储量与实际地质储量相比误差不到5%，从而证明建立的数值模型在储量上是准确可信的，为动态历史拟合奠定了良好的基础。

2. 油藏开发动态历史拟合

1）历史拟合方法及技巧

为使建立模型的计算结果尽可能接近于实际情况，需要进行历史拟合。历史拟合包括全油田的拟合、单井的拟合。在拟合过程中，油井采取定产液的工作制度，水井采取定注入量的工作制度。由于油井的产液量和水井的注水量完全与实际动态数据一致，所以主要拟合以下的参数：单井含水率变化、油藏综合含水率及累计产油量等。

数值模拟过程（特别是历史拟合）是一项复杂的、消耗人力和机时的烦琐工作，如不遵循一定步骤，掌握一定技巧，可能陷入难以解脱的矛盾之中。

一般认为，同时拟合全区和单井的压力、含水和油气比难以办到，必须将历史拟合过程分解为相对比较容易的步骤进行。

历史拟合一般采取以下几个步骤：

（1）确定模型参数的可调范围。

（2）对模型参数全面检查。

（3）历史拟合：全区和单井压力拟合、全区和单井含水拟合。

①确定模型参数的可调范围。

确定模型参数的可调范围是一项重要而细致的工作，需收集和分析一切可以利用的资料。首先需要分清哪些参数是确定性的，哪些参数是可调性。

a.孔隙度允许修改范围 ±30%；

b.渗透率视为不定参数，可修改范围 ±3倍或更多；

c.有效厚度，由于源于测井资料，与取芯资料对比偏高30%左右，主要是钙质层和泥质夹层没有完全挑出来，视为不定参数，可调范围−30%左右；

d.流体压缩系数源于实验室测定，变化范围小，视为确定参数；

e.岩石压缩系数源于实验测定，但受岩石内饱和流体和应力状态的影响，有一定变化范围；同时砂岩中与有效厚度相连的非有效部分，也有一定孔隙和流体在内，在油气运移中起一定弹性作用。因而，允许岩石压缩系数可以扩大一倍；

f.相对渗透率曲线视为不定参数，允许作适当修改；

g.油、气的PVT性质，视为确定参数；

h.油水界面，在资料不多的情况下，允许在一定范围内修改。

②对模型参数全面检查。

油藏数值模拟的数据很多，出现错误的可能性很大。为此，在进行历史拟合之前，对模型数据进行全面检查是十分必要的。

数据检查包括模拟器自动检查和人工检查两方面。

模拟器自动检查包括：

各项参数上下界的检查：对各项参数上下界的检查，发现某一参数超过界限，显示错误信息。a.检查原始地质储量并与容积法计算进行比较；b.检查所有原始油藏性质图和输入数据。

平衡检查：在全部模型井的产率（注入率）都指定为零的情况下，进行一次模拟计算，其结果应是油藏状态参数（压力场和饱和度场）与油藏初始状态参数一致，无任何明显变化，流体应该是处于平衡状态。否则表明参数有了问题，需重新检查模拟卡中的相关参数。

人工检查包括不同来源的资料相互对扣；日产（注）量、月产（注）量和累积量相互对扣；物质平衡检查，即分析全区压力变化与累积净注入量（或亏空）的关系是否一致；对串槽井的产水量进行修正。

③历史拟合。

历史拟合分为两步。首先是拟合全区压力到拟合单井压力，然后是饱和度（全区和单井含水）拟合。

造成不正确压力大小的不定参数是岩石压缩系数和孔隙度，通常改变岩石压缩系数可以观测到压力的显著变化，而 ±30%的孔隙度变化对计算出来的油藏动态参数（包括压力）可能差别不大，是次要因素。

a.拟合全区或单井油层压力拟合方法。

I. 修改岩石压缩系数、孔隙度、砂厚、饱和度参数。

一般如果一个区块有室内岩芯的岩石压缩系数数据，建议不改变其值大小，如按拟合情形需改变时，也不能超过一倍为好。如果拟合油藏压力水平过高，则往往表示油藏地质储量过高。此时需减少孔隙度、砂厚、饱和度，以达到使地层压力水平降低的目的。

II. 修改渗透率值改变流体流动方向以达到改变油层压力的目的。

增加低压带的渗透率，以达到提高低压带的压力，反之亦然。

检查原始地层压力梯度、原油体积系数、脱气油密度，以校正地层压力水平。

原始地层压力与深度关系将直接影响到整个地层的压力水平。如果油藏压力水平过高或偏低，首先应检查输入的基准面深度和相应的油相压力，是否符合压力梯度关系，如果不符合则需修改这个相参数。

总之，先拟合全区压力，然后拟合单井压力。单井压力拟合主要是修改井附近局部区域的渗透率或方向渗透率。

在进行全区压力拟合时，要兼顾单井点的情况进行修改。而且，同时要照顾到单井点的含水拟合。这样，压力拟合阶段对方向渗透率的修改就有利于以后含水的拟合，节省机时费用。

b.全区和单井含水拟合（饱和度的拟合）。

压力拟合达到满意的效果后，将进行全区和单井含水拟合。油藏中流体饱和度的分布，影响井的注入量和采出量，即影响油水比和油气比。

渗透率和相对渗透率为不定参数。对全区和单井的含水率进行有效拟合的方法步骤如下：

Ⅰ. 调整相渗曲线。

首先，要检查相渗曲线是否平滑，才不至于导致计算含水值过高或过低。其次，对初期拟合含水偏低的情形，可适当左移水相渗透率曲线（即抬高水相渗透率曲线），对高含水期拟合含水偏低的情形，可适当右移油相渗透率曲线（即抬高油相渗透率曲线）。反之亦然。

再次，尽可能根据分采层的含水上升率曲线反推几组相渗曲线，用以代表不同类型产层的渗流机理。由于我国油藏大多属于陆相湖盆沉积，物源近及多物源方向供给碎屑物质，造成沉积相带窄，非均质性严重，砂体类型也多。加上沉积受多级旋回的控制，形成多层系含油的特点，无论从岩性还是从岩相上变化都很悬殊。纵向上各层间渗透率差别很大，平面上连通性差、砂岩体往往在短距离内就尖灭、交叉或叠加。而东部多为断陷含油气盆地，断层发育，构造复杂，致使各断块间油气水分布关系难以摸清。而且，更为严峻的问题是开发过程中对达到一个油藏或小到一个断块的五项渗流特征参数的岩芯实验资料录取少，一般应用一组相渗曲线很难表征地下油藏各层系、小层内流体的真实渗流机理，更别说对无资料的地区要借用相同或类似地区的资料来使用。

Ⅱ. 调整毛管压力曲线。

拟合含水还需检查毛管压力曲线，以改变束缚水饱和度和初始含水饱和度分布。

Ⅲ. 局部井点含水的拟合。

改变含水区地质储量，如调整这些地区的孔隙度、渗透率的大小，以达到含水饱和度的拟合；减少与水区连通部位的渗透率值，以控制含水上升的目的。

在局部地区含水拟合差别较大时，可调整X、Y方向渗透率，即AKX、AKY、BKX、BKY、AKZ（纵向），以达到在不增加地质储量的条件下，增加或减少流体沿某一方向的流动性，实现含水的拟合。

2）区块指标拟合

在初始化计算得到较好的地质模型的基础上，进行区块的累积产油量、综合含水率以及累积注汽量的拟合。从累积产油量、综合含水率以及累积注汽量的拟合曲线来看，本次模拟的区块总体拟合程度较好，如图29-42、图29-43、图29-44所示。

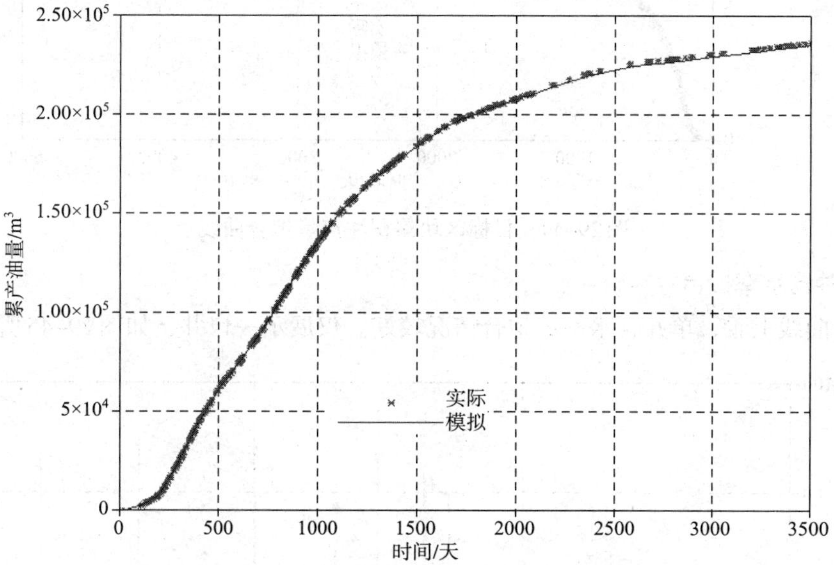

图29-42 目标区块累计产油量拟合曲线

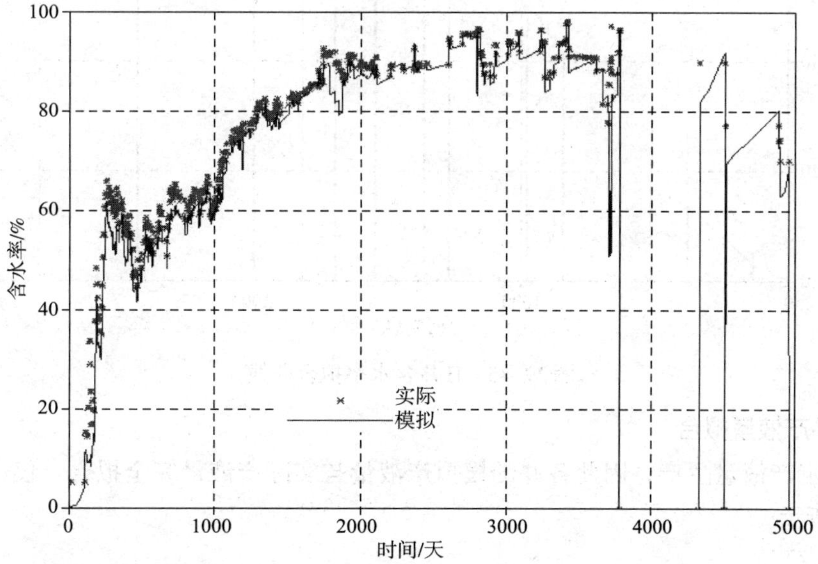

图29-43 目标区块综合含水率拟合曲线

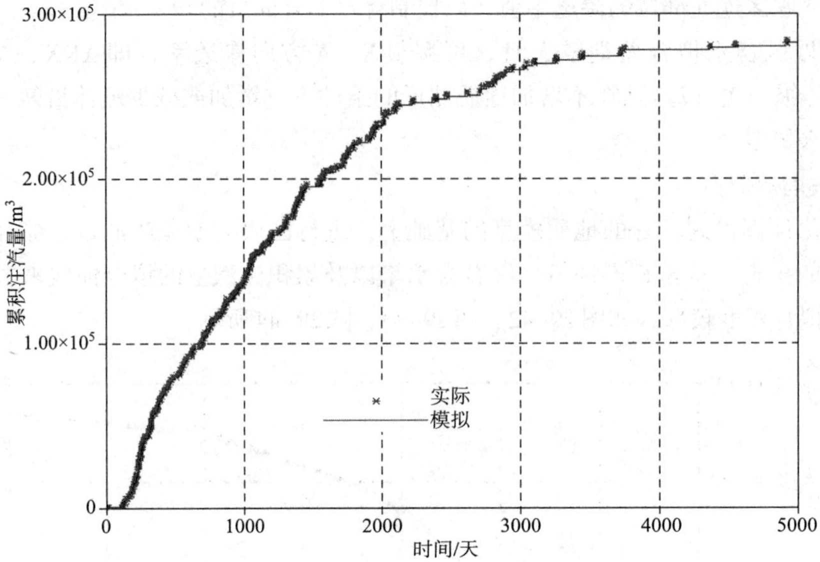

图29-44 目标区块累积注汽量拟合曲线

3）单井含水率拟合

从拟合曲线上看，单井含水率的拟合情况较好。仅展示一口井，如图29-45所示。

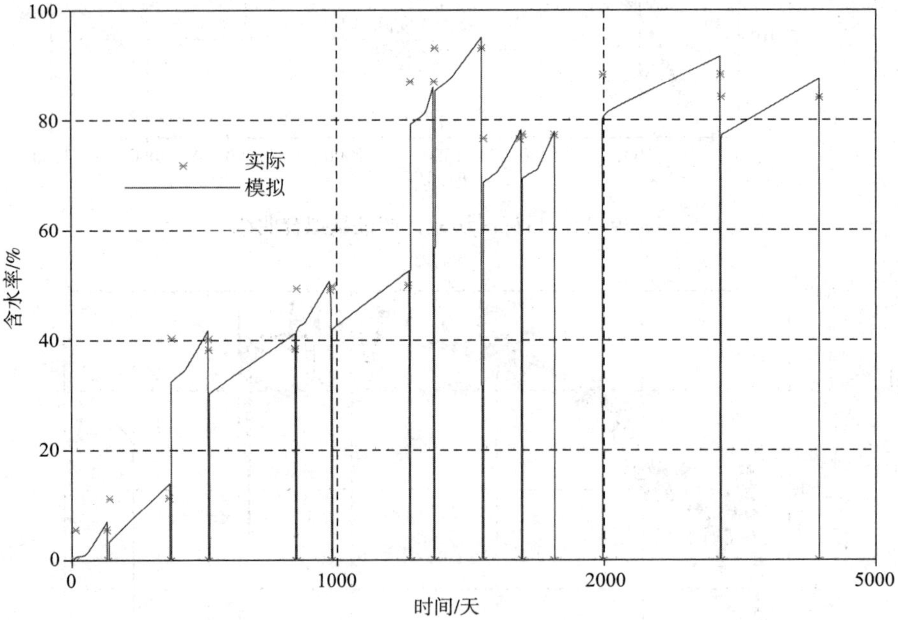

图29-45 H井含水率拟合曲线

4）单井产液量拟合

油井是定产液量生产，因此各井的模拟产液量与实际产液量完全拟合。仅展示一口井，如图29-46所示。

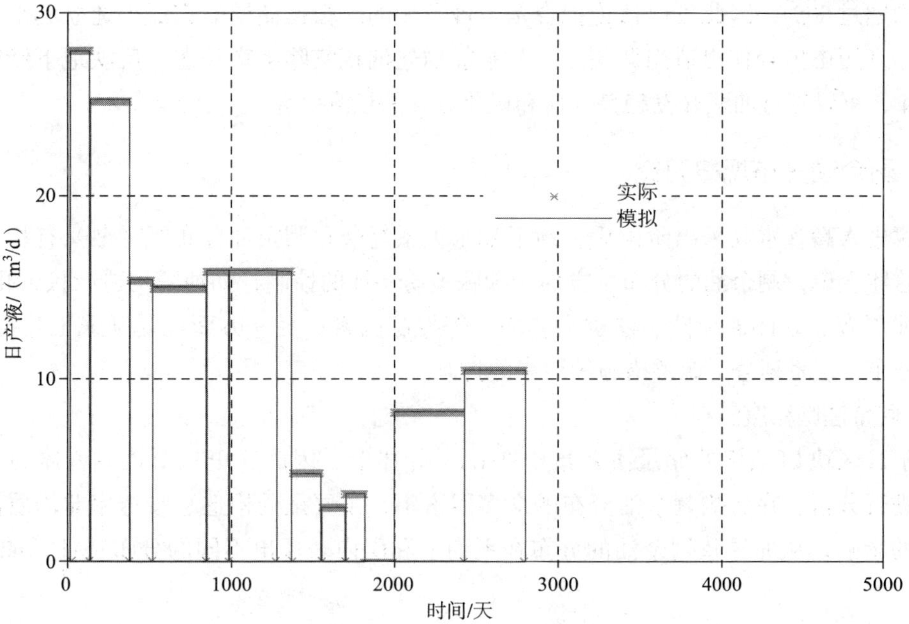

图29-46　H井产液量拟合曲线

5）单井注汽量拟合

各井在注蒸汽过程中均为定注入量，因此各井的模拟注汽量与实际注汽量完全拟合。仅展示一口井，如图29-47所示。

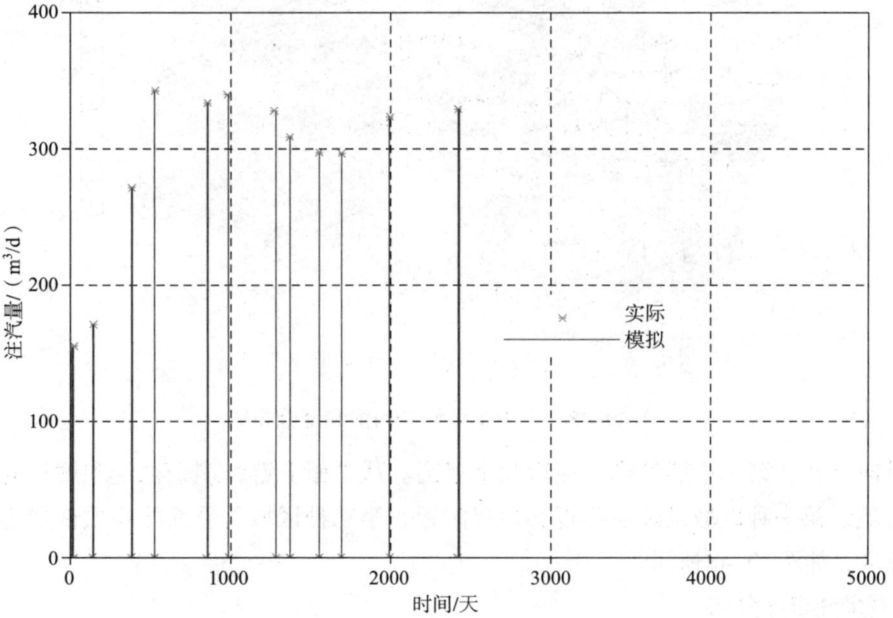

图29-47　H井注汽量拟合曲线

6）历史拟合综合评价

综合以上各种拟合情况可以看出，区块和单井的模拟结果与实际油藏开发动态趋势接近，拟合率均超过80%，因此可以认为拟合是合理可靠的。根据储层研究成果建立起来的油藏地质模型，经历史拟合作出适当调整后，基本能描述油藏实际生产动态，反映地下储层油、水分布规律，可以进行油藏开发趋势分析和优化方案的预测研究。

3. 剩余油分布规律研究

油藏进入高含水高采出阶段后，地下油水关系复杂，剩余油分布既零散又有相对富集部位。从总体上说，剩余油的分布一方面受油藏地质特征的控制，如油藏构造产状、几何形态、流动单元展布、砂体连续性、渗透率非均质等控制因素；另一方面也受开采工艺技术水平，如井网分布、层系划分、调整措施等因素的控制。

1）剩余油饱和度分布

由于H区块LI油组的储量主要集中在LⅠ$_2^1$砂体上，因此这里只对该单砂体的剩余油分布规律进行分析。在影响剩余油分布的众多因素中，主要是受构造、渗透率非均质性以及布井方式的影响，从而导致剩余油的分布在平面上和层内表现出不同的分布特征，如图29-48所示。

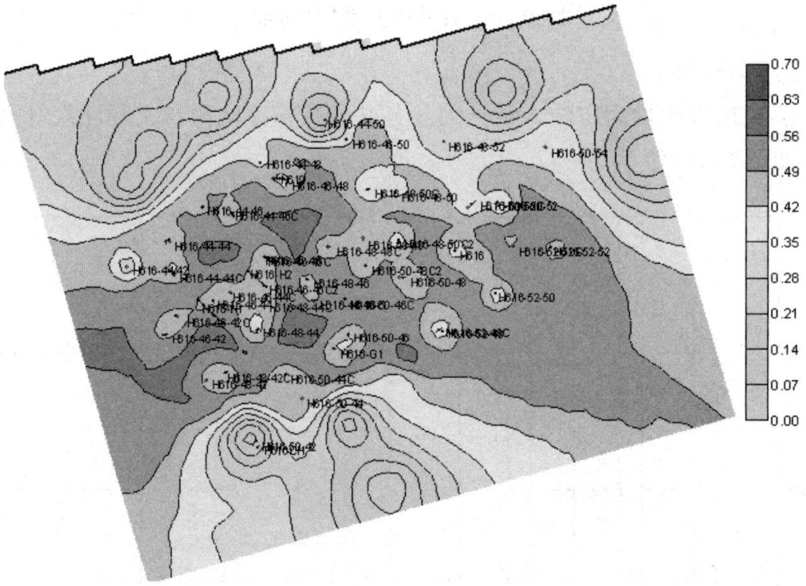

图29-48　主力小层剩余油饱和度分布图

从纵向上看，第三小层的剩余油饱和度最高。从平面上看，剩余油饱和度高的地方主要为两种区域。第一种区域是断层附近和边界附近，第二种区域是平面非均质性严重且采油井间的滞油区，如图29-48所示。

2）剩余油丰度分布

从纵向上看，第三小层的剩余油丰度最高。从平面上看，剩余油丰度高的地方主要为两种区域。第一种区域是断层附近和边界附近。第二种区域是井间的滞油区，如图29-49所示。

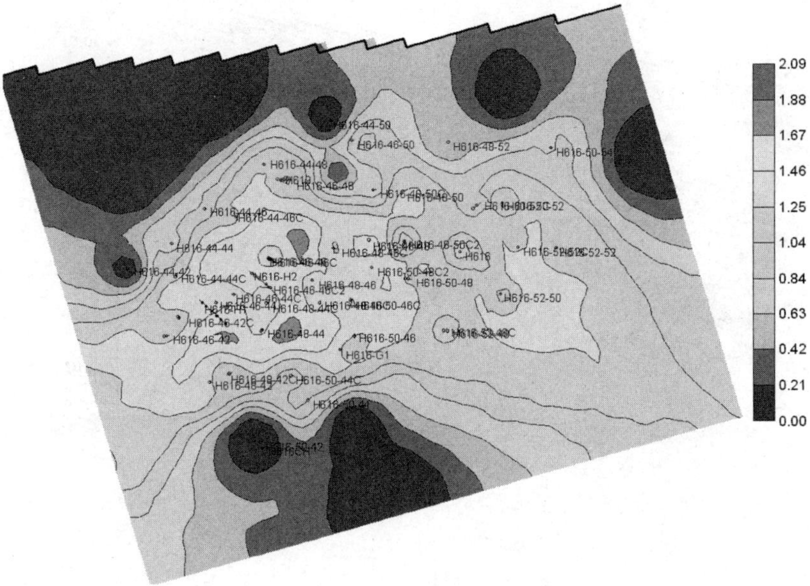

图29-49　主力小层剩余油丰度分布图

三、井网部署计划

由剩余油分布规律可知，井间滞油区和断层/边界附近是剩余油分布比较密集的区域。这些区域的剩余油只能通过部署二次开发井才能开采出来。在剩余油分布研究的基础上对二次开发井网进行优化部署。

1. 新井部署初选

前述研究表明剩余油主要分布于三个区域，因此可在这三个区域部署四口井，井名依次为H616-V2、H616-V3、H616-V4、H616-V5。这四口新井均位于第一个构造高点附近。为了充分对比以优化井位，在第二个构造高点附近也部署三口新井，包括两口水平井和一口直井，井名依次为H616-H5、H616-H6、H616-V1。井位见图29-50。模拟过程中原有的水平井H616-H1和H616-H2井继续生产，目前已完钻的H616-H3和H616-H4井于2011年1月投产。二次开发井从2012年1月投产。所有井均于每年年初注蒸汽5天，然后转抽。根据老井的工作制度为新井设定工作制度。水平井和直井日注蒸汽量均为200m^3；水平井和直井日产液量均为20.0m^3。统计新井投产10年后的累积产油量，以确定最后的井位部署。

同时，模拟了另外一套井位部署方案（见图29-51）。这套方案中，部署四口水平井。其中H616-H7用于替代方案一中的两口直井：H616-V4和H616-V5；H616-H8用于替代方案一中的H616-V2和H616-V3。

2. 井位部署优化

井位部署优化共进行了20个方案的数值模拟。二次开发井的产油量预测结果见表29-8

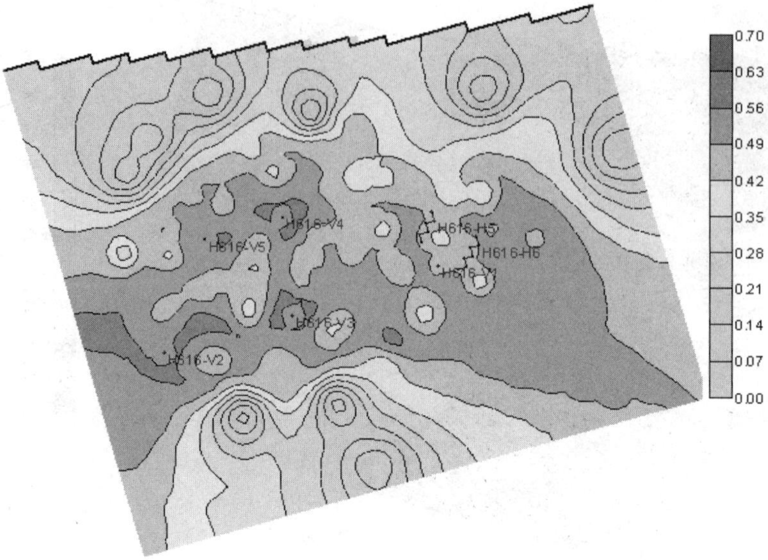

图29-50　二次开发井位部署图一

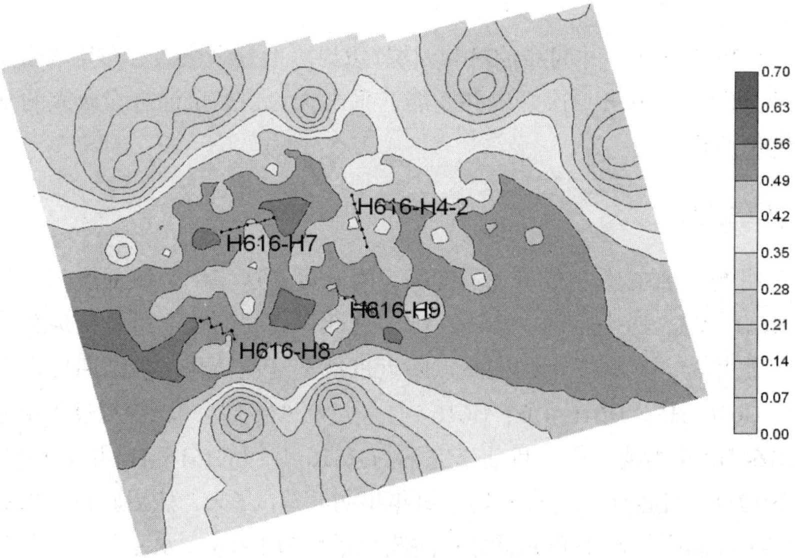

图29-51　二次开发井位部署图二

和表29-9。从表中可以看出，累积产油量的大小顺序为H616-V2 > H616-H7 > H616-H8 > H616-V4 > H616-V3 > H616-H9 > H616-H4-2 > H616-H6 > H616-H5 > H616-V5 > H616-V1。H616-V2井累积产油量和年产油量均最大，因此最为可行。对于其他井，综合考虑其产油量和钻井成本，认为H616-H7和H616-V3井也比较适合作为二次开发井。

表29-8 二次开发井预测累积产油量对比

时间/年	H616-V1	H616-V2	H616-V3	H616-V4	H616-V5	H616-H4-2	H616-H5	H616-H6	H616-H7	H616-H8	H616-H9
1	865	2842	1270	1576	1350	1051	1146	957	2097	2327	1386
2	1443	4189	2160	2701	2104	1755	1919	1714	3425	3537	2192
3	1911	5173	2832	3476	2648	2336	2523	2338	4459	4413	2793
4	2305	5983	3394	4097	3085	2863	3045	2882	5333	5115	3295
5	2651	6693	3875	4626	3456	3358	3516	3379	6114	5716	3747
6	2964	7335	4293	5091	3782	3827	3943	3841	6834	6248	4162
7	3253	7931	4668	5514	4075	4276	4335	4276	7517	6730	4550
8	3521	8488	5009	5902	4343	4707	4699	4686	8169	7176	4915
9	3772	9015	5321	6264	4595	5123	5038	5075	8795	7592	5262
10	4008	9513	5611	6602	4832	5522	5356	5442	9393	7981	5592

表29-9 二次开发井预测年产油量对比

时间/年	H616-V1	H616-V2	H616-V3	H616-V4	H616-V5	H616-H4-2	H616-H5	H616-H6	H616-H7	H616-H8	H616-H9
1	865	2842	1270	1576	1350	1051	1146	957	2097	2327	1386
2	578	1347	890	1125	754	704	772	757	1328	1210	806
3	468	984	673	775	544	581	604	623	1034	875	601
4	394	810	562	621	437	527	523	544	874	702	502
5	346	710	481	529	371	495	471	497	781	601	452
6	313	642	418	466	326	469	427	462	720	532	415
7	289	596	375	423	293	449	392	435	682	482	388
8	268	557	340	388	268	431	363	410	653	446	365
9	251	527	313	361	251	416	340	389	626	416	347
10	236	498	290	338	237	400	318	367	598	389	330

3. 动态预测

二次开发井和原有的三口水平井的年度产能情况见表29-10。从表中可以看出，三口二次开发井的部署能够满足年建产能大于0.5×10^4t的要求，而且十年内可提高原油采出程度1.60%。但是，产量递减速度较快，建议适时部署新井或采取堵水措施。

表29-10 二次开发井预测年产油量对比

时间/年	H616-H1	H616-H2	H616-H3	H616-H7	H616-V2	H616-V3	合计
1	958	654	926	2098	2842	1270	8748
2	896	598	680	1317	1347	890	5728
3	821	541	551	1025	984	670	4592

续表

时间/年	H616-H1	H616-H2	H616-H3	H616-H7	H616-V2	H616-V3	合计
4	754	503	481	864	810	559	3971
5	701	481	440	771	710	479	3583
6	655	462	409	710	642	416	3293
7	620	447	384	670	596	372	3088
8	591	434	361	637	557	338	2919
9	569	424	343	609	526	309	2781
10	548	412	324	581	498	288	2651

对比二次开发井投产前和投产10年后的剩余油分布图中可以看出，三口二次开发井部署的位置比较合适，属于剩余油比较集中的部位。经过10年的开发后，这些原本剩余油比较集中的部位，其剩余油已经被充分采出，如图29-52和图29-53所示。

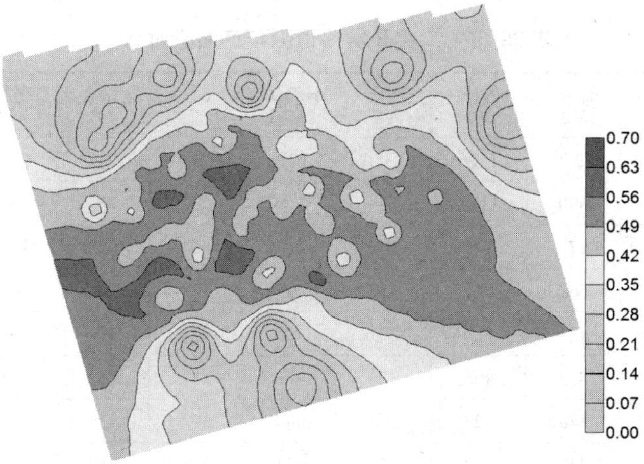

图29-52　二次开发井投产前的剩余油分布图

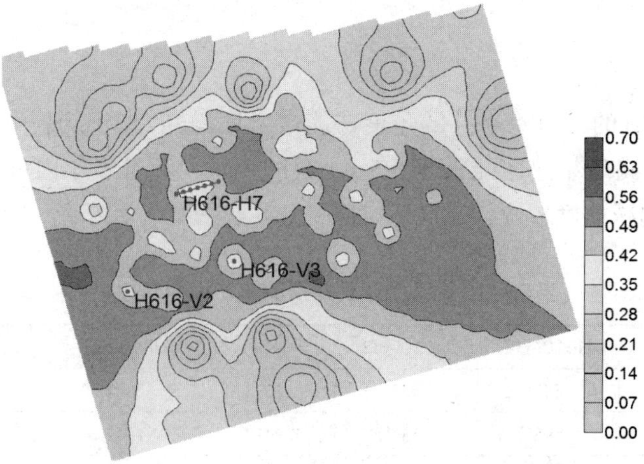

图29-53　二次开发井投产10年后的剩余油分布图

管理小常识　彼德原理

彼得原理是美国学者劳伦斯·彼得在对组织中人员晋升的相关现象研究后得出的一个结论：在各种组织中，由于习惯于对在某个等级上称职的人员进行晋升提拔，因而雇员总是趋向于被晋升到其不称职的地位。

彼得原理有时也被称为“向上爬”理论。这种现象在现实生活中无处不在：一名称职的教授被提升为大学校长后无法胜任；一个优秀的运动员被提升为主管体育的官员，导致无所作为。对一个组织而言，一旦相当部分人员被推到其不称职的级别，就会造成组织的人浮于事，效率低下，导致平庸者出人头地，发展停滞。将一名职工晋升到一个无法很好发挥才能的岗位，不仅不是对本人的奖励，反而使其无法很好发挥才能，也给组织带来损失。

因此，这就要求改变单纯的“根据贡献决定晋升”的企业员工晋升机制，不能因某个人在某一个岗位级别上干得很出色，就推断此人一定能够胜任更高一级的职务。要建立科学、合理的人员选聘机制，客观评价每一位职工的能力和水平，将职工安排到其可以胜任的岗位。不要把岗位晋升当成对职工的主要奖励方式，应建立更有效的奖励机制，更多地以加薪、休假等方式作为奖励手段。

现代的层级组织制度，总是从下面来补充，人们一直把层级组织中的晋升看作是“攀登成功之梯”或“爬上权力之梯”。而层级组织通常被比喻为梯子，因为梯子和层级组织确有一些共同的特点，许多人已经开始怀疑这种“爬不完的梯子”的游戏，不再热衷于建立层级组织，而试着发现自己的生活方式。也有更多数的人乐此不疲。

对个人而言，虽然我们每个人都期待着不停地升职，但不要将往上爬作为自己的唯一动力。与其在一个无法完全胜任的岗位勉力支撑、无所适从，还不如找一个自己能游刃有余的岗位好好发挥自己的专长。

彼得原理可以作为一种告诫：不要轻易地进行选拔和提拔。解决这个问题最主要的措施有三个：第一，提升的标准更需要重视潜力而不仅仅是绩效。应当以能否胜任未来的岗位为标准，而非仅仅在现在岗位上是否出色。第二，能上能下决不能只是一句空话。一个不胜任经理的人，也许是一个很好的主管，只有通过这种机制找到每个人最胜任的角色，挖掘出每个人的最大潜力，企业才能“人尽其才”。第三，为了慎重地考察一个人能否胜任更高的职位，最好采用临时性和非正式性“提拔”的方法来观察他的能力和表现，以尽量避免降职所带来的负面影响。成功企业的用人之道包括：适当引进外来人才，好处就是用现成的人才，避开“彼得原理”所涉及的后果；在企业内部逐步提升，重视潜力；重要的职位大多数是要由所能胜任的人担当。

课件“码”上来

第三十章　曲流河储层剩余油分布特征

曲流河河流相的砂体特点为砂体“窄”“小”，油层“薄”“少”，影响其剩余油分布的关键因素包括油藏非均质性、开采非均匀程度、重力分异作用、砂体配置关系及末期河道和点坝侧积体的阻隔作用。油藏非均质性是影响剩余油分布的先决条件，油藏非均质性的差异程度主要体现在渗透率、孔隙度、砂体有效厚度、初始含油饱和度上，根据河道沉积微相的不同，同一平面不同区域非均质性较大，河漫滩、溢岸区域储层物性较差，主河道上储层物性较好，是良好的储集体和运输通道；开采非均匀主要体现在注采井网完善程度、注采强度、射孔方案；重力分异作用会影响剩余油在纵向上的分布，造成油藏下部水侵效果明显，剩余油在油层上部富集；曲流河的频繁摆动使得砂体宽度逐渐增加，形成了所谓的复合河道砂体，复合河道砂体包括不同的砂体配置关系，不同砂体配置关系会因为砂体的形成时期、砂体的切叠面积、砂体的高程差、砂体的厚薄程度而产生不同的剩余油分布特征；末期河道和点坝侧积体均属于非渗透性泥岩，底部砂体的连通程度和注采井的部署位置会在很大程度上影响该区域剩余油分布的特征。因此，对剩余油分布特征的认识是多因素的综合分析，数值模拟的直观描述是研究剩余油分布非常有效方法，地质和油藏的高度结合也体现于其中。

第一节　基于砂体配置关系的剩余油分布

6种曲流河河道砂体配置关系是：同一河道强连通、同一河道中等连通、同一河道（溢岸）弱连通、两期河道（高切叠）强连通、两期河道（低切叠）中等连通、两期河道（末期河道）弱连通，选取6组地形状况符合这6种砂体配置关系的注采井作为研究对象，进行砂体配置关系的概念模型建立，并通过对比分析，总结出不同砂体配置关系下剩余油分布规律，并针对剩余油挖潜方向提出建议。

一、砂体配置关系概念模型

曲流河河道砂体配置关系整体上可分为连通型和不连通型，根据连通程度，可以把连通型又分为强连通型、中等连通型和弱连通型，最后，根据砂体是否属于同一河道，再将强、中、弱连通型划分为同一河道强、中、弱连通型和两期河道强、中、弱连通型，分为2大类6

小类，并根据所选注采井的实际高程差、砂体厚度等地质条件进行概念模型的建立，将各模型分类如下（见图30-1）。

- 砂体配置关系
  - 同一河道
    - 强连通——等厚、无高程差模型
    - 中等连通——厚注薄采、无高程差模型
    - 弱连通（溢岸）——河道注溢岸采、无高程差模型
  - 两期河道
    - 强连通——高注低采、高切叠模型
    - 中等连通——高注低采、低切叠模型
    - 弱连通（末期河道）——薄注厚采、无高程差模型

图30-1　不同砂体配置关系的模型分类图

1. 同一河道（强连通）模型

选择块中心网格建立同一河道强连通等厚、无高程差模型（60×60×10 = 36000个），网格大小为12m×12m×0.5m = 72m^3，注水井和采油井在所有油层全部射开，油水井均选择定液量生产8年。将实际河道形态理想化，并建立同一河道（强连通）模型（见图30-2、图30-3、图30-4）。

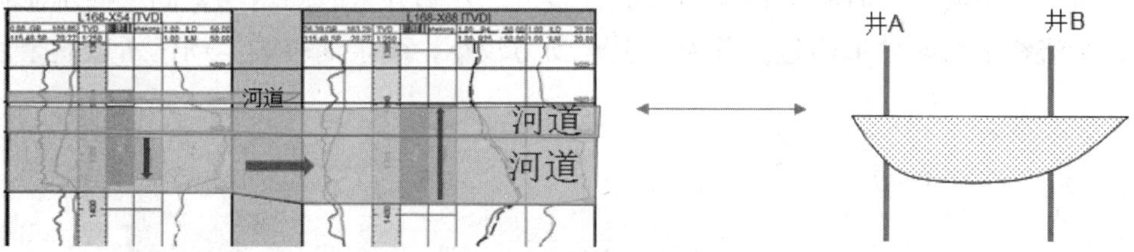

图30-2　同一河道（强连通）模型实际河道理想化形态图

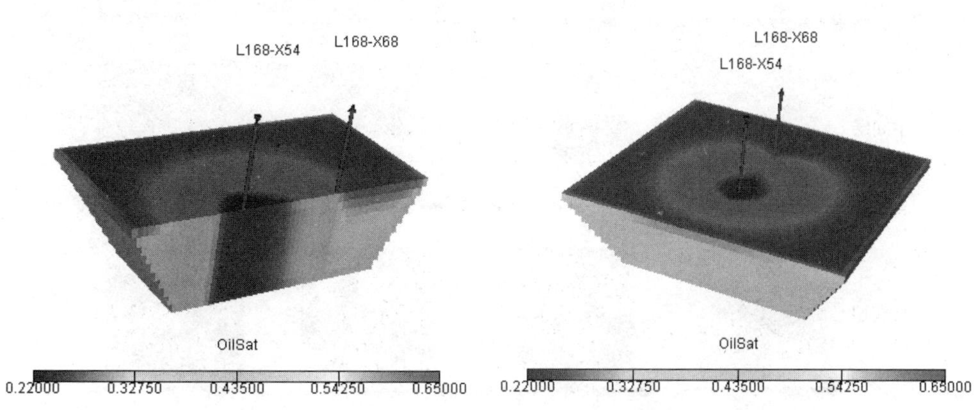

图30-3　同一河道（强连通）模型剖面图、全视图

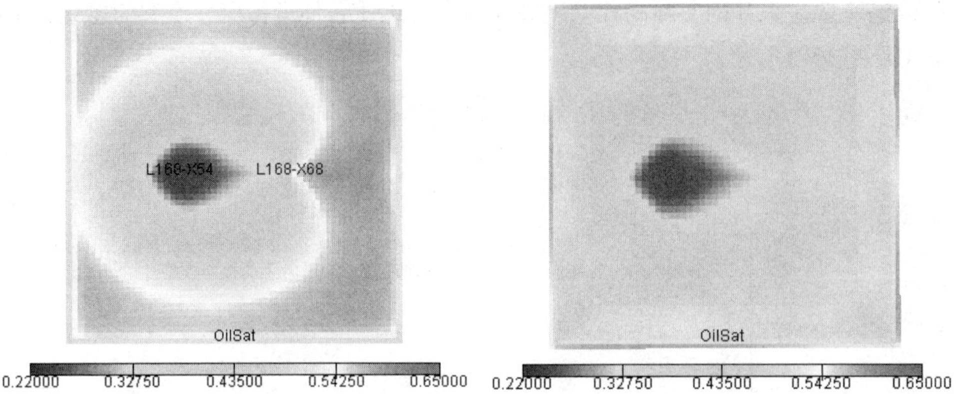

图30–4　同一河道（强连通）模型俯视图、仰视图

通过对模型纵向上（不同深度层位）剩余油分布规律和横向上（不同开发年限）剩余油分布规律进行分析对比，总结出同一河道（强连通）砂体配置条件下剩余油分布规律，如图30–5所示。

同一河道（强连通）砂体模型属于等厚、无高程差模型，影响剩余油分布的因素主要是储层物性和注采井生产条件。

从纵向上（不同深度层位）观察剩余油分布情况：由于L168区块曲流河河道呈正韵律沉积，下层物性较上层物性好，下层水驱效果明显（图中越向下水驱面积越大），再加上重力分异作用，可观测到同一开发年限下，下层驱油效果更好，水淹也越严重，所以剩余油主要分布在储层上部。

从横向上（不同开发时间）观察剩余油分布情况：随开采时间增加，同一层水淹程度不断增加，主流线上水驱效果明显，分流线上水动力较小，剩余油较难驱动，所以剩余油向油

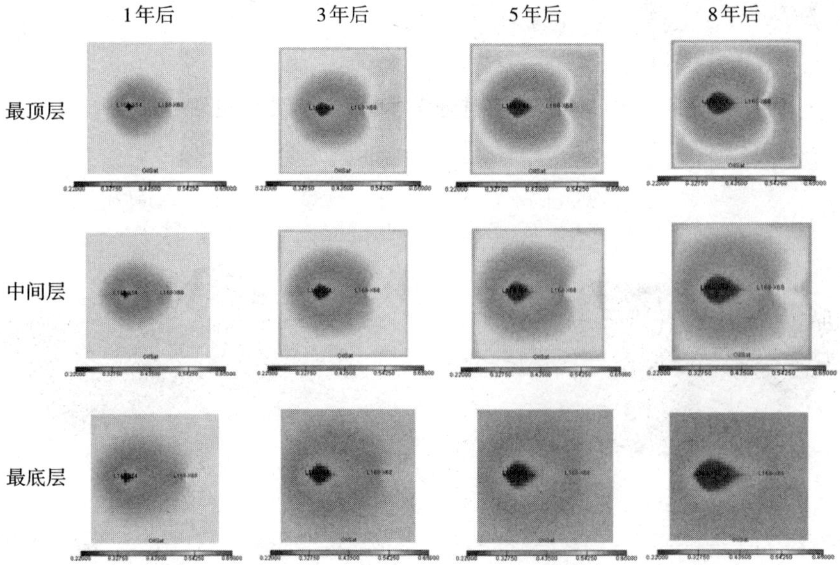

图30–5　同一河道（强连通）模型剩余油分布对比图

层边部，采油井另一侧富集，随着开发时间的增长，剩余油分布呈现局部越来越富集、局部剩余油饱和度越来越高，但剩余油分布面积变小。

2. 同一河道（中等连通）模型

选择块中心网格建立同一河道中等连通厚注薄采、无高程差模型（$60 \times 60 \times 9 = 32400$ 个），网格大小为 $12m \times 12m \times 0.6m = 86.4m^3$，注水井和采油井在所有油层全部射开，油水井均选择定液量生产8年。将实际河道形态理想化，并建立同一河道（中等连通）模型（见图30-6、图30-7、图30-8）。

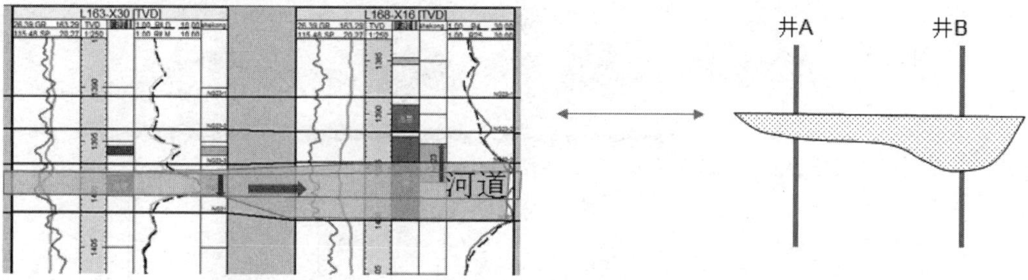

图30-6　同一河道（中等连通）模型实际河道理想化形态图

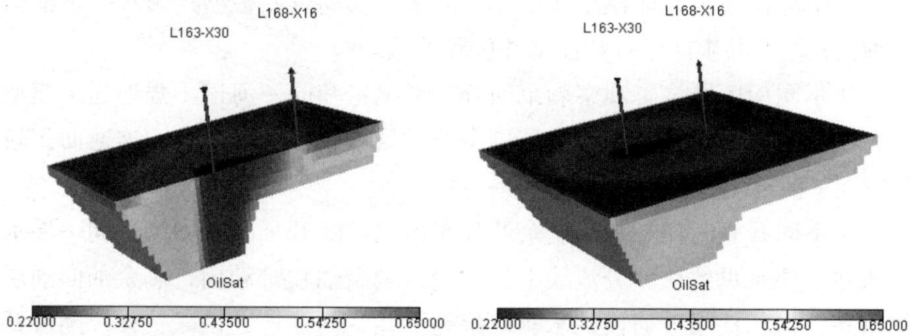

图30-7　同一河道（中等连通）模型剖面图、全视图

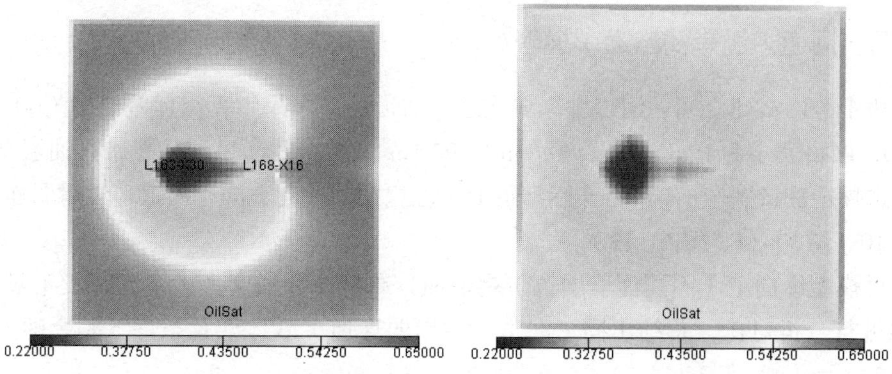

图30-8　同一河道（中等连通）模型俯视图、仰视图

通过对模型纵向上（不同深度层位）剩余油分布规律和横向上（不同开发年限）剩余油分布规律进行分析对比，总结出同一河道（中等连通）砂体配置条件下剩余油分布规律，如图30–9所示。

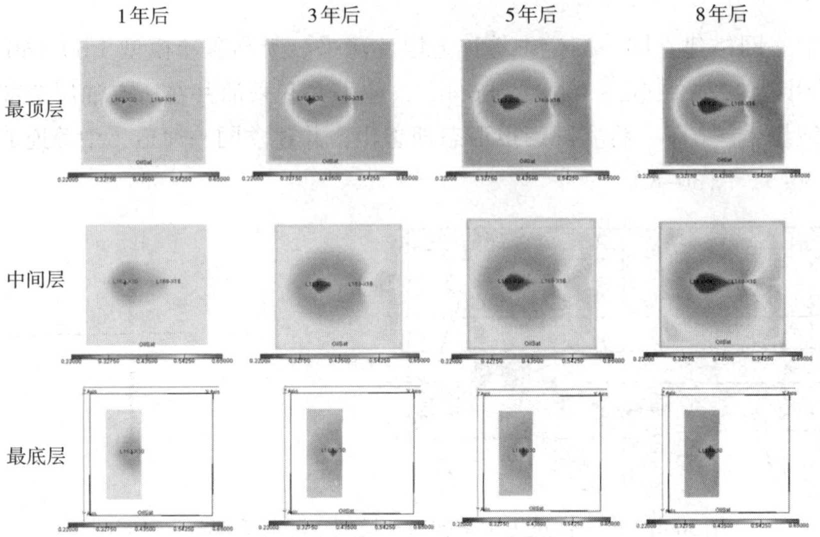

图30–9　同一河道（中等连通）模型剩余油分布对比图

同一河道（中等连通）砂体模型属于厚注薄采、无高程差模型，影响剩余油分布的因素主要是储层物性、注采井生产条件和注采井位置关系。

从纵向上（不同深度层位）观察剩余油分布情况：和同一河道（强连通）模型一样，由于正韵律沉积和重力分异作用，越向上层剩余油越富集；但由于砂体间连通面积较小，所以驱油效果相较同一河道（强连通）模式稍差一些。

从横向上（不同开发时间）观察剩余油分布情况：随开采时间增加，同一层水淹程度不断增加，主流线上注水见效快，分流线上见效慢，剩余油较难动用，剩余油向油层边部，采油井另一侧富集，但相比强连通模式水驱效果差一些，同强连通模式一样，随着开发时间的增长，剩余油分布呈现局部越来越富集、局部剩余油饱和度越来越高，但剩余油分布面积变小。

3. 同一河道（溢岸弱连通）模型

选择块中心网格建立同一河道溢岸弱连通，河道注溢岸采、无高程差模型（$60 \times 60 \times 9 = 32400$个），网格大小为$12m \times 12m \times 0.65m = 93.6m^3$，注水井和采油井在所有油层全部射开，油水井均选择定液量生产8年。将实际河道形态理想化，并建立同一河道（溢岸弱连通）模型（见图30–10、图30–11、图30–12）。

通过对模型纵向上（不同深度层位）剩余油分布规律和横向上（不同开发年限）剩余油分布规律进行分析对比，总结出同一河道（溢岸弱连通）砂体配置条件下剩余油分布规律，如图30–13所示。

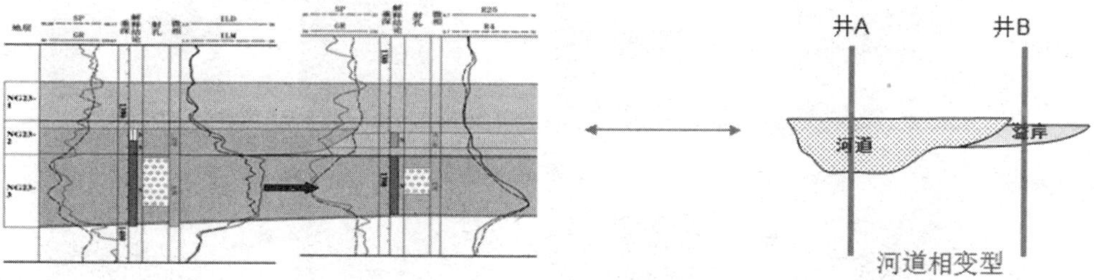

图30–10 同一河道（溢岸弱连通）模型实际河道理想化形态图

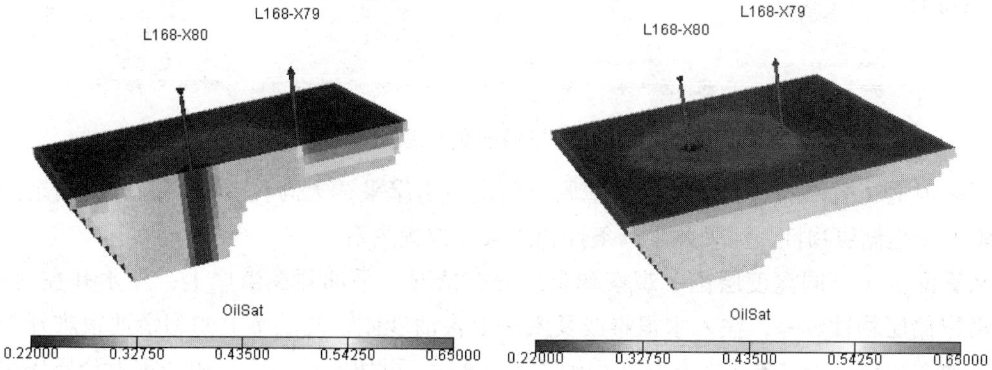

图30–11 同一河道（溢岸弱连通）模型剖面图、全视图

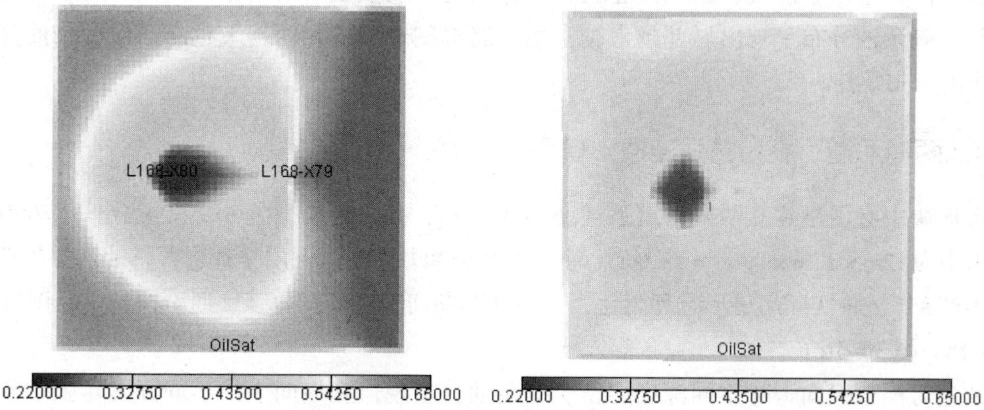

图30–12 同一河道（溢岸弱连通）模型俯视图、仰视图

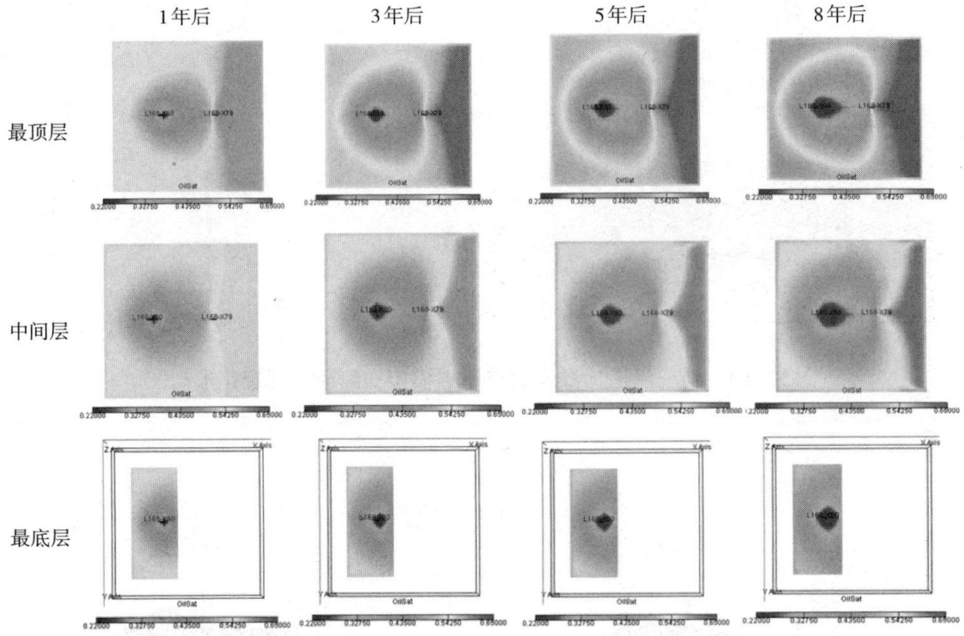

图30-13 同一河道（溢岸弱连通）模型剩余油分布对比图

同一河道（溢岸弱连通）砂体模型属于河道注溢岸采、无高程差模型，影响剩余油分布的因素主要是储层物性、注采井生产条件和注采井位置关系。

从纵向上（不同深度层位）观察剩余油分布情况：采油井在溢岸上，注水井在河道上，由于溢岸储层物性较差，注入水很难波及溢岸上含油砂体，使溢岸上的剩余油很难开采，造成剩余油在溢岸一侧富集（尤其是在采油井另一侧），再加上正韵律沉积和重力分异作用，会造成剩余油在溢岸上部富集。

从横向上（不同开发时间）观察剩余油分布情况：溢岸由于储层物性较差，注入水沿主流线推进较缓慢，但随开采时间增加，溢岸下部剩余油开始动用，溢岸油井另一侧上部成为死油区，注入水较难波及，相比强连通、中等连通模式水驱效果较差，同样，随着开发时间的增长，剩余油分布呈现出局部越来越富集、局部剩余油饱和度越来越高，但剩余油分布面积变小的分布规律。

4．两期河道（高切叠强连通）模型

选择块中心网格建立两期河道强连通高注低采、高切叠模型（$60 \times 60 \times 16 = 57600$个），网格大小为$12\text{m} \times 12\text{m} \times 0.4\text{m} = 57.6\text{m}^3$，注水井和采油井在所有油层全部射开，油水井均选择定液量生产8年。将实际河道形态理想化，并建立两期河道（高切叠强连通）模型（见图30-14、图30-15、图30-16）。

通过对模型纵向上（不同深度层位）剩余油分布规律和横向上（不同开发年限）剩余油分布规律进行分析对比，总结出两期河道（高切叠强连通）砂体配置条件下剩余油分布规律（见图30-17）。

两期河道高切叠（强连通）砂体模型属于高注低采、高切叠模型，影响剩余油分布的因

素主要是储层物性、注采井生产条件、注采井位置关系和砂体切叠面积。

从纵向上（不同层位）观察剩余油分布情况：油层上部驱油效果类似同一河道强连通部分，注入水径向扩散，剩余油在储层边角部富集。由于重力分异作用，在切叠层段，注入水会沿切叠部位在一定程度上先向下层驱替，造成低部位河道上部驱替效果较下部差一些，剩余油在低部位河道采油井另一侧上部富集。

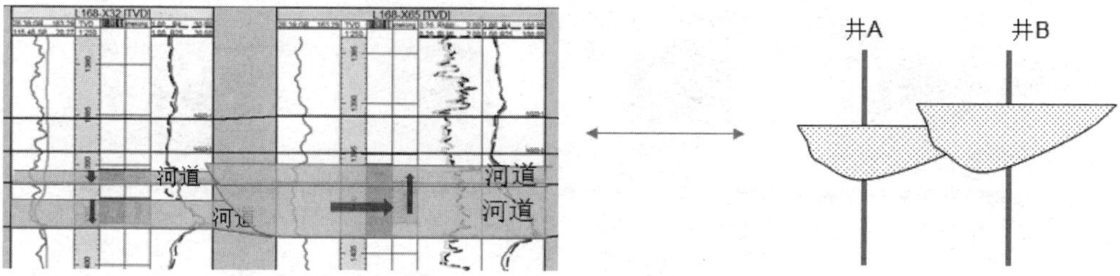

图30-14 两期河道（高切叠强连通）模型实际河道理想化形态图

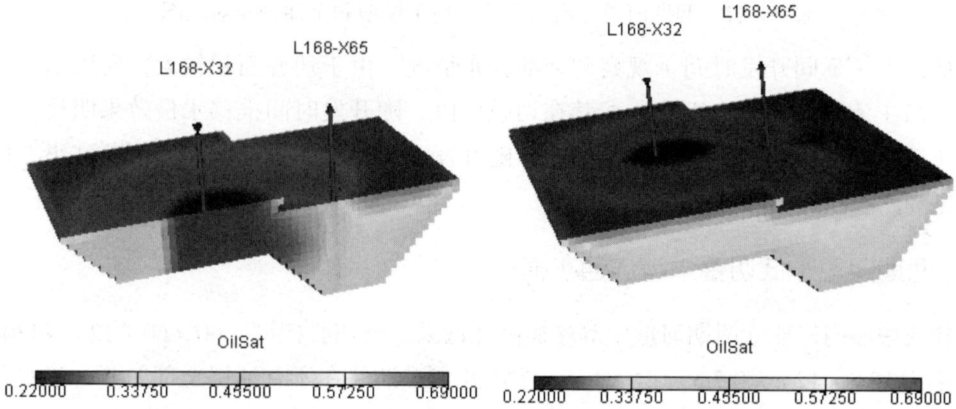

图30-15 两期河道（高切叠强连通）模型剖面图、全视图

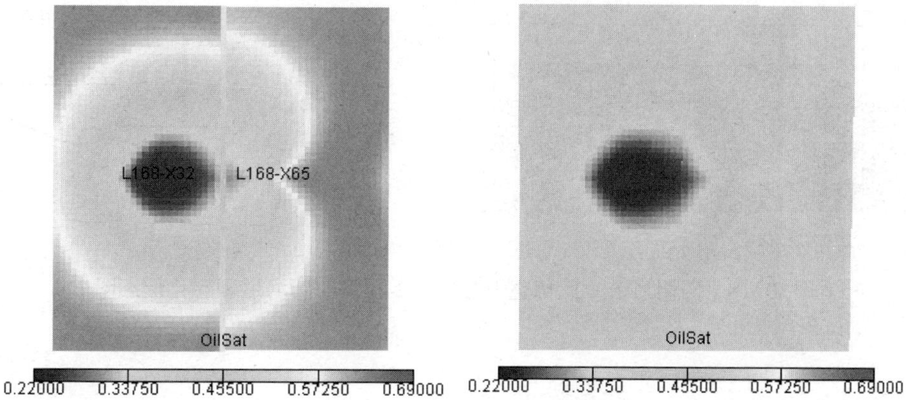

图30-16 两期河道（高切叠强连通）模型俯视图、仰视图

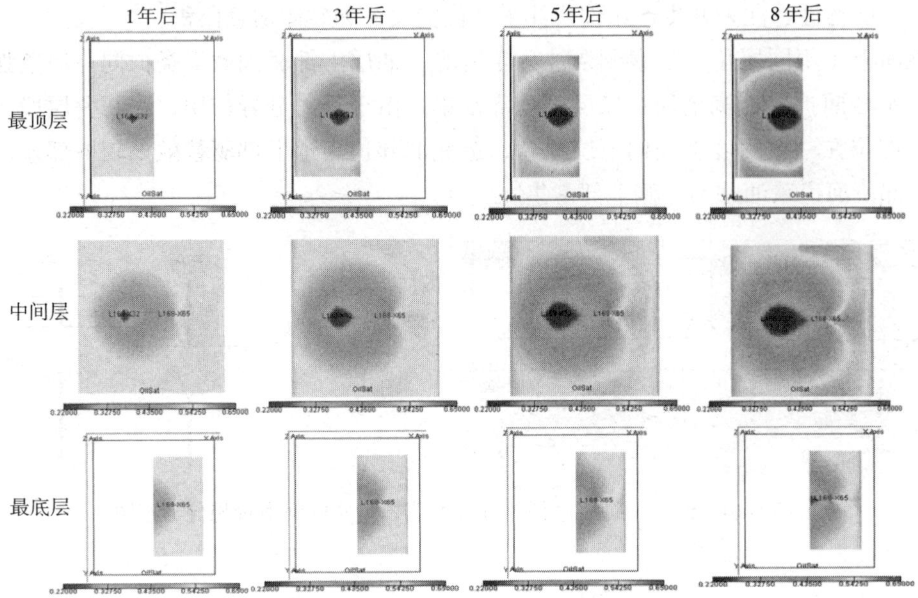

图 30–17　两期河道（高切叠强连通）模型剩余油分布对比图

从横向上（不同开发时间）观察剩余油分布情况：由于切叠面积较大，所以油井见水时间较短，沿主流线推进较为迅速，尤其在切叠层段，随开发时间推移水侵效果明显，剩余油分布在主流线波及不到的边角死油区处，且随开发时间增长，死油区面积不断减小，但剩余油含油饱和度不断提高。

5. 两期河道（低切叠中等连通）模型

选择块中心网格建立两期河道中等连通高注低采、低切叠模型（$60 \times 60 \times 12 = 43200$个），网格大小为$12m \times 12m \times 0.7m = 100.8m^3$，注水井和采油井在所有油层全部射开，油水井均选择定液量生产8年。将实际河道形态理想化，并建立两期河道（低切叠中等连通）模型（见图30–18、图30–19、图30–20）。

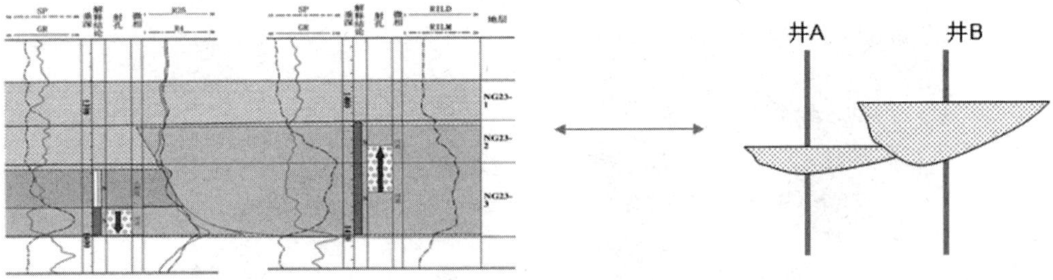

图 30–18　两期河道（低切叠中等连通）模型实际河道理想化形态图

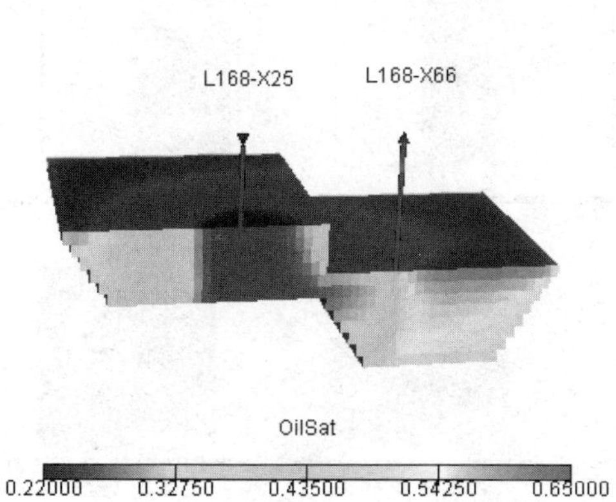

图30–19　两期河道（低切叠中等连通）模型剖面图、全视图

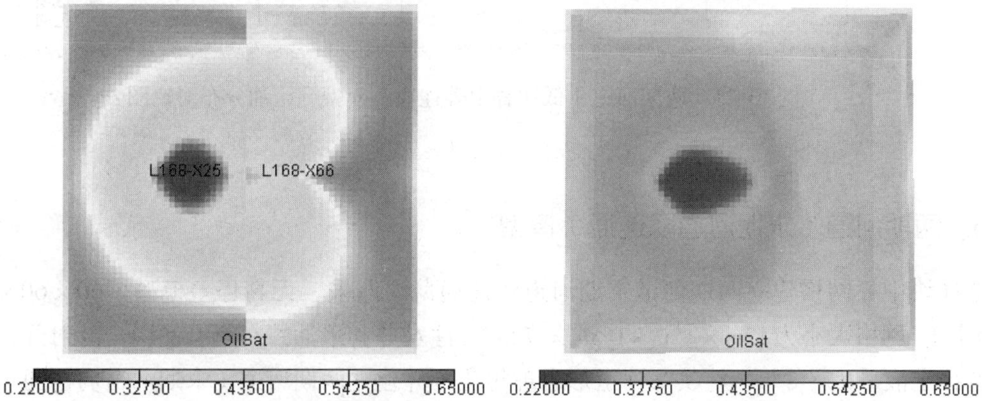

图30–20　两期河道（低切叠中等连通）模型俯视图、仰视图

通过对模型纵向上（不同深度层位）剩余油分布规律和横向上（不同开发年限）剩余油分布规律进行分析对比，总结出两期河道（低切叠中等连通）砂体配置条件下剩余油分布规律（见图30–21）。

两期河道低切叠（中等连通）砂体模型属于高注低采、低切叠模型，影响剩余油分布的因素主要是储层物性、注采井生产条件、注采井位置关系和砂体切叠面积。

从纵向上（不同层位）观察剩余油分布情况：上层驱油呈现径向驱油模式，剩余油分布在储层边角死油区处。而低切叠模型砂体切叠面积比较小，注入水沿切叠部位向下部砂体推进较为缓慢，造成低部位河道驱油效果较差，再加上河道沉积正韵律影响，剩余油在低部位河道采油井另一侧富集。

从横向上（不同开发时间）观察剩余油分布情况：由于切叠面积较小，油井见水时间较长，沿主流线推进较为缓慢，在切叠层段，随开发时间推移水侵效果明显，剩余油分布与高切叠相似，但低切叠状况下，剩余油分布面积更广，剩余油饱和度也相对更高。

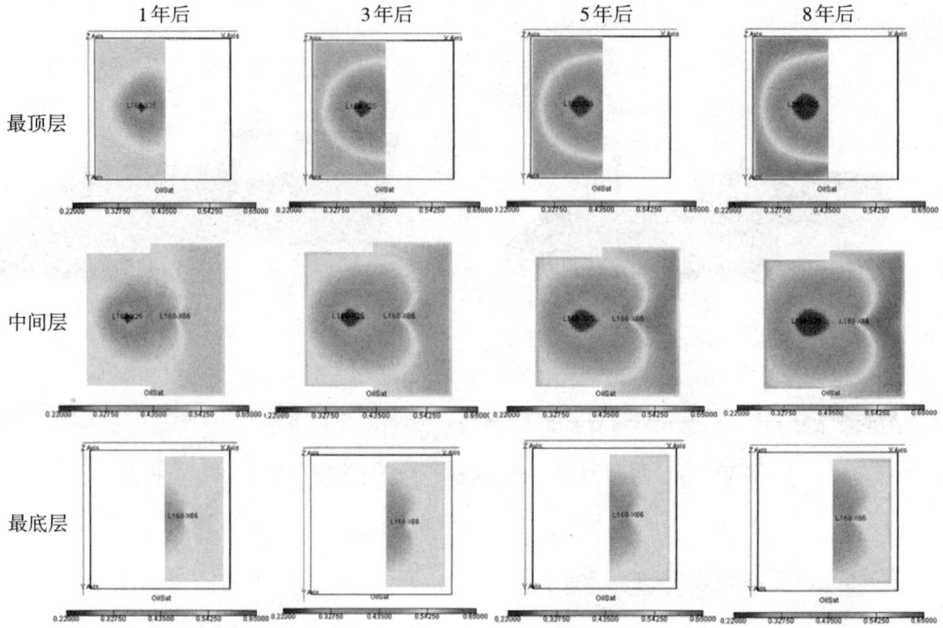

图30–21 两期河道（低切叠中等连通）模型剩余油分布对比图

6. 两期河道（末期河道弱连通）模型

选择块中心网格建立两期河道末期河道弱连通薄注厚采、无高程差模型（$60 \times 60 \times 10 = 36000$个），网格大小为$12\text{m} \times 12\text{m} \times 0.5\text{m} = 72\text{m}^3$，注水井和采油井在所有油层全部射开，油水井均选择定液量生产8年。将实际河道形态理想化，并建立两期河道（末期河道弱连通）模型（见图30–22 ~ 图30–24）。

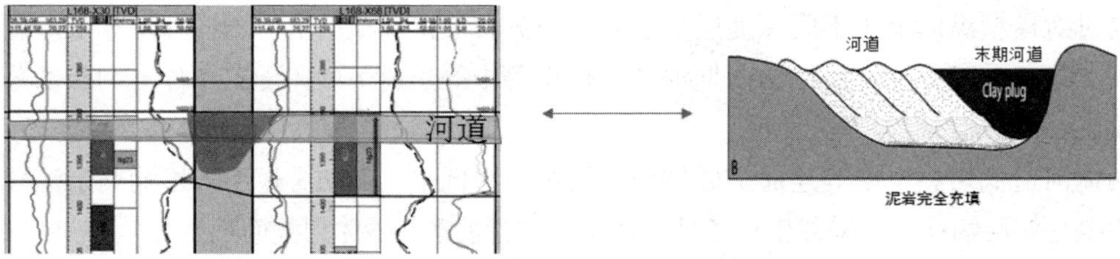

图30–22 两期河道（末期河道弱连通）模型实际河道理想化形态图

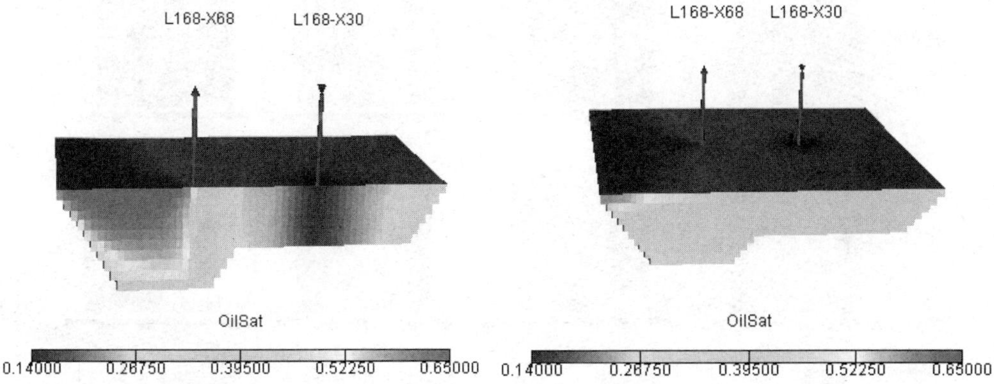

图30–23 两期河道（末期河道弱连通）模型剖面图、全视图

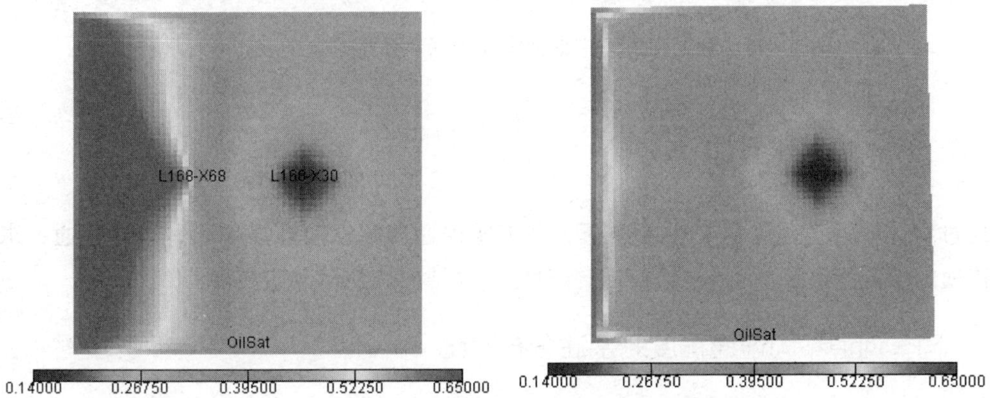

图30–24 两期河道（末期河道弱连通）模型俯视图、仰视图

通过对模型纵向上（不同深度层位）剩余油分布规律和横向上（不同开发年限）剩余油分布规律进行分析对比，总结出两期河道（末期河道弱连通）砂体配置条件下剩余油分布规律（见图30–25）。

两期河道（末期河道弱连通）砂体模型属于薄注厚采、无高程差模型，末期河道在两期河道中部，且泥岩完全填充，影响剩余油分布的因素主要是储层物性、注采井生产条件、注采井位置关系。

从纵向上（不同层位）观察剩余油分布情况：被末期河道分开的两河道，近似于两个独立的系统，中间存在明显界线，油井一侧剩余油富集，由于沉积正韵律和重力分异作用，越向上剩余油饱和度越高；反观注水井所在河道，水淹严重，存在一定憋压情况，剩余油分布相对较少。

从横向上（不同开发时间）观察剩余油分布情况：由于末期河道分割作用明显，尽管开发时间不断增长，但是油井一侧河道上剩余油分布依然较多。

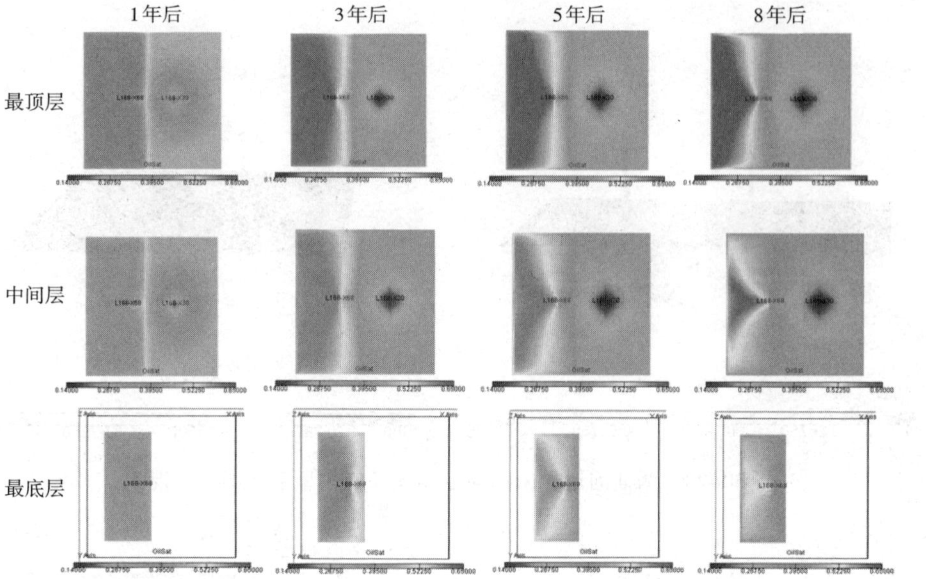

图30–25　两期河道（末期河道弱连通）模型剩余油分布对比图

二、剩余油规律对比

通过对同一河道强连通、中等连通、溢岸弱连通和两期河道强连通、中等连通、末期河道弱连通的不同深度层位剩余油分布进行对比，总结出剩余油分布规律。

1. 同一河道不同连通程度剩余油分布对比

通过图30–26对比可知，强连通模式和中等连通模式相较弱连通（溢岸）模式剩余油分

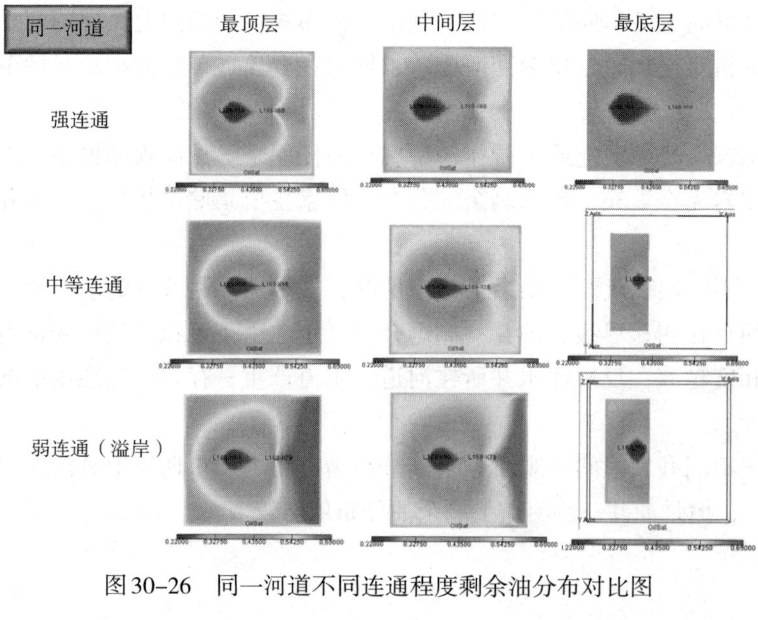

图30–26　同一河道不同连通程度剩余油分布对比图

布均匀，强连通模式和中等连通模式下水井呈径向驱替，剩余油分布于油层边角处和水波及不到的油井另一侧，弱连通（溢岸）模式下剩余油集中分布于溢岸一侧；随油层连通性增加，图中储层水驱效果越显著，水侵面积越大，剩余油分布面积也较小。从整体上看，储层剩余油富集程度：弱连通（溢岸）模式＞中等连通模式＞强连通模式。

2．两期河道不同连通程度剩余油分布对比

通过图30–27对比可知，强连通（高切叠）模式和中等连通（低切叠）模式相较弱连通（末期河道）模式剩余油分布均匀，强连通（高切叠）模式和中等连通（低切叠）模式下，剩余油分布于油层边角处和水波及不到的油井另一侧，弱连通（末期河道）模式剩余油集中分布于油井所在河道一侧；对于强连通（高切叠）模式，两期河道切叠面积较大，对于低切叠模式，两期河道切叠面积较小，而对于末期河道弱连通模式，末期河道的存在将两期河道分隔开，成为两个独立的系统，所以随着切叠面积增加，图中储层水驱效果越显著，水侵面积越大。从整体上看，储层剩余油富集程度：弱连通（末期河道）模式＞中等连通（低切叠）模式＞强连通（高切叠）模式。

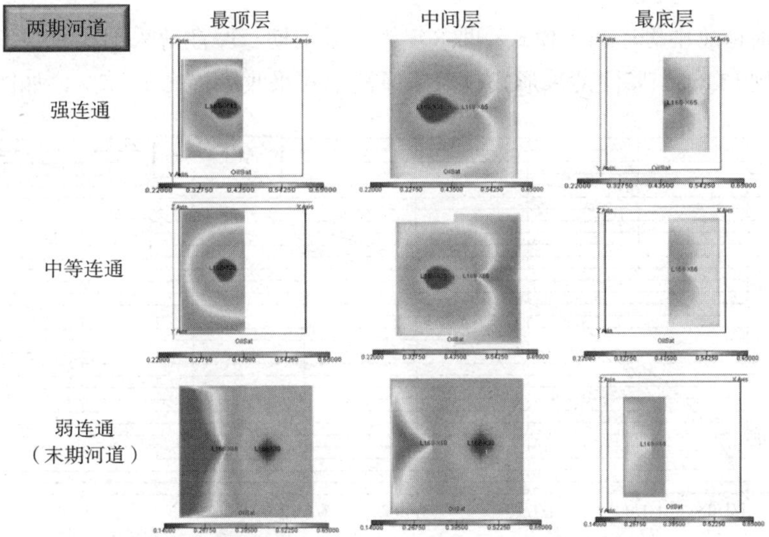

图30–27　两期河道不同连通程度剩余油分布对比图

三、剩余油挖潜方式

通过对不同砂体配置关系油水井位置进行对调，得到采收率变化，分析原因并为后续挖潜不同砂体配置关系下剩余油提出几点建议。

1．同一河道（中等连通）模式下油水井对调

同一河道（中等连通）模式下，油水井对调后，由原本厚注薄采型变为薄注厚采型（见图30–28），较薄砂体中小块含油体被驱替，剩余油在厚层砂体油井另一侧上部富集。

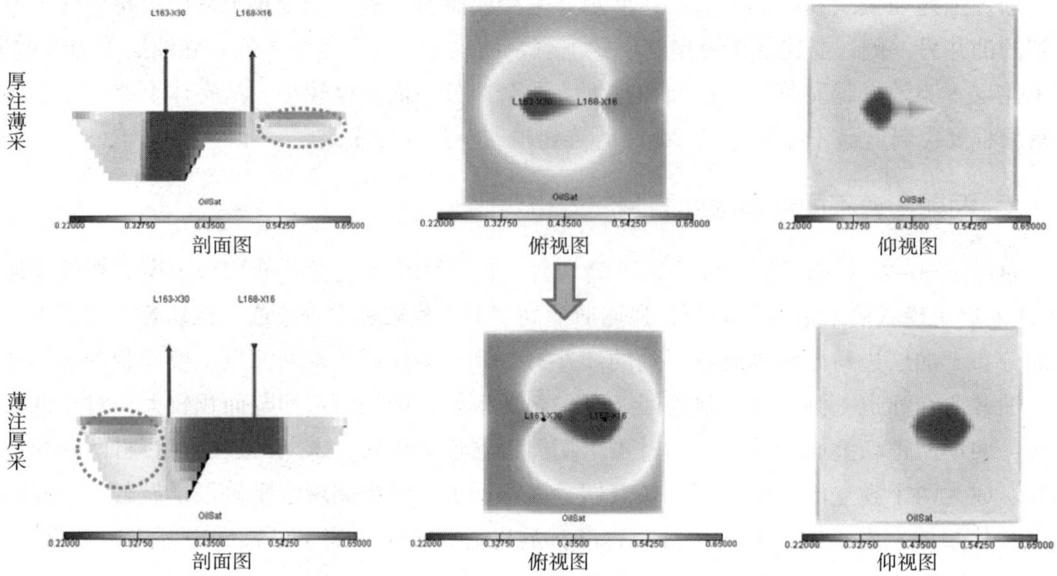

图30–28　同一河道（中等连通）油水井对调剩余油分布图

对于同一河道（中等连通）模式，取8年为注采周期，厚注薄采形式采收率达到15%，薄采厚注形式达到13.8%，厚注薄采形式较薄采厚注形式采收率提高了1.2%，如图30–29所示。

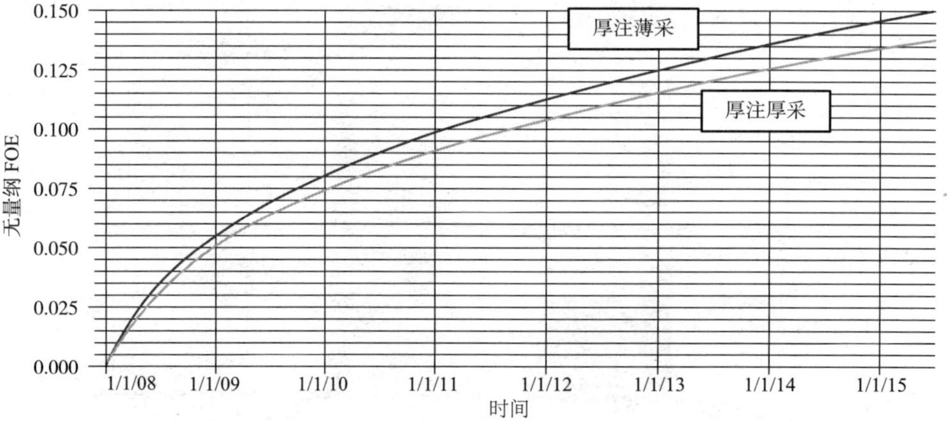

图30–29　同一河道（中等连通）油水井对调采收率对比图

对于薄注厚采型，注水井打在较薄的砂体上，注入水能充分驱替较薄砂体中的剩余油，所以从图中看到注水井（薄砂体）周围水侵面积较大，但是较厚砂体中的剩余油大面积波及不到，尤其是油井另一侧的砂体中剩余油大量富集，很难动用；反观厚注薄采型，注入井打在较厚砂体上，虽然注水井周围水侵面积较薄注厚采型小，但是厚注薄采模式下注入水分配更为均衡，驱替均匀，使较厚砂体内的剩余油被大面积驱替，最终剩余油只是在油井另一侧薄层砂体上部小面积富集。所以，在同一河道（中等连通）模式下，厚注薄采模式较薄注厚采模式驱油效果更好，最终采收率也较高。

2. 同一河道（溢岸弱连通）模式下油水井对调

同一河道（溢岸弱连通）模式下，油水井对调后，由原本河道注溢岸采型变为溢岸注河道采型（见图30–30），从图中看出，在溢岸上注水，油井见效快，注水井驱油效果变好，剩余油在油井另一侧上部和溢岸边角处富集。

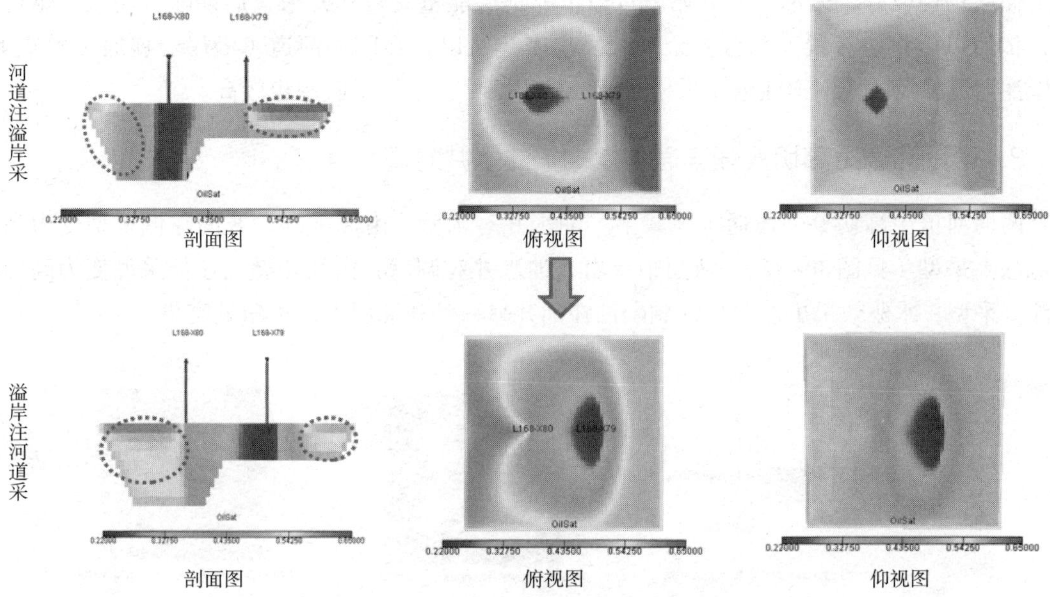

图30–30 同一河道（溢岸弱连通）油水井对调剩余油分布图

对于同一河道（溢岸弱连通）模式，取5年为注采周期，溢岸注水河道采油形式采收率达到13.9%，河道注水溢岸采油形式达到12.8%，溢岸注水河道采油形式较河道注水溢岸采油形式采收率提高了1.1%，如图30–31所示。

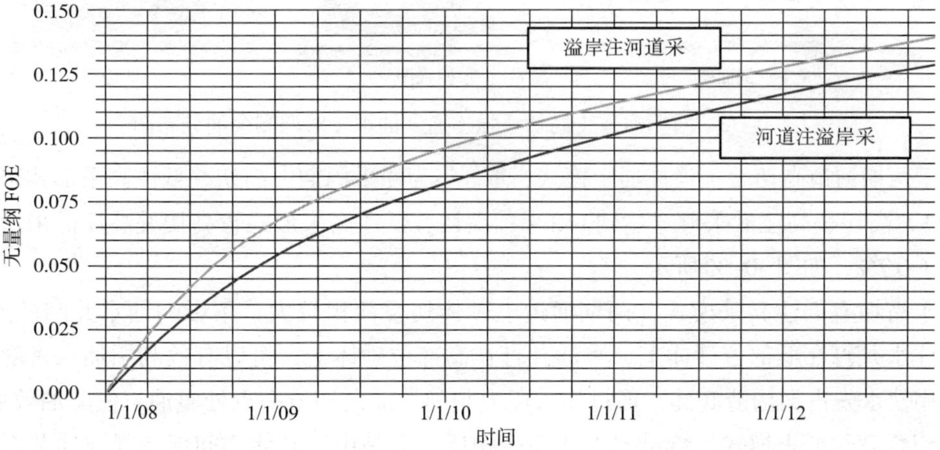

图30–31 同一河道（溢岸弱连通）油水井对调采收率对比图

对于河道注溢岸采模式，注水井打在较厚的砂体上，注入水能充分驱替较厚砂体中的剩余油，但由于原油黏度较大，溢岸处储层物性较差，原油很难被驱替到采油井处，很难被采出，油井周围溢岸处的剩余油，因为溢岸储层物性差，也很难被动用；反观溢岸注河道采模式，注入井打在溢岸处，虽然注水井周围储层物性较差，但是随着开发时间的增长，井底压力不断变大，注入水依然会有部分能够驱替河道砂体中的剩余油，而采油井打在河道上，河道上储层物性较好，采油井刚开始就可以依靠地层能量衰竭式开采，后期随着注入水驱替作用，依然可以将主流线上部分剩余油开采出来。所以，在同一河道（溢岸弱连通）模式下，溢岸注河道采模式较河道注溢岸采模式驱油效果更好，最终采收率也较高。

3. 两期河道（高切叠强连通）模式下油水井对调

两期河道（高切叠强连通）模式下，油水井对调后，由原本高切叠高注低采型变为高切叠低注高采型（见图30–32），从图中看出，油水井对调后，由高切叠高注低采型变为高切叠低注高采型，水驱效果更加明显，剩余油在油井另一侧和油层上部边角处富集。

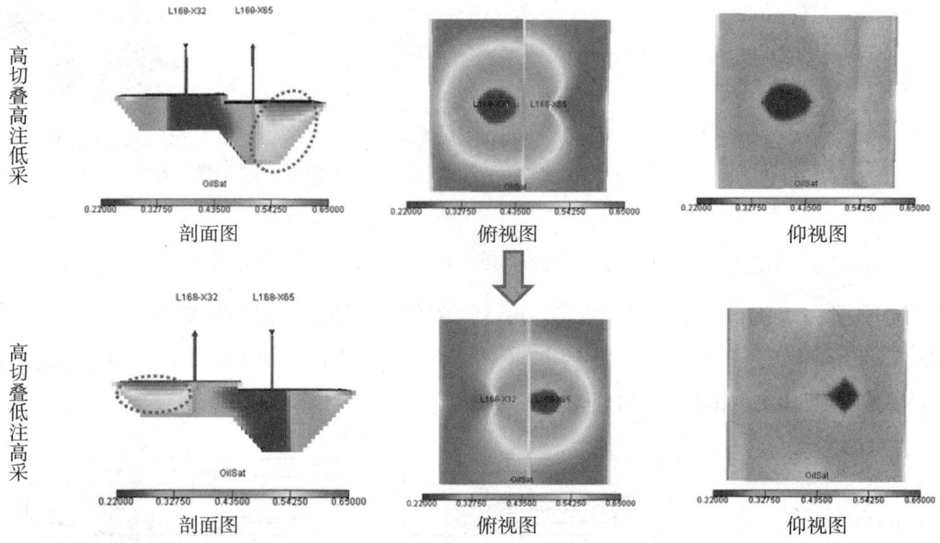

图30–32　两期河道（高切叠强连通）油水井对调剩余油分布图

对于两期河道高切叠（强连通）模式，取8年为注采周期，高切叠低注高采形式采收率达到12.3%，高切叠高注低采形式达到11.6%，高切叠低注高采形式较高切叠高注低采形式采收率提高了0.7%，如图30–33所示。

对于高切叠低注高采模式，两期河道上砂体切叠面积较大，不影响油水井间的连通性，所以，注水井打在低部位砂体上，采油井打在高部位砂体上，可以有效利用油水密度差，重力的作用使水先占据构造底部，通过注入压力与弹性能向构造高点处驱油，使驱油效果更好；反观高切叠高注低采模式，恰恰与上述规律相反，但是由于砂体之间保持强连通关系，两砂体切叠面积较大，高程差相对较低，所以，高切叠低注高采形式较高切叠高注低采形式驱油效果相差不太大，高切叠低注高采形式最终采收率较高切叠高注低采形式稍高一点。

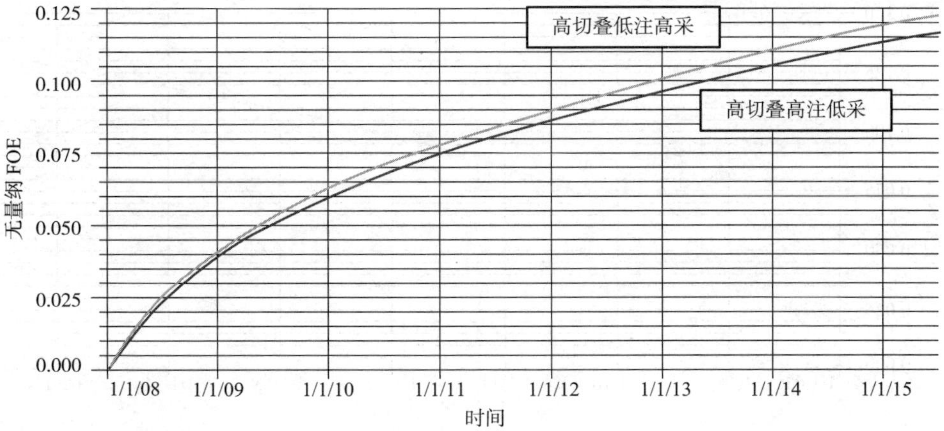

图30–33　两期河道（高切叠强连通）油水井对调采收率对比图

4．两期河道（低切叠中等连通）模式下油水井对调

两期河道（低切叠中等连通）模式下，油水井对调后，由原本低切叠高注低采型变为低切叠低注高采型（见图30–34），从图中看出，油水井对调后，由于两砂体切叠面积较小，所以水驱效果相差不太大，剩余油在油井另一侧和油层上部边角处富集。

对于两期河道低切叠（中等连通）模式，取8年为注采周期，低切叠低注高采形式和低切叠高注低采形式采收率接近，都达到13.1%，如图30–35所示。

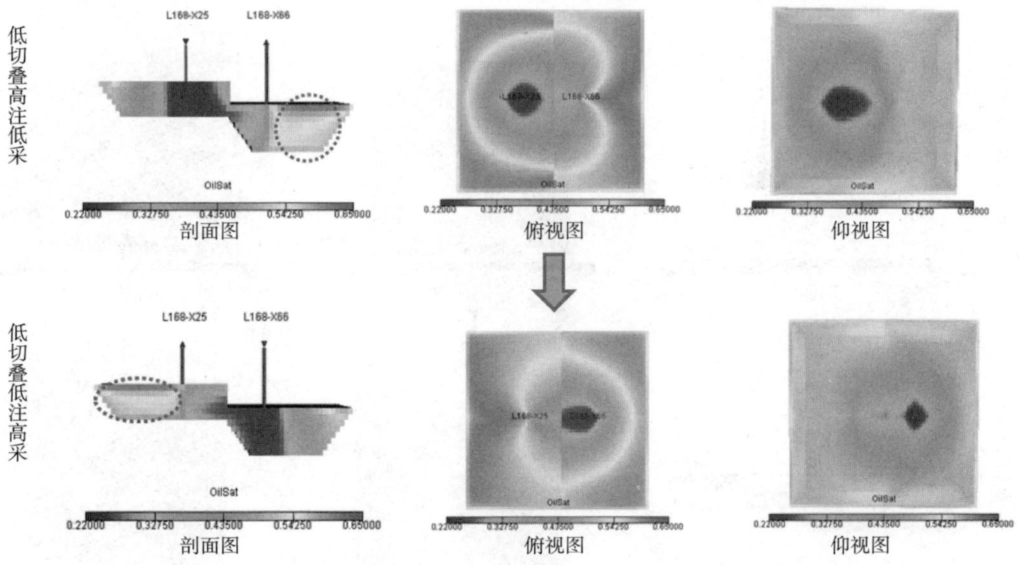

图30–34　两期河道（低切叠中等连通）油水井对调剩余油分布图

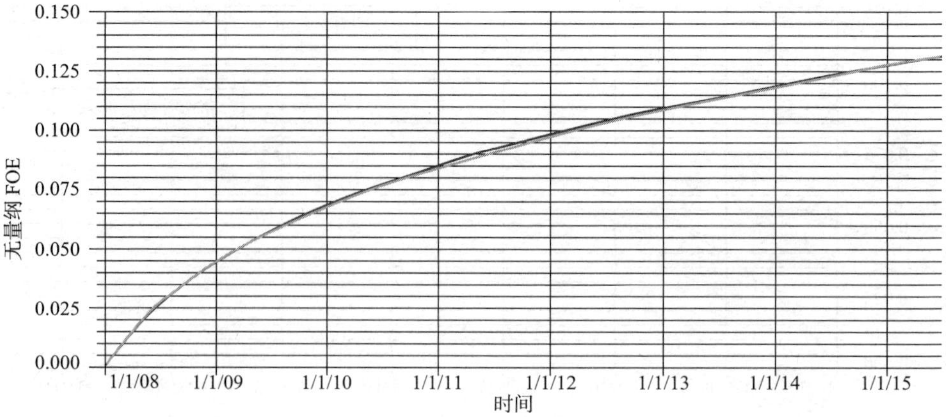

图30-35 两期河道（低切叠中等连通）油水井对调采收率对比图

对于低切叠低注高采模式，虽然低部位注水高部位采油这种模式可以有效利用油水密度差和重力的作用使水先占据构造底部，通过注入压力与弹性能向构造高点处驱油，使驱油效果更好，但是对于低切叠模式，两期河道上砂体切叠面积较小，会在一定程度上影响油水井间的连通性，使注入水不能及时与油井沟通，造成驱油效果降低；而对于低切叠高注低采模式，由于砂体之间保持低切叠关系，两砂体切叠面积较小，高程差相对较高，所以，低切叠高注低采形式驱油效果也相对一般，与低切叠低注高采形式驱油效果相差不大，最终采收率较低切叠低注高采形式也很接近。

5. 两期河道（末期河道弱连通）模式下油水井对调

两期河道（末期河道弱连通）模式下，油水井对调后，由原本的末期河道薄注厚采型变为末期河道厚注薄采型，从图30-36中可以看出，油水井对调后，油水井对调后，由于末

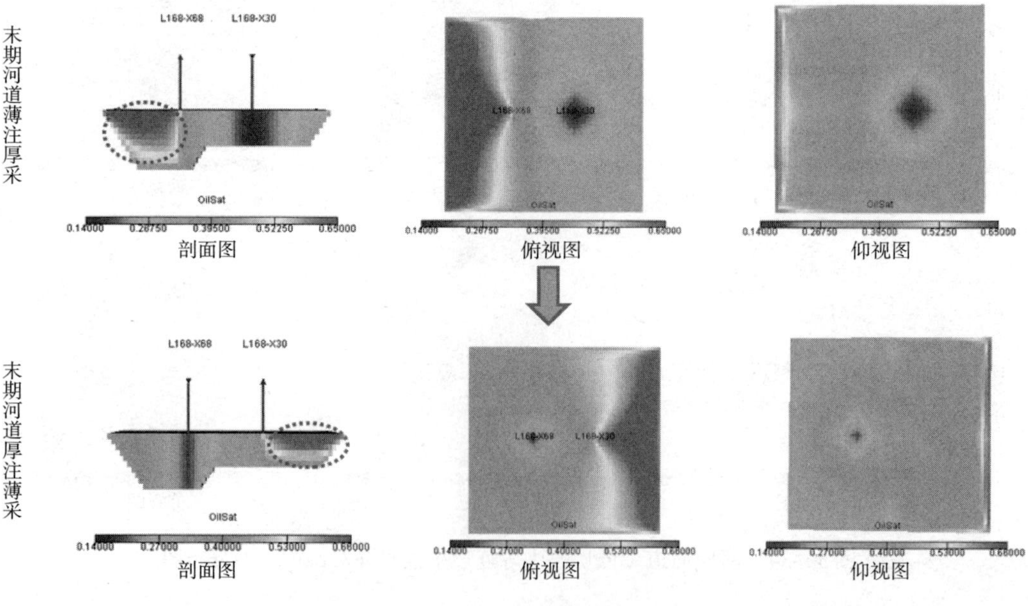

图30-36 两期河道（末期河道弱连通）油水井对调剩余油分布图

期河道泥质完全填充，其分割作用使两河道完全孤立，油井附近较难见效，所以，剩余油在油井一侧大面积富集。

对于两期河道（末期河道弱连通）模式，取8年为注采周期，末期河道薄注厚采形式采收率达到18.8%，末期河道厚注薄采形式达到18.4%，末期河道薄注厚采形式较末期河道厚注薄采形式采收率提高了0.4%，但结果相差不大，如图30-37所示。

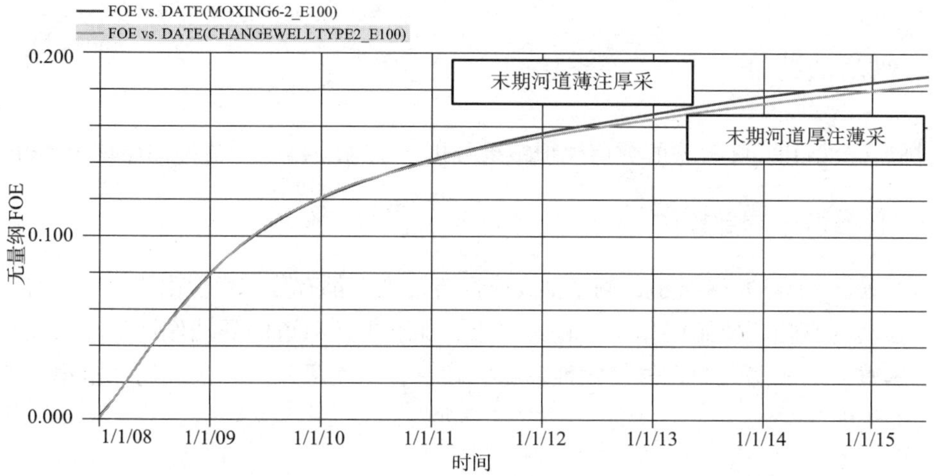

图30-37 两期河道（末期河道弱连通）油水井对调采收率对比图

对于两种模式，由于末期河道的存在，且末期河道为完全泥质填充，使两河道完全独立，注水井和采油井的联系被切断，导致注水井处憋压，采油井依靠地层自然能量衰竭式开采。所以，两种模式下最终采收率相差不大。

6. 不同砂体配置关系剩余油挖潜对策

通过对不同砂体配置关系下剩余油分布规律和油水井对调后采收率变化的分析总结，为不同砂体配置关系下剩余油挖潜方向提出几点建议：

（1）对于存在厚薄关系且连通性较好的两砂体，考虑在厚部位注水，薄部位采油，这样有利于均匀驱替厚层砂体内大面积剩余油，使注水波及面积更大。

（2）对于存在高程差且连通性较好的两砂体，考虑在低部位注水，高部位采油，利用油水密度差和重力作用，使剩余油从构造低点向构造高点更均匀驱替。

（3）对于存在较大高程差且连通性较差的两砂体，在考虑经济成本前提下，提高油水井间连通性，建议选择低注高采的模式进行开发。

（4）对于存在溢岸和砂体连接的情况，考虑在溢岸注水，河道采油，加大注入水量且延长开采时间，在经济成本较低的前提下，选取适当措施对溢岸进行油层改造。

（5）对于末期河道泥质完全充填的情况，孤立了两河道砂体，考虑在各砂体处完善注采系统；对于泥质不完全填充情况，考虑加强底部注水量，增强两河道连通性。

第二节 曲流河储层剩余油特征及开采措施

通过对实际区块和概念模型剩余油分布规律分析，总结出曲流河储层剩余油分布特征，并针对剩余油分布规律提出相应的剩余油开采措施。

一、剩余油特征

通过概念模型和实际模型的数值模拟结果分析，总结出15条曲流河储层剩余油分布规律。

1. 总体分散—局部集中

总体上看，如图30–38所示，剩余油在全区各河道上都有分布，但由于沉积环境、成岩作用和构造运动的影响，使储层非均质较为严重、加上末期河道的隔挡作用和注采关系不完善等因素的影响，造成剩余油在储层物性较差、缺乏合理注采井网的区域局部富集。即“总体分散—局部集中”。

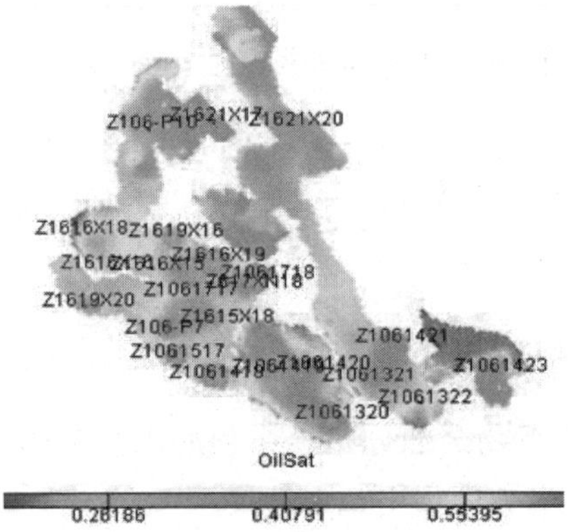

图30–38 总体分散—局部集中

2. 中心受控—侧缘富集

如图30–39所示，河道中部剩余油受控，河道边缘剩余油富集。河道内部砂体吸水能力强，而河道边缘砂体薄，物性差，注入水在河道中部的推进速度比河道边缘及河道间大得多，所以河道边缘的剩余油开采难度相对较大；无论注水井布置在何种微相，注入水总是就近先进入河道，在河道内，注入水沿河道下游方向快速推进，然后才向河道上游和两侧运移。即“中心受控—侧缘富集”。

3. 重力分异—顶层突出

如图30–40所示，由于重力分异作用，使注入水先沿底部突进，底部水洗，油层底部含水率上升快，水侵程度由下部向上部逐渐减弱，上部形成剩余油富集区。加之曲流河河道砂体

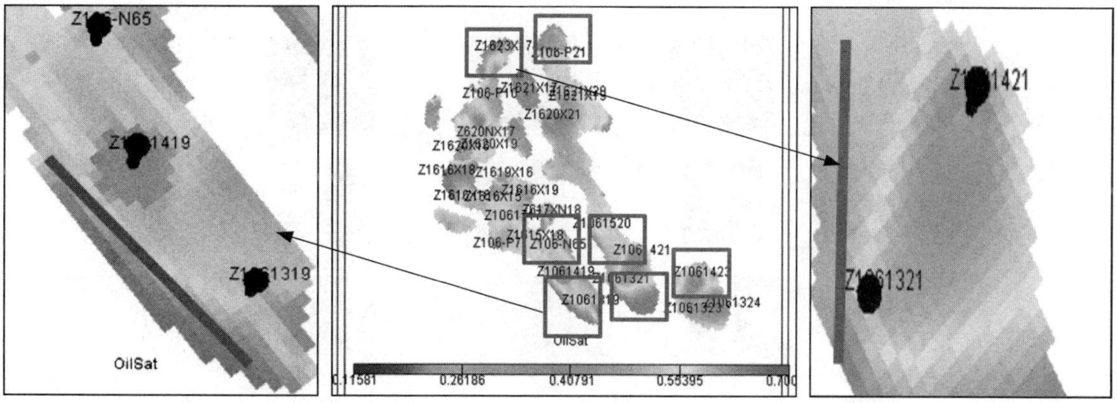

图 30–39　中心受控—侧缘富集

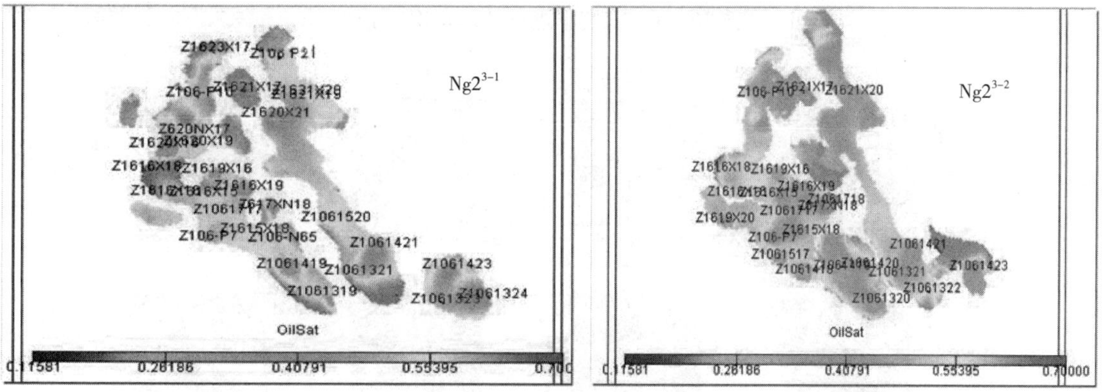

图 30–40　重力分异—顶层突出

整体表现出正韵律沉积特征，底部岩石的孔隙度和渗透率高于上部，高渗段位于底部，使底部水侵效果更加明显。即“重力分异—顶层突出”。

4．末期阻隔—油端顶层

如图30–41、图30–42所示，由于末期河道的遮挡作用，使得流体在穿过末期河道向油井方向流动的过程受阻，尤其是对油的流动渗流阻挡作用更大，末期河道两侧可以近似于两个独立的系统。从剩余油分布图可以看到，末期河道两侧区域剩余油分布存在明显的差异。注水井一侧水侵面积较大，油井一侧剩余油富集，且由于正韵律特征和重力分异作用影响，剩余油在油井一侧上部更为富集。即“末期阻隔—油端顶层”。

5．单向注采—背向低效

如图30–43所示，对于存在单向注采井网关系的区域，注水井附近水侵面积较大，沿主流线方向水线推进速度较快，所以，采油井沿主流线一侧注水见效明显，剩余油分布较少，油井背向注入水难以波及，造成背向剩余油富集。即“单向注采—背向低效”。

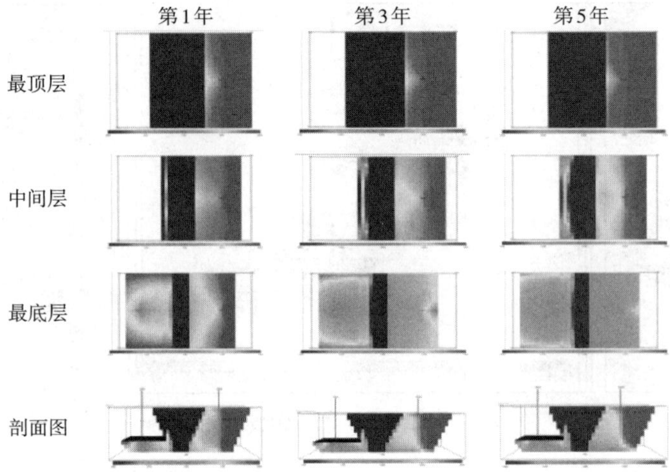

图30-41 末期阻隔—油端顶层（a）

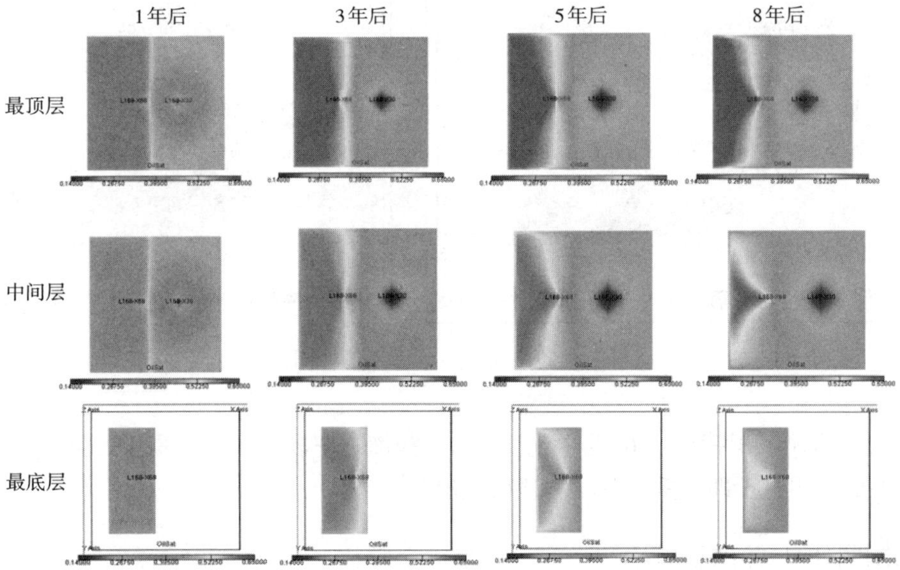

图30-42 末期阻隔—油端顶层（b）

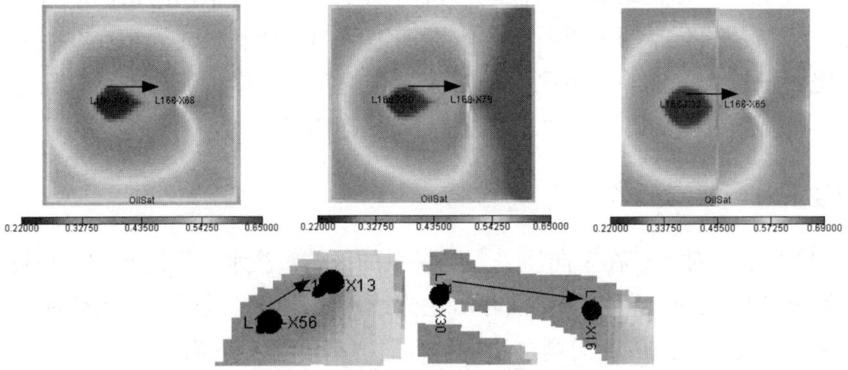

图30-43 单向注采—背向低效

6. 双汇双源—井间平衡

如图30–44所示，对于存在一定井网关系的区域，井网间往往存在一定范围的死油区，死油区内注入水无法波及，剩余油富集。对于近似三角形井网（两注一采），剩余油往往在两注水井连线中部（具体位置看两口水井注水量大小）富集，此处井间地层流体流动达到平衡，易形成死油区；对于近似四边形井网（两注两采），剩余油往往在四边形中心部位富集，此处易形成死油区，是剩余油富集部位，也是挖潜剩余油的主方向。即“双汇双源—井间平衡”。

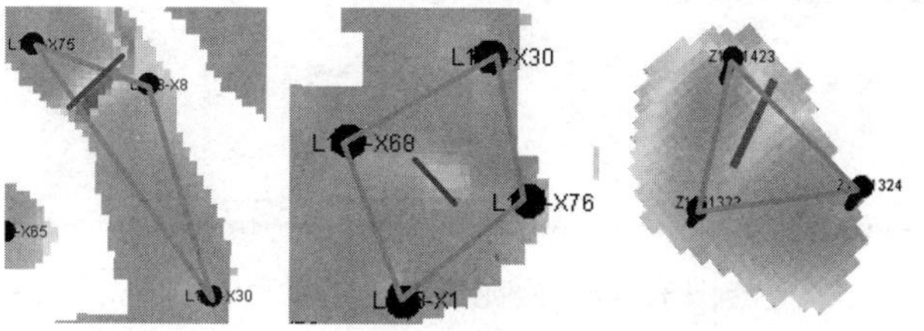

图30–44 双汇双源—井间平衡

7. 劳军远袭—强弩之末

如图30–45所示，对于注水井距离采油井较远的注采体系，注入水需要经历漫长河道才能抵达采油井处，此过程中注入水的水动力不断降低，使得注入水很难波及采油井附近的剩余油，最终造成剩余油在采油井近井区域富集。即“劳军远袭—强弩之末”。

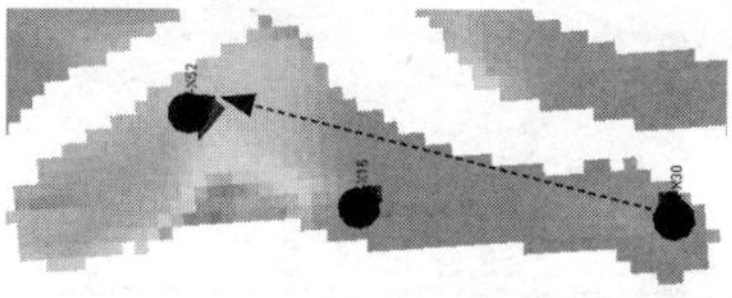

图30–45 劳军远袭—强弩之末

8. 隔泥注水—徒劳无功

如图30–46所示，图中红色框圈出的位置为溢岸区域，由于溢岸上储层物性较差（渗透率低、孔隙度低、有效厚度较小）对注入水有很强的阻隔作用。对于存在注采井在溢岸区域的注采系统，注入水很难波及溢岸上的含油砂体，造成溢岸上的剩余油很难开采，使剩余油在溢岸一侧富集，且富集程度很高。再者说，分别在两河道上分别部署注水井和采油井，中间隔了有阻挡作用的泥岩，注水肯定很难见效。即“隔泥注水—徒劳无功”。

9. 高低切叠—顶部聚集

如图30–47、图30–48所示，对于两期河道砂体高切叠、低切叠，剩余油在两期河道砂体顶部富集。对于较高砂体，注入水在重力分异作用沿切叠部位向低部位砂体推进，造成剩余油在较高砂体顶部富集；对于较低砂体，注入水在重力作用下沿切叠处较低砂体壁面先向下驱替，剩余油在较低砂体顶部聚集。即“高低切叠—顶部聚集”。

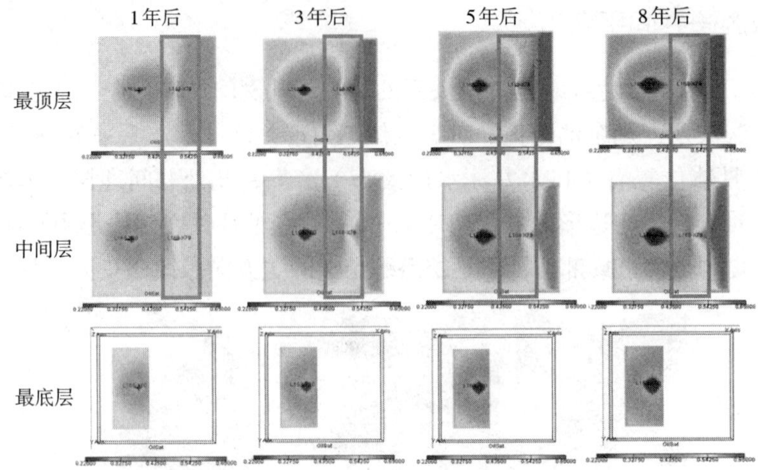

图30-46　隔泥注水—徒劳无功

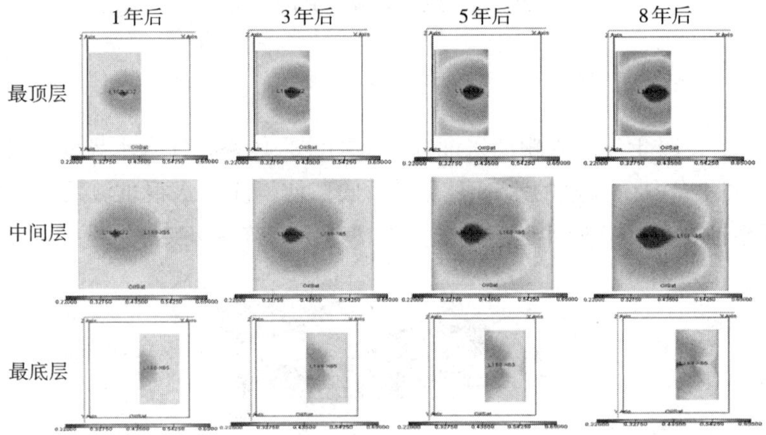

图30-47　高低切叠—顶部聚集（高切叠）

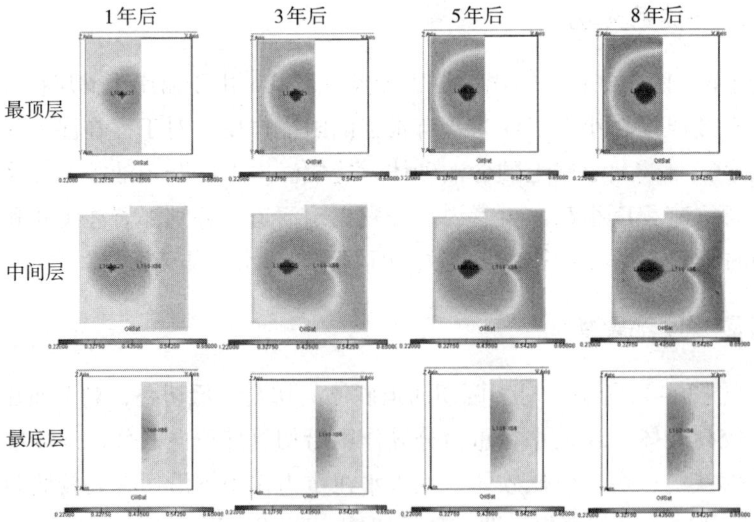

图30-48　高低切叠—顶部聚集（低切叠）

10．水流优势—弱势富集

如图30–49所示，由于储层平面非均质性的存在，大部分区域存在渗透率分布不均匀的现象，同一区域渗透率差异越大越易形成水流优势通道。如图中①区域渗透率较高，②区域渗透率较低，注入水会先沿着渗透率较高的①区域流动，形成水流优势，水侵效果显著，而剩余油则在渗透率较低的②区域富集。即“水流优势—弱势富集”。

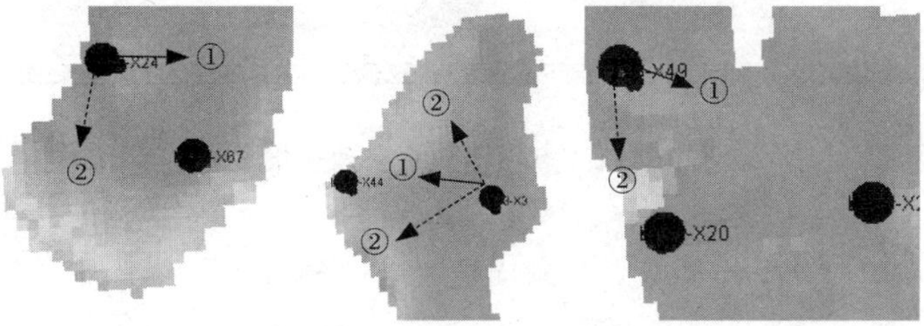

图30–49　水流优势—弱势富集

11．点坝侧积—夹角点集

如图30–50、图30–51所示，点坝砂体靠近废弃河道，点坝内部存在非渗透性质侧积体，侧积体与水平面存在一定倾角，且向废弃河道方向倾斜，侧积体上部为完全阻隔，侧积体下部砂体连通，存在水流优势通道。注水井采用顺着侧积体方向注水的方式，注入水沿砂体底部推进，并沿底部向两侧积体内部驱替，剩余油纵向上主要分布在受侧积层遮挡的侧积体的中上部（夹角处剩余油饱和度最高），且距离下部连通体越远，剩余油饱和度越高；横向上剩余油呈阶梯状分布，且距离水井越近剩余油饱和度越低。即“点坝侧积—夹角点集”。

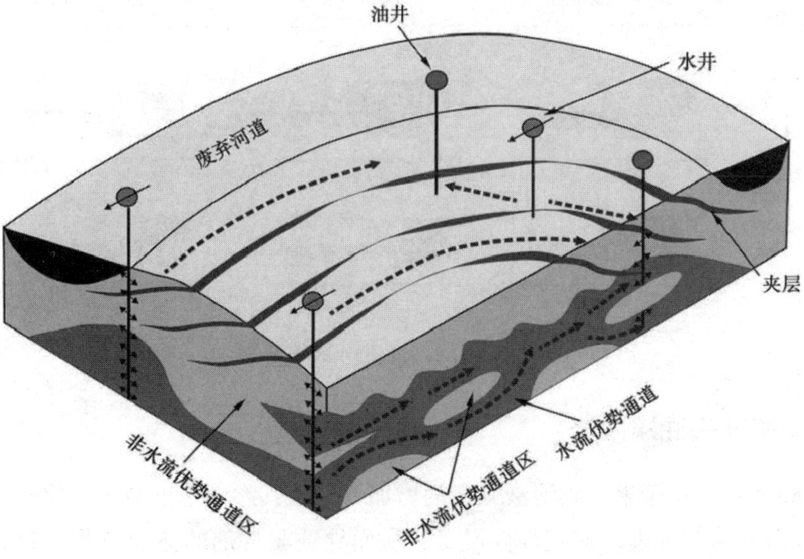

图30–50　点坝侧积—夹角点集（a）

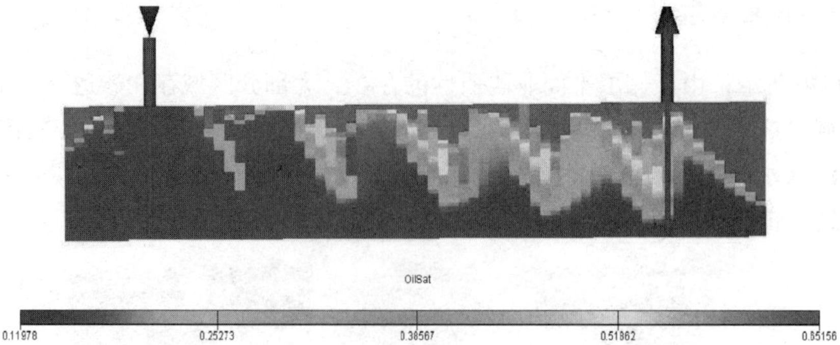

图30-51 点坝侧积—夹角点集（b）

12. 均匀推进—采端聚集

如图30-52所示，聚合物溶液的黏弹性使得其注入油层后引起渗流阻力的增加，从而迫使驱替液进入中低渗透层，实现油水流度比的改善，这也使聚合物溶液得以均匀向油井方向推进，在采油井一侧形成大量剩余油聚集。即“均匀推进—采端聚集”。

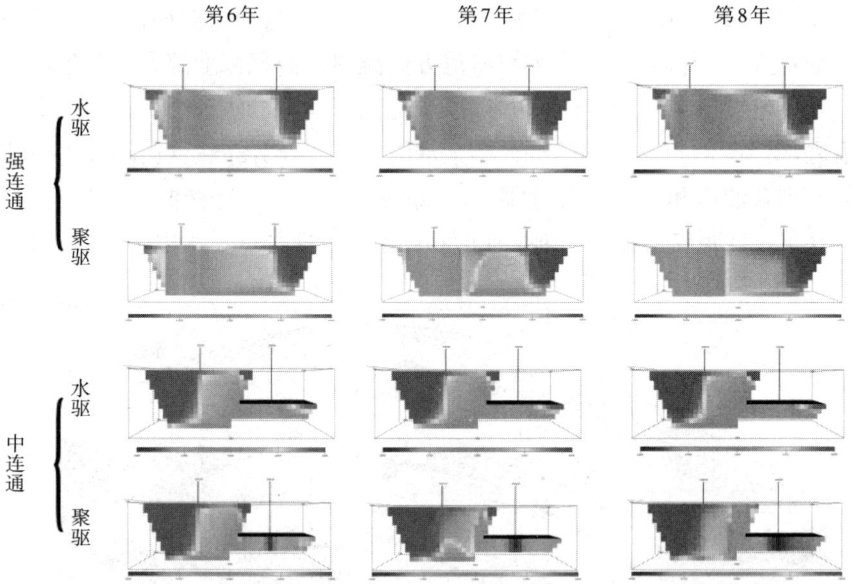

图30-52 均匀推进—采端聚集

13. 增黏降速—油端慢聚

如图30-53所示，由于聚合物溶液黏度的增加，导致其渗流速度减缓，故虽然能很好地提高驱油效率，但其向前推进的速度却变慢了，从而导致驱替剂的体积波及系数的提高速度也由此降低。即“增黏降速—油端慢聚”。

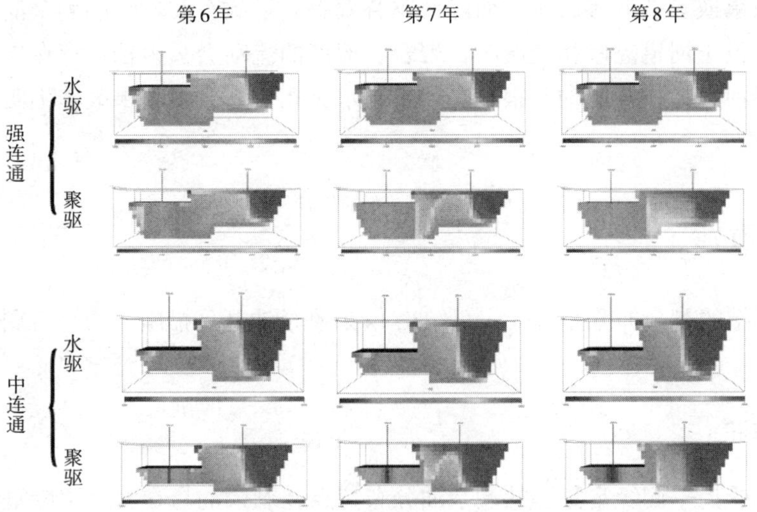

图30-53　增黏降速—油端慢聚

14. 韵律重力—高位残余

聚驱后由于底部渗透率高，在注入压力和重力作用下，注入的聚合物溶液前缘趋向于向渗透率高的低部位流动，从而使注入的聚合物溶液在通过压力下降快的近水井地带后，与低部位渗透率高的油层存在较大的压力梯度，而与渗透率低的上部油层存在较小的压力梯度，使得高部位剩余较多油。即“韵律重力—高位残余”。

15. 低渗阻流—吸附滞留

如图30-54所示，由于聚合物溶液存在不可及孔隙体积以及会引起黏度的提高和渗流阻力的增大，从而使得其在低渗储层中会发生吸附、滞留的现象，这就会使得同时注聚的低渗层

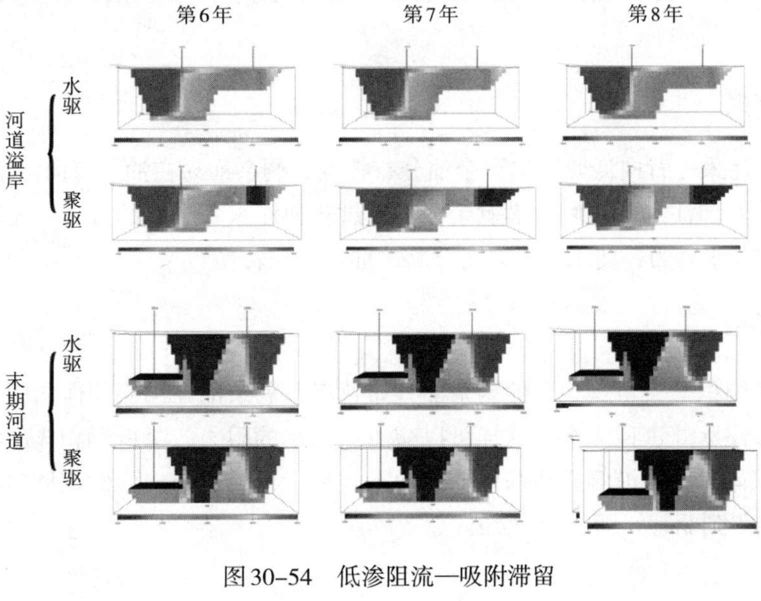

图30-54　低渗阻流—吸附滞留

难以受到聚驱效果或者被低渗层遮挡而降低驱替效果，导致存在较多的剩余油。从图中可以看到，当注聚井位于河道溢岸相变层时，聚合物溶液的流动会被阻挡；存在末期河道分隔遮挡时，位于末期河道另一侧的油井很难受效，与水驱相比，开发效果改善不明显。即“低渗阻流—吸附滞留”。

二、开采措施

针对前面总结的剩余油分布特征，总结出14条剩余油开采措施，为今后剩余油挖潜提供一些建议。

1. 边采边注

针对“中心受控—侧缘富集”的剩余油分布特点，剩余油易在河道边缘富集，需要加大对河道边部剩余油的挖潜，由于河道内部储层物性较好，剩余油开采程度较大，而河道边部砂体薄、物性差，需要在河道边部增加注水井或采油井，即“边注边采”。

2. 低注高采

对于存在高程差的储层，优先考虑将注水井布在低部位砂体上，采油井布在高部位砂体上，这样可以有效利用油水密度差和重力的作用使注入水先占据构造底部，通过注入压力与弹性能向构造高点处驱油，使驱油效果更好，即“低注高采”。

3. 厚注薄采

针对同一河道中等连通模式，采用厚注薄采型，将注入井布在较厚砂体上，虽然注水井周围水侵面积较薄注厚采型小，但是厚注薄采模式下注入水分配更为均衡，驱替均匀，使较厚砂体内的剩余油被大面积驱替，最终剩余油只是在油井另一侧薄层砂体上部小面积富集，即“厚注薄采”。

4. 注采转换

针对“单向注采—背向低效”的剩余油分布特点，剩余油易在油井背向注水井一侧富集，需要加强对油井背向注水井一侧挖潜剩余油，通过转换注采井类型的方式（尤其是油转注），增加剩余油富集区水动力，使水侵效果更显著，即“注采转换”。

5. 顺注顺采

针对“点坝侧积—夹角点集”的剩余油分布特点，剩余油在两侧积体之间富集，需要顺着侧积体方向布注水井进行注水，这样可以减少注入水的阻力，降低侧积体的隔挡作用。当注入水遇到侧积体时，会沿侧积体壁面顺向向下驱替，再沿底部向两侧积体内部驱替，使侧积体之间剩余油得到驱替，即“顺注顺采”。

6. 同注同采

针对“隔泥注水—徒劳无功”的情况，注水井和采油井分别部署在两河道上，两河道之间为河漫滩（泥岩），注入水无法到达采油井，使注水不见效，所以要在同一河道部署注采井网，即“同注同采”。

7. 变注变采

针对“双汇双源—井间平衡”的剩余油分布特点，剩余油易在井网死油区中富集。首先，可以考虑增加注采井来变换井网类型，使死油区位置发生变化，便于剩余油开采；其次，考虑到经济因素的影响，可以改变注采液量，使死油区位置向采油井附近移动，这样更有利于剩余油的开采，即“变注变采”。

8. 点注多采

采取点注的注水方式，在注水井周围部署更多的采油井，增加采油井的数量，加大控油面积，能大大提高采收率，即“点注多采”。

9. 分注分采

针对“重力分异—顶层突出”的剩余油分布特点，剩余油易在储层顶部富集，需要加强对油层上部剩余油的挖潜。通过分层注水分层采油的方式，水井增大对上部油层的配注量，油井增大对上部油层的配产量，必要时可以暂时性封堵油层下部，只对油层上部进行配注配产，这样可以加强对油层顶部剩余油开采，对于剩余油较富集的小层，同样可以以这样的方式进行剩余油开采，即“分注分采”。

10. 近注近采

针对“劳军远袭—强弩之末”的剩余油分布特点，注水井距离采油井较远，剩余油在采油井井区附近富集。所以，在打井时，尽量考虑将注水井和采油井距离控制在合理井距范围内，这样利于注水见效，即“近注近采”。

11. 弱注强采

针对同一河道溢岸弱连通模式，采用溢岸（弱）注水河道（强）采油模式，将注入井部署在溢岸处，虽然注水井周围储层物性较差，但是随着开发时间的增长，井底压力不断变大，注入水依然会有部分能够驱替河道砂体中的剩余油，而采油井打在河道上，河道上储层物性较好，采油井刚开始就可以依靠地层能量衰竭式开采，后期随着注入水驱替作用，依然可以将主流线上部分剩余油开采出来，即“弱注强采”。

12. 增注增采

针对聚驱采端聚集、推进较慢的特点，可以适当增加注采强度或提高聚合物溶液的注入浓度，这样一方面可以快速将聚集到采油井附近的油采出以提高采出程度和经济效益；另一方面也能提高聚合物溶液的驱替速度，从而使更多的油向采油井附近聚集，形成良性循环，即“增注增采”。

13. 差异注采

通过采用分层注液的方法挖潜受韵律和重力作用形成的上部剩余油，若不满足卡封条件，不能进行分层，则采用调剖或应用长胶筒封堵、多元泡沫驱或污泥调剖等方法，来改变油藏的压力场和渗流场，从而实现挖潜油层顶部的剩余油，即“差异注采”。

14. 优注劣采

在注聚合物的生产阶段，应在渗流优势层注聚，以克服低渗阻流带来的吸附和滞留作用，减小低收益投资和提高开发效果，即“优注劣采”。

管理小常识　　蜂舞法则

蜂舞法则指世界上没有一种动物能够真正单独地生活。它们要依靠各种方式和同伴相互沟通，才能活下去。蜜蜂即以“跳舞”为信号，告诉同伴各种蜂蜜信息，沟通完毕后一起去采蜜。

奥地利生物学家弗里茨经过细心的研究，发现了蜜蜂“舞蹈”的秘密。蜜蜂的“舞蹈”主要有“圆舞”和“镰舞”两种形式。工蜂回来后，常做一种有规律地飞舞。如果工蜂跳圆舞，就是告诉同伴蜜源与蜂房相距不远，约在100m左右。工蜂如果跳镰舞，则是通知同伴蜜源离蜂房较远。路程越远，工蜂跳的圈数越多，频率也越快。如果跳8字形舞，并摇摆其腹部，舞蹈的中轴线跟巢顶的夹角，正好表示蜜源方向和太阳方向的夹角。蜜蜂跳舞时头朝上或朝下，与告知蜜源位置之方向有关：跳舞时头向上时，表明找寻蜜源位置必须朝着太阳的方向飞行……

这就是管理心理学中著名的“蜂舞”法则。“蜂舞”法则揭示的道理是：信息是主动性的源泉，加强沟通才能改善管理的效果。

管理者要像蜜蜂采蜜一样，吸取各种沟通方式的特点，将“蜂舞”揉到自己的管理艺术中。著名管理学家巴纳德认为：沟通是一个把组织的成员联系在一起，以实现共同目标的手段。有关研究表明：管理中70%的错误是由于不善于沟通造成的。由此可见沟通能力很重要。

课件“码”上来

参考文献

[1] 姜汉桥，姚军，姜瑞忠. 油藏工程原理与方法[M]. 北京：中国石油大学出版社，2006.12.

[2] 张朝琛. 油藏经营[J]. 石油工业部科学技术情报研究所，1988.9.

[3] 张一伟，刘洛夫，欧阳健，等. 油气藏多学科综合研究[M]. 北京：石油工业出版社，1995.8.

[4] 陈元千，李璗. 现代油藏工程[M]. 北京：石油工业出版社，2004.4.

[5] 计秉玉，赵国忠，李洁. 多学科集成化油藏研究方法与应用[M]. 北京：石油工业出版社，2009.4.

[6] 谢丛姣，向祖平，王洪峰. 高级油藏管理[M]. 北京：中国地质大学出版社，2015.12.

[7] 约翰·R. 范驰著，韩继勇，张益，程国建译. 集成油藏资产管理[M]. 北京：石油工业出版社，2014.12.

[8] 杨鹏鹏，孙丰文，侯林娜，等. 油藏管理系统工程理论与方法创新研究[M]. 北京：科学出版社，2014.12.

[9]《现代油藏管理编委会》编. 现代油藏管理[M]. 北京：石油工业出版社，2013.4.

[10] 国景星，王纪祥，张立强，等. 油气田开发地质学[M]. 北京：中国石油大学出版社，2009.6.

[11] 宋延杰，陈科贵，王向公. 地球物理测井[M]. 北京：石油工业出版社，2011.5.

[12] 程远锋，王延光. 三维地震解释[M]. 北京：石油工业出版社，2013.9.

[13] 张琪. 采油工程原理与设计[M]. 北京：中国石油大学出版社，2006.12.

[14] 刘鹏程. 油藏数值模拟基础[M]. 北京：石油工业出版社，2014.4.

[15] 曲德斌，李丰. 油气开发规划优化方法及应用[M]. 北京：石油工业出版社，2013.3.

[16] 吴胜和，蔡正旗，施尚明，等. 油矿地质学[M]. 北京：石油工业出版社，2011.6.

[17] 郭小哲，葛家理. 油气科技创新思维决策及战略管理[M]. 北京：中国石化出版社，2011.4.

[18] 郭小哲，王霞，陈民锋. 油气田开发方案设计[M]. 北京：中国石油大学出版社，2012.5.

[19] 郭小哲. 中国陆上油气开发技术发展趋势[M]. 北京：石油工业出版社，2013.5.

[20] 郭小哲. 地下储层渗流力学[M]. 北京：石油工业出版社，2018.11.

[21] 沧海满月. 世界顶级思维[M]. 南昌：江西人民出版社，2018.1.

[22] 何文渊. 中国石油储层改造技术的现状与建议[J]. 石油科技论坛，2013，(2)：34-38.

[23] 刘先涛，吴林．油藏经营中的经济评价模式和方法［J］．西南石油大学学报，2002，24（1）：12–16.
[24] 白晓东，王常莲，巴玺立，等．油气田地面工程科技攻关进展及发展方向［J］．石油科技论坛，2017，（1）：37–41.
[25] 郭宝宏．简论优化资源配置的标准［J］．商业经济与管理，2002，（04）：32–35.
[26] 解晓燕，阎林霞．决策支持理论与我国油田企业决策支持研究［J］．资源与产业，2011，13（4）：81–87.
[27] 杨华，石玉江，王娟，等．油气藏研究与决策一体化信息平台的构建与应用［J］．中国石油勘探，2015，20（5）：1–8.
[28] 张瑞英．油田勘探决策支持系统研究及在中原油田的应用［J］．石油地质与工程，2016，30（3）：127–130.
[29] 崔海福，何贞铭，王宁．大数据在石油行业中的应用［J］．石油化工自动化，2016，52（2）：43–45.
[30] 张译丹，芦慧，陈磊，等．油气勘探规划中的大数据应用［J］．中国石油和化工标准与质量，2019，（14）：74–75.
[31] 李明皎.物联网技术在数字化油田建设中的探索与实践［J］．科技创新与应用，2020，（05）：151–152.
[32] 闫志强，熊金华．压裂远程监测及决策支持系统研究与开发［J］．石油科技论坛，2013，（2）：19–23.
[33] 刘伟，闫娜．人工智能在石油工程领域应用及影响［J］．石油科技论坛，2018，（4）：31–40.
[34] 林伯韬，郭建成．人工智能在石油工业中的应用现状探讨［J］．石油科学通报，2019，4（4）：403–413.